空气污染人群
健康风险评估方法及应用

主　编　徐东群　许　群

编　者（按姓氏笔画排序）：

万　霞　王　秦　王　琼　吕祎然　刘　柳
刘　悦　刘　婕　刘利群　刘静怡　阳晓燕
李　昂　李　娜　李亚伟　李成橙　李润奎
杨一兵　陈　晨　孟聪申　郝舒欣　莫　杨
徐春雨　常君瑞　韩京秀

人民卫生出版社

图书在版编目(CIP)数据

空气污染人群健康风险评估方法及应用/徐东群，许群主编.
—北京：人民卫生出版社，2018
ISBN 978-7-117-26522-5

Ⅰ.①空… Ⅱ.①徐… ②许… Ⅲ.①空气污染-影响-健康-风险评估-研究 Ⅳ.①X503.1

中国版本图书馆CIP数据核字(2018)第083667号

人卫智网	www.ipmph.com	医学教育、学术、考试、健康，购书智慧智能综合服务平台
人卫官网	www.pmph.com	人卫官方资讯发布平台

空气污染人群健康风险评估方法及应用

主　　编： 徐东群　许　群
出版发行： 人民卫生出版社（中继线 010-59780011）
地　　址： 北京市朝阳区潘家园南里19号
邮　　编： 100021
E - mail： pmph @ pmph.com
购书热线： 010-59787592　010-59787584　010-65264830
印　　刷： 中国农业出版社印刷厂
经　　销： 新华书店
开　　本： 787×1092　1/16　**印张：** 23
字　　数： 560千字
版　　次： 2018年6月第1版　2018年6月第1版第1次印刷
标准书号： ISBN 978-7-117-26522-5
定　　价： 70.00元
打击盗版举报电话：010-59787491　E-mail：WQ @ pmph.com
（凡属印装质量问题请与本社市场营销中心联系退换）

前 言

自 20 世纪 30 年代开始对毒性较大的化学污染物进行急性毒性的定性和定量评价，鉴定毒物的健康风险以来，环境健康风险评估经历了漫长的发展时期。直到 1983 年美国国家科学院出版《联邦政府的风险评估：管理程序》，才正式确定了具有里程碑意义的危害鉴定、暴露-反应关系评价、暴露评估和风险表征等四步环境健康风险评估程序，随后出版了致癌、致突变、可疑发育毒物、神经毒物和化学混合物等一系列风险评估指南和配套的技术文件，环境健康风险评估方法在美国、欧盟的许多国家得到了广泛应用，国际组织和发达国家均以此为基础，制定了健康基准、指导限值或标准值。随着毒理学数据库的不断完善和各种评估模型的不断发展，为我国开展环境健康风险评估不仅提供了思路，也提供了必要的技术手段。

改革开放四十年来，随着我国经济的高速发展和快速城镇化，也带来了严重的环境污染问题，环境污染对人群健康的危害进入了显现期，而且未来一段时间环境污染形势仍然比较严峻。为应对环境污染，环境管理也从污染物排放总量控制、环境质量达标，逐步向风险管理转变。这一理念在新修订的两部法律中均有充分体现，如修订后已于 2015 年 1 月 1 日起施行的《中华人民共和国环境保护法》的第三十九条规定："国家建立、健全环境与健康监测、调查和风险评估制度；鼓励和组织开展环境质量对公众健康影响的研究，采取措施预防和控制与环境污染有关的疾病。"修订后已于 2016 年 1 月 1 日起施行的《中华人民共和国大气污染防治法》第七十八条规定："国务院环境保护主管部门应当会同国务院卫生行政部门，根据大气污染物对公众健康和生态环境的危害和影响程度，公布有毒有害大气污染物名录，实行风险管理。"《国家环境保护"十三五"环境与健康工作规划》也提出继续以"立足风险管理是环境与健康工作的核心任务"为理念，同时推进重点区域和重点行业环境与健康调查，探索构建环境健康风险监测网络，把我国的环境健康风险评估工作放在优先发展的战略地位上。在全国卫生与健康大会上，习近平总书记明确提出"将健康融入所有政策，人民共建共享"的卫生与健康工作方针，强调把人民健康放在优先发展的战略地位，以建设健康环境等为重点，加快推进健康中国建设。《"健康中国 2030"规划纲要》提出，坚持以人民为中心的发展思想，建立覆盖污染源监测、环境质量监测、人群暴露监测和健康效应监测的环境与健康综合监测网络及风险评估体系。实施环境与健康风险管理。全方位、全周期维护和保障人民健康。由此可见，环境健康风险评估在我国的环境健康管理中必将发挥越来越重要的作用。

目前，我国已经建立了空气质量及健康影响监测网络，获得了大量级监测数据，风险评估在我国的应用，已经从利用毒理学数据，扩展到利用大量级环境健康监测数据。为了满足科学可靠开展环境健康风险评估的需求，在承担 2014 年卫生行业专项"雾霾天气人群健康风险评估和预警关键技术研究”，以及空气污染对人群健康影响监测工作过程中，编者系统分析了国际上相关文献、专著，结合我国环境健康工作对风险评估的需求，编写了这本《空气污染人群健康风险评估方法及应用》。本书力求对环境健康风险评估的基本概念、基础理论和关键环节进行全面、客观、准确的介绍，并梳理出环境健康风险评估存在的主要问题。针对有些风险评估过分强调过程而不是内容，提出需要有足够的科学知识和数据才能进行可靠的风险评估；针对有些风险评估将大量的精力投入到评估模型上，而忽视了收集更相关和可信的证据，以及对数据的核查和质量评价，分别介绍了利用毒理学数据进行基于空气污染物毒性健康风险评估，对实验动物数据和人群数据的要求，以及当毒理学数据库中缺乏相关资料时，整合利用文献资料的数据要求；详细介绍了空气污染人群健康影响风险评估数据的质量筛查、处理方法，以及数据处理工具的功能及应用。针对在评估过程中，对混合物之间的相互作用以及暴露人群个体之间响应的差异可能考虑不足，对风险评估的不确定性没有进行恰当的描述等，系统介绍了不确定性分析和敏感性分析等内容。同时结合实例分析，介绍了死因数据和因病就诊数据在空气污染人群健康风险评估中的应用；如相对危险度、比值比、归因危险度、归因分数、人群归因危险度的计算方法；多级暴露水平调整的人群归因危险度和多因素调整人群归因危险度，以及空气污染疾病负担评估。

本书内容丰富，针对性强，可供从事公共卫生与预防医学、环境科学等高等院校教学和科研的人员以及所有从事环境与健康的研究人员参考，更是从事空气污染对人群健康影响监测工作人员的工具书。

本书编写过程中，全体编者付出了辛勤的劳动，因编者水平有限，尽管全体参编人员已尽了很大努力，书中仍难免存在缺点和错误之处，敬请广大读者批评和指正。

徐东群　许　群

2018 年 1 月

目录

第一章

绪　论

第一节　风险概述

一、风险的相关概念

（一）风险概念的演变

早期风险的定义是指遭受损失、损伤或毁坏的可能性，通常认为预期的风险等于一定时期内某生态系统或种群暴露于特定的危险因素下，产生某有害事件的概率与该有害事件发生后产生危害的乘积。风险存在于人类的一切活动中，不同的活动会带来不同性质和程度的风险，风险的基本构成要素包括危险因素、暴露和风险结果，危险因素是风险形成的必要条件，是风险产生和存在的前提。暴露是导致风险结果的充分条件，在整个风险中占据核心地位，是连接危险因素与有关行为主体承受相应风险结果的桥梁，是风险由可能性转化为现实性的媒介。由此可见：风险是客观存在的，可以用客观概率对损失的不确定性进行较为科学的描述和定义；但风险的不确定性同人的知识、经验、精神和心理状态等主观因素有关，不同的人对同样的风险会做出不同的判断，另外，当客观环境或者人们的思想意识发生变化时，面临的风险也会发生变化。因此风险是人和风险因素的结合体，风险的发生及其后果与人为因素有着极为复杂的互动关系。

（二）国际标准化组织对“风险”的定义

人类通过实践活动对风险的认识与理解也在不断地深入与发展，国际标准化组织（ISO 31000:《风险管理一原则与指南》）[1]对“风险”的定义是：“不确定性对目标的影响。”这一定义包含以下5个方面的内容：①影响是指偏离预期目标的差异，影响可以是正面的称之为“机会”，也可能是负面的，称之为“威胁”；②目标可以包括多方面，如健康、安全、环境等，以及多个层面如战略、组织、项目和过程等；③风险具有潜在特征；④风险通常用事件后果和事件发生可能性结合来表示。即风险=事件影响后果×事件发在可能性；⑤不确定性是指对事件的后果及发生可能性有关的信息及完整状态缺乏了解，对事件的发生及事件后果不能肯定或否定，只能用概率来反映，见图1-1。这一定义改变了人们对“风险”的片面认识，提出风险具有“二重性”，既可能对目标的实现造成不利的负面影响，又可能对目标的实现产生有利的正面影响。将“目标、不确定性、影响与风险主体”有机结合，揭示出风险是影响目标实现的不确定性因素，没有目标就不存在风险；一个目标会受多种潜在风险因素的影响,而一个风险事件又会影响多个目标。风险在时机、条件成熟时才会发生“风险事件”,对目标带来影响,且这种影响程度也具有不确定性。风险是无处不在的,在一定条件下是可以认知和改变的,如有些危害人类健康的危险因素,是可以控制的,但并不是所有风险都能改变。在进行风险管理时,要充分发挥人的主观能动性,希望能够管理未来的“不确定性”对目标的影响,尽可能抓住机会,寻找并创造有利于目标实现的机会,趋利避害。

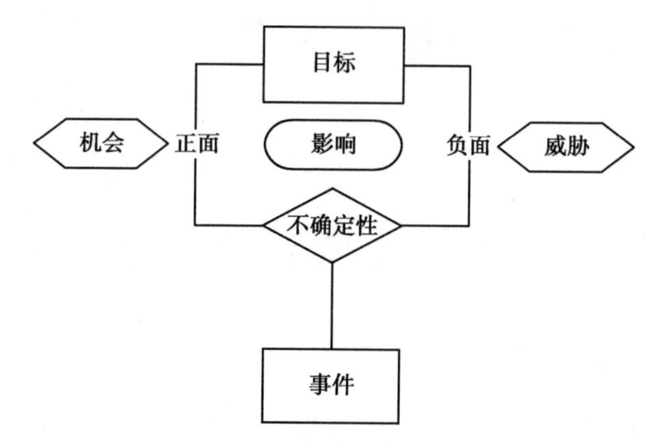

图 1-1 风险定义体系图示

二、环境健康风险的分类

环境健康风险指的是由于自然原因或者人类活动引起的、通过环境介质传播的、能对人类健康或生态系统产生潜在不良影响或事件的发生概率及其后果。环境健康风险广泛存在于人类生存的各个方面,其性质和表现形式也是复杂多样的,按风险来源可分为:自然来源和人为来源等;按风险源性质不同可分为:化学因素、物理因素、生物因素的风险等;按承受风险的对象可分为人群健康风险和生态风险等;按照风险的时间分布不同又可分为突发性环境健康风险和累积性环境健康风险;按照研究对象不同分为个体风险和群体风险等;按照评估类型不同分为定性和定量风险等等[2,3]。

(一) 按风险来源分类

按风险来源将环境健康风险分为自然来源和人为来源两大类。自然来源指的是如气候、气象、水文、地质等变化造成的自然灾害。自然灾害是给人类生存带来危害或损害人类生活环境的自然现象,例如洪涝、火山爆发、地震和泥石流等,这些自然灾害的发生主要受到自然规律的控制,当自然灾害发生时会造成环境的破坏和环境污染物的排放,对健康产生危害。人为来源指的是由于人类在生产和生活活动中滥用资源或者过度向环境介质中排放污染物导致的环境污染现象,例如伦敦烟雾事件、洛杉矶光化学污染事件和日本水俣病事件等。人为来源的环境健康风险是污染物导致健康危害问题的主要来源。

(二) 按风险源性质分类

按风险源性质将环境健康风险分为化学因素、物理因素、生物因素等。物理因素包括气象因素、噪声、电离辐射、非电离辐射等,物理因素不仅可以单独对健康产生影响,也可以与化学因素和生物因素等共同作用产生影响。化学因素包括:易燃易爆性物质(易燃易爆性气体、易燃易爆性液体、易燃易爆性固体、易燃易爆性粉尘与气溶胶、遇湿易燃物质和自燃性物质、其他易燃易爆性物质等），反应活性物质（氧化剂、有机过氧化物、强还原剂），有毒物质（有毒气体、有毒液体、有毒固体、有毒粉尘与气溶胶、其他有毒物质等），腐蚀性物质（腐蚀性气体、腐蚀性液体、腐蚀性固体、其他腐蚀性物质等），其他化学危害因素。生物因素包括：致病微生物（细菌、病毒、其他致病性微生物等），传染病媒介物，致害动物，致害植物，及其他生物危害因素。

（三）按承受风险的对象分类

按承受风险的对象将环境健康风险分为人群健康风险和生态风险等。人群是环境因素影响的最敏感，也是最重要的风险受体。不同人群对于环境风险的敏感程度和应对能力不同，这被称之为人群的抵抗力。影响人群抵抗力的因素包括人群的密度、年龄结构、对环境风险的认知、暴露程度等。生态风险指的是生态系统及其组成部分所承受的风险，具体地说是在一定的区域内，具有不确定性的事故或者自然灾害对生态系统及其组成部分可能产生的不利作用，包括发生生态系统结构和功能的损害，从而危及生态系统的健康和安全等。生态风险评价的关键是生态系统及其组成部分的风险源识别和监测，评估风险出现的概率及可能的负面效果，并据此提出干预措施。

（四）按风险的时间分布分类

按照风险的时间分布不同又可分为突发性环境健康风险和累积性环境健康风险等。突发性环境风险，是指有毒有害物质突发性（或事故性，包括安全生产、交通运输、自然灾害、违法排污事故等）泄漏排放至环境中，进而对人群健康和生态系统造成危害的风险。累积性环境健康风险，是因长期暴露于空气、水或土壤中的环境污染物，污染物水平不断累积，而对人群健康或生态环境造成危害的风险。

（五）按照研究对象的不同分类

按照研究对象不同分为个体风险和群体风险等。个体风险指的是人群中个体承受的环境健康风险。环境健康风险评估一般不单独开展针对个体的风险评估工作，而是对目标人群中部分或者全部个体进行风险估算，然后观察整个群体的风险分布，即暴露环境危害因素的目标人群或者全人群开展的群体环境健康风险评估。需要注意的是，群体风险不仅可以对群体整体受到的健康风险进行估算，还可以描述不同亚群的风险特征。

（六）按评估类型的不同分类

按照评估类型不同分为定性和定量风险等。确定某环境物质是否对人体健康有害，称为定性环境健康风险评估，而通过收集环境物质毒理学资料及相关流行病学调查资料后，估算该物质产生健康影响的概率，称为定量健康风险评估。在历史上环境健康风险评估发展早期开展的，以及危害尚未明确的新化学物质风险评估，多为定性风险评估。定量环境健康风险评估目前应用已越来越广泛，通过危害鉴定、暴露-反应关系评价、暴露评估和风险表征等步骤，定量评估环境物质特定暴露水平对人体健康产生影响的概率。

第二节　环境健康风险识别

风险识别是发现、认识、描述风险的过程，包括对风险源、事件、引起风险的原因和造成的潜在后果的识别。环境健康风险识别是进行风险管理的首要环节,只有在全面了解各种环境风险的基础上,才能够预测环境风险可能造成的健康危害,从而选择处理环境风险的有效手段。

一、风险识别的原则

进行风险识别的机构或组织应采用与其目标和能力以及面临风险相适应的风险识别工具和技术,安排具有适当知识的人员参与识别风险,同时需要及时收集相关背景资料和最新信息。即使在风险来源或原因可能不明显的情况下,识别也应包括风险来源是否在机构或组织的控制下;检查特定后果的连锁效应,包括级联和累积效应。即使风险来源或原因可能不明显,也应考虑范围广泛的后果。除了确定可能发生的情况外,还需要考虑可能的原因和场景。所有重大的原因和后果都应予以考虑。

二、风险识别的步骤

环境风险源特指风险企业,应从环境风险企业、环境风险传播途径及环境风险受体等三个方面进行环境风险识别,包括:①企业基本信息;②周边环境风险受体;③涉及环境风险物质和数量;④生产工艺;⑤安全生产管理;⑥环境风险单元及现有环境风险防控与应急措施;⑦现有应急资源等[4]。通过对资料的综合分析,识别风险源、可能影响区域、事件(包括环境变化)以及引起风险的原因和造成的潜在后果。这一步骤的目的是根据可能产生、增强、预防、降低、加速或延迟实现目标的这些事件生成一份全面的风险清单。在现阶段尚未确定的风险将不会纳入进一步分析。确定风险识别清单后,就应针对不同的风险,采取不同的方法对风险进行描述。风险识别过程可能涉及历史数据、理论分析、知情和专家意见以及利益相关者的需求等。

三、风险识别的方法

由于自然环境和人类活动中涉及的潜在危险因素种类繁多,正常情况下,通常是多种危险因素存在于不同环境介质中,因此风险识别应目标明确。以对环境化学危害因素进行风险识别为例,介绍风险识别的方法。正常情况下,需要识别不同介质中多种化学危害因素的污染范围、污染持续时间、暴露途径、污染累积与否情况、可能产生的急性和慢性健康影响;当发生突发环境污染事件时,如某类或某种化学物质发生事故性泄漏,需要针对该类或该种化学危害因素识别人群可能通过不同介质(大气、水和土壤),经呼吸道吸入、经口摄入、经皮肤接触等途径暴露而产生的急性健康影响。环境健康风险识别方法包括:现场调查法、监测法、文献检索法和综合法等方法[4]。

(一)现场调查法

现场调查法通常用于突发环境污染事件,是指通过实地调查并开展环境样本的检测,将潜在的环境化学危害因素识别出来,确定风险源、事件的影响区域,引起风险的原因和造成的潜在后果。对于待评估的目标污染物,收集其化学结构、理化特性、用途、使用方式、使用范围等相关资料;以及污染物在机体内可能生成的代谢产物等方面的资料,并通过查询相关的化学污染物的毒理学数据(例如:chemicals of potential concern,COPC 数据库),全面了解目标化学污染物可能的暴露方式,对人体健康产生的危害,识别其健康风险,并及时将环境健康风险识别结果上报，为确定下一步是否需要开展风险监测与健康风险评估提供依据。

（二）监测法

监测法通常用于正常情况下，在某一地区已经开展了大气、水体和土壤等环境介质中某些化学污染物的连续监测，可以对监测数据定期进行分析，根据监测结果筛选出不同环境介质中存在的高风险化学污染物。通过进一步收集人群相关的暴露信息，结合毒理学资料，确定对人体健康产生的危害，识别其健康风险，确定并着手准备下一步开展健康风险评估。监测法相对于现场调查法更具有系统性，是通过对长期监测数据的分析，识别出环境健康风险，更具有地区针对性；但是无法识别既往监测中没有涉及污染物。

（三）文献法

文献法指的是当某一研究区域出现环境健康问题，但尚未对该区域进行大气、水体和土壤等环境介质中的目标化学污染物开展过连续监测时，可以借鉴与该区域污染水平、社会经济和人口学特征相似区域，开展研究的既往文献报道结果，筛选存在健康风险的目标化学污染物，并通过进一步收集人群相关的暴露信息，结合毒理学资料，确定对人体健康产生的危害，探索性地识别该区域环境健康风险的方法。

（四）综合法

综合法指的是将上述的现场调查法、监测法、文献法等识别方法综合应用于环境介质中化学污染物风险识别的方法，其具有对污染物的识别更为准确，信息获取更为全面等优势。也是目前国内外相关机构或组织进行环境健康风险识别的主要方法，可以为环境健康风险评估工作提供证据。

第三节 环境健康风险监测

环境健康风险监测是为了特定的目的，运用化学、物理学、生物学、医学和信息科学与技术等方法和手段，对环境中污染物的性质、种类、浓度（含量）、影响范围及其后果等进行的调查和测定。通过风险监测可以确定环境质量状况和对人群健康的影响及其变化趋势。由此可知，环境健康风险监测是在预先设定的时空范围内，按照规范的程序参照既定的标准，对一种或多种环境因素和健康结局进行间断或连续地监测和分析，系统地获取环境污染物水平、人群健康影响现状，及其两者的关系，及时反映环境污染对人群健康影响规律的过程。风险监测不仅可以帮助环境健康管理者及时掌握信息，为制定相关政策提供依据，同时也可以为环境健康科学研究提供思路，具有重要意义。

环境健康风险监测的目的是及时、精准和全面地掌握环境质量或者环境污染及对人健康的影响状况及其变化趋势，为环境健康风险评估、风险管理和污染源控制等提供依据。因此按照监测目的可以将环境健康风险监测分为常规风险监测和特定目的风险监测。无论哪种类型的风险监测，都需要制定监测计划，并按照监测程序和规范实施，获取监测数据，及时分析并报告监测结果。

一、常规性监测

常规性监测又被称为监视性监测或例行监测，是环境健康风险监测的主体。常规性监测主要是依据国家相关政策指令及技术规范要求，对区域内前期研究已经发现的并且有明确证据证明可能对健康产生危害的环境污染物及其健康效应进行监测，通过建立监测网络，不断积累监测数据，获取环境质量或环境污染及健康影响的现况和变化趋势，风险监测内容包括以下几个方面：①环境危害因素：环境危害因素应基于已有的流行病学研究和毒理学研究所识别的有害物质，并结合本地区的实际情况来确定，通常是不同环境介质中普遍存在，并有健康危害的各种化学污染物作为环境危害因素监测指标，如空气中的 $PM_{2.5}$ 和 O_3 等；②人群健康影响：人群健康影响是依据文献报道，区域内人群分布特征，人群健康影响或疾病与环境危害因素的相关程度来确定，通常将与环境危险因素暴露有因果关系或相关程度较高的健康结局作为健康影响监测指标，如：非意外总死亡、心脑血管疾病和呼吸系统疾病死亡，因病就诊或急救等；③其他影响环境质量和健康的因素：影响人群健康的因素，如人群的社会经济特征、生活方式等，影响环境质量的因素，如气象因素，也需要纳入监测；④监测工作的全过程质量控制：鉴于环境健康风险监测工作最终会获取的大量数据，因此必须进行全过程质量控制，才能保证监测数据准确可靠。

风险监测程序通常分为以下几个步骤：文献检索和现场调查、监测计划的制定、监测计划的实施、质量控制等。

（一）文献检索和现场调查

常规风险监测应针对在拟监测范围内已经发现，并且有明确证据证明可能对健康产生危害的环境污染物开展充分的文献检索，获得环境污染物的理化和毒理学性质、传播途径和健康危害等。另外，还需要进行现场调查，进一步确定监测指标。现场调查应该尽量详细并覆盖监测区域及邻近区域，收集的资料主要包括：主要污染物的来源和性质，拟监测范围内人群分布特征，以及气象、地质、水文和医疗水平现状及相关历史情况等。

（二）监测计划的制定

常规性环境健康风险监测获得的大量基础监测数据是后续开展环境与健康科学研究、环境健康风险评估工作及制定环境卫生标准和条例、环境污染物减排标准和政策及相关法律法规的重要依据。因此需要制定翔实的监测计划。监测计划应包括：监测范围、监测点的数目和位置、监测时间、监测内容、监测对象和指标、监测频率、监测手段等[5]。

以空气污染对人群健康影响监测为例，说明监测计划的制定[6]。

1\. 监测范围　监测范围是由监测目的决定的，该项目的目的是了解全国空气污染及健康影响的现状和趋势，因此需要在全国范围开展长期系统的监测，每一年度，分析空气污染及健康影响的现状，通过长期监测和数据的不断积累，分析空气污染及对人群健康影响的变化趋势。

2\. 监测内容、监测对象和监测指标　监测内容包括在监测范围内空气污染状况、人群的暴露水平、与空气污染相关的健康效应，以及影响空气污染和健康效应的其他因素。监测对象包括社区、县（区）、地市、省级范围内的空气质量和辖区内的人群健康影响。监测指标包括环境空气中 $PM_{2.5}$、PM_{10}、SO_2、NO_2、O_3、CO 等 6 种空气污染物浓度，以及 $PM_{2.5}$ 中金属和类金属、多环芳烃、水溶性阴阳离子等成分的浓度；气温、气压、风速、风向和湿度等气象资料；死亡、因病急救、因病就诊，以及空气污染相关的症状、体征和生理、生化指标的变化等健康效应指标；以及人口学资料；人群出行模式资料等。

3. 监测手段　监测手段是监测计划实施的必要条件，针对环境空气污染物，首先是要确定是采用手工监测、自动监测还是遥感监测；然后确定使用的采样方法、采样仪器和实验室分析方法和设备等。对于人群健康效应指标，首先要确定是采用收集已有监测系统中的资料（如死因监测数据、医院 HIS 系统的门诊、急诊和住院资料、急救中心接诊资料），还是通过问卷调查或健康检查获取空气污染相关的症状、体征和生理、生化指标的变化；然后确定资料收集方法，设计调查问卷，确定健康检查的项目和方法。

4. 监测频率　监测频率主要由监测目的、统计分析方法及可行性等因素综合决定，如环境空气质量、气象、死因、因病就诊和因病急救等均要求每日监测；$PM_{2.5}$及成分监测，要求每月 10~16 日和重污染天气（AQI>200）时连续在各监测点进行空气采样，每天采样时间不少于 20 小时；小学生健康监测，每年采暖季前完成问卷调查（A 卷和 B1 卷）及 1 次肺功能测试，采暖季开始到年底期间，遇到重污染天气（AQI>200）时，每日开展 B2 卷调查至重污染天气结束后 3 天，并再开展一次肺功能测试；社区人群健康监测，包括居民健康状况、环境污染情况及人群出行模式等，要求于当年 12 月底前完成；人口统计资料要求每年监测。另外，针对环境空气污染物，监测频率还要考虑本地区污染物浓度的内在变异性，如昼夜变化、周期变化和季节变化等。

5. 监测点的位置和数目　主要由以下几个因素决定[7]：①监测的目的以及区域特征（经济水平和污染源的分布等）；②监测范围包含区域的大小、人群分布特征；③污染程度及污染物浓度变化范围；④所需提供监测数据的精准度；⑤所具备的财力、人力和物力条件等实施可行性。

（三）监测计划的实施

在制定了完善的监测计划的基础上，顺利实施监测工作是风险监测的核心。监测实施的主要环节包括：组织协调、相关人员的培训、相关采样和检测仪器的购买和检定、监测（现场调查）、实验室分析、监测数据的审核和处理、数据质量评价、按照规定的统计方法分析监测数据、撰写监测报告并上报等。

（四）质量控制

制定覆盖整个风险监测工作各个环节的质量控制措施，同时严格执行，才能保证风险监测数据的准确可靠。质量控制措施包括：监测（调查）设计、实施、数据收集、数据处理等针对监测工作的质量控制措施；针对监测（调查）人员的质量控制措施，针对采样、样品保存和前处理、实验室检测设备的质量控制措施等，具体体现在以下方面：①制定相关的技术文件规范采样工作，如样品采集时间、采样频率，采样记录应如实记录采样条件和现场状况，样品运输过程的保存条件，样品交接记录，样品的实验室保存时间和保存条件等；②确定实验室分析所依据的国家标准，或制定操作规范等技术文件，确定实验室检测人员的分工，进行检测方法确认，制定实验室质量控制措施，样品的前处理与分析要求等；③制定调查设计、现场调查、数据录入、报送等质量控制措施；④制定监测数据审核和处理规则，建立数据库，进行数据质量评价；⑤定期对监测和调查人员进行培训，使其理解监测目的和全过程质量控制要求，保证监测工作顺利开展，监测数据准确可靠。

二、特定目的风险监测

特定目的风险监测又被称为应急监测，主要是针对突发性环境污染事件或者自然灾害等的发生开展的，这要求监测人员在突发性事件发生后第一时间到达事故现场，并在最短的时间内判断可能的环境污染物、污染范围及对健康的危害，然后开展有针对性的监测，跟踪污染物浓度及健康影响的变化趋势[8]。特定目的的风险监测可以为事故应急处理、善后处置提供技术支持，对于决策者有效控制污染扩散、减少居民健康危害和降低损失具有重要作用。应急监测需满足以下要求：①对事故特征予以表征，能够快速提供污染事故的初步分析结果，如污染物理化及毒理学特点、泄漏量、浓度，估计污染物向环境扩散的范围、速率、降解速率以及同其他环境污染物有无叠加作用等；②连续和实时地监测事故发展的态势，对评估突发事件对环境和健康影响的变化，以及采取有效处理措施至关重要；③应急监测数据可以为后续的实验室分析提供第一手资料；④为突发事件后的环境恢复工作和长期监测工作提供信息；⑤为突发应急评估报告的撰写提供必要的资料。

应急监测程序包括以下几个步骤：相关文献检索和应急事件现场勘查、编制应急监测预案、应急监测方案的审批和实施等[9]。

（一）相关文献检索和应急事件现场勘查

突发性环境污染事件的发生往往伴随着环境污染物的大量排放，这就要求首先确定事件发生的地点，并查询事故地点周围有哪些可能存在进一步泄漏风险的企业，了解其生产、使用、储存危险化学品的基本情况，根据所了解的事故信息，初步确认引发事故的污染物，估计可能泄漏的量，再通过文献检索和相关数据库查询，了解环境污染物的理化性质、危险特性、处理处置方法和防护措施等。同时第一时间派出应急监测人员前往应急事件现场勘查情况。

（二）编制应急监测方案

日常管理中，通常每个地区都会根据可能造成环境污染事故企业的生产、使用、储存危险化学品的情况及区域特点，预测可能发生的环境污染事故、事故可能的影响范围及其严重程度，并有针对性地编制应急预案。一旦污染事故发生，环境保护等相关部门应及时组织专家和相关专业技术人员，在进行初步的文献检索和应急事件现场勘查和研判后，对现有应急预案进行回顾，确定相关部门的职责，评估应急监测能力和资源。然后编制应急监测方案，要求应急监测能够反映突发环境污染事件的“全貌”，为应急处置提供科学依据。监测方案一般包括：监测范围和对象、监测点数目和位置的确定、监测指标、采样频次、检测仪器和装备、人员分工等内容。监测范围和对象、监测指标、采样频次、检测仪器和装备等的确定应根据前期充分的文献检索和突发应急事件现场的具体情况来决定，监测点数目和位置应考虑以下 3 种不同功能的区域布设监测点：①污染源，需在污染物排放点及扩散范围内布设监测点，并根据事故现场污染源排放情况，分别布设 1 个或多个污染源监控点，同时扩散监控点的布设应根据事故现场的地形地貌和气象因素等实际情况，以及可能受影响的范围；②污染事故影响敏感点，需要在事故可能对人类活动造成影响的饮用水源地、农田、农业灌溉区、渔业和禽畜养殖区、居民区、商业区等区域布设监测点位，以了解突发事件对人群健康可能产生的影响；③对照点，需要在未受事故污染物影响的区域布设监测点位。例如，大气应急监测的对照点应布设在事发现场的上风向，水体应急监测的对照点布设在事发现场的上游，土壤应急监测的对照点应布设在未受污染事故影响的、与污染源监控点相同土质的地区。

(三) 应急监测方案的审批和实施

应急监测方案获批后,就需要尽快启动应急监测,通过精准、快速和翔实的监测工作,为突发事件处理的决策部门提供有效的科学支撑。除了在平常加强应急监测的快速反应和技术能力建设外,在实施过程中也要注意以下几个方面:①应急监测人员在到达现场后,应根据事故发生地的实际情况来迅速划定监测采样地点、区域;②凡是具备现场检测条件的监测项目和指标,应在现场尽快测定,同时也可另采集一份样品送后方实验室检测,以核实现场定性或定量分析结果;③一般在突发性事件发生的初期采样频次要适当的增加,在摸清污染物变化和扩散规律后,可减少采样频次;④现场监测记录是应急监测结果报告的重要依据,故要严格按照规范记录和填写,保证信息的完整准确;⑤用于现场应急监测的仪器设备,出发前应检查并保证其处于良好的技术状态;⑥现场的应急监测人员要注意自身安全的防护,必须按规定正确穿戴必要的防护装备,采样监测工作要在确认安全的情况下展开,同时至少两人同行。

根据相关专家对现场获取信息和应急监测结果的分析和研判,环境保护等相关部门应及时向政府提出预警信息发布的建议,及时告知媒体和公众突发事件可能影响的范围和危害程度,并提出防护建议。

第四节　环境健康风险评估

环境健康风险评估是对环境污染引起的人体健康和生态危害的种类及程度,进行定性和定量描述的过程。管理需求、公众关注或发生突发事件等均需要进行环境健康风险评估,回答以下问题:①是否存在清晰明确的环境健康问题?②环境健康风险评估将如何帮助解决这些问题?③梳理出的问题是否在利益受到影响的人中体现?④如果目前的环境条件对人类存在健康威胁,有没有可供选择的改变生存条件的描述?⑤风险评估的范围是否被确定?需要考虑和不予考虑的要素是否清晰?如需要进行评估的要素包括压力源、污染源、暴露方式和暴露途径、人群、效应、暴露终点等。了解存在的问题,明确评估范围,早期识别出利益相关者,以及利益相关者的参与度等,对于开展环境健康风险评估都是非常关键的。本节将系统梳理环境健康风险评估的发展历程、现状和存在的主要问题。

一、环境健康风险评估的发展历程

国际上对健康风险评估的研究始于20世纪30年代,这一阶段采用毒物鉴定法对毒性较大的化学污染物进行急性毒性的定性和定量评价,说明暴露于某化学污染物可能会造成一定的健康风险。20世纪50年代提出了安全系数法,用于估算人群的可接受摄入量,随后研究者发表了几种定量方法用于低浓度暴露条件下的健康风险评估。70年代以后,环境健康风险评估研究进入了快速发展时期,并逐步形成了较为完善的评估体系。事故风险评估最具代表性的是美国核管会1975年完成的《核电厂概率风险评价实施指南》(WASH-1400)报告[10]。该报告系统地建立了概率风险评估方法。与此同时,世界卫生组织、美国国家科学院和美国环保署(USEPA)为环境健康风险评估工作的开展做了大量工作,第一个具有里程碑意义的事件,是1980年美国最高法院首次通过了美国职业安全与卫生管理局(occupational safety and health administration，OSHA）提交的，关于在现有的技术能力范围内限制工作场所中的苯暴露，以减少其对人体健康造成损害的法规，该法规要求在 OSHA 提交苯暴露会对人体健康造成明显损害的证明材料后，才能对工作场所中的苯浓度做出限值规定，但对于“健康明显损害”这一判定标准并未做出具体的说明。因此，急需开展定量的环境污染物暴露健康风险评估工作，为制定相关环境污染物的卫生限值提供依据。1981 年，美国国会批准 FDA 成立美国国家研究委员会（national research council，NRC）开展相关的风险评估工作。随着毒理学及相关学科的快速发展，使得科学家对化学物质造成健康危害的评估工作由定性研究向定量研究转变[11]。1983 年美国国家科学院出版的红皮书《联邦政府的风险评估：管理程序》，提出环境健康风险评估“四步法”，即：危害鉴定、暴露-反应关系评价、暴露评估和风险表征等，这一具有里程碑意义的研究成果，已经成为环境健康风险评估的指导性文件。随后，美国国家环保署根据红皮书制定并颁布了一系列技术性文件、准则和指南，例如 1986 年颁布的《致癌风险评估指南》《致畸风险评估指南》《化学混合物的健康风险评估指南》《发育毒物的健康风险评估指南》《暴露风险评估指南》，1988 年颁布的《内吸毒物的健康评估指南》《男女生殖性能风险评估指南》等[12,13]。20 世纪 90 年代以后，环境健康风险评估随着相关基础学科的发展而不断完善，USEPA 等也对之前出版的一系列相关技术指南进行了修订和补充，例如：1992 年重新修订了《暴露评估指南》，2005 年重新修订了《致癌风险评估指南》，同时又出台了一些新的指南和手册，例如：1998 年新出版了《神经毒物风险评估指南》和《生态风险评估指南》，1999 年出版了《大气中无机化合物测定方法汇编》，2000 年出版了《化学混合物健康风险评估的补充指导》，2009 年出版了《暴露参数手册：2009 版》等[14-18]。这些文件为有效开展环境健康风险评估工作和标准的制修订，以及采取进一步措施或政策制定，提供了科学的依据，已被欧盟、日本、中国等许多国家和国际组织采用。

除了美国环保署，世界卫生组织对环境健康风险评估的发展也起到了重要的推动作用[19,20]。1972 年的联合国人类环境会议和世界卫生大会上，有学者提出应该通过更加精准的方法来定量的描述环境污染物暴露对健康产生的影响，并为选择适宜的风险对策组合提供有效的技术支撑。因此，世界卫生组织环境健康基准（environmental health criteria，EHC）于 1973 年应运而生[19]。其建立的初衷是：①评估环境污染物暴露对人类健康影响之间的相关关系，并为设定健康基准提供技术支撑；②辨识新的或潜在的环境污染物；③加强有关环境污染暴露对人类健康影响的认识；④促进毒理学和流行病学方法在环境污染暴露对人类健康影响领域的协同发展，并建立具有国际可比性的结果。EHC 一直在扩展其在环境与健康领域的应用范围，不仅仅关注环境因素对人群健康的影响，而且越来越关注能够全面评价环境因素对健康的风险。1980 年为了进一步促进化学品对健康影响研究，联合国环境规划署（UNEP）、国际劳工组织（ILO）和世界卫生组织（WHO）共同建立了国际化学品安全项目（IPCS）。IPCS 的主要目标是研究化学品对人类健康和环境质量影响评价的相关内容[21]。研究方向包括流行病学、毒理学、实验室检测和风险评估方法等，并使得这些方法产生的结果可以进行国际比对。同时，IPCS 还开展包括发展应对化学事故的处置，协调实验室试验和相关流行病学研究，并支持化学品生物作用机制的相关研究。该项目进一步明确了通过国际同行评审的形式，为科学开展环境化学污染物暴露的健康风险评估提供依据，同时为加强各国对化学品健康管理的能力提供技术支撑。1995 年，在 1992 年联合国环境与发展会议精神指导下,由 UNEP、ILO、联合国粮食及农业组织(FAO)、WHO、联合国工业发展组织(UNIDO)和联合国培训和研究机构(UNITAR)和经济合作与发展组织(OECD)等联合建立了化学品健全管理组织间方案(IOMC),该方案进一步加强了国际间及国内各相关部门在环境化学品安全和人类健康领域的合作,并建立规范的程序以指导政策实施过程中的协调组织工作。

从 1976 年第一部环境健康标准专著出版开始至今,EHC 一直不断出版关于化学品和物理因素影响健康的评估专著,同时开展了大量关于遗传毒性、神经毒性、致畸性和肾毒性等毒理学方面的方法学研究,以及应用致癌物、生物标志物等指标评价环境污染物短期暴露对老年人群健康影响的人群分子流行病学指南等。

EHC 专著主要包括两种类型:①按照化学品名称或相关化学品组名称分类,来介绍环境污染物对人类健康影响的专著;②按照不同风险评估方法分类的专著。这些专著的目的旨在为环境中化学品、物理因素和生物媒介等对人群健康影响以及相关风险评估方法提供关键指引。因此,专著的相关结论均是基于筛选后的世界范围内发表和未发表的与环境污染物对人群健康影响和风险评估相关研究的原始数据和结果得出的。在这一过程中,已经公开发布的数据和研究作为首要引用数据,仅在未公开发布数据或者未公开数据对风险评估工作有重大影响的前提下才引用未发表的报告。1990 年世界卫生组织修订了《环境卫生基准》的编制准则,建立了一份详细的政策性文件,详细阐述了关于未公布数据的评价和使用程序,以便在不损害其机密性的前提下,规范和有效的使用未公布数据。在众多合作机构的大力支持下,EHC 出版的专著已经得到全世界各国相关机构和组织的使用和认可。

二、环境健康风险评估的应用

美国国家科学院和美国国家研究委员会经过反复研究,认为环境健康风险评估是研究和保护人群免受环境危害因素影响,以及为环境风险管理提供精准翔实科学依据的最合适的方法。因此环境健康风险评估已经在美国、欧盟的许多国家应用,并建立了较为完善的指南和配套的技术文件。本节将介绍美国、欧盟等环境健康风险评估发展较为成熟国家的环境健康风险评估应用情况,以及我国环境健康工作对风险评估的需求,希望开拓读者的视野,并为其实际工作提供思路。

(一) 美国

美国是环境健康风险评估体系较为成熟和完善的国家之一。1983 年美国国家科学院出版的红皮书《联邦政府的风险评估:管理程序》,提出环境健康风险评估“四步法”,1986 年美国 EPA 颁布了《健康风险评估导则》,涉及致癌性、致突变性、化学混合物和可疑发育毒物及暴露评估等 5 个方面的内容(51FR33992-34054),EPA 还建立了化学物质综合风险信息系统(IRIS),将化学物质分为具有致癌效应和非致癌效应两类,数据库中收录了 500 余种化学物质的致癌效应和非致癌效应毒理学数据[16]。1987 年,EPA 又成立了暴露评估模型中心(CLEM),专门对评估过程中暴露估算开展研究,并建立了不同来源或者不同介质中环境污染物水平的评估模型,例如 MINTEQA2、MMSOILS、3MRA 和 MULTIMES 等[21]。1988 年颁布了《内吸毒物的健康评估指南》《男女生殖性能风险评估指南》[12,13],1989 年颁布了《超级基金场地健康评估手册》[16]。在这些研究基础之上,EPA 制定和颁布了有关风险评估的一系列技术性文件、导则或指南,使得美国的环境健康风险评估体系基本形成。随着研究的深入 EPA 越来越关注儿童等易感人群的相关研究。2002 年,EPA 专门制定了《儿童暴露参数手册》,提供各年龄组儿童的暴露参数,并于 2008 年 9 月对外颁布。同时,EPA 还颁布了一系列相关影响因素的配套文件,如《美国社会人口学数据》《暴露参数概率分布发展可选方法》和《食品摄入分布》等,这些相关因素的配套文件对美国的风险管理和风险决策发挥了重要的作用。环境健康风险评估体系还将不断发展和完善,如果想获得更多的美国 EPA 的相关技术规范和文件,可以访问美国 EPA 官方网站:http://www.epa.gov/risk/health-risk.htm。

(二) 欧盟

1987 年,欧盟制定相关环境保护法规,并要求对可能发生化学事故的企业进行环境风险评估。1994 年,荷兰提出应开展环境污染健康风险评估技术方法方面的研究,探索环境污染物暴露人群健康影响和健康风险模型评估方法,并将该方法用于保护人群健康的环境基准的制定。2007 年在美国 EPA 研究基础之上,欧盟开发了适合欧洲居民特点的暴露参数,建立了暴露参数数据库(expofact)。由欧盟联合研究中心批准的欧盟化学物质风险信息系统项目(EIS-ChemRisks),建立了各种具体场景下的暴露模型(expomodels),成为欧洲各国开展环境暴露和风险评估的重要工具。英国于 1996 年建立了政府风险评估和毒理学科学研究委员会,负责回顾已有的化学品环境健康风险评估成果,包括食品污染物、食品添加剂、农业相关污染物以及空气污染物等多种污染物,并在此基础上继续推进环境健康风险评估的开展。随后建立了相关规范将健康风险评估分为 4 步:辨识可能产生潜在不良健康效应的化学品(危害识别);获得危害的定量信息及剂量-反应关系(危害特性);化学品暴露评估(暴露评估);暴露比较和危害信息(风险特性)。该项目首创性的将跨部门管理的多种环境污染物的健康风险评估工作放到统一的综合评估框架下,促进多部门协调合作,共同推动环境健康风险评估工作的开展。同时英国也建立了环境污染物的相关污染信息网和评价模型,食品农业事务部和环境署共同提出了污染场地对人类健康的风险评估科学框架等。2002 年,英国环境署发布了《污染土地暴露评估模型:技术基础和算法》、《污染土地管理的模型评估方法》等系列技术文件[22]。如今,英国已经建成由毒理学委员会(committee on toxicity, COT)、环境健康研究所(institute for environmental health, IEH)和化学品健康风险跨部门合作小组(interdepartmental group on health risks from chemicals, IGHRC)等多部门协调合作的环境健康风险评估体系,并且由英国健康与安全部(health and safety executive, HSE)出版了大量关于化学品安全、工作场所风险管理以及环境健康风险管理和决策等方面的导则和工作手册[23,24]。

(三) 中国

我国从 20 世纪 80 年代末开始,一些介绍健康风险评估的文章和书籍陆续出版,不仅引入了健康风险评估的基本概念和主要步骤,而且介绍了国外健康风险评估的研究成果,对推动我国环境风险管理起到了重要作用。1990 年国家环保总局颁布了“要求对重大环境污染事故隐患进行环境风险评价”的 057 号文件,要求我国重大项目的环境影响评价报告中需要开展环境风险评估,同时世界银行和亚洲开发银行贷款项目的环境影响评价报告中必须包含有“环境健康风险评估”的章节。2007 年科技部将“环境污染的健康风险评估与技术研究”列入“十一五”科技支撑计划重点研究项目,同年原卫生部等 18 部委联合发布的《国家环境与健康行动计划(2007—2015年)》,明确将"开展环境污染健康危害评价技术研究"作为行动策略之一。2008年中国环境科学学会和北京大学医学部公共卫生学院联合发布的《环境影响评价技术导则人体健康(征求意见稿)》中将美国综合风险信息系统(IRIS)数据库推荐为主要参考资料[25]。2010年1月,中华人民共和国环境保护部(简称环保部)和中国保险监督管理委员会联合发布了《环境风险评估技术指南——氯碱企业环境风险等级划分方法》。环保部2014年颁布了《污染场地风险评估技术导则》和《企业突发环境事件风险评估指南(试行)》,2017年颁布了《建设项目环境风险评价技术导则(征求意见稿)》。在暴露评估方面,环保部"十二五"环境与健康工作规划中将"发布《中国人群暴露参数手册》作为主要任务",并于2013年12月出版了该手册,为暴露评估提供了可借鉴的统一标准。

近年来"京津冀"等地区环境污染事件频发,环境健康风险评估工作越来越受到政府重视。2017年2月环境保护部印发的《国家环境保护"十三五"环境与健康工作规划》提出继续以"立足风险管理是环境与健康工作的核心任务"为理念,同时推进重点区域和重点行业环境与健康调查,探索构建环境健康风险监测网络,把我国的环境健康风险评估工作放在优先发展的战略地位上。一些大学和科研院所的研究人员,利用环境健康风险评估方法,也逐步开展了对大气、水等介质中化学污染物的危害评估。

三、环境健康风险评估存在的主要问题

当为实现特定目标制定政策时,可以利用环境健康风险评估的结果,帮助决策者选择最安全的方案。但并不是什么情况下都需要进行环境健康风险评估,在以下情况下,进行风险评估是不恰当的[26]:①没有数据或没有足够量的数据时;②当健康和其他领域的专家清晰地认为几乎不存在潜在健康风险时;③存在风险,但已有的研究已经给出了明确的证据,可以基于证据给出建议,不需要进行复杂的评估时;④当没有能力采取行动,或采取行动已经太晚了,无法避免风险发生时;⑤缺乏资源,无法开展环境健康风险评估时;⑥提出通过环境健康风险评估采取的措施不被社会接受时。

无论是风险评估者,还是结果使用者,或管理者都应该认识到,风险评估不可能永远提供引人注目或决定性的结果。目前国际上认为风险评估还存在以下问题:

1. 关于缺省值或假设　由于一系列不切实际的缺省值,如缺省值太过保守或不够保守;或关于混合物假设的错误,均可能导致风险被严重夸大或低估。但如果使用缺省值或假设过于严格,又会造成在特定情况下数据不可用。

2. 关于混合污染物之间的相互作用以及个体之间响应　混合污染物之间的相互作用以及暴露人群个体之间响应的差异通常是未知的,在评估过程中,这些因素均可能考虑不足。

3. 对人群的暴露特征和敏感性　进行风险评估时,通常对人群的暴露特征和敏感性限定较差。

4. 关于风险评估的不确定性　风险评估的不确定性通常没有进行恰当的描述,如不承认特定点估计的不确定性,使用过于简单化上限的不确定性等。

5. 过分强调某些有害效应,而忽视其他健康效应　如强调癌症风险可能会忽略生殖和发育等方面的其他有害效应。

6. 过分强调风险评估的过程而不是内容　在一些情况下，缺乏足够的科学知识以进行可靠的风险评估。

7. 对风险评估过程的分配不恰当　将大量的精力投入到评估模型上，而忽视了收集更相关和可信的证据，以及对数据的核查和质量评价。

8. 用风险评估证明污染在持续或增加，以至于非常渴望获取预期的和及时的结果。

我国的环境健康风险评估起步较晚，这项工作的综合性又很强，在实际应用中还有待不断发展和完善。首先，风险评估需要利用多部门的监测数据，各类专业和管理人员参与，但我国目前尚未建立有效的多部门合作和数据共享机制；第二，尽管不同部门已经建立了各种监测网络，开展了多年监测工作，但监测数据质量还有待于进一步加强；第三，我国目前对于环境健康风险评估的技术文件还比较缺乏；第四，环境健康风险评估中直接使用发达国家或国际组织推荐的模型和参数，在模型适用条件、参数选择等方面，还需要根据我国实际情况进行完善；第五，对环境健康风险评估不确定性缺乏描述，也是我国利用风险评估结果时需要关注的主要问题；第六，公众、利益相关者等对环境健康风险评估的知晓度和参与度较低，他们的共同参与可以有效提高透明度；第七，我国的环境健康风险评估多以死亡率、发病率等指标作为健康结局，而针对环境污染造成的亚临床症状，婴幼儿、儿童、孕妇等特殊群体相关健康效应的评估较少，需要加强这些方面的研究。

第五节　环境健康风险管理与对策

风险评估的目的是为风险管理者(特别是政策制定和监管者)提供详细的信息和技术支撑，以便其做出更好的决策，即制定法律法规、政策、控制或干预措施等，进行风险管理，最大程度减少环境健康风险。风险评估和风险管理既相互独立，又有内在的联系。一项全面的风险评估可以提供给风险管理者一套针对识别出风险的管理措施，以帮助管理者确定成本效益最佳的行动。风险评估过程应该是清晰和透明的，做出决策应形成清晰的文件。正式记录应简洁、清晰、全面，包括对影响风险评估质量关键数据的总结。风险评估信息只是用于决策的各种信息中的一种，风险管理决策不仅需要依据风险评估结果，选择项目、行动，及实施的过程；还需要考虑其他影响因素，包括社会、政治、经济及科学、技术等，尤其是决定管理策略是否调整，及调整程度时，更需要综合考虑各方面的因素，对费用的容忍度与合理性做出判断。

一、风险管理要素

风险管理就是在降低风险的收益与需要花费成本之间进行权衡并决定采取何种行动或措施(包括决定不采取任何行动或措施)的过程。风险管理的基本目标是以最小的成本收获最大的安全保障。

澳大利亚和新西兰联合颁布的 AS/NZS ISO31000：2009 risk management-principle and guidelines 风险管理的原理和指导方针[1]，给出了风险管理框架中的重要要素：①需要对机构承担实施的已有的或新的风险管理计划和政策进行全面评估；②提供政策制定过程的可承受性和透明度的说明；③确保测定和报告风险，以及减轻风险的程序等资源的可用性；④建立内外交流和报告的机制；⑤确保有合适的审计过程评价风险管理策略的适合性；⑥提供有效程序收集、持续改进和反馈信息；⑦在所有风险管理计划和策略的实施阶段，建立监测和审查程序。

风险管理者应努力做到：形成可靠的、目标明确的、实事求是的系统分析；独立展示风险管理各要素的信息；通过清晰、科学描绘全部评估过程的优势、不确定性、假说和影响因素（如可信限、保守和非保守的假定的应用），解释每一项评估的可信性。

二、风险管理的预防性原则

作为国际环境法的基本原则之一，风险预防原则已经得到了广泛应用。在适用风险预防原则的过程中，需要遵循以下 3 个方面的要件：①适用风险预防原则的前提条件，包括风险阈值和科学不确定性的确定；②依据风险预防原则进行决策的过程中需遵循的要件，包括成本效益分析以及根据不同的风险水平采取适当的预防措施；③执行风险预防措施的过程中需遵循的要件，包括对措施的后期审查及相关科学信息的收集。

风险管理过程应考虑预防性原则，预防性原则可以用来管理风险评估的不确定性，通过提供环境破坏导致的严重或不可逆威胁的性质和程度的信息，以及与各种风险管理相关的选项，确定可接受的风险。可接受的风险是一个管理术语，依赖于科学数据、社会、经济、政治因素，以及对危险因素暴露的感知。风险管理者需要理解普通人对风险的认知，与专业人员的科学认知是完全不同的，这一点也很重要。情感因素常常支配对风险的认知，尤其是当风险超出了个人的控制能力，并可能影响其家人和亲戚时。可接受的风险是指在一定条件下暴露某危险因素，实际上不出现不良反应，也就是说是相对安全的。安全与风险密切相关，安全并不要求零风险，零风险也是没有实际意义的。

三、风险交流

风险交流（risk communication）又称风险沟通，1989 年美国国家研究院风险认知与交流委员会出版的《改善风险交流》[27]一书中给出的定义是个体、群体及机构之间交换信息和看法的互动过程；这一过程涉及多方面的相关信息，如风险的特性、严重程度、可接受的风险和采取的措施。它不仅直接传递与风险相关的信息，也包括表达对风险事件的关注、意见和响应的反应，还包括发布国家或机构在风险管理方面的法规和措施等。这说明风险交流的对象主要是政策的决策者和公众。一方面，风险交流可以提醒或警告公众或决策者，应注意现存的某种他们尚未充分意识到的危险；另一方面，也可以告诉公众和决策者对某种并不严重的危险不必过分夸大和紧张。

有学者认为风险交流主要经历了 3 个阶段。第一阶段：没有将公众纳入其中的“前风险交流阶段”，即尚无风险交流的阶段。起初的风险管理工作中并没有风险交流这一步骤，因为此阶段的环境管理是以相关政府部门和风险评估专家为主体的。他们认为风险管理是政府和专业人士的职责，只要将环境健康风险的影响控制在一定范围内，就没有必要向公众告知风险。第二阶段：单向告知受众信息的“决定、宣布、辩护（decide，announce，defend）”线性模式。20 世纪 80 年代中后期，西方国家环境保护和全民健康意识的觉醒引发了许多环保主义运动，环保人士认为环境政策的制定忽视了公众的参与。为此，1983 年美国国家环境保护局局长卢克希斯提出“在环境风险管理中必须以公众知情和公众参与作为基本原则”这一理念;欧盟委员会也于1982年颁布“洗沃索指令”(post-seveso directive),要求欧盟国家在重大灾难发生时,各国政府有必要让灾区民众知道如何防范,以达到减轻伤亡的目的。1986年美国第一个环境风险交流研究计划在罗特格斯大学建立,并于7月在华盛顿召开了美国首届“风险交流研讨会”。此时,风险交流逐渐被西方国家所重视,正式成为风险分析、决策和管理中的组成部分。第三阶段:公众参与互动的“过程导向”模式(process-oriented)。随着工业化进程的不断加快,环境健康风险问题变得日益突出和复杂,这使得环境健康风险评估工作面临新的挑战,如专家对监测数据的不一致解释,常导致风险估计结果存在很大差异,而学术界的争议,进一步造成普通公众对于研究结果的质疑,以及对信息来源的不信任,使得风险交流出现较为严重的危机。这些现象表明,风险交流不能只依靠政府或者权威机构单向发布信息,而要积极纳入公众的参与和互动,及时关注公众的风险认知并反馈,共同完成环境健康风险应对。因此,《改善风险交流》一书提出双向交流的“过程导向”模式,把公众当作共同面对和应对环境风险的伙伴,而不是旁观者或对立面。目前该模式在具体实施过程中还存在许多问题和困难,但仍是欧美各国和主要国际组织进行风险交流的主导方式。

有效的风险交流应该使受到影响的当事人在认知上达到高度一致;应该使政府和企业更好地理解公众的感知,更容易预期社会的反应。有效的交流需要各方相互信任。任何有关事实信息的呈现都应该是正确的,相关的不确定性也必须定性和定量表达,更有效地解释风险,建设性地通知公众。另外,维持风险交流必须恪守承诺,保证提供需要的信息和承诺,应保证发布信息的一致性,公开、共享信息。风险交流应坦诚,语言应简洁,对公众所关心的问题讲述应清楚明确,对公众或媒体提出的问题应直接给予回答,应将科学的表达转换为媒体或公众能够理解的语言。风险交流之后应及时评定交流效果。

四、风险控制

风险控制是指采取措施消除或者减少风险发生的因素,来达到减轻风险事件发生时的损失或降低风险事件发生概率的目的。环境健康风险控制指的是将环境健康风险评估的结果运用于环境监管与人群防护或干预的过程,一方面通过加强和完善相关法律法规和监管,严格控制环境污染状况;另一方面通过广泛开展环境健康风险防范教育活动,指导公众实施各种公共卫生干预措施,阻断污染物进入人体的途径,增强人群防护意识;建立人群健康风险预警体系,以预防和减少环境污染对人群健康的危害。同时,风险控制措施的制定还应当综合考虑人口、社会和经济等因素。

风险控制的手段主要包括两个方面:一是针对污染物减排和环境质量的,在环境健康风险评估的基础上,制修订我国的环境质量基准和标准,制定环境污染物减排政策和措施,同时加强监管。我国现行的各类环境标准主要是参照美国、WHO、欧盟等国家和国际组织的标准或准则制定的,需要利用我国环境质量监测和人群健康影响监测数据,进行环境健康风险评估,并在此基础上确定环境质量目标、制定相关环境质量基准和质量标准。环保部门制定了严格的环境污染物减排政策和措施,但环境质量是否能够达到标准,关键在于对排污企业的严格监管,对未按照减排量要求排放及其偷排的企业,需要加大处罚力度;另外,需要不断改进生产工艺,提高环境污染综合防治技术,更加有效地控制污染的产生。二是评估人群暴露环境污染产生的疾病负担，即量化环境污染造成人群出现不同程度健康效应、罹患疾病，甚至过早死亡等的健康经济损失，科学预估削减污染所取得的健康收益，将健康纳入所有政策的制定中，为环境健康风险管理的最优化决策提供支持。

（刘 柳 徐东群编，徐东群审）

参考文献

[1] ISO.ISO/FDIS 31000:2009(E) Risk Management-Principles and guidelines[S].2009.

[2] 于云江.环境污染的健康风险评估与管理技术[M].北京：中国环境科学出版社，2011.

[3] 白志鹏，王珺.游燕.环境风险评价[M].北京：高等教育出版社，2009.

[4] 宋永会，彭剑峰，袁鹏.环境风险源识别与监控[M].北京：科学出版社，2015.

[5] 李党生，付翠彦.环境监测[M].北京：化学工业出版社，2017.

[6] 徐东群.空气污染对人群健康的影响数据清洗及评价方法[M].武汉：湖北科学技术出版社，2016.

[7] 俞继梅.环境监测技术[M].北京：化学工业出版社，2014.

[8] 何长顺.突发性环境污染事故应急处置手册[M].北京：中国环境科学出版社，2011.

[9] 奚旦立.突发性污染事件应急处置工程[M].北京：化学工业出版社，2009.

[10] NRC.The risks of nuclear power reactors.Review of the NRC WASH-1400 study[M].Cambridge University Press, 1977.

[11] EPA. Science and Decisions: Advancing Risk Assessment[J]. Risk Analysis, 2010, 30(7): 1028-1036.

[12] EPA. EPA/630/P-03/001B Guidelines for carcinogen risk assessment[S]. Washington, DC: 2005.

[13] EPA. Guidelines for the Health Risk Assessment of Chemical Mixtures[J]. Federal Register, 1986, 51(185): 34014-34025.

[14] EPA. Guidelines for Ecological Risk Assessment[J]. Federal Register, 1998, 61(4): 501-507.

[15] EPA. Guidelines for Exposure Assessment[J]. Federal Register, 1992, 57(104): 22888-22938.

[16] EPA. EPA 540/1-90-002 Risk assessment guidance for superfund . Volume I-human health evaluation manual (Part A)[S]. Washington, DC: 1989.

[17] EPA. EPA 560/5-85-004 Methods for assessing exposure to chemical substances. Volume 4: methods for enumerating and characterizing populations exposed to chemical substances[S]. Washington DC: 1985.

[18] EPA. Guidelines for exposure assessment notice[EB/OL]. https://www. epa. gov/sites/production/files/2014-11/documents/guidelines_exp_assessment. pdf.

[19] WHO. Environmental health criteria 234: elemental speciation in human health risk assessment[R]. 2006.

[20] WHO. Evaluation and use of epidemiological evidence for environmental health risk assessment: WHO guideline document[J]. Environmental Health Perspectives, 2000, 108(10): 997-1002.

[21] WHO. IPCS risk assessment terminology: Pt. 1: IPCS/OECD key generic terms used in chemical hazard/risk assessment. -pt. 2: IPCS glossary of key exposure assessment terminology[R]. Geneva: World Health Organization, 2004.

[22] Pollard S J, Yearsley R, Reynard N, et al. Current Directions in the Practice of Environmental Risk Assessment in the United Kingdom[J]. Environmental Science & Technology, 2002, 36(4): 530.

[23] Tenkate T. Environmental Health Risk Assessment: Guidelines for Assessing Human Health Risks from Environmental Hazards [Book Review][J]. 2002, 2(3).

[24] InstituteforEnvironmentandHealth. Guidelines for environmental risk assessment and management-revised de-

partmental guidance[J]. Clermont Ferrand, 2000, 4(49): 265-281.

[25] 环境保护部环境工程评估中心. 环境影响评价技术导则与标准:2013 年版[M]. 北京:中国环境出版社,2013.

[26] The Environmental Health Standing Committee. Environmental health risk assessment: Guidelines for assessing human health risks from environmental hazards[R]. 2012.

[27] National Research Council. Improving risk communication[M]. National Academy Press, 1989.

第二章

空气污染人群健康风险评估程序

第一节　基于空气污染物毒性的健康风险评估程序

本节所介绍的风险评估程序是以化学污染物毒性为切入点，基于毒理学数据资料，通过特定的方法，推算出人群健康风险。对于单一污染物暴露的剂量-效应关系评价，并未考虑不同地域的人群特征，对于混合污染物暴露的剂量-效应关系评价，也只能确定具有相同毒性机制和毒理学效应的一类化学污染物，对其剂量进行加和。故本章的风险评估与利用空气污染对人群健康影响监测获得数据不同，仅仅是利用动物实验或人群试验数据，针对污染物本身毒性开展的人群健康风险评估。

评估开始之前，应首先收集目标化学污染物相关数据。基于已知化学污染物毒性的风险评估主要是收集已有的毒理学数据，如世界卫生组织空气质量数据库（international health organisationair quality database，IHOAQD）中关于空气污染的数据资料，WHO和世界劳工组织（international labour organisation，ILO）的空气污染报告，毒理学文献在线［toxicology information online（data bank），TOXLINE］中动物实验和人体试验资料等；如果已有数据库中资料较少甚至没有资料，则需要对国内外目标化学污染物相关的零星文献进行搜集和系统归纳整理，再在此基础上开展风险评估，具体评估方法见第三章第二节。

空气污染物种类多样，形态各异，各类污染物浓度、毒性效应各异，本节将从有阈化学污染物、无阈化学污染物、混合暴露3种情况分别介绍基于空气污染物毒性的健康风险评估程序。

一、有阈化学污染物风险评估程序

一种空气化学污染物的浓度或剂量低于某一阈值不会产生有害效应，高于该阈值则产生有害效应，这类空气化学污染物被称为有阈化学污染物[1]。目前，一般认为有阈空气化学污染物的剂量-反应关系曲线是S型的，阈值在曲线上是一个理论上的数值，实际实验中阈值很难测到甚至基本测不到，故对有阈空气化学污染物进行风险评估时通常用未观察到有害效应的水平（no observed adverse effect level，NOAEL）作为阈值的近似值[1]，由于同一种空气化学污染物在不同效应、不同暴露时间（急、慢性）、不同受试对象的情况下阈值都会不一样，故对其进行风险评估时必须说明其有害效应的作用条件。

（一）危害识别

和所有风险评估程序一样，危害识别是有阈空气化学污染物风险评估的第一步，危害识别包括收集和评估目标空气化学污染物的流行病学和毒理学相关资料，流行病学数据最重要，其他数据的重要性依次为毒理学动物体内研究数据>毒理学体外研究数据>根据构效反应关系计算机拟合数据[2]。有阈空气化学污染物的危害识别应完整的搜集其系统毒性资料，如致敏性、生殖毒性、发育毒性、细胞器官病理损害等，并注意同一化学污染物不同的毒效应会有不同的阈值。另外，还需要考虑特定种群暴露的毒性作用数据是否对在类似暴露情况下的其他种群具有借鉴意义[1]。

（二）暴露评估

有阈空气化学污染物暴露评估包括外暴露和内暴露两种情况，外暴露一般通过测量人群所处环境空气中污染物的浓度获取，需要了解污染物的来源是室内还是室外，固定点还是移动点，污染源的排放量（$\mu g/m^3$），排放途径，迁移、转化、降解等规律，暴露时间是小时、天、周、月还是年，暴露频率是间歇还是持续，暴露人口数量等[3]。对于新发现的化学污染物，暴露评估只能通过预测来获得。外暴露评估往往由于缺乏污染源的排放、传输及污染物随地域变化的情况等，具有很大的不确定性。

内暴露更能反映真实的暴露情况，但是数据也较难获取，一般需根据人体生物标志物（如生物样品中污染物的原型或代谢产物等）来确定或根据外暴露量进行推测（内暴露剂量=外暴露量×摄入或吸收率）[1,4]。此外，还需要了解关键代谢机制或过程（例如药代动力学），才能对内暴露有较为准确的估计[3]。

（三）剂量-效应（反应）关系

剂量-效应和剂量-反应是指某种化学污染物作用于生物体的剂量，与引起某种生物效应的强度或发生率之间的关系。严格来说，剂量-效应关系指的是暴露于某种化学污染物后，在其特定剂量下对应的生物个体所发生的生物学变化；剂量-反应关系则是指暴露于某种化学污染物后，在其特定剂量下，特定生物群体中出现某种生物效应的个体在群体中所占的比例[1,5]。所以，无论是空气污染物的潜在急、慢性毒性还是某个化学污染物的毒性强度，都应该从其剂量-效应关系开始研究，化学污染物的剂量-效应关系是研究其毒理学效应的基础。

化学污染物的毒理学效应可以分为有阈效应和无阈效应两种，有阈效应可以推导出无效应水平（derived no-effects levels，DNELs），无阈效应可以推导出最小效应水平（derived minimal effects levels，DMELs）[6,7]。

通过化学污染物的暴露水平和健康效应可以确定该化学污染物的 DNELs，一般由相应的健康效应值除以相关经验性评价因子可得到最终的 DNELs。在环境毒理学研究中，常用的实验毒性剂量描述有：未观察到有害效应的浓度或水平［no observed adverse effect concentration（level），NOAEC（NOAEL）］、半数致死剂量（lethal dose 50%，LD_{50}）、半数致死浓度（lethal concentration 50%，LC_{50}）等[1,4,8]，一般剂量主要来自动物实验或计算数据，所以必须使用经验性评价因子来外推人体暴露情况。

有阈效应的剂量-反应关系是估测化学污染物在一定剂量或浓度下，不产生毒性效应或不良效应时，得出的 NOAEL［mg/（kg・d）］。一个 NOAEL 对应一个效应终点，其值可在零和可检测影响幅度之间的任何一点变化。DNEL 是在考虑目标化学污染物的数据和暴露人群的不确定性情况下，对于特定途径、方式、时间、频率等暴露场景下的无不良效应水平（NOAEL）的推算值。

推算 DNEL 时，考虑的因素有很多，如种内差异、种间差异、暴露途径、剂量-反应关系的可靠性、混杂因素等问题；一般通过评估因子（assessment factors，AFs）单独处理各类因素带来的不确定性和差异,然后综合每个评估因子计算出总的AF,用于修正推算过程中所涉及的不确定性。

NOAEL的可检测影响幅度取决于使用动物的数量,当减少动物使用时,该值会偏高,而使用动物越多,该值就越适当。此外,NOAEL只能是实验设计剂量范围中的某一剂量,如果剂量设计并未涵盖NOAEL,则此次实验是推算不出NOAEL的。这两点都意味着NOAEL强烈依赖于研究设计(剂量和动物数量)。

(四)危险特征分析

根据前3步获得的资料和数据,对目标化学污染物可能对人群造成的健康危害以及严重程度进行综合评价,同时考虑不确定性。对于有阈化学污染物,参考剂量(reference dose, RfD),即NOAEL,对应的可接受危险度水平为10^{-6},可与人群总暴露量估计值(estimated exposure dose,EED)一起计算人群终身暴露风险,计算公式为:$R=(EED/RfD)\times10^{-6}$。另外有阈化学污染物还可以计算出人群终生超额风险和人群年超额风险[1,6]。

二、无阈化学污染物风险评估程序

无阈化学污染物指的是只要该污染物存在,不管剂量多低,高于零的任何剂量都能产生有害效应[1]。遗传毒性致癌物和致突变物都属于无阈化学污染物。空气污染物中有多种无阈化学污染物,如苯并[a]芘、多氯联苯类、双酚A等,对人类及动物的危害极大。这类化学污染物没有阈值,只能用可接受的风险来估计剂量,即低于此剂量能使超额癌症发病率低于10^{-6}(99%置信限)[8],换句话说,只能用100万人中癌症超额发生低于1人的剂量来评估该化学污染物的风险。

(一)危害识别

无阈化学污染物和有阈化学污染物一样应该完整的收集其毒性数据资料。对于现存的无阈化学污染物,主要是查找该化学污染物的现有毒理学资料,如毒理学数据库等,确定其是否具有致癌、致畸、致突变性等[9]。对未知化学污染物,应该通过相关试验收集并积累资料。一般来讲,常用短期毒理学试验组合(如鼠伤寒沙门菌/回复突变实验、体外哺乳动物细胞微核实验等)和长期动物染毒实验等方法,也可收集相关案例。此外,还可将该化学污染物与已知致癌物进行分子结构比较,如果其分子结构与已知致癌物相似,根据构效关系理论,通常认为该化学污染物可能具有致癌性。程序上一般先进行筛选试验(如急性毒性试验),继而进行致癌性预测试实验(包括慢性染毒实验,“三致”实验等),进而进行确定性测试(如毒性机制研究),最后进行监测性研究(以确保在实际条件下的安全性)[10]。对已知或未知化学污染物的资料进行评估后,将动物和人类资料根据证据的程度进行分组,最终确定污染物的致癌强度等级[1]。另外,收集已知或未知化学污染物零星文献资料时,应该重点对“三致”特性进行记录和归纳,如遇不同分级,应对不同来源资料进行溯源和追踪,并进行信度评分,最终归纳出该化学污染物的致癌强度[11],具体方法将在后续第三章第二节进行讨论。

(二)暴露评估

无阈空气化学物暴露评估与有阈空气化学物暴露相同,也包括外暴露和内暴露评估,前面已经进行了详细的描述,此处不再复述。但对于无阈化学污染物风险评估,一般计算终生日平均暴露量,计算公式为

日平均暴露量=总剂量/(体重 * 终生时间)[13]

总剂量=污染物浓度×吸收或摄入率×暴露持续时间[13]

（三）剂量-效应关系

无阈化学污染物没有阈值，可能在低浓度下仍然有毒性作用，其剂量-效应关系曲线一般为直线型。对于这类化学污染物，其剂量-反应关系着重评价长期暴露的情况，评价的动物实验有传统的致癌实验、遗传修饰动物（如 P53+/-小鼠模型、TG/AC 模型、K6/ODC 模型等）致癌实验和其他体内致癌实验等[6]。因为不能确定无阈值化学污染物的 NOAEL，所以只能推导出 DMEL，即与低风险相应的最小暴露水平[9]。

通常推导 DMEL 有 3 个主要的半定量方法：一种是“线性化”法，其推导的 DMEL 值基本上可以避免风险效应（如癌症）出现的暴露水平。当癌变过程是一连串的毒理随机事件时（如 DNA 加合物的形成、基因点突变等），可以认为低剂量区剂量与肿瘤概率成正比，换句话说，可以假设目标化学污染物的效应终点（如肿瘤）的形式与其暴露呈线性剂量-反应关系，此时可以采用线性化法推导 DMEL。第二种为基准剂量（benchmark dose，BMD）法，BMD 法是通过剂量-反应模型和检测资料拟合估计得来，能为每个肿瘤类型的发生率建立模型，BMD 的下限（benchmark dose lower confidence limit，BMDL）是指 BMD95%置信区间的单侧下限，即较低置信限。BMD 是用一个非零影响值 BMDL 作为零效应的替代，是有阈化学物剂量-反应关系推算方法（NOAEL 法）在无阈化学物中的替代，其计算方法与 NOAEL 类似。第三种方法是“大评估因子”法，该方法是欧洲食品安全局科学委员会（european food safety authority committee，EFSASC）为评估食品污染物的致癌风险所提供的另一种表征和评估致癌风险的方法。与推导阈值效应 DNELs 的总评估因子法相似，其推导的 DMEL 表示可以避免癌症效应出现的暴露水平[6]。这 3 种形式采用相似的风险外推和风险评估的主要参数，可依据实际情况选择采用，具体计算方法请参考第四章第一节。

（四）危险特征分析

无阈化学污染物的危险特征分析主要指的是致癌物的风险特征表征，与有阈化学污染物不同，无阈化学污染物可以计算出人群终生患癌超额风险和人均患癌年超额风险等。

在无阈化学污染物危险特征分析上，世界卫生组织国际癌症研究机构（world health organization/international agency for research on cancer，WHO/IARC）对化学污染物引起的癌症风险评估是国际公认的权威资料，根据前面 3 步的资料和数据，最终可以将无阈化学物分为以下几大类：

组 1：对人类是致癌物；

组 2：对人类可能是致癌物；

组 2A：对人类很可能是致癌物；

组 2B：对人类有可能是致癌物；

组 3：现有证据不能对人类致癌性进行分类；

组 4：对人类可能是非致癌物[1]。

三、混合暴露的风险评估程序

空气污染暴露本身就是混合暴露。传统的健康风险评估方法通常使用一个固定剂量作为单一化学物质的毒性数据资料。然而，实际暴露中，化学污染物的种类和数量每时每刻都有可能同时或连续地发生变化。评估这种复杂情况对毒理学家和风险评估专业人员来说无疑是一个挑战。另外，一个更重要的挑战是确定低剂量暴露的情况下有无可能发生相互作用以及确定组合风险是相加作用、协同作用还是拮抗作用。所以，相对于单一污染物的风险评估来说，混合暴露的风险评估较为困难。

化学污染物混合暴露的风险评估早已引起重视。1996 年，美国食品质量保障法将相加和累积作用列入了环境健康风险评估方案中，此方案促使累积和总体风险评估系统软件模型(cumulative and aggregate risk evaluation system，CARES)的开发，2002 年，美国环境保护署(U. S environmental protection agency，U. S EPA)确定了第一个关于累积风险评估申请的指导性文件，2009 年，欧盟也发表了对混合物进行综合风险评估的报告[8]。欧洲食品安全局(European food safety authority，EFSA)和挪威的食品安全科学委员会(Norwegian scientific committee for food safety，NSCFA)关于化学污染物联合作用和累积风险评估的研讨会意见表明，混合暴露风险评估首先需要确定同时暴露并具有相同毒性机制和毒理学效应的一类化学污染物；U. S EPA 认为这类污染物应该能通过相同的生物学机制在相同的靶器官产生相同的毒性效应[12]。在此基础上，利用不同计算方法对该类化学污染物进行风险评估。以下是 5 种常用的化学物混合暴露健康风险评估的方法简介。

（一）选择代表性化学物进行混合暴露风险评估

这些测试允许选择混合暴露中有代表性的化学物质，将其中 2 种或几种化学物质按暴露情况进行混合，评估混合物的综合毒性。可以在常规的体外毒理学试验系统中直接测试。由于毒理学实验过程中混合物可能已经经历了浓缩步骤，这种方法与常规单一化学测试同样面临着由高到低的剂量外推问题。当然，浓缩步骤也可能增加观察到在较低剂量下可能观察不到的相互作用。这种方法的明显限制是不可能检测到混合暴露中相关化学物质的所有组合毒性。另一个问题是，在实际环境中，由于化学物质的降解，混合物的毒性效应可能随时间发生变化。这些问题并不是"代表性"混合物测试方法所独有的，基于单一化学毒性数据的环境数据的解释也需要考虑暴露中的时间和通路因素变量[8]。

（二）毒性当量因子方法

这种方法的基本假设是，混合物中各种化学物质的毒性贡献可以通过以标准或参考化合物的浓度或剂量的形式表达。通过与毒性当量因子(toxicity equivalence factor，TEF)相乘，基于相对毒性效力来调节每种成分的量[13]。TEFs 的推导是基于对各个组分的相对强度系数(relative potency factor，RPF)来计算的。

毒性当量因子方法使用以下公式计算混合物中各个组分的剂量：

$$D_{sum}=D_1*TEF_1+D_2*TEF_2+D_3*TEF_3\cdots D_n*TEF_n \quad [12] \qquad （式 2-1）$$

或

$$D_{sum}=D_1*RPF_1+D_2*RPF_2+D_3*RPF_3\cdots D_n*RPF_n \quad [12] \qquad （式 2-2）$$

D_{sum}表示总毒性当量(total Toxicity Equivalents，TEQ)，D 表示受试物的剂量或浓度。

这种方法使用的前提条件是该组化学物质具有共同的毒理学效应和毒性作用机制[8]。最有名的使用 TEF 方法的例子是"二噁英类"化合物，该类化学物质家族的起始毒性通常与常见的细胞内受体(芳香烃受体等)结合起来，激活下游基因导致多种细胞事件(如纤维素酶增殖和分化，生长因子和激素的调节)。

TEF 方法有一些关键的局限性。由于是假定 TEF 类中的化学物质具有相同的毒理学效应和毒性作用机制，因此假定毒性应该是剂量互补的，没有显著的相互作用(例如受体拮抗作用)，并且这些化学物的毒理学效应是基于类似的实验设计和观察终点。另外，基于相对简单或短期终点的 TEF 可能不能反映长期毒性，因为组织分布、解毒等的差异可能改变或混淆相对的效力估计。比如在二噁英类化合物的风险评估中，TEF的计算实际上是基于短期和中期暴露终点的复合物，并不是所有这些评估都与终生暴露毒性（如癌症）严格相关[8]。

（三）危害指数法

这种方法是最常用的健康风险评估方法。用实际暴露剂量与健康基准值（如每日允许摄入量（acceptable daily intake，ADI）或总摄入量（total daily intake，TDI）相比的比率来计算混合物中单个成分的贡献。将个体总和相加得出危害指数（hazard index，HI），就可以对混合物中所有组分的风险进行总体估计[13]。计算公式如下：

$$HI = Exposure_1/RfD_1 + Exposure_2/RfD_2 + Exposure_3/RfD_3 + etc^{[12]} \quad （式 2\text{-}3）$$

RfD：Reference Dose，表示参考剂量，如ARfD，ADI等

RfD本身包含了主观加入的不确定因子（uncertainty factor，UF），UF不同将导致评估结果不同。通常使用100到10 000之间的不确定因子来调整估计的未观察到的不良反应水平（NOAEL），以得出ADI或TDI估计值。这意味着化学组合有可能显著削弱这个100倍~10 000倍的差距。当总体HI小于1时，通常假设累积风险在合理范围内，无需进行更精细的风险评估；但是当HI大于1时，并不意味着风险是不可接受的。当HI大于10时，需要对风险进行进一步的调查，包括评估总体的增加是否合理，部分组分的风险贡献是否独立等[8,13]。

在某些情况下，混合物的"目标风险"估计可以设置在1×10^{-6}，这是特别保守的，其中混合物中单个致癌物质的风险贡献实际上可能是独立的。为了克服这种固有的保守性，累积的致癌风险有时被调整到比应用于单个组分更高的水平。例如，如果单个组分的"目标风险"为1×10^{-6}，那么混合物的目标风险可能会调整为1×10^{-5}[8]。

对于具有相同毒理学效应的一类化学污染物，美国有毒物质与疾病注册机构（agency for toxic substances and disease registry in USA，ATSDR）认为，最好的风险评估方法就是进行剂量加和。毒性当量因子法和危害指数法都是针对有共同毒性效应的一类化学物质的风险评估，两种方法都各有优缺点，见表2-1[12]。

表2-1　具有相同作用机制的一组化学污染物同时暴露风险评估的两种常用方法

评价方法	算法	可接受水平	优点	缺点
RPF/TEF	给一组污染物中每一种污染物确定一个TEF或RPF，其毒性效应表示为最毒类别化学物[指示化学物（index chemical，IC）]毒性的百分比。然后将每一种化学污染物的浓度与其相对应的TEF或RPF相乘，最后累加求和得出总的毒性当量，评价累积效应。其中，RPF为指示化学污染物与相应化学污染物的分离点（points of departure，PODs）的比值，TEF是RPF的一种特殊情形，TEF要求适于IC与各化学污染物所有的暴露条件和终点效应，即要求二者剂量效应曲线平行。	低于IC的参考剂量（reference dose，RfD），如急性参考剂量（acute reference dose，ARfD）、每日允许摄入量（acceptable daily intake，ADI）	简明易懂，且直接与实际暴露量和毒理学数据相关联	需要大量毒理学数据支持，对反应条件、剂量-反应关系鉴别较为复杂，TEF所需要数据很难获得。不同目标化学污染物导致结果不同

续表

评价方法	算法	可接受水平	优点	缺点
HI	$Exposure_1/RfD_1+Exposure_2/RfD_2+Exposure_3/RfD_3+etc.$ RfD：参考剂量，如 ARfD，ADI 等	HI<1	简单易懂，且与风险评估常用评估评价标准-参考剂量（RFD）相关联，适合评估具有关键影响不尽相同污染物的混合物	RfD 本身包含了主观加入的不确定因子（uncertainty factor，UF），UF 不同将导致评估结果不同

（四）消除或简化化学成分法

对于没有共同毒理学终点的化学物质，对每类化学物质进行独立风险评估，然后以其中暴露浓度或剂量最高的、毒性最强的组分为代表对混合物整体进行风险评估。这种方法的理念是消除对风险贡献很少或没有有效贡献的混合物中的组分。其假定前提条件是总体风险不高于风险最高的组分，而且没有交互作用的影响。该方法可以推导出风险评估中关键性的毒理学阈值（toxicological threshold of concern，TTC）。这个概念自 1993 年以来已被应用于美国和欧洲的药物和食品管理的各个领域。在环境方面，TTC 概念已经体现在最近澳大利亚循环水评估指南（Australian guidance for assessment of recycled water）中。TTC 是通过分析化学毒性数据库中化学物质已知毒性效应的分布，选择该分布的低百分位数（例如 5%），最后导出的浓度或剂量，该剂量下任何未知化学物质（与已知化学物质结构或功能相近）毒性潜能不太可能大于已知化学物质的 TTC。如果复杂混合物的组分浓度在 TTC 以下，则在风险评估中可以忽略它们，以此简化混合暴露风险评估程序[8]。

（五）生物标志物方法

上述风险评估方法都需要对混合物组分种类、浓度以及毒理学特性有详细的了解，当缺乏这些资料时，可以选用合适的生物标志物来对混合物毒性进行风险评估。合适的生物标志物是暴露与毒理学效应之间的一个桥梁，可以成为衡量具有共同生物学效应的混合物风险评价的依据，比如暴露于多环芳烃（PAHs）类复杂混合物后，人或动物体内检测到的 DNA 加合物、暴露于有机磷酸盐或氨基甲酸酯农药后，人或动物体内胆碱酯酶抑制的程度等。对混合风险评估的生物标志物方法的主要限制是有可能对反映最终毒性强度的生物标志物了解不全[8]。

当然，目前的分析方法多少都存在一定的不确定性和局限性，如何对这些数据进行更合理的利用和分析，是化学污染物混合暴露风险评估面临的挑战。

第二节　基于人群特征的定量风险评估程序

基于人群特征的定量风险评估是在考虑了受影响人群范围以及人群的暴露特征后进行的定量风险评估，也称为定量危险度评价，是利用监测数据或流行病学研究的最新成果，按照一定的准则，对空气污染物作用于特定人群的有害健康效应进行定量的评价过程，与第一节相似，也包括危害识别（hazard identification）、暴露-反应关系评价（dose-response assessment)、暴露评估(exposure assessment)和危险特征分析(risk characterization)等4部分。在对人群进行空气污染的定量健康风险评估中,通常是针对已有明确健康影响结论的污染物,通过对监测数据的分析,或根据流行病学研究,获得暴露-反应关系,预测人群在未来空气污染暴露情况下,可能发生的健康风险,其评估程序见图2-1。

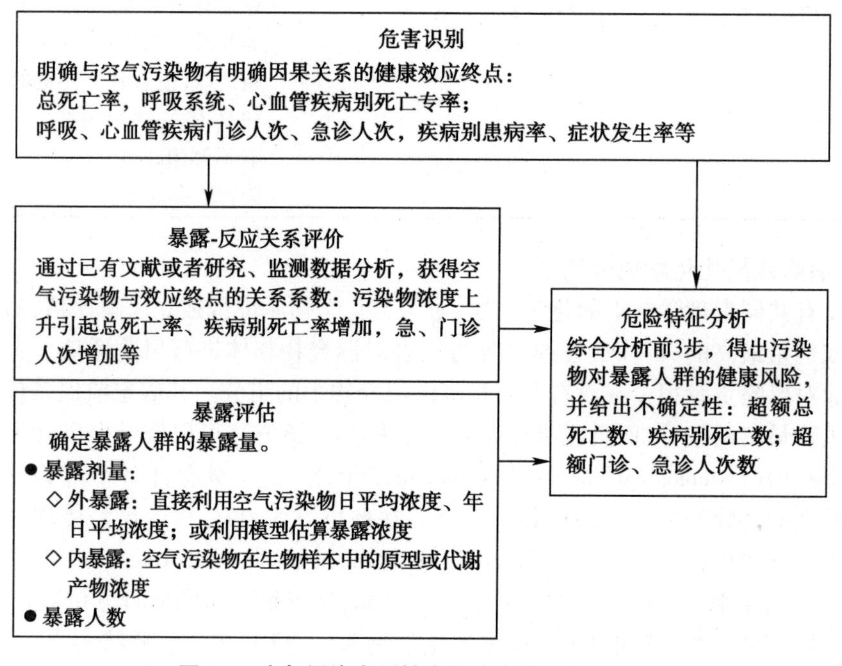

图2-1　空气污染人群健康风险定量评估流程图

一、危害识别

危害识别也称危害认定(hazard identification),是定性的确定可能由某一空气污染物引起的不良健康结局(health outcome)或效应终点(endpoint),然后进一步定量地进行暴露-反应评价,结合暴露评估,最终评价健康风险。空气污染物健康危害识别的主要目的是判断所关注的空气污染物是否对人体健康造成不利影响、对人体健康的可能危害、危害的严重程度以及是否需要进一步的健康影响评价及评价的内容。可以根据关键词检索相关文献资料,通过对国内外相关研究的调研,确定某不良健康效应是否由空气污染物所造成,定性描述其对人体健康的危害,确定各种不良健康结局。危害识别的资料一般来源于人群流行病学和动物毒理学研究。

国内外对空气污染健康影响进行了大量研究。美国EPA对这些科学研究进行了较为全面的总结[14-16](Integrated Science Assessment,ISA),将空气污染物与人群健康之间的关系按照关联强弱依次分为:因果关系(causal relationship)、很可能的因果关系(likely to be a causal relationship)、提示性的因果关系(suggestive of a causal relationship)、证据不足(inadequate to infer a causal relationship)和提示性的无因果(suggestive of no causal relationship)关系5种类型,其中$PM_{2.5}$与死亡和心血管系统损伤之间、SO_X和O_3与呼吸系统损伤之间存在因果关系;$PM_{2.5}$与呼吸系统损伤、O_3与心血管系统损伤及死亡之间存在很可能的因果关系(表

2-2)。2013年,国际癌症研究所(IARC)在充足的流行病学证据和动物实验结果情况下,正式将室外空气污染物和室外空气污染物中的颗粒物确定为A类致癌物(有充分的人类致癌证据)(表2-2)。在健康风险评估中,除了考虑污染物暴露水平和覆盖人群范围外,优先评估具有因果关系或者很可能因果关系的健康结局,从表2-2可以看出,优先考虑的健康效应终点包括死亡、心血管系统损伤和呼吸系统损伤。

表2-2　空气污染物与健康效应终点之间的关系

关系	污染物	暴露时间	健康效应终点
因果关系	颗粒物	长期	癌症
	$PM_{2.5}$	短期	心血管系统损伤
			人群死亡率
		长期	心血管系统损伤
			人群死亡率
	SO_X	短期	呼吸系统疾病发病率
	O_3	短期	呼吸系统损伤
很可能的因果关系	$PM_{2.5}$	短期	呼吸系统损伤
		长期	呼吸系统损伤
	O_3	短期	心血管系统损伤
			人群死亡率
		长期	呼吸系统损伤
提示性因果关系	PM_{10}	短期	心血管系统损伤
			呼吸系统损伤
			人群死亡率
	$PM_{2.5}$	长期	生殖和发育方面的损伤
			致癌、致突变、遗传毒性
	SO_X	短期	人群死亡率
	O_3	短期	中枢神经系统损伤
		长期	心血管系统损伤
			生殖和发育方面的损伤
			中枢神经系统损伤
			人群死亡率
	UFPs	短期	心血管系统损伤
			呼吸系统损伤

空气污染物多为混合物,包括颗粒物(PM_{10}、$PM_{2.5}$等)、传统气态污染物(NO_2、SO_2、O_3、CO等)、挥发性和半挥发性有机污染物(多环芳烃、苯、卤代烃等)等,尤其是空气可吸入颗

粒物本身就是多种物质的混合物。因此，在确定空气污染物的健康效应终点，进行健康风险评估时，必须注意到混合暴露这一特点。空气污染物主要通过呼吸系统进入机体，吸入后可产生呼吸系统毒性。健康影响包括从非特异性的症状如气急、胸闷等，到特异性疾病如支气管哮喘、肺气肿、肺癌乃至对全身其他系统的影响。空气污染物对人体的毒性作用与其理化特性有密切关系，如 SO_2 易溶于水，易被呼吸道黏膜的黏液层吸收而作用于上呼吸道，而 NO_2 因不溶于水而可深入肺泡，主要作用部位为下呼吸道。此外，也要注意由于呼吸系统受影响后的全身反应。

空气污染物还可通过皮肤暴露，导致急性和慢性作用。根据文献报道，空气中的刺激性污染物可引起皮肤和眼等症状或疾病的发生增加。急性症状包括瘙痒、皮疹、红斑等。接触其中的抗原物质还可导致皮炎，如颗粒物中金属（镍、铬）、树脂和黏合剂中的甲醛等。皮炎症状为红斑、水疱、渗出和结疤，转为慢性后，皮肤增厚和形成瘢痕。

二、暴露评估

暴露（exposure）是指人体对外界可能有直接接触的部位（如皮肤、眼、口腔、鼻腔等）对环境中生物、化学或物理因子的接触，这些环境因子一旦被机体摄入或吸收，就构成剂量（dose）。暴露浓度（exposure concentration）是环境介质如空气、土壤、水和食物中环境因子与机体可能发生接触时的浓度。在空气污染暴露评估中，一般根据环境空气质量浓度进行估算，单位以 mg/m^3、$\mu g/m^3$ 等表示。

暴露评估是关于暴露途径、暴露浓度、暴露频率和暴露时间等的评价，用来确定人群对污染物的暴露量。确定总人群和亚人群（不同年龄和性别等）的空气污染暴露是进行暴露-反应关系的前提，其准确评估也是流行病学研究中的难点。

暴露可分为内暴露和外暴露两大类。在进行空气污染健康风险的暴露评估时，首先需要确定评估的人群范围以及该人群暴露的空气污染物浓度、途径、频率和时间，估算人群对污染物的总暴露量。相同物质在不同人体内的代谢、吸收率等不同，被人体摄入以及吸收的剂量也不同，因此同种暴露浓度下，到达不同人体的体内剂量会与人体的外暴露剂量存在明显区别。经过机体代谢后，到达靶器官产生生物学作用的生物有效剂量也会不同。

外暴露基本上根据环境污染物测量浓度和计算出的每人每日摄入量进行估算。现阶段在空气污染物健康风险评估中使用较多的暴露评估方法仍然是外暴露的评价方法，主要包括：①直接利用环境空气质量监测数据进行暴露评估；②利用模型如扩散模型（dispersion models）、土地利用回归模型（land use regression models，LUR）等进行暴露评估；③结合室内外微环境空气质量监测和出行模式进行暴露评估；④直接的个体暴露评估。详细的评估方法可参见本书相关章节。

空气污染物的浓度数据来自于环境空气质量监测站点，包括常见 6 种污染物的日平均浓度以及超级站或社区监测的 $PM_{2.5}$ 及成分如多环芳烃、金属、类金属和阴阳离子等的质量浓度。在空气污染对人群健康影响监测中，对城市总体人群的暴露评价，可以直接利用环境空气质量监测数据，需要注意的是，环保监测站点在布点时划分了城区监测点和清洁对照点，而在清洁对照点周边一般无居民居住，在进行暴露评价时，为了更准确地评估城区人群的暴露水平，需要剔除清洁对照点的污染物浓度数据后，计算人群的暴露浓度。在对社区人群的暴露评价中，可以结合人群出行模式、室内外污染物浓度关系系数等，应用微环境法进行个体暴露评估。

内暴露量的估算在暴露-反应关系评价和危险度特征分析中有更高的应用价值，目前常用的方法有：①根据人体生物材料测定的结果即暴露生物标志物浓度进行评价；②根据外暴露测定算出的摄入量进行推算：内暴露量=摄入量×该物质的吸收率。每种物质的吸收率是不同的，同一种物质在消化道或呼吸道等不同部位的吸收率也是不同的，可从专业文献中查出各种吸收率，然后推算。

目前，空气污染物的内暴露评估主要使用暴露生物标志物。暴露生物标志物是指人体组织、体液或者呼出气中的环境污染物及其代谢产物或与靶分子或靶细胞作用后的结合物等，如污染物原形、代谢产物以及污染物与DNA的结合物等。暴露生物标志物的浓度反映了污染物进入人体的剂量，也反映了各种环境介质中某污染物通过各种途径进入机体的总和。显然，利用暴露生物标志物比利用环境污染物浓度的暴露评估更精确，但是，不同途径分别产生的暴露量无法分割计算，而且因为空气污染物的低浓度暴露以及相对较低的摄入量特征，很难区分人体中通过空气进入的内暴露剂量，采用动物实验获得的暴露生物标志物的剂量-效应关系，不能直接用于空气污染物的人群暴露评估。

三、暴露-反应关系评价

暴露-反应关系是对空气污染物的暴露和相关的健康结局之间的关系做出定量分析，是定量评价空气污染健康风险的关键之一。在确定空气污染相关健康结局的暴露-反应关系之后，结合人群的暴露评价，就可以定量的评估空气污染对人群的健康风险。目前，应用于空气污染健康风险评价的暴露-反应关系系数主要来源于人群流行病学研究结果。

我国城市空气主要污染物导致的健康效应终点一般为非意外总死亡、呼吸系统和循环系统疾病死亡，医院或急救中心的呼吸系统疾病、心脑血管疾病的门、急诊接诊量等。此外呼吸道症状和肺功能改变也是应该考虑的健康效应终点。

在暴露-反应关系的评价中，必须考虑暴露和健康效应之间的时间先后关系。每种化学污染物都有其特定的暴露和产生效应的时间间隔（潜伏期），而不同的个体由于年龄、性别和免疫状态、患病状态等不同，会对暴露后效应产生的时间产生一定的影响。在空气污染的急性健康影响中往往会涉及滞后效应和平均效应的研究。空气污染物浓度的时间变化趋势也可能对健康产生影响。

空气污染对人群的健康效应终点分急性和慢性两种，观察空气污染物浓度短期波动对居民健康影响的急性作用，一般多采用时间序列（time-series）研究、病例交叉（case-crossover）研究和固定群组研究（panel study）。尤其是时间序列分析模型，自20世纪90年代以来，已被广泛应用于空气污染对各种健康效应终点的急性研究，一些复杂的统计模型的引入，如广义线性模型（generalized line model，GLM）和广义相加模型（generalized additive model，GAM）等，可调整时间序列研究中死亡或疾病发病的长期和季节变化趋势以及气象因素等混杂因素的影响。同样在20世纪90年代，有学者提出了病例交叉设计的概念，与时间序列研究相比，它依靠合理的设计而不是统计学模型来控制许多潜在的混杂因素。21世纪初固定群组研究在国外应用较多[17]。近几年来，我国学者也越来越多地使用此方法，通过对代表性研究对象在短期内不同空气污染暴露水平下健康效应发生频率的重复性观察，排除多种个体混杂因素的影响后，分析空气污染短期暴露的急性健康影响。急性作用研究往往反映的是短期空气污染对敏感弱势人群，如老人、儿童和心肺疾病患者的影响，很难反映其引起的全人群健康效应。

空气污染的慢性健康效应一般采用生态学横断面(cross-sectional study)和队列研究(cohort study)的方法。生态学横断面研究是通过比较不同污染地区人群的健康状况来获得其对人群健康影响的资料，多利用常规监测或登记资料来反映人群健康状况，因而节省时间、人力和物力，但由于其对混杂因素如吸烟、职业暴露史等的控制较难，局限性较大，对此类资料得出的暴露-反应关系的评价需慎重。队列研究是公认的评价空气污染长期暴露对人群健康影响暴露-反应关系的较为理想的方法，可全面反映空气污染对人群的健康影响。队列研究周期长，人力、物力投入巨大，欧美等国都有空气污染长期暴露与人群死亡率关系的队列研究，如美国哈佛大学 6 城市研究和美国癌症协会队列研究等。

在定量风险评估中，如何从众多的人群流行病学结果中总结、筛选、确定适用的暴露-反应关系系数是评估工作的难点和关键点。利用现有资料中的暴露-反应关系系数时，应注意流行病学研究类型是生态学研究、病例-对照还是队列研究；研究的区域范围、人口规模以及人群特征；观测到的危险度可信区间有多大；在流行病学研究中是否充分描述了暴露量或者准确进行了暴露分类，产生暴露-反应关系系数的暴露浓度范围；在研究中是否很好地控制了其他混杂因素的影响；可用的流行病学证据的相关程度等。在某种情况下获得的暴露-反应关系并不一定适用于另一种情况或另一组人群，例如，空气污染对人群每日死亡率的影响在世界范围内存在很大差异。因此在综合考虑以上因素之后，原则上优先选择本城市、本区域或本国资料，如无本国资料，可选用适当的国外资料。同一健康效应有多篇人群流行病学报道时，可将结果进行 Meta 分析后采用。

为了评估空气污染对我国居民的健康影响程度，有学者对在中国开展的关于空气污染暴露对人群健康影响研究的时间序列及病例交叉研究的人群流行病学研究结果进行了系统综述，具体结果见表 2-3。其结果可供评估全国的空气污染健康风险评估参考。国外也有大量关于空气污染对人群健康影响的队列研究、多中心时间序列研究以及 Meta 分析的报道，其报道的暴露-反应关系系数(表 2-4)也可供参考。

四、危险特征分析

危险特征分析是将暴露评估与暴露-反应关系评价结合起来，按照一定准则及数学推导，定量说明暴露个体发生有害效应的概率或者人群发生的超额风险(超额死亡、超额患病)等，并指出在分析过程中的各种不确定性因素，为进一步进行风险管理提供科学依据。人群的健康风险与暴露的人口数及在特定暴露条件下人群发生不良健康效应的相对危险度(relative risk, *RR*)密切相关。

(一) 分析指标

空气污染的健康风险特征分析是要总结和阐明由空气污染暴露和健康效应评价所获得的信息，并讨论方法学的局限性，确定在健康风险评估过程中的不确定性，评估人群暴露于空气污染的健康风险特征。

在空气污染物的定量健康风险评估中，最常用的也是目前数据来源最容易实现的是评估超额死亡数，此外，在能够获得患病率或发病率的疾病别风险评估中，也可使用超额患病数或发病数进行评估。

表 2-3　污染物浓度升高对我国居民健康效应终点影响的 Meta 分析结果

	健康效应终点	污染物	升高浓度	人群	ER/ER(95%可信限)	资料来源
慢性	总死亡率	TSP	100μg/m³	全人群	1.080(1.020,1.140)	阚海东,等,2002[18]
	慢性支气管炎	TSP	100μg/m³	全人群	1.300(1.100,1.500)	阚海东,等,2002[18]
	肺气肿	TSP	100μg/m³	全人群	1.590	阚海东,等,2002[18]
急性	总死亡率	TSP	100μg/m³	全人群	1.024(1.007,1.042)	阚海东,等,2002[18]
		NO_2	10μg/m³	17 城市全人群	1.63%(1.09%,2.17%)	Chen R,et al. 2012[19]
		PM_{10}	10μg/m³	18 城市全人群	0.32%(0.28%,0.35%)	Yu Shang,et al. 2013[20]
		$PM_{2.5}$	10μg/m³	9 城市全人群	0.38%(0.31%,0.45%)	Yu Shang,et al. 2013[20]
		NO_2	10μg/m³	13 城市全人群	1.30%(1.19%,1.41%)	Yu Shang,et al. 2013[20]
		SO_2	10μg/m³	13 城市全人群	0.81%(0.71%,0.91%)	Yu Shang,et al. 2013[20]
		O_3	10μg/m³	8 城市全人群	0.48%(0.38%,0.58%)	Yu Shang,et al. 2013[20]
		CO	1mg/m³	4 城市全人群	3.70%(2.88%,4.51%)	Yu Shang,et al. 2013[20]
	心血管疾病死亡率	NO_2	10μg/m³	17 城市全人群	1.80%(1.00%,2.59%)	Chen R,et al. 2012[19]
		PM_{10}	10μg/m³	19 城市全人群	0.43%(0.37%,0.49%)	Yu Shang,et al. 2013[20]
		$PM_{2.5}$	10μg/m³	7 城市全人群	0.44%(0.33%,0.54%)	Yu Shang,et al. 2013[20]
		NO_2	10μg/m³	16 城市全人群	1.46%(1.27%,1.64%)	Yu Shang,et al. 2013[20]
		SO_2	10μg/m³	17 城市全人群	0.85%(0.70%,1.00%)	Yu Shang,et al. 2013[20]
		O_3	10μg/m³	9 城市全人群	0.45%(0.29%,0.60%)	Yu Shang,et al. 2013[20]
		CO	1mg/m³	4 城市全人群	4.77%(3.53%,6.00%)	Yu Shang,et al. 2013[20]

续表

健康效应终点	污染物	升高浓度	人群	ER/ER(95%可信限)	资料来源
呼吸系统疾病死亡率	NO_2	10μg/m^3	17 城市全人群	2. 52%(1. 44%,3. 59%)	Chen R,et al. 2012[19]
	PM_{10}	10μg/m^3	19 城市全人群	0. 32%(0. 23%,0. 40%)	Yu Shang,et al. 2013[20]
	$PM_{2.5}$		7 城市全人群	0. 51%(0. 30%,0. 73%)	Yu Shang,et al. 2013[20]
	NO_2	10μg/m^3	11 城市全人群	1. 62%(1. 32%,1. 92%)	Yu Shang,et al. 2013[20]
	SO_2	10μg/m^3	12 城市全人群	1. 18%(0. 83%,1. 52%)	Yu Shang,et al. 2013[20]
	O_3	10μg/m^3	11 城市全人群	1. 62%(1. 32%,1. 92%)	Yu Shang,et al. 2013[20]
急性支气管炎	TSP	100μg/m^3	全人群	1. 300(1. 000,1. 600)	阚海东,等,2002[18]
			儿童	1. 406	阚海东,等,2002[18]
哮喘	TSP	100μg/m^3	儿童	1. 361	阚海东,等,2002[18]
内科门诊人数	TSP	100μg/m^3	全人群	1. 022(1. 013,1. 032)	阚海东,等,2002[18]
儿科门诊人数	TSP	100μg/m^3	全人群	1. 025(1. 009,1. 041)	阚海东,等,2002[18]
心血管疾病住院人数	PM_{10}	10μg/m^3	5 城市全人群	0. 37%(0. 17%,0. 56%)	Feng Lu,et al. 2015[21]
呼吸系统疾病住院人数	PM_{10}	10μg/m^3	5 城市全人群	0. 51%(0. 23%,0. 79%)	Feng Lu,et al. 2015[21]
呼吸系统疾病急诊总数	PM_{10}	10μg/m^3	北京全人群	0. 30%(0. 07%,0. 54%)	Feng Lu,et al. 2015[21]
呼吸系统疾病门诊数	PM_{10}	10μg/m^3	北京全人群	0. 72%(0. 02%,1. 41%)	Feng Lu,et al. 2015[21]

表 2-4 国外关于空气污染健康影响研究结果

研究方法	国家	年份	范围	污染物变化	健康结局	ER(95%可信限)	资料来源
队列研究	美国	1974 年开始,14~16 年的跟踪观察	哈佛六城市:8111 人	空气污染最严重城市 VS 最轻城市	死亡	RR:1.26(1.08,1.47)	Dockery D W,et al. 1993[22]
		1984—1988	美国癌症协会资料	$PM_{2.5}$每升高 10μg/m³	总死亡	4%	PopeC R,et al, 2002[23]
					肺心病死亡	6%	
					肺癌死亡	8%	
	欧洲		22 项欧洲已有队列数据	$PM_{2.5}$浓度增加 5μg/m³	自然死亡风险增加	1.07%(1.02,1.13)	Beelen R,et al, 2013[24]
Meta 分析	美国	2005	90 个城市	PM_{10}每增加 10μg/m³	人群总死亡率	0.51%(0.07%,0.93%)	Dominici F,et al. 2006[25]
					心肺疾病死亡率	0.68%(0.20%,1.16%)	
	欧洲	1990—1997	33 个城市	PM_{10}每增加 10μg/m³	人群总死亡率	0.6%(0.4%,0.8%)	Europe W. 2004[26]
时间序列研究	美国	1999—2005	108 个城市	PM_{10}每增加 10μg/m³	心血管系统疾病住院率	0.36%(0.05%,0.68%)	Peng R D,et al. 2008[27]
	美国	1999—2005	202 个城市	$PM_{2.5}$每增加 10μg/m³	呼吸系统疾病住院率	1.05%(0.29%,1.82%)	Bell M L,et al. 2008[28]
					心血管系统疾病住院率	1.49%(1.09%,1.89%)	
	德国	1995—1998	Erfurt	$PM_{0.1}$每上升四分位间距	滞后 0~4 天人群死亡	4.1%(0.1%,8.2%)	Stölzel M,et al[29]

（二）分析方法

在定量健康风险评估中，以空气污染对人群健康的危险度评价为基础，结合空气污染物每升高 1 个单位所产生的健康损失，按照公式可估算由空气污染造成的超额死亡数（可避免死亡数）或超额患/发病数（可避免患/发病数）。下面以超额死亡为例，介绍健康风险评估的分析方法。

超额死亡数（ΔX）为空气污染暴露情况下的死亡数（Xe）与基线死亡数即没有空气污染影响或者空气质量达到国家标准时的死亡数（X_0）之差。

$$\Delta X = Xe - X_0 \qquad \text{（式 2-4）}$$

由于基线死亡人数在实际工作中很难获得，往往根据已有的数据基础，可通过公式进行推导。

1. 根据相对危险度（*RR* 值）进行评估　在队列研究中，可以获得暴露人群与对照人群的相对危险度（*RR*）。相对危险度（*RR*）为暴露组与对照组的死亡率之比，在评估人群范围固定的情况下，假设人群总人数未发生改变，则：

$$RR = \frac{I_e}{I_0} = \frac{Xe}{X_0},$$

$$X_0 = \frac{Xe}{RR'} \qquad \text{（式 2-5）}$$

代入公式 2-4，则

$$\Delta X = Xe - X_0 = Xe - \frac{Xe}{RR} = Xe \times \left(\frac{RR-1}{RR}\right) \qquad \text{（式 2-6）}$$

在病例-对照研究中，如果病例和对照都是各自有代表性的样本，且疾病率小于 5%时，比值比（odds ratio，*OR*）$OR \approx RR$[30]，则也可使用 *OR* 值进行风险评估。

2. 利用回归系数（β）进行评估　在急性健康风险评估中，通常使用时间序列分析中获得的暴露-反应关系系数进行评估。由于被评估人群实际上有时处于空气污染中，而有时所处的空气中污染物质量浓度在参考浓度之下，因此很难获得完全处于空气污染暴露下的死亡数，Xe 往往用实际死亡数（X）来代替。

$$\Delta X = X - X_0 \qquad \text{（式 2-7）}$$

则

$$\Delta X = X \times \left(\frac{RR-1}{RR}\right) \qquad \text{（式 2-8）}$$

在空气污染物浓度变化 ΔC 的情况下，人群相对危险度为：

$$RR = \exp(\beta \times \Delta C) \qquad \text{（式 2-9）}$$

$$\Delta X = X \times \left(\frac{\exp(\beta \times \Delta C) - 1}{\exp(\beta \times \Delta C)}\right) \qquad \text{（式 2-10）}$$

在慢性健康风险评估，可以获得基线死亡率的情况下，可采用基于 Possion 回归的 COX 比例风险回归模型估算过早死亡人数（ΔX），比例风险模型计算详见本书第十章相关内容。与参考浓度（C_0）相比，在污染物浓度为 C 的情况下，人群超额死亡数计算公式如下：

$$\Delta X = POP \times I_{ref} \times \beta \times (C - C_0) \qquad \text{（式 2-11）}$$

式中　*POP*：空气污染暴露人口数；

I_{ref}：在空气污染物参考浓度下人口的基线死亡率；

β:暴露-反应关系系数,即污染物每升高 1 个单位,人群死亡风险增加值。通常利用多因素分析和 Meta 分析确定暴露-反应关系系数;

C:污染物浓度;

C_0:参考浓度,通常以世界卫生组织的阶段性目标限值(WHO interimtargets of annual level)、WHO 空气质量指南(WHO air quality guidelines,AQG)或我国环境空气质量标准值为参考浓度。

目前发表的文献中,也有人使用 COX 比例风险回归模型进行急性健康风险评估。由于往往无法获得基线死亡率,常使用某时段人群的实际死亡率代替基线死亡率。理论上,由于空气污染的存在,实际死亡率会高于基线死亡率,理论上此方法计算的急性超额死亡可能会高估人群的急性健康风险,但由于空气污染对死亡的急性健康影响的暴露-反应关系系数很小,实际评估结果与急性风险评估公式(2-10)的计算结果基本一致。

(三)健康风险的可接受性

通常,一般生活环境中的各种活动与行为(运动、饮食、饮水、吸烟、饮酒等)都可能使个体出现过早(超额)死亡的风险,不过很低,每年风险约为 $10^{-5} \sim 10^{-6}$。美国 EPA 提出人群终生超额风险度(ER)为 $10^{-4} \sim 10^{-6}$时的浓度或剂量为可接受的暴露水平,即每万人至每 100 万人口中,因暴露污染物而受到健康危害或者死亡的人数不超过 1 人时的暴露水平是可接受的。人群终生超额风险度$<10^{-6}$,表示风险不明显,通常风险管理的必要性不大;$10^{-6} \sim 10^{-4}$时表示存在风险,需要密切关注;$>10^{-4}$时表示有显著风险,必须采取必要的风险管理措施。

被社会公认并能被公众接受的不良健康效应的风险概率为可接受风险,通常为 10^{-6},但可因时间、地点、条件和公众的接受能力而不同。

(四)评估结果的不确定性分析

在健康风险评估过程中,要充分认识到由于资料有限、人类知识不足或者是欠缺,造成的评估结果偏性,即不确定性(uncertaity),对其加以分析说明就称为不确定性分析,有助于提高评估的准确性。不确定性分析属于风险评估分析的一个部分,需要对风险评估的各个阶段进行审查,对重要假设的不确定性进行总结和讨论,对健康风险评估中的质量和可信度予以评价。应当说明评估过程的哪些方面有充分依据,哪些方面由于可利用资料有限而存在不足之处,为下一步风险管理提供更全面的信息。

在空气污染定量健康风险评估中,评估结果在很大程度上依赖于健康影响分析回归模型的有效性以及暴露评估的充分性。在评估中的不确定因素,如数据资料的局限性、分析方法的敏感性以及暴露评估的准确性等,均影响着风险评估的结果。

目前,在空气污染健康风险评估中,多直接采用环保监测站点 $PM_{2.5}$浓度进行暴露评估,这将低估人群实际暴露差别,增大对 $PM_{2.5}$相对危险因子估计的不确定性,甚至在一定条件下会引起研究结果偏倚。

多数人一天中有 80%以上的时间是在各种室内环境中度过的,空气污染物的暴露除了室外污染源的贡献外,还有室内特定污染源的贡献。然而,既往研究并未考虑室内外浓度及成分的差异,这很可能导致暴露测量评估结果存在偏差[31-34]。

空气污染对健康影响的暴露-反应关系系数基本上都使用人群流行病学资料,但评估都针对的是人群,没有考虑个体的特征信息,而由于人群暴露在不同来源的空气污染物中,其健康危害也会不同,如何识别空气污染的健康危害,除了考虑化学物本身的特征之外,还需要考虑个体特征,因此评估方法本身具有不确定性。目前使用的暴露-反应关系系数通常来源于时间序列或者病例交叉研究结果,以及在这两类研究基础上的 Meta 分析结果。时间序列研究属于生态学研究方法,可能存在不可测量的混杂因素,而且对模型的要求比较复杂,模型参数的选择直接影响所获得的暴露-反应关系系数,因此获得暴露-反应关系系数的研究方法本身也存在一定的不确定性。此外,产生系数的研究中污染物暴露浓度范围、人群的流动以及患病或死亡率等基线数据的准确性等,均会使评估范围产生不确定性。人群暴露空气污染的定量风险包括累积风险、多途径暴露的综合风险、职业和非职业风险、联合风险等,需要更全面的考虑各种因素的影响,但是如何整合这些因素仍然存在困难[35]。

(阳晓燕 徐东群 韩京秀 刘静怡 孟聪申编,徐东群审)

参 考 文 献

[1] 庄志雄,王心如,周宗灿.毒理学基础.北京:人民卫生出版社,2008.

[2] 王李伟,刘弘.食品中化学污染物的风险评估及应用.上海预防医学杂志,2008.20(1):26-28.

[3] Human exposure assessment (EHC 214,2000).http://www.inchem.org/documents/ehc/ehc/ehc214.htm#SectionNumber:1.2.

[4] 白志鹏,王珺,游燕.环境风险评估.北京:高等教育出版社,2009.

[5] 李倩.农药残留风险评估与毒理学应用基础.北京:化学工业出版社,2015.

[6] Leeuwen,C.J.v.and T.G.Vermeire,Risk Assessment of Chemicals an Introduction 2nd edition.北京:化学工业出版社,2010.

[7] 刘征涛,孟伟.环境化学物质风险评估方法与应用.北京:化学工业出版社,2015.

[8] Environmental Health Risk Assessment-Guidelines for Assessing Human Health Risks From Environmental Hazards-Australia.

[9] WHO,INTERNATIONAL PROGRAMME ON CHEMICAL SAFETY ENVIRONMENTAL HEALTH CRITERIA 6 PRINCIPLES AND METHODS FOR EVALUATING THE TOXICITY OF CHEMICALS PART I.1978.

[10] 王进军,刘占旗,古晓娜等.环境致癌物的健康风险评价方法.首届全球华人科学家环境论坛论文(摘要)汇编,2010.

[11] Rooney,A.A.,et al.,Systematic review and evidence integration for literature-based environmental health science assessments.Environ Health Perspect,2014.122(7):711-8.

[12] 孙金芳,吴永宁.化学污染物累积暴露风险评估研究现状及发展趋势.东南大学学报,2017.36(2):275-282.

[13] 周宗灿,李涛.基因与环境的交互作用:健康危险评定与预警.上海:上海科学技术出版社,2009.

[14] Sacks J.Integrated Science Assessment for Particulate Matter (Second External Review Draft)[J].2009.

[15] Kim J Y.Integrated Science Assessment (ISA) for Sulfur Oxides-Health Criteria (Second External Review Draft)[J].2008.

[16] Kotchmar D J.Integrated Science Assessment for Oxides of Nitrogen-Health Criteria (Second External Review Draft,2015)[J].2015.

[17] 钱孝琳,阚海东.大气颗粒物污染对心血管系统影响的流行病学研究进展.中华流行病学杂志,2005,26(12):999-1001.

[18] 阚海东,陈秉衡.我国大气颗粒物暴露与人群健康关系的 Meta 分析.环境与健康杂志,2002,19(6):422-424.

[19] Chen R,Somoli E,wong CM,et al.Associations between short-term exposure to nitrogen dioxide and mortality in 17 Chinese cities:the China Air Pollution and Health Effects Study (CAPES).Environ Int.2012,15;45:

32-8.

[20] Yu Shang, Zhiwei Sun, Junji Cao, et al. Systematic review of Chinese studies of short-term exposure to air pollution and daily mortality. Environment International, 54 (2013) 100-111.

[21] Feng Lu, Dongqun Xu, Yibin Cheng, et al. Systematic review and meta-analysis of the adverse health effects of ambient PM2.5 and PM10 pollution in the Chinese population. Environmental Research, 2015, 136: 196-204.

[22] Dockery D W, Pope C R, Xu X, et al. An association between air pollution and mortality in six U.S. cities[J]. N Engl J Med, 1993, 329(24): 1753-1759.

[23] Pope C R, Burnett R T, Thun M J, et al. Lung cancer, cardiopulmonary mortality, and long-term exposure to fine particulate air pollution[J]. JAMA, 2002, 287(9): 1132-1141.

[24] Beelen R, Raaschou-Nielsen O, Stafoggia M, et al. Effects of long-term exposure to air pollution on natural-cause mortality: an analysis of 22 European cohorts within the multicentre ESCAPE project[J]. Lancet, 2013, 383(9919): 785-795.

[25] Dominici F, Peng R D, Bell M L, et al. Fine Particulate Air Pollution and Hospital Admission for Cardiovascular and Respiratory Diseases[J]. Jama the Journal of the American Medical Association, 2006, 295(10): 1127-1134.

[26] Europe W. Meta-analysis of time-series and panel studies of Particulate Matter (PM) and Ozone (O3): report of a WHO task group[J]. 2004.

[27] Peng R D, Chang H H, Bell M L, et al. Coarse particulate matter air pollution and hospital admissions for cardiovascular and respiratory diseases among Medicare patients[J]. JAMA, 2008, 299(18): 2172-2179.

[28] Bell M L, Ebisu K, Peng R D, et al. Seasonal and regional short-term effects of fine particles on hospital admissions in 202 US counties, 1999-2005[J]. Am J Epidemiol, 2008, 168(11): 1301-1310.

[29] Stölzel M, Peters A, Wichmann H E. Daily mortality and fine and ultrafine particles in Erfurt, Germany. revised analyses of selected time-series studies[J]. Journal of Insect Science, 2001, 1(1).

[30] 曾光.现代流行病学方法与应用.北京:北京医科大学中国协和医科大学联合出版社.1996.

[31] 周晓丹,陈仁杰,阚海东.大气污染队列研究的回顾和对我国的启示[J].中华流行病学杂志,2012,33(010):1091-1094.

[32] Monn C. Exposure assessment of air pollutants: a review on spatial heterogeneity and indoor/outdoor/personal exposure to suspended particulate matter, nitrogen dioxide and ozone[J]. Atmospheric Environment, 2001, 35(1): 1-32.

[33] Baxter L K, Burke J, Lunden M, et al. Influence of human activity patterns, particle composition, and residential air exchange rates on modeled distributions of PM2.5 exposure compared with central-site monitoring data[J]. Journal of Exposure Science and Environmental Epidemiology, 2013, 23(3): 241-247.

[34] Allen R W, Adar S D, Avol E, et al. Modeling the residential infiltration of outdoor PM2.5 in the Multi-Ethnic Study of Atherosclerosis and Air Pollution (MESA Air)[J]. Environmental health perspectives, 2012, 120(6): 824.

[35] T.J. Lentz, G.S. Dotson, P.R.D. Williams, et al. Aggregate Exposure and Cumulative Risk Assessment—Integrating Occupational and Non-occupational Risk Factors. Journal of Occupational and Environmental Hygiene, 12: S112-S126.

第三章

基于空气污染物毒性的健康风险评估数据要求

基于空气污染物毒性的健康风险评估很大程度上依赖于毒理学数据，尤其是标准毒理学实验方法得出的数据。从 1981 年开始，世界经合组织（organisation for economic co-operation and development，OECD）已经收纳了 53 个标准的毒理学实验方法[1]，包括：①急性毒性实验，如急性经口毒性实验（OECD TG420，423，425）、急性经皮毒性实验（OECD TG427，428）、急性吸入毒性实验（OECD TG430，436）、急性眼刺激实验（OECD TG405）、急性皮肤刺激实验（OECD TG439，404）、皮肤致敏实验（OECD TG429，442A，442B）等，另外 OECD 还加入了一些皮肤（或眼睛）刺激（或致敏）的替代实验（OECD TG429-435，437-438）。②亚慢性毒性实验，短期重复染毒实验（OECD TG413），大鼠应染毒 90 天，狗应染毒 1 年。③慢性毒性实验或长期毒性实验或致癌性实验（TG451-453），小鼠染毒 18 个月，大鼠染毒 2 年。④生殖发育毒性实验（OECD TG415-416），包括一代生殖毒性实验和二代生殖毒性实验、致畸实验等。⑤致突变实验，如体外哺乳动物细胞染色体畸变实验（OECD TG473）、体内哺乳动物细胞微核实验（OECD TG489）等。⑥其他毒性实验，如神经毒性实验（OECD TG424）、发育神经毒性实验（OECD TG426）、内分泌毒性实验（OECD TG440-441，455）等[1,2]。在收集数据时，可以遵循以上实验逐条搜索和记录。

空气污染物毒性数据可以从毒理学数据库中收集，也可以来自国内外零星文献报道。两类资料数据源收集时搜索方法和目标资料可能稍有不同，通过链接进入数据库后，一般能收集到目标化学污染物较为完整的基本理化特性、短期急性毒性、长期亚慢性及慢性毒性等，应重点关注这些资料并予以摘录；零星文献的查询主要是查找数据库中没有的数据资料，尤其是未知化学污染物相关毒性资料，主要是通过文献搜索网站（如 Pubmed 等）以及相关图书对目标化学污染物的基本理化特性、短期急性毒性、长期亚慢性及慢性毒性分别进行搜索和查阅，提取出所需的相关文献后再进行归纳分析。以下将对两类数据源分别进行介绍。

第一节　毒理学数据库中数据的要求

一、国际毒理学数据库

国际上知名的毒理学数据库有：毒理学数据网（toxicology data network，TOXNET）、有毒物质数据存储库(hazardous substances data bank, HSDB)、毒理学文献在线(toxicology literature online, TOXLINE)、化学数据库(chemical database plus, ChemIDplus)、哺乳期药物毒性数据库(drugs and lactation database, LacMed)、发育与生殖毒理学数据库(developmental and reproductive toxicology database, DRTD)、家用化学品健康与安全信息数据库(household products database, HPD)、化学品毒性评估数据(international toxicity estimates for risk, ITER)、完整危险信息系统(integrated risk information system, IRIS)、化学物致癌作用研究系统(chemical carcinogenesis research information system, CCRIS)、致癌强度数据库(carcinogenic potency database, CPD)、遗传毒理学数据库(Genetic Toxicology Data Bank, GENE-TOX)、环境事实数据库(environmental facts, Envirofacts)、化学安全信息(chemical safety information from intergovernmental organizations, IPCS)、美国排放毒性化学品目录(toxics release inventory, TRI)、急性毒性数据库(acute toxicity database, ATD)、美国毒物和疾病登记属(the agency for toxic substances and disease registry, ATSDR)提供的化学品毒性信息(toxicological profile information sheet, TPIS)、化学物风险评估信息系统(risk assessment information system, RAIS)、欧洲化学品安全信息统一检索门户(chemagora protal, CP)、化学物质毒性数据库(chemical toxicity database, CTD)、化学物质索引数据库(chemical index databbase, CID)、杀虫剂毒性库(the extension toxicology network, EXTOXNET)、有害化学品及其职业病数据库(information on hazardous chemicals and occupational diseases, Haz-Map)、毒性物质与健康和环境数据库(toxic substances control act test submissions database, TSCATS)、国际化学品安全卡(international chemical safety cards, ICSCs)、危险品数据表(right to know hazardous substance fact sheets, HSFS)、有害物质与疾病登记局(agency for toxic substances and disease registry, ATSDR)等。具体信息见表3-1。

这些数据库种类繁多,信息量巨大,如何从这些数据库中搜索到目标空气污染物健康风险评估所需要的数据是非常关键的问题。本节将介绍毒理学数据库中空气污染物基本理化特性和空气污染物动物实验或人群试验资料要求。

二、毒理学数据库中空气污染物基本理化特性

化学污染物的理化特性有很多,如名称、相对分子质量、物理状态、熔点、沸点、相对密度、蒸气压、水溶解度、氧化性、燃烧性、爆炸性等。对化学污染物进行风险评估时,需要对各类基本数据进行筛选,空气中的已知或未知化学污染物的数据资料都应该按照以下原则进行筛选:

(1)用来确定目标化学污染物的基本信息,如颜色、理化状态、熔点、沸点等;

(2)用来鉴定目标化学污染物有无危险性和毒性的信息,如易燃、易爆、氧化性等;

(3)风险评估相关毒理学实验需要的信息,如水溶性、脂溶性,用于确定其溶剂类型和染毒方式,紫外-可见吸光光谱用于确定其降解速度、保存条件和后续成分分析等[3]。

如果已有数据库中查不到未知化学污染物的理化特性,则应该用系统综述的方法对收集到的国内外零星相关文献进行整理归纳,还可在化学污染物结构库中进行匹配,一般认为结构相似的化学污染物具有相似的理化特性,以此来完善其基本理化特性资料。

表 3-1　毒理学数据库汇总

编号	数据库名称	简介	基础理化特性资料	毒理学资料	流行病学资料	链接
1	TOXNET	TOXNET 包含了 TOXLINEspecial 和 TOXLINEcore,前者由 16 个数据库组成,后者是 MEDLINE 的毒理学和环境卫生期刊文献的子集。该库从 20 世纪 40 年代到现在,每周更新一次	有,理化特性、化学物安全性质及处理的详细信息	有较全面的人体和动物实验急慢性和致癌致畸致突变的数据资料	有	https://toxnet.nlm.nih.gov/
2	HSDB	包含 4500 多种化学物的记录,每一种化学物都大约有 150 个方面的数据,包括了人体和动物实验数据、化学物理化特性、化学物安全性及处理	有 CAS 号,化学式,应用	有较为详尽的人体和动物实验数据资料及生态毒理学资料等,有致癌强度分级	有人群案例报告简介、监测数据资料、回顾性队列研究、队列研究资料等	https://toxnet.nlm.nih.gov/newtoxnet/hsdb.htm
3	TOXLINE	TOXLINE 是一本书目数据库,具有各类专业期刊和其他资料。它提供了涉及药物和其他化学物质的生化,药理,生理和毒理作用的参考。TOXLINE 的大部分书目引文包含摘要和(或)索引术语和化学文摘服务(CAS)注册号	名称、CAS 号	有关于化学物的动物、人群毒性资料文献的摘要,作者,出版年月等	无	https://toxnet.nlm.nih.gov/newtoxnet/toxline.htm
4	ChemIDplus	包含月 40 万种化学物的名称、CAS 号和结构	有名称、CAS 号和结构的详细描述	有对各类动物包括人类的毒性资料简介及数据原始文献简介	无	https://chem.nlm.nih.gov/chemidplus/chemidlite.jsp
5	LacMed	主要是收录能通过胎盘屏障影响胎儿健康的化学物	名称、CAS 号	少	有大量人体孕期或哺乳期小型对比研究、干预研究、电话跟踪研究等胎儿、婴幼儿健康影响数据资料	https://toxnet.nlm.nih.gov/newtoxnet/lact-med.htm

续表

编号	数据库名称	简介	基础理化特性资料	毒理学资料	流行病学资料	链接
6	DART	DART 由美国环境保护局，国家环境卫生科学研究所，国家食品和药物管理局毒理学研究中心和 NLM 资助，DART 提供超过 40 万篇杂志参考文献，涵盖致畸学和发育与生殖毒理学等方面	无	有，主要是关于化学物致畸学和发育与生殖毒理学方面的文献资料，包括动物和人体数据资料，以摘要、作者，出版年月的形式显示	有人群调查数据资料，也以摘要形式出现	https://toxnet.nlm.nih.gov/newtoxnet/dart.htm
7	HPD	分为家装、个人护理、艺术和工艺、宠物护理等 10 大板块	有，每一种用品（如某某牌香皂）的品牌、生产厂家、成分及所有成分的 CAS 号	有该种用品的急慢性和致癌性人体毒性资料，急救和处理方法	无	https://www.household-products.nlm.nih.gov/index.htm
8	ITER	由毒理学风险评估中心（TERA）编制，包含超过 650 种化学记录，包括有毒物质和疾病登记处（ATSDR）、加拿大卫生部、国家公共卫生与环境研究所（RIVM）、荷兰、美国环境保护署（EPA）、国际癌症研究机构（IARC）、国际科学基金会国际组织以及其风险价值评估机构的独立机构的关键数据。ITER 提供了并排格式的国际风险评估信息的比较，并解释了不同组织产生的风险价值差异。重点是包括了危害识别和剂量反应评估，并包含源文件的链接	有，包括 CAS 号、名称、别称，功能、应用、熔点沸点等基本特性	有各类动物实验数据资料，如急性毒性致癌致畸性等	有，主要是各化学物的参考剂量、致癌风险	https://toxnet.nlm.nih.gov/newtoxnet/iter.htm

续表

编号	数据库名称	简介	基础理化特性资料	毒理学资料	流行病学资料	链接
9	IRIS	美国 EPA 旗下设立的化学物信息系统,约有 500 种化学物的记录	有,理化特性,CAS 号等	有,主要是关于剂量效应关系的评价,分为致癌评估数据资料和非致癌评估数据资料两种	无	https://www.epa.gov/iris
10	CCRIS	包括大约 8000 条化学物的致癌、致畸、促癌和抑癌实验结果等	有 CAS 号、名称、应用	有,大量针对搜索化学物的动物致癌性文献简介,分动物种属、性别、染毒途径、肿瘤/病变部位、结果对致癌性进行描述	无	https://toxnet.nlm.nih.gov/newtoxnet/ccris.htm
11	CPDB	CPDB 报告动物癌症检测分析,用于支持人类癌症风险评估。它是由加利福尼亚大学伯克利分校和劳伦斯伯克利国家实验室的致癌效应项目开发的。它包括已发表的文献资料以及国家癌症研究所和国家毒理学计划(NTP)的,6540 项慢性长期动物癌症检测实验数据	无	有较为完整的各种动物不同性别的致癌浓度以及致癌性原始数据资料	无	https://toxnet.nlm.nih.gov/newtoxnet/cpdb.htm
12	GENE-TOX	GENE-TOX 提供来自美国环境保护局(EPA)的 3000 多种化学物质的开放科学文献、专家同行评议的遗传毒理学(致突变性)测试数据	有名称、CAS 号	有,细胞、动物整体实验数据结果和结论	无	https://toxnet.nlm.nih.gov/newtoxnet/genetox.htm
13	Envirofacts	美国 EPA 化学数据库统一检索接口,搜索分空气、水、土壤、辐射、有毒物质、危险化学物处理和泄漏事件等 9 大检索口	有,基本理化特性及 CAS 号,用途	有动物实验数据和人体病例数据,包括急慢性毒性,各类系统毒性,致癌致畸致突变等数据	可以查到有毒化学物的污染分布及处理状况,以及暴露的可能途径,最低排放标准等	https://www3.epa.gov/enviro/

续表

编号	数据库名称	简介	基础理化特性资料	毒理学资料	流行病学资料	链接
14	IPCS	可以通过关键词进行全文搜索,也可以通过CAS号或名称进行化学物的搜索,包括国际化学物评估文件摘要、环境卫生标准论著、国际癌症研究机构总结和评估、联合食品添加剂专家委员会(联合)——专著和评估等13个数据库	有,包括CAS号、名称、别称,功能、应用、熔点、沸点等基本特性	有各类动物实验数据资料,如急性毒性、致癌、致畸性等	有,病例对照研究数据、案例分析、环境生态污染数据等	http://www.inchem.org/
15	TRI Program	是美国EPA旗下的一个排放性化学品目录,能向公众提供排放性化学品的排放状况、健康和生态危害风险、并强调这些化学品的使用和排放信息,指导化学品的排放和处理,促使政策和法规的修订	有,包括CAS号、名称、别称,功能、应用、熔点、沸点等基本特性	有该化学物人体健康尤其是致癌性或其他慢性疾病以及环境生态危害的直接证据	无	https://www. epa. gov/toxics-release-inventory-tri-program
16	ATD	1869年,由美国鱼类和野生动物管理局和密苏里州密苏里大学共同开发,用于4901次急性毒性试验,其中约410种化学品和66种水生动物物种。一直都在更新中	无	有,先选择不同的化学物,再选择不同的受试动物,确定后会出现该化学物针对该动物种属的急性毒性数据,如IC_{50},眼刺激、皮肤刺激等级等	无	https://www. cerc. usgs. gov/data/acute/acute. html
17	TPIS	该数据库将有毒化学物按字母表排列,有如字典一般,每种化学物内都有该化学物的理化特性、毒理学资料、健康影响、暴露现况、生产、使用和处理等信息	有,包括CAS号、名称、别称,功能、应用、熔点沸点等基本特性	有,并有PDF版,内有目的化学物的经口、经皮、吸入暴露造成的各系统毒性资料	有,死亡案例回溯研究、案例分析、慢性暴露包括人群致癌性分析、污染现状等	https://www.atsdr.cdc.gov/toxprofiles/index.asp

续表

编号	数据库名称	简介	基础理化特性资料	毒理学资料	流行病学资料	链接
18	RAIS	由美国能源部环境管理办公室、橡树岭政府办公室、田纳西州大学共同创造,包括化学物、放射性物质等7大板块	有,化学物的名称、化学参数以及应用等	有,皮肤、口腔、血液、器官等系统急慢性毒性以及致癌致畸致突变性等动物毒性数据,也有人体职业暴露和实验室急慢性毒性数据资料。最后会有该化学物的癌症分类级别	有,生态背景值、污染排放来源、半衰期等	https://rais.ornl.gov/
19	CP	该网站通过第三方网站提供数据,没有经过联合研究中心任何评估,可以用化学物的化学式、名称、CAS号进行搜索,包含化学物的化学、物理和毒理学信息	有,包括分子式、CAS号、名称、熔点沸点等	有,链接到毒理学相关数据库中,如ChemIDplus、HSDB、GENETOX、IRIS等	有,链接到相关数据库中,如ChemIDplus、HSDB、GENETOX、IRIS等中	http://chemagora. jrc. ec. europa. eu/chemagora/
20	CTD	提供大量活性物质毒理学、化学安全性方面的资料。可以通过多种方式查询,包括CAS登记号、英文名、RTECS登记号、化学名称、商品名、研发代号等。收载约15万个化合物(包括大量化学药物)的有关毒理方面的数据,并提供数据来源	有,包括CAS号、名称、别称,功能、应用等。	有,动物的急性毒性、长期毒性、遗传毒性、致癌与生殖毒性及刺激性数据等	无	http://www. drugfuture. com/toxic/
21	CID	该数据库为化学物质特性数据库,包含大量具药理活性及生物活性物质的性质信息数据。检索条件支持模糊查询,各输入条件间的检索关系为与(即AND)关系。索引信息包括如物质名称、化学结构式图、化学文摘登记号(CAS)、CA名称、商标名、化学结构式、分子式、分子量、元素组成等	有,包括CAS号、名称、别称,功能、应用、熔点、沸点等基本特性。理化特性描述的较为详尽	有,基本的毒性如急性经口毒性等资料,并附带资料原始文献链接	无	http://www. drugfuture. com/chemdata/

续表

编号	数据库名称	简介	基础理化特性资料	毒理学资料	流行病学资料	链接
22	EXTOXNET	EXTOXNET 是加州大学戴维斯分校、俄勒冈州立大学、密歇根州立大学、康奈尔大学和爱达荷大学共同创办的。主要文件在俄勒冈州立大学维护和存档	有，提供杀虫剂的 CAS 号、名称、别称，功能、应用、熔点、沸点等基本特性	其毒理学信息摘要（TIBs）中包含了毒理学和环境化学中某些概念的讨论以及毒理学毒性资料	有，杀虫剂不同食品中的残留量，提供食物与癌症发生风险的人群数据资料等	http://extoxnet.orst.edu/ghindex.html
23	Haz-Map	分为危险工种、职业病、高风险工作等 8 个板块，其中根据不同的分类最终都能搜到某个化学物的理化和毒性信息	有，名称、CAS 号、化学式、归属类别、应用等	有阈值、致死浓度等基本数值和各系统毒性以及致癌致畸致突变性的描述，并有致癌强度分级，如需深入了解其人类健康影响、毒性信息、化学信息，还能通过给出的链接进入其他数据库进行查询	有，针对某化学物职业性暴露的案例描述	https://www.hazmap.nlm.nih.gov/
24	TSCATS	美国有毒物质控制法规定测试提交数据库（TSCATS）开发向公众提供未公开的测试数据。测试数据提交给美国环境保护署的有毒物质控制法案。测试数据是广义的定义，包括案例报告、情景事件，如泄漏和正式测试研究报告。测试提交的数据库允许搜索特定化学特性或特定类型的研究。主要是关于人类健康的影响、环境影响	无	少	有大量的人群健康效应实际案例、环境污染事件等	https://www.osti.gov/scitech/biblio/420259

续表

编号	数据库名称	简介	基础理化特性资料	毒理学资料	流行病学资料	链接
25	ICSCs	ICSCs是世界卫生组织和国际劳工组织在欧盟委员会的合作下共同创建的，这些卡片旨在以数据表的形式清晰简明的提供关于化学品的基本安全和健康信息。这些卡的主要目的是促进化学品在工作场所的安全使用。主要目标用户是工人和负责职业安全与健康的人员。可以通过名称、CAS号或化学式进行搜索。分为理化特性、急性症状、预防、包装标志、应急处理、泄漏处理等进行描述	有，名称、CAS号、化学式、易燃易爆性等基本特性	主要是人体急性危害症状，也有简短的长期暴露危害的描述	有环境危害信息	http://www.ilo.org/safework/info/publications/WCMS _ 113134/lang-en/index.htm
26	HSFS	包括有1600种危险品事实数据，可以通过字母清单、致癌物等进行搜索。每一个化学物都有一篇PDF版的详尽描述可供下载。有毒性资料、防护和应急处理等描述	有，化学式、名称、CAS号，属性、应用等	有人体急性毒性如眼、皮肤刺激性等以及处理方式，有慢性健康效应，如致癌性描述以及致癌强度分级	无	http://web.doh.state.nj.us/rtkhsfs/indexfs.aspx
27	ATSDR	驻亚特兰大·乔治亚州的有毒物质和疾病登记局（ATSDR）是美国卫生与人类服务部的联邦公共卫生机构。ATSDR保护社区免受与暴露于天然和人造有害物质有关的健康影响。通过应对环境卫生突发事件、调查新兴的环境卫生威胁、对危险废物场所的健康影响进行研究、并为州和地方卫生合作伙伴建立能力并提供可行的指导。可以通过化学物的名称直接进行搜索	有，基本理化特性、化学分类、应用等	有针对该化学物急慢性致癌致畸致突变性的详细毒理学特性描述，且包括较为完整的人体和动物数据资料，有PDF版可供下载	有，暴露途径、健康效应、对人群甚至老人、儿童等特殊人群的健康影响的详细描述	https://www.atsdr.cdc.gov/

三、毒理学数据库中空气污染物动物实验或人群试验资料

毒理学实验基本上可以分为以下两大类:①动物实验,即用整体动物或动物的细胞、组织或器官进行实验;②人体试验,即直接进行人体试验,或利用人源性细胞、组织、器官进行实验。不管哪一类实验,实验目的不同,处理方式也各不相同。在空气污染物健康风险评估中,这两类数据资料都应该进行收集和利用。

(一) 动物实验资料要求

理论上讲,任何一种动物所提供的实验数据都不可能完全适用于人类。但是,只要动物实验数据解释合理,利用得当,目前看来还是化学污染物潜在毒性健康风险评估的重要手段。

1. 在评价化学污染物体内吸收、分布、代谢、排泄的动物实验研究中,动物种属和实验剂量的选择都至关重要。动物种属与人类越接近,实验结果就越可靠。同一个受试化学污染物一般至少需要设置 3 个剂量组,高剂量组一般以不引起系统毒性为依据而设置。

2. 评价化学污染物的系统毒性,一般需要收集短期和长期毒性实验数据。检测受试化学污染物一系列毒性观察终点(包括行为、功能、生物化学和病理学)的效应,一般至少需要综合两类种属、两类性别的动物实验,如啮齿类和非啮齿类动物各一种或两种啮齿类动物,以最大限度的发现化学污染物可能的潜在危害和影响。短期毒性实验一般包括急性经口毒性、急性经皮毒性、急性眼刺激、急性皮肤刺激、皮肤致敏实验等。长期毒性实验有体外哺乳动物细胞染色体畸变或体外哺乳动物细胞基因突变、体内哺乳动物细胞微核、体内哺乳动物骨髓细胞染色体畸变、亚慢性经口毒性、亚慢性经皮毒性、致畸、慢性毒性/致癌性结合实验等[2,4]。某些特殊化学物还可能有神经毒性、免疫毒性、内分泌干扰毒性等实验。这些实验中有很多经典实验都发展出了各类的替代实验,如经典的皮肤致敏实验——豚鼠最大值试验(guinea pig maximinatim test,GPMT)及局部封闭涂皮试验(buehler test,BT)早已被小鼠局部淋巴结法(local lymph node assay,LLNA)替代,甚至发展至人工皮肤/重组表皮模型实验[5]。又如致癌试验的替代方法肿瘤的启动/促进模型、新生小鼠模型和转基因小鼠模型等[2]。这些替代实验往往较经典实验有更大的优势,如减少实验动物的使用量、更符合人体暴露的全过程、缩短实验的时间、检测效率更高等。在收集资料时应该重点考虑。

化学污染物健康风险评估中应该针对目标化学污染物的已知特性选择最佳评估实验组合,并对实验的剂量设计、实验分组、动物品种、细胞类型、组间雌雄比例、染毒方式、结果的收集和统计方法等进行列表收集和汇总。

(二) 人体资料要求

来自人体的试验数据对于化学污染物的危害识别、剂量-反应关系以及整个风险评估都非常重要。数据一般来自志愿者试验、个案报道、临床报告(如中毒)、流行病学调查(如病例-对照研究、队列研究等),得到的数据往往是目标化学污染物代谢或毒代动力学、效应标志物以及不良健康效应等。这类数据较动物实验更难获取。但一旦获得相关数据,在健康风险评估中,人体试验数据可信度要高于动物实验数据。但由于受试对象数量很难满足试验要求,也很难明确实际暴露剂量与个体健康效应之间的关系,这类数据也存在一定的不确定性。

第二节　文献资料的数据要求

当数据库中找不到目标化学污染物相关资料时，需要搜寻针对该化学污染物的零星文献报道，开展系统综述，归纳其理化及毒理学特性。毒理学中针对同一个研究目的往往有多种研究方法或形式，将这些研究数据进行选择、整合，并确保整合方法透明、可重复是非常重要的。本节将从文献的搜寻和纳入排除方法、纳入研究对象的偏倚风险评估和可信度的确定、数据提炼和合并方法来介绍文献研究数据的提炼和归纳汇总。

一、文献的搜寻和纳入排除方法

（一）寻找研究对象

科学文献的搜索范围包括 Pubmed、TOXNET、Scopus、Embase 以及出版书籍等。搜索方法应该有详细的记录，如搜索时间、更新频率以及搜索限制（如语言限制、出版日期、权限等），以便能重复搜索。搜索发表文献的同时，还要考虑会议摘要、未出版文献等。如果一项研究对此次评估很重要，但还没有接受同行评议，而作者同意提供所有的研究资料，可以由权威机构将其送给相关领域的专家进行单独的同行评议。同行评议要求纳入的研究必须由该主题领域专家进行评议，而且由此得出的信息应该符合研究对象质量标准[6]。

（二）选择纳入研究对象

每一项主题搜索都应该有纳入和排除标准，这个标准应该依据实验结果、受试污染物暴露情况和研究类型确定，并且有单独的文档进行记载。收集到所有文献后，接下来就可以依据标准中的关键词或者关键性问题进行筛选。

筛选步骤大致如下：①两个综述者同时单独通过文章题目和摘要对所选的文献进行审阅，并且通过讨论决定是否纳入该文献；②对符合纳入标准的文献进行全文查阅，以便获取更多详细信息，在此应重点注意结果或结论有冲突的文献，对这些文献应该特殊标明；③创建流程表记录重新纳入的文献、重复查阅的文献以及排除的文献。

二、纳入研究对象的偏倚风险评估和可信度的确定

（一）质量评估或风险偏倚评估

对每一项研究的可信度评估非常重要，但是“质量”在不同的领域如毒理学和公共卫生领域意义却不尽相同。广义的研究质量是指：①报告质量（一项研究报告的完整性和完美性）；②内在的可靠性或风险偏倚（研究成果的可靠程度决定于研究设计的完整性和研究过程的规范性）；③外在可靠性或适用性（研究和综述目的的符合程度）。

本节介绍的方法是从卫生保健研究和质量机构（agency for healthcare research and quality，AHRQ）指南中调整过来的，每一个风险偏倚问题的设计都只针对某个特定的研究（如人体对照试验和动物实验研究、病例研究、病例-对照研究、横断面研究和案例分析等）。

动物实验研究与人体对照试验研究评估方法类似。因为这些研究都能人为控制暴露的时间和剂量，减少混杂因素对实验结果的影响。所有的文献都会依据风险偏倚的表格进行

风险偏倚评估，最终被分为4个等级（风险偏倚非常低、可能低、可能高、非常高）。正式评估之前推荐进行小范围的评估，所有文献评估完成之后应对有争议的文献进行再一次讨论，最终确定其等级。

（二）评估证据的可信度

通常通过对比同类研究设计的优缺点来评估一项研究结果的可信度。国际毒理学健康评估和转化办公室[the national toxicology program（NTP）office of health assessment and translation，OHAT]将证据分成4个等级，在研究目的确定的情况下，高可信度指的是进一步的研究不太可能改变现有暴露与结果的关系，相反，低可信度指的是进一步研究非常可能改变这种关系。人体和动物实验研究在接下来的评估中将根据可信度最高的证据得出评估结论。

对于每一项研究结果，评估都会给出反映关键研究设计的可信度，这个可信度会随着结果中降低可信度的因素而降低，升高可信度的因素而升高。有同样研究结果的文献将会被统一评估，这个研究结果的可信度也会随着文献的增多而升高。

虽然每一个结果的可信度来源于很多的同类研究文献，但得出不同研究结果的文献数量差距有可能相差很大。有时得出某个研究结果的所有文献可能只是同一种实验，如此，该结果对阐明受试污染物暴露与毒理学或人群健康的关系意义并不大。如果有足够多的相似研究可用，可以用Meta分析来评估总的研究效应，最终的可信度源于多个有生物学效应结果共同的评价。

必须承认科学的评判也避免不了内在主观性的影响，而系统综述的关键优点则是有一个评估和判定的标准框架，可以对研究结论的科学判定提供更高的透明度和可信度。

影响每个研究结果的关键因素是其内在可信度。内在可信度有4个评判标准：①暴露剂量可控；②有时序性，即暴露先于效应；③实验结果为个体水平效应而不是群体反应；④试验研究中设有对照组。暴露剂量可控指的是人体和动物实验中通过随机分配暴露情况来消除混杂因素，实验性研究一般都具有这4个基本特征，并能得到较高的可信度。观察性研究则不能控制暴露剂量，并且通常不会同时具备其他3个要素；前瞻性队列研究通常都具备其他3个要素，可信度为中等，而病例分析可能只具备其中一个要素，可信度为极低。

1. 下调可信度的因素　内在可信度下调的因素有以下5个：①风险偏倚；②无法解释的不一致性；③间接性；④不严密性；⑤发表偏倚。

（1）风险偏倚：在对每一项研究进行质量评估或风险偏倚评估中仅仅是对单一的研究质量问题进行评估，但现在需要考虑该项研究中所有的风险偏倚，如果存在证据体系中大多数研究都有的风险偏倚，那么可以考虑下调可信度。由于风险偏倚能降低整个研究领域资料的可信度，所以下调可信度的决定应该保守应用。

（2）不明原因的不一致：不一致性指的是研究之间较大的且不能解释的变异性，能减少证据的可信度。研究之间不一致性，最好通过可能解释异质性的预先假设来探索。

（3）间接性：间接性能够反映健康效应结果的外部有效性。当测量的人群、暴露或结果与最有代表性的人群、暴露或结果不同时，间接性可以降低证据的可信度。关于间接性可以关注以下几个方面：①健康效应的上游测量结果（如生物标志物）与健康效应之间的关系；

②常规的暴露途径和典型的人体暴露途径;③研究人群和目标人群;④影响生物标志物的暴露时间;⑤得出结果所需暴露时间以及结果评估所需的时间。

(4)不确定性:对于具体结果的估计,不确定是指缺乏准确性。精确估计能够让评估者确定是否存在效应(如它与对照组的差异)。评估效应的置信区间可以为不确定性提供基础证据。

(5)出版偏倚:由于大部分作者都偏向于对阳性结果的报道,所以已经出版的文献很容易出现出版偏倚,出版偏倚可以用于评估证据来源的可信度。可以用漏斗图来评估出版偏倚,对特定结果进行研究时,将研究结果的不对称或对称模式视为评估出版偏倚。有证据表明,阴性结果的研究(临床试验的无效结果)不太可能出现在已发表的文献中,阴性结果研究也可能受到“滞后偏差”或更长的出版时间的影响。因此,仔细分析数据集非常重要,如果数据集仅限于样本量较小的研究,可以查阅出早期阳性研究与滞后阴性研究之间存在滞后时间。虽然预期会有一些出版偏倚,但是对能显著降低证据可信度的出版偏倚,还是应该重点考虑并降低其可信级别。

2. 升级可信度的因素　考虑证据体系的4个属性(效应的多样性、剂量-反应关系、物种间/群体/研究的一致性、其他),以确定可信度评级是否应升级。4个属性中增加或降低可信度的属性都应该进行记录。

(1)效应的多样性:指的是观察到的效应足够广泛,不太可能出现由于效应观察不到位而出现混杂偏倚。

(2)剂量-反应关系:暴露与结果之间合理的剂量-反应关系能增加结果的可信度,因为它减少了对结果归因于随机效应的可能性。除了暴露研究中考虑剂量-反应关系之外,考虑具有不同暴露水平的多个研究有助于目标污染物剂量-反应关系的总体评估。另外,现有知识可能对剂量-反应关系产生主观干扰,因此,在评估剂量-反应关系时,应考虑观察到的生物反应的合理性。

(3)跨物种/人群/研究一致性:以下3种证据的一致性可以增加结果的可信度:跨动物研究(在多个实验动物模型或物种中报告的一致结果);跨越不同种群研究(在时间、地点或暴露等因素不同的人类或野生动物上报告的一致结果);不同类型研究(来自具有不同设计特征的研究报告的一致结果)。

(4)其他:正在评估特定主题的其他因素(例如,特别罕见的结果)可以增加可信度。这些其他因素将在评估方案中进行规定和定义。

综合所有研究类型和多个结果确定最终可信度。最终可信度的确定绝大部分决定于可信度最高的证据。可信度评级最初是根据现有研究给定结果的关键设计特征(例如,与观察性研究分开进行的实验研究)设定的。具有最高可信度评估的研究成为每个证据流的最终可信度的基础。如上所述,具有不同设计特征研究的一致结果能增强证据组合的可信度,并且可以促使可信度评级升级向前迈进到下一步。如果唯一可用的证据获得“极低的可信度”评级,那么对于这些结果的评估就此结束。

同一类研究会有不同的研究结果。当结果具有足够的生物学相关性时,可能会增加整体结果的可信度,可以通过以下两个步骤得出可靠的结论:首先将每个结果分开评估,然后,将相关结果一起审议,重新评估与降级和升级证据相关的证据。

三、数据提炼和合并方法

（一）提炼研究数据

将纳入文献的数据提取或复制出来，建立一个新的数据库，对这些数据进行评估，比如依据人体试验数据、动物实验数据和体外实验数据对数据进行整合和分类。评估者会依据评估标准对文献数据进行质量评估，将可信度评级转化为健康效应证据级别。证据级别应该分人类、实验动物以及必要的其他相关数据分别评估。对健康效应证据水平的结论反映了受试污染物暴露与结果之间关联的总体可信度。将证据分为有健康效应和无健康效应，并且将这些效应的证据分为3个等级：高水平的证据、中等程度的证据和低水平的证据。只有当证据非常充足时，才能得出“无健康影响的证据”的结论。在无健康效应的证据下，低或中等程度的证据只能得出证据不足的结论[6]。

（二）整合证据，得出危害识别结论

证据评估的最后一步，将来自每个证据流的健康影响的最高证据结合在一起，以确定危害识别结论。可以根据评估的目标和现有数据，酌情对个体结果（健康效应）或一组生物相关结果达成危害识别最终结论。将证据流之内和之间的证据相结合得出最终结论，结论必须清楚地表明每个结论中纳入了哪些结果。以下是5个危害识别结论：①已知对人类有害；②确定对人类有害；③可能对人类有害；④对人类的危害未分类；⑤没有被认定对人类有危害。

在这一步中，将人类研究和非人类动物研究的证据流与其他相关数据一并整合。通过整合人类和动物证据流的健康效应的最高级别证据结论来确定危害识别结论。这种方法对于支持有或没有健康效应的证据都适用[7]。

当数据支持健康效应时，来自上一步（“高”“中度”或“低”）的人类数据的证据级别结论与非人类动物数据的证据水平将会被整合考虑，最终达成4个危险识别结论之一（图3-1，步骤7）。如果一个证据流（人或动物）没有研究，那么结论是基于剩下的证据流（相当于将缺失的证据流视为“低”）。

接下来考虑通过整合人和非人类动物数据流的其他相关数据对危害识别结论的影响（图3-1，步骤7）。其他相关数据可以包括但不限于机制研究数据、体外数据或基于健康影响的上游指标的数据。机制研究数据或其他类型的相关数据不需要达到最终的危害识别结论。

（1）如果其他相关数据为暴露与健康效应之间的生物学可靠性提供了有力的支持，则危害识别结论可能会上调。可以预见，在没有人类流行病学或实验动物数据的情况下，生物过程相关的机制或体外数据可能得出“可能”的结论。

（2）如果其他相关数据强烈反对暴露与健康效应之间的生物相关性，则危害识别结论可能会降级。当数据提供不了健康效应的证据时，将对来自上一步的人类数据的证据层级结论与非人类动物数据的健康效应结论的证据级别一起进行考虑。再次考虑其他相关数据对危害识别结论的影响。

（3）如果“没有健康效应的人类证据”没有得到动物健康效应证据的支持，则危害识别结论为“不确定”。

危害识别必须对人类、动物和其他相关数据对结论的贡献进行相应的评估和确定。

图 3-1 将以上文字表述分为 7 步,称为系统综述 7 步法。

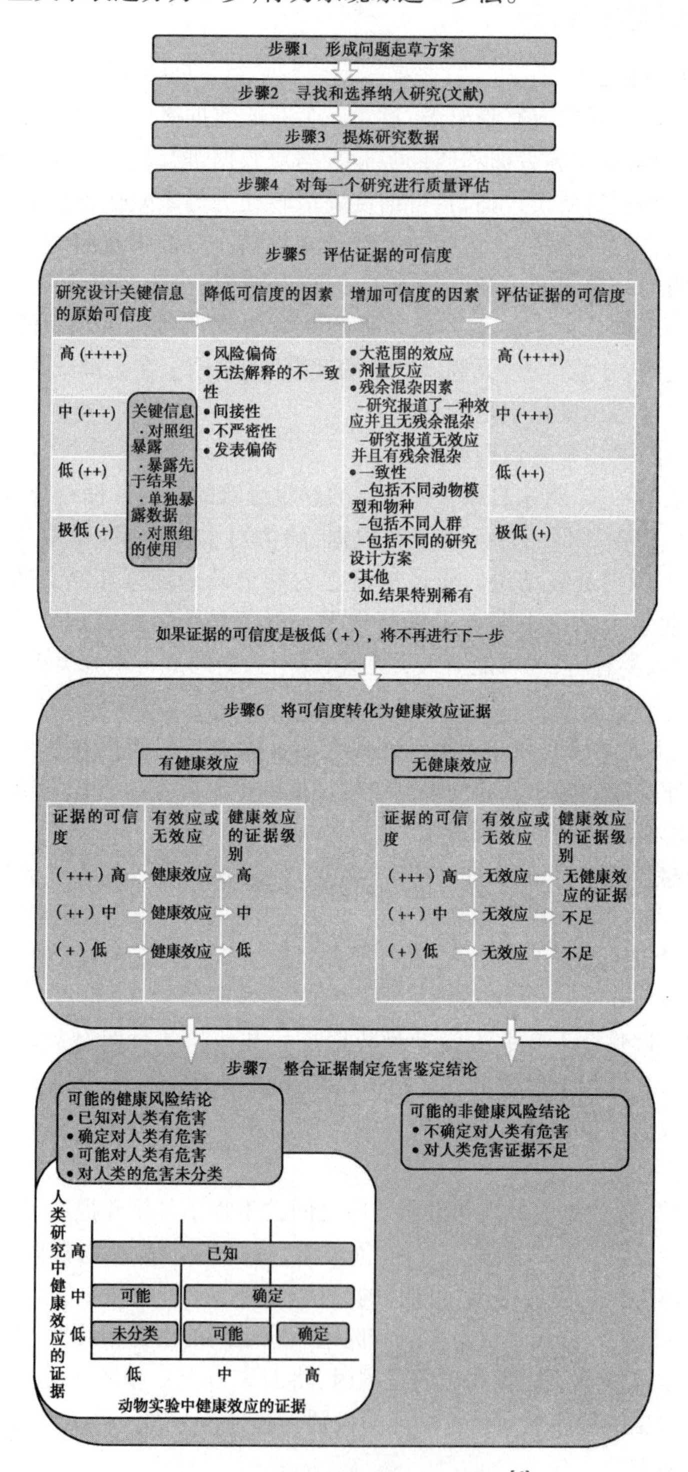

图 3-1　系统综述法搜集文献步骤图[6]

（阳晓燕　徐东群编，徐东群审）

参考文献

[1] Enviromental Health Risk Management.
[2] 庄志雄,王心如,周宗灿.毒理学基础.北京:人民卫生出版社,2008.
[3] 刘征涛,孟伟.环境化学物质风险评估方法与应用.北京:化学工业出版社,2015.
[4] 周宗灿,李涛.基因与环境的交互作用:健康危险评定与预警.上海:上海科学技术出版社,2009.
[5] 赵同刚,化妆品卫生规范.北京:军事医学科学出版社,2007.
[6] Rooney,A.A.,et al.,Systematic review and evidence integration for literature-based environmental health science assessments.Environ Health Perspect,2014.122(7):711-8.
[7] Stephens,M.L.,et al.,The Emergence of Systematic Review in Toxicology.Toxicol Sci,2016.152(1):10-6.

第四章

空气污染人群健康风险评估数据要求及分类

第一节　空气污染人群健康风险评估数据来源及特征

确保有效、准确地进行评估就要求收集的数据能够反映任何环境风险的位置、范围、程度、趋势和可能的方式[1]。空气污染人群健康风险评估，需要获取空气污染数据和人群健康数据，而这两类数据都是通过长期、连续监测获得。由于数据一般来自不同的监测网络，数据种类较多，类型较复杂、数据量较大，因此首先需要了解不同类型数据的来源和特征。

一、数据范围

（一）反映空气污染状况的相关数据

与空气污染状况相关的数据包括：气象资料、常规环境空气质量监测站资料、部分环境空气质量超级监测站资料及社区空气质量监测的细颗粒物成分资料等。其中气象资料是对气象要素进行监测的资料，包括城市/县每日的气压、温度、湿度、风玫瑰图等常规气象指标监测数据。常规环境空气质量监测站资料为城市/县所有国控、省控和市控环境空气质量监测站点每日对大气污染物进行监测的资料，包括 PM_{10}、$PM_{2.5}$、SO_2、NO_2、CO、O_3 等 6 种常规空气污染物浓度。环境空气质量超级监测站及不同机构的细颗粒物成分资料，是不同机构对 $PM_{2.5}$、$PM_{0.1}$ 等及其多种成分，如阴阳离子、重金属类金属、多环芳烃等的质量浓度监测数据。

（二）反映人群健康状况的相关数据

健康数据包括：人口资料、急救中心接诊资料、死因监测资料、医院就诊（如门诊、急诊和住院）资料、人群健康监测资料等。人口资料包括监测城市的常住人口统计资料和户籍人口统计资料两类。急救中心接诊资料是指监测城市中所有急救中心（120、999）每日院前急救个案信息，包括接诊时患者基本信息和院前诊断信息等。死因监测资料是指监测城市中每日死亡个案信息，包括死者基本信息和死因信息等。医院就诊资料包括监测城市中所有医疗机构（综合医院、专科医院、社区卫生服务中心等）每日就诊个案信息，包括患者基本信息和医疗诊断信息等。人群健康监测资料是指通过问卷调查获得的各种信息。

二、数据来源

空气污染数据和人群健康数据来源于不同部门或机构，下面将分别介绍不同部门或机

构的数据种类及获取方式。

（一）气象部门

中国气象观测系统拥有体量庞大的观测站网，涵盖地面、探空、雷达、风廓线、全球定位系统气象观测 GNSS/MET（global navigation satellite system/meteorological）站、环境气象、海洋气象等领域全方位、立体综合的观测[2]。与空气污染人群健康风险评估相关的数据是气象部门收集的地面资料，包括气温、气压、相对湿度、水汽压、风、降水量等要素的小时观测值。气温包括小时最高温度、小时平均温度和小时最低温度，降水包括 1 小时降水、24 小时降水（08~08 时）、24 小时降水（20~20 时）。公众可以根据需要在中国气象局气象数据中心网站[3]进行实名注册之后获取数据。此网站依托全国综合气象信息共享平台（china integrated meteorological information sharing system，CIMISS）统一数据环境和服务接口，提供完整、及时、稳定、准确的气象数据服务。

（二）环保部门

中国环境监测总站负责收集、汇总、审核全国常规空气质量监测统计数据。2013 年 1 月 1 日起，京津冀、长三角、珠三角等重点区域及直辖市、省会城市和计划单列市共 74 个城市的 496 个监测点位开始实施空气质量新标准监测，并向社会实时发布 PM_{10}、$PM_{2.5}$、SO_2、NO_2、O_3 和 CO 等 6 项污染物的实时浓度和 AQI 指数等空气质量信息；2014 年 1 月 1 日起，空气质量新标准监测扩大至国家环保重点城市和环保模范城市在内的 161 个地级及以上城市的 884 个监测点位；2014 年底，在全国 338 个地级及以上城市共 1436 个监测点位全部开展了空气质量新标准监测，并从 2015 年 1 月 1 日起实时发布全国所有地级及以上城市的空气质量监测数据，公众可以根据需要通过全国城市空气质量实时发布平台（http://106.37.208.233:20035/）获取数据。除日常监测指标外，从 2014 年 12 月 28 日起，京津冀、长三角和珠三角区域空气质量预报和重污染天气预警信息也已在环境保护部政府网站和中国环境监测总站向全社会公开发布，公众可以根据需要通过中国环境监测总站（http://www.cnemc.cn/）获取数据。大气复合污染综合观测站及其他机构对多种污染物的细颗粒物成分监测数据目前没有面向公众发布[4]。

（三）卫生部门

死因监测数据由卫生部门下属的各级疾控机构通过医院、公安部门和民政部门等收集，包括地区信息、死亡日期、根本死亡原因及根本死因 ICD 编码等。截至 2013 年，死因监测点共有 605 个，分布于全国 31 个省（自治区、直辖市），监测数据基本可以描绘出各个省（自治区、直辖市）人口的死因特征。2013 年底，当时的国家卫生计生委、公安部、民政部三部委联合发文，促进全国范围内死亡登记信息的统一化、标准化。

随着我国医院信息化的迅速发展，不同地区、不同类型、不同等级的医院基本建立了医院管理信息系统（HIS 系统）。医院就诊数据包括门诊数据、急诊数据、住院数据 3 部分，主要指标包括就诊日期、病人 ID 号、性别、年龄、出生日期、住址、就诊科室、诊断、诊断 ICD 编码等。目前部分信息化建设比较发达的城市已经建立卫生信息平台，纳入了此城市中所有医院的就诊数据，公众可以直接通过当地卫生健康委行政部门的信息平台获取数据。

120、999 医疗急救中心的院前急救信息系统是为采集和传输需要紧急救治患者的各项生命体征参数而产生的，该系统不仅可以将急救病患在救护车上急救过程中的生命体征、急救方式等传输到急救中心或接诊医院，还可以像 HIS 系统一样，为各类健康相关分析提供数据保障。主要指标包括接诊时间、地址、救治类型、患者性别、年龄、主要症状及初步诊断等。急救中心资料，可通过各级急救中心的信息平台获取。

（四）其他机构

此外，还有一些机构如科研院所、大学、公益组织等由于工作需要也开展了一些监测和调查并因此获得了部分数据，包括 $PM_{2.5}$成分及浓度、各种与空气污染对人群健康影响相关的调查问卷和症状监测数据等。

探究空气污染物 $PM_{2.5}$的形成和成分组成对于理解其危害、溯源到污染源头、制定应对策略具有重要意义。越来越多的机构开始对 $PM_{2.5}$的成分及浓度进行监测。$PM_{2.5}$中各类成分主要包括重金属和类金属、多环芳烃和阴阳离子等。调查问卷是社会各行业搜集相关信息的一种途径，根据收集的信息进行整合分析，有助于调查者对所研究问题进一步理解。根据研究目的健康调查可针对不同人群开展。症状监测是对生理功能指标的监测，如小学生肺功能监测。

（五）统计部门

由国家统计局汇编和发布《中国统计年鉴》系统收录了全国和各省、自治区、直辖市每年经济、社会各方面的统计数据，以及多个重要历史年份和近年全国主要统计数据，是一部全面反映我国经济和社会发展情况的资料性年刊。包括综合资料、人口等 27 部分内容。其中综合资料主要包括我国行政区划、国民经济和社会发展综合资料，由民政部和国家统计局编辑整理。其中“全国行政区划”资料，由民政部根据国务院批准的、截止到上一年末全国行政区划变更情况汇总整理并提供。人口资料由国家统计局人口和就业统计司整理，反映我国当年及历年人口方面的基本情况，包括全国及 31 个省、自治区、直辖市的主要人口统计数据，公众可以通过国家统计局网站[5]获取历年的《中国统计年鉴》。

三、数据特征

下面将通过表格的形式详细介绍空气污染人群健康影响需要收集的气象数据、常规空气质量监测数据、$PM_{2.5}$监测数据、死因数据、医院就诊数据、急救中心接诊数据和调查数据等主要数据的结构，包括主要字段、字段类型、各个指标的说明及单位。

（一）气象数据

气象数据收集的主要字段及其字段类型、字段说明如表 4-1 所示。

表 4-1　气象数据主要字段一览表

主要字段	字段类型	说明	单位
日期	时间日期型	指监测当日的日期。日期书写格式应为：YYYY-MM-DD	–
平均气压	浮点型	指监测当日平均大气压强	hPa
最高气压	浮点型	指监测当日最高大气压强	hPa
最低气压	浮点型	指监测当日最低大气压强	hPa
平均温度	浮点型	指监测当日平均温度	℃
最高温度	浮点型	指监测当日最高温度	℃

续表

主要字段	字段类型	说明	单位
最低温度	浮点型	指监测当日最低温度	℃
平均相对湿度	浮点型	监测当日平均的空气中水气压与相同温度下饱和水气压的百分比	%
最大湿度	浮点型	指监测当日最大湿度	%
最小湿度	浮点型	指监测当日最小湿度	%
降水量	浮点型	指从天空降落到地面上的液态或固态(经融化后)水，未经蒸发、渗透、流失，而在水平面上积聚的深度	mm
日平均风速	浮点型	指监测当日的空间某一点，在给定的时段内各次观测的风速之和除以观测次数	m/s

(二) 常规空气质量监测数据

常规空气质量监测数据收集的主要字段及其字段类型、字段说明如表 4-2 所示。

表 4-2　常规空气质量监测数据主要字段一览表

主要字段	字段类型	说明	单位
站点名称	字符串	常规空气质量监测站点名称	-
监测日期	时间日期型	监测当日的日期，书写格式应为：YYYY-MM-DD	-
SO_2	浮点型	大气的主要污染物之一	$\mu g/m^3$
NO_2	浮点型	大气的主要污染物之一	$\mu g/m^3$
PM_{10}	浮点型	大气的主要污染物之一	$\mu g/m^3$
$PM_{2.5}$	浮点型	人气的主要污染物之一	$\mu g/m^3$
CO	浮点型	大气的主要污染物之一	mg/m^3
$O_{3\text{-}1h}$	浮点型	臭氧 1 小时指标，反映短期内的直接伤害	$\mu g/m^3$
$O_{3\text{-}8h}$	时间日期型	臭氧累积指标，反映较长时间的累积性伤害	$\mu g/m^3$

(三) $PM_{2.5}$监测数据

$PM_{2.5}$监测数据收集的主要字段及其字段类型、字段说明如表 4-3 所示。

表 4-3　$PM_{2.5}$监测数据主要字段一览表

主要字段	字段类型	说明	单位
采样时间	时间日期型	采样当日的日期。书写格式应为：YYYY-MM-DD。	-
$PM_{2.5}$浓度	浮点型	$PM_{2.5}$质量浓度	$\mu g/m^3$
锑(Sb)	浮点型	类金属	ng/m^3
铝(Al)	浮点型	金属	ng/m^3
砷(As)	浮点型	类金属	ng/m^3

续表

主要字段	字段类型	说明	单位
铍(Be)	浮点型	金属	ng/m^3
镉(Cd)	浮点型	重金属	ng/m^3
铬(Cr)	浮点型	金属	ng/m^3
汞(Hg)	浮点型	重金属	ng/m^3
铅(Pb)	浮点型	重金属	ng/m^3
锰(Mn)	浮点型	金属	ng/m^3
镍(Ni)	浮点型	金属	ng/m^3
硒(Se)	浮点型	类金属	ng/m^3
铊(Tl)	浮点型	金属	ng/m^3
硫酸盐(SO_4^{2-})	浮点型	阴离子	$\mu g/m^3$
硝酸盐(NO_3^-)	浮点型	阴离子	$\mu g/m^3$
氯离子(Cl^-)	浮点型	阴离子	$\mu g/m^3$
铵盐(NH_4^+)	浮点型	阳离子	$\mu g/m^3$
萘	浮点型	多环芳烃	ng/m^3
苊烯(Acy)	浮点型	多环芳烃	ng/m^3
芴	浮点型	多环芳烃	ng/m^3
二氢苊	浮点型	多环芳烃	ng/m^3
菲	浮点型	多环芳烃	ng/m^3
蒽	浮点型	多环芳烃	ng/m^3
荧蒽	浮点型	多环芳烃	ng/m^3
芘	浮点型	多环芳烃	ng/m^3
屈	浮点型	多环芳烃	ng/m^3
苯并[a]蒽	浮点型	多环芳烃	ng/m^3
苯并[b]荧蒽	浮点型	多环芳烃	ng/m^3
苯并[k]荧蒽	浮点型	多环芳烃	ng/m^3
苯并[a]芘	浮点型	多环芳烃	ng/m^3
二苯并[a,h]蒽	浮点型	多环芳烃	ng/m^3
苯并[g,h,i]苝	浮点型	多环芳烃	ng/m^3
茚并[1,2,3cd]芘	浮点型	多环芳烃	ng/m^3

(四) 死因数据

死因数据收集的主要字段及其字段类型、字段说明如表4-4所示。

表 4-4　死因数据主要字段一览表

主要字段	字段类型	说明	单位
性别	字符串	死者生理性别	-
出生日期	时间日期型	死者出生当日的日期。文件中的日期书写格式应为:YYYY-MM-DD	-
年龄	字符串	出生起到计算时止生存的时间长度	岁/月/天
生前详细地址	字符串	生前详细地址的名称	-
户籍地址	字符串	死者户籍详细地址	-
死亡时间	时间日期型	死者死亡当日的日期。文件中的日期书写格式应为:YYYY-MM-DD	-
死亡地点	字符串	死亡地点	-
根本死亡原因	字符串	引起死亡的初始原因	-
根本死亡 ICD 编码	字符串	根本死亡原因 ICD10 编码	-

（五）医院就诊数据

医院数据收集的主要字段及其字段类型、字段说明如表 4-5 所示。

表 4-5　医院数据主要字段一览表

主要字段	字段类型	说明	单位
病人 ID 号	整数型	患者唯一识别码	-
身份证号	整数型	公民身份证号码	-
性别	字符串	患者生理性别	-
年龄	字符串	患者出生起到计算时止生存的时间长度	-
出生日期	时间日期型	患者出生当日的日期。文件中的日期书写格式应为:YYYY-MM-DD	
就诊日期	时间日期型	就诊当日日期,文件中的日期书写格式应为:YYYY-MM-DD	-
就诊科室	字符串	患者到医院就诊的科室	
疾病诊断	字符串	根据各种疾病的临床特点,对病人作出相应的诊断,确定所患病种的名称	-
诊断 ICD 编码	字符串	诊断的 ICD10 编码	-

（六）急救中心接诊数据

急救中心数据收集的主要字段及其字段类型、字段说明如表 4-6 所示。

表 4-6　急救中心数据主要字段一览表

主要字段	字段类型	说明	单位
患者个人编号	整数型	患者唯一识别码	-

续表

主要字段	字段类型	说明	单位
性别	字符串	本人生理性别	-
年龄	字符串	出生起到计算时止生存的时间长度	-
接诊时间	时间日期型	文件中的日期书写格式应为:YYYY-MM-DD	-
接诊时主诉	字符串	接诊时病人自述自己的症状或体征、性质,以及持续时间等内容	-
初步诊断	字符串	根据诊断的准确程度,指在经过病史调查、一般检查及系统检查之后所做出的诊断,它是进一步实施诊疗的基础	-
患者就诊类型	整数型	求助类型。1. 应急救治;2. 非应急救治。如:出院接送、转院接送、解决交通工具等	-

(七) 调查数据

这里主要介绍小学生健康影响调查数据和社区人群健康影响调查数据两类。其中小学生健康影响调查收集的主要字段及其字段类型、字段说明如表 4-7 所示。社区人群健康影响调查收集的主要字段及其字段类型、字段说明如表 4-8 所示。

表 4-7　小学生健康影响调查数据主要字段一览表

主要字段	字段类型	说明	单位
学生身份识别码	整数型	学生的唯一识别编号,共 18 位,不能重复	-
测试日期	时间日期型	文件中的日期书写格式应为:YYYY-MM-DD	-
身高	浮点型	身高测量值	cm
体重	浮点型	体重测量值	kg
用力肺活量(FVC)	浮点型	过去称时间肺活量,是指尽力最大吸气后,尽力尽快呼气所能呼出的最大气量	-
1 秒用力呼气量(FEV1)	浮点型	以最快速度用力呼出的气量	-
呼气峰值流速(PEF)	浮点型	是指用力肺活量测定过程中,呼气流量最快时的瞬间流速	-
V25	浮点型	25%FVC 时的用力呼吸流量,等同于 FEF75	-
V75	浮点型	75%FVC 时的用力呼吸流量,等同于 FEF25	-
检测范围	浮点型	轻污染区、重污染区	-
疾病调查	浮点型	呼吸系统疾病(急性鼻咽炎、肺炎、哮喘)	-
症状调查	浮点型	1. 咽喉(咳嗽、咳痰、咽痛)2. 眼睛(流泪、眼睛红痒)	-
肺活量监测	浮点型	用力肺活量(FVC)、1 秒用力呼气量(FEV1)、呼气峰值流速(PEF)、呼出肺活量 75%时的用力呼气量、呼出肺活量 25%时的用力呼气流量等	L

表 4-8　社区人群健康影响调查数据主要字段一览表

主要字段	字段类型	说明	单位
家庭居住环境调查	浮点型	调查日期、省、市、区、社区、小区、楼号、楼层、住房面积、何时入住、是否装修、附近污染源、通风习惯、烹调习惯	-
居民个人健康调查	浮点型	出生日期、是否吸烟、是否被动吸烟、是否饮酒	-
居民个人疾病和症状调查	浮点型	呼吸系统疾病、扁导体炎、急性支气管炎	-
居民出行模式调查	浮点型	工作性质、工作日（在家时间、睡眠时间、做饭时间、其余时间）、休息日（在家时间、睡眠时间、做饭时间、其余时间）	-

第二节　空气污染人群健康风险评估数据分类

进行空气污染人群健康风险评估，需要准备大量的数据，虽然这些数据看似复杂但并非无矩可寻，从不同的角度分别对这些数据进行整理和分类，能够使读者更清晰地了解数据，帮助其更好地完成数据准备工作。

一、按分析目标分类

按照空气污染人群健康风险评估的分析目的，可将数据分为暴露数据、健康数据和其他类型数据。暴露数据反映人群空气污染物的暴露水平，健康数据反映空气污染对人群的不同健康影响，其他类型数据反映可能影响空气污染水平和健康影响状况的混杂因素数据。

（一）暴露数据

暴露数据是指能够反映人群空气污染物暴露水平的一类指标，当缺乏个体或人群暴露量时，可以用环境空气中污染物的浓度代替人群的暴露水平，也可以利用环境空气中污染物的浓度，通过模型估算人群的暴露水平。暴露数据可以是单一的某个指标，如环境空气中 $PM_{2.5}$浓度，反映人群外环境 $PM_{2.5}$暴露水平；也可以是多个指标的组合，如 $PM_{2.5}$中的铅、苯并[a]芘等，反映人群外环境 $PM_{2.5}$成分中重金属和多环芳烃等的暴露水平；还可以是基于原始指标的计算指标，如基于 6 种空气污染物监测数据小时值计算出的日均值。现将其梳理如表 4-9：

表 4-9　空气污染人群健康风险评估暴露指标一览表

序号	指标名称	指标意义	所属数据
1	$PM_{2.5}$浓度	反映外环境 $PM_{2.5}$暴露水平	环境空气质量监测数据
2	PM_{10}浓度	反映外环境 PM_{10}暴露水平	
3	NO_2 浓度	反映外环境 NO_2 暴露水平	
4	SO_2 浓度	反映外环境 SO_2 暴露水平	

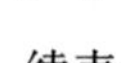

续表

序号	指标名称	指标意义	所属数据
5	CO 浓度	反映外环境 CO 暴露水平	
6	臭氧 1 小时浓度或臭氧 8 小时浓度	反映外环境臭氧暴露水平	
7	锑、铝、砷、铍、镉、铬、汞、铅、锰、镍、硒、铊、钡、钴、铜铁、钼、银、钍、铀、钒、锌、铋、锶、锂等元素浓度	反映外环境 $PM_{2.5}$中金属和类金属等成分的暴露水平	$PM_{2.5}$成分数据
8	萘、苊烯、芴、苊、菲、蒽、荧蒽、芘、屈、苯并[a]蒽、苯并[b]荧蒽、苯并[k]荧蒽、苯并[a]芘、二苯并[a,h]蒽、苯并[g,h,i]苝、茚并芘等元素浓度	反映外环境 $PM_{2.5}$中多环芳烃类成分的暴露水平	
9	硫酸盐(SO_4^{2-})、硝酸盐(NO_3^-)、氯离子、铵盐(NH_4^+)等元素浓度	反映外环境 $PM_{2.5}$中阴阳离子等成分的暴露水平	

（二）健康数据

健康数据是指能够反映人群健康状况的一类指标，包括反映人群的死亡、患病就诊和急救、以及空气污染相关症状发生等的指标。通常情况下，进行人群健康风险评估时所用到的健康数据均为基于原始数据的汇总数据或计算数据，很少直接用到健康个案数据进行分析。但个案数据至关重要，尤其是其中反映个人信息的指标，如性别、年龄，以及反映患病种类和死亡原因的指标，如疾病 ICD 编码、根本死因 ICD 编码等，这些指标都与健康汇总数据的分层计算息息相关。现将其梳理如表 4-10：

表 4-10　空气污染人群健康风险评估健康指标一览表

序号	指标名称	指标意义	所属数据
1	死亡人数	反映人群死亡情况	死因数据
2	性别、年龄、出生日期、死亡时间等	反映死因个案基本信息，便于分层汇总死亡人数	
3	根本死因、根本死因 ICD 编码	反映死因个案根本死亡原因，便于分类汇总死亡人数	
4	就诊量	反映人群就诊情况	医院数据
5	患者性别、年龄、就诊日期、出生日期等	反映就诊患者个人基本信息，便于分层汇总就诊量	
6	诊断、诊断 ICD 编码	反映就诊患者疾病诊断，便于分类汇总就诊量	
7	（疾病）患病率	反映人群某种疾病的患病水平	调查数据
8	（症状）发生率	反映人群某种症状的发生水平	
9	急救量	反映人群应急呼救情况	急救数据

续表

序号	指标名称	指标意义	所属数据
10	性别、出生日期、年龄、接诊日期等	反映急救接诊患者的个人基本信息，便于分层汇总急救量	
11	主诉、初步诊断、ICD 编码	反映急救接诊患者的院前诊断信息，便于分类汇总急救量	

（三）其他类型数据

其他类型数据是指能够反映与空气污染水平和人群健康状况均相关的一类指标，包括影响空气污染暴露水平和影响健康状况的混杂因素。与暴露有关的混杂因素包括影响外环境空气污染物浓度的气象指标，如气温、湿度、降水量等；以及反映环境污染源情况的相关指标，如调查数据中的居住环境、生活习惯等。与人群健康状况有关的混杂因素，如医院就诊数据中呼吸系统疾病门诊量，是否受到流感发生的影响以及调查数据中与个体健康状况相关的吸烟饮酒情况和既往疾病史、家族疾病史等相关指标。现将其梳理如表 4-11：

表 4-11　空气污染人群健康风险评估其他影响指标一览表

序号	指标名称	指标意义	所属数据
1	温度	影响空气污染物的浓度及心血管疾病	气象数据
2	相对湿度	影响空气污染物的浓度	
3	降水量	影响空气污染物的浓度	
4	附近污染源	影响个体室外空气污染物的暴露水平	调查数据
5	装修污染	影响个体室内空气污染物的暴露水平	
6	通风习惯	影响个体室内空气污染物的暴露水平	
7	取暖方式	影响个体室内空气污染物的暴露水平	
8	烹调习惯	影响个体室内空气污染物的暴露水平	
9	空气净化器	影响个体室内空气污染物的暴露水平	
10	职业有害因素	影响个体空气污染暴露水平	
11	现病史	影响个体健康状况	
12	家族史	影响个体健康状况	
13	过敏史	影响个体健康状况	

二、按数据量分类

数据量级没有绝对值差别，这里的分类方式是为了选择不同的数据处理工具。小量级数据选用 Excel 即可满足数据处理速度和功能的需求，而大量级数据只能选用专业的数据处理软件，如数据库软件或专业统计软件才能满足需求。

（一）小量级数据

小量级数据是指数据量级水平低于万条级别的数据，包括气象数据、6 种污染物的环境空气质量监测数据和 $PM_{2.5}$成分数据。气象数据通常为逐日数据，每日 1 条，一年共 365 或 366 条。6 种污染物的环境空气质量数据，有的为逐日数据，每日 1 条，一年 365 或 366 条；有的为小时数据，每小时 1 条，每天最多 24 条，每年最多 8760 或 8784（24×365 或 24×366）条。$PM_{2.5}$成分数据是不同机构的实验数据，采样时间和时长不一，但最多每天采样 1 次，每年至多 365 或 366 条。

（二）大量级数据

大量级数据是指数据量级水平超过万条级别的数据，包括死因监测数据、医院就诊数据和急救中心接诊数据。死因监测数据为个案数据，内容为死亡个案相关的各项信息，数据量在不同地域大小不一，以平均水平来看，覆盖城市范围的死因监测数据量约为几万到十几万不等，取决于死亡人数的差异。医院就诊数据来源于医院 HIS 系统的个案数据，包括患者信息、疾病诊断等就诊过程相关内容，数据量取决于医院大小，综合医院门诊量大，每月几万条，一年几十万甚至上百万不等；社区医院门诊量相对较小，就诊数每月几百条，一年几千条不等。急救接诊数据来源于 120 或 999 急救中心院前接诊个案数据，内容包括患者信息、接诊信息、主诉、院前诊断等接诊过程相关内容，数据量在不同地域大小不一，覆盖城市范围的急救量平均为每天几百条，每年约为几万到十几万不等，取决于当地的急救总量。

三、按数据维度分类

数据分析需要在多个维度层面上进行，因此可以根据不同维度对数据进行整理分类。

（一）时间维度

按照时间维度从小到大，可将数据分为小时数据、逐日数据、逐月数据、季度数据和逐年数据。小时数据是指每小时一条，主要包括环境空气质量监测数据各项指标；逐日数据是指每天有一条，主要包括环境空气质量监测数据各指标的日均值、气象数据各项指标、死因监测数据的逐日死亡数、医院就诊数据的逐日就诊量以及急救中心接诊数据的逐日急救接诊量；逐月数据指每月一条，包括环境空气质量监测数据各指标的月均值，是基于日均值的计算值；季度数据指每季度一条，包括环境空气质量监测数据各指标的季度均值，是基于日均值的计算值；逐年数据指每年一条，包括环境空气质量监测数据各指标的年均值、死因监测数据的年死亡人数以及户籍或常住人口总数。值得一提的是，$PM_{2.5}$成分数据为不同机构的监测数据，采样频率决定获得数据频率，因此按时间维度分类时该数据分类不确定。具体的数据分类信息可参见表 4-12：

表 4-12 按时间维度分类指标一览表

序号	类别	指标名称	指标意义	数据来源
1	小时数据	$PM_{2.5}$、PM_{10}、SO_2、NO_2、CO、$O_{3\text{-}1h}$/$O_{3\text{-}8h}$浓度	分析空气污染物小时浓度变化趋势；不同时期污染物小时浓度变化趋势对比等	环保部门
2	逐日数据	$PM_{2.5}$、PM_{10}、SO_2、NO_2、CO、$O_{3\text{-}1h}$/$O_{3\text{-}8h}$日均浓度	分析空气污染物日均浓度变化趋势；空气污染人群健康时间序列分析等	环保部门基于小时浓度计算

续表

序号	类别	指标名称	指标意义	数据来源
3		温度、相对湿度、降水量等	时间序列分析中控制混杂因素	气象部门
4		逐日死亡数	分析人群死亡数变化趋势;时间序列、病例交叉分析空气污染对死亡的影响	卫生部门基于死因监测个案汇总
5		逐日就诊量	分析人群就诊量变化趋势;时间序列、病例交叉分析空气污染对医院就诊量的影响	卫生部门基于医院门诊数据个案汇总
6		逐日急救量	分析人群急救量变化趋势;时间序列、病例交叉分析空气污染对急救接诊量的影响	卫生部门基于急救中心个案汇总
7	逐月数据	$PM_{2.5}$、PM_{10}、SO_2、NO_2、CO、$O_{3\text{-}1h}$/$O_{3\text{-}8h}$月均浓度	分析空气污染物月均浓度变化趋势;不同时期污染物逐月浓度趋势对比	环保部门基于日均值计算
8	季度数据	$PM_{2.5}$、PM_{10}、SO_2、NO_2、CO、$O_{3\text{-}1h}$/$O_{3\text{-}8h}$季均浓度	分析空气污染物季度浓度变化趋势;不同季节污染物浓度对比	环保部门基于日均值计算
9	逐年数据	$PM_{2.5}$、PM_{10}、SO_2、NO_2、CO、$O_{3\text{-}1h}$/$O_{3\text{-}8h}$年均浓度	分析空气污染物浓度年度变化趋势;不同年份污染物浓度对比	环保部门基于日均值计算
10		年死亡人数	计算年粗死亡率	卫生部门基于死因监测个案汇总
11		户籍/常住人口数	计算年粗死亡率	卫生部门人口数据原始资料

（二）地区维度

按照地区维度从小到大,可把数据分为站点数据、区域数据和城市数据。站点数据是指以站点为单位产生的数据,包括常规环境空气质量监测站点、超级站点,不同机构采样点、单家医院以及抽样选取的调查点;区域数据是指代表某一区域水平的数据,如某一个或几个行政区县范围内的数据,环境空气质量监测数据、医院数据基于各自站点数据计算得出,死因数据基于个案汇总而得,人口数据可直接获得;城市数据是指代表一个城市水平的数据,反映整个城市层面的情况,环境空气质量监测数据、医院数据基于各自站点数据计算得出,死因监测数据、急救中心接诊数据基于个案数据汇总而得,人口数据基于区域数据汇总,气象数据可直接得到。具体数据分类信息参见表4-13。

表4-13　按地区维度分类指标一览表

序号	分类	指标名称	指标意义	数据来源
1		$PM_{2.5}$、PM_{10}、SO_2、NO_2、CO、$O_{3\text{-}1h}$/$O_{3\text{-}8h}$浓度	反映常规环境空气质量监测站点各指标浓度水平及变化趋势	环保部门

续表

序号	分类	指标名称	指标意义	数据来源
2	站点数据	$PM_{2.5}$成分	反映超级站或其他机构自行采样点的 $PM_{2.5}$ 成分水平和变化趋势	环保部门 或其他机构
3		门诊量	反映各医院门诊量水平和变化趋势	卫生部门 医院
4		人群居住环境及健康状况调查	反映自行筛选的各调查点居民居住环境、生活习惯、健康状况等	卫生部门 调查问卷
5	区域数据	$PM_{2.5}$、PM_{10}、SO_2、NO_2、CO、$O_{3\text{-}1h}$/$O_{3\text{-}8h}$浓度	反映某区域内(如行政区)环保数据各指标水平及变化趋势	基于常规站点空气污染物浓度计算
6		死亡人数	反映某区域内(如行政区)人群死亡情况	基于死因个案数据计算
7		门诊量	反映某区域内(如行政区)人群就诊情况	基于医院门诊个案数据计算
8		户籍/常住人口数	反映某区域内(如行政区)户籍或常住人口数	统计部门 人口数据原始资料
9	城市数据	$PM_{2.5}$、PM_{10}、SO_2、NO_2、CO、$O_{3\text{-}1h}$/$O_{3\text{-}8h}$浓度	反映一个城市环保数据各指标浓度水平及变化趋势	基于常规站点空气污染物浓度计算
10		温度、湿度、降水量等	反映一个城市气象数据各指标水平及变化趋势	气象部门
11		死亡人数	反映一个城市人群死亡状况	基于死因个案数据计算
12		户籍/常住人口数	反映一个城市户籍或常住人口数	基于人口区域数据计算
13		门诊量	反映一个城市人群就诊情况	基于医院门诊个案数据计算
14		急救量	反映一个城市急救接诊情况	基于急救数据个案数据计算

(三)数据粒度

按照数据粒度,可把数据分为个案数据和汇总数据,该分类主要体现在反映人群健康状况的数据部分。个案数据是指包含记载个体详细信息的数据,除了个体基本信息如姓名、性别、出生日期、证件号码等之外,还有事件发生过程的信息。死因个案数据包含死亡时间、死亡地点、根本死因等信息;急救个案数据包含急救呼救地址、患者主诉、症状、院前诊断等信息;医院个案数据包含患者就诊科室、主诉、症状、疾病诊断、治疗措施等信息。汇总数据是

基于个案数据计算产生的数据，汇总数据隐去了全部个案信息，仅按照汇总时间和地区范围提取相应的汇总数值，如死亡人数、急救接诊量、门诊量，若有分层变量，还可根据变量进行分层汇总，如分年龄、性别的死亡人数，分年龄、性别的急救接诊量、分科就诊量等。汇总数据反映的是人群总体状况。具体分类信息见表4-14。

表4-14 按数据粒度分类指标一览表

序号	分类	指标名称	指标意义	数据来源
1	个案数据	死因报告卡信息	反映个体死亡相关信息，包括基本信息、死亡日期、死亡原因等	卫生部门 死因监测数据
2		院前接诊患者信息	反映患者急救接诊相关信息，包括基本信息、主诉、院前诊断等	卫生部门 急救中心接诊数据
3		患者门诊就诊信息	反映患者于医院门诊就诊相关信息，包括基本信息、主诉、诊断等	卫生部门 医院数据
4	汇总数据	死亡人数	反映一个时间段内的死亡总数	基于死因个案数据计算
5		常住/户籍人口数	反映一个地区内的户籍或常住人口总数	统计部门 人口数据
6		急救量	反映一个时间段内的急救总量	基于急救接诊个案数据计算
7		门诊量	反映一个时间段内的门诊总量	基于医院门诊个案数据计算

第三节 空气污染人群健康数据编码

一、健康数据编码的原理

（一）疾病分类编码简介

1. 疾病分类的发展历史　国际疾病分类（international classification of disease，ICD）的历史可追溯到距今120多年前。1891—1893年，由法国统计和人口学家Jacques Bertillon领导的一个委员会首次提出了《Bertillon死亡原因分类》[6]，这即是现今国际疾病分类的第一版。自1893年开始，ICD基本每十年修订一次。目前，WHO负责维护ICD，组织和监督其修订，并已将其从一个死因分类系统拓展为健康保健分类系统，包含对生理、心理疾病诊断的分类，对伤害的分类，对症状体征的分类，对治疗措施的分类，以及对疾病/伤害预防措施的分类。

2. ICD-9和ICD-10　第九次（1975年）修订版的ICD相较于前8次修订来说，改动是比较大的，ICD-9保留了ICD的基本结构，改动了一些被认为安排不恰当的分类。确保在三位数类目水平上恰当的同时，在四位数亚目水平上增加了许多细节及一些选择性的五位数细目（注：三位数、四位数类目详见下述编码规则。）试验性地将损伤、残疾、医学操作分类添加为国际疾病分类的补充部分。引入了一个包括“根本性一般性疾病”和“具体器官或部位信息”的选择性更替诊断陈述方法(剑号和星号系统,详见下述编码规则)。另外还有诸多其他的技术革新也包括在ICD-9中,这里就不一一细述。所有这些改动联合起来,大大增加了ICD-9在各种情况下使用的灵活性。

我国卫生部1987年要求医院采用ICD-9编制出院病人疾病分类统计报告,1990年制定并实施病案首页全国统计制度,全面推广应用ICD-9[7]。ICD-9共有两卷,第一卷为类目表,即ICD分类内容,包括所有疾病和健康问题的分类、肿瘤形态学分类及死亡和疾病的特殊类目。第二卷为索引表。使用方法通常是通过索引表查找编码,再返回类目表中核对确认。

由于认识到ICD已不仅仅是死因登记的工具,它在使用方面有大量的扩展,为了彻底地重新考虑其结构,WHO与世界多个国家进行了全面的商讨,力求努力设计一个灵活的分类,同时又具有稳定性,在未来多年内不做根本变动。这个商讨过程用时很长,原计划1985年召开的第十次修订会议一直推迟到1989年。1992年,WHO完成修订并发布了ICD-10。第十次修订版的ICD已更名为《疾病和有关健康问题的国际统计分类》(international statistical classification of diseases and related health problems)[8],但为保持连贯性,简称仍为ICD-10。

直到2002年,在卫生部的要求下,我国医疗信息人员、管理者和临床医生开始统一使用ICD-10[9]。ICD-10全书分为三卷:第一卷仍为类目表。第二卷为指导手册,内容包括介绍ICD各次修订的历史情况、背景资料,对分类的注释,对第一卷使用的说明指导等。第三卷为字母顺序索引,包括第一卷中的内容和相当一部分在第一卷中没有出现的术语,并包括索引使用说明书。

与之前版本的ICD相比较,ICD-10具有两点创新:①保留了已有结构,同时采用了疾病和有关健康问题分类“家族”的概念和形式。这使得ICD-10可以为专科提供足够详细的内容,又包含可以支持初级卫生保健的信息,还融合了虽不是分类,但长期以来已与ICD紧密联系的定义、标准、方法、概念等。②采用了字母加数字的编码方案,其效果使得编码框架的容量比第九次修订版扩大了一倍多,并且为将来的扩展和修订以及临时分类留下了空间。

3. ICD-10的编码规则 ICD编码的强制水平为三位数,即世界各国家和地区向世界卫生组织汇报其疾病和健康问题的统计时都必需使用至少三位数长度的编码。三位数的第一位为字母,后跟两位数字。ICD三位数类目表的指导思想是让每个诊断、症状、实验室异常所见、损伤、中毒、(造成疾病和死亡的)外因、(影响健康状态的)因素都具有单一编码。

每个三位数类目又可以进一步分为多达10个四位数亚目,编码方法为在三位数后面加.0~.9。四位数亚目的划分可能依据上述疾病诊断、症状、异常所见的亚型、发生的急慢性、发生部位、病原体或传播媒介、引发原因等;或损伤、中毒的发生部位、程度、类型,或外因的具体细节。

在字母与数字外,剑号和星号系统用来标示有些诊断的双重编码。其中主要编码是用于根本疾病,以剑号(†)标记;后加选择性附加编码用于临床表现,以星号(*)做标记。

除外上述,ICD在使用括号等符号,英文字母缩略语方面还有一系列特殊惯例,都可以具体参见ICD-10第二卷中的介绍。

各国在引用ICD的时候,允许自行添加附加码,以增加可描述、可统计的疾病或健康状况的数量和精细程度。澳大利亚于1998年发布了首部5位编码的ICD-10AM。接着加拿大在2000年,法国在2005年,泰国在2007年,韩国在2008年都出了自己的本地化修改版本ICD。美国也在2013年10月正式启用其6位编码的ICD-10。但根据WHO的规定,各国的

本地化版本都必须可以对照转换成标准的ICD-10编码,以便国际间交流。

4. 我国临床ICD的版本 ICD-10目前在我国拥有诸多各地不同的版本,例如北京版、上海版、广东版等。其中北京版在实际使用中评价较高。不同版本的出现主要包括以下目的:①以差异化的编撰思路及侧重点,在一定程度上适应各地在临床上的差异。②匹配各地的诊断相关分组(diagnosis related groups,DRGs)模型。DRGs是一种病人分类方案,是专门用于医疗保险预付款制度的分类编码标准。它根据病人的年龄、性别、住院天数、临床诊断、病症、手术、疾病严重程度,合并症与并发症及转归等因素把病人分入500~600个诊断相关组,在分级上进行科学测算,给予定额预付款。也就是说DRGs就是医疗保险机构就病种付费标准与医院达成协议,医院在收治参加医疗保险的病人时,医疗保险机构就该病种的预付费标准向医院支付费用,超出部分由医院承担的一种付费制度。ICD-10北京版的特点包括:①在三位数类目和四位数亚目上不做扩充,在四位数水平上严格兼容ICD-10;②扩展细目,最长可以达到8位,肿瘤形态学(见下简介)编码的细目也有所扩展;③更为约束和规范诊断名称的书写和标准编码的使用。

(二) 肿瘤学编码简介

1. 肿瘤编码的特点和国际肿瘤学分类 肿瘤的完整编码相较ICD-10类目(三位数)、亚目(四位数)甚至细目(五位数)来说,要更为详细。因为它是一个既包括解剖部位,又包括肿瘤形态学描述的双重分类系统。1976年,WHO出版了《国际肿瘤学分类第一版》,它是在ICD-9第二章的基础上,结合《肿瘤命名和编码手册》中的形态学部分编写而成[10](注:《肿瘤命名和编码手册》简称MOTNAC,由美国癌症协会于1951年发表[11]。)2000年,《国际肿瘤学分类第三版》(international classification of diseases for oncology 3rd edition,ICD-O-3)出版,沿用至今。

2. 肿瘤编码的规则 一个完整的ICD-O-3编码可超过10位。其中前四位是标示肿瘤的解剖部位,又分为主部位和亚部位,例如C50.2,"C50"标示主部位乳腺,".2"标示亚部位上内象限。部位包括身体各个解剖部位、不明确的部位、周围神经和结缔组织、交搭跨越部位等。除特别说明外,一般ICD-O-3与ICD-10的编码是一致的。也有部分肿瘤,前四位标示的是疾病名称+亚型/急慢性,如白血病、淋巴瘤等。例如C91.1,"C91"标示淋巴样白血病,".1"标示慢性;C81.2,"C81"标示霍奇金病,".2"标示混合细胞型。后面的肿瘤形态学编码以M开头,表示是形态学(morphology)。接3位或4位数字标示肿瘤组织学类型,例如上皮细胞肿瘤、鳞状细胞肿瘤、基底细胞肿瘤、腺泡细胞肿瘤、等等共计数十种。其后以"/"隔开,再接1位数字标示肿瘤动态,由良性经过良恶性未肯定、交界恶性、潜在低度恶性等直至恶性。最后以1位数字标示肿瘤分化程度,由未分化直至高分化。综上所述,一个完整的肿瘤学编码举例如:C34.1 M8050/31,标示此病人肺或支气管(C34)上叶(.1)有高分化(最后一位1)鳞状细胞(8050)癌(倒数第二位3)。

(三) 中医病证分类编码简介

1.《中医病证分类编码》的出版和目的[12] 《中医病证分类编码》第一版由国家中医药管理局医政司组织编排、修订,发布于1993年10月,于1994年5月起开始在全国推广使用。它是一套符合中医学术理论体系的中医疾病分类和代码系统,主要目的在于方便中医病案管理和卫生统计。在统计的基础上,可加强中医学术的出版及与国际医学的交流和接轨,促使中医学以一个新面貌走向世界,并进一步提高中医医疗、教学和科研质量。

2. 中医病证分类的编码规则 因中医的临床诊断遵循先明确病名，再确定其证候的要求，《中医病证分类编码》也对病名和证候分别予以分类。病名依照该病所属的临床科别和专科系统进行分类，其中临床科别包括内、外、妇、儿、眼、耳鼻喉和骨伤科共计7个，专科系统以科别中的二级专科划分为依据。证候依照中医学辨证系统来规划类目，包括病因、阴阳气血津液痰、脏腑经络、六经、卫气营血和其他证候。在各证候类目下又根据该证候的第一、第二内涵属性，规划了证候分类目和证候细类目。

在编码的表现形式方面，中医病证分类编码采用汉语拼音字母结合阿拉伯数字混编的方式。病名编码第1位为“病”字的拼音首字母“B”，第2和3位分别为科别和专科名称的第一个汉字的拼音首字母，第4和5位为同一科别同一专科下的疾病的序号。1~5位一起应可保证每一病名有一个不重复的独立编码。如果某一个病名还需要进一步细分说明，则以阿拉伯数字标识在第6位。证候编码第1位为“证”字的拼音首字母“Z”，第2~4位分别为证候类目名称的第一个汉字的拼音首字母、该证候第一和第二内涵属性名称的第一个汉字的拼音首字母，第5位为同一证候同一属性下的证的序号。与病名编码同理，1~5位一起应可保证每一证名有一个不重复的独立编码。如果某一证还需要进一步细分说明，则以阿拉伯数字标识在第6位。

在上述编码方式中，以汉语拼音首字母组合的编码出现重复时，特殊应用原则为第一个字母不变，第二个改为采用相应汉字汉语拼音的第二个字母，以此类推。最终的中医病症分类编码=病名编码+证候编码。

二、健康数据编码的应用

（一）应用场景

1. 死因登记 死因登记系统可以记录和分析人群的死因构成，监测特殊人群例如婴儿、孕产妇等的死亡率，明确致死事件的链条，对于预防疾病、阻止加速死亡的原因、降低死亡率具有重大的公共卫生意义。世界上目前有超过100个国家监测死因并向世界卫生组织报告。我国从1954年起建立了出生死亡登记制度，自1990年起死因分类开始按照ICD进行编码[13]。在居民死亡登记卡上，“直接死因——间接死因——根本死因”这一死因链需要明确填写，每项都对应一个相应的ICD编码。

2. 医院病案 病案管理是医院科学管理的重要组成部分。完整、详细的病案记录不仅对患者的持续医疗保健有很大帮助，还可以在教学、科研中发挥作用，并且很有利于医院配合卫生管理部门的监测和统计分析工作。我国当前医院的病案记录、编码和上报工作水平参差不齐，相差较大。有些医院已经采用了电子病历系统，且在输入病案时就需对诊断、症状体征等勾选相应的ICD编码或中医病证编码；有些医院还加入了我国的疾病发病监测系统。而有些医院还在使用传统的纸质病历，之后由病案信息科工作人员将诊断、症状体征等输入电脑。与前者相比，后者的病案记录更容易遗漏，产生不完整，在记录和上报时间方面也存在更严重的滞后性。

3. 急救中心 相较于前两者，目前急救中心的病因分类ICD编码十分不完善。首先，并不是每家急救中心都会对其抢救病人的病因登记进行ICD编码。其次，会对病因进行ICD编码的那些比较大型的急救中心，一般也只能从大类上来进行分类编码。因为急救过程中人员和设备都有限，不可能对患者进行非常全面的检查，急救中心医生唯有根据眼见的症状和体征，来判断患者患的是哪个系统的疾病，难以实现鉴别诊断。例如，根据胸闷、气短等症状可以判断患者为慢性下呼吸道疾病（J40-J47），但很可能不能确诊是慢性阻塞性肺疾病（COPD，J44）或哮喘持续状态（J46）；根据胸痛、血压降低等症状可以推测患者为心脏疾病（I20-I52），但不能确诊是缺血性心脏病（I20-I25）或肺原性心脏病（I27）引起的右心衰竭。

（二）多个编码的清洗去重

医院病案记录的特点之一，就是每个病人可以对应多个疾病诊断或症状描述，不像死因登记，每人只会有一个根本死因编码。因此，一个医院病案记录数据库，其编码常常是高度非结构化的，每条记录包含的编码个数和长度都不一样。在应用医院数据的时候，研究者并不能直接统计每种疾病诊断或症状体征的发生率，而是通常需要先花费一定的时间来熟悉手中的医院病案数据的编码特点，再考虑清楚自己的研究选择哪几类健康结局，之后制定一系列的清洗策略，来去除编码中相互包含、重复的部分。例如，如果某医院习惯于在 COPD 诊断（J44）后面继续编码上咳嗽（R05）、气短（R06）的症状，如果研究健康结局是 COPD，则后两者是不需要的，这位病人算作一例 case；如果研究结局细分为呼吸系统疾病和症状，则这位病人可算作一例 COPD，同时又可算作一例咳嗽。同理，当一个病人同时患有 COPD（J44）和哮喘（J45），当健康结局只关心下呼吸道疾病的时候，便算作一例 case。有些医生习惯于将病人的诊断写得很细致，例如病案记录患者患有阻塞性气管炎和慢性支气管炎，但其实这两者的 ICD 编码均为 J44，这种情况则必然只能算作一例病人。

（三）垃圾编码的重编

垃圾编码是指将诊断文字转换为 ICD 编码时，由于对背景知识理解不清等种种原因而编错的那部分。如果不找出它们并对它们进行重新编码，则健康结局分类统计的数值就会不正确，运用到研究中时，可能影响结果。

首先需要注意的是症状或体征，例如心力衰竭、呼吸衰竭，一般不作为死因，不进入死因链。根本死亡原因的明确记录或明确推断是十分重要的，在 ICD 分类家族中的一切疾病、损伤、外因（中毒、事故、暴力等）都可能成为根本死因，只要其是“最早引起一系列直接导致死亡的疾病”的那个疾病或原因。但也有一部分 ICD 编码被明确规定不作为根本死因的编码，并且有相关指引，当碰到这些编码记录时，应重新编码。例如根本死因记录为“分娩（O80-O84）”时改编为“产程和分娩的并发症（O75.9）”，为“大脑动脉的闭塞和狭窄，未造成脑梗死（I66）”时重新编码为“脑梗死（I63）”，等等。如果有兴趣详细了解这些规定和索引，可以查阅死因推断和 ICD 编码相关的教材或文献。

近几年全球疾病负担（global burden of diseases，GBD）研究中，对中国缺血性心脏病死亡率变化趋势的判断，是一个典型的由于 ICD 垃圾编码重新分类错分，导致结果发生变化的例子[14]。在 2013 年 GBD 研究结果中显示，2013 与 1991 年相比较，中国的缺血性心脏病死亡率呈下降趋势。这一结果一发表便引起了中国相关专家的质疑，因为根据对中国人群心血管疾病多年的监测，国内专家普遍认可缺血性心脏病死亡率自 90 年代至今是在持续上升的。经过检查原始数据并与美国 GBD 研究中心专家进行讨论，大家发现了问题所在。原来，我国的死因登记相关工作人员在编码根本死因时，会将“慢性肺原性心脏病（I27）”作为根本死因之一。然而，按照 WHO 的规定，I27 是不能够作为根本死因的。当在死因登记数据中见到 I27，国际惯例是将其按照一定的比例重新编码为缺血性心脏病（I20-I25）或慢性阻塞性肺疾病（COPD，J44），因为这两种疾病是肺原性心脏病发生的原因。2000 年以前，我国的死因登记网络直报系统还没有建成，自2000年起，开始采用死因登记网络直报系统后，由于知道我国的实情和国际上的这一规定，网络直报系统中内嵌了一个转换程序，在录入I27时自动转换，但是并没有依照国际惯例的比例转换为I20-I25和J44，而是全部转换为J44。因为前期调查研究数据证实，我国的慢性肺原性心脏病97%均是由COPD引起。当美国GBD研究中心收集了中国的死因登记数据库后，在2000年以后他们并不会见到I27这个编码，但在2000年以前会见到。所以，在没有了解中国此方面国情的情况下，美国专家依照国际惯例，将2000年前的I27编码部分重编成了I20-I25，导致所估算的90年代中国缺血性心脏病死亡率数值偏高（相应的，COPD死亡率数值偏低）。结果，统计结果就展示出来自1991年至2013年，中国人群缺血性心脏病死亡率水平呈下降趋势这一结论。在2015年的GBD研究报告中，美国专家已经修正了这一结论。

（四）诊断的选择和与空气污染相关的常用健康结局

根据前期研究经验，结合生物学机制研究的支持，我们总结了目前空气污染健康效应评估中常用的健康结局，详见表4-15。当所收集到的数据中有些病人有多个诊断时，需与数据来源方沟通，确定主要的或有效的诊断进行统计。例如门诊数据或住院病案数据，需与医院信息部门沟通，了解他们在编码时，对当次诊断和既往疾病史、主要诊断和次要诊断等的编码顺序，以找到排名第几位的是本条记录对应的、主要的诊断。

表4-15　空气污染常用相关健康结果

序号	疾病名称	ICD编码
1	肺癌	C34
2	糖尿病	E10-E14
3	阿尔茨海默病性痴呆	F00
4	原发性高血压	I10
5	缺血性心脏病	I20-I25
6	脑血管病	I60-I67
7	急性上呼吸道感染	J00-J06
8	肺炎	J18
9	急性下呼吸道感染	J20-J22
10	慢性下呼吸道疾病	J40-J47
11	特应性皮炎	L20
12	早产	O60
13	低出生体重	P07
14	先天性畸形、变形和染色体异常	Q00-Q99

（刘　悦　郝舒欣　吕祎然　刘　婕　刘利群编，徐东群审）

参考文献

[1] Enhealth B. Environmental health risk assessment: guidelines for assessing human health risks from environ-

mental hazards[J]. Sexual Health,2012.
[2] 中国气象局[OL]. http://www.cma.gov.cn/
[3] 中国气象数据网[OL]. http://data.cma.cn/site/index.html
[4] 中国政府网[OL]. http://www.gov.cn/xinwen
[5] 中华人民共和国国家统计局[OL]. http://www.stats.gov.cn/tjsj/ndsj/
[6] WIKIPEDIA[OL]. https://en.wikipedia.org/wiki/Jacques_Bertillon
[7] 陈丹霞.ICD-10与ICD-9的差异分析[J]. 中国医院统计,2001,8(2):110-111.
[8] WIKIPEDIA[OL]. https://en.wikipedia.org/wiki/ICD-10
[9] 于欣.ICD-10在中国的引进和推广[J]. 中国心理卫生杂志,2009,23(6):400-400.
[10] 张思维.《国际疾病分类肿瘤学专辑》第三版修订简介[J]. 医院管理,2004,13(7):404-407.
[11] 陈建国.癌症登记与国际疾病肿瘤学分类[J]. 中国肿瘤,2011,10(5):251-254.
[12] GB/T 15657-1995,中医病证分类与代码[S].
[13] 苏晓军,武瑞娜.我国死因监测的发展及人群主要死因构成[J]. 医药前沿,2014,31:375-376.
[14] Wan X,Yang GH. Is the Mortality Trend of Ischemic Heart Disease by the GBD2013 Study in China Real[J] Biomed Environ Sci,2017,30(3):204-209. DOI:10.3967/bes2017.027.

第五章

空气污染人群健康风险评估数据评价及处理

第一节　空气污染人群健康风险评估数据质量筛查

进行风险评估时通过原始数据获取有价值的信息几乎是不可能的，尤其是当数据出现异常结果或多个结果、不结合其他数据而孤立地考虑数据、错误合并数据等的时候[1]。因此，需要明确数据质量筛查目标和标准，以保证所提取的结论是正确可靠的。

一、暴露类数据质量筛查

（一）数据的代表性

1. 研究地区与研究目的的匹配度　暴露数据的代表性即暴露数据能否反映一个地区人群的实际暴露情况。这个所谓的“实际暴露”根据研究目的不同，其指代内容也有所差别。例如，当计划对工业排放污染造成的人群健康效应进行研究时，应选择排放沉降范围为研究地区。通常为工业区周围一定公里数内的区域，具体的大小要根据污染物的飘散能力、风速、风向等来确定。研究地区内最好不再有其他的污染源。而当计划研究交通排放污染造成的人群健康效应时，则应避开工业区，选择主干道路密集且人口聚集的区域为研究地区。当研究目的为某城市大气污染造成的人群健康效应，则当然是以整个城市作为研究地区。这时，实际暴露水平的测量与评估过程就会相对复杂。当研究所关注的健康结局为人体测量指标，例如血液中的某些生物标志物、尿样中的某些指标等，由于获取每个个体健康指标的成本较大，这类研究通常不会覆盖整个城市的人群，而是在样本人群中进行，则研究区域可以是几个社区。

2. 监测点的数量和位置　在一个研究区域内设立多少个监测点最为合适，是一个需要认真思考的问题。监测点过少，不能完全掌握研究区域内各部分人群的暴露情况，在计算加权平均值，评估整体暴露水平时容易带来偏差。2000 年初，我国由于空气污染监测数据限制，研究者们通常收集一个监测点的数值来代表整个城市人群的暴露水平，这在今天看来，确实是相对粗糙且肯定具有偏性的。监测点过多，则研究的物力、人力成本都会大幅上升。

究竟设立几个监测点，需要综合考虑研究区域内污染源种类、污染物的空间变异特性等决定。例如，研究地区为某城市，它的功能区可以大致分为工业区、商业和居住区、绿化休闲区，那么在 3 种功能区域都必须设立空气污染物监测点。其中商业和居住区主要的空气污染来源为汽车尾气和居民取暖、做饭用燃料排放，污染物主要为细颗粒物（$PM_{2.5}$），细颗粒物

的空间变异性不大，属于区域性污染，因此，每一片商业和居住区可以只设立一个 $PM_{2.5}$浓度监测点。当研究区域相对较小，例如在一个社区中，而监测仪器相对充足时，可将研究区域平均分割，如分成东西南北中 5 部分，在每个部分的中心点进行监测。

确定了监测点的数量和所在的区域位置后，架设监测点的仪器具体摆放位置也需要注意。要确保远离微小环境内的点污染源（例如固定的垃圾焚烧点），周围建筑物不会阻挡仪器附近空气的正常流动，仪器周围湿度不能异常（例如不能架设在喷水浇灌设备旁边）等。此外，仪器的高度最好维持在人的呼吸带内。呼吸带的定义为人直接呼吸利用到的那部分大气。在中国，呼吸带的高度通常被认为是 0.5~1.5m 左右，也就是人的口鼻处相对于脚底的高度。身高不同的人的呼吸带的高度显然是不同的。（参考：https://baike.baidu.com/item/%E5%91%BC%E5%90%B8%E5%B8%A6/20796350?fr=aladdin）

（二）数据的完整性

1. 自行监测数据时的完整性　研究者及其团队自行监测收集环境暴露数据时，完整性充分取决于人员的工作质量和仪器的运转质量。为了争取获得尽可能完整的环境数据，我们在开始研究工作前要做好充分的物力、人力准备，确保仪器运转正常，人员具备必要的责任心和工作能力。

仪器需从正规渠道购买，或为了降低成本，可以联系厂家、商家、其他课题组等租赁。人员在投入工作前需接受统一培训，内容应包括研究项目设计背景、环境监测内容、监测操作流程、遇到（多种）意外情况时的操作和上报流程等。如果承担监测工作的人员并不具备很强的环境科学背景知识，可以考虑在监测人员上层设置少量质控工作人员，定期（例如每天或每周）核查数据，如发现异常值，则立即反馈，确定原因，以便指导后面的工作。

2. 收集数据时的完整性　收集空气污染质量监测数据的完整性取决于数据来源的丰富程度。研究者首先可以考虑从国家各级相关环境监测部门获得数据，如环境监测总站和各省市环境监测站。这些国家权威部门监测数据的优势在于既全面又细致（精确到每个监测点），不足之处是有些网站为实时公布数据，想要获取全部的数据，必须每个小时记录，对于人力的要求巨大。另外，可考虑一些国际组织发布的空气质量监测数据，例如亚洲空气质量（https://www.airqualityasia.org/）。不足之处是这些国际范围内的空气质量监测数据，由于方法等的差异，数值与国内权威部门的监测可能不可比；另外细致程度也常常不能达到研究者所需要的城市级别。最后，研究者还应广泛与国内外同行建立科研合作关系，实现数据共享。

（三）数据的准确性

与所有的数据相似，各类环境监测数据也都具有其正常值范围。例如气温一般不超过40℃（不包括夏季高温热浪期），空气污染物浓度虽然可能很高，例如 2013 年、2014 年冬季 3 个月连续雾霾时，$PM_{2.5}$浓度值可能超过 $1000\mu g/m^3$，但也有其上限值。研究者可以参考一定时间内（如从 1950 年至今）世界多个国家或地区发布的污染物浓度值，对各个污染物可能的浓度范围有个大致判断。在监测或是收集环境数据的过程中，我们需要详细记录监测过程和数据来源，这样当发现可能的数据不准确时，才可以追溯问题的产生原因，并请专业人员协助修订。

二、健康类数据质量筛查

（一）数据代表性

1. 什么是代表性　什么是数据的代表性？顾名思义，就是样本对总体的代表程度，或说样本结构与总体结构相似性。狭义上讲，就是要求总体中的每一个样本都具有同样被抽中的概率。

2. 重要性　代表性很好的样本往往效率很高，可以极大地降低抽样的成本。但是，样本的代表性并不是很容易能够保证的。下面的例子就告诉我们，即使很专业的调查机构也会犯这样的错误。

1936 年，美国进行总统选举，竞选的是民主党的罗斯福和共和党的兰登，罗斯福是在任的总统。美国权威的《文学摘要》杂志社，为了预测总统候选人谁能当选，采用了大规模的模拟选举，他们以电话簿上的地址和俱乐部成员名单上的地址发出 1000 万封信，收到回信 200 万封，在调查史上，样本容量这么大是少见的，杂志社花费了大量的人力和物力，他们相信自己的调查统计结果，即兰登将以 57%对 43%的比例获胜，并大力进行宣传。最后选举结果却是罗斯福以 62%对 38%的巨大优势获胜，连任总统。这个调查使《文学摘要》杂志社威信扫地，不久只得关门停刊。同时美国盖洛普等 3 家民意测验机构事先根据人口分布特点设计抽样方案，派调查员调查 3000 名选民，预测罗斯福当选，结果居然在预料之中[2]。

《文学文摘》杂志调查失败的原因就在于抽样方法不正确。其抽样不是从总体（全美国选民）中抽取。因为 1936 年时，美国有私人电话和参加俱乐部的大部分都是比较富裕的家庭。以电话簿和俱乐部名单发信，就忽略了平民选民。所取的样本偏离了总体，也就是缺乏全美国选民的代表性。盖洛普等 3 家民意测验机构调查成功的原因是所取样本的个体具有选民的代表性。这两种抽样方法，前者不符合个体被抽是等概率的前提。

3. 如何确保数据代表性　目前，在空气污染的人群健康风险评估数据中，常用到的人群健康数据主要包括死因数据、人口数据、医院就诊、急救数据及健康调查数据等，以上数据主要来源于死因监测系统、人口普查、医院信息系统、急救中心，及相关各省（市）或各相关科研机构的调查。

监测实际上也是一种调查，即对同一总体多次不同时间的连续横断面的调查。获取数据的调查方法有 3 种：普查（又称为全面调查）、典型调查（又称案例调查或非随机抽样调查）及抽样调查（又称随机抽样或概率抽样调查）。普查是对总体的所有个体全部加以调查其指标。普查得到的指标分布就是总体分布，没有抽样误差。但是，普查工作量大，费时费力，质量保障困难较大。典型调查是在全面分析的基础上，有目的地人为选定某些个体进行调查，典型调查有利于对其特定作深入了解，省时省力。但是，无法从典型调查结果，对总体进行数量特征的推算。抽样调查，是从总体中按随机原则，抽取一部分个体，组成调查样本，然后用对调查样本（简称“样本”）调查得到的指标信息来推断总体的分布。这种推断是建立在概率论原理上的“概率估计”，即在误差不超过一定的可靠程度下，估计总体指标。这种估计的总体指标，与真实指标之间误差，称做抽样误差。抽取样本的方法，称为抽样方法。抽样调查的优点在于它省时省力，节省经费，又保证在一定可靠程度（置信度、可信度）下可以由样本结果估计总体。

因此，此处仅从抽样调查来讨论代表性。要保证数据具有代表性，在抽样调查中需要做到两个基本要素：①随机抽样，即保证总体中的每一个样本都具有同样被抽中的概率；②足够的样本量。具体如何随机抽样及如何计算样本量，可以参见相关的流行病与卫生统计学书。

（二）数据完整性

1. 重要性　数据的完整性包括两个方面，一是指从覆盖面来说，即是否覆盖所有的研究地区；另一方面是指研究地区所上报的数据是否有漏报。

卫生服务资源的分配、规划、管理和评价需要有目标人群健康数据。通过对死因、患病及危险因素的客观记录和研究，促进了人类对健康问题的认识；有利于准确估计疾病模式的变化速度和方向；有利于发现新发传染病出现和流行趋势，从而及早控制传染病的发生；有利于研究影响健康因素的重要性。

但是，人群健康数据不完整，漏报是监测系统及调查中非常常见的现象。曾有学者对各国上报WHO的死亡数据进行了评估。1970年，有65个国家向WHO报告近期死亡数据，1999年有90个国家，到了2003年增加到了115个国家。当时，这115个国家的完整性并不高，具体表现在：①覆盖率：全世界死因登记系统覆盖率大不相同，从100%到低于10%。死因登记系统覆盖率接近100%的64个国家，主要集中在欧洲、美洲和太平洋地区。覆盖率低于10%的国家，主要集中在非洲地区。两个人口大国——中国和印度没有完整的常规登记，故覆盖率低。但是，该样本监测系统具有较好的代表性，可以推广到全国；②完整性：死因登记数据相对于特定人群来说是完整的，但对于全国的所有居住人群来说，其完整性一般不可能太高，存在一定的漏报现象。从全球来说，农村的死因登记数据的漏报率高于城市，在生活条件更差的地方可能还要高[3]。

我国死亡数据的信息来源于不同的途径。在20世纪80年代以前，我国政府每年报告的死亡率均来自于户口登记制度报告的结果。之后，国家统计局每10年组织一次人口普查，包括总死亡率数据。卫生部也开始定期组织死因调查。其中分别在20世纪70年代中期、90年代初期以及2004—2005年间，分别进行了3次全国范围内的死因调查（肿瘤流行病学调查）。这几次调查记录了每例病例的年龄、性别及死因的信息。人口学家们可以利用此次的资料进行死因状况的分析。

到了20世纪90年代，卫生部开始组建死亡登记系统。目前，我国有很多的死因登记系统，有卫生部死亡登记（ministry of health-vital registration，MOH-VR）系统、中国疾病预防控制中心全国疾病监测点（disease surveillance point，DSP）系统、全国妇幼卫生监测系统、肿瘤登记系统及各省市的疾病监测系统，这些系统覆盖的地区均实现了全人群的死因数据报告。除此之外，2004年4月下旬，我国正式启动了全国县及县以上医疗机构死亡病例网络直报系统，要求全国县及县以上医疗机构均通过该系统报告死于医疗机构的病例。

为加强全国死因监测工作，获得具有省级代表性的死亡水平和死因分布，2013年国家卫生计生委牵头完成了现有死因监测系统的整合、扩点和系统启动工作。在原有的卫生部死因登记系统、全国疾病监测系统等死因报告系统的基础上，按照城镇化率、人口数、总死亡率3个指标进行分层，优先考虑工作基础，抽样建立了605个县（区）组成的新死因监测点。605个死因监测点分布在全国31个省、自治区（直辖市），覆盖人口3.2亿，占全国总人口的1/4。经论证，该系统具有良好的省级代表性，为产出分省死亡水平、死因模式和期望寿命等健康相关指标奠定了基础[4,5]。

对于发病，这部分发病数据可以选择来源于医院。目前，我国大部分县级以上的医院均实现了医院信息系统（hospital infromation system，HIS），但是由于各医院间HIS系统不一致，且不是专门设计为科研服务的，因此数据质量需要验证，错报、漏报现象普遍，使用该类数据前必须对数据质量进行判断。

2. 确保数据完整性 对于收集到的人群健康数据，使用之前都必须从各现场收集的数据来判断该现场点是否存在漏报。通常可以通过两个方面来判断。一是采用直接法，即通过漏报调查，另外一种是间接法，即通过构建模型来进行判断。根据确定的漏报率，从而校正报告的数据。

下面以死因为例。为了正确估计漏报，国际上发展了多种漏报的间接估计方法，归纳起来有5类：模型生命表法、从死亡年龄分布中估计成人死亡率、采用不同的数据收集方法或者在最近一段时间内采用大型的入户调查、询问幸存者或者家属等估计死亡情况、从两次普查的分年龄人口数中估计死亡率。这5类方法中，第一类、第二类和第五类主要是从方法学的角度，构建模型；第三类和第四类，需要再次调查，然后通过构建数学模型，获得死亡漏报率的大小。

在我国，目前的漏报调查多采用不同的数据收集方法或者在最近的一段时间内采用大型的入户调查，例如：我国人口普查多采用事后质量抽样调查（post-enumeration survey，PES）[6]，监测系统多采用"捕捉-标记-再捕捉"（capture-mark-recapture，CMR）法[7-9]。下面我们主要介绍一下CMR及国际上常用的间接估计法GGB-SEG法。

（1）CMR法：为了正确估计DSP系统的死亡漏报，2000年以前，中国预防医学科学院流研所分别于1992年、1995年和1998年在各监测点，抽取2000户家庭，利用CMR的原理，进行一次出生、死亡的入户漏报调查，确定漏报率用以校正报告数据[10]。这种CMR法正是属于上述的第三类，即采用不同的数据收集方法再次进行入户调查的方法。目前，这种方法还一直在死因疾病监测系统中沿用[11]。

（2）GGB-SEG法：为了避免二次调查，对于成人还可以采用广义增长平衡法（general growth balance，GGB）和综合绝世后代法（synthetic extinct generations，SEG）来构建模型，从而来估算监测数据漏报的情况。或者是综合采用GGB-SEG法进行数据的漏报估算。

GGB法的基本公式，是以死亡率为自变量，以进入率和增长率差值为应变量的一元线性方程，通过该公式可以计算出总的漏报率，各年龄别漏报情况可以通过绘制散点图来表达。SEG法其基本逻辑和思路是在任何一个人口中，t年x岁的人口数，必定等于t年以后，这些同批人在x岁以上各个年龄死亡人数之和。因此，这种方法被称为综合绝世后代法。

笔者曾采用以上两种方法对全国疾病监测系统1991—1998年漏报情况进行估算，发现采用GGB-SEG两阶段法对DSP数据进行死亡漏报估计，得到1991—1998年的居民死亡漏报为11%。DSP系统中曾采用CMR法上报的1998的总人群死亡漏报率为13.20%[12]，通过GGB-SEG法计算的1991—1998年间死亡漏报与CMR法接近。GGB-SEG法除了校正了死亡漏报水平，同时还校正了人口的漏报率，因此，该法可以快速、便捷地估计监测（调查）数据的漏报水平[13]。

发病数据及危险因素数据的完整性也可以通过模型加以判断，在此，就不一一赘述了。

（三）数据准确性

在人群健康数据中，数据准确性，主要体现在及时性、死因编码正确性及数据质量3个方面。

Colin等在2005年对各国向WHO报告的死因数据的质量根据以上3个方面进行了评

价,发现:①及时性:2005年,WHO报告115个国中只有18个国家的死因登记系统及时地报告了有关死亡原因全部的信息,但不是死亡的根本死因;②死因编码:1995年,有4个国家用ICD-10编码向WHO报告死因,到了2003年增加到了75个。而且还有40个左右的国家,报告死因采用ICD-9编码,1个采用ICD-8编码;③死因数据的质量:死因登记系统漏报率低于10%的国家中,只有23个的死因报告错误率低于10%。漏报率高于30%或死因登记错误编码大于20%的有28个国家。在55个数据质量中等的国家中,有12个是高收入的西欧国家[14]。

由此可见,目前大多数国家的死因登记资料综合质量不高,几乎不能反映整个国家,尤其是贫困地区人群的健康需求。

我们国家于1989年开始组建死因监测系统,采用的是ICD9编码。很多基层工作人员对死因上报的流程并不是很熟悉,尤其在死因链的填写、根本死因判断及ICD编码中存在一定的困难。因此,在编码过程中出现了一定比例的未明原因、错误编码及"垃圾编码(即不能作为根本死因的编码)"[15]。例如:在上报的"垃圾编码"慢肺源性心脏病中96.6%来源于慢性阻塞性肺病[16]。2004年,启动全国县及县以上医疗机构死亡病例网络直报系统后,采用的是ICD10编码,且在系统的后台嵌入了根本死因自动编码工具,大大提高了根本死因编码的质量[17]。同时,为保证数据上报的及时性,死因监测系统报告流程要求,县及县级以上医疗机构在7天内完成对卡片的审核和网络直报,县级以下医疗机构则需要在30天内完成审核及网络报告,且县级疾控部门、妇幼保健机构的死亡报告管理人员应于7天内通过网络进行审核确认。并且将死因及时报告率及时审核率作为上级疾控部门对下级疾控部门考评内容之一[18]。

因此,人群健康数据的准确性是很重要的。如果没有高质量的数据,所有的研究都好似无水之源、无米之炊,所有的分析都无法进行。为了保证数据准确性,除了督促各基层单位需要及时上报数据外,还需要加强对基层工作人员的培训,包括对疾病编码的理解、死因链的推断、根本死因的诊断等,最大限度地避免错报、漏报等。同时,在对收集到数据,需要尽快进行数据清洗,发现数据上报过程中存在的问题,与基层上报单位反馈与交流,及时修正存在的问题,避免后续上报过程中存在类似的问题。

第二节 空气污染人群健康风险评估数据处理方法

数据处理包括数据核查、数据清洗和数据变换,数据核查是指发现数据中可识别错误的过程;数据清洗是指纠正数据错误的过程,是提高数据质量的重要手段;数据变换是将数据转换或者统一为适合进行数据挖掘形式的过程。数据处理一般先根据数据的准确性、完整性、一致性、唯一性、有效性等方面对数据进行质量核查,然后根据核查结果进行溯源后再订正,从而解决数据中存在的重复、缺失、异常、逻辑错误等问题[19-22],最后根据需求将清洗后的干净数据转换成适合的格式。数据处理的方法一般可归纳为:数据质量核查方法、数据清洗方法和数据变换方法,具体包括核查和解决不完整(缺失)数据的方法、核查和解决错误(异常)数据的方法、核查和解决重复数据的方法以及数据变换的方法。数据处理基本流程如图5-1所示。数据处理方面的研究大部分都是针对具体应用或领域开展的,很难用一种通用的方法涵盖所有的情况。由于使用一种简单易懂的方法处理数据非常重要[1],因此本章节将在前一节的理论基础上，以简单易懂的方式着重归纳和展示暴露数据、调查数据和健康数据在操作层面的数据处理方法。

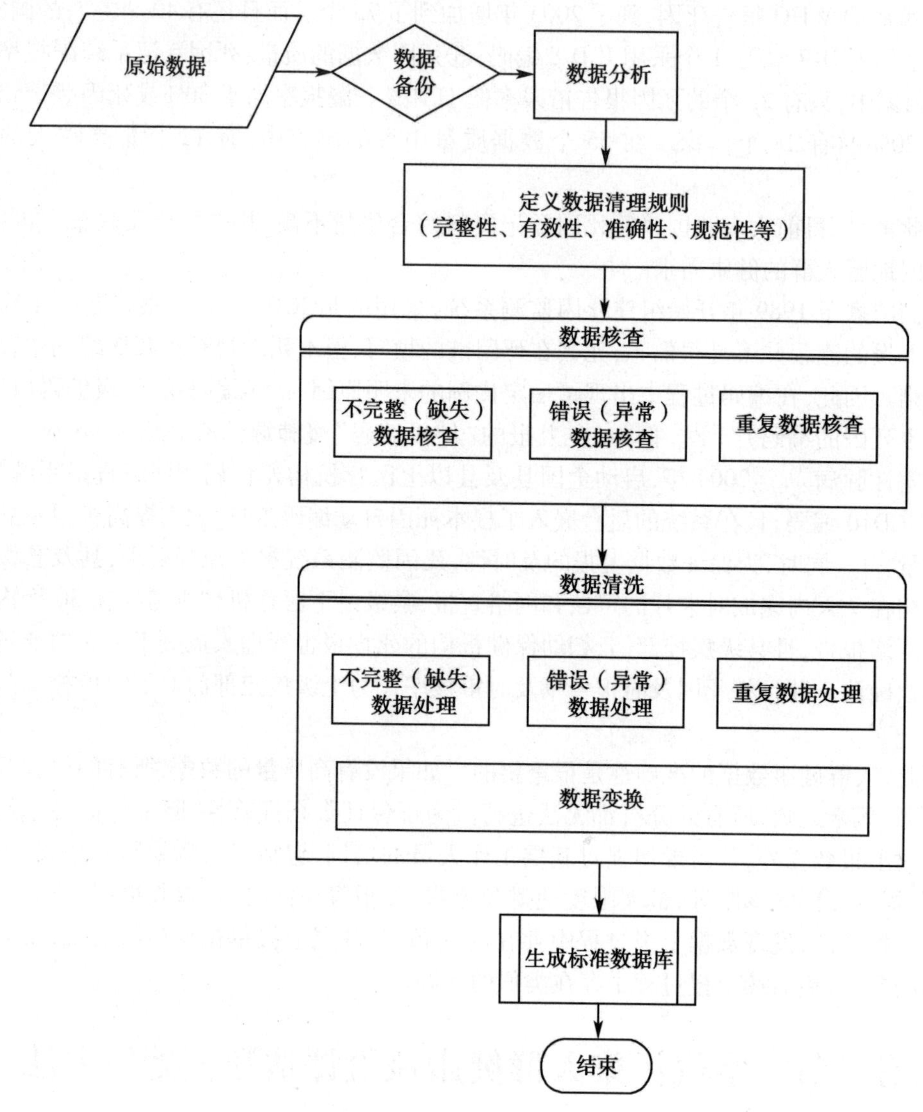

图 5-1　数据处理流程图

一、暴露数据处理方法

如本书第三章第二节所介绍，暴露数据由于数据量较小，一般使用 Excel 处理较为方便。因此本节重点介绍 Excel 对暴露数据及气象数据的核查、处理方法，并在最后进行详细的案例演示。

Excel 是最为常见的数据处理工具之一，非常适用于小量级的数据处理。其本身所涵盖的筛选、条件格式、数据透视表、函数、曲线图等功能基本可以满足用户对数据的一般处理需求[23]。在暴露数据的处理中基于 Excel 上述基本功能，通过编写和组合各类函数实现对数据的核查和处理。相关函数及用法一览表如表 5-1 所示，在本章后面的小节中将会在此表基础上组合使用各个函数，从而实现不同的功能。

表 5-1　数据核查及处理相关函数一览表

序号	函数名称	函数用法
1	ROW()函数	用于返回引用的行号，公式为“=ROW(reference)”。式中Reference为需要得到其行号的单元格或单元格区域
2	CONCATENATE()函数	用于将多个文本字符串合并为一个文本字符串，最多可达255个。公式为“=CONCATENATE(text1,[text2],...)”，其中，text1是需要连接的第一个文本项，必选项；text2是可选项，项与项之间必须用逗号隔开。联接项可以是文本、数字、单元格引用或这些项的组合
3	COUNTIF()函数	用于计数对指定区域中符合指定条件的单元格个数。公式为“=COUNTIF(range,criteria)”，其中参数：range表示要计算其中非空单元格数目的区域，参数：criteria表示以数字、表达式或文本形式定义的条件
4	IF()函数	条件判断函数，根据逻辑计算的真假值，从而返回相应的内容。公式为“=IF(logical_test,value_if_true,value_if_false)”。其中，Logical_test表示计算结果为TRUE或FALSE的任意值或表达式，Value_if_true为计算TRUE时返回的值。Value_if_false为计算FALSE时返回的值
5	INDEX()函数	返回指定的行与列交叉处的单元格的值或引用。有两种语法形式：数组和引用。数组形式通常返回数值或数值数组；引用形式通常返回引用。本案例中使用的是数组形式，公式为“=INDEX(array,row_num,[column_num])”。其中Array为单元格区域或数组常量，Row_num为选择数组中的某行，函数从该行返回数值。Column_num为选择数组中的某列，函数从该列返回数值。通常情况下INDEX()函数与MATCH()函数搭配使用，利用MATCH()函数确认选择数组中的行和列
6	MATCH()函数	匹配函数，用于返回指定数值在指定数组区域中的位置。公式为“=MATCH(lookup_value,lookup_array,match_type)”。其中，lookup_value为需要在数据表(lookup_array)中查找的值。可以为数值(数字、文本或逻辑值)或对数字、文本或逻辑值的单元格引用。可以包含通配符、星号(*)和问号(?)。星号可以匹配任何字符序列；问号可以匹配单个字符。lookup_array是可能包含有所要查找数值的连续的单元格区域，区域必须是某一行或某一列，即必须为一维数据，引用的查找区域是一维数组。match_type表示查询的指定方式，用数字-1、0或者1表示
7	COUNTIFS()函数	用来统计多个区域中满足给定条件的单元格的个数。公式为“=countifs(criteria_range1,criteria1,criteria_range2,criteria2,…)”。其中，criteria_range1为第一个需要计算其中满足某个条件的单元格数目的单元格区域，criteria1为第一个区域中将被计算在内的条件，其形式可以为数字、表达式或文本。criteria_range2为第二个条件区域，criteria2为第二个条件，依此类推。最终结果为多个区域中满足所有条件的单元格个数

续表

序号	函数名称	函数用法
8	OR()函数	在其参数组中,任何一个参数逻辑值为 TRUE,即返回 TRUE;所有参数的逻辑值为 FALSE,才返回 FALSE。公式为"OR(logical1,logical2,...)"。其中 logical1,logical2,... 为需要进行检验的 1 到 30 个条件表达式。参数必须能计算为逻辑值,如 TRUE 或 FALSE,或者为包含逻辑值的数组(用于建立可生成多个结果或可对在行和列中排列的一组参数进行运算的单个公式。数组区域共用一个公式;数组常量是用作参数的一组常量)或引用。如果数组或引用参数中包含文本或空白单元格,则这些值将被忽略。如果指定的区域中不包含逻辑值,函数 OR 返回错误值 #VALUE!。可以使用 OR 数组公式来检验数组中是否包含特定的数值
9	ROUND ()函数	作用按指定的位数对数值进行四舍五入。公式为:"=ROUND(number,num_digits)"其中 number 是要四舍五入的数字。num_digits 是位数,按此位数对 number 参数进行四舍五入。返回按指定位数进行四舍五入的数值。利用 INT 函数构造四舍五入的函数返回的结果精度有限,有时候满足不了我们的实际需要。Excel 的 Round 函数可以解决这个问题
10	IFERROR()函数	条件判断函数。公式为:"=IFERROR(value,value_if_error)"其中 value 必填,意义是检查是否存在错误的参数。value_if_error 必填,意义是公式的计算结果为错误时要返回的值。计算得到的错误类型有:#N/A、#VALUE!、#REF!、#DIV/0!、#NUM!、#NAME?或 #NULL!
11	AVERAGE()函数	计算平均值函数。公式为:"=AVERAGE(Number1,Number2)"其中 Number1,Number2,... 是要计算平均值的 1~30 个参数。参数可以是数字,或者是涉及数字的名称、数组或引用
12	AND()函数	所有参数的逻辑值为真时,返回 TRUE;只要有一个参数的逻辑值为假,即返回 FALSE。公式为:"=AND(logical1,logical2,...)" Logical1,logical2,... 表示待检测的 1 到 30 个条件值,各条件值可为 TRUE 或 FALSE。如果数组或引用参数中包含文本或空白单元格,则这些值将被忽略。如果指定的单元格区域内包括非逻辑值,则 AND 将返回错误值 #VALUE!
13	SUMPRODUCT()函数	在给定的几组数组中,将数组间对应的元素相乘,并返回乘积之和。公式为:"=SUMPRODUCT(array1,array2,array3,...)"其中 Array1,array2,array3,... 为 2 到 30 个数组,其相应元素需要进行相乘并求和。数组参数必须具有相同的维数,否则,函数 SUMPRODUCT 将返回错误值 #VALUE!。SUMPRODUCT 函数将非数值型的数组元素作为 0 处理
14	MONTH ()函数	返回以序列号表示的日期中的月份。返回值为 1 到 12 之间的整数,表示一年中的某月。公式为:"=MONTH(serial_number)"其中 Serial_number 表示要查找的月份的日期

续表

序号	函数名称	函数用法
15	OFFSET()函数	以指定的引用为参照系,通过给定偏移量得到新的引用。返回的引用可以为一个单元格或单元格区域。并可以指定返回的行数或列数。公式为:"OFFSET(reference,rows,cols,height,width)"其中Reference必须为对单元格或相连单元格区域的引用;Rows是相对于偏移量参照系的左上角单元格上(下)偏移的行数,行数可为正数或负数;Height是高度,即所要返回的引用区域的行数,必须为正数;Width是宽度,是要返回的引用区域的列数,也必须为正数
16	TEXT()函数	将数值转换为按指定数字格式表示的文本.公式为:"TEXT(value,format_text)"其中Value为数值、计算结果为数字值的公式,或对包含数字值的单元格的引用。Format_text为"单元格格式"对话框中"数字"选项卡上"分类"框中的文本形式的数字格式
17	COUNTA()函数	用于计算范围内不为空的单元格的个数,公式为"=COUNTA(value1,[value2],...)",其中value1表示要计数的值的第一个参数,后面的参数则不是必需的。函数计算包含任何类型的信息,但不会对空单元格进行计数
18	SUM()函数	返回某一单元格区域中数字、逻辑值及数字的文本表达式之和。如果参数中有错误值或为不能转换成数字的文本,将会导致错误。公式为:"=SUM(number1,number2,...)"　其中number1为1到254个需要求和的参数
19	INDIRECT()函数	对引用进行计算,并显示其内容。当需要更改公式中单元格的引用,而不更改公式本身,使用此函数,为间接引用。公式为:"=INDIRECT(ref_text,[a1])",Ref_text为对单元格的引用,此单元格可以包含A1-样式的引用、R1C1-样式的引用、定义为引用的名称或对文本字符串单元格的引用。如果ref_text不是合法的单元格的引用,函数INDIRECT返回错误值#REF!或#NAME?。a1为一逻辑值,指明包含在单元格ref_text中的引用的类型,如果a1为TRUE或省略,ref_text被解释为A1-样式的引用;如果a1为FALSE,ref_text被解释为R1C1-样式的引用

(一)数据质量核查方法

1. 不完整数据　不完整数据是指数据中指标值的缺失问题[24]。一般分为整体记录缺失和某几个指标值缺失两种情况。以环境空气质量监测数据为例,中国环境监测总站网站发布的原始数据均为每个小时的监测值。读者若获取到的是监测指标的小时值,按照监测日期和时间,每个环保站点每小时应有一条完整的数据,每日应有24条完整的数据。若某日的某个时间点缺少了某个或某几个监测指标,可判定为指标缺失;若缺少了某个小时或某几个小时的整条数据,可判定为时间缺失。若获取到的是监测指标的日均值,则每个环保站点每天应有一条完整的数据,根据缺失情况的不同也分为指标缺失和日期缺失两种情况。

数据缺失情况的核查可通过制作计数汇总表实现。通过计数汇总表中各环保常规站点监测日期或监测指标的频数分布情况进行初步判断。例如若监测日期的频数分布显示1月份不足31条数据,那么便可判断1月份数据存在日期缺失;若1月份 NO_2 的频数分布显示不足31条数据,则可判断为1月份数据存在指标缺失。原始数据为小时值的也是同样的道理。以下将详细介绍在EXCEL中环境空气质量监测数据的时间缺失和指标缺失两种情况的实现方法。其他影响因素中的气象监测数据的实现方法类似。

(1)小时值缺失情况计数汇总表:汇总表实现了时间缺失和指标缺失两种情况的统计,时间缺失核查的实现方式为按照原始数据的时间范围制作一张标准日期表,统计原始数据中每一天的小时缺失值。缺失的判断标准为一天24小时所有的监测指标均为空。此处需要注意的是在生成汇总表之前,要提前进行日期补全的操作,操作方法和原理见后面的数据处理方法。同样指标缺失核查的实现方式也是在此基础上,统计原始数据中每一天24小时的指标缺失情况。汇总表中所用的核心函数为COUNTIFS、COUNTIF、OFFSET和ROW函数。各个函数的含义及使用方法如表5-1所示,核心代码及代码说明如表5-2所示。

表5-2　小时值缺失情况计数汇总表核心代码及说明

序号	功能	代码	代码释义
1	计算小时缺失个数(第一天)	COUNTIFS(监测指标1第一天所在区域,"",监测指标2第一天所在区域,"",监测指标3所在区域,"",……)	计数第一天所有监测指标一天(24小时)区域范围内指标均为空的个数
2	计算小时缺失个数(之后的日期)	COUNTIFS(OFFSET(监测指标1第一天所在区域,24*(ROW(第一天所在单元格)-1),,24),"",OFFSET(监测指标2第一天所在区域,24*(ROW(第一天所在单元格)-1),,24),"",OFFSET(监测指标3第一天所在区域,24*(ROW(第一天所在单元格)-1),,24),"",……)	计数从第二天起所有监测指标每一天(24小时)区域范围内指标均为空的个数
3	计算某个指标一天的指标值个数(第一天)	24-COUNTIF(某监测指标第一天所在区域,"")	计数第一天某监测指标的数据个数
4	计算某个指标一天的指标值个数(之后的日期)	24-COUNTIF(OFFSET(某监测指标第一天所在区域,24*(ROW(第一天所在单元格)-1),,24),"")	计数从第二天起某监测指标每一天的数据个数

(2)日均值缺失情况计数汇总表:若用户获取的原始数据是每个常规监测站点的日均值,则需要核查每日监测值的缺失情况。汇总表的实现原理同上,所不同的是此处的原始数据为每日一条,汇总表按照月份和季度对缺失情况进行了汇总统计。日期缺失的判断标准为一天中所有的监测指标均为空。指标缺失的判断标准是此指标当日为空。同样在生成汇总表之前,要提前进行日期补全的操作,操作方法和原理见后面的数据处理方法。汇总表中所用的核心函数为MONTH、SUMPRODUCT、COUNTIFS函数。各个函数的含义及使用方法如表5-1所示,核心代码及代码说明如表5-3所示。

表 5-3　日均值缺失情况计数汇总表核心代码及说明

序号	功能	代码	代码释义
1	计数缺失天数	COUNTIFS(监测指标 1,"",监测指标 2,"",监测指标 3,"",……)	计数所有监测指标均为空的个数
2	按月计数指标个数的公式，以 1 月份为例	SUMPRODUCT((监测指标值<>"")*(MONTH(日期列)=1))	计数 1 月份某监测指标的数据个数
3	按季度计数指标上报个数的公式，以第一季度为例	SUMPRODUCT((监测指标值<>"")*(MONTH(日期列)<4))	计数 1 月、2 月、3 月(第一季度)某监测指标的数据个数

2. 错误(异常)数据　错误(异常)数据是指数据中记录的值与实际不符的情况[25]。如环境空气质量监测数据中的 $PM_{2.5}$监测值如果出现负值，或气象数据中的平均温度超过了当日的最高温度，$PM_{2.5}$成分的质量浓度之和大于 $PM_{2.5}$质量浓度等，均属于错误数据。错误(异常)数据的核查方法有两种，第一种是通过检查数据表中单个字段的值，如这个指标的数据类型、长度、取值范围等来判断是否为错误数据；第二种是通过检查指标之间或者是记录之间的关系，如各类逻辑关系，或者通过趋势图等发现错误数据。结合暴露数据的类型和特征，以下将详细介绍这两种核查方法的 Excel 实现。

(1)通过趋势图核查错误(异常)数据：通过趋势图可大致了解监测数据的整体分布情况，是否存在超过值域范围的极高、极低值，或是否出现不符合常规曲线规律的监测值。点击 Excel"插入图表"—"折线图"，选择"监测日期"为横坐标，监测指标为纵坐标，点击确定即可生成指标趋势图。观察趋势图中极值的大小和出现位置即可大致判断异常值情况。

(2)通过单个指标的值域范围核查错误(异常)数据：在趋势图的基础上，如果要精确查找错误(异常)值有两种方式，第一种是使用 Excel 中的条件格式，用户可制定预置单元格格式或单元格内的图形效果，并在指定的某种条件被满足时自动应用于目标单元格。如环境空气质量监测数据的各个监测指标都必须是大于 0 的数据，可设置为指标小于 0 时所在的单元格被标为红色。$PM_{2.5}$成分数据中铅、铝等金属成分的质量浓度一般都有一定的值域范围，可通过条件格式设置值域范围，超出值域范围的单元格用绿色标记，方便用户进行下一步的确认。

第二种是编写公式，通过组合多个函数实现指标的值域范围核查。可以核查某一项指标的值域是否超出常规值域范围，或在某一个时间段内出现了不正常的值等。所用的核心函数为 IF、AND 和 MONTH 函数。各个函数的含义及使用方法如表 5-1 所示，核心代码及代码说明如表 5-4 所示。

(3)通过多个指标的逻辑关系核查错误(异常)数据：以气象数据为例，如果收集的数据既有平均温度，又有最大温度和最低温度，就可以通过核实这 3 个指标之间的逻辑关系来核查数据质量。若平均温度大于最低温度，并且小于最高温度则判定为正确，否则标记为异常。在 $PM_{2.5}$监测数据中则存在 $PM_{2.5}$质量浓度应大于等于金属和类金属、多环芳烃、离子等各类成分的质量浓度之和的逻辑关系。一般来说 $PM_{2.5}$质量浓度使用的单位是 mg/m^3，离子质量浓度使用的单位是 $\mu g/m^3$，而金属和类金属、多环芳烃质量浓度使用的单位是 ng/m^3，在判断时还需考虑各类指标单位之间的换算关系。所用的核心函数为 IF、IFERROR、SUM、OR、MONTH 和 AND 函数。各个函数的含义及使用方法如表 5-1 所示，核心代码及代码说明如表 5-4 所示。

表 5-4　错误(异常)数据核查核心代码及说明

序号	功能	代码	代码释义
1	查找各监测指标数值异常	IF(监测指标值="","",IF(AND(监测指标值>=下限,监测指标值<=上限),"","异常"))	判断各监测指标值是否在规定的上限和下限之间,若不在标为异常
2	查找某一时间段内的异常值-以气象温度数据为例	IF(OR((MONTH(日期列)=6)*温度列<0,(MONTH(日期列)=7)*温度列<0,(MONTH(日期列)=8)*温度列<0),"异常","")	判断6月、7月、8月的温度值是否<0,若<0标为异常
3	查找平均值范围异常	IF(平均值="","",IF(AND(平均值>最小值,平均值<最大值),"","异常"))	判断平均值是否在最大值和最小值之间,若不在标为异常
4	计算各成分质量浓度之和	IFERROR(IF(离子指标质量浓度之和+金属、类金属指标质量浓度之和+多环芳烃质量浓度之和=0,"",离子指标质量浓度之和/1000+金属、类金属指标质量浓度之和/1 000 000+多环芳烃质量浓度之和/1 000 000),"")	判断各成分质量浓度之和是否为0,如果为0返回空值,如果不为0,返回各成分质量浓度之和
5	判断 $PM_{2.5}$ 质量浓度是否大于等于各成分质量浓度之和	IF($PM_{2.5}$质量浓度="","",IF($PM_{2.5}$质量浓度<各成分质量浓度之和,"错误","正确"))	判断 $PM_{2.5}$ 质量浓度是否为空,是则返回空值,如果不为空,判断 $PM_{2.5}$ 质量浓度是否小于各成分质量浓度之和,是则返回正确,否则返回错误

3. 重复数据　重复数据是指数据中由于存在输入错误、不规范的填写或其他原因造成的对于同一事物的重复记录[24]。重复数据一般分为完全重复数据和相似重复数据。完全重复数据是指数据表中所有指标完全相同的记录,或除唯一标识编码外的其他指标完全相同的记录;相似重复数据是指由于失误在格式、拼写等方面有些差异但实际上描述的是同一个事物的记录。对于暴露数据而言,由于监测指标大部分都是数值型数据,因此主要涉及的都是第一种重复类型。以下将详细介绍完全重复数据在 Excel 中的核查方法。

在 Excel 中可以通过使用条件格式的方式用颜色标识出重复数据,但缺点是仅仅针对的是单指标数据的重复情况,无法针对所有指标进行组合查重。因此可通过编写函数的方式实现多个指标的组合查重。暴露数据的重复也可细分为两种情况,第一种是日期重复,此类重复可通过查看之前在数据完整性核查中介绍的计数汇总表来观察数据频数分布,初步判定是否存在重复数据。例如若监测日期的频数分布显示 1 月份有 32 条数据,那么便可高度

怀疑存在重复数据。第二种是多个监测指标的联合查重,即判断是否存在不同日期各个监测指标的值完全相同的情况,或者连同日期在内所有值都相同的情况。所用的核心函数为CONCATENATE、IF和COUNTIF函数的组合。各个函数的含义及使用方法如表5-1所示,核心代码及代码说明如表5-5所示。

表5-5　重复数据核查核心代码及说明

序号	功能	代码	代码释义
1	在新建的过程表中将原始数据表中一行内所有单元格内容合并成一个字段	CONCATENATE(监测指标1,监测指标2,监测指标3……)	将原始数据表中每一列所有指标合并
2	利用"重复值查找"过程表查找重复值	IF(过程表A1="","",IF(COUNTIF(过程表A列,过程表A1)>1,"重复","不重复"))	在过程表的A列中查找与A1单元格内容相同的单元格,若查找的结果大于1个,则表示存在与A1内容相同的其他单元格,标记为重复,否则标记为不重复

(二)数据清洗方法

1. 不完整数据

(1)日期缺失:对应前面提出的不完整数据的核查,处理方法同样分为日期或时间缺失和指标缺失两种情况。其中日期或时间缺失的处理方法较为简单,可首先制作一个标准时间表,表头内容与原始数据指标完全一致,日期列填写标准的连续日期或时间,然后编写函数进行日期或时间的补全。所用的Excel核心函数为IF、IFERROR、INDEX和MATCH函数。各个函数的含义及使用方法如表5-1所示,核心代码及代码说明如表5-6所示。

表5-6　缺失日期或时间补全代码及说明

序号	功能	代码	代码释义
1	根据标准表补全原始数据中的缺失日期	IF(IFERROR(INDEX(监测指标值,MATCH(标准日期,监测指标数据原始日期)),"")="","",IFERROR(INDEX(监测指标值,MATCH(标准日期,监测指标数据原始日期)),""))	将监测指标数据原始日期列与标准日期精确匹配,匹配成功返回原始数据值,匹配不成功生成空值

(2)指标缺失:指标缺失是无法回避的难题之一,从来源看,既包括监测中的缺失数据,也包括实验分析和现场调查中的缺失数据;从性质上看,既包括没有收集到的数据,也包括数据处理中调整或剔除的数据。缺失数据如果不进行处理而直接进行分析就会损失原始数据中的信息,特别是当样本量较小的时候,数据缺失会导致分析结果的不确定性增大[26]。

列表删除和成对删除是传统的缺失数据处理方法。列表删除是删除不完全的变量,分析时采用其余数据进行统计,这种方法简便易行,但当缺失数据较多时会损失相当数量的信息;成对删除是把目标变量也包括进来,分析时使用所有的有效变量,其缺点在于由于缺失数据的形式不同，各指标的样本基础不断变化，即每个变量所依据的样本量可能是不同的[27]。

目前国内外研究中，普遍使用插补法对缺失数据进行处理。插补法为每个缺失值寻找一个或多个尽可能与其相似的插补值，根据每个缺失替代者的个数，插补法可以分为单一插补和多重插补[3]。常见的缺失值插补方法如表5-7所示。处理时应根据指标和数据特点选择合适的插补方法。

表5-7　常见的缺失数据处理方法[28]

序号	分类	名称	方法
1	单一插补	均值插补	非条件均值插补：对所有缺失值，用所有观测值的均值进行填补，所有填补值相同 条件均值插补：对总体分层，在每层中用该层均值填补该层中的缺失值
2		演绎插补	通过可以搜集到的资料，依据逻辑和常规，对缺失数据进行推断，找出填补值
3		回归插补	利用观测变量及缺失变量都有观测的数据进行回归计算，用预测值代替缺失值
4		最近距离插补	利用辅助变量，定义一个测量单元间距离的函数，在缺失值临近的回答单元中，选择满足所设定距离条件的辅助变量中的单元所对应的变量的回答单元作为填补值
5		热卡插补	从每一个缺失数据的估计分布抽取插补值替代缺失值，使用回答单元的抽样分布作为抽取分布是最常见的方法
6		冷卡插补	从以前的调查中或其他信息来源中获得插补值，如历史数据
7	多重插补	联合模型法	在给定数据Y和模型参数θ下假定参数的多元密度分布为P(Y|θ)，在给定一个θ的适当的先验分布和上述假定下，利用贝叶斯理论从联合后验预测分布P(Ymis|Yobs)中抽取产生填补值
8		全条件定义法	不考虑被填补变量和已观测变量的联合分布，而是利用单个变量的条件分布建立一系列回归模型逐一进行填补

目前还没有统一的指标用来衡量各种缺失数据插补方法的优劣。总体来看，插补法处理缺失数据的效果优于删除法，基于统计建模的插补法优于未建模的缺失值处理方法，多重插补法的效果优于单一插补法，缺失率越大优势越显著[29]。然而，当数据缺失不严重时，无论是在简单随机抽样还是在分层随机抽样下，单一插补并不比多重插补方法差，且多重插补计算较为繁琐[26]。

可以用来实现数据插补的工具有很多，数据量小的均值插补用Excel即可实现，回归插补等需要建模的插补方法可通过SPSS、SAS等统计软件实现；多重插补法许多软件也开发了相应程序，SAS中的PROC MI和PROC MIANALYZE[30]，以及R软件中的多个软件包，如norm[31]、cat[32]、mix[33]、pan[34]、mi[35]、mice[36]等都可实现。

2. 错误（异常）数据　错误（异常）数据在核查发现后首先要对原始数据进行溯源，从数据产生单位尽可能了解详细信息，以判断是由于数据在辗转腾挪中因为人工操作失误出现的数据错位、录入非法值等原因还是原始数据本身就有问题。如 $PM_{2.5}$监测数据中的各类成分的质量浓度数据，如发现其质量之和大于 $PM_{2.5}$质量浓度或某一个指标的值域超出了常规的值域范围，则需查看实验室的原始记录，了解检测仪器的精度，检测方法是否符合技术规范，以及异常值出现前后一段时间范围内是否有突发性的环境污染事情等。此类错误数据的数据量一般都不大，通过数据溯源后可以采用人工处理方式订正数据。

但还有一些数据是无法溯源的，如环境空气质量监测数据，国家环保局网站上实时发布的小时数据，则无法追溯历史数据。因此若发现有超过值域范围或逻辑错误的异常值出现，可考虑通过时间或空间上数据的关联性使用估算值替代错误值。具体方法与缺失值的处理类似，这里不再赘述。

还有一类错误数据属于不规范数据的范畴，如环境空气质量监测数据要求 PM_{10}、$PM_{2.5}$、NO_2、$O_{3\text{-}1h}$、$O_{3\text{-}8h}$、和 SO_2 的监测值为整数，CO 的监测值保留一位小数；各机构的 $PM_{2.5}$监测数据中一般 $PM_{2.5}$质量浓度精确到 0.001mg/m³，成分数据质量浓度≥1.00ng/m³ 时，结果保留 3 位有效数字；小于 1.00ng/m³ 时，结果保留至小数点后两位。此种情况均可使用 Excel 进行批量处理。但需要注意的是不能使用 Excel 中的设置单元格格式来规定数值的小数位数，此处仅仅是设置了数值在 EXCEL 中的显示位数，并没有实质性修改数值。所用的 Excel 核心函数为 ROUND、IFERROR、IF、TEXT、AND、INDEX 和 MATCH 函数。各个函数的含义及使用方法如表 5-1 所示，核心代码及代码说明如表 5-8 所示。

表 5-8　小数位数和有效位数规范代码及说明

序号	功能	代码	代码释义
1	小数位数的规范（CO）	ROUND(CO 值,1)	将 CO 数值保留为一位小数
2	小数位数的规范（其他环境空气质量监测指标）	ROUND(其他环境空气质量监测指标值,0)	将其他监测指标数值保留整数
3	有效数字的规范（成分数据质量浓度≥1.00ng/m³ 时，结果保留三位有效数字；小于 1.00ng/m³ 时，结果保留至小数点后二位）	IFERROR(IF(某成分监测指标值="","",IF(某成分监测指标值>=100,TEXT(ROUND(某成分监测指标值,0),"0"),IF(AND(某成分监测指标值<100,某成分监测指标值>=10),TEXT(ROUND(某成分监测指标值,1),"0.0"),IF(AND(某成分监测指标值<10,某成分监测指标值>=0.005),TEXT(ROUND(某成分监测指标值,2),"0.00"),某成分监测指标值2)))),某成分监测指标值)	判断成分指标质量浓度是否大于等于 100，是则将数值设置为整数，若浓度值小于 100 且大于等于 10 则将数值保留一位小数，若浓度小于 10 且大于等于 0.005 则将数值保留两位小数，其他的情况则保留原始数值格式

3. 重复数据　重复数据的处理比较明确，即在核查后确认是重复数据即可对数据进行删除操作。在 Excel 中操作也很简单，第一种方法是使用 Excel 自带的删除重复项功能。但

这种方式的缺点是无法查看数据的重复情况,有可能出现误删除的情况。第二种方法即在前面介绍的使用函数对数据进行查重的基础上,根据重复标记,使用 Excel 的筛选功能进行删除操作。这种方式的优势在于用户对数据情况较为了解,不容易出现错删的问题。

4. 数据变换　数据处理除了对缺失数据、问题数据及重复数据的处理外,还包括数据的变换。例如:环境空气质量监测数据若获取的是小时数据,如要与死因监测数据进行关联做时间序列分析,则必须将其转换为日均值,同时需要计算城市层面的日均值以代表整个城市的污染水平。一般来说,仅当收集的有效数据所属站点占所有收集数据站点的 50%及以上时,其计算的平均值才可作为该城市当日的平均值。所用的 Excel 核心函数为 COUNT、IF、AVERAGE、OFFSET、ROW、IFERROR 和 ROUND 函数。各个函数的含义及使用方法如表 5-1 所示,核心代码及代码说明如表 5-9 所示。

表 5-9　计算均值代码及说明

序号	功能	代码	代码释义
1	计算某环保站点日均值(第一天)	IF(某监测指标一天内采集小时数< 20," 缺失大于 4 小时",AVERAGE(某监测指标第一天所在区域))	判断某监测指标第一天是否满足 20 小时的监测值,若满足计算其一天(24 小时)区域范围内的平均值,若不满足则不计算日均值并标记"缺失大于 4 小时"
2	计算某环保站点日均值(之后的日期)	IF(某监测指标一天内采集小时数< 20," 缺失大于 4 小时",AVERAGE(OFFSET(某监测指标第一天所在区域,24*(ROW(第一天所在单元格)-1),,24)))	判断某监测指标从第二天起每一天是否满足 20 小时的监测值,若满足计算其一天(24 小时)区域范围内的平均值,若不满足则不计算日均值并标记"缺失大于 4 小时"
3	计算城市日均值(假设该城市有 7 个环保站点)	IFERROR(ROUND(IF(COUNT(A 站点环保值,B 站点环保值,C 站点环保值,D 站点环保值,E 站点环保值,F 站点环保值,G 站点环保值)> 7×50%,AVERAGE(A 站点环保值,B 站点环保值,C 站点环保值,D 站点环保值,E 站点环保值,F 站点环保值,G 站点环保值),""),0),"")	判断某环保指标上报条数,若超过 50%站点总数则计算该指标平均值,结果取整数,若不超过则返回空值

(三)实例演示

1. 环境空气质量监测数据小时值的缺失核查及站点日均值计算

(1)整理原始数据:用户将获取的某环保站点的全年小时监测数据整理在一张 EXCEL 表单中,将监测日期所在列的格式设置为日期格式,并按日期排序,指标类都设置为数值格式。整理后的表单如图 5-2 所示:

(2)补全日期:为核查环境空气质量监测数据的监测时间是否存在缺失,在生成数据汇总表之前必须先制作标准日期表,自动补全日期。表头与原始数据保持一致,监测日期所在列为事先设置好的连续的全年标准时间,各个指标则输入类似公式“IF(IFERROR(INDEX

城市	站点名称	监测时间	CO	NO2	O3	O3_8H	SO2	PM10	PM2.5
北京	XXX	2016/1/1 0:00	5.3	124	16		48	268	209
北京	XXX	2016/1/1 1:00	5.4	120	16		66	248	211
北京	XXX	2016/1/1 2:00	4.3	116	16		66	192	167
北京	XXX	2016/1/1 3:00	4.1	112	10		57	160	
北京	XXX	2016/1/1 4:00	3.6	108	10		48	122	109
北京	XXX	2016/1/1 5:00	3.4	108	10		42	108	93
北京	XXX	2016/1/1 6:00	4	108	10		36	126	107
北京	XXX	2016/1/1 7:00	3.7	98	10		30	126	113
北京	XXX	2016/1/1 8:00	2.3	86	10		27	94	89
北京	XXX	2016/1/1 9:00		84	6		24	116	91
北京	XXX	2016/1/1 10:00	3.2	88	10		30	130	107
北京	XXX	2016/1/1 11:00	2.8	92	13		39	130	109
北京	XXX	2016/1/1 12:00	3	100	16		48	148	123
北京	XXX	2016/1/1 13:00	2.8	104	19		57	146	130
北京	XXX	2016/1/1 14:00	2.9	118	19		57		
北京	XXX	2016/1/1 15:00	3	136	16		60	188	168
北京	XXX	2016/1/1 16:00	3.3	148	13		57	198	177
北京	XXX	2016/1/1 17:00	3.7	150	10		48	214	180
北京	XXX	2016/1/1 18:00	3.8	152	10		51	238	198
北京	XXX	2016/1/1 19:00	4.2	156	10		45	270	219
北京	XXX	2016/1/1 20:00	4.6	158	10		39	274	231
北京	XXX	2016/1/1 21:00	5.4	162	13		42	314	258
北京	XXX	2016/1/1 22:00	5.2	164	13		45	318	263
北京	XXX	2016/1/1 23:00	7.5	164	16		57	385	324

图 5-2　某环保站点小时值原始数据

(原始数据!D:D,MATCH($B2,原始数据! $C: $C,0)),"")=0,"",IFERROR(INDEX(原始数据!D:D,MATCH($B2,原始数据! $C: $C,0)),""))”。将原始数据粘贴进入数据表单后,各个指标值会自动显示在对应的时间行内(图 5-3、图 5-4)。

城市	站点名称	监测时间	CO	NO2	O3	O3_8H	SO2	PM10	PM2.5
北京	XXX	2016/1/2 0:00	7.3	154	19		87	391	352
北京	XXX	2016/1/2 1:00	7.4	144	16		93	356	327
北京	XXX	2016/1/2 2:00	6.1	132	13		54	292	282
北京	XXX	2016/1/2 6:00	7	122	16		36	270	265
北京	XXX	2016/1/2 7:00	6.6	116	13		33	242	239
北京	XXX	2016/1/2 8:00	7.5	134	13		48	238	225
北京	XXX	2016/1/2 9:00	6	128	13		54	226	211
北京	XXX	2016/1/2 10:00	5.8	136	13		69	246	218
北京	XXX	2016/1/2 11:00	4.7	122	16		72	216	211
北京	XXX	2016/1/2 12:00	3.6	110	22		57		188
北京	XXX	2016/1/2 13:00	3.6	118	22		48		202

图 5-3　某环保站点小时值原始数据缺失情况展现

监测时间	CO	NO2	O3	O3_8H	SO2	PM10	PM2.5
2016-01-01 21:00:00	5.4	162	13		42	314	258
2016-01-01 22:00:00	5.2	164	13		45	318	263
2016-01-01 23:00:00	7.5	164	16		57	385	324
2016-01-02 00:00:00	7.3	154	19		87	391	352
2016-01-02 01:00:00	7.4	144	16		93	356	327
2016-01-02 02:00:00	6.1	132	13		54	292	282
2016-01-02 03:00:00							
2016-01-02 04:00:00							
2016-01-02 05:00:00							
2016-01-02 06:00:00	7	122	16		36	270	265
2016-01-02 07:00:00	6.6	116	13		33	242	239
2016-01-02 08:00:00	7.5	134	13		48	238	225
2016-01-02 09:00:00	6	128	13		54	226	211

图 5-4　某环保站点小时值补全缺失时间结果展示

(3)生成缺失情况计数汇总表和日均值计算表:经过以上两步,原始数据的缺失情况计数汇总表和相应的日均值计量表也会自动生成,如图 5-5 所示。其中小时缺失个数统计了每天 24 小时整条记录缺失的个数,即在补全日期表中所有指标都为空的个数。第一天所用的公式为“=COUNTIFS(补全日期!C2:C25,"",补全日期!D2:D25,"",补全日期!E2:

E25,"",补全日期!F2:F25,"",补全日期!G2:G25,"",补全日期!H2:H25,"",补全日期!I2:I25,"")";第二天起所用的公式为"=COUNTIFS(OFFSET(补全日期! $C $2:$C $25,24*(ROW(D2)-1),,24),"",OFFSET(补全日期! $D $2:$D $25,24*(ROW(D2)-1),,24),"",OFFSET(补全日期! $E $2:$E $25,24*(ROW(D2)-1),,24),"",OFFSET(补全日期! $F $2: $F $25,24*(ROW(D2)-1),,24),"",OFFSET(补全日期! $G $2: $G $25,24*(ROW(D2)-1),,24),"",OFFSET(补全日期! $G $2:$G $25,24*(ROW(D2)-1),,24),"",OFFSET(补全日期! $I $2:$I $25,24*(ROW(D2)-1),,24),"")"。为实现公式的自动填充,第二天及以后的日期在第一天的基础上增加了 OFFSET 函数。每个监测指标的计数则统计了一天 24 小时内的单个指标的个数,以 CO 为例,第一天所用公式为"=24-COUNTIF(补全日期!C2:C25,"")",从第二天起所用的公式为"=24-COUNTIF(OFFSET(补全日期!C $2:C $25,24*(ROW(D2)-1),,24),"")"。

相应的日均值计量表也在后面按监测指标列出。以 CO 为例,第一天所用公式为"=IF(E2<20,"缺失大于 4 小时",AVERAGE(补全日期!C2:C25))",从第二天起所用的公式为"=IF(E3<20,"缺失大于 4 小时",AVERAGE(OFFSET(补全日期!C $2:C $25,24*(ROW(D2)-1),,24)))"。本书参考了国家环保部发布的环境空气质量标准(GB3095-2012),将计算日均值的小时值有效个数设定为 20,根据实际情况如果用户使用其他的计算标准,也可通过修改计算公式实现。

CO计数	NO2计数	O3计数	O3_8H计数	SO2计数	PM10计数	PM2.5计数	CO日均值	NO2日均值	O3日均值	O3_8H日均值	SO2日均值	PM10日均值	PM2.5日均值
23	24	23	0	24	23	22	4.0	123			47	196	167
21	21	21	0	21	18	21	5.5	148			52	缺失大于4小时	273
24	24	24	0	24	6	24	4.3	107			23	缺失大于4小时	259
24	24	23	0	24	8	24	1.2	41			9	缺失大于4小时	46
24	24	24	0	24	14	24	1.0	47			9	缺失大于4小时	31
24	24	23	0	24	19	24	1.0	44			13	缺失大于4小时	24
24	24	24	0	24	24	24	0.6	29			9	23	12
24	24	23	0	24	23	24	0.9	46			15	48	31
24	24	24	0	24	19	24	1.8	86			27	缺失大于4小时	68
24	24	23	0	24	20	24	1.6	67			20	62	44
23	23	23	0	23	23	23	0.7	27			3	27	12
24	24	23	0	24	24	24	0.7	31			10	27	13
24	24	24	0	24	24	24	0.9	54			16	44	20
24	24	23	0	24	24	24	1.7	85			26	88	61

图 5-5　某环保站点缺失情况计数汇总表和日均值计算表

2. 环境空气质量监测数据日均值的缺失核查及城市日均值计算

(1)整理原始数据:用户将获取的某城市全部环保站点的全年监测数据整理在一张 Excel 表单中,将监测日期所在列的格式设置为日期格式,并按日期排序,指标类都设置为数值格式。整理后的表单如图 5-6 所示:

(2)补全日期:为核查环境空气质量监测数据的监测日期是否存在缺失,在生成数据汇总表之前必须先制作标准日期表,自动补全日期。表头与原始数据保持一致,监测日期列为事先设置好的连续的全年标准日期,以 PM_{10} 为例,输入公式为"=IF(IFERROR(INDEX(数据!I:I,MATCH($H20,数据! $H:$H,0)),"")=0,"",IFERROR(INDEX(数据!I:I,MATCH($H20,数据! $H:$H,0)),""))"。在原始数据粘贴进入数据表单后,各个指标值会自动显示在对应的时间行内(图 5-7、图 5-8)。

(3)生成缺失情况计数汇总表:将补充完缺失日期的原始数据,经"复制-选择性粘贴-数值"步骤后,原始数据的缺失情况计数汇总表会自动生成,如图 5-9 所示。其中日期缺失按月份统计了整条记录缺失的个数,即在补全日期表中所有指标都为空的个数。所用的公式为"=COUNTIFS(I2:I32,"",J2:J32,"",K2:K32,"",L2:L32,"",M2:M32,"",N2:

省（自治区）	地级市	区县	行政区编码	环保站点名称	环保站点类别(国控/省	是否为清洁对照点（是/否）	监测时间	PM10 （ug/m3)	PM2.5(ug/m3)	NO2(ug/m3)	O31h(ug/m3)	O38h(ug/m3)	CO(mg/m3)	SO2(ug/m3)
XX省	XX市	XX区	XXXXXX	站点A	国控	否	2016/1/1				65	56	0.6	23
XX省	XX市	XX区	XXXXXX	站点A	国控	否	2016/1/3	130	104	73	66	47	1.2	41
XX省	XX市	XX区	XXXXXX	站点A	国控	否	2016/1/4	-119	101	70	146	115	1.4	53
XX省	XX市	XX区	XXXXXX	站点A	国控	否	2016/1/5	132	126	64	60	39	1.2	33
XX省	XX市	XX区	XXXXXX	站点A	国控	否	2016/1/6	115	170	48	36	24	1.8	35
XX省	XX市	XX区	XXXXXX	站点A	国控	否	2016/1/10	115	131	65	98	76	1.4	44
XX省	XX市	XX区	XXXXXX	站点A	国控	否	2016/1/11	156	151	89	58	34	2	43
XX省	XX市	XX区	XXXXXX	站点A	国控	否	2016/1/12	89	120	63	58	40	1.1	29
XX省	XX市	XX区	XXXXXX	站点A	国控	否	2016/1/13	111	154	40	20	10	1.3	27
XX省	XX市	XX区	XXXXXX	站点A	国控	否	2016/1/14	95	108	51	68	48	1.1	21
XX省	XX市	XX区	XXXXXX	站点A	国控	否	2016/1/15	107	120	55	87	77	1.4	24
XX省	XX市	XX区	XXXXXX	站点A	国控	否	2016/1/16	134	159	47	94	79	1.1	19
XX省	XX市	XX区	XXXXXX	站点A	国控	否	2016/1/17	122	140	58	103	88	1	23
XX省	XX市	XX区	XXXXXX	站点A	国控	否	2016/1/18	127	129	57	93	74	1	26
XX省	XX市	XX区	XXXXXX	站点A	国控	否	2016/1/19	136	134	76	86	69	1.5	28
XX省	XX市	XX区	XXXXXX	站点A	国控	否	2016/1/20	111	91	71	93	73	1.1	37
XX省	XX市	XX区	XXXXXX	站点A	国控	否	2016/1/21	131	106	67	118	94	1.4	33
XX省	XX市	XX区	XXXXXX	站点A	国控	否	2016/1/22	123	83	80	108	81	1.1	35
XX省	XX市	XX区	XXXXXX	站点A	国控	否	2016/1/23	128	94	91	109	83	1.3	34

图 5-6　某城市空气质量监测日均值原始数据

环保站点名称	环保站点类别(国控/省	是否为清洁对照点（是/否）	监测时间	PM10 （ug/m3)	PM2.5(ug/m3)	NO2(ug/m3)	O31h(ug/m3)	O38h(ug/m3)	CO(mg/m3)	SO2(ug/m3)
站点A	国控	否	2016/1/1				65	56	0.6	23
站点A	国控	否	2016/1/3	130	104	73	66	47	1.2	41
站点A	国控	否	2016/1/4	-119	101	70	146	115	1.4	53
站点A	国控	否	2016/1/5	132	126	64	60	39	1.2	33
站点A	国控	否	2016/1/6	115	170	48	36	24	1.8	35
站点A	国控	否	2016/1/10	115	131	65	98	76	1.4	44
站点A	国控	否	2016/1/11	156	151	89	58	34	2	43
站点A	国控	否	2016/1/12	89	120	63	58	40	1.1	29

图 5-7　某城市空气质量监测日均值原始数据缺失情况展现

环保站点	环保站点	是否为清	监测时间	PM10（ug	PM2.5(ug/	N02(ug/m	031h(ug/m
站点A	国控	否	2016/1/1				65.0
			2016/1/2				
站点A	国控	否	2016/1/3	130.0	104.0	73.0	66.0
站点A	国控	否	2016/1/4	-119.0	101.0	70.0	146.0
站点A	国控	否	2016/1/5	132.0	126.0	64.0	60.0
站点A	国控	否	2016/1/6	115.0	170.0	48.0	36.0
			2016/1/7				
			2016/1/8				
			2016/1/9				
站点A	国控	否	2016/1/10	115.0	131.0	65.0	98.0
站点A	国控	否	2016/1/11	156.0	151.0	89.0	58.0
站点A	国控	否	2016/1/12	89.0	120.0	63.0	58.0

图 5-8　某城市空气质量监测日均值原始数据补全缺失时间结果展示

N32,"",O2:O32,"")";每个监测指标的计数则当月该指标的个数,以 PM_{10}为例,1 月所用公式为"=SUMPRODUCT((I $2:I $367<>"")*(MONTH($H $2: $H $367)=1))"。

(4)生成城市日均值计算表:城市日均值的计量表需要将城市中收集到所有环保站点的日均值按照以上步骤处理后分别将补全日期后的数据依次粘贴数值到站点表中(图 5-10)。在

计数

季度	月	日期缺	PM10(	PM2.5(	NO2(u	O31h(ug	O38h(	CO(mg	SO2(ug/m3)
第一季度	1月	2	28	29	28	0	28	28	28
	2月	0	28	28	29	0	28	29	28
	3月	0	31	31	30	0	31	31	31
	汇总	2	87	88	87	0	87	88	87
第二季度	4月	0	30	30	30	0	30	30	30
	5月	0	28	31	29	0	30	31	30
	6月	0	29	28	30	0	29	30	28
	汇总	0	87	89	89	0	89	91	88
第三季度	7月	0	30	31	31	0	30	31	31
	8月	2	29	28	28	0	28	29	28
	9月	0	30	28	24	0	29	30	30
	汇总	2	89	87	83	0	87	90	89
第四季度	10月	0	31	31	28	0	30	31	31
	11月	0	28	30	29	0	29	30	30
	12月	0	30	31	31	0	31	31	31
	汇总	0	89	92	88	0	90	92	92
全年	汇总	4	352	356	347	0	353	361	356

图 5-9　某环保站点缺失情况计数汇总表

省（自治	地级市	监测时间	PM10计数	PM2.5计数	NO2计数	O31h计数	O38h计数	CO计数	SO2计数	PM10(ug/	PM2.5(ug/	NO2(ug/m	O31h(ug/	O38h(ug/	CO(mg/m	SO2(ug/m3)
省	市	2016/1/1	2	3	2	0	2	2	2	371	261	106		9	4.6	117
省	市	2016/1/2	3	3	3	0	3	3	3	598	457	153		5	7.3	110
省	市	2016/1/3	3	3	3	0	3	3	3	499	336	143		5	5.8	76
省	市	2016/1/4	3	3	3	0	3	3	3	242	150	85		38	2.9	45
省	市	2016/1/5	3	3	3	0	3	3	3	108	71	67		42	1.7	70
省	市	2016/1/6	3	3	3	0	3	3	3	214	143	88		30	2.9	97
省	市	2016/1/7	3	3	3	0	3	3	3	163	109	63		22	2.1	68
省	市	2016/1/8	3	3	3	0	3	3	3	137	86	60		29	1.8	85
省	市	2016/1/9	3	3	3	0	3	3	3	292	201	83		9	3.7	125
省	市	2016/1/10	3	3	3	0	3	3	3	303	211	86		7	3.9	81
省	市	2016/1/11	3	3	3	0	3	3	3	80	45	39		29	1.1	44
省	市	2016/1/12	3	3	3	0	3	3	3	162	103	60		16	2.1	84
省	市	2016/1/13	3	3	3	0	3	3	3	154	87	74		32	2.6	116
省	市	2016/1/14	2	3	3	0	3	3	3	94	43	64		46	1.1	98
省	市	2016/1/15	3	3	3	0	3	3	3	201	120	93		19	2.8	137
省	市	2016/1/16	3	3	3	0	3	3	3	244	174	86		10	2.8	63
省	市	2016/1/17	3	3	3	0	3	3	3	162	108	59		29	1.8	44
省	市	2016/1/18	3	3	3	0	3	3	3	87	52	44		57	1.1	35
省	市	2016/1/19	3	3	3	0	3	3	3	187	127	79		28	2.7	98
省	市	2016/1/20	3	3	3	0	3	3	3	262	192	91		8	3.6	125
省	市	2016/1/21	3	3	3	0	3	3	3	232	171	87		12	3.3	77
省	市	2016/1/22	3	3	3	0	3	3	3	104	59	41		58	1.2	22
省	市	2016/1/23	3	3	3	0	3	3	3	89	41	32		61	0.8	28
省	市	2016/1/24	3	3	3	0	3	3	3	55	17	35		47	0.6	38
省	市	2016/1/25	3	3	3	0	3	3	3	73	33	59		44	0.9	93
省	市	2016/1/26	3	3	3	0	3	3	3	81	44	62		39	0.9	87
省	市	2016/1/27	3	3	3	0	3	3	3	209	148	102		22	2.9	136
省	市	2016/1/28	2	2	2	0	2	2	2	235	175	118		29	2.7	107
省	市	2016/1/29	2	2	2	0	2	2	2	160	120	75		27	1.8	51

站点A | 站点B | 站点C | 站点D | 站点E | 站点F | 全市 | ...

图 5-10　某城市日均值计算表

“全市”表中即可计算各污染物当日的上报数，若达到计算标准则计算各站点平均值，若未达到标准则当日值为空。以 PM_{10} 为例，计数所用公式为“=COUNT(站点 A!I2,站点 B!I2,站点 C!I2,站点 D!I2,站点 E!I2,站点 F!I2,站点 G!I2,站点 H!I2,站点 I!I2,站点 J!I2)”，计算均值所用公式为“=IFERROR(ROUND(IF(D2>COUNTA(站点 A! $H $2,站点 B! $H $2,站点 C! $H $2,站点 D! $H $2,站点 E! $H $2,站点 F! $H $2,站点 G! $H $2,站点 H! $H $2,站点 I! $H $2,站点 J! $H $2)*0.5,AVERAGE(站点 A!I2,站点 B!I2,站点 C!I2,站点 D!I2,站点 E!I2,站点 F!I2,站点 G!I2,站点 H!I2,站点 I!I2,站点 J!I2),""),0),"")”。本书参考了国家环保部发布的环境空气质量标准(GB3095—2012)城市日均值计算方法，当上报有效数据的站点占所有上报数据的站点的 50%及以上时，用当日上报有效数据的平均值作为该城市当日的平均值。同时公式中仅列出了 10 个站点，根据实际情况如果用户使用其他的计算标准或环保站点大于 10，则需要修改计算公式。

3. 气象数据异常值的核查

(1)整理原始数据:用户将获取的某城市全年气象数据整理在一张 Excel 表单中,将监测日期所在列的格式设置为日期格式并按日期排序,指标类都设置为数值格式。整理后的表单如图 5-11 所示:

省	市	区	行政区	日期	平均气压（hpa）	最高气压（hpa）	最低气压（hpa）	平均温度（℃）	最高温度	最低温度	平均相对湿	最大相对湿度（	最小相对湿	降水量（mm）	日平均风速（m/s）	日照时数（小时/日）
XX省	XX市			2016-03-13	1011.4	1014.8	1005.2	6.9	13.5	0.5	24.3	41.	8	0	2.5	10.3
XX省	XX市			2016-03-14	1011	1013.5	1005.9	10.2	17.2	4	16.9	23.	9	0	2.6	9.8
XX省	XX市			2016-03-15	1004.8	1007.6	1001.4	10.1	14.4	6	35.9	51.	23	0	1.3	3.4
XX省	XX市			2016-03-16	1003.6	1005.6	1000.7	10.5	18.5	3	51.6	74.	27	0	2	8.1
XX省	XX市			2016-03-17	999.6	1002.7	995.4	13.1	19.4	6.6	49.8	68.	35	0	1.8	2.8
XX省	XX市			2016-03-18	998.2	1000.4	996.5	15.2	21.9	8.5	47.8	61.	30	0	1.6	6.5
XX省	XX市			2016-03-19	1007.3	1011.7	1000.4	12.2	16.4	10.4	48.8	66.	33	0	1.8	0
XX省	XX市			2016-03-20	1013.5	1016.3	1010.4	9.6	13.5	6	47.5	62.	33	0	1	0
XX省	XX市			2016-03-21	1011.1	1014.1	1007	11.5	16.9	6.4	43.8	61.	27	0	1.3	0
XX省	XX市			2016-03-22	1008.1	1012.7	1004.8	11.6	13.8	9.4	49.9	62.	36	0	1.8	0
XX省	XX市			2016-03-23	1017.3	1021.6	1012.7	9.9	12.3	7.6	49.5	61.	37	0	1.6	0
XX省	XX市			2016-03-24	1019.6	1022.6	1016.2	8.2	12.8	3.9	44	73.	19	0	1.8	7.5
XX省	XX市			2016-03-25	1016.2	1018.1	1012.9	9.7	14.7	4	35.4	66.	14	0	1.9	11
XX省	XX市			2016-03-26	1013.8	1015.7	1010.3	11.4	18.2	6.3	23.8	38.	9	0	2.3	11.2
XX省	XX市			2016-03-27	1008.4	1011.5	1002.6	14.5	21.6	8.7	18.5	29.	10	0	3	10.6
XX省	XX市			2016-03-28	999.6	1003.5	995.9	17.2	23.6	9.4	25	43.	11	0	1.9	8.3
XX省	XX市			2016-03-29	1003.9	1008.2	997.8	16.6	21.8	9.5	29.3	43.	20	0	3	10.7
XX省	XX市			2016-03-30	1003.5	1007.3	1000	15.8	22.6	9.2	33.5	51.	19	0	1.9	9.8
XX省	XX市			2016-03-31	995.6	1000.7	989	17.5	24.8	11.1	44.2	56.	31	0	3.2	7.9
XX省	XX市			2016-04-01	993	997.3	989.4	21.3	28.8	15.4	40.8	64.	10	0	2.3	8.4
XX省	XX市			2016-04-02	1005.5	1009.8	997.3	16.6	21.7	12.4	38.1	56.	26	0	2.7	7.9
XX省	XX市			2016-04-03	1010.7	1014	1005.5	12.5	16.5	8.3	61	87.	28	6.9	2.4	6.5
XX省	XX市			2016-04-04	1001.6	1005.7	997.3	14.4	20.8	8.3	56.5	75.	35	0	1.7	6.9
XX省	XX市			2016-04-05	999.2	1001.6	995.9	16.8	23.9	9.8	55.5	84.	30	0	2.7	8.7
XX省	XX市			2016-04-06	996.5	999.4	991.1	16.3	19.8	12.2	70.4	84.	56	0	1.9	1.3
XX省	XX市			2016-04-07	997.9	1000.8	993.1	19.6	25.8	14.7	46.3	82.	13	0	2.7	9.1
XX省	XX市			2016-04-08	1003.2	1007.8	998.9	18.1	23	11.8	26.9	41.	12	0	2.7	9.9

图 5-11　某城市气象原始数据展示

(2)异常值核查:将上述整理好的气象数据粘贴到"原始数据"表单后,异常值核查情况自动生成。包括以下 3 种功能:

1)超出值域范围的异常值核查:以最高温度为例,输入公式为"=IF(原始数据!J2="","",IF(AND(原始数据!J2>=-60,原始数据!J2<=50),"","异常"))"。此处设定了温度的值域范围大于等于-60℃小于等于 50℃,用户可根据所在城市的实际情况设定值域范围,并修改计算公式(图 5-12、图 5-13)。

E	F	G	H	I	J	K	L	M
日期	平均气压（hpa）	最高气压（hpa）	最低气压（hpa）	平均温度（℃）	最高温度（	最低温度（	平均相对湿	最大相对湿
2016-01-01	1018.8	1017.2	1007.1	-0.1	-70	-4.1	65.9	
2016-01-02	1007.3	1000.9	1004.8	-0.8	4.6	-4.4	78.1	
2016-01-03	1008.9	1012.1	1007.1	-0.9	1.4	-3.9	84.8	
2016-01-04	1015.9	1018.5	1012.1	0.3	3.2	-1.4	74.3	
2016-01-05	1017.1	1019.4	1014.4	0.1	55	-1.7	43.7	
2016-01-05	1014.7	1021	1010.5	4.4	7.6	2.1	41	
2016-01-06	1017.2	1019.6	1015.9	-0.7	4.3	-5.6	53.3	
2016-01-06	1025	1028	1020.9	-0.8	5	-5.8	51	
2016-01-07	1019.2	1021.7	1015.9	-2.4	1.3	-5.7	49.4	

图 5-12　最高温度异常数据展示

H2　　fx　=IF(原始数据!J2="","",IF(AND(原始数据!J2>=-60,原始数据!J2<=50),"","异常"))

A	B	C	D	E	F	G	H	I	J	K	L
日期	平均气压范围	平均气压数值	最高气压	最低气压	平均温度范围	平均温度数值	最高温度	最低温度	夏季平均温度	夏季最高温度	夏季最低温度
2016/1/1	异常					异常	异常				
2016/1/1											
2016/1/3											
2016/1/4											
2016/1/5							异常				
2016/1/6											
2016/1/11											
2016/1/12											

图 5-13　最高温度异常数据核查结果展示

2）超出平均值范围异常值核查：以平均气压为例，输入公式为“=IF(OR(原始数据!G2="",原始数据!H2=""),"",IF(原始数据!F2="","",IF(AND(原始数据!F2>原始数据!H2,原始数据!F2<原始数据!G2),"","异常")))”。如果平均气压超过了最高气压或最低气压，此数据即标记为异常数据（图5-14、图5-15）。

省	市	区	行政区	日期	平均气压（hpa）	最高气压（hpa）	最低气压（hpa）	平均温
XX省	XX市			2016-01-01	1018.8	1017.2	1007.1	
XX省	XX市			2016-01-02	1007.3	1008.9	1004.8	
XX省	XX市			2016-01-03	1008.9	1012.1	1007.1	
XX省	XX市			2016-01-04	1015.9	1018.5	1012.1	
XX省	XX市			2016-01-05	1017.1	1019.4	1014.4	
XX省	XX市			2016-01-05	1014.7	1021	1010.5	
XX省	XX市			2016-01-06	1017.2	1019.6	1015.9	
XX省	XX市			2016-01-06	1025	1028	1020.9	
XX省	XX市			2016-01-07	1019.2	1021.7	1015.0	

图5-14　平均气压异常数据展示

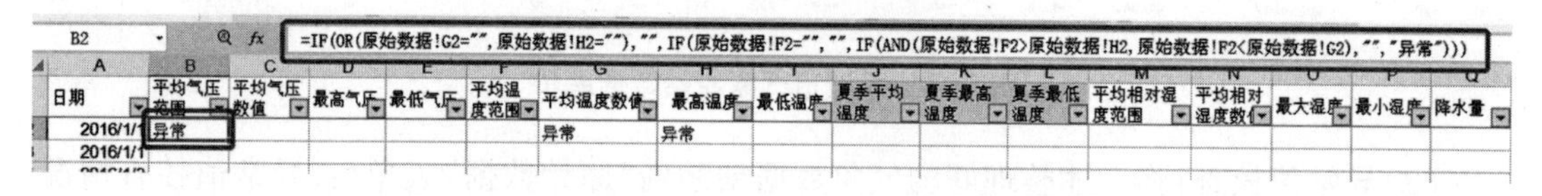

B2　fx　=IF(OR(原始数据!G2="",原始数据!H2=""),"",IF(原始数据!F2="","",IF(AND(原始数据!F2>原始数据!H2,原始数据!F2<原始数据!G2),"","异常")))

日期	平均气压范围	平均气压数值	最高气压	最低气压	平均温度范围	平均温度数值	最高温度	最低温度	夏季平均温度	夏季最高温度	夏季最低温度	平均相对湿度范围	平均相对湿度数值	最大湿度	最小湿度	降水量
2016/1/1	异常					异常	异常									
2016/1/1																

图5-15　平均气压异常数据核查结果展示

3）夏季温度异常值核查：以最低温度为例，输入公式为“=IFERROR(IF(OR((MONTH(原始数据!$E$2:$E$366)=6)*原始数据!$K$2:$K$366<0,(MONTH(原始数据!$E$2:$E$366)=7)*原始数据!$K$2:$K$366<0,(MONTH(原始数据!$E$2:$E$366)=8)*原始数据!$K$2:$K$366<0),"异常",""),"")”。此处设定了夏季为6月、7月、8月3个月，如果这3个月中出现温度小于0的值则标记为异常。用户可根据所在城市的实际情况设定夏季月份和温度限值，并修改计算公式。

日期	平均气压（	最高气	最低气	平均温	最高温	最低温	平均相
2016/6/14	997.7	999	994.8	22.4	23.9	22.1	100
2016/6/15	999.5	1000.4	998.6	24.8	29	21.9	97
2016/6/16	999.3	1000.9	997.3	26.9	32.3	23.3	100
2016/6/17	3276.6	999.1	997.1		28.2	24.8	
2016/6/18	3276.6	999.5	995.9	24.1	28.7	24.7	
2016/6/19	996.1	998.3	993.3	28.5	34.6	23.6	77
2016/6/20	994.7	996.2	992.6	29.3	34.2	26.1	75.
2016/6/21	993.7	995.4	991.7	30.4	34.5	26.3	69.
2016/6/22	992.8	994.4	991	31	35	27.5	69
2016/6/23	994.5	995.5	992.3	31.7	36.1	27.4	65
2016/6/24	996.1	998.1	994.3	31.6	36.1	-27.8	65
2016/6/25	994.7	996.4	992.2	32	36.5	27.7	65
2016/6/26	993.3	994.5	990.8	30.2	35.6	26.6	72
2016/6/27	994.5	995.5	993.2	25	27.8	23.5	86

图5-16　夏季最低温度异常数据展示

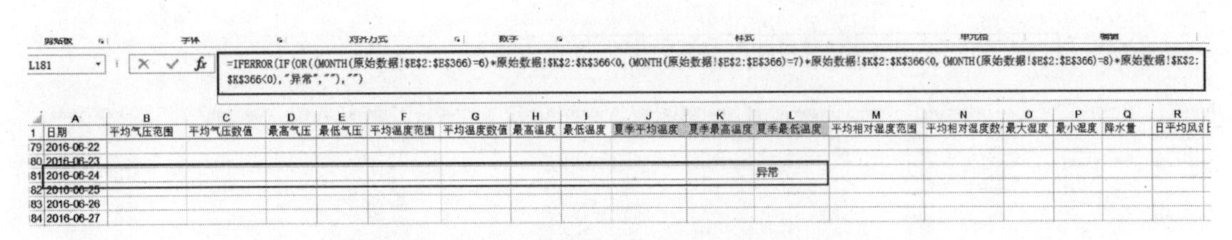

图 5-17　夏季最低温度异常数据核查结果展示

4. 重复数据的核查与删除

（1）整理原始数据：以气象数据为例，用户将获取的某城市全年气象数据整理在一张 Excel 表单中，将监测日期所在列的格式设置为日期格式并按日期排序，指标类都设置为数值格式。整理后的表单如图 5-11 所示。

（2）制作过程表：在 Excel 中新建 sheet 表单，命名为“重复值查找”作为查找重复值的过程表（图 5-18），而后在该过程表中编写公式为“=CONCATENATE（原始数据！A2，原始数据！B2，原始数据！C2，原始数据！D2，原始数据！E2，原始数据！F2，原始数据！G2，原始数据！H2，原始数据！I2，原始数据！J2，原始数据！K2，原始数据！L2，原始数据！M2，原始数据！N2，原始数据！O2，原始数据！P2，原始数据！Q2，原始数据！R2，原始数据！S2）”，即应用 CONCATENATE 函数将气象数据表中一行内所有单元格内容合并成一个字段。

A2　=CONCATENATE(原始数据!A2, 原始数据!B2, 原始数据!C2, 原始数据!D2, 原始数据!E2, 原始数据!F2, 原始数据!G2, 原始数据!H2, 原始数据!I2, 原始数据!J2, 原始数据!K2, 原始数据!L2, 原始数据!M2, 原始数据!N2, 原始数据!O2, 原始数据!P2, 原始数据!Q2, 原始数据!R2, 原始数据!S2)

	A
1	过程列
2	XX省XX市2016-01-011018.81017.21007.1-0.1-70-4.165.9834600.90
3	XX省XX市2016-01-021007.31008.91004.8-0.84.6-4.478.1905700.70
4	XX省XX市2016-01-031008.91012.11007.1-0.91.4-3.984.8947401.20
5	XX省XX市2016-01-041015.91018.51012.10.33.2-1.474.3964201.90
6	XX省XX市2016-01-051017.11019.41014.40.155-1.743.7603001.65.5
7	XX省XX市2016-01-051014.710211010.54.47.62.141523100.77.9
8	XX省XX市2016-01-061017.21019.61015.9-0.74.3-5.653.3822201.16.8
9	XX省XX市2016-01-06102510281020.9-0.85-5.851682400.83.8
10	XX省XX市2016-01-071019.21021.71015.9-2.41.3-5.749.46834027

图 5-18　重复值查找过程表展示

（3）生成查重结果并删除：在原始数据表单中，分别编写公式实现日期重复和数值重复两种重复核查方法，公式分别为“=IF（E2="","",IF（COUNTIF（E:E,E2）>1,"重复","不重复"））”和“=IF（重复值查找！A2="","",IF（COUNTIF（重复值查找！A:A，重复值查找！A2）>1,"重复","不重复"））”。其中日期重复仅对日期列进行检查并标记重复，数值重复则利用重复值查找过程表对所有的气象指标进行检查并标记重复。核查结果如图 5-19 和图 5-20 所示。用户可使用 Excel 的筛选功能筛选出重复记录，并在原始数据中将其删除或修改。

=IF(E6="", "", IF(COUNTIF(E:E, E6)>1, "重复", "不重复"))

日期	平均气压（hpa）	最高气压（hpa）	最低气压（hpa）	平均温度（℃）	最高温度（	最低温度（	平均相对湿	最大相对湿度（	最小相对湿	降水量（mm）	日平均风速（m/s）	日照时数（小时/日）	能见度	雾日		日期查重	数值查重
2016-01-01	1018.8	1017.2	1007.1	-0.1	-70	-4.1	65.9	83.	46	0	0.9	0				不重复	不重复
2016-01-02	1007.3	1008.9	1004.8	-0.8	4.6	-4.4	78.1	90.	57	0	0.7	0				不重复	不重复
2016-01-03	1008.9	1012.1	1007.1	-0.9	1.4	-3.9	84.8	94.	74	0	1.2	0				不重复	不重复
2016-01-04	1015.9	1018.5	1012.1	0.3	3.2	-1.4	74.3	96.	42	0	1.9	0				不重复	不重复
2016-0[illegible]-05	1017.1	1019.4	1014.4	0.1	55	-1.7	43.7	60.	30	0	1.6	5.5				重复	不重复
2016-0[illegible]-05	1014.7	1021	1010.5	4.4	7.6	2.1	41	52	31	0	0.7	7.9				重复	不重复
2016-01-06	1017.2	1019.6	1015.9	-0.7	4.3	-5.6	53.3	82.	22	0	1.1	6.8				重复	不重复
2016-01-06	1025	1028	1020.9	-0.8	5	-5.8	51	68	24	0	0.8	3.8				重复	不重复
2016-01-07	1019.2	1021.7	1015.9	-2.4	1.3	-5.7	49.4	68.	34	0	2	7				重复	不重复
2016-01-07	1025.6	1027.8	1023.4	0.4	6.8	-3.8	43	65	26	0	1.2	8.1				重复	不重复
2016-01-08	1015.1	1016.7	1013.5	-0.8	4.3	-5.2	37.7	63	18	0	1.8	8				重复	重复

图 5-19　日期重复数据核查展示

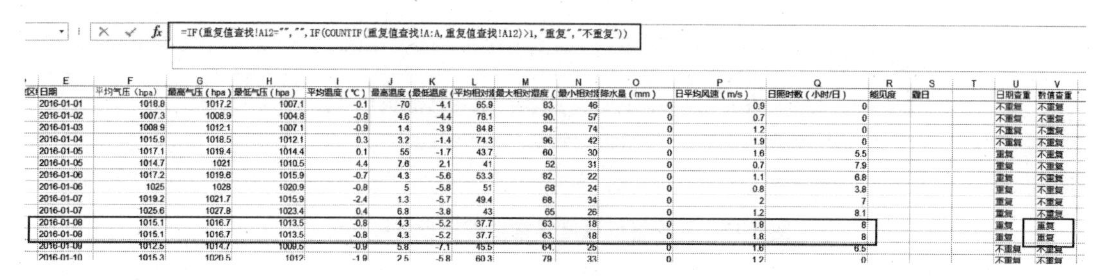

=IF(重复值查找!A12="","",IF(COUNTIF(重复值查找!A:A,重复值查找!A12)>1,"重复","不重复"))

E	F	G	H	I	J	K	L	M	N	O	P	Q	R	S	T	U	V
日期	平均气压（hpa）	最高气压（hpa）	最低气压（hpa）	平均温度（℃）	最高温度(	最低温度(	平均相对湿	最大相对湿度(	最小相对湿	降水量（mm）	日平均风速（m/s）	日照时数（小时/日）	能见度	霾日		日期查重	数值查重
2016-01-01	1018.8	1017.2	1007.1	-0.1	-70	-4.1	65.9	83.	46	0	0.9	0				不重复	不重复
2016-01-02	1007.3	1008.9	1004.8	-0.8	4.6	-4.4	78.1	90.	57	0	0.7	0				不重复	不重复
2016-01-03	1008.9	1012.1	1007.1	-0.9	1.4	-3.9	84.8	94.	74	0	1.2	0				不重复	不重复
2016-01-04	1015.9	1018.5	1012.1	0.3	3.2	-1.4	74.3	96.	42	0	1.9	0				不重复	不重复
2016-01-05	1017.1	1019.4	1014.4	0.1	55	-1.7	43.7	60.	30	0	1.6	5.5				重复	不重复
2016-01-05	1014.7	1021	1010.5	4.4	7.6	2.1	41	52	31	0	0.7	7.9				重复	不重复
2016-01-06	1017.2	1019.6	1015.9	-0.7	4.3	-5.6	53.3	82.	22	0	1.1	6.8				重复	不重复
2016-01-06	1025	1028	1020.9	-0.8	5	-5.8	51	68	24	0	0.8	3.8				重复	不重复
2016-01-07	1019.2	1021.7	1015.9	-2.4	1.3	-5.7	49.4	68.	34	0	2	7				重复	不重复
2016-01-07	1025.6	1027.8	1023.4	0.4	6.8	-3.8	43	65	26	0	1.2	8.1				重复	不重复
2016-01-08	1015.1	1016.7	1013.5	-0.8	4.3	-5.2	37.7	63.	18	0	1.8	8				重复	重复
2016-01-08	1015.1	1016.7	1013.5	-0.8	4.3	-5.2	37.7	63.	18	0	1.8	8				重复	重复
2016-01-09	1012.5	1014.7	1009.5	-0.9	5.8	-7.1	45.5	64.	25	0	1.6	6.5				不重复	不重复
2016-01-10	1015.3	1020.5	1012	-1.9	2.5	-5.8	60.3	79	33	0	1.2	0				不重复	不重复

图 5-20　数值重复数据核查展示

5. $PM_{2.5}$监测数据中有效数字的修正

(1)整理原始数据:用户将获取的 $PM_{2.5}$监测数据,包括 $PM_{2.5}$质量浓度数据和各类成分指标的质量浓度数据整理在一张 Excel 表单中,将监测日期所在列的格式设置为日期格式并按日期排序,指标类都设置为数值格式。整理后的表单如图 5-21 所示:

采样日期	PM2.5(mg/m3)	锑(ng/m3)	铝(ng/m3)	砷(ng/m3)	铍(ng/m3)	镉(ng/m3)	铬(ng/m3)	汞(ng/m3)	铅(ng/m3)	锰(ng/m3)	镍(ng/m3)	硒(ng/m3)	铊(ng/m3)	钡(ng/m3)	钴(ng/m3)	铜(ng/m3)	铁(ng/m3)	钼(ng/m3)	银(ng/m3)	钍
2016-11-06	0.143	9.42	331	26.4	<0.10	2.42	<2.0	<0.20	134	36.6	<2.0	10.6	<0.09	23.7	<1.0	111	327	2.88	4.74	
2016-11-07	F	<0.30	170	<2.0	<0.10	<0.10	4.1	<0.20	<1.0	18.8	<2.0	<3.0	<0.09	<0.5	<1.0	<1.0	291	<0.50	<1.0	
2016-11-08	0.133	12.7	235	6.98	<0.10	0.28	5.46	<0.20	76.5	41.5	3.15	8.33	<0.09	47.6	<1.0	159	454	0.56	4.66	
2016-11-11	0.173	7.76	1265	10.6	0.22	1.29	11	<0.20	99.7	110	7.59	13.4	<0.09	205	1.13	227	1637	0.91	4.92	
2016-11-13	0.169	15	399	21.4	0.21	3	6.45	<0.20	224	111	4.62	26.6	1.49	36.1	<1.0	192	833	3.79	5.09	
2016-11-14	0.243	19.7	561	26.8	<0.10	3.64	12	<0.20	226	135	6.21	21.3	1.04	103	1.47	295	1178	3.06	4.94	
2016-11-15	0.256	19.6	622	26	0.12	3.54	11	0.32	222	133	8.68	19.6	1.05	94.6	1.54	133	1242	2.93	4.82	
2016-11-16	0.275	61	1231	35.7	0.29	5.87	14.1	0.47	301	127	6.52	26.7	2.09	269	1.47	447	1847	11.3	4.95	
2016-11-17	0.29	50.2	988	27.7	0.12	4.53	12.1	0.42	242	101	5.77	21.1	1.31	204	1.04	290	1374	8.91	4.86	
2016-11-18	0.279	27.6	576	43	0.13	7.2	10.3	1.09	358	111	6.78	20.5	2.5	103	1.29	219	917	4.14	5.07	
2016-11-19	0.29	27.1	512	42	<0.10	6.93	7.78	0.92	343	111	5.26	16.4	2.29	98.1	1.19	230	857	3.42	5.01	
2016-11-20	0.288	21.7	323	40.5	<0.10	5.15	8.13	0.92	300	82.7	7.42	12.7	2.36	45	<1.0	223	792	3.59	7.55	
2016-11-21	0.298	17.8	249	32.7	0.29	3.87	10	0.43	234	64.2	3.32	10.6	1.36	11.3	<1.0	163	609	2.06	7.68	
2016-11-30	0.453	20.4	211	30.2	0.12	8.41	14.7	0.85	309	118	5.15	27.9	3.44	81.7	1.5	316	1057	2.34	5.33	
2016-12-01	0.391	17.3	158	20.3	0.63	3.95	14.3	0.58	248	84.6	3.63	33	2.19	96.8	1.56	177	1132	1.54	5.18	
2016-12-02	0.342	14.3	140	24.6	0.12	8.91	10.8	0.7	248	69.5	<2.0	24.7	1.84	53.8	<1.0	203	869	18.8	5.26	
2016-12-04	0.391	15.7	434	32.3	0.3	9.31	14.8	0.76	291	105	<2.0	28.8	2.57	153	<1.0	344	1576	16	5.39	
2016-12-05	0.185	8.47	239	22.7	0.21	5.53	10.7	0.49	178	65	<2.0	15.6	1.12	52.7	<1.0	111	790	1.04	4.99	
2016-12-06	0.174	5.04	276	13.2	<0.10	2.79	6.29	<0.20	104	37.4	<2.0	14.6	<0.09	17.7	<1.0	177	412	<0.50	4.71	
2016-12-10	0.239	9.77	428	9.2	0.12	2.15	13.4	<0.20	171	64.2	<2.0	11	0.53	126	<1.0	264	776	<0.50	4.77	
2016-12-11	0.304	7.46	495	8.92	0.21	1.83	8.3	<0.20	127	51.6	<2.0	9.15	<0.09	47.8	<1.0	560	592	<0.50	4.92	
2016-12-12	0.27	20	<10	59.7	0.2	8.36	12.6	<0.20	329	71.9	<2.0	19.9	1.07	10	<1.0	196	654	<0.50	4.93	

图 5-21　$PM_{2.5}$监测数据展示

(2)有效数字修正:将上述整理好的 $PM_{2.5}$监测数据粘贴到“原始数据”表,在“有效数字表”中即可自动按照前面方法中介绍的订正规则,规范小数位数。原始数据中有带有<或其他字母的则保持原值不变(图 5-22、图 5-23)。以锑为例,公式为“=IFERROR(IF(原始数据!C2="","",IF(原始数据!C2>=100,TEXT(ROUND(原始数据!C2,0),"0"),IF(AND(原始数据!C2<100,原始数据!C2>=10),TEXT(ROUND(原始数据!C2,1),"0.0"),IF(AND(原始数据!C2<10,原始数据!C2>=0.005),TEXT(ROUND(原始数据!C2,2),"0.00"),原始数据!C2)))),原始数据!C2)”。

6. $PM_{2.5}$质量浓度与各成分质量浓度之和的逻辑校验

(1)整理原始数据:用户将获取的 $PM_{2.5}$监测数据,包括 $PM_{2.5}$质量浓度数据和各类成分指标的质量浓度数据整理在一张 Excel 表单中,将监测日期所在列的格式设置为日期格式并按日期排序,指标类都设置为数值格式。整理后的表单如图 5-21 所示。

(2)成分数据整合:如图 5-24 所示,新建 3 个成分数据的整合表,用于计算各类成分所有指标的质量浓度之和。以离子成分为例,公式为“=IFERROR(C2+D2+E2+F2,"")”。其中单元格 C2-F2 为 4 个指标在原始数据表中引用的数值。其他成分如多环芳烃、金属类金属的计算方式类似。

(3)逻辑关系校验整合:如图 5-25 所示,建立 $PM_{2.5}$整合表,并在表中建立采样日期、

采样日期	$PM_{2.5}$(mg/m3)	锑(ng/m3)	铝(ng/m3)	砷(ng/m3)	铍(ng/m3)	镉(ng/
2016-11-17	0.29	50.2	988	27.7	0.12	4.53
2016-11-18	0.279	27.6	576	43	0.13	7.2
2016-11-19	0.29	27.1	512	42	<0.10	6.93
2016-11-20	0.288	21.7	323	40.5	<0.10	5.15
2016-11-21	0.298	17.8	249	32.7	0.29	3.87
2016-11-30	0.453	20.4	211.455	30.2	0.12	8.41
2016-12-01	0.391	17.3	158	20.3	0.63	3.95
2016-12-02	0.342	14.3	140	24.6	0.12	8.91
2016-12-04	0.391	15.7	434	32.3	0.3	9.31
2016-12-05	0.185	8.47456	239	22.7	0.21	5.53
2016-12-06	0.174	5.04	276	13.2	<0.10	2.79
2016-12-10	0.239	9.77	428	9.2	0.12	2.15
2016-12-11	0.304	7.46	495	8.92	0.21	1.83

图 5-22　重金属数据展示

C98　=IFERROR(IF(原始数据!C98="","",IF(原始数据!C98>=100,TEXT(ROUND(原始数据!C98,0),"0"),IF(AND(原始数据!C98<100,原始数据!C98>=10),TEXT(ROUND(原始数据!C98,1),"0.0"),IF(AND(原始数据!C98<10,原始数据!C98>=0.005),TEXT(ROUND(原始数据!C98,2),"0.00"),原始数据!C98)))),原始数据!C98)

	A	B	C	D	E	F	G	H	I	J	K	L	M	N	O	P	Q	R	S	T	U	V
1	采样日期	$PM_{2.5}$(mg/m	锑(ng/m3)	铝(ng/m3)	砷(ng/m3)	铍(ng/m3)	镉(ng/m3)	铬(ng/m3)	汞(ng/m3)	铅(ng/m3)	锰(ng/m3)	镍(ng/m3)	硒(ng/m3)	铊(ng/m3)	钡(ng/m3)	钴(ng/m3)	铜(ng/m3)	铁(ng/m3)	钼(ng/m3)	银(ng/m3)	钍(ng/m3)	铀(ng/m3)
91	2016/11/19	0.290	27.1	512	42.0	<0.10	6.93	7.78	0.92	343	111	5.26	16.4	2.29	98.1	1.19	230	857	3.42	5.01		
92	2016/11/20	0.288	21.7	323	40.5	<0.10	5.15	8.13	0.92	300	82.7	7.42	12.7	2.36	45.0	<1.0	223	792	3.59	7.55		
93	2016/11/21	0.298	17.8	249	32.7	0.29	3.87	10.0	0.43	234	64.2	3.32	10.6	1.36	11.3	<1.0	163	609	2.06	7.68		
94	2016/11/30	0.453	20.4	211	30.2	0.12	8.41	14.7	0.85	309	118	5.15	27.9	3.44	81.7	1.50	316	1057	2.34	5.33		
95	2016/12/01	0.391	17.3	158	20.3	0.63	3.95	14.3	0.58	248	84.6	3.63	33.0	2.19	96.8	1.56	177	1132	1.54	5.18		
96	2016/12/02	0.342	14.3	140	24.6	0.12	8.91	10.8	0.70	248	69.5	<2.0	24.7	1.84	53.8	<1.0	203	869	18.8	5.26		
97	2016/12/04	0.391	15.7	434	32.3	0.30	9.31	14.8	0.76	291	105	<2.0	28.8	2.57	153	<1.0	344	1576	16.0	5.39		
98	2016/12/05	0.185	8.47	239	22.7	0.21	5.53	10.7	0.49	178	65.0	<2.0	15.6	1.12	52.7	<1.0	111	790	1.04	4.99		
99	2016/12/06	0.174	5.04	276	13.2	<0.10	2.79	6.29	<0.20	104	37.4	<2.0	14.6	<0.09	17.7	<1.0	177	412	<0.50	4.71		
100	2016/12/10	0.239	9.77	428	9.20	0.12	2.15	13.4	<0.20	171	64.2	<2.0	11.0	0.53	126	<1.0	264	776	<0.50	4.77		

图 5-23　修正有效数字后的重金属数据展示

B2　=IFERROR(C2+D2+E2+F2,"")

	A	B	C	D	E	F
1	日期	离子质量(ug/m3)	硫酸盐(SO42-)(u	硝酸盐(NO3-)(	氯离子(Cl-)(u	铵盐(NH4+)(
2	2016/01/05	95.00	54.3	18.8	8.3	13.6
3	2016/01/06	55.98	18.6	3.68	11.6	22.1
4	2016/01/11	47.12	29.5	0.015	0.005	17.6
5	2016/01/12	59.82	32.6	0.015	0.005	27.2
6	2016/01/13	27.92	14.5	0.015	0.005	13.4
7	2016/01/14	46.12	20.7	0.015	0.005	25.4
8	2016/01/15	76.12	40.4	0.015	0.005	35.7
9	2016/01/16	146.72	116	0.015	0.005	30.7
10	2016/01/17	41.22	17.2	0.015	0.005	24

图 5-24　离子指标质量浓度加和

$PM_{2.5}$质量浓度，对比标志、成分质量浓度之和共 4 列。采样日期列及 $PM_{2.5}$质量浓度列使用的公式为“=IF(原始数据!B2="","",原始数据!B2)”，引用原始数据表中的日期，$PM_{2.5}$质量浓度值。成分质量浓度之和列使用的公式为“=IFERROR(IF(离子整合!B2+金属、类金属整合!C2+多环芳烃整合!C2=0,"",离子整合!B2/1000+金属、类金属整合!C2/1 000 000+多环芳烃整合!C2/1 000 000),"")”，将上一步各个成分整合表中计算得出的质量浓度加和。对比标志列使用的公式为“=IF(B2="","",IF(B2<D2,"错误","正

常"))"，判断有效的 $PM_{2.5}$值是否大于等于各成分质量浓度之和，如果小于，即在标识列显示“错误”。

C2　=IF(B2="","",IF(B2<D2,"错误","正常"))

	A	B	C	D
1	日期	PM2.5(mg/m3)	对比	成分质量浓度总和(mg/m
2	2016/01/05	0.059	错误	0.10
3	2016/01/06	0.318	正常	0.06
4	2016/01/11	0.174	正常	0.05
5	2016/01/12	0.172	正常	0.06
6	2016/01/13	0.317	正常	0.03
7	2016/01/14	0.217	正常	0.05
8	2016/01/15	0.327	正常	0.08
9	2016/01/16	0.413	正常	0.15
10	2016/01/17	0.173	正常	0.04
11	2016/01/18	0.138	正常	0.04
12	2016/02/11	0.296	正常	0.07
13	2016/02/12	0.243	正常	0.01
14	2016/02/13	0.055	正常	0.01
15	2016/02/14	0.086	正常	0.01

图 5-25　$PM_{2.5}$质量浓度与各成分质量浓度之和的逻辑校验展示

二、健康调查数据处理方法

如本书第四章第二节所介绍，调查数据中除调查症状发生情况、患病情况等健康类指标外，还有相关的混杂因素，对这些混杂因素进行核查和处理可以帮助调查者及时发现问题，提高数据质量。健康调查类数据由于投入成本的限制，一般产生的数据量都不大。同暴露数据类似，使用 Excel 处理较为方便。相关函数的名称及用法一览表可参见表5-1。

（一）核查方法

1. 不完整数据

在健康调查数据中，不完整数据包括针对每一条记录的指标缺失和整体问卷的指标缺失两种情况。一般问卷在使用 EPIDATA 录入时，可通过对一些关键项设置必填规则来控制必填项的填写率达到 100%，其他非必填项则可通过在 Excel 中编写公式来核查指标的缺失情况并计算出缺失率。如果对调查人数有样本量的要求，可通过核查合格问卷的数量来判断整体问卷的缺失情况。

（1）针对每条记录的指标缺失核查方法：每一个调查对象的题目填写的完整性校验包括必填项和其他非必填项两种情况的校验。其中必填项的核查是确认所有的必填项是否全部不为空，否则将视为数据不完整；非必填项的核查则是计算该指标填写的完整率，如果大于某一个设定的限值则认为数据完整，可利用条件格式突出显示。完整性校验所用的核心函数为 IF、COUNTA、AND 和 SUMPRODUCT 函数。各个函数的含义及使用方法如表 5-1 所示，

核心代码及代码说明如表 5-10 所示。

表 5-10　指标缺失核查核心代码及说明

序号	功能	代码	代码释义
1	必填项的完整性验证	IF(编号="","",IF(AND(必填项1<>"",必填项 2<>"",必填项 3<>"",必填项 4<>"",必填项 5<>"",……),"是","否"))	如果所有的必填项都不为空,则返回"是",否则返回"否"
2	非必填项的完整率计算	IF(编号="","",ROUND((COUNTA(其他项 1)+COUNT(其他项 2)+……+(SUMPRODUCT((其他项 3<>"")*(其他项 4<>"")))+)/其他项个数*100,2))	计算所有非必填项填写率,其中其他项 1 代表了字符型指标,其他项 2 代表了数值型指标,其他项 3 和其他项 4 代表了组合型指标,两者均填写即为完成该题填写),结果保留两位小数

(2)问卷整体缺失核查方法:若要对一次调查中的所有问卷进行整体的质量评价,需要计算各题的缺项率。如发放问卷的数量为 1000 份,通过计算各个关键指标的缺项率和合格问卷的数量可以整体评估此次调查是否符合预期。计算指标缺项率所用核心函数为 COUNTA 和 INDIRECT 函数。首先需选定一个单元格(如:A1 单元格),并在单元格中输入一次调查中收集到的问卷总份数,而后利用公式计算各题的缺项率。合格问卷判断和计数所用核心函数为 IF、AND 和 COUNTIF 函数。计算合格问卷的数量需要预先设定合格问卷的判定标准,同时满足所有要求的标记为合格问卷。例如我们此处规定必填项不缺、非必填项填写率≥95%即为合格问卷。各个函数的含义及使用方法如表 5-1 所示,核心代码及代码说明如表 5-11 所示。

表 5-11　问卷整体缺失核查核心代码及说明

序号	功能	代码	代码释义
1	计算题目 1 的缺失率	(1-COUNTA(题目 1 所在列首行:INDIRECT("题目 1 所在列"&A1))/A1)*100	计数从题目 1 首行到首行加问卷总数行之间不为空的单元格数,除以问卷总数算出题目 1 填写率,通过 1-填写率计算出题目 1 的缺项率
2	合格问卷判定	IF(编号="","",IF(AND(必填项完整="是",其他非必填项完整="是"),"合格","不合格"))	如果问卷填写必填项填写完整、其他项填写完整,返回"合格",否则返回"不合格"
3	合格问卷计数	COUNTIF(合格问卷判定列,"合格")	对合格问卷判定列中标记为"合格"的单元格进行计数,将计数结果返回

2. 错误(异常)数据　健康调查数据中的错误(异常)数据一般是被调查者由于填写不认真造成某个指标超出值域范围或导致某几个指标间的逻辑关系不正确。如被调查者的年龄,一般都是在问卷中通过填写出生日期和调查日期来计算得出,因此可以通过计算这两个日期之间的差值得出的年龄来判断被调查者所填写的年龄是否准确。所用的核心函数为 ROUND 函数,函数的含义及使用方法如表 5-1 所示,核心代码及代码说明如表 5-12 所示。例如被调查对象是小学生,则计算得出的年龄范围一般都在 6~15岁之间,利用条件格式设置单元格的值域范围即可帮助调查者发现其中是否存在异常数据。

空气污染对人群健康影响评估的调查问卷中,经常会调查人群的出行活动模式,以此来精确估算不同活动模式下人群的暴露水平。这类问卷中即可通过某几个指标间的逻辑关系来判断问卷质量。如每一个人填写的问卷要求标明被调查者在室内、室外及交通工具中的活动时间,一日之内所有场所的活动时间之和应为 24 小时。如果填写的出行时间精确到分钟,在进行时间加和校验时,应将分钟值加和后除以 60,再与小时值加和。出行时间校验所用的核心函数为 IF、AND 和 SUM 函数。各个函数的含义及使用方法如表 5-1 所示,核心代码及代码说明如表 5-12 所示。同样可以利用条件格式设置单元格的值域范围帮助调查者发现其中是否存在异常数据。

表 5-12　调查问卷错误数据核查核心代码及说明

序号	功能	代码	代码释义
1	计算年龄	IF(编号="","",ROUND((调查日期-出生日期)/365.25,1))	通过调查日期和出生日期计算年龄,结果保留 1 位小数
2	计算一天内的出行时间之和	IF(编号="","",IF((SUM(小时 1,小时 2,小时 3,……)+SUM(分钟 1,分钟 2,分钟 3,……)/60) = 24,"正确",SUM(小时 1,小时 2,小时 3,……)+SUM(分钟 1,分钟 2,分钟 3,……)/60))	将所有小时值相加,再将所有分钟值相加除以 60,若二者之和结果等于 24,返回"正确",否则返回具体计算值

3. 重复数据　健康调查数据中一般要求调查对象的编号唯一,因此需要重点核查编号是否唯一,且每一个编号是否对应的是同一个调查对象。编号查重所用的 Excel 核心函数为 IF 和 COUNTIF 函数。编号与姓名的唯一性核查所用的 Excel 核心函数为 INDEX、MATCH、IFERROR 和 IF 函数。各个函数的含义及使用方法如表 5-1 所示,核心代码及代码说明如表 5-13 所示。代码中所指的 A 卷为调查人员基本情况表,B 卷为调查人员健康状况表,每个表中均包含了人员的编号和姓名。

表 5-13　调查问卷重复数据核查核心代码及说明

序号	功能	代码	代码释义
1	查找重复编码	IF(编号 1="","",IF(COUNTIF(编号列,编号表 1)>1,"重复","不重复"))	在编号列查找与编号 1 相同的单元格,若查找结果大于 1 个,则编号 1 被标记为重复,否则标记为不重复

续表

序号	功能	代码	代码释义
2	将个人编码与姓名匹配核查	IFERROR(INDEX(B 卷姓名列,MATCH(A 卷编码,B 卷编码,0)),"")	在 B 卷编码列顺次查找与 A 卷编码完全相同的单元格,若找到则将 B 卷该编码对应的调查对象姓名返回,若没找到则返回空值
3	核对两个问卷的姓名是否一致	IF(A 卷编号="","",IF(A 卷姓名=B 卷姓名,"正确","错误"))	如果 A 卷中调查对象姓名与 B 卷中同一编码所对应的调查对象姓名一致,返回“正确”,否则返回“错误”

(二)处理方法

健康调查问卷一般都是可溯源的,因此在核查问卷中发现的问题最理想的处理方法是联系调查对象,对问卷进行重新调查和填写。如果因为时间太过久远、调查对象不配合等原因无法对问卷进行更正,也可参考在暴露数据中介绍的缺失数据和错误(异常)数据的处理方法。重复数据在调查问卷中一般不常见,如若发现,核实确认后删除即可。

(三)实例演示

1. 年龄的计算及校验

(1)整理原始数据:以使用 EPIDATA 录入的问卷为例,用户须在 EPIDATA 软件中打开 REC 文件,选择“数据导出”,将文件另存为 XLS 文件。导出的 Excel 文件如图 5-26 所示。

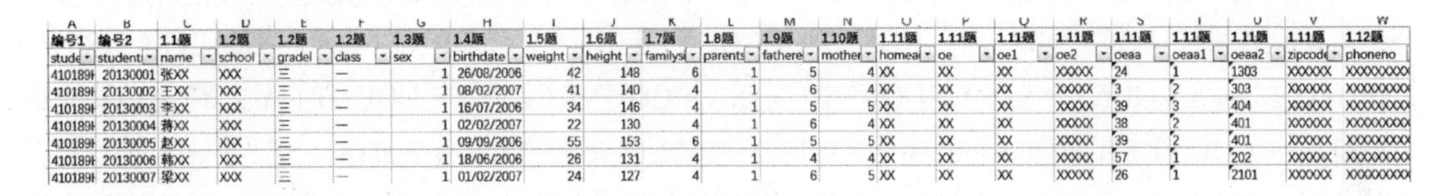

A	B	C	D	E	F	G	H	I	J	K	L	M	N	O	P	Q	R	S	T	U	V	W
编号1	编号2	1.1题	1.2题	1.2题	1.2题	1.3题	1.4题	1.5题	1.6题	1.7题	1.8题	1.9题	1.10题	1.11题	1.11题	1.11题	1.11题	1.11题	1.11题	1.11题	1.11题	1.12题
stude	studenti	name	school	gradel	class	sex	birthdate	weight	height	familysi	parents	fathere	mother	homeai	oe	oe1	oe2	oeaa	oeaa1	oeaa2	zipcode	phoneno
410189I	20130001	张XX	XXX	三	一	1	26/08/2006	42	148	6	1	5	4	XX	XX	XX	XXXXX	24	1	1303	XXXXXX	XXXXXXXXX
410189I	20130002	王XX	XXX	三	一	1	08/02/2007	41	140	4	1	6	4	XX	XX	XX	XXXXX	3	2	303	XXXXXX	XXXXXXXXX
410189I	20130003	李XX	XXX	三	一	1	16/07/2006	34	146	4	1	5	5	XX	XX	XX	XXXXX	39	3	404	XXXXXX	XXXXXXXXX
410189I	20130004	蒋XX	XXX	三	一	1	02/02/2007	22	130	4	1	6	4	XX	XX	XX	XXXXX	38	2	401	XXXXXX	XXXXXXXXX
410189I	20130005	赵XX	XXX	三	一	1	09/09/2006	55	153	6	1	5	5	XX	XX	XX	XXXXX	39	2	401	XXXXXX	XXXXXXXXX
410189I	20130006	韩XX	XXX	三	一	1	18/06/2006	26	131	4	1	4	4	XX	XX	XX	XXXXX	57	1	202	XXXXXX	XXXXXXXXX
410189I	20130007	梁XX	XXX	三	一	1	01/02/2007	24	127	4	1	6	5	XX	XX	XX	XXXXX	26	1	2101	XXXXXX	XXXXXXXXX

图 5-26　原始问卷展示

(2)年龄的计算:在所有指标后新录入一个指标命名为“年龄(岁)”,使用的公式为“=IF(编号表! A3="","",ROUND((DM3-H3)/365.25,1))”,其中 DM 列为调查日期列,H 列为出生日期列,通过两者之间的关系即可计算出年龄。并通过设置条件格式进行年龄校验,如本次调查是针对小学生开展的,那么值域范围应设定在 6~15 岁之间,超出值域的数据将会被标记为红色(图 5-27)。

2. 单条记录的完整性校验

=IF(编号表!A9="","",ROUND((DM9-H9)/365.25,1))

CX	CY	CZ	DA	DB	DC	DD	DE	DF	DG	DH	DI	DJ	DK	DL	DM	DN	DO	DP
题	4.4题	4.4题	4.5题	4.5题	4.5题	4.5题	4.6题	4.6题	4.6题	4.6题	4.7题	4.7题	4.7题	4.7题				
kd4	weeke4	weeke4	workd5	workd5	weeke5	weeke5	workd6	workd6	weeke6	weeke6	workd7	workd7	weeke7	weeke7	invesdate	investig	recheck	年龄(岁
0	0	0	0	30	1	0	1	0	2	0	0	0	0	0	02/12/2017	XXX	XXX	11.3
20	0	0	0	10	0	20	0	20	1	40	0	0	0	0	02/12/2017	XXX	XXX	10.8
30	0	0	0	30	0	30	1	0	2	0	0	0	0	0	02/12/2017	XXX	XXX	11.4
0	0	0	0	10	0	30	1	0	2	0	0	0	0	0	02/12/2017	XXX	XXX	10.8
45	0	0	1	15	0	30	0	0	1	30	0	0	0	0	02/12/2017	XXX	XXX	11.2
0	0	0	0	50	0	20	0	10	0	40	0	0	0	0	02/12/2017	XXX	XXX	11.5
45	0	0	0	15	1	0	0	0	0	0	0	0	0	0	02/12/2117	XXX	XXX	110.8
0	0	0	1	0	1	0	2	0	2	0	0	0	0	0	02/12/2017	XXX	XXX	10.8
0	0	0	0	30	2	0	0	30	2	0	0	0	0	0	02/12/2017	XXX	XXX	11.5

图 5-27　年龄计算及校验展示

(1)整理原始数据:与前面类似,用户首先将数据从 REC 文件转化为 XLS 文件,导出的 Excel 文件如图 5-26 所示。

(2)必填项校验:在所有指标后新录入一个指标命名为“必填项是否完整”,使用的公式为“=IF(编号表!A3="","",IF(AND(D3<>"",E3<>"",F3<>"",G3<>"",H3<>"",K3<>"",M3<>"",N3<>"",CK3<>"",CL3<>"",CM3<>"",CN3<>"",CO3<>"",CP3<>"",CQ3<>"",CR3<>"",CS3<>"",CT3<>"",CU3<>"",CV3<>"",CW3<>"",CX3<>"",CY3<>"",CZ3<>"",DA3<>"",DB3<>"",DC3<>"",DD3<>"",DE3<>"",DF3<>"",DG3<>"",DH3<>"",DI3<>"",DJ3<>"",DK3<>"",DL3<>""),"是","否"))”,其中公式中列出了 D 列至 DL 列中的必填指标,在满足了所有指标都不为空的情况,则判断为“是”,否则标记为“否”。并通过设置条件格式将判断为否的标记为红色(图 5-28)。

XQ12　=IF(编号表!A12="","",IF(AND(D12<>"",E12<>"",F12<>"",G12<>"",H12<>"",K12<>"",M12<>"",N12<>"",CK12<>"",CL12<>"",CM12<>"",CN12<>"",CO12<>"",CP12<>"",CQ12<>"",CR12<>"",CS12<>"",CT12<>"",CU12<>"",CV12<>"",CW12<>"",CX12<>"",CY12<>"",CZ12<>"",DA12<>"",DB12<>"",DC12<>"",DD12<>"",DE12<>"",DF12<>"",DG12<>"",DH12<>"",DI12<>"",DJ12<>"",DK12<>"",DL12<>""),"是","否"))

	CW	CX	CY	CZ	DA	DB	DC	DD	DE	DF	DG	DH	DI	DJ	DK	DL	DM	DN	DO	DP	DQ	DR
1	4.4题	4.4题	4.4题	4.4题	4.5题	4.5题	4.5题	4.5题	4.6题	4.6题	4.6题	4.6题	4.7题	4.7题	4.7题	4.7题						
2	workd4	workd4	weeke4	weeke4	workd5	workd5	weeke5	weeke5	workd6	workd6	weeke6	weeke6	workd7	workd7	weeke7	weeke7	invesdate	investig	recheck	年龄	必填项是否完整	其它项
8	1	0	0	0	0	30	1	0	0	0	5	0	0	0	0	0	02/12/2017	XXX	XXX	10.9	是	10
9	2	0	0	0	0	15	0	30	0	45	2	0	0	0	0	0	02/12/2017	XXX	XXX	11.5	是	10
0	2	0	0	30	0	30	1	30	2	0	4	0	0	0	0	0	02/12/2017	XXX	XXX	11.3	是	10
1	0	30	0	0	0	30	0	30	1	0	1	0	0	0	0	0	02/12/2017	XXX	XXX	10.9	是	10
2	2	0	0	0	1	0	2	0	1	0	2	0	0	0	0	0	02/12/2017	XXX	XXX	10.8	是	10
3	0	50	0	0	2	0	0	0	2		0	0	0	0	0	0	02/12/2017	XXX	XXX	10.1	否	10
4	1	0	0	0	0	10	0	20	0	30	1	40	0	0	0	0	02/12/2017	XXX	XXX	11.1	是	10
5	0	0	4	0	4	0	2	0	2	0	3	0	0	0	0	0	02/12/2017	XXX	XXX	11.5	是	10

图 5-28　必填项校验展示

(3)非必填项校验:在所有指标后新录入一个指标命名为“其他项完整率”,使用的公式为“=IF(编号表! A18="","",ROUND((COUNTA(C18)+COUNT(I18)+COUNT(J18)+COUNT(L18)+COUNT(X18)+COUNT(Y18)+COUNT(Z18)+COUNT(AG18)+COUNT(AH18)+COUNT(AJ18)+(SUMPRODUCT((AL18<>"")*(AM18<>"")*(AN18<>"")))+COUNT(AO18)+COUNT(AP18)+COUNT(AR18)+COUNT(AS18)+COUNT(AT18)+COUNT(AU18)+COUNT(BC18)+COUNT(BD18)+COUNT(BO18)+COUNT(BP18)+COUNT(CA18))/22*100,2))”,其中公式中列出了 C 列至 CA 列中的非必填指标,利用计数函数统计出所有的非空指标,并计算出完整率。通过设置条件格式将完整率低于 95%的标记为红色(图 5-29)。

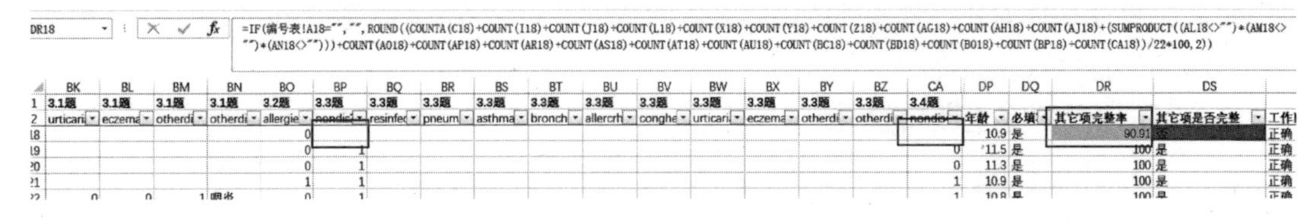
DR18　=IF(编号表!A18="","",ROUND((COUNTA(C18)+COUNT(I18)+COUNT(J18)+COUNT(L18)+COUNT(X18)+COUNT(Y18)+COUNT(Z18)+COUNT(AG18)+COUNT(AH18)+COUNT(AJ18)+(SUMPRODUCT((AL18<>"")*(AM18<>"")*(AN18<>"")))+COUNT(AO18)+COUNT(AP18)+COUNT(AR18)+COUNT(AS18)+COUNT(AT18)+COUNT(AU18)+COUNT(BC18)+COUNT(BD18)+COUNT(BO18)+COUNT(BP18)+COUNT(CA18))/22*100,2))

	BK	BL	BM	BN	BO	BP	BQ	BR	BS	BT	BU	BV	BW	BX	BY	BZ	CA	DP	DQ	DR	DS	
1	3.1题	3.1题	3.1题	3.1题	3.2题	3.3题	3.3题	3.3题	3.3题	3.3题	3.3题	3.3题	3.3题	3.3题	3.3题	3.3题	3.4题					
2	urticari	eczema	otherdi	otherdi	allergie	nondis	resinfec	pneum	asthma	bronch	allercrh	conghe	urticari	eczema	otherdi	otherdi	nondis	年龄	必填	其它项完整率	其它项是否完整	工作
18					0													10.9	是	90.91	否	正确
19					0	1											0	11.5	是	100	是	正确
20					0	1											0	11.3	是	100	是	正确
21					1	1											1	10.9	是	100	是	正确

图 5-29　必填项校验展示

3. 编号查重及唯一性校验

(1)整理原始数据:与前面类似,用户首先将数据从 REC 文件转化为 XLS 文件。由于涉及两个不同的问卷之间要做编号的唯一性验证,所以需要将两个问卷整理在一个 Excel 的两个不同 SHEET 表中,如图 5-30 所示。本案例中 A 卷为学生基本信息表,B1 卷为学生健康状况调查表。

(2)编号查重:分别在两个问卷的所有指标后录入一个指标命名为“编号查重”,使用公

studentno	studentno	name	b1invdate	disease	respirat	cold	acuteb	pneum	asthma	rhinitis	chronb	allergic	otherre	otherre	infectio	influen	conjun
410189H1S1	20130001	张XX	02/12/2017	0													
410189H1S1	20130002	王XX	02/12/2017	0													
410189H1S1	20130003	李XX	02/12/2017	0													
410189H1S1	20130004	蒋XX	02/12/2017	0													
410189H1S1	20130005	赵XX	02/12/2017	0													
410189H1S1	20130006	韩XX	02/12/2017	0													
410189H1S1	20130007	梁XX	02/12/2017	0													
410189H1S1	20130008	梁世X	02/12/2017	1	1	0	0	0	0	1	0	0	1	咳嗽	0		
410189H1S1	20130009	刘兴X	02/12/2017	0													
410189H1S1	20130010	韩振X	02/12/2017	1	1	1	0	0	0	0	0	0	0		0		
410189H1S1	20130011	张宇X	02/12/2017	0													
410189H1S1	20130012	王皓X	02/12/2017	1	1	1	0	0	1	1	0	0	0		1	1	0
410189H1S1	20130013	马其X	02/12/2017	0													
410189H1S1	20130014	韩奕X	02/12/2017	0													
410189H1S1	20130015	马孟X	02/12/2017	0													
410189H1S1	20130016	翟侗X	02/12/2017	0													
410189H1S1	20130017	徐睿X	02/12/2017	0													
410189H1S1	20130018	袁自X	02/12/2017	0													
410189H1S1	20130019	张文X	02/12/2017	0													
410189H1S1	20130020	仲剑X	02/12/2017	1	1	0	0	0	0	0	0	0	1		0		
410189H1S1	20130021	王有X	02/12/2017	0													
410189H1S1	20130022	夏一X	02/12/2017	1	1	1	0	0	0	0	0	1	0		0		
410189H1S1	20130023	曹展X	02/12/2017	0													
410189H1S1	20130024	黄荣X	02/12/2017	0													
410189H1S1	20130025	鲍奕X	02/12/2017	0													

A卷　B1卷

图 5-30　原始问卷双表展示

式为“=IF(A3="","",IF(COUNTIF(A:A,A3)>1,"重复","正确"))”,其中在两个问卷中A列均为编号,通过判断每一个单元格所填写的编号个数在本列是否大于1来判断是否重复。可通过设置条件格式,判断为重复的标记为红色(图5-31)。

=IF(A3="","",IF(COUNTIF(A:A,A3)>1,"重复","正确"))

A	B	C	D	E	F	G	H	I	J	K	L	M	N	DV
编号1	编号	1.1题	1.2题	1.2题	1.2题	1.3题	1.4题	1.5题	1.6题	1.7题	1.8题	1.9题	1.10题	
studentno	stu	name	school	gradel	class	sex	birthdate	weight	height	familysi	parents	fathere	mother	编号查重
410189H1S120130001	###	张XX	XXX	三	一	1	26/08/2006	42	148	6	1	5	4	重复
410189H1S120130001	###	王XX	XXX	三	一	1	08/02/2007	41	140	4	1	6	4	重复
410189H1S120130003	###	李XX	XXX	三	一	1	16/07/2006	34	146	4	1	5	5	正确
410189H1S120130004	###	蒋XX	XXX	三	一	1	02/02/2007	22	130	4	1	6	4	正确
410189H1S120130005	###	赵XX	XXX	三	一	1	09/09/2006	55	153	6	1	5	5	正确

图 5-31　编号查重展示

(3)编号唯一性校验:如上所述,A卷为学生基本信息表,B1卷为学生健康状况调查表,要验证两个问卷中的编号是否唯一,可在A卷的所有指标后录入一个指标命名为“编号校验(B1卷)”,使用公式为“=IF(A3="","",IF(C3=INDEX(B1卷!C:C,MATCH(A3,B1卷!A:A,0)),"正确","错误"))”,其中A卷A列为编号、C列为姓名,B1卷A列为编号、C列为姓名。通过在B1卷中查找与A卷所在行相同编号的姓名是否一致来判断编号是否唯一。判断为错误的则通过条件格式标记为红色(图5-32、图5-33)。

DW4　=IF(A4="","",IF(C4=INDEX(B1卷!C:C,MATCH(A4,B1卷!A:A,0)),"正确","错误"))

	A	B	C	D	E	F	G	H	I	J	K	L	M	N	DV	DW
1	编号1	编号	1.1题	1.2题	1.2题	1.2题	1.3题	1.4题	1.5题	1.6题	1.7题	1.8题	1.9题	1.10题		
2	studentno	stu	name	school	gradel	class	sex	birthdate	weight	height	familysi	parents	fathere	mother	编号查重	编号校验(B1卷)
3	410189H1S120130001	###	张XX	XXX	三	一	1	26/08/2006	42	148	6	1	5	4	重复	正确
4	410189H1S120130001	###	王XX	XXX	三	一	1	08/02/2007	41	140	4	1	6	4	重复	错误
5	410189H1S120130003	###	李XX	XXX	三	一	1	16/07/2006	34	146	4	1	5	5	正确	正确
6	410189H1S120130004	###	蒋XX	XXX	三	一	1	02/02/2007	22	130	4	1	6	4	正确	正确
7	410189H1S120130005	###	赵XX	XXX	三	一	1	09/09/2006	55	153	6	1	5	5	正确	正确
8	410189H1S120130006	###	韩XX	XXX	三	一	1	18/06/2006	26	131	4	1	4	4	正确	正确

图 5-32　编号唯一性校验 A 卷展示

studentno	studentn	name	b1invdate	disease	respirat	c
410189H1S120130001	20130001	张XX	02/12/2017	0		
410189H1S120130002	20130002	王XX	02/12/2017	0		
410189H1S120130003	20130003	李XX	02/12/2017	0		
410189H1S120130004	20130004	蒋XX	02/12/2017	0		
410189H1S120130005	20130005	赵XX	02/12/2017	0		
410189H1S120130006	20130006	韩XX	02/12/2017	0		
410189H1S120130007	20130007	梁XX	02/12/2017	0		

图 5-33　B1 卷编号展示

4. 出行时间校验

(1)整理原始数据:与前面类似,用户首先将数据从 REC 文件转化为 XLS 文件,导出的 Excel 文件如图 5-26 所示。

(2)出行时间加和计算:在所有指标后新录入两个指标命名为“工作日时间校验”和“周末时间校验”,使用的公式为“=IF(编号表!A3="","",IF((SUM(CK3,CO3,CS3,CW3,DA3,DE3,DI3)+SUM(CL3,CP3,CT3,CX3,DB3,DF3,DJ3)/60)=24,"正确",SUM(CK3,CO3,CS3,CW3,DA3,DE3,DI3)+SUM(CL3,CP3,CT3,CX3,DB3,DF3,DJ3)/60))”,根据问卷中所设定的工作日出行时间或休息日指标,分别进行时间加和,涉及到分钟的则转换为小时后再进行加和处理。如果满足 24 小时的则标记为正确,不满足的则直接显示计算结果。此处也可以通过设置条件格式,将小于 24 的数值标红,方便用户查找不合格数据(图 5-34)。

DT3　fx　=IF(编号表!A3="","",IF((SUM(CK3,CO3,CS3,CW3,DA3,DE3,DI3)+SUM(CL3,CP3,CT3,CX3,DB3,DF3,DJ3)/60)=24,"正确",SUM(CK3,CO3,CS3,CW3,DA3,DE3,DI3)+SUM(CL3,CP3,CT3,CX3,DB3,DF3,DJ3)/60)
)

DA	DB	DC	DD	DE	DF	DG	DH	DI	DJ	DK	DL	DM	DN	DO	DP	DQ	DR	DS	DT	DU
4.5题	4.5题	4.5题	4.5题	4.6题	4.6题	4.6题	4.6题	4.7题	4.7题	4.7题	4.7题									
workd5	workd5	weeke5	weeke5	workd6	workd6	weeke6	weeke6	workd7	workd7	weeke7	weeke7	invesdate	investig	recheck	年龄(岁	必填项	其它项	其它项	工作日时间校验	周末时间校验
0	30	1	0	1	0	2	0	0	0	0	0	02/12/2017	XXX	XXX	11.3	是	95.45	是	19.16666667	正确
0	10	0	20	0	20	1	40	0	0	0	0	02/12/2017	XXX	XXX	10.8	是	100	是	正确	正确
0	30	0	30	1	0	2	0	0	0	0	0	02/12/2017	XXX	XXX	11.4	是	100	是	正确	正确
0	10	0	30	1	0	2	0	0	0	0	0	02/12/2017	XXX	XXX	10.8	是	100	是	正确	正确
1	15	0	30	0	0	1	30	0	0	0	0	02/12/2017	XXX	XXX	11.2	是	100	是	正确	正确

图 5-34　工作日时间校验展示

5. 整体问卷的合格性判断

(1)整理原始数据:与前面类似,用户首先将数据从 REC 文件转化为 XLS 文件,导出的 Excel 文件如图 5-26 所示。

(2)合格问卷判断:在所有指标后新录入一个指标命名为“问卷是否合格”,使用的公式为“=IF(编号表! A3="","",IF(AND(DP3<=15,DP3>=6,DQ3="是",DS3="是",DT3="正确",DU3="正确",DV3="正确",DW3="正确"),"合格","不合格"))”,其中 DP 列至 DW 列为之前 1~4 步中对数据做过的各类校验,仅所有校验项都通过的,则可判断为问卷合格。不合格的问卷可通过条件格式标记为红色(图 5-35)。

(3)合格问卷数量统计:在所有指标后新录入一个指标命名为“合格问卷数”,使用的公式为“=COUNTIF(DX:DX,"合格")”,即利用上一步中生成的对每一份问卷的判定结果,统计整体合格问卷的数量。

(4)问卷整体缺失率统计:新建一个 SHEET 表单,输入本次要求调查的问卷数量和需要统计的指标名,并在每一个指标名下输入公式“=(1-COUNTA(A 卷! C3:INDIRECT("A

DX3　=IF(编号表!A3="","",IF(AND(DP3<=15,DP3>=6,DQ3="是",DS3="是",DT3="正确",DU3="正确",DV3="正确",DW3="正确"),"合格","不合格"))

	DD	DE	DF	DG	DH	DI	DJ	DK	DL	DM	DN	DO	DP	DQ	DR	DS	DT	DU	DV	DW	DX
1	4.5题	4.6题	4.6题	4.6题	4.6题	4.7题	4.7题	4.7题	4.7题												
2	weeke5	workd6	workd6	weeke6	weeke6	workd7	workd7	weeke7	weeke7	invesdate	investig	recheck	年龄（岁	必填项	其它项	其它项	工作	周末时	编号查重	编号校	问卷是否合格
3	0	1	0	2	0	0	0	0	0	02/12/2017	XXX	XXX	11.3	是	95.45	是	19.167	正确	正确	正确	不合格
4	20	0	20	1	40	0	0	0	0	02/12/2017	XXX	XXX	10.8	是	100	是	正确	正确	正确	正确	合格
5	30	1	0	2	0	0	0	0	0	02/12/2017	XXX	XXX	11.4	是	100	是	正确	正确	正确	正确	合格
6	30	1	0	2	0	0	0	0	0	02/12/2017	XXX	XXX	10.8	是	100	是	正确	正确	正确	正确	合格
7	30	0	0	1	30	0	0	0	0	02/12/2017	XXX	XXX	11.2	是	100	是	正确	正确	正确	正确	合格
8	20	0	10	0	40	0	0	0	0	02/12/2017	XXX	XXX	11.5	是	100	是	正确	正确	正确	正确	合格
9	0	0	0	0	0	0	0	0	0	02/12/2017	XXX	XXX	10.8	是	100	是	正确	正确	正确	正确	合格
10	0	2	0	2	0	0	0	0	0	02/12/2017	XXX	XXX	10.8	是	100	是	正确	正确	正确	正确	合格
11	0	0	30	2	0	0	0	0	0	02/12/2017	XXX	XXX	11.5	是	100	是	正确	正确	正确	正确	合格
12	0	2	0	4	0	0	0	0	0	02/12/2017	XXX	XXX	11.7	是	100	是	正确	正确	正确	正确	合格
13	30	1	0	0	30	0	0	0	0	02/12/2017	XXX	XXX	11.2	是	100	是	正确	正确	正确	正确	合格

图 5-35　合格问卷判断展示

Y3　=COUNTIF(DX:DX,"合格")

DE	DF	DG	DH	DI	DJ	DK	DL	DM	DN	DO	DP	DQ	DR	DS	DT	DU	DV	DW	DX	DY
4.6题	4.6题	4.6题	4.6题	4.7题	4.7题	4.7题	4.7题													
workd6	workd6	weeke6	weeke6	workd7	workd7	weeke7	weeke7	invesdate	investig	recheck	年龄（岁	必填项	其它项	其它项	工作	周末时	编号查重	编号校	问卷是否合格	合格问卷数
1	0	2	0	0	0	0	0	02/12/2017	XXX	XXX	11.3	是	95.45	是	19.167	正确	正确	正确	不合格	243
0	20	1	40	0	0	0	0	02/12/2017	XXX	XXX	10.8	是	100	是	正确	正确	正确	正确	合格	
1	0	2	0	0	0	0	0	02/12/2017	XXX	XXX	11.4	是	100	是	正确	正确	正确	正确	合格	
1	0	2	0	0	0	0	0	02/12/2017	XXX	XXX	10.8	是	100	是	正确	正确	正确	正确	合格	
0	0	1	30	0	0	0	0	02/12/2017	XXX	XXX	11.2	是	100	是	正确	正确	正确	正确	合格	
0	10	0	40	0	0	0	0	02/12/2017	XXX	XXX	11.5	是	100	是	正确	正确	正确	正确	合格	
0	0	0	0	0	0	0	0	02/12/2017	XXX	XXX	10.8	是	100	是	正确	正确	正确	正确	合格	
2	0	2	0	0	0	0	0	02/12/2017	XXX	XXX	10.8	是	100	是	正确	正确	正确	正确	合格	
0	30	2	0	0	0	0	0	02/12/2017	XXX	XXX	11.5	是	100	是	正确	正确	正确	正确	合格	
2	0	4	0	0	0	0	0	02/12/2017	XXX	XXX	11.7	是	100	是	正确	正确	正确	正确	合格	
1	0	0	30	0	0	0	0	02/12/2017	XXX	XXX	11.2	是	100	是	正确	正确	正确	正确	合格	
0	0	3	0	0	0	0	0	02/12/2017	XXX	XXX	10.8	是	100	是	正确	正确	正确	正确	合格	
0	20	1	40	0	0	0	0	02/12/2017	XXX	XXX	10.8	是	100	是	正确	正确	正确	错误	不合格	
1	0	0	0	0	0	0	0	02/12/2017	XXX	XXX	11.4	是	100	是	正确	正确	正确	正确	合格	

图 5-36　合格问卷数量展示

卷！C2"&A2))/A2) * 100"或"=(1-SUMPRODUCT((A 卷！D3:INDIRECT("A 卷！d2"&A2)<>"")*(A 卷！E3:INDIRECT("A 卷！e2"&A2)<>"")*(A 卷！F3:INDIRECT("A 卷！f2"&A2)<>""))/A2) * 100"，其中第一个公式适用于单个指标的缺项率计算，第二个公式适用于多个指标组合的缺项率计算。本案例中通过条件格式将缺失率大于 5%的标记为红色(图 5-37)。

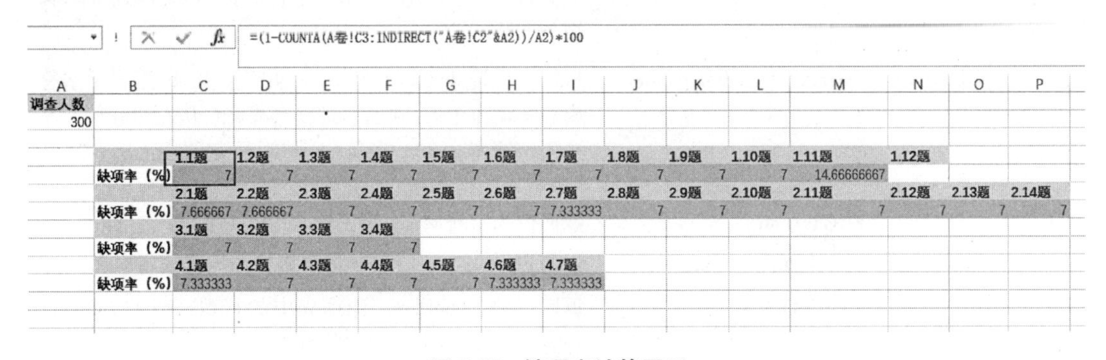

=(1-COUNTA(A卷!C3:INDIRECT("A卷!C2"&A2))/A2)*100

A	B	C	D	E	F	G	H	I	J	K	L	M	N	O	P
调查人数															
300															
		1.1题	1.2题	1.3题	1.4题	1.5题	1.6题	1.7题	1.8题	1.9题	1.10题	1.11题	1.12题		
	缺项率（%）	7	7	7	7	7	7	7	7	7	7	14.66666667			
		2.1题	2.2题	2.3题	2.4题	2.5题	2.6题	2.7题	2.8题	2.9题	2.10题	2.11题	2.12题	2.13题	2.14题
	缺项率（%）	7.666667	7.666667	7	7	7	7	7.333333	7	7	7	7	7	7	7
		3.1题	3.2题	3.3题	3.4题										
	缺项率（%）	7	7	7	7										
		4.1题	4.2题	4.3题	4.4题	4.5题	4.6题	4.7题							
	缺项率（%）	7.333333	7	7	7	7	7.333333	7.333333							

图 5-37　缺项率计算展示

三、健康数据处理方法

如本书第四章第二节所介绍，由于死因、医院就诊、急救中心接诊等健康数据指标多、数据量大，使用 Excel 处理比较繁琐、效率低，因此建议使用效率高、灵活度高的数据库软件进行数据处理。下面重点介绍通过数据库软件进行数据质量核查和数据处理的方法，并通过实例进行演示。

（一）数据库软件选择

数据库是常用的数据存储和管理软件，一般为信息系统提供底层数据支撑。但是数据库的强大之处不仅仅在于数据存储和管理，还可以高效、快速、准确的核查和处理各类数据，尤其是数据量级较大、数据结构复杂、数据质量较差的脏数据。

常用的数据库软件包括 ORACLE、SQL SERVER、MYSQL、ACCESS 等，每款数据库软件应用场景和功能也有所不同。ACCESS 由微软公司开发，功能相对简单，主要用于小量级数据处理。SQL SERVER 由微软公司开发，数据承载量比较大，存储数据速度快，稳定性强，但是需要付费。MYSQL[37] 由 MYSQL AB 公司开发，具有快速、可靠和易用等特点，而且完全免费，是最受欢迎的开源 SQL 数据库管理系统。ORACLE 软件由甲骨文公司开发，功能非常强大，具有良好的兼容性、可移植性、可连接性、高生产率以及开放性，但是价格昂贵。此外还有 SYBASE、DB2、MSDE 等数据库，但使用和普及程度远不如上述数据库软件。数据处理可以使用任何一种数据库软件，具体应用时可根据需求选择自己最为熟悉的一种。本节健康数据的处理使用开源免费的 MYSQL 数据库软件，官网下载地址为 http://www.mysql.com/。

1. MYSQL 常用函数　MYSQL 函数用来实现一定处理功能，主要包括字符串函数、数值函数、日期和时间函数、系统信息函数等。本节使用到的常用函数如表 5-14 所示。

表 5-14　MYSQL 常用函数列表

序号	函数	函数说明
1	TRIM(str)	删除字符串两侧的空格
2	REPLACE(str,from_str,to_str)	将字符串 str 中的所有子字符串 from_str 均替换为 to_str
3	LEFT(str,len)	从字符串 str 最左边开始返回 len 个字符
4	RIGHT(str,len)	从字符串 str 最右边开始返回 len 个字符
5	SUBSTRING(str,pos,len)	从字符串 str 中返回一个子字符串，起始于位置 pos，长度为 len
6	SUBSTRING_INDEX(str,delim,count)	根据定界符 delim 以及 count，从字符串 str 返回子字符串；count 为正值，则返回最终定界符（从左边开始）左边的字符串；count 为负值，则返回定界符（从右边开始）右边的字符串
7	LENGTH(str)	返回值为字符串 str 的长度
8	CONCAT(str1,str2,……,strn)	返回 str1，str2，……等字符串拼接的连接字符串
9	COUNT()	返回行数，count(*)计算表中的行数，count(column)计算 column 列中不为空的行数
10	DATE_FORMAT(date,format)	根据 format 日期输出格式调整 date 的格式
11	TO_DAYS(date)	给定一个日期 date，返回一个天数（从年份 0 开始的天数）
12	FROM_DAYS (N)	给出一个天数 N，返回一个 date 值
13	DATE_ADD(date,INTERVAL expr type)	向日期添加指定的时间间隔
14	INSERT(str,pos,len,newstr)	返回字符串 str，开头在 pos 位置的子串，并且用 len 个字符长的字符串代替 newstr
15	SUM()	返回总和，SUM(column)计算记录中 column 列的总和

2. MYSQL常用语句　MYSQL的语句是实现具体操作的一组语法的组合，通过语句实现查询、删除、插入、更新等操作。本节使用到的常用语句如表5-15所示。

表5-15　MYSQL常用语句列表

序号	语句	语句说明
1	CREATE TABLE table_name（column_name1 datatype，column_name2 datatype，…）	创建名为table_name的表单，column_name1……表示表单字段名，datatype表示字段的数据类型
2	DROP TABLE table_name	删除名为table_name的表单
3	ALTER TABLE table_name ADD column_name datatype	在名为table_name的表单中增加column_name字段
4	SELECT * FROM table_name [WHERE condition]	在table_name中查询数据，其中*表示所有数据，[WHERE condition]表示查询条件；如果查询某列或某几列，则将*替换为column_name或column_name1，column_name2……
5	DELETE FROM table_name [WHERE condition]	删除名为table_name表单中的所有数据，[WHERE condition]表示删除条件
6	INSERT INTO table_name [column_name1，column_name2……] VALUES（value1，value2……）	向名为table_name的表中的字段column_name1，column_name2……插入值为value1，value2……的记录
7	UPDATE table_name SET column_name = newvalue [WHERE condition]	更新table_name表单中column_name字段的值为newvalue，[WHERE condition]表示更新条件

除了上述基本语句外，MYSQL还提供条件控制子句、分组查询子句等，这些子句与基本语句组合在一起，通过关键字实现条件判断、逻辑控制、分组排序等功能，极大地丰富和扩充了MYSQL的应用范围。本节使用到的常用子句如表5-16所示。

表5-16　MYSQL常用子句列表

序号	关键字	语句说明
1	WHERE	WHERE子句表示被操作的数据记录必须满足的条件，既可以包含大于、小于、等于等比较运算符，也可以包含与、或、非等逻辑运算符，常与SELECT、UPDATE、DELETE等联合使用
2	HAVING	HAVING子句为行分组或聚合组指定过滤条件，常与GROUP BY联合使用
3	GROUP BY	将查询结果按照字段进行分组，字段值相同的为一组
4	CASE WHEN	计算条件列表并返回多个可能结果表达式之一，可以与ELSE THEN联合使用
5	ORDER BY	根据指定的列对结果集进行排序，按照升序排序使用ASC关键字，降序排序可以使用DESC关键字

利用上面介绍的MYSQL常用的基本函数、常用语句和子句可组合形成SQL脚本，实现对数据库、表单、记录、指标等的操作。一系列SQL脚本组合则可以实现更复杂的功能，完成

各种数据的核查和处理。

（二）数据质量核查方法

死因、医院就诊、急救中心接诊等健康数据的质量[38]通常不如暴露数据，常见的问题包括存在不完整、重复、错误、异常、逻辑不一致、不规范等数据。数据质量核查的目的是为了发现问题数据，如何在海量的健康数据中发现问题数据需要选择合适的工具和方法，才可以达到事半功倍的效果。下面将基于 MYSQL 详细介绍数据核查方法。

1. 完整性检查　完整性检查的目的是发现不完整数据，不完整数据包括指标缺失和记录缺失两种情况，因此完整性检查包括指标缺失检查和记录缺失检查。指标缺失指数据中的一个或多个指标缺失，如医院个案数据中的主要诊断、就诊日期、性别、年龄等关键指标缺失。记录缺失指数据中的一条或多条记录缺失，如死因数据中的某天或某些天没有死亡数据。

指标缺失检查比较简单，在原始数据中通过条件判断可筛选并显示出有哪些数据中某个指标或某些指标缺失。如果是多个指标均缺失则使用逻辑“与”连接多个指标即可。

健康个案数据由于数据量非常大，记录缺失判断比较复杂，直接从健康个案数据中判断记录缺失非常困难。在实际工作中通常通过在原始数据中提取关键指标，然后与标准数据进行比对来判断是否存在记录缺失。如通过提取死亡时间（就诊日期或者急救接诊日期）作为关键指标，按照日期分类汇总获得原始数据中的所有日期，与标准日历进行比对从而快速发现是否存在某天或者某些天没有死亡（就诊或者急救）的数据。

2. 重复性检查　重复性检查目的是发现重复数据，重复数据包括指标重复和记录重复两种情况。指标重复指数据中的某个或某些关键指标完全一样，如死因数据中的证件号码相同、如某家医院的就诊个案数据中患者姓名、性别、年龄、就诊日期、疾病诊断等均相同而就诊科室、医生等不同。记录重复指数据中的某两条或者多条记录中的所有指标完全一样，记录重复是指标重复的一种特殊情况。

指标重复检查，首先需要明确判定重复的指标，重复的指标可以是一个也可以是多个，然后按照重复的指标将原始数据划分成多个组，每个组内的指标值均相同，然后在每个组内按照指标进行计数统计，如果计数大于 1 则说明指标相同的记录不止 1 条，即该指标相同的数据有重复。

记录重复检查与指标重复检查的方法类似，只要将判定重复的指标换成所有指标即可。

3. 正确性检查　正确性检查的目的是发现错误数据，健康数据中的错误数据情况比较复杂，需要具体情况具体分析，通常包括异常数据、错误数据、逻辑不一致数据、不规范数据等。异常数据指某个或某些指标偏离正常值范围的数据，如死因、医院就诊或急救中心接诊数据中死者或患者的年龄超过目前报道的最大年龄。错误数据情况比较多，如行政区划编码错误、疾病编码错误（疾病诊断与 ICD-10 编码不匹配）等。如医院就诊数据中某位患者的疾病诊断为“消化不良”，但是 ICD-10 编码却被编为“J06.903（上呼吸道感染）”，而不是“K30”。逻辑不一致数据指某些指标之间存在逻辑矛盾或者不符的情况，如死因数据中性别与性别编码不符、死亡时间（就诊日期、急救接诊日期）减去出生日期计算的年龄与填写的年龄不符、通过身份证提取的性别与填写的性别不符、通过身份证提取的出生日期与填写的出生日期不符等。不规范数据指某个或某些指标的值不符合要求或规范，如死因数据中根本死亡原因中出现空格或者其他特殊符号等。

异常数据检查，首先需要确定指标的取值范围，然后按照取值范围在所有数据中进行检索，如果找到超出取值范围的数据则将其显示出来。

错误数据检查以疾病编码错误数据检查为例，首先将标准 ICD-10 编码表导入 MYSQL 数据库，然后通过跨表检索将死因数据或医院就诊数据中的根本死亡原因或疾病诊断、根本死因 ICD 编码或诊断编码与标准 ICD-10 编码表中的标准诊断、标准 ICD-10 编码逐一进行匹配[39]，如果不匹配则将其显示出来。

逻辑不一致数据检查，首先确定互相之间存在逻辑关系的指标，然后通过逻辑关系或者规律检查指标之间的一致性，如果存在不一致或者逻辑错误则将其显示出来。

不规范数据检查，通过模糊查询法在原始数据中针对某个或者某些指标检查是否出现特殊字符，如果找到则将其显示出来。

（三）数据清洗方法

通过数据质量核查方法发现的问题数据需要进一步溯源与核实，如果确定数据不正确，则还需要进一步做补充、订正或删除等清洗处理。除此之外，健康个案数据还经常需要进行一些数据变换。

1. 不完整数据　不完整数据根据情况分别处理，一般包括补充数据和删除数据。如果记录缺失则直接补充，如某天漏报了一条或多条死因数据，直接在数据中补充该条或者多条记录；如果指标缺失，则可以通过插值进行补充，如死因数据中年龄缺失，可以通过死亡时间与出生日期计算补充。如果无法补充可以视情况做删除处理或者不做处理，如死因数据中的关键指标死亡日期、根本死亡原因、根本死因 ICD 编码、证件号码等均缺失，且缺失记录数的占比较小则可以直接删除。

2. 重复数据　重复数据处理比较简单，只要保留其中任意一条数据，其余数据直接删除即可。一般情况下，为了操作简单通常保留记录 ID 号最大或最小的记录。

3. 不正确数据　不正确数据根据具体情况分别处理，一般包括订正数据或删除数据。如异常数据、错误数据和逻辑不一致数据核查后如果可以溯源则进行订正；如果无法订正且错误记录数的占比较小，则可以根据实际情况做删除处理。不规范数据一般可根据既有的规则进行规范化订正。

4. 数据变换　为满足统计分析等的需要，健康数据通常还需要进行一系列的数据变换，一般包括汇总、聚合、行列转换等。如通过死因个案数据计算不同性别、不同年龄、不同疾病的死亡人数并生成汇总报表[40]，首先根据死者所属地区、死亡时间、性别、年龄等信息，以及根本死因 ICD 编码依次在原始数据中查找死于某种或某类疾病的所有个案数据，然后计算出此种或此类疾病的每日死亡人数，重复上述操作直到将所有的疾病计算完毕，最终生成日死亡人数统计报表。

（四）实例演示

由于死因、医院就诊、急救中心接诊数据均属于健康个案数据，指标相似，数据核查和处理方法也非常相似。下面以某市的死因数据为例，详细介绍如何针对原始个案数据进行质量核查和处理。

死因个案数据通常包括性别、性别编码、证件类型、证件号码、出生日期、年龄、死亡时间、根本死亡原因、根本死因 ICD 编码等关键指标。表单命名为 dead，指标详见图 5-38。

报告卡ID	报告地区编码	报告卡编号	人群分类编码	人群分类	性别编码	性别	证件号码	出生日期	年龄	民族编码
39892905	14010700	140107008-2013-00084	1	其他人群	2	女	'14xxxxxxxxxxxxxx20'	1922-09-24	90岁	1
39674579	14010500	140105013-2013-00012	1	其他人群	1	男	'14xxxxxxxxxxxxxx59'	1966-04-13	46岁	1
39578763	14018100	140181000-2013-00002	1	其他人群	2	女	'14xxxxxxxxxxxxxx25'	1947-07-11	65岁	1
39570786	14010600	140106019-2013-00005	1	其他人群	1	男	'14xxxxxxxxxxxxxx36'	1922-10-29	90岁	1
39570158	14010600	140106019-2013-00002	1	其他人群	1	男	'14xxxxxxxxxxxxxx51'	1928-01-15	84岁	1
39544776	14010800	140108013-2013-00005	1	其他人群	2	女	'14xxxxxxxxxxxxxx42'	1966-06-28	46岁	1
39544334	14010800	140108013-2013-00001	1	其他人群	1	男	'14xxxxxxxxxxxxxx3X'	1957-01-16	55岁	1
40545262	14012100	140121006-2013-00008	1	其他人群	2	女	'14xxxxxxxxxxxxxx28'	1953-02-21	59岁	1
40545081	14012100	140121006-2013-00007	1	其他人群	1	男	'14xxxxxxxxxxxxxx19'	1945-10-11	67岁	1
40520568	14012100	140121016-2013-00014	1	其他人群	2	女	'14xxxxxxxxxxxxxx2x'	1929-12-21	84岁	1
40472182	14018100	140181015-2013-00001	1	其他人群	1	男	'14xxxxxxxxxxxxxx10'	1948-08-10	64岁	1
40445459	14010900	140109018-2013-00001	1	其他人群	1	男	'14xxxxxxxxxxxxxx36'	1995-05-22	17岁	1
40422608	14018100	140181017-2013-00005	1	其他人群	1	男	'14xxxxxxxxxxxxxx16'	1999-11-08	13岁	1
40258669	14010600	140106003-2013-00046	1	其他人群	1	男	'14xxxxxxxxxxxxxx15'	1933-12-31	79岁	1
45167648	14010700	140107007-2014-00592	1	其他人群	1	男		1928-01-01	85岁	1
45165211	14010700	140107007-2014-00575	1	其他人群	2	女		1923-01-01	90岁	1
39495308	14012100	140121001-2013-00002	1	其他人群	1	男		1940-01-01	73岁	1
39493417	14010900	140109004-2013-00003	1	其他人群	2	女	'14xxxxxxxxxxxxxx23'	1931-02-02	81岁	1
39493113	14010900	140109004-2013-00002	1	其他人群	1	男	'14xxxxxxxxxxxxxx10'	1981-10-10	31岁	1
39474370	14010700	140107006-2013-00004	1	其他人群	1	男	'14xxxxxxxxxxxxxx23'	1923-08-12	89岁	1
39466913	61908100	610581032-2013-00004	1	其他人群	1	男		1950-01-01	63岁	1
39464721	14010600	140106002-2013-00004	1	其他人群	2	女	'14xxxxxxxxxxxxxx27'	1932-12-17	80岁	1

图 5-38　死因个案数据

除了死因数据外，数据核查和处理还需要两个辅助表单，分别是日历表和标准 ICD-10 编码表。日历表用来辅助检查死因数据中是否存在缺失记录，标准 ICD-10 编码表用来辅助检查死因数据中是否存在疾病分类编码错误的数据。日历表单命名为 canlder，仅包含一个指标即标准日期（date），格式为 yyyy-mm-dd，包含从 2000-01-01 到 2020-12-31 间的所有日期，共计 7671 条数据，可以根据需要调整日历表的日期范围；标准 ICD-10 编码表使用临床版，命名为 icd，包含四个指标，分别为序号（id）、ICD 编码（icd）、疾病名称（disease）和助记码（zjm），共计 29 395 条数据。

1. 数据质量核查

（1）完整性检查

1）单指标缺失检查：检查死因数据中单个关键指标缺失的数据，以检查死亡时间缺失为例，核心代码如下：

```
1    SELECT   *
2      FROM
3     dead
4    WHERE  死亡时间 = " ";
```

2）多指标缺失检查：检查死因数据中多个关键指标缺失的数据，以检查性别、年龄、出生日期、死亡时间、根本死亡原因、根本死因 ICD 编码等多个关键指标均缺失为例，核心代码如下：

```
1    SELECT   *
2      FROM
3     dead
4    WHERE 性别 = " "
5     AND 年龄 = " "
6     AND 出生日期 = " "
7     AND 死亡时间 = " "
8     AND 根本死亡原因 = " "
9     AND 根本死因 ICD 编码 = " ";
```

3）记录缺失检查：检查死因数据中每天是否都有死亡人员，在死因个案数据中按照死亡时间进行检索，然后与日历表中的标准日期表进行比对，筛选出所有没有死亡个案的日期。数据质量核查人员应该对没有死亡个案的日期进行核查，确认是真的没有死亡个案还是存在漏报情况。以检查 2013-01-01 至 2016-12-31 之间的所有死因个案数据缺失的情况为例，运行核心代码如下：

```
1    SELECT
2        *
3    FROM
4    canlder c
5    WHERE c. date>= '2013-01-01'
6      AND c. date<= '2016-12-31'
7      AND c. date NOT IN
8      (SELECT
9    死亡时间
10     FROM
11       dead
12     WHERE 死亡时间>= '2013-01-01'
13       AND 死亡时间<= '2016-12-31'
14     GROUP BY 死亡时间);
```

（2）重复检查

1）单指标重复：检查死因数据中单个关键指标重复的数据，在死因个案数据中可以通过死者证件号码唯一识别一条数据。以核查证件号码重复为例，检索出相同证件号码数量大于 1 的数据并标出重复数量，核心代码如下：

```
1    SELECT
2      *,
3      COUNT(*)
4    FROM
5      dead
6    GROUP BY 证件号码
7    HAVING COUNT(*) > 1;
```

2）多指标重复检查：如果证件号码缺失，则需要通过多个指标联合查重。以使用报告地区编码、姓名、性别编码、出生日期、常住地址地区编码、户籍地址编码、死亡时间、根本死亡原因、根本死因 ICD 编码等指标联合查重为例，检索出重复数据并标出重复数量，核心代码如下：

```
1    SELECT
2      *,
3      COUNT(*)
```

```
4        FROM
5          dead
6        GROUP BY
7        报告地区编码,
8        姓名,
9        性别编码,
10       出生日期,
11       常住地址地区编码,
12       户籍地址编码,
13       死亡时间,
14       根本死亡原因,
15       根本死因 ICD 编码
16       HAVING COUNT( * ) > 1;
```

如果死因数据中所有的指标都一样则为记录重复,只需在上述代码中的第 15 行代码后继续增加指标名称直到所有的指标都增加完毕即可,各指标之间用英文的逗号分隔。

(3)正确性检查

1)异常数据检查:死因数据中常见的异常数据多出现在年龄指标,以检查年龄大于 125 岁为例,核心代码如下:

```
1        SELECT
2          *
3        FROM
4          dead
5        WHERE SUBSTRING_INDEX(年龄,'岁',1) > 125;
```

2)错误数据检查:以检查疾病编码错误数据为例,检查死因数据中根本死因 ICD 编码与标准 ICD-10 编码表相比存在错误的数据,核心代码如下:

```
1        SELECT
2          *
3        FROM
4        dead d,
5          icd i
6        WHERE d. 根本死亡原因 = i. disease
7          AND d. 根本死因 ICD 编码! = i. icd;
```

3)逻辑不一致数据检查:以检查死因数据中性别与性别编码不一致的数据为例,核心代码如下:

```
1        SELECT
2          *
3        FROM
4          dead
5        WHERE (
```

```
6            性别 = '男'
7                AND 性别编码 ! = '1'
8              )
9              OR (
10           性别 = '女'
11               AND 性别编码 ! = '2'
12             );
```

4）不规范数据检查：检查死因数据中证件号码中出现空格、逗号等特殊字符的数据为例，核心代码如下：

```
1            SELECT
2              *
3            FROM
4              dead
5            WHERE 证件号码 LIKE '% %'
6              OR 证件号码 LIKE '%,%';
```

2. 数据清洗

（1）补充缺失数据

1）插值补充缺失指标：通过插值补充缺失指标，以死因数据中年龄缺失的数据可以通过死亡时间和出生日期之差进行插值补充为例，核心代码如下：

```
1            UPDATE
2              dead
3            SET
4            年龄 = CONCAT(DATE_FORMAT(
5                FROM_DAYS(
6                  TO_DAYS(死亡时间) - TO_DAYS(出生日期)
7                ),
8                '%Y'
9              ) + 0 ,'岁')
10           WHERE 年龄 = '';
```

2）直接补充缺失指标：以直接补充死因数据中死者的姓名、性别、出生日期、年龄等缺失指标为例，核心代码如下：

```
1            INSERT INTO dead (
2            姓名,
3            性别,
4            出生日期,
5            年龄
6            )
7            VALUES
```

```
8            (
9              '张三',
10             '男',
11             '1954-09-26',
12             '63 岁'
13           );
```

3)补充缺失记录:如果补充缺失的整条死因记录,则将上述2)中2~5行代码删除,再将9~12行代码替换为所有的指标即可,核心代码如下:

```
1          INSERT INTO dead
2          VALUES
3            (
4              '张三',
5              '男',
6              '1954-09-26',
7              '63 岁',
…          ……
n            );
```

(2)删除重复数据

1)单指标重复删除:以证件号码重复为例,删除证件号码重复的数据,核心代码如下:

```
1          ALTER TABLE dead
2            ADD (
3              ID INT NOT NULL AUTO_INCREMENT,
4              PRIMARY KEY (ID)
5            );
6          DELETE
7          FROM
8            dead
9          WHERE ID NOT IN
10           (SELECT
11             a. ID
12           FROM
13             (SELECT
14               MIN(ID) AS id,
15               SUM(1) AS sums
16             FROM
17               dead
18             GROUP BY 证件号码
19         ) AS a
20           WHERE a. sums >= 1);
21         ALTER TABLE dead
22           DROP COLUMN ID;
```

2)多指标重复删除:以报告地区编码、姓名、性别编码、出生日期、常住地址地区编码、户籍地址编码、死亡时间、根本死亡原因、根本死因ICD编码等指标重复为例,删除上述指标重复的数据,核心代码如下:

```
1     ALTER TABLE dead
2       ADD (
3         ID INT NOT NULL AUTO_INCREMENT,
4         PRIMARY KEY (ID)
5       );
6
7     DELETE
8     FROM
9     dead
10    WHERE ID NOT IN
11      (SELECT
12        a. ID
13      FROM
14        (SELECT
15          MIN(ID) AS id,
16          SUM(1) AS sums
17        FROM
18    dead
19    GROUP BY
20      报告地区编码,
21    姓名,
22    性别编码,
23    出生日期,
24    常住地址地区编码,
25    户籍地址编码,
26    死亡时间,
27    根本死亡原因,
28    根本死因 ICD 编码
29    ) AS a
30      WHERE a. sums >= 1) ;
31    ALTER TABLE dead
        DROP COLUMN id;
```

如果死因数据中所有的指标都一样则为记录重复,那么只需在上述28行代码之后继续增加指标即可,直到所有的指标都增加完毕即可。

(3)订正错误数据

1)异常数据订正:死因数据中由于出生日期误填而导致年龄异常,如出生日期本应为1943-09-25却误填为1843-09-25,导致出现年龄增加100岁的异常数据。以订正出生日期和年龄为例,核心代码如下:

```
1	UPDATE
2	dead
3	SET
4	出生日期 = '1943-09-25',
5	年龄 = CONCAT(
6	    SUBSTRING_INDEX(年龄,'岁',1) - 100,
7	    '岁'
8	  )
9	WHERE 出生日期 = '1843-09-25';
```

2)编码错误数据订正:以订正死因数据中根本死因 ICD 编码错误的数据为例,核心代码如下:

```
1	UPDATE
2	dead d,
3	  icd i
4	SET
5	  d. 根本死因 ICD 编码 = i. icd
6	WHERE d. 根本死亡原因 = i. disease
7	  AND d. 根本死因 ICD 编码 != i. icd;
```

3)逻辑不一致数据订正:以订正死因数据中性别与性别编码不一致的数据为例,核心代码如下:

```
1	UPDATE
2	dead
3	SET
4	性别编码 = '1'
5	WHERE 性别 = '男'
6	  AND 性别编码 ! = '1';
7	UPDATE
8	dead
9	SET
10	性别编码 = '2'
11	WHERE 性别 = '女'
12	  AND 性别编码 != '2';
```

4)不规范数据订正:以订正死因数据中证件号码中出现空格的数据为例,核心代码如下:

```
1	UPDATE
2	dead
3	SET
4	证件号码 = TRIM(证件号码);
```

(4)数据变换:以根据死因个案数据计算全人群总死亡人数、呼吸系统死亡人数、循环系统死亡人数并生成逐日报表为例,核心代码如下:

```
1	CREATE TABLE temp (
2	死亡时间 DATE,
3	疾病分类 VARCHAR (50),
4	死亡人数 INT
5	);
6	INSERT INTO temp
7	SELECT
8	死亡时间,
9	  '日总死亡人数',
10	  COUNT( * )
11	FROM
12	dead
13	GROUP BY 死亡时间;
14	INSERT INTO temp
15	SELECT
16	死亡时间,
17	  '循环系统死亡人数',
18	  COUNT( * )
19	FROM
20	dead
21	WHERE LEFT(根本死因 ICD 编码,1) = 'I'
22	  AND SUBSTRING(根本死因 ICD 编码,2,2) >= '00'
23	  AND SUBSTRING(根本死因 ICD 编码,2,2) <= '99'
24	GROUP BY 死亡时间 ;
25	INSERT INTO temp
26	SELECT
27	死亡时间,
28	  '呼吸系统死亡人数',
29	  COUNT( * )
30	FROM
31	dead
32	WHERE LEFT(根本死因 ICD 编码,1) = 'J'
33	  AND SUBSTRING(根本死因 ICD 编码,2,2) >= '00'
34	  AND SUBSTRING(根本死因 ICD 编码,2,2) <= '99'
35	GROUP BY 死亡时间;
36	CREATE TABLE dead_report
37	SELECT
38	死亡时间,
39	  SUM(
40	    CASE
```

```
41      疾病分类
              WHEN '日总死亡人数'
42            THEN 死亡人数
43            ELSE 0
44          END
45        ) '日总死亡人数',
46        SUM(
47          CASE
48      疾病分类
49            WHEN '循环系统死亡人数'
50          THEN 死亡人数
51            ELSE 0
52          END
53        ) '循环系统死亡人数',
54        SUM(
55          CASE
56      疾病分类
57            WHEN '呼吸系统死亡人数'
58            THEN 死亡人数
59            ELSE 0
60          END
61        ) '呼吸系统死亡人数'
62      FROM
63        temp
64      GROUP BY 死亡时间 ;
65      DROP TABLE temp ;
66
```

如果计算不同性别、不同年龄段的死亡人数，则只需要在上述代码中增加相应条件语句即可。

第三节　空气污染人群健康风险评估数据处理工具介绍

一、ICD编码匹配及统计分析软件

根据本书第三章第三节中所介绍的内容，ICD编码对于医院数据的质量筛查、评价和处理至关重要。然而，受一些客观条件限制，一些医院并没有建立HIS系统（hospital information system，HIS），或者其HIS系统中没有内嵌标准的ICD编码表，导致这些医院输出的数据中只有疾病诊断结果，而没有相应的ICD编码，严重影响后续数据处理及分析过程。盲目舍去必然会导致数据损失，而直接处理则工作量巨大。

基于上述背景，编者团队开发了ICD编码匹配及统计分析软件，可以根据诊断内容，为没有ICD编码的医院就诊个案数据自动匹配相应的ICD编码，完成匹配后，还可对指定条件范围内的病例数进行汇总，并生成统计表。该软件可供医疗卫生行业及科研院所的研究人员使用，适用于规范化医院数据的疾病诊断结果，便于进行相关数据处

理及统计分析。

（一）功能介绍

该软件采用C/S模式,开发效率和运行效率高;数据库采用开源数据库MYSQL,安全性、开放性好,部署成本低,数据接口统一、可维护性好;此外,该软件安装部署方便,功能强大,界面操作简便,运行环境要求简单,稳定性强,具有较高的安全性。

软件可实现医院HIS系统个案数据导入、查重及重复数据删除;可根据诊断结果自动完成标准ICD编码匹配并导出;可根据已匹配的ICD编码按照统计模板自动生成分系统逐日就诊量汇总统计表并导出。其中,统计模板可根据实际需要灵活配置,标准ICD编码表可根据实际情况更新、编辑并导出。详细功能点如表5-17所示。

表5-17　ICD编码匹配及统计分析软件功能点列表

序号	模块名称	功能点
1	数据管理	数据导入、检查重复、去除重复
2	数据分析	ICD编码匹配、数据查询、数据删除、数据展示
3	报表管理	统计模板编辑、统计模板新增、删除和导出、统计报表条件设置、报表生成
4	代码管理	标准ICD编码表维护及导出、ICD编码简表维护及导出

（二）操作演示

首次使用前需为软件安装数据库,以下内容将对数据库安装和软件操作步骤进行详细介绍。

1. 安装数据库　软件配套附有一个名为“mariadb-5.5.40个的压缩包,解压后打开文件夹,目录下找到MySQLSVC.exe安装程序,点击右键选择“管理员模式运行”,然后点击“安装MySQL”,等待数据库安装完毕后退出即可(图5-39)。

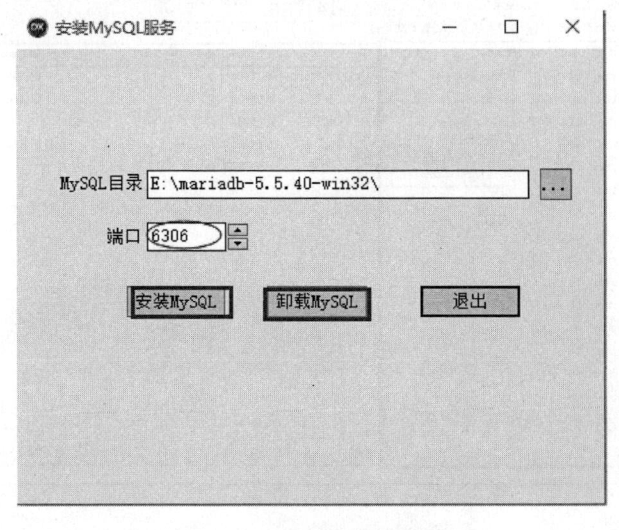

图5-39　数据库安装页面

2. 运行软件 数据库安装成功后,解压“ICD编码匹配及统计分析”压缩包,打开文件夹目录下有“ICDStatA. exe”程序,点击直接运行。运行成功后即可进入系统,系统界面如图5-40所示。

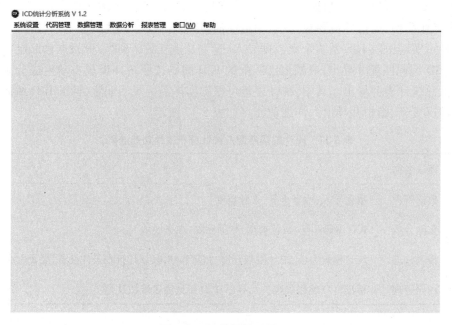

图 5-40 系统登录后界面

3. 软件使用步骤

(1)导入数据:导入将要进行ICD编码匹配的数据(EXCEL格式),可以按批次导入,按批次匹配ICD编码(图5-41)。

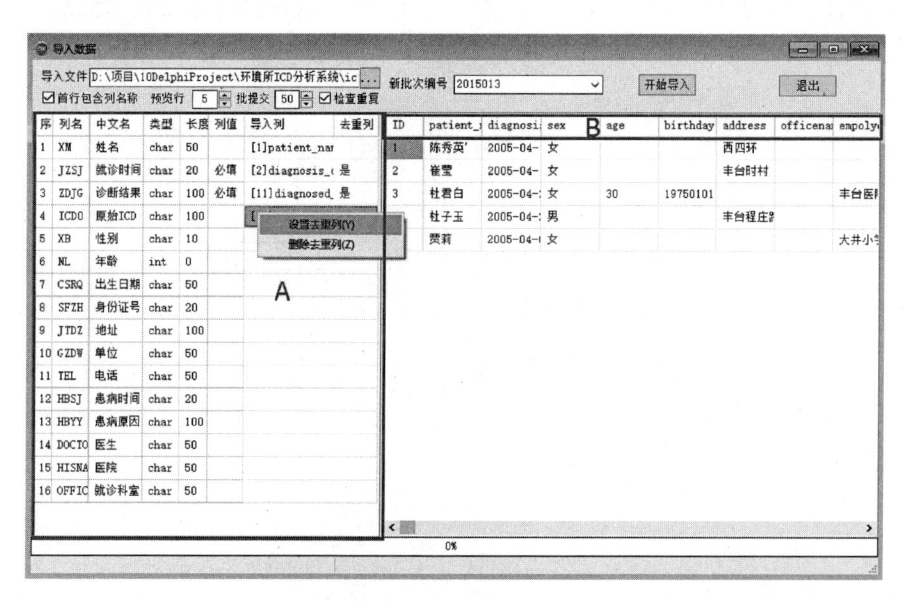

图 5-41 数据导入页面

导入步骤：

1）选择导入文件：导入文件必须是 Excel 格式文件，xls 或 xlsx 均可，一般大数据量 Excel 格式为 xlsx。

2）设置批次编号：每次导入可以手动设置批次编号（也可使用默认编号）

3）设置导入参数：

①首行包含列名称：对于存储数据的 Excel 文件，首行一般都会包含列名，需要勾选；对于没有表头、首行就是数据内容的，不要勾选此项。

②预览行：预览 Excel 的行数，是为了预览 Excel 的内容，默认参数即可，也可根据需要进行上下调整。

③批提交：导入时每次处理数据的条数，默认参数即可。

④检查重复：选中后，导入时会自动检查重复数据，然后决定是否将重复数据导入到系统中，一般情况下推荐选择。

4）导入列选择设置：自定义选择哪些列对应到系统的哪个字段中，必填字段必须要设置导入列。

5）导入界面的说明：

①A 区域说明：系统数据库的表结构内容说明，有字段类型和长度供参考。

②A 区域操作：

选择一个字段，单击 B 区域的一列，可以将此列设置为 A 区域字段的导入列。

选择一个字段，单击右键可以将此字段设置为去重列或删除去重列。

选择一个字段，双击取消导入列。

③B 区域：预览 Excel 内容，为了更清晰的设置导入列。

（2）数据分析：数据分析是本系统的核心模块，它将数据内容中的诊断结果进行数据标准化处理，规划整理为标准的 ICD 编码（图 5-42）。

	就诊时间	诊断结果	ICD名称	ICD	待处理	标志
1	2005/4/18	腹痛待查	腹痛	R10.401		2
2	2005/4/13	胸闷待查	胸闷	R06.003		2
3	2005/4/21	贫血待查　尿潜血待查	贫血	D64.903	待查　尿潜血	1
4	2005/4/22	胸疼待查				
5	2005/4/6	胸闷待查	胸闷	R06.003		2
6	2005/4/22	心慌待查				
7	2005/4/18	胸疼待查				
8	2005/4/6	胸痛待查	胸痛	R07.401		2
9	2005/4/15	胸痛待查	胸痛	R07.401		2
10	2005/4/7	胸闷待查	胸闷	R06.003		2
11	2005/4/14	咳嗽待查	咳嗽	R05　01		2
12	2005/4/26	头晕待查	头晕	R42　03		2
13	2005/4/6	头疼待查				
14	2005/5/25	胸痛待查	胸痛	R07.401		2
15	2005/5/31	胸闷待查	胸闷	R06.003		2
16	2005/5/15	胸疼待查				
17	2005/5/20	心慌待查				
18	2005/5/10	胸闷待查	胸闷	R06.003		2
19	2005/5/26	头晕待查脑供血不足	头晕	R42　03	待查脑供血不	1
20	2005/5/30	胸闷待查	胸闷	R06.003		2
21	2005/5/9	上腹疼待查				
22	2005/5/29	心慌待查				
23	2005/5/16	胸闷待查	胸闷	R06.003		2

图 5-42　ICD 编码匹配页面

1）开始解析：点击后根据诊断结果内容，按照ICD编码表（及简码表）解析为ICD编码（可能解析为多个ICD编码，用“|”分隔，），完全解析标志为2，部分解析标志为1，未解析为空。

2）数据删除：点击后按照批次删除数据。

3）显示列：根据选择可以精简显示或详细显示，详细显示会显示所有列，精简显示只显示关键列。

4）导出Excel：在列表中单击右键选择导出可以将显示内容导出为Excel。

（3）ICD编码管理：内嵌标准的ICD编码表，是数据解析匹配ICD编码的基础必要部分，可以手工录入维护，也可以Excel导入，右键可以将编码表导出（图5-43）。

①点击 ✚ 可新增ICD编码和名称。

②点击 ━ 可删除已有的ICD编码和名称。

③点击 ▲ 可进行编码表内容编辑。

④点击 ✔ 可提交编辑后的内容。

⑤点击 ✖ 可取消编辑。

⑥点击 ↻ 可刷新编辑。

ICD编码

退出(X)

	编码	名称
1	A00.101	埃尔托霍乱弧菌引起的霍乱
2	A00.901	霍乱
3	A01.001	伤寒(由于伤寒沙门氏菌引起的感染)
4	A01.002	伤寒杆菌性败血症
5	A01.003+	伤寒性脑膜炎
6	A01.004	伤寒肠炎
7	A01.005	伤寒腹膜炎
8	A01.006	伤寒性肠穿孔
9	A01.007	肠伤寒
10	A01.101	甲型副伤寒
11	A01.201	乙型副伤寒
12	A01.301	丙型副伤寒
13	A01.401	副伤寒
14	A02.001	B群沙门氏菌肠炎
15	A02.002	C群沙门氏菌肠炎
16	A02.003	阿哥拉沙门氏菌肠炎
17	A02.004	沙门氏菌性肠炎
18	A02.005	沙门氏菌伦敦血清型肠炎
19	A02.006	沙门氏菌胃肠炎
20	A02.007	鼠伤寒沙门氏菌性肠炎
21	A02.008	婴儿沙门氏菌肠炎
22	A02.009	沙门氏菌肠道感染

共20304记录

图5-43　ICD编码标准表维护页面

（4）ICD简码管理：有一些常见的诊断结果名称虽不完全符合ICD编码标准，但由于是临床上通用的说法，软件特别设置了标准编码名称的对应简码表，用来补充ICD编码标准表。简码可以手工录入，也可以Excel导入，右键可以将简码表导出。工具栏中按键功能与上述ICD编码标准表中一致（图5-44）。

（5）统计报表：根据导入数据中信息，可按照时间、地区、年龄、性别分层对数据进行就诊人次统计，统计类型和统计模板可在相应模块中定义（图5-45）。

ICD编码简写

退出

	编码	名称	简称
1	J06.903	上呼吸道感染	上感
2	I10 02	高血压	GXY
3	E78.501	高脂血症	高血脂
4	J44.802	慢性喘息性支气管炎	慢喘支
5	J20.904	急性支气管炎	急支
6	J42 02	慢性支气管炎	慢支
7	I10 02	高血压	高血压病
8	J45.903	支气管哮喘	支气管孝喘
9	I10 04	高血压Ⅱ	高血压病2级
10	F48.002	神经衰弱[比尔德氏病]	神经衰弱
11	J62.801	矽肺(硅肺)	矽肺
12	J47 01	支气管扩张	支扩
13	I24.801	冠状动脉供血不足	冠脉供血不足
14	I10 03	高血压Ⅰ	高血压病1级
15	I10 05	高血压Ⅲ	高血压病3级
16	I10 03	高血压Ⅰ	高血压1
17	I10 04	高血压Ⅱ	高血压2
18	I10 05	高血压Ⅲ	高血压3
19	I25.101	冠心病	GXB
20	N19 02	肾功能不全	肾功不全
21	R50.902	发热NOS	发热待查

共21记录

图 5-44　ICD 编码简表维护页面

统计报表

统计类型　ICD-XXX

批次　所有

诊断结果　第一诊断ICD

起始时间　2005/ 4/ 4　终止时间　2005/12/31

包括地区　　性别　所有

年龄　--　岁　-　出生日期

报表生成　　退出

0%

图 5-45　统计报表参数设置页面

①统计类型：可以在统计等级中设置统计参数，统计等级功能介绍见下文。

②批次：可以按批次统计，也可统计所有批次数据，可多选。

③诊断结果：可以按照匹配后的 ICD 编码统计，如果原始数据包含 ICD 编码，也可按导入的 ICD 编码统计。

④起始时间、终止时间：按照诊断时间设置起止日期，根据所选时间范围统计。

⑤地区：按照地址中的地区统计，模糊匹配。

⑥年龄：可以按照导入数据中的年龄字段统计，也可按照出生日期字段统计（出生日期字段要指定日期分隔符，年龄按照诊断时间减去出生日期计算）。

点击“报表生成”后，系统即可按照所设定条件自动生成统计报表，以 Excel 格式导出，默认保存在程序目录 ReportTemplate 下，可以预先定义。统计报表样式如图 5-46 所示：

2005-04-01-2005-04-28统计表

日期	某些传染病和寄生虫病	肿瘤	血液及造血器官疾病和	内分泌、营养和代谢疾	精神和行为障碍	神经系统疾病	眼和附器疾病	耳和乳突疾病	循环系统疾病	呼吸系统疾病	消化系统疾病	皮肤和皮下组织疾病	肌肉骨骼系统和结缔组	泌尿生殖系统疾病	妊娠、分娩和产褥期	起源于围生期的某些情	先天性畸形、变形和染	症状、体症和临床与实	损伤、中毒和外因的某	疾病和死亡的外因	影响健康状态和保健机	用于特殊目的的编码
2005-4-1	0	0	0	0	0	0	0	0	4	2	0	0	0	0	0	0	0	0	0	0	0	0
2005-4-2	0	0	0	0	0	0	0	0	1	1	0	0	0	0	0	0	0	0	0	0	0	0
2005-4-3	0	0	0	1	0	0	0	0	1	1	0	0	0	0	0	0	0	0	0	0	0	0
2005-4-4	0	0	0	2	0	0	0	0	7	2	0	0	0	0	0	0	0	0	0	0	0	0
2005-4-5	0	0	0	4	0	0	0	0	12	2	0	0	0	0	0	0	0	0	0	0	0	0
2005-4-6	0	0	0	3	0	0	0	0	7	4	0	0	0	0	0	0	0	0	0	0	0	0
2005-4-7	0	0	0	2	1	0	0	0	13	6	0	0	0	0	0	0	0	0	0	0	0	0
2005-4-8	0	0	0	1	0	0	0	0	4	1	0	0	0	0	0	0	0	0	0	0	0	0
2005-4-9	0	0	0	1	0	0	0	0	1	1	0	0	0	0	0	0	0	0	0	0	0	0
2005-4-10	0	0	0	0	0	0	0	0	1	2	0	0	0	0	0	0	0	0	0	0	0	0
2005-4-11	0	0	0	1	1	0	0	0	9	4	0	0	0	0	0	0	0	0	0	0	0	0
2005-4-12	0	0	0	0	0	0	0	0	3	3	0	0	0	0	0	0	0	0	0	0	0	0
2005-4-13	0	0	0	1	0	0	0	0	13	5	0	0	0	0	0	0	0	0	0	0	0	0

Sheet1　Sheet2　Sheet3

图 5-46　统计报表展示

（6）统计等级分类：统计报表模板定制，用于不同的分类统计，可以手工录入，也可以通过 Excel 导入（图 5-47）。

参数说明：

①模板名称：用于区分不同的统计模板，名称定义最好不超过 10 个汉字。

②ICD 分类名称：根据 ICD 编码代表的疾病范围，定义不同类别的疾病名称。

③起始 ICD：设置每种统计类别的 ICD 编码范围，只按标准 ICD 编码的前三位统计，由一个字母和两个数字构成。

④统计序号：用于统计报表排序。

⑤统计表达式：是一个正则表达式编码，用于统计复杂数据，添加分类时，系统会自动生成一个正则表达式，为简化操作，用户不需要自己编写。

二、空气污染健康影响相关数据处理工具包

根据第二节中介绍的空气污染人群健康影响数据中的暴露数据和健康数据的处理方

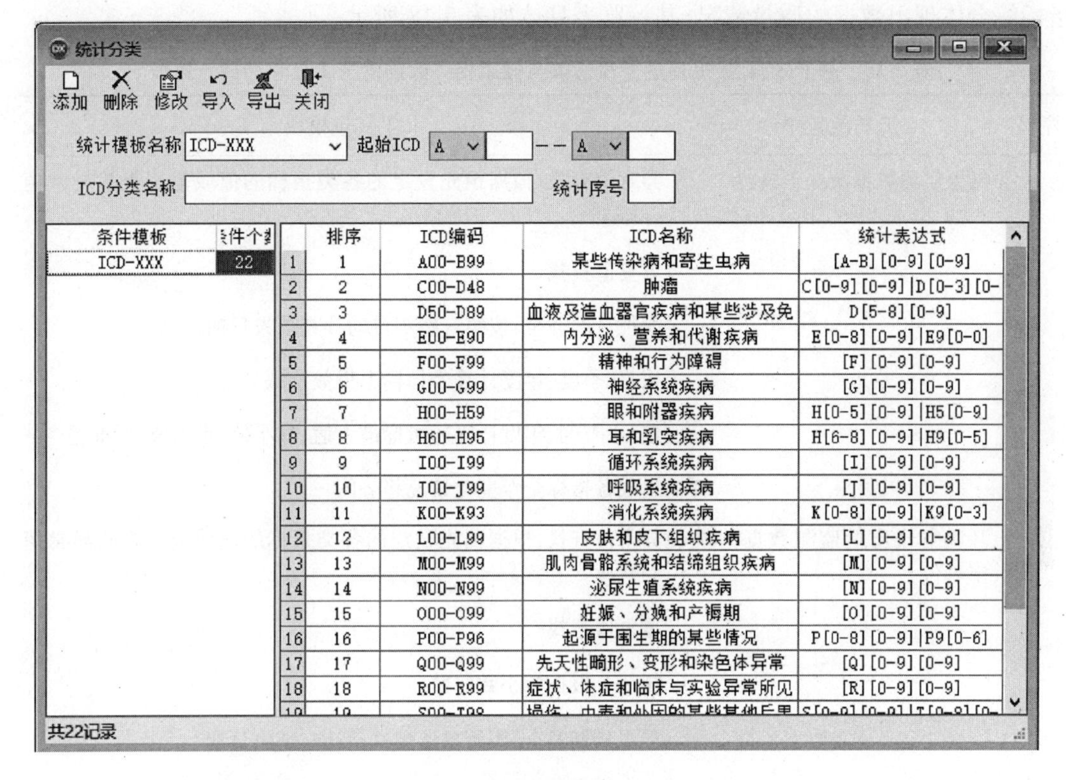

图 5-47　统计模板定制页面

法，我们分别开发了基于 Excel 的数据清理工具包和基于 SQL 数据库的数据清理工具包。两个工具包主要针对空气污染对人群健康影响监测项目中收集的气象监测数据、环境空气质量监测数据、$PM_{2.5}$及成分监测数据、人口学数据、死因监测数据、医院就诊数据、急救中心接诊数据和症状监测及健康调查数据等数据，从数据的完整性、唯一性、一致性和有效性等方面帮助用户进行审核和清理。因此工具包主要面对的用户是监测项目内的数据上报员和审核员，但其他从事环境健康研究方面工作的科研人员也可从中借鉴。两个工具包的不同之处在于基于 Excel 的数据清理工具包更侧重于用户的自主性和操作的灵活性，适用于对 Excel 函数编写及 VBA 编程有一定基础的用户，同时所针对的数据量级也不宜过大；而基于 SQL 数据库的工具包则使用了 JAVA 语言进行了二次开发和封装，用户操作更为简洁、可视化程度及交互性等方面的性能更为优化，无论是适用的用户类型还是支持的数据量级都更为多样化。下面将详细介绍基于 SQL 数据库的数据清理工具包的功能要点和操作步骤。

（一）功能介绍

工具包包含了气象监测数据、环境空气质量监测数据、$PM_{2.5}$及成分监测数据、死因监测数据、医院就诊数据、急救中心接诊数据、健康调查数据共 7 个模块，并依据空气污染人群健康影响监测信息系统的导入导出模板分别设计了不同的数据入口。工具包的主要功能包括重复数据查找、异常数据判断及修改、缺失率计算、逻辑错误数据查找、统计报表计算及趋势图生成等。这些功能极大地提升了用户进行数据核查的目的性和可操作性，以各类客观的指标综合体现出数据的质量情况，其一览表具体如表5-18所示。

表5-18　基于SQL数据库的空气污染与健康相关数据清洗工具包功能一览表

序号	工具包名称	工具包模块
1	气象监测数据清洗工具包	异常值查找：根据预先设定的各类指标的值域范围查找异常值并修改
		重复值查找
		漏报日期补全：按照自然年自动补充缺失日期
		按月、季度、年度计算各指标上报数及缺失率
		按月、季度、年度计算各指标最大值、最小值、平均值、标准差
		生成各指标全年变化情况趋势图
2	环境空气质量监测数据清洗工具包	异常值查找：根据预先设定的各类指标的值域范围查找异常值并修改。
		重复值查找
		规范上报指标小数位数
		漏报日期补全：按照自然年自动补充缺失日期
		利用各站点数据计算各指标全市日均值
		按月、季度、年度计算各站点及全市各指标上报数、缺失率
		按月、季度、年度计算各站点及全市各指标最大值、最小值、标准差
		生成全市各指标全年变化情况趋势图
		生成各指标各站点全年变化趋势对比图
3	$PM_{2.5}$浓度及成分数据清洗工具包	重复数据查找
		异常值查找
		逻辑错误值查找
		按照月、季度、年度分别统计$PM_{2.5}$质量浓度，阴阳离子、多环芳烃、重金属各成分浓度的样本上报数量和最大值、最小值、均值以及标准方差
		计算阴阳离子、多环芳烃、重金属质量之和，质量之和占成分总质量的百分比，质量之和占$PM_{2.5}$质量浓度百分比，并按照月、季度、年度计算均值
		生成$PM_{2.5}$浓度及成分上报条数和有效平均值的全年统计表
		生成$PM_{2.5}$浓度及成分全年变化趋势图
		生成两监测点部分质量浓度全年变化对比趋势图

续表

序号	工具包名称	工具包模块
4	急救中心接诊数据清洗工具包	重复数据查找 缺失率计算 不规范数据修正 日接诊量及相关统计指标的汇总表 日接诊量及相关统计指标自动生成趋势图
5	死因监测数据清洗工具包	关键字段缺失率计算 重复数据查找 不规范数据修正 区域匹配及筛选 日死亡人数及相关统计指标的汇总表及趋势图自动生成
6	医院就诊数据清洗工具包	重复数据查找 关键字段缺失率计算 关键字段逻辑检查 医院汇总数据初步汇总统计及趋势图自动生成
7	调查问卷数据清洗工具包	调查对象编号查重及唯一性校验 题目填写完整性校验 出行时间校验 调查对象年龄计算及校验 合格问卷判断及计数 调查问卷缺项率计算

（二）操作演示

1. 气象监测数据　在空气污染人群健康影响监测信息系统中，气象监测数据包含以下监测指标：气压（平均气压、最高气压、最低气压）、温度（平均温度、最高温度、最低温度）、相对湿度（平均相对湿度、最大相对湿度、最小相对湿度）、降水量、日平均风速、日照时数、能见度、霾日等。空气污染人群健康影响监测信息系统的录入员和审核员可使用信息系统中的数据导入模板和导出模板分别上传至数据清洗工具包。具体操作步骤如下：

(1)设置指标属性：工具包为绿色版，无需安装。双击工具包，即可呈现出如图 5-48 所示的页面。

点击【气象数据清理导入】即可进入气象数据清理模块。用户可在页面右侧的属性列表查看气象数据清理导入模板的各个指标（图 5-49）。并自定义各个指标的取值范围、需要保留的小数位数。可在需要修改的指标旁点右键，点击修改，即可出现图 5-50 所示页面的属性修改页面。用户可根据当地实际情况填写指标的取值范围，保留小数位数等。设定好后工具包即可按照此标准自动执行异常值及不规范数据的查找功能。如平均气压的值域范围

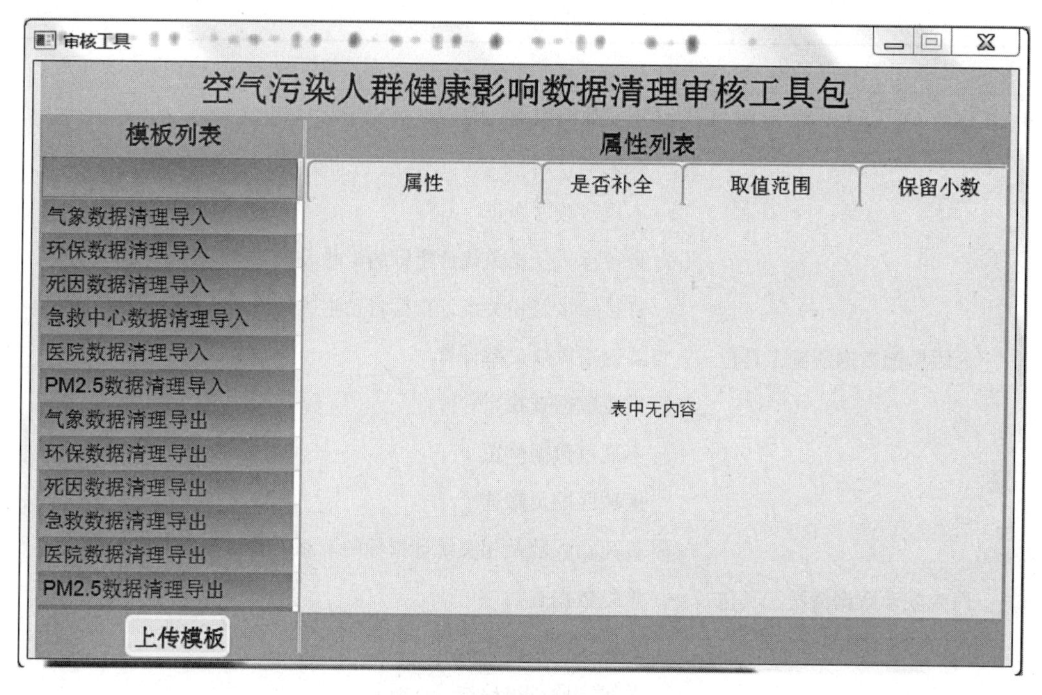

图 5-48　工具包启动页面

属性	是否补全	取值范围	保留小数
日期	是	~	无
平均气压(hpa)	否	550=~1050=	
最高气压(hpa)	否	550=~1050=	
最低气压(hpa)	否	550=~1050=	
平均温度(℃)	否	-60~50	
最高气温(℃)	否	-60~50	
最低气温(℃)	否	-60~50	
平均相对湿度(%)	否	0~100	无
最大湿度(%)	否	0~100	无
最小湿度(%)	否	0~100	无
降水量(mm)	否	0~	无
日平均风速(m/s)	否	0~	无
日照时数(小时/日)	否	0~24	无

图 5-49　气象数据属性列表

一般是≥550hPa,≤1050hPa,超出这个范围的则会标记为异常值。同时可在属性约束处的两个下拉框中选择最低气压和最高气压,使得平均气压超出最低气压和最高气压范围的也会标记为异常值。

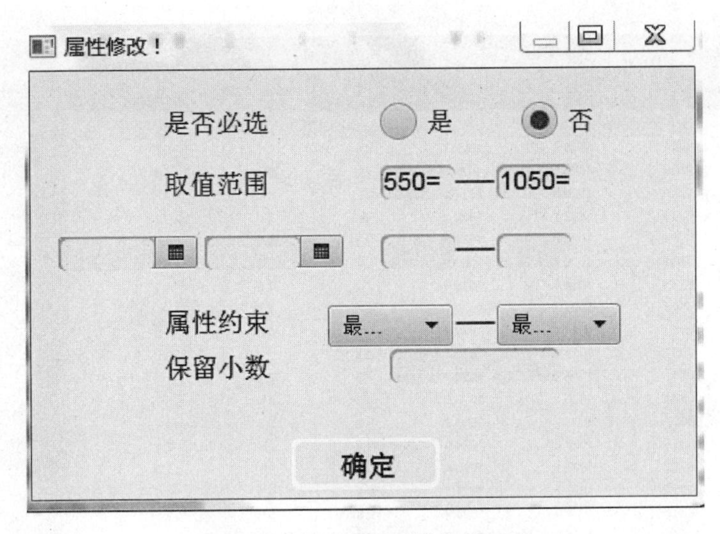

图 5-50　气象数据属性修改页面

（2）文件上传：点击图 5-51 中【上传文件】按钮，找到要上传的气象数据，上传文件。即可进行数据操作。如果上传文件与工具包默认的字段不一致，工具包会提示“模板匹配失败”。用户按照模板表头重新修改即可。

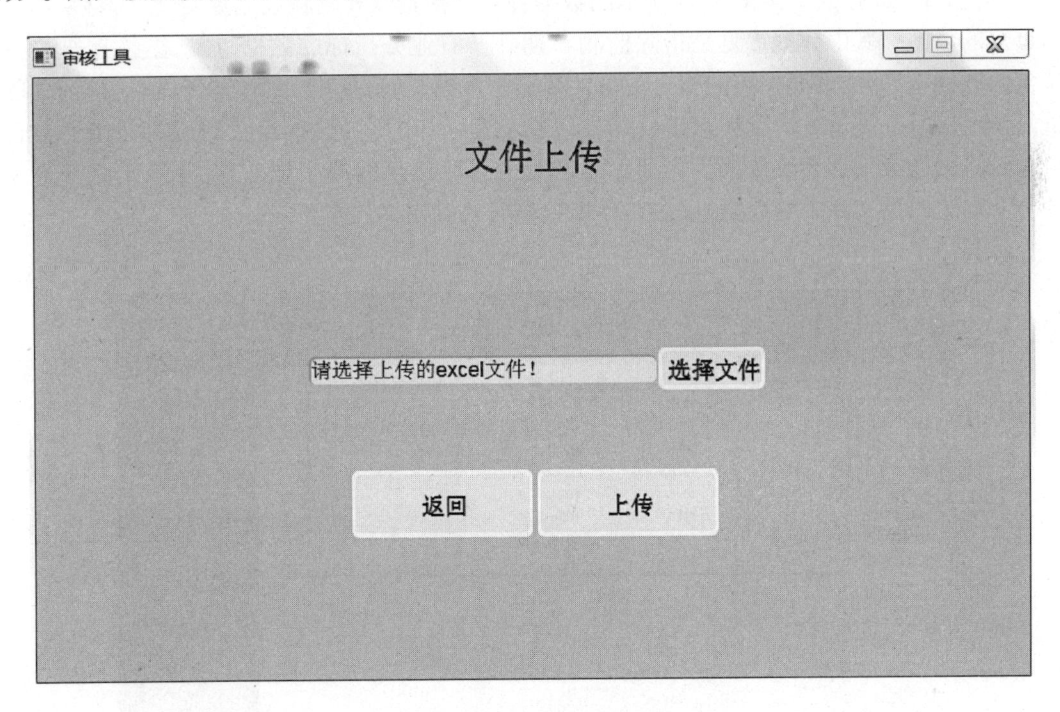

图 5-51　文件上传页面

（3）原始数据展示：原始数据展示如图 5-52 所示，用户可使用滚动条上下和左右浏览数据，点击右侧的【日期整理】可调整日期格式，点击【按日期排序】可按照日期从小到大顺序自动排序。

数据操作

原始数据　查重　异常数据处理　日期补全　全市表　基本统计　趋势图　导出

日期	平均气压(hpa)	最高气压(hpa)	最低气压(hpa)	平均温度(℃)	最高气温(℃)	最低气温(℃)
2016/01/08	1026.3	1028.6	1023.7	0.3	6.7	-5.8
2016/01/09	1025.4	1028.1	1024	2.3	9.7	-4.1
2016/01/10	1020.1	1025.9	1017	5.2	14	-2.8
2016/01/01	1028.1	1032.1	1022.5	-0.2	5.7	-5.7
2016/01/02	1025.8	1029.8	1022.8	0.1	5.8	-4.8
2016/01/03	1013.9	1024.4	1009.9	0.6	7.3	-3.5
2016/01/04	1012.2	1014.6	1010.9	1	7.5	-4.2
2016/01/05	1014.7	1021	1010.5	4.4	7.6	2.1
2016/01/06	1025	1028	1020.9	-0.8	5	-5.8
2016/01/07	1025.6	1027.8	1023.4	0.4	6.8	-3.8
2016/01/11	1027.8	1032.2	1018.7	2.5	7.7	-1
2016/01/12	1032.7	1035.5	1030.6	-0.2	4.6	-5.7
2016/01/13	1028.1	1031.7	1025.2	0.2	5.6	-3.7
2016/01/14	1025.9	1027.2	1024.3	0.7	2.7	-1.1
2016/01/15	1024.6	1027.4	1022.4	-2.6	0	-3.9
2016/01/16	1025.3	1029.7	1021.5	0.2	8.1	-5.3
2016/01/17	1028.9	1032.6	1024.2	0.8	5.9	-3.9
2016/01/18	1017.9	1024.5	1014.7	3.6	10.3	-2.2
2016/01/19	1021.4	1024.1	1018.5	3.4	11	-3.8
2016/01/20	1017.4	1019.2	1015.3	1.1	6.2	-3.2

日期整理
按日期排序
按站点排序

图 5-52　原始数据展示页面

（4）查重：如图 5-53 至图 5-55 所示的数据查重包括查看和删除数据重复、整体重复和日期重复的数据。其中数据重复是指除监测日期外所有业务指标的数据重复，整体重复是指包含区域信息、监测日期在内的整个记录的数据重复情况，日期重复则是仅仅查看日期列的重复情况。每一类重复情况在点击后均可以自动显示，用户可根据自己的需求使用工具包自动删除数据或手动修改数据。需要注意的是为保存用户的原始记录，此处点击删除数据并不会修改原始文件中的数据，仅会在导出数据时在导出文件中删除。

数据操作

原始数据　查重　异常数据处理　日期补全　全市表　基本统计　趋势图　导出

日期	平均气压(hpa)	最高气压(hpa)	最低气压(hpa)	平均温度(℃)	最高气温(℃)
2016/01/01	1028.1	1032.1	1022.5	-0.2	5.7
2016/01/02	1028.1	1032.1	1022.5	-0.2	5.7
2016/01/08	1026.3	1028.6	1023.7	0.3	6.7
2016/01/08	1026.3	1028.6	1023.7	0.3	6.7
2016/01/09	1025.4	1028.1	1024	2.3	9.7
2016/01/09	1025.4	1028.1	1024	2.3	9.7
2016/01/10	1020.1	1025.9	1017	5.2	14
2016/01/10	1020.1	1025.9	1017	5.2	14

查看数据重复
删除数据重复
查看整体重复
删除整体重复
查看日期重复
删除日期重复

图 5-53　数据重复查看页面

图 5-54　整体重复查看页面

图 5-55　日期重复查看页面

（5）异常数据处理：如图 5-56 和图 5-57 所示，工具包会对气象数据中存在的异常数据进行不同颜色的标记。其中绿色标记的含义为数据越界，如平均气温超出了最低气温和最高气温的范围；红色标记的含义为数据异常，即数据的值超出了在工具包属性列表中定义的值域范围；蓝色标记的含义为空数据。用户可双击有问题的数据，即可修改数据。

数据操作

原始数据　查重　异常数据处理　日期补全　全市表　基本统计　趋势图　导出

刷新列表　小数矫正

日期	平均气压(hpa)	最高气压(hpa)	最低气压(hpa)	平均温度(℃)	最高气温(℃)	最低气温(℃)	平均相对
2016/01/01	1028.1	1032.1	1022.5	-0.2	5.7	-5.7	6
2016/01/03	1013.9	1024.4	1009.9	0.6	7.3	-3.5	9
2016/01/04	1012.2	1014.6	1010.9	1	7.5	-4.2	6
2016/01/05	1014.7(数据越界)	1021	10100.5(数据异常)	4.4	7.6	2.1	4
2016/01/06	1025	1028	1020.9	6(数据越界)	5	-5.8	5
2016/01/07	1025.6	1027.8	1023.4	0.4	6.8	-3.8	4
2016/01/08	1026.3	1028.6	1023.7	0.3	6.7	-5.8	5
2016/01/09	1025.4	1028.1	1024	2.3	9.7	-4.1	5
2016/01/10	1020.1	1025.9	1017	5.2	14	-2.8	7
2016/01/11	1027.8	1032.2	1018.7	2.5	7.7	-1	4
2016/01/12	1032.7	1035.5	1030.6	-0.2	4.6	-5.7	3
2016/01/14	1025.9	1027.2	1024.3	0.7	2.7	-1.1	2
2016/01/15	1024.6	1027.4	1022.4	-2.6	0	-3.9	3
2016/01/16	1025.3	1029.7	1021.5	0.2	8.1	-5.3	6
2016/01/17	1028.9	1032.6	1024.2	0.8	5.9	-3.9	6
2016/01/18	1017.9	1024.5	1014.7	3.6	10.3	-2.2	4
2016/01/19	1021.4	1024.1	1018.5	3.4	11	-3.8	3
2016/01/20	1017.4	1019.2	1015.3	1.1	6.2	-3.2	3
2016/01/21	1023.7	1026.3	1019.2	1.8	7.5	-2.8	5
2016/01/22	1021.8	1026.2	1018	1.2	7.8	-3.4	6

图 5-56　异常数据查看页面

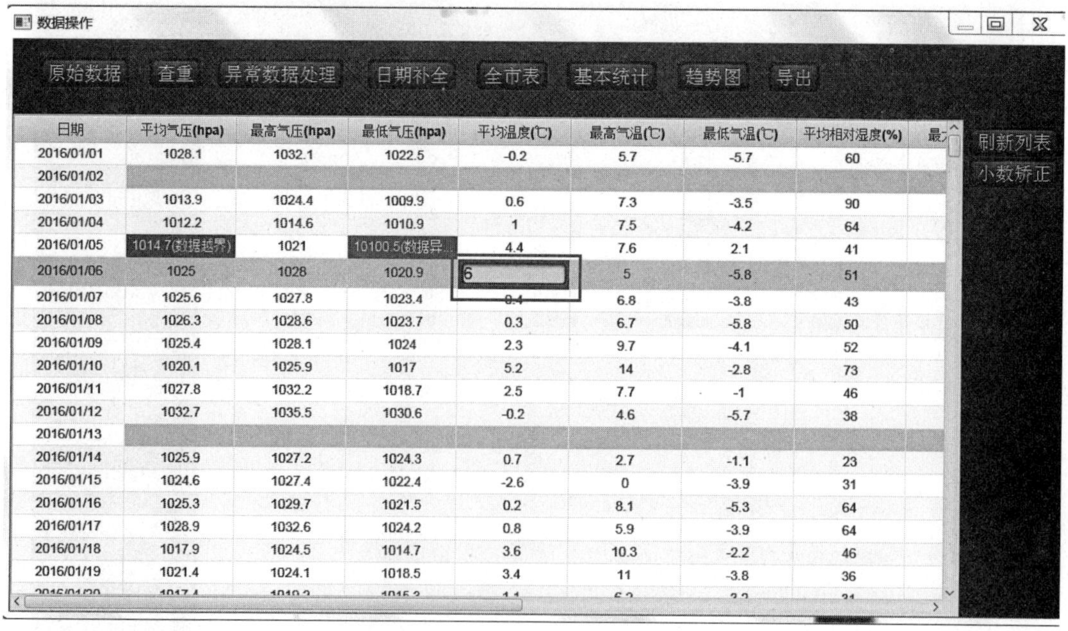

数据操作

原始数据　查重　异常数据处理　日期补全　全市表　基本统计　趋势图　导出

刷新列表　小数矫正

日期	平均气压(hpa)	最高气压(hpa)	最低气压(hpa)	平均温度(℃)	最高气温(℃)	最低气温(℃)	平均相对湿度(%)	最
2016/01/01	1028.1	1032.1	1022.5	-0.2	5.7	-5.7	60	
2016/01/02								
2016/01/03	1013.9	1024.4	1009.9	0.6	7.3	-3.5	90	
2016/01/04	1012.2	1014.6	1010.9	1	7.5	-4.2	64	
2016/01/05	1014.7(数据越界)	1021	10100.5(数据异...	4.4	7.6	2.1	41	
2016/01/06	1025	1028	1020.9	6	5	-5.8	51	
2016/01/07	1025.6	1027.8	1023.4	0.4	6.8	-3.8	43	
2016/01/08	1026.3	1028.6	1023.7	0.3	6.7	-5.8	50	
2016/01/09	1025.4	1028.1	1024	2.3	9.7	-4.1	52	
2016/01/10	1020.1	1025.9	1017	5.2	14	-2.8	73	
2016/01/11	1027.8	1032.2	1018.7	2.5	7.7	-1	46	
2016/01/12	1032.7	1035.5	1030.6	-0.2	4.6	-5.7	38	
2016/01/13								
2016/01/14	1025.9	1027.2	1024.3	0.7	2.7	-1.1	23	
2016/01/15	1024.6	1027.4	1022.4	-2.6	0	-3.9	31	
2016/01/16	1025.3	1029.7	1021.5	0.2	8.1	-5.3	64	
2016/01/17	1028.9	1032.6	1024.2	0.8	5.9	-3.9	64	
2016/01/18	1017.9	1024.5	1014.7	3.6	10.3	-2.2	46	
2016/01/19	1021.4	1024.1	1018.5	3.4	11	-3.8	36	

图 5-57　异常数据修改页面

(6)日期补全：如图5-58所示，原始数据中缺少2016年1月2日和13日的数据，工具包按照当前第一条数据所在的年份，选择时间范围，点击【确定】以明确时间范围，点击【补全日期数据】后，颜色标记处即补全的日期。

数据操作

原始数据　查重　异常数据处理　日期补全　全市表　基本统计　趋势图　导出

日期	平均气压(hpa)	最高气压(hpa)	最低气压(hpa)	平均温度(℃)	最高气温(℃)	最低气温(℃)	平均相对湿度(%)
2016/01/01	1028.1	1032.1	1022.5	-0.2	5.7	-5.7	60
2016/01/02							
2016/01/03	1013.9	1024.4	1009.9	0.6	7.3	-3.5	90
2016/01/04	1012.2	1014.6	1010.9	1	7.5	-4.2	64
2016/01/05	1014.7	1021	10100.5	4.4	7.6	2.1	41
2016/01/06	1025	1028	1020.9	6	5	-5.8	51
2016/01/07	1025.6	1027.8	1023.4	0.4	6.8	-3.8	43
2016/01/08	1026.3	1028.6	1023.7	0.3	6.7	-5.8	50
2016/01/09	1025.4	1028.1	1024	2.3	9.7	-4.1	52
2016/01/10	1020.1	1025.9	1017	5.2	14	-2.8	73
2016/01/11	1027.8	1032.2	1018.7	2.5	7.7	-1	46
2016/01/12	1032.7	1035.5	1030.6	-0.2	4.6	-5.7	38
2016/01/13							
2016/01/14	1025.9	1027.2	1024.3	0.7	2.7	-1.1	23
2016/01/15	1024.6	1027.4	1022.4	-2.6	0	-3.9	31
2016/01/16	1025.3	1029.7	1021.5	0.2	8.1	-5.3	64
2016/01/17	1028.9	1032.6	1024.2	0.8	5.9	-3.9	64
2016/01/18	1017.9	1024.5	1014.7	3.6	10.3	-2.2	46
2016/01/19	1021.4	1024.1	1018.5	3.4	11	-3.8	36
2016/01/20	1017.4	1019.2	1015.3	1.1	6.2	-3.2	31

年份：2016
起始日期：01/01
截止数据：12/31
确定
补全日期数据

图5-58　日期补全页面

(7)全市表：用于计算各个监测点指标的全市均值，由于气象数据一般来说是全市数据，因此无需使用此功能。该功能将在空气质量监测数据中详细介绍。

(8)基本统计：如图5-59至图5-61所示，可在工具包的右侧点击需要统计的指标，点击【确认】后即可自动生成计数计量统计表，平均值统计表和标准差统计表。其中计数计量表按月、季度、年度分别计算监测城市上报气象数据缺失天数及各气象指标缺失个数，平均值统计表和标准差统计表则按月、季度、年度分别计算监测城市上报气象数据的最大值、最小值和平均值、标准差。点击右侧的【确认导出】可将此报表导出为Excel文件。

数据操作

原始数据　查重　异常数据处理　日期补全　全市表　基本统计　趋势图　导出

计数计量统计

季度	月份	日期缺失	平均气压(hpa)	最高气压(hpa)	最低气压(hpa)	平均温度(℃)	最高气温(℃)	最低气温(℃)
第一季度	1月	0	29	29	29	29	29	29
	2月	0	29	29	29	29	29	29
	3月	0	31	31	31	31	31	31
	汇总	0	89	89	89	89	89	89
第二季度	4月	0	30	30	30	30	30	30
	5月	0	31	31	31	31	31	31
	6月	0	30	30	30	30	30	30
	汇总	0	91	91	91	91	91	91
第三季度	7月	0	31	31	31	31	31	31
	8月	0	31	31	31	31	31	31
	9月	0	30	30	30	30	30	30
	汇总	0	92	92	92	92	92	92
第四季度	10月	0	31	31	31	31	31	31
	11月	0	30	30	30	30	30	30
	12月	0	31	31	31	31	31	31
	汇总	0	92	92	92	92	92	92
全年	汇总	0	364	364	364	364	364	364
	缺失率	0.00	0.00	0.00	0.00	0.00	0.00	0.00

选择数据
日期
平均气压(hpa)
最高气压(hpa)
最低气压(hpa)
确认
确认导出

图5-59　计数计量统计表页面

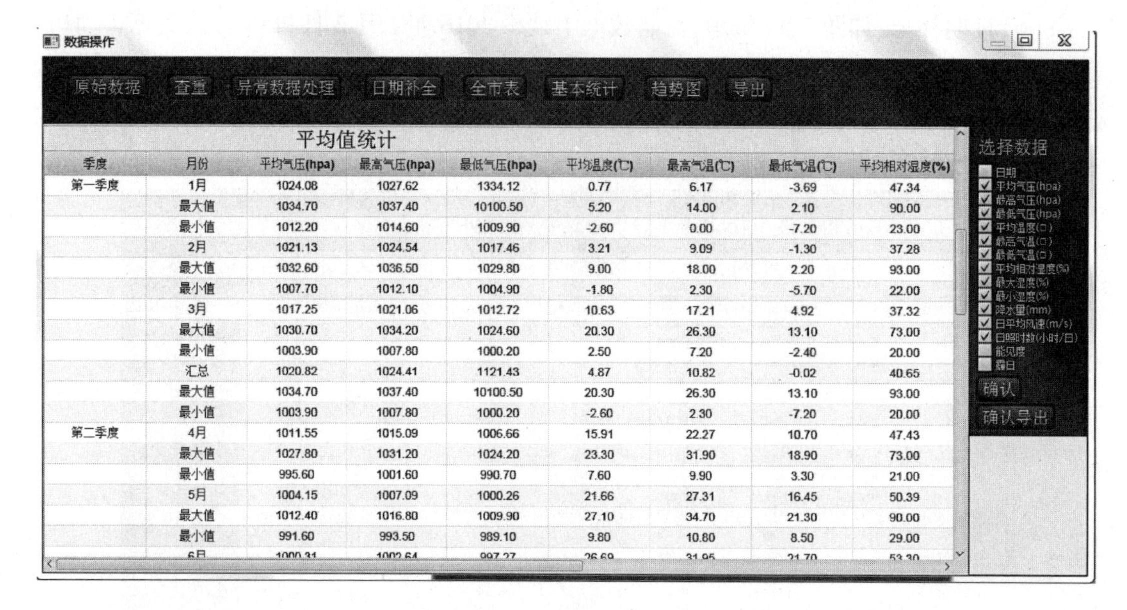

平均值统计

季度	月份	平均气压(hpa)	最高气压(hpa)	最低气压(hpa)	平均温度(℃)	最高气温(℃)	最低气温(℃)	平均相对湿度(%)
第一季度	1月	1024.08	1027.62	1334.12	0.77	6.17	-3.69	47.34
	最大值	1034.70	1037.40	10100.50	5.20	14.00	2.10	90.00
	最小值	1012.20	1014.60	1009.90	-2.60	0.00	-7.20	23.00
	2月	1021.13	1024.54	1017.46	3.21	9.09	-1.30	37.28
	最大值	1032.60	1036.50	1029.80	9.00	18.00	2.20	93.00
	最小值	1007.70	1012.10	1004.90	-1.80	2.30	-5.70	22.00
	3月	1017.25	1021.06	1012.72	10.63	17.21	4.92	37.32
	最大值	1030.70	1034.20	1024.60	20.30	26.30	13.10	73.00
	最小值	1003.90	1007.80	1000.20	2.50	7.20	-2.40	20.00
	汇总	1020.82	1024.41	1121.43	4.87	10.82	-0.02	40.65
	最大值	1034.70	1037.40	10100.50	20.30	26.30	13.10	93.00
	最小值	1003.90	1007.80	1000.20	-2.60	2.30	-7.20	20.00
第二季度	4月	1011.55	1015.09	1006.66	15.91	22.27	10.70	47.43
	最大值	1027.80	1031.20	1024.20	23.30	31.90	18.90	73.00
	最小值	995.60	1001.60	990.70	7.60	9.90	3.30	21.00
	5月	1004.15	1007.09	1000.26	21.66	27.31	16.45	50.39
	最大值	1012.40	1016.80	1009.90	27.10	34.70	21.30	90.00
	最小值	991.60	993.50	989.10	9.80	10.80	8.50	29.00

图 5-60　平均值统计表页面

标准差统计

季度	月份	平均气压(hpa)	最高气压(hpa)	最低气压(hpa)	平均温度(℃)	最高气温(℃)	最低气温(℃)	平均相对湿度(%)
第一季度	1月	5.82	5.27	1656.70	1.77	2.93	1.86	16.29
	2月	6.89	6.78	7.07	2.17	3.69	2.16	15.12
	3月	6.67	6.27	6.76	4.59	4.82	4.47	12.54
	汇总	6.46	6.11	556.84	2.84	3.81	2.83	14.65
第二季度	4月	7.24	6.93	7.44	5.19	6.23	4.32	12.48
	5月	5.24	5.01	5.31	4.11	4.62	3.60	11.99
	6月	3.87	3.95	3.97	2.17	2.58	2.22	15.85
	汇总	5.45	5.30	5.57	3.82	4.48	3.38	13.44
第三季度	7月	3.49	3.34	3.67	2.38	2.91	2.30	9.92
	8月	3.14	3.22	3.07	2.14	2.43	1.79	11.21
	9月	3.98	4.48	3.76	2.32	3.04	2.10	11.83
	汇总	3.53	3.68	3.50	2.28	2.79	2.06	10.99
第四季度	10月	4.68	4.58	4.91	4.42	5.78	3.98	14.05
	11月	4.95	5.14	4.97	5.79	6.72	5.49	15.76
	12月	4.20	3.94	4.47	2.62	3.57	2.92	14.39
	汇总	4.61	4.55	4.78	4.28	5.36	4.13	14.74
全年	汇总	5.01	4.91	142.68	3.31	4.11	3.10	13.45

图 5-61　标准差统计表页面

（9）趋势图：如图 5-62 所示，可在工具包的右侧点击需要统计的指标，点击【确认】后即可自动生成趋势图。趋势图的横坐标可自由调整，同时可自由切换折线图或柱状图。用户也可将此趋势图另存为图片。

（10）导出：如图 5-63 所示工具包单独设置的导出功能用于导出前面经过删除重复数据、异常数据修改、日期补全等一系列操作后的原始数据。统计图表的导出则需要在基本统计页面单独导出。

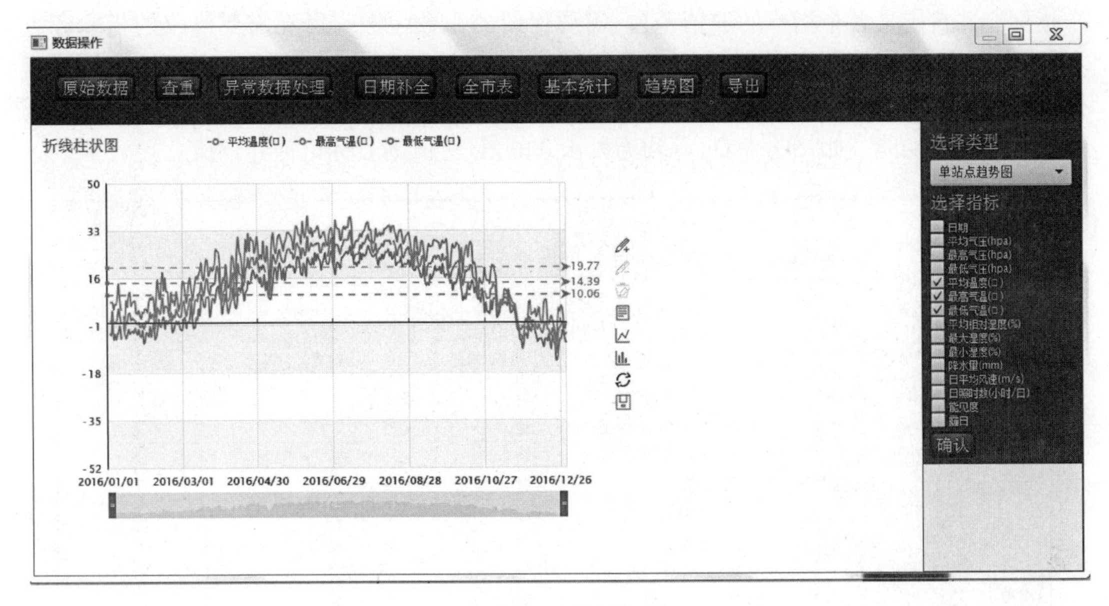

图 5-62　趋势图页面

日期	平均气压	最高气压	最低气压	平均温度	最高气温	最低气温	平均相对	最大湿度	最小湿度	降水量(m	日平均风	日照时数	能见度	霾日
2016/01/01	1028.1	1032.1	1022.5	-0.2	5.7	-5.7	60	71	38	0	0.8	5.4	873	是
2016/01/02														
2016/01/03	1013.9	1024.4	1009.9	0.6	7.3	-3.5	90	97	68	0	0.6	0	90	否
2016/01/04	1012.2	1014.6	1010.9	1	7.5	-4.2	64	94	32	0	1	0	516	否
2016/01/05	1014.7	1021	10100.5	4.4	7.6	2.1	41	52	31	0	0.7	7.9	3665	是
2016/01/06	1025	1028	1020.9	0	5	-5.8	51	68	24	0	0.8	3.8	1232	是
2016/01/07	1025.6	1027.8	1023.4	0.4	6.8	-3.8	43	65	26	0	1.2	8.1	925	是
2016/01/08	1026.3	1028.6	1023.7	0.3	6.7	-5.8	50	71	23	0	1.2	7.4	1730	是
2016/01/09	1025.4	1028.1	1024	2.3	9.7	-4.1	52	64	33	0	1.1	5.9	1432	是
2016/01/10	1020.1	1025.9	1017	5.2	14	-2.8	73	87	52	0	0.5	0	650	是
2016/01/11	1027.8	1032.2	1018.7	2.5	7.7	-1	46	80	23	0	0.9	6.6	3514	否
2016/01/12	1032.7	1035.5	1030.6	-0.2	4.6	-5.7	38	47	24	0	0.7	7.1	2257	是
2016/01/13														
2016/01/14	1025.9	1027.2	1024.3	0.7	2.7	-1.1	23	44	8	0	1.9	8.5	1715	是
2016/01/15	1024.6	1027.4	1022.4	-2.6	0	-3.9	31	42	14	0	0.6	8	1411	是
2016/01/16	1025.3	1029.7	1021.5	0.2	8.1	-5.3	64	94	36	0	1	0	439	是
2016/01/17	1028.9	1032.6	1024.2	0.8	5.9	-3.9	64	77	41	0	1.2	0	2721	是
2016/01/18	1017.9	1024.5	1014.7	3.6	10.3	-2.2	46	77	13	0	0.9	8.2	1904	否
2016/01/19	1021.4	1024.1	1018.5	3.4	11	-3.8	36	58	13	0	0.8	8.5	1572	是
2016/01/20	1017.4	1019.2	1015.3	1.1	6.2	-3.2	31	40	21	0	1.2	0	2311	是
2016/01/21	1023.7	1026.3	1019.2	1.8	7.5	-2.8	52	63	31	0	1.1	0	2221	是
2016/01/22	1021.8	1026.2	1018	1.2	7.8	-3.4	60	89	34	15	1.5	6.1	1356	否
2016/01/23	1015.2	1018.4	1012.8	1.2	8	-1.8	31	51	17	0	2.8	8.1	3864	是
2016/01/24	1021.2	1023.4	1016.3	0	3.7	-3.2	27	35	20	0	2.8	8.7	5494	否
2016/01/25	1022.3	1024.2	1019.7	-0.1	3.3	-4	28	40	12	0	1.5	8.4	2398	是
2016/01/26	1024.1	1030	1019	0.3	4.5	-2.3	24	34	12	0	0.8	8.5	2438	是
2016/01/27	1033.1	1035	1029.9	-1.3	2.6	-4.6	29	43	14	0	0.9	8.3	2374	是

原始数据表

图 5-63　导出修改后的原始数据

2. 环境空气质量监测数据　在空气污染人群健康影响监测信息系统中，空气质量监测数据包含以下监测指标：SO_2、NO_2、PM_{10}、CO、$O_{3\text{-}1h}$（最大小时平均浓度）、$O_{3\text{-}8h}$（最大8小时滑动平均浓度）、$PM_{2.5}$等。空气污染人群健康影响监测信息系统的录入员和审核员可使用信息系统中的数据导入模板和导出模板分别上传至数据清洗工具包。具体操作步骤如下：

（1）设置指标属性：点击【环保数据清理导入】即可进入环境空气质量监测数据清理模块（图5-64）。用户可在页面右侧的属性列表查看环境空气质量监测数据清理导入模板的各个指标。并自定义各个指标的取值范围、需要保留的小数位数。可在需要修改的指标旁点右键，点击修改，即可出现图 5-65 所示的属性修改页面。用户可根据当地实际情况填写指标的取值范围，保留小数位数等。设定好后工具包即可按照此标准自动执行异常值及不规范数据的查找功能。如：SO_2、NO_2 等均为大于 0 的值，负值则会标记为异常值。

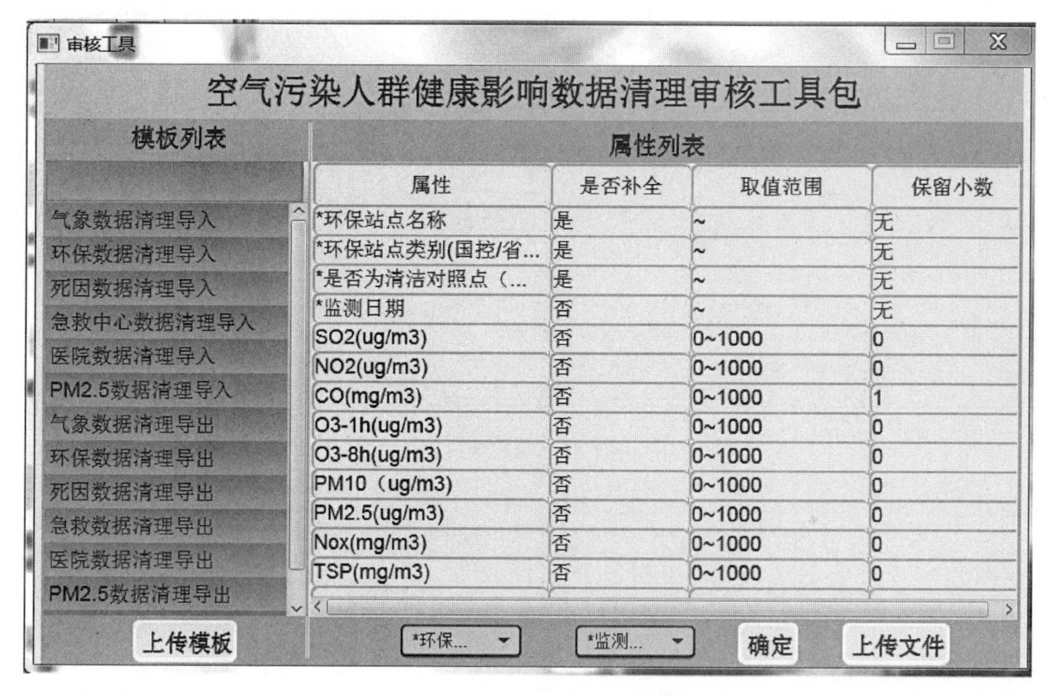

图 5-64 空气质量监测数据属性列表

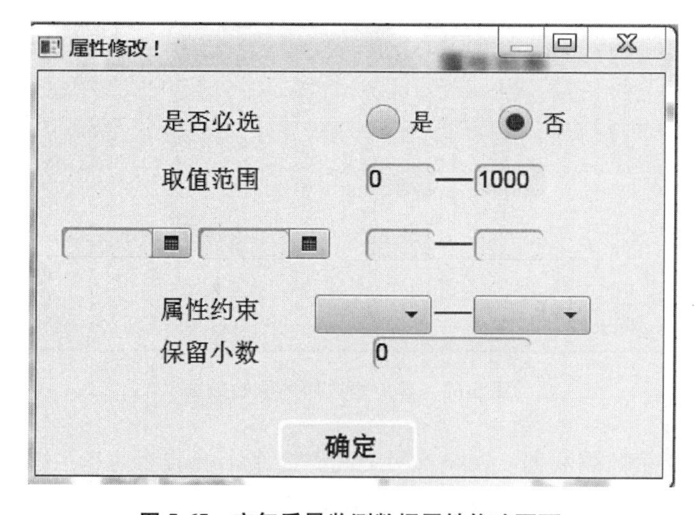

图 5-65 空气质量监测数据属性修改页面

（2）文件上传：在图 5-66 中点击【上传文件】按钮，找到要上传的环境空气质量监测数据，上传文件。即可进行数据操作。如果上传文件与工具包默认的字段不一致，工具包会提示“模板匹配失败”。用户按照模板表头重新修改即可。

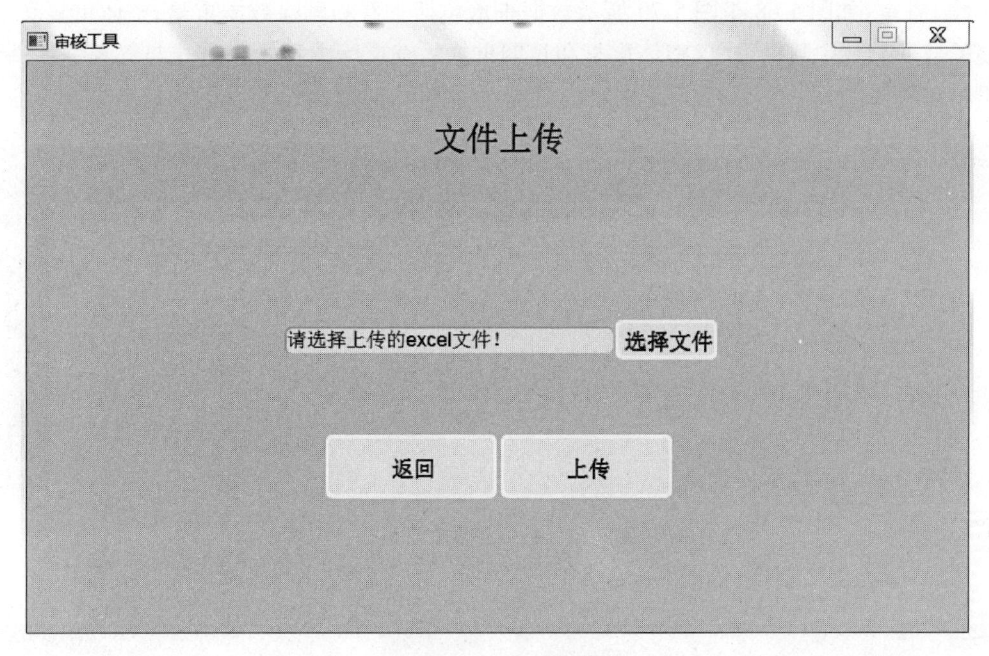

图 5-66　文件上传页面

（3）原始数据展示：原始数据展示如图 5-67 所示，用户可使用滚动条上下和左右浏览数据，点击右侧的【日期整理】可调整日期格式，点击【按日期排序】可按照日期从小到大顺序自动排序，使用导出模板时点击【按站点排序】可按照站点名称自动排序。

数据操作

原始数据　查重　异常数据处理　日期补全　全市表　基本统计　趋势图　导出

日期整理　按日期排序　按站点排序

监测日期	NO2(ug/m3)	SO2(ug/m3)	PM10(ug/m3)	CO(mg/m3)	O3-1h(ug/m3)	O3-8h(ug/m
2016/01/01	87	139	292	3.7	32	22
2016/01/02	174	160	750	8.5	25	15
2016/01/03						
2016/01/04	60	70	182	2.3	259	43
2016/01/05	57	66	102	1.5	71	57
2016/01/06	102	128	323	4.1	58	31
2016/01/07	62	80	161	2	57	48
2016/01/08	80	105	205	2.3	58	44
2016/01/09	106	148	325	3.9	57	34
2016/01/10	107	105	467	5.6	24	16
2016/01/11	59	67	100	1.5	327	57
2016/01/12	73	87	176	2.2	44	33
2016/01/13	83	127	180	2.7	54	38
2016/01/14	76	109	160	2.1	62	43
2016/01/15	123	206	327	4.4	55	44
2016/01/16	94	95	322	4.2	14	10
2016/01/17	60	41	126	1.5	60	43
2016/01/18	56	45	128	1.6	79	68
2016/01/19	69	95	185	2.3	69	52
2016/01/20	77	129	174	2	128	30

图 5-67　原始数据展示页面

（4）查重：如图5-68至图5-70所示数据查重包括查看和删除数据重复、整体重复和日期重复的数据。其中数据重复、整体重复和日期重复的查重标准和操作方式与气象数据一致，这里不再赘述。

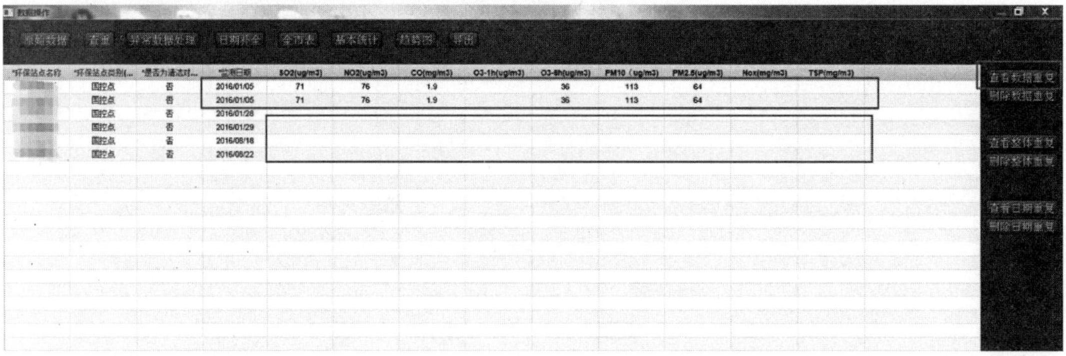

数据操作

原始数据　查重　异常数据处理　日期补全　全市表　基本统计　趋势图　导出

*环保站点名称	*环保站点类别(...	*是否为清洁对...	*监测日期	SO2(ug/m3)	NO2(ug/m3)	CO(mg/m3)	O3-1h(ug/m3)	O3-8h(ug/m3)	PM10（ug/m3)	PM2.5(ug/m3)	Nox(mg/m3)	TSP(mg/m3)
	国控点	否	2016/01/05	71	76	1.9		36	113	64		
	国控点	否	2016/01/05	71	76	1.9		36	113	64		
	国控点	否	2016/01/28									
	国控点	否	2016/01/29									
	国控点	否	2016/08/18									
	国控点	否	2016/08/22									

查看数据重复　删除数据重复　查看整体重复　删除整体重复　查看日期重复　删除日期重复

图5-68　数据重复查看页面

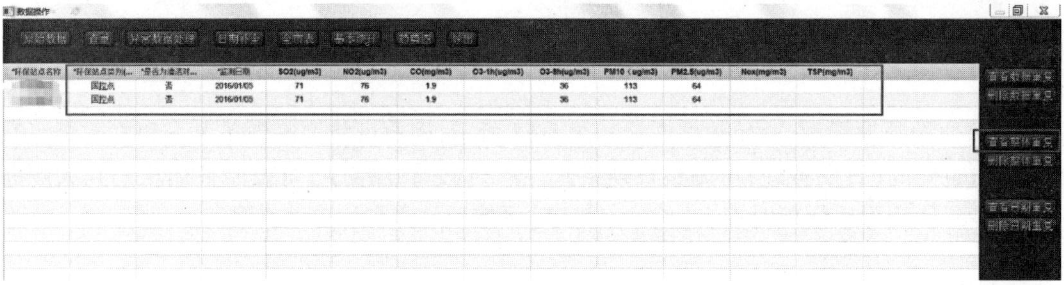

数据操作

原始数据　查重　异常数据处理　日期补全　全市表　基本统计　趋势图　导出

*环保站点名称	*环保站点类别(...	*是否为清洁对...	*监测日期	SO2(ug/m3)	NO2(ug/m3)	CO(mg/m3)	O3-1h(ug/m3)	O3-8h(ug/m3)	PM10（ug/m3)	PM2.5(ug/m3)	Nox(mg/m3)	TSP(mg/m3)
	国控点	否	2016/01/05	71	76	1.9		36	113	64		
	国控点	否	2016/01/05	71	76	1.9		36	113	64		

查看数据重复　删除数据重复　查看整体重复　删除整体重复　查看日期重复　删除日期重复

图5-69　整体重复查看页面

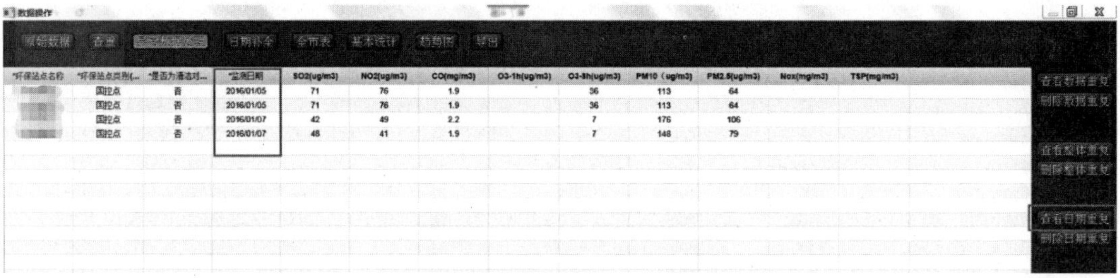

数据操作

原始数据　查重　异常数据处理　日期补全　全市表　基本统计　趋势图　导出

*环保站点名称	*环保站点类别(...	*是否为清洁对...	*监测日期	SO2(ug/m3)	NO2(ug/m3)	CO(mg/m3)	O3-1h(ug/m3)	O3-8h(ug/m3)	PM10（ug/m3)	PM2.5(ug/m3)	Nox(mg/m3)	TSP(mg/m3)
	国控点	否	2016/01/05	71	76	1.9		36	113	64		
	国控点	否	2016/01/05	71	76	1.9		36	113	64		
	国控点	否	2016/01/07	42	49	2.2		7	176	106		
	国控点	否	2016/01/07	48	41	1.9		7	148	79		

查看数据重复　删除数据重复　查看整体重复　删除整体重复　查看日期重复　删除日期重复

图5-70　日期重复查看页面

（5）异常数据处理：如图5-71所示，工具包会对环境空气质量监测数据中存在的异常数据进行不同颜色的标记。其中绿色标记的含义为小数位数不正常，如CO一般要求保留一位小数，若不符合要求，则工具包会给出提示；红色标记的含义为数据异常，即数据的值超出了在工具包属性列表中定义的值域范围，如一般PM_{10}的值不会超过1000，此处值为1500则工具包给出提示；蓝色标记的含义为空数据。用户可双击有问题的数据，即可修改数据（图5-72）。

数据操作

原始数据　查重　异常数据处理　日期补全　全市表　基本统计　趋势图　导出

结对...	*监测日期	SO2(ug/m3)	NO2(ug/m3)	CO(mg/m3)	O3-1h(ug/m3)	O3-8h(ug/m3)	PM10（ug/m3)	PM2.5(ug/m3)
	2016/01/01							247
	2016/01/02	132	203	7.8		5	723	479
	2016/01/03	0(数据异常)	148	6.1		4	563	341
	2016/01/04	48	90	3.1		29	273	147
	2016/01/05	71	76	1.9		36	113	64
	2016/01/05	71	76	1.9		36	113	64
	2016/01/06	94	94	3.3		20	246	139
	2016/01/07	42	49	2.2		7	176	106
	2016/01/07	48	41	1.9		7	148	79
	2016/01/09	68	55	3.9		4	1500(数据异常)	199
	2016/01/10	36	50	4.1		4	337	202
	2016/01/11	22	21	1.1		5	85	38
	2016/01/12	42	44	2.1		4	179	96
	2016/01/13	120	82	3(小数)		27	191	93
	2016/01/14	103	64	1.2		46	91	38
	2016/01/15	141	94	3.1		17	196	111
	2016/01/16	68	86	3.3		10	245	164
	2016/01/17	48	61	1.8		29	160	100
	2016/01/18	41	43	1.2		60	82	45
	2016/01/19	112	87	3.2		25	197	127

刷新列表

小数矫正

图 5-71　异常数据查看页面

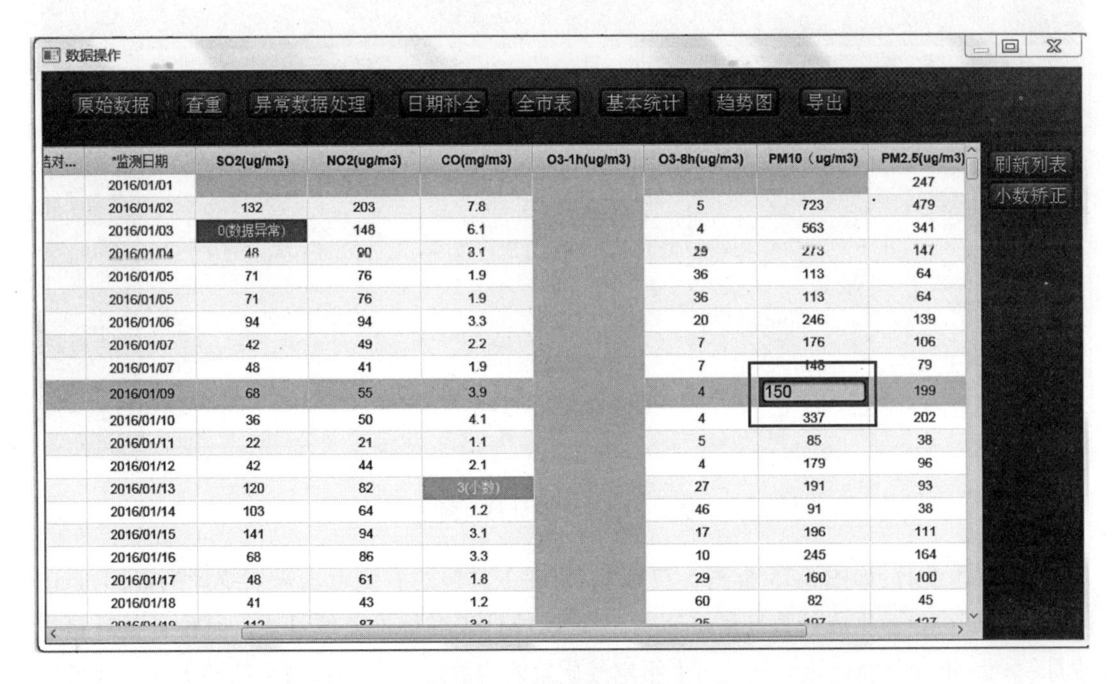

数据操作

原始数据　查重　异常数据处理　日期补全　全市表　基本统计　趋势图　导出

结对...	*监测日期	SO2(ug/m3)	NO2(ug/m3)	CO(mg/m3)	O3-1h(ug/m3)	O3-8h(ug/m3)	PM10（ug/m3)	PM2.5(ug/m3)
	2016/01/01							247
	2016/01/02	132	203	7.8		5	723	479
	2016/01/03	0(数据异常)	148	6.1		4	563	341
	2016/01/04	48	90	3.1		29	273	147
	2016/01/05	71	76	1.9		36	113	64
	2016/01/05	71	76	1.9		36	113	64
	2016/01/06	94	94	3.3		20	246	139
	2016/01/07	42	49	2.2		7	176	106
	2016/01/07	48	41	1.9		7	148	79
	2016/01/09	68	55	3.9		4	150	199
	2016/01/10	36	50	4.1		4	337	202
	2016/01/11	22	21	1.1		5	85	38
	2016/01/12	42	44	2.1		4	179	96
	2016/01/13	120	82	3(小数)		27	191	93
	2016/01/14	103	64	1.2		46	91	38
	2016/01/15	141	94	3.1		17	196	111
	2016/01/16	68	86	3.3		10	245	164
	2016/01/17	48	61	1.8		29	160	100
	2016/01/18	41	43	1.2		60	82	45

刷新列表

小数矫正

图 5-72　异常数据修改页面

(6)日期补全:如图 5-73 所示,原始数据中缺少 2016 年 1 月 8 日的数据,工具包按照当前第一条数据所在的年份,选择时间范围,点击【确定】以明确时间范围,点击【补全日期数据】后,颜色标记处即补全的日期。

(7)全市表:用于计算各个常规环保监测点指标的全市均值。用户根据数据中的站点数

数据操作

原始数据　查重　异常数据处理　日期补全　全市表　基本统计　趋势图　导出

*监测日期	SO2(ug/m3)	NO2(ug/m3)	CO(mg/m3)	O3-1h(ug/m3)	O3-8h(ug/m3)	PM10（ug/m3)	PM2.5(ug/m3)	Nox(mg/m3)	TSP(mg/m3)
2016/01/01							247		
2016/01/02	132	203	7.8		5	723	479		
2016/01/03	0	148	6.1		4	563	341		
2016/01/04	48	90	3.1		29	273	147		
2016/01/05	71	76	1.9		36	113	64		
2016/01/06	94	94	3.3		20	246	139		
2016/01/07	48	41	1.9		7	148	79		
2016/01/08									
2016/01/09	68	55	3.9		4	150	199		
2016/01/10	36	50	4.1		4	337	202		
2016/01/11	22	21	1.1		5	85	38		
2016/01/12	42	44	2.1		4	179	96		
2016/01/13	120	82	3.0		27	191	93		
2016/01/14	103	64	1.2		46	91	38		
2016/01/15	141	94	3.1		17	196	111		
2016/01/16	68	86	3.3		10	245	164		
2016/01/17	48	61	1.8		29	160	100		
2016/01/18	41	43	1.2		60	82	45		
2016/01/19	112	87	3.2		25	197	127		
2016/01/20	144	93	4.0		9	258	183		

年份：2016
起始日期：
01/01
截止数据：
12/31
确定
补全日期数据

图 5-73　日期补全页面

据在下拉框中选择，点击【确定】即可。如图 5-74 所示。

数据操作

原始数据　查重　异常数据处理　日期补全　全市表　基本统计　趋势图　导出

(是/否)	监测日期	NO2(ug/m3)	SO2(ug/m3)	PM10(ug/m3)	CO(mg/m3)	O3-1h(ug/m3)	O3-8h(ug/m3)	TSP(ug/m3)	PM2.5(ug/m3)	NOx(ug/m3)
	2016/01/01	111	117	391	5		8.7		280	
	2016/01/02	170	122	644	8		6.4		498	
	2016/01/03	139	70	483	6		4.3		332	
	2016/01/04	85	48	226	3		36.1		147	
	2016/01/05	66	70	107	2		41.1		76	
	2016/01/06	87	96	223	3		27.6		155	
	2016/01/07	68	76	162	2		29.9		110	
	2016/01/08	68	88	146	2		33.3		96	
	2016/01/09	95	137	292	4		12.0		208	
	2016/01/10	96	88	309	4		8.1		226	
	2016/01/11	48	45	82	1		35.0		51	
	2016/01/12	68	83	164	2		20.0		110	
	2016/01/13	78	116	155	2		35.8		93	
	2016/01/14	63	100	106	1		51.3		50	
	2016/01/15	96	145	215	3		23.4		134	
	2016/01/16	87	70	262	3		10.1		188	
	2016/01/17	58	45	162	2		34.3		109	
	2016/01/18	45	38	92	1		63.4		58	
	2016/01/19	80	99	189	3		31.0		129	
	2016/01/20	90	124	250	3		10.5		174	

选择站点数：
8
确定

图 5-74　全市表计算页面

（8）基本统计：如图 5-75 至图 5-77 所示，可在工具包的右侧点击需要统计的指标，点击【确认】后即可自动生成计数计量统计表，平均值统计表和标准差统计表。其中计数计量表按月、季度、年度分别计算监测城市上报空气质量监测数据各个环保站点的缺失天数及各监测指标缺失个数，平均值统计表和标准差统计表则按月、季度、年度分别计算各个环保站点上报空气质量监测数据的最大值、最小值和平均值、标准差。点击右侧的【确认导出】可将此报表导出为 Excel 文件。

（9）趋势图：如图 5-78 所示，可在工具包的右侧点击需要统计的指标，点击【确认】后即

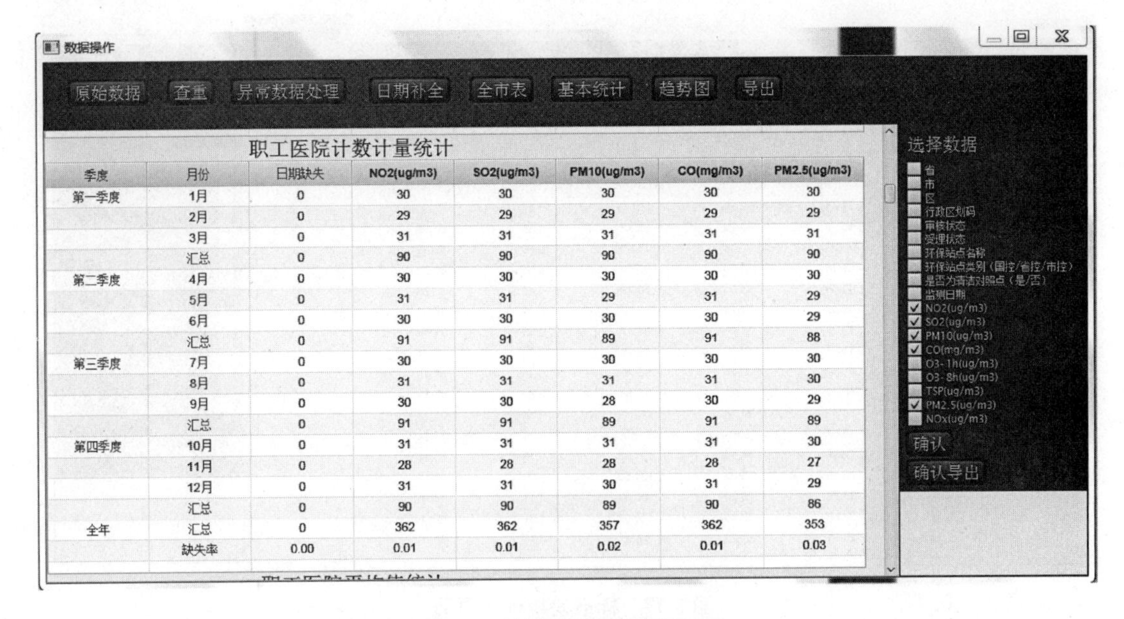

职工医院计数计量统计

季度	月份	日期缺失	NO2(ug/m3)	SO2(ug/m3)	PM10(ug/m3)	CO(mg/m3)	PM2.5(ug/m3)
第一季度	1月	0	30	30	30	30	30
	2月	0	29	29	29	29	29
	3月	0	31	31	31	31	31
	汇总	0	90	90	90	90	90
第二季度	4月	0	30	30	30	30	30
	5月	0	31	31	29	31	29
	6月	0	30	30	30	30	29
	汇总	0	91	91	89	91	88
第三季度	7月	0	30	30	30	30	30
	8月	0	31	31	31	31	30
	9月	0	30	30	28	30	29
	汇总	0	91	91	89	91	89
第四季度	10月	0	31	31	31	31	30
	11月	0	28	28	28	28	27
	12月	0	31	31	30	31	29
	汇总	0	90	90	89	90	86
全年	汇总	0	362	362	357	362	353
	缺失率	0.00	0.01	0.01	0.02	0.01	0.03

图 5-75　计数计量统计表页面

数据操作

原始数据　查重　异常数据处理　日期补全　全市表　基本统计　趋势图　导出

职工医院平均值统计

季度	月份	NO2(ug/m3)	SO2(ug/m3)	PM10(ug/m3)	CO(mg/m3)	PM2.5(ug/m3)
第一季度	1月	75.13	92.53	197.93	2.54	128.63
	最大值	193.00	182.00	714.00	8.30	539.00
	最小值	27.00	25.00	60.00	0.60	17.00
	2月	49.00	69.76	121.41	1.53	70.86
	最大值	100.00	149.00	420.00	4.90	263.00
	最小值	16.00	11.00	18.00	0.40	10.00
	3月	69.32	58.87	167.03	1.45	77.10
	最大值	118.00	116.00	317.00	3.20	218.00
	最小值	28.00	11.00	63.00	0.50	18.00
	汇总	64.49	73.72	162.13	1.84	92.20
	最大值	193.00	182.00	714.00	8.30	539.00
	最小值	16.00	11.00	18.00	0.40	10.00
第二季度	4月	53.40	31.80	128.60	0.94	60.40
	最大值	87.00	64.00	234.00	1.80	145.00
	最小值	29.00	7.00	38.00	0.30	15.00
	5月	51.03	28.94	105.69	0.84	49.41
	最大值	92.00	55.00	261.00	1.40	147.00
	最小值	24.00	9.00	41.00	0.40	21.00
	6月	36.40	15.27	85.23	0.88	41.07

选择数据：省、市、区、行政区划码、审核状态、受理状态、环保站点名称、环保站点类别（国控/省控/市控）、是否为清洁对照点（是/否）、监测日期、NO2(ug/m3)、SO2(ug/m3)、PM10(ug/m3)、CO(mg/m3)、O3-1h(ug/m3)、O3-8h(ug/m3)、TSP(ug/m3)、PM2.5(ug/m3)、NOx(ug/m3)　确认　确认导出

图 5-76　平均值统计表页面

可自动生成趋势图。趋势图的横坐标可自由调整，同时可自由切换折线图或柱状图。用户也可将此趋势图另存为图片。

(10)导出：如图 5-79 所示工具包单独设置的导出功能用于导出前面经过删除重复数据、异常数据修改、日期补全等一系列操作后的原始数据。如果是多站点导出，工具包会自动按照站点拆分为不同的 SHEET 表，方便用户的使用。统计图表的导出则需要在基本统计页面单独导出。

职工医院标准差统计

季度	月份	NO2(ug/m3)	SO2(ug/m3)	PM10(ug/m3)	CO(mg/m3)	PM2.5(ug/m3)
第一季度	1月	31.74	40.10	130.77	1.57	100.63
	2月	19.88	33.29	85.12	1.00	57.52
	3月	22.38	26.74	75.59	0.59	49.99
	汇总	24.66	33.38	97.16	1.06	69.38
第二季度	4月	15.90	14.53	54.29	0.41	34.28
	5月	16.49	12.18	49.32	0.29	24.66
	6月	13.24	10.68	34.17	0.33	27.50
	汇总	15.21	12.46	45.93	0.34	28.81
第三季度	7月	11.62	7.56	50.78	0.28	35.13
	8月	10.82	3.74	21.10	0.26	11.12
	9月	18.58	14.54	112.83	0.54	65.17
	汇总	13.67	8.61	61.57	0.36	37.14
第四季度	10月	22.69	14.09	121.98	0.76	76.31
	11月	23.89	30.02	121.55	1.09	76.61
	12月	36.48	23.29	205.04	2.11	169.40
	汇总	27.69	22.46	149.52	1.32	107.44
全年	汇总	20.31	19.23	88.55	0.77	60.69

图 5-77　标准差统计表页面

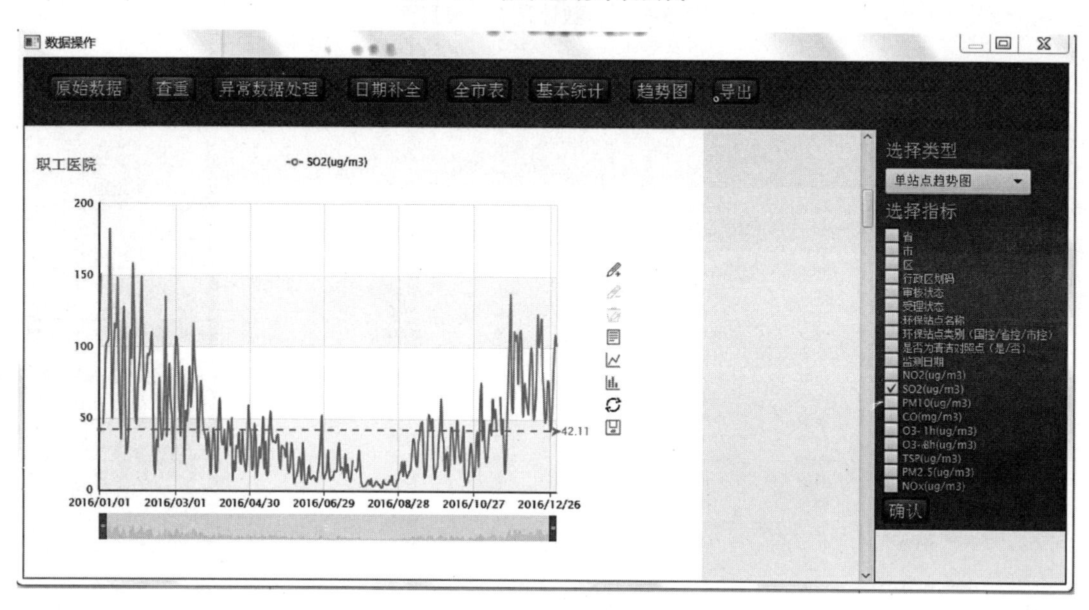

图 5-78　趋势图页面

21	国控点	否	2016/01/:	91	128	292	3.4		9		192
22	国控点	否	2016/01/:	92	86	253	3.4		15		169
23	国控点	否	2016/01/:	40	25	95	1.2		70		59
24	国控点	否	2016/01/:	27	29	72	0.7		74		33
25	国控点	否	2016/01/:	34	49	60	0.6		61		17
26	国控点	否	2016/01/:	54	111	73	0.9		56		31
27	国控点	否	2016/01/:	52	92	83	0.9		50		37
28	国控点	否	2016/01/:	89	158	221	3.1		15		131
29	国控点	否	2016/01/:	103	124	275	3.3		24		174
30	国控点	否	2016/01/:	67	53	185	2.3		18		124

职工医院 | 高新区 | 西南高教 | 世纪公园 | 西北水源 | 人民会堂 | 22中南校区 | 全市

就绪

图 5-79　导出后的原始数据

3. $PM_{2.5}$及成分监测数据　在空气污染人群健康影响监测信息系统中，$PM_{2.5}$浓度及成分数据包含以下监测指标：采样日期，$PM_{2.5}$浓度，4 种阴阳离子：硫酸盐、硝酸盐、氯离子、铵盐，12 种金属和类金属：锑、铝、砷、铍、镉、铬、汞、铅、锰、镍、硒、铊，16 种多环芳烃：萘、苊烯、苊、二氢苊、菲、蒽、荧蒽、芘、屈、苯并[a]蒽、苯并[b]荧蒽、苯并[k]荧蒽、苯并[a]芘、二苯并[a,h]蒽、苯并[g,h,i]苝、茚并[1,2,3cd]芘。空气污染人群健康影响监测信息系统的录入员和审核员可使用信息系统中的数据导入模板或导出模板上传至数据清洗工具包。操作步骤如下：

（1）设置指标属性：点击【$PM_{2.5}$数据清理导入】即可进入 $PM_{2.5}$数据清理模块（图5-80）。用户可在页面右侧的属性列表查看 $PM_{2.5}$及成分数据清理导入模板的各个指标。并自定义各个指标的取值范围、需要保留的小数位数。只需在要修改的指标旁点右键，点击修改，即可出现图 5-81 所示页面的属性修改页面进行修改。用户可根据当地实际情况填写指标的取值

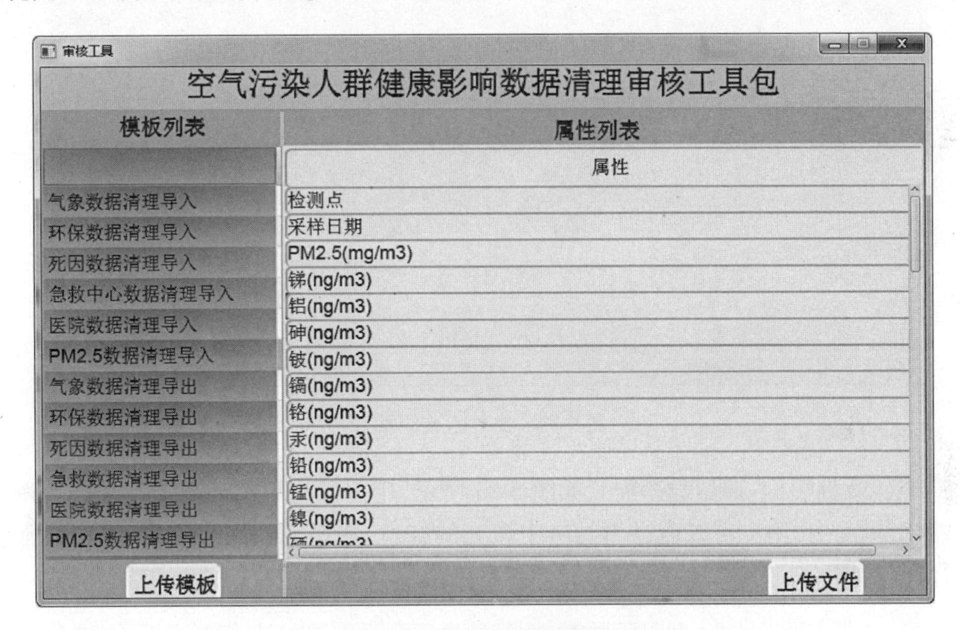

图 5-80　$PM_{2.5}$及成分监测数据属性列表

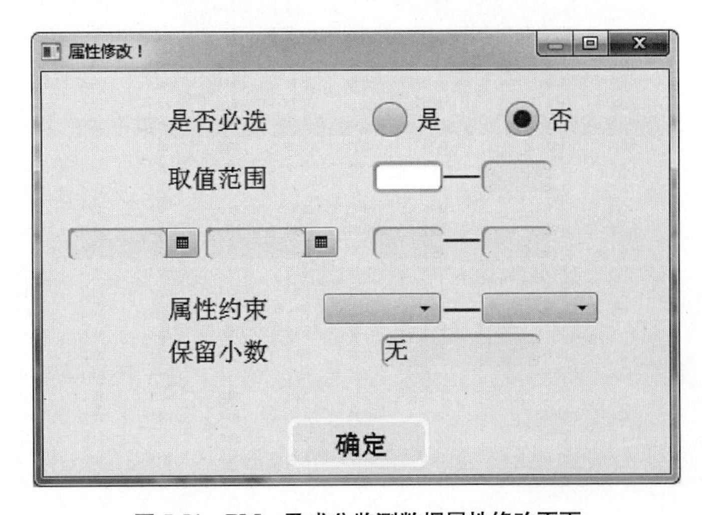

图 5-81　$PM_{2.5}$及成分监测数据属性修改页面

范围,保留小数位数等。设定好后工具包即可按照此标准自动执行异常值及不规范数据的查找功能。如:$PM_{2.5}$的取值范围在0-1之间,$PM_{2.5}$质量浓度要求结果精确至小数点后3位。

(2)文件上传:在图5-82中点击【上传文件】按钮,找到要上传的$PM_{2.5}$及成分监测数据的文件,上传文件。如果上传文件与工具包默认的字段不一致,工具包会提示“模板匹配失败”。用户按照模板表头重新修改即可。

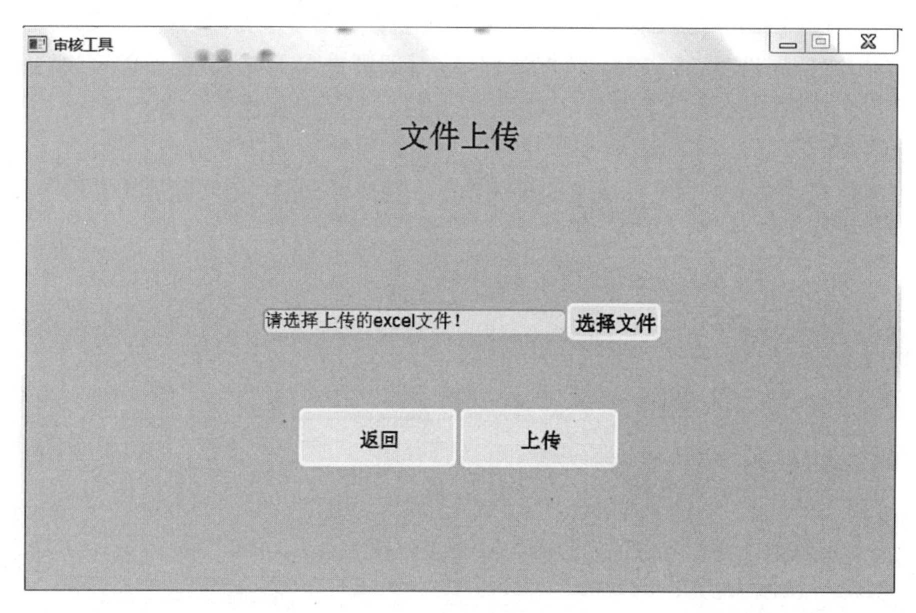

图5-82　文件上传页面

(3)原始数据展示:原始数据展示如图5-83所示,用户可使用滚动条上下和左右浏览数据。在这个页面中,用户可以通过单元格中填充的红色,快速的找出异常值,双击异常单元格即可修改数据。

数据操作

原始数据　重复检查　pm2.5整合　重金属　离子　多环芳烃　纵向统计　趋势图　导出

采样日期	PM2.5(mg/m3)	锑(ng/m3)	铝(ng/m3)	砷(ng/m3)	铍(ng/m3)	镉(ng/m3)	铬(ng/m3)	汞(ng/m3)	铅(ng/m3)	锰(ng/m3)	镍(n
2015/0...		<0.1	[illegible]	12.9	<0.12	1.98	35.7	<0.1	29.7	53.8	4.09
2015/0...	0.12	<0.1	106	14.0	<0.12	2.56	30.4	<0.1	29.8	56.5	2.31
2015/0...	0.12	<0.1	167	33.2	<0.12	4.27	29.0	<0.1	23.7	41.5	2.23
2015/0...	0.12	<0.1	128	23.8	<0.12	3.43	31.2	<0.1	20.8	44.4	2.57
2015/0...	0.12	<0.1	153	9.76	<0.12	1.66	26.8	<0.1	28.5	59.6	2.36
2015/0...	0.12	<0.1	144	8.01	<0.12	2.18	23.1	<0.1	39.6	40.5	2.12
2015/0...	0.12	<0.1	146	6.94	<0.12	1.72	26.6	<0.1	29.4	48.1	2.57
2015/0...	0.11	<0.1	121	9.46	<0.12	2.41	25.8	<0.1	19.7	37.4	1.55
2015/0...	0.11	<0.1	112	7.35	<0.12	1.46	17.9	<0.1	20.6	23.7	1.38
2015/0...	0.11	<0.1	130	16.4	<0.12	2.27	17.8	<0.1	24.6	32.9	0.97
2015/0...	0.11	<0.1	75.4	2.01	<0.12	0.59	14.8	<0.1	16.5	16.9	0.66
2015/0...	0.11	<0.1	89.9	4.78	<0.12	0.83	18.7	<0.1	21.2	14.9	0.91
2015/0...	0.11	<0.1	82.3	4.49	<0.12	0.75	29.7	<0.1	19.9	16.3	1.24
2015/0...	0.11	<0.1	112	2.43	<0.12	0.72	18.1	<0.1	17.6	33.2	1.49
2015/0...	0.11	<0.1	34.6	<0.3	<0.12	<0.2	24.1	<0.1	0.83	1.17	1.90
2015/0...	0.12	<0.1	28.7	<0.3	<0.12	<0.2	21.6	<0.1	0.64	0.89	0.56
2015/0...	0.12	<0.1	136	9.09	<0.12	1.53	36.2	<0.1	18.0	32.2	1.54
2015/0...	0.12	<0.1	325	19.7	<0.12	2.10	30.7	<0.1	13.3	31.7	1.88
2015/0...	0.13	<0.1	37.3	<0.3	<0.12	<0.2	21.0	<0.1	0.90	1.56	1.13
2015/0...	0.13	<0.1	183	1.60	<0.12	0.42	28.0	<0.1	15.0	11.6	2.62

图5-83　原始数据展示页面

(4)查重:点击【重复检查】按钮,可以对上传数据进行查重功能。如图 5-84 所示,数据查重功能是查看和删除重复数据,查重内容包括:日期重复、整体重复、重金属重复、阴阳离子重复和多环芳烃重复。其中日期重复是指监测日期重复,整体重复是包含监测日期在内的整条记录的数据重复情况,金属和类金属重复、阴阳离子重复和多环芳烃重复是指这三类成分的质量浓度数据重复。每一类重复情况在点击后均可以自动显示,用户可根据自己的需求使用工具包自动删除数据或手动修改数据。需要注意的是为保存用户的原始记录,此处点击删除数据并不会修改原始文件中的数据,仅会在导出数据时在导出文件中删除。

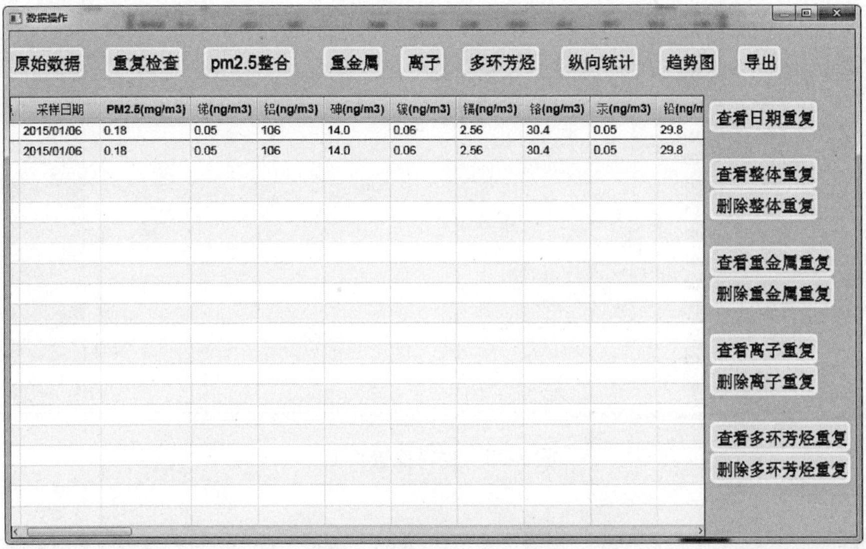

图 5-84 数据重复查看页面

(5)$PM_{2.5}$整合:$PM_{2.5}$整合有两种功能,第一种是对整条数据进行逻辑校验。通过对比当日 $PM_{2.5}$质量浓度与成分质量浓度之和的大小,来找出存在逻辑错误的数据。首先选择监测点,点击确定按钮,如图 5-85 所示,页面出现 $PM_{2.5}$与成分质量浓度之和的数据对比,如果出现逻辑错误,即在对比列显示【错误】字样的提示。第二种功能是对 $PM_{2.5}$监测数据进行统计。点击【$PM_{2.5}$数据整合】,如图 5-86 所示,出现针对 $PM_{2.5}$的数据统计表格,分别是按照月、季度、全年 3 种时间范围统计了上报条数、有效平均值、最大值、最小值和标准差。用户可以根据自己的需要点击【导出】按钮,导出该表格。

(6)金属和类金属整合:金属和类金属整合功能主要是对金属和类金属质量浓度进行计算、统计。首先选择监测点,点击【确定】,如图 5-87 所示,在该页面中分别计算了金属和类金属质量浓度之和、金属和类金属质量浓度占成分质量浓度的百分比、金属和类金属质量浓度占 $PM_{2.5}$质量浓度的百分比,除此以外还包括了每一种金属或类金属的百分比计算。通过查看以上计算值,用户可以找到数据中的异常值。点击该页面中【重金属和类金属整合】按钮,即可出现对于金属和类金属质量浓度的统计表格。如图 5-88 所示,金属和类金属之和与每种金属或类金属均按照月、季度、全年 3 种时间范围统计了上报条数、有效平均值、最大值、最小值、标准差以及在之前页面的计算数值的各项均值。用户可以根据自己的需要点击

【导出】按钮,导出该表格。阴阳离子整合和多环芳烃整合功能效果与金属和类金属整合一致,这里不再赘述。

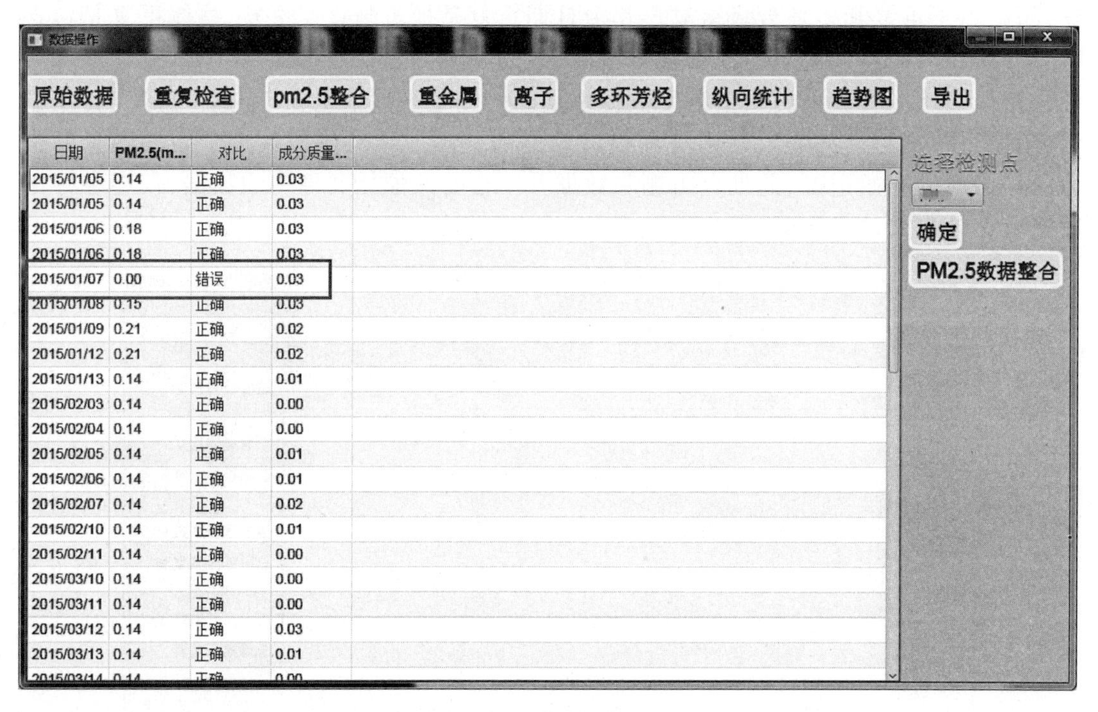

图 5-85　逻辑检查页面

数据操作

原始数据　重复检查　pm2.5整合　重金属　离子　多环芳烃　纵向统计　趋势图　导出

季度	月份	上报条数	有效平均值	最大值	最小值	标准差
第一季度	1月	7	0.10	0.12	0.0	0.04
	2月	7	0.11	0.11	0.11	0.00
	3月	7	0.12	0.13	0.11	0.01
	汇总	21	0.11	0.13	0.0	0.03
第二季度	4月	7	0.13	0.13	0.13	0.00
	5月	7	0.12	0.13	0.11	0.01
	6月	7	0.11	0.11	0.11	0.00
	汇总	21	0.12	0.13	0.11	0.01
第三季度	7月	6	0.11	0.11	0.11	0.00
	8月	0				
	9月	0				
	汇总	6	0.11	0.11	0.11	0.00
第四季度	10月	0				
	11月	0				
	12月	0				
	汇总	0				
全年	汇总	48	0.11	0.13	0.0	0.02

导出

图 5-86　$PM_{2.5}$数据统计页面

数据操作

原始数据　重复检查　pm2.5整合　重金属　离子　多环芳烃　纵向统计　趋势图　导出

日期	重金属质量(ng/m3)	重金属占成分质量百分比	重金属占PM2.5质量百分比	锑(ng/m3)	锑占重金属%	锑占成分%	锑占PM2.5%	铝(ng/m3)	铝占重金...	铝占成分%	铝占PM2...	砷(
2015/05/10	166.72	0.68	0.12	1.33	0.80	0.01	0.00	88.5	53.08	0.36	0.06	7.
2015/05/11	135.66	1.66	0.10	0.05	0.04	0.00	0.00	85.7	63.17	1.05	0.06	3.
2015/05/12	394.85	1.54	0.28	0.05	0.01	0.00	0.00	319	80.79	1.25	0.23	5.
2015/05/13	187.89	0.88	0.13	0.05	0.03	0.00	0.00	131	69.72	0.61	0.09	2.
2015/05/14	154.39	1.03	0.11	0.74	0.48	0.00	0.00	90.2	58.42	0.60	0.06	3.
2015/05/15	37.88	0.22	0.03	0.05	0.13	0.00	0.00	8.00	21.12	0.05	0.01	1.
2015/05/16	366.16	2.77	0.26	0.88	0.24	0.01	0.00	306	83.57	2.31	0.22	2.
2015/06/10	620.08	2.53	0.44	2.59	0.42	0.01	0.00	350	56.44	1.43	0.25	25
2015/06/11	442.09	0.98	0.32	2.52	0.57	0.01	0.00	205	46.37	0.46	0.15	26
2015/06/12	9.03	0.02	0.01	0.05	0.55	0.00	0.00	8.00	88.59	0.02	0.01	0.
2015/06/13	9.03	0.09	0.01	0.05	0.55	0.00	0.00	8.00	88.59	0.08	0.01	0.
2015/06/19	124.08	0.42	0.09	1.40	1.13	0.00	0.00	8.00	6.45	0.03	0.01	12
2015/06/23	9.03	0.04	0.01	0.05	0.55	0.00	0.00	8.00	88.59	0.03	0.01	0.
2015/06/24	9.03	0.09	0.01	0.05	0.55	0.00	0.00	8.00	88.59	0.08	0.01	0.
2015/07/10	144.49	0.55	0.10	0.59	0.41	0.00	0.00	91.6	63.40	0.35	0.07	3.
2015/07/11	252.93	0.51	0.18	1.41	0.56	0.00	0.00	172	68.00	0.34	0.12	4.
2015/07/12	277.3	0.88	0.20	1.00	0.36	0.00	0.00	192	69.24	0.61	0.14	4.
2015/07/13	279.44	1.43	0.20	0.67	0.24	0.00	0.00	230	82.31	1.18	0.16	1.
2015/07/14	11704.21	34.68	8.36	1.10	0.01	0.00	0.00	11612	99.21	34.41	8.29	3.
2015/07/15	363.81	1.06	0.26	0.45	0.12	0.00	0.00	280	76.96	0.81	0.20	1.

选择检测点　确定　重金属整合

图 5-87　金属和类金属整合页面

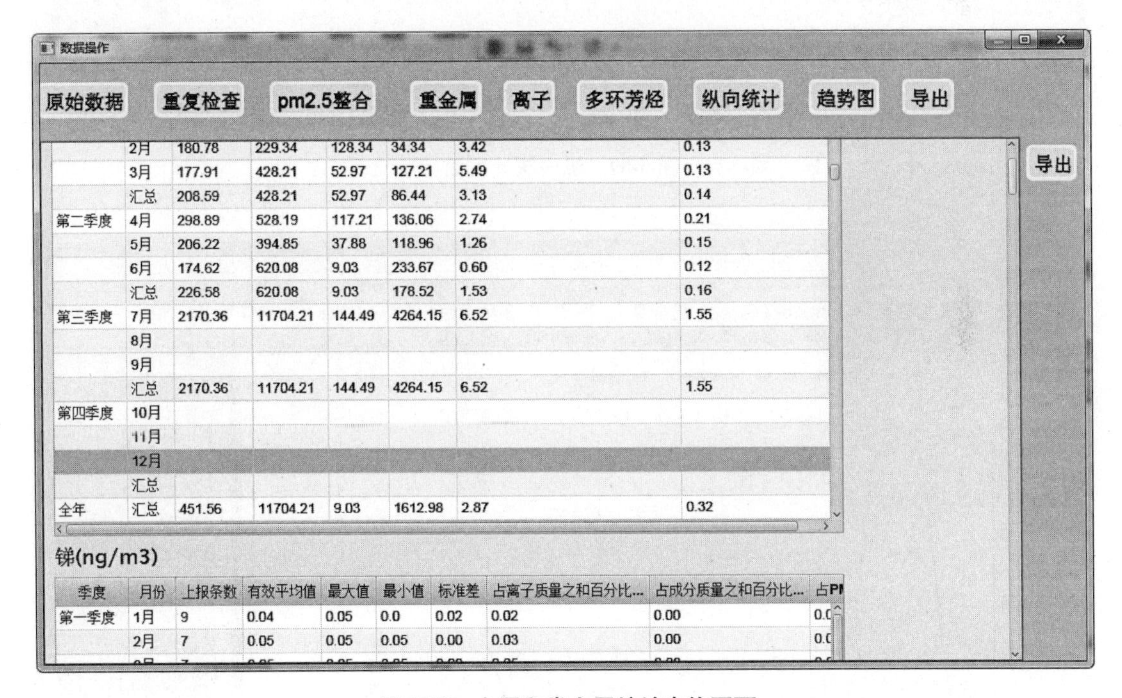

季度	月份							
	2月	180.78	229.34	128.34	34.34	3.42		0.13
	3月	177.91	428.21	52.97	127.21	5.49		0.13
	汇总	208.59	428.21	52.97	86.44	3.13		0.14
第二季度	4月	298.89	528.19	117.21	136.06	2.74		0.21
	5月	206.22	394.85	37.88	118.96	1.26		0.15
	6月	174.62	620.08	9.03	233.67	0.60		0.12
	汇总	226.58	620.08	9.03	178.52	1.53		0.16
第三季度	7月	2170.36	11704.21	144.49	4264.15	6.52		1.55
	8月							
	9月							
	汇总	2170.36	11704.21	144.49	4264.15	6.52		1.55
第四季度	10月							
	11月							
	12月							
	汇总							
全年	汇总	451.56	11704.21	9.03	1612.98	2.87		0.32

锑(ng/m3)

季度	月份	上报条数	有效平均值	最大值	最小值	标准差	占离子质量之和百分比...	占成分质量之和百分比...	占PI
第一季度	1月	9	0.04	0.05	0.0	0.02	0.02	0.00	0.0
	2月	7	0.05	0.05	0.05	0.00	0.03	0.00	0.0

图 5-88　金属和类金属统计表格页面

（7）纵向统计：用于展示监测点 $PM_{2.5}$及成分监测的各项指标上报条数和有效均值。用户首先选择监测点，点击【确定】，通过下拉与横拉滚动条查看数据。如图 5-89 所示。用户可以根据自己的需要点击【导出】按钮，导出该表格。

（8）趋势图：如图 5-90 与图 5-91 所示，趋势图绘制分为单监测点趋势图与监测点对比趋势图两种，用户可以根据自己的需要进行选择，选择完类型之后，再点击需要统计的指标，点击【确认】后即可自动生成趋势图。趋势图的横坐标可自由调整，同时可自由切换折线图或柱状图。用户也可将此趋势图另存为图片。

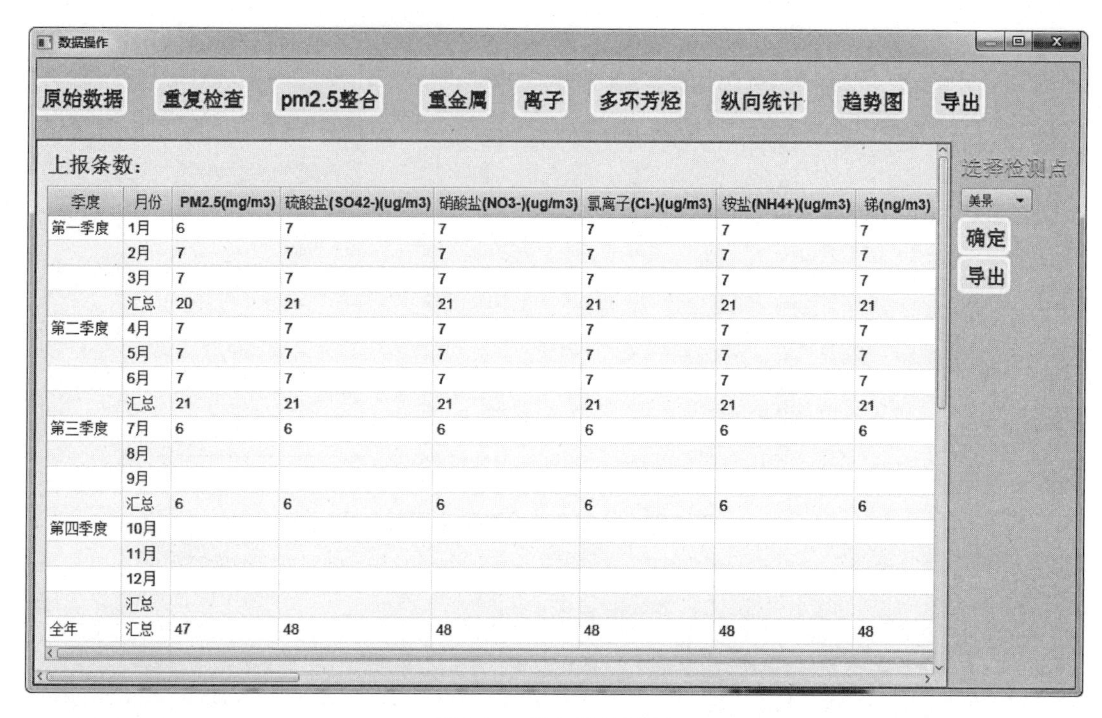

季度	月份	PM2.5(mg/m3)	硫酸盐(SO42-)(ug/m3)	硝酸盐(NO3-)(ug/m3)	氯离子(Cl-)(ug/m3)	铵盐(NH4+)(ug/m3)	锑(ng/m3)
第一季度	1月	6	7	7	7	7	7
	2月	7	7	7	7	7	7
	3月	7	7	7	7	7	7
	汇总	20	21	21	21	21	21
第二季度	4月	7	7	7	7	7	7
	5月	7	7	7	7	7	7
	6月	7	7	7	7	7	7
	汇总	21	21	21	21	21	21
第三季度	7月	6	6	6	6	6	6
	8月						
	9月						
	汇总	6	6	6	6	6	6
第四季度	10月						
	11月						
	12月						
	汇总						
全年	汇总	47	48	48	48	48	48

图 5-89　纵向统计页面

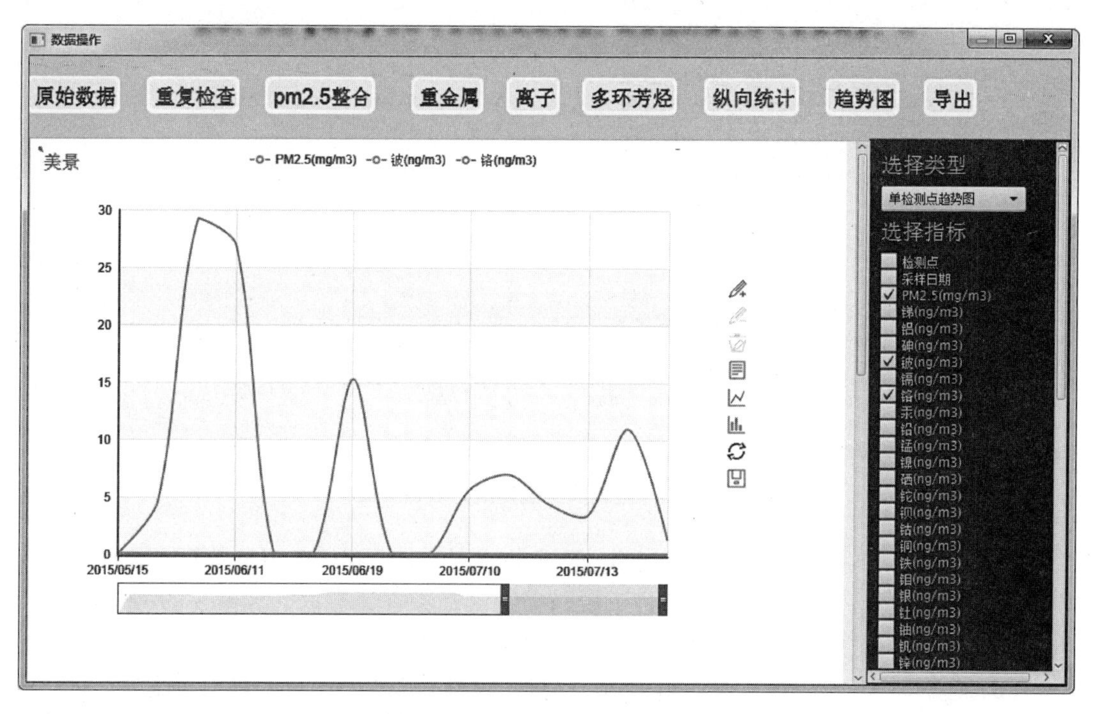

图 5-90　单监测点趋势图页面

（9）导出：如图 5-92 所示工具包单独设置的导出功能用于导出前面经过删除重复数据、异常数据修改等一系列操作后的原始数据。如果是多监测点导出，工具包会自动按照站点拆分为不同的 SHEET 表,方便用户的使用。统计图表的导出则需要在基本统计页面单独导出。

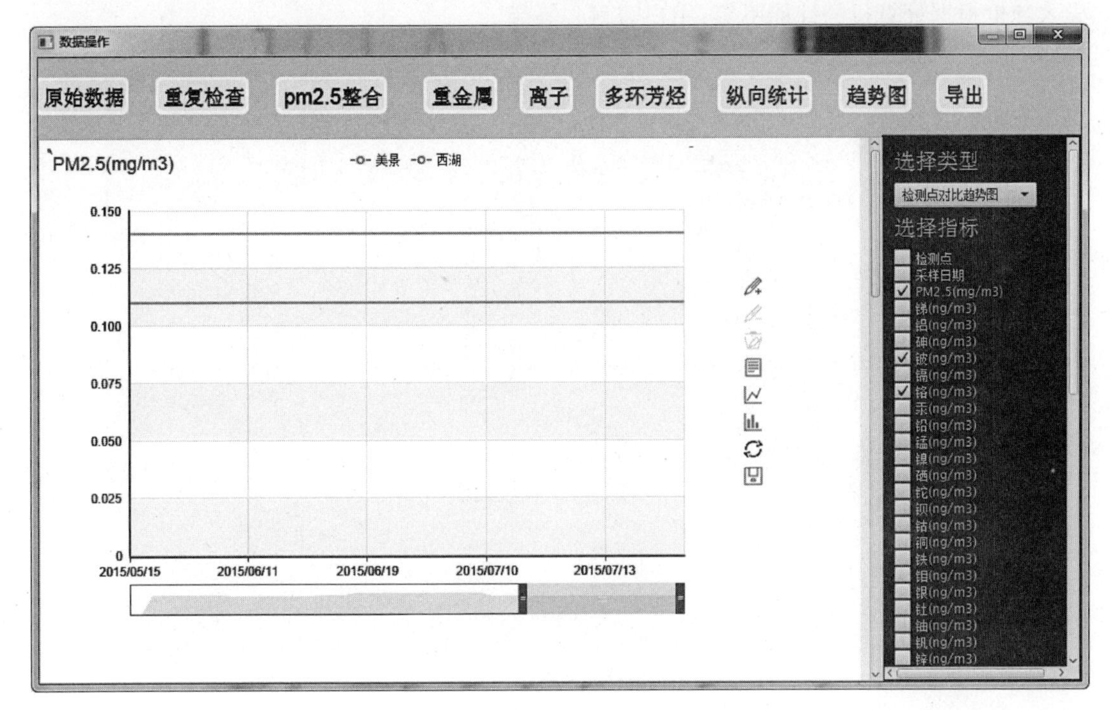

图 5-91　监测点对比趋势图页面

	A	B	C	D	E	F	G	H	I	J	K
1	检测点	采样日期	PM2.5(mg/	锑(ng/m3)	铝(ng/m3)	砷(ng/m3)	铍(ng/m3)	镉(ng/m3)	铬(ng/m3)	汞(ng/m3)	铅(ng/m
2	美景	2015/01/(		<0.1	1222	12.9	<0.12	1.98	35.7	<0.1	29.7
3	美景	2015/01/(	0.12	<0.1	106	14.0	<0.12	2.56	30.4	<0.1	29.8
4	美景	2015/01/(	0.12	<0.1	167	33.2	<0.12	4.27	29.0	<0.1	23.7
5	美景	2015/01/(	0.12	<0.1	128	23.8	<0.12	3.43	31.2	<0.1	20.8
6	美景	2015/01/(	0.12	<0.1	153	9.76	<0.12	1.66	26.8	<0.1	28.5
7	美景	2015/01/1	0.12	<0.1	141	0.01	<0.12	2.18	23.1	<0.1	39.6
8	美景	2015/01/1	0.12	<0.1	146	6.94	<0.12	1.72	26.6	<0.1	29.4
9	美景	2015/02/(	0.11	<0.1	121	9.46	<0.12	2.41	25.8	<0.1	19.7
10	美景	2015/02/(	0.11	<0.1	112	7.35	<0.12	1.46	17.9	<0.1	20.6
11	美景	2015/02/(	0.11	<0.1	130	16.4	<0.12	2.27	17.8	<0.1	24.6
12	美景	2015/02/(	0.11	<0.1	75.4	2.01	<0.12	0.59	14.8	<0.1	16.5
13	美景	2015/02/(	0.11	<0.1	89.9	4.78	<0.12	0.83	18.7	<0.1	21.2
14	美景	2015/02/1	0.11	<0.1	82.3	4.49	<0.12	0.75	29.7	<0.1	19.9
15	美景	2015/02/1	0.11	<0.1	112	2.43	<0.12	0.72	18.1	<0.1	17.6
16	美景	2015/03/1	0.11	<0.1	34.6	<0.3	<0.12	<0.2	24.1	<0.1	0.83

美景　西湖

图 5-92　导出后的原始数据

4. 死因监测数据　在空气污染人群健康影响监测信息系统中,死因监测数据与国家死因监测系统的收集指标是一致的。但根据项目的实际需求,死因监测数据关注的关键指标包括:报告卡 ID、报告地区编码、性别编码、性别、出生日期、年龄、户籍地址、户籍地址类型、户籍地址编码、生前详细地址、生前常住地址类型、常住地址地区编码、死亡时间、死亡地点编码、死亡地点、根本死亡原因、根本死因 ICD 编码等。空气污染人群健康影响监测信息系统的录入员和审核员可使用信息系统中的数据导入模板和导出模板分别上传至数据清洗工具包。具体操作步骤如下:

(1)文件上传:点击图 5-93 中【上传文件】按钮,找到要上传的死因监测数据,上传文件。即可进行数据操作。如果上传文件与工具包默认的字段不一致,工具包会提示"模板匹配失败”。用户按照模板表头重新修改即可。需要注意的是死因监测数据一般数据量较大,数据导入速度根据计算机的性能不等,用户需耐心等待。

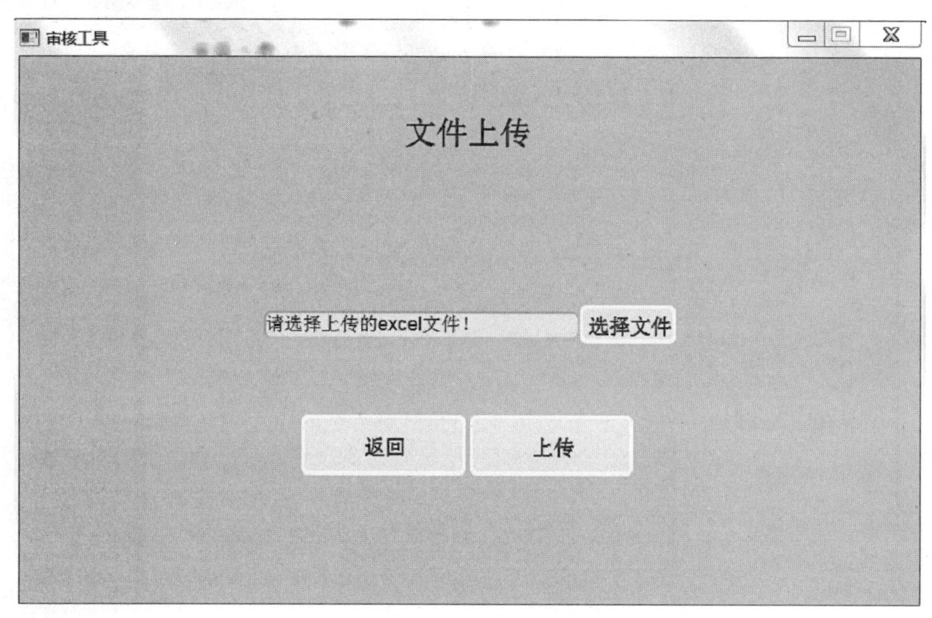

图 5-93　文件上传页面

(2)原始数据展示:原始数据展示如图 5-94 所示,用户可使用滚动条上下和左右浏览数据。

数据操作

原始数据　简化数据　缺失情况统计表　查重　频数分布表　汇总表　趋势图　导出

报告卡ID	报告地区编码	报告卡编号	人群分类编码	人群分类	死者姓名	性别编码	性别	证件类型	证件号码	出生日期	年龄	民族编码	民族	婚姻状况编码	婚姻状况	个人
5ad590b...	36112400	'492320034...	1	其他人群	宋香**	1	男	身份证		2017/01/01		1	汉族	2	已婚	27
5ad590b...	36112600	'492340940...	1	其他人群	夏治**	2	女	身份证		1952/08/16		1	汉族	2	已婚	27
9c874f97...	36112200	'492300383...	1	其他人群	彭筱**	1	男	身份证		1925/10/05		1	汉族	3	丧偶	27
03a82e3...	36112200	'492300383...	1	其他人群	彭筱**	1	男	身份证		1925/10/05		1	汉族	3	丧偶	27
2e077a8...	36112300	'492311576...	1	其他人群	马公**	1	男	身份证		1925/06/21		1	汉族	3	丧偶	27
6ca0a86...	36112300	'492311576...	1	其他人群	李秋**	1	男	身份证		1929/12/27		1	汉族	1	未婚	27
32cfd68f-...	36112300	'492311576...	3	5岁以下...	陶昌**			身份证		2012/01/08		1	汉族	1	未婚	90
eb7de23...	36112300	'492311576...	1	其他人群	达惠**			身份证		1928/02/01	86岁	1	汉族	3	丧偶	27
c21d2f75...	36112300	'492311576...	1	其他人群	王正**			身份证		1959/07/24	55岁	1	汉族	2	已婚	27
c21d2f75...	36112300	'492311576...	1	其他人群	袁太**			身份证		1934/07/08	80岁	1	汉族	3	丧偶	27
a7d89cd...	36112300	'492311576...	1	其他人群	叶桂**			身份证		1931/04/18	83岁	1	汉族	2	已婚	27
0a4f6803...	36112300	'492311576...	1	其他人群	沈承**			身份证		1935/05/25	79岁	1	汉族	2	已婚	27
488665f6...	36112300	'492311576...	1	其他人群	吴保**			身份证		1947/12/26	67岁	1	汉族	2	已婚	27
aa335a8...	36110200	'492190524...	1	其他人群	朱新**			身份证		1928/03/16	86岁	1	汉族	2	已婚	80
f640d248...	36112400	'492320034...	1	其他人群	周乐**	2	女	身份证		1932/04/04	82岁	1	汉族	3	丧偶	90
1443907...	36112400	'492320173...	1	其他人群	陈良**	1	男	身份证		1940/05/17	74岁	1	汉族	2	已婚	27
6cbe7c1...	36110200	'PDY02683...	1	其他人群	陈勇**	2	女	身份证		2018/02/01	80岁	1	汉族	2	已婚	27
1ac2440...	36112300	'492311461...	1	其他人群	桂庆**	2	女	身份证		1920/02/04	86岁	1	汉族	3	丧偶	70
9f71363c...	36112400	'361124011...	1	其他人群	马有**	2	女	身份证		1936/09/23	78岁	1	汉族	2	已婚	27
95f23329...	36112400	'492320026...	1	其他人群	祖合**	1	男	身份证		1944/02/29	70岁	1	汉族	2	已婚	24
431bf09c...	36112400	'492320077...	1	其他人群	叶余**	1	男	身份证		1955/10/11	59岁	1	汉族	2	已婚	27
5bf58d38...	36112400	'492320077...	1	其他人群	王金**	1	男	身份证		2004/07/13	10岁	1	汉族	1	未婚	31
976be81...	36112300	'492311461...	3	5岁以下...	杨世**	1	男	身份证		2014/10/17	2月	1	汉族	9	未说明	90
adfa1c8e...	36112300	'492311461...	3	5岁以下...	陶云**	2	女	身份证		2013/05/16	1岁	1	汉族	9	未说明	90
75dcfd9b...	36112900	'49237143...	1	其他人群	郑秋**	1	男	身份证		1948/11/12	66岁	1	汉族	2	已婚	27
ec2c805...	36112200	'492301693...	1	其他人群	余桂**	2	女	身份证		1925/08/28	89岁	1	汉族	2	已婚	27
f5cb960f-...	36112400	'492320181...	1	其他人群	蒋书**	1	男	身份证		1940/06/08	74岁	1	汉族	3	丧偶	27

图 5-94　原始数据展示页面

(3)简化数据:简化数据仅提取出如前面所示的项目规定的关键指标,如图 5-95 所示。同时在后面增加了一些指标的逻辑检查,如根据死亡时间和出生日期计算了日期是否有逻辑错误;年龄与死亡时间和出生日期的差值是否差异过大;同时工具包还根据户籍地址编码和常住地址编码匹配出个案所在的城市和区县,方便用户下一步筛选使用。

住地址类型	生前详细地址	常住地址地区编码	户籍地址类型	户籍地址	户籍地址编码	生前工作单位	死亡时间	根本死亡原因	根本死因ICD编码	日期逻辑错误▲	常住地址匹配城市	常住地址匹配区县	户籍地址匹配城市	户籍地址匹配区县	判断年龄正确性
	本县区	36112401	本县区	本县区	36112401		2016/01/01	高血压性脑病	I67.4	错误	上饶市	铅山县	上饶市	铅山县	错误
	本县区	36110207	本县区	本县区	36110207			高血压性心脏...	I11.9	错误	上饶市	信州区	上饶市	信州区	错误
	本县区	36112606	本县区	本县区	36112606		2016/01/01	支气管或肺，...	C34.9	正确	上饶市	弋阳县	上饶市	弋阳县	63.38
	本县区	36112206	本县区	本县区	36112206		2016/01/01	其他脑梗死	I63.8	正确	上饶市	广丰区	上饶市	广丰区	90.24
	本县区	36112206	本县区	本县区	36112206		2016/01/01	其他脑梗死	I63.8	正确	上饶市	广丰区	上饶市	广丰区	90.24
	本县区	36112309		本县区	36112309		2016/01/01	老年性脑变性...	G31.1	正确	上饶市	玉山县	上饶市	玉山县	90.53
	本县区	36112309		本县区	36112309		2016/01/01			正确	上饶市	玉山县	上饶市	玉山县	86.01
	本县区	36112309		本县区	36112309		2016/01/01			正确	上饶市	玉山县	上饶市	玉山县	3.98
	本县区	36112309		本县区	36112309		2016/01/01			正确	上饶市	玉山县	上饶市	玉山县	1.92
	本县区	36112309		本县区	36112309		2016/01/01			正确	上饶市	玉山县	上饶市	玉山县	1.44
	本县区	36112309		本县区	36112309		2016/01/01			正确	上饶市	玉山县	上饶市	玉山县	1.48
	本县区	36112309		本县区	36112309		2016/01/01			正确	上饶市	玉山县	上饶市	玉山县	1.71
	本县区	36112309	本县区	本县区	36112309		2016/01/01	老年性脑变性...	G31.1	正确	上饶市	玉山县	上饶市	玉山县	1.61
	本县区	36112309	本县区	本县区	36112309		2016/01/01	酒精性肝纤维...	K70.2	正确	上饶市	玉山县	上饶市	玉山县	1.02
	本县区	36110211	本县区	本县区	36110211		2016/01/01	食管交搭跨越...	C15.8	正确	上饶市	信州区	上饶市	信州区	1.79
	本县区	36112401	本县区	本县区	36112401		2016/01/01	高血压性心脏...	I11.0	正确	上饶市	铅山县	上饶市	铅山县	1.74
	本县区	36112416	本县区	本县区	36112416		2016/01/01	主支气管	C34.0	正确	上饶市	铅山县	上饶市	铅山县	1.62
	本县区	36112312	本县区	本县区	36112312			急性心肌梗死	I21	正确	上饶市	玉山县	上饶市	玉山县	1.91
	本县区	36112408	本县区	本县区	36112408			大脑动脉粥样...	I67.2	正确	上饶市	铅山县	上饶市	铅山县	1.27
	本县区	36112401	本县区	本县区	36112401			脑内出血，未...	I61.9	正确	上饶市	铅山县	上饶市	铅山县	1.84
	本县区	36112418	本县区	本县区	36112418			大脑半球的脑...	I61.1	正确	上饶市	铅山县	上饶市	铅山县	1.22
	本县区	36112418	本县区	本县区	36112418			颅内动脉的蛛...	I60.7	正确	上饶市	铅山县	上饶市	铅山县	1.47
	本县区	36112312	本县区	本县区	36112312			其他早产婴儿	P07.3	正确	上饶市	玉山县	上饶市	玉山县	1.21
	本县区	36112312	本县区	本县区	36112312		2016/01/01	撞到别人或意...	W51.4	正确	上饶市	玉山县	上饶市	玉山县	1.63
	本县区	36112914	本县区	本县区	36112914		2016/01/02	肺栓塞	I26	正确	上饶市	万年县	上饶市	万年县	1.14
	本县区	36112211	本县区	本县区	36112211		2016/01/02	脑血管病，未...	I67.9	正确	上饶市	广丰区	上饶市	广丰区	1.35
	本县区	36112412	本县区	本县区	36112412		2016/01/02	脑内出血，未...	I61.9	正确	上饶市	铅山县	上饶市	铅山县	1.57
	本县区	36112617	本县区	本县区	36112617		2016/01/02	肺炎，未特指	J18.9	正确	上饶市	弋阳县	上饶市	弋阳县	1.04
	本县区	36112617	本县区	本县区	36112617		2016/01/02	未特指的糖尿...	E14.7	正确	上饶市	弋阳县	上饶市	弋阳县	1.08
	本县区	36112606	本县区	本县区	36112606		2016/01/02	混合的单纯性...	J41.8	正确	上饶市	弋阳县	上饶市	弋阳县	1.23
	本县区	36112501	本县区	本县区	36112501		2016/01/02	胃恶性肿瘤	C16	正确	上饶市	横峰县	上饶市	横峰县	1.23
	本县区	36112604	本县区	本县区	36112604		2016/01/02	脑和脑膜继发...	C79.3	正确	上饶市	弋阳县	上饶市	弋阳县	1.70
	本县区	36112417	本县区	本县区	36112417		2016/01/02	急性心肌梗死	I21	正确	上饶市	铅山县	上饶市	铅山县	1.43
	本县区	36112410	本县区	本县区	36112410		2016/01/02	脑内出血，未...	I61.9	正确	上饶市	铅山县	上饶市	铅山县	1.70
	本县区	36110207	本县区	本县区	36110207		2016/01/02	慢性阻塞性肺...	J44.9	正确	上饶市	信州区	上饶市	信州区	1.90
	本县区	36112202	本县区	本县区	36112202		2016/01/02	特发性（原发...	I10	正确	上饶市	广丰区	上饶市	广丰区	1.85
	本县区	36112410	本县区	本县区	36112410		2016/01/02	由于肺炎链球...	A40.3	正确	上饶市	铅山县	上饶市	铅山县	1.17

图 5-95　简化数据展示页面

（4）缺失情况统计表：为帮助用户判断关键指标的数据缺失情况，如图 5-96 所示工具包自动计算出原始数据中关键指标的实际数、缺失数和缺失率。缺失率高的会用红色标出。

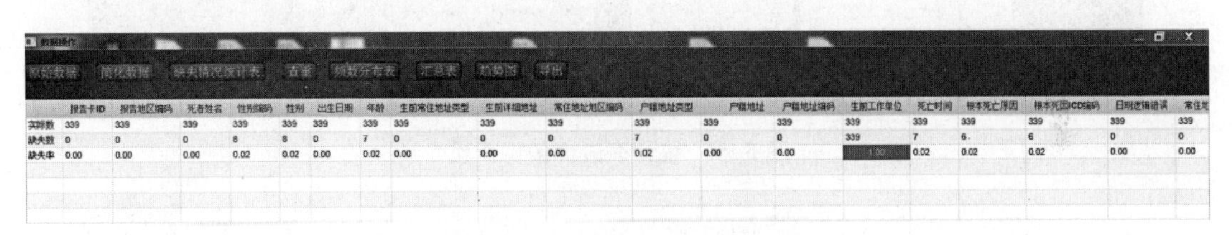

	报告卡ID	报告地区编码	死者姓名	性别编码	性别	出生日期	年龄	生前常住地址类型	生前详细地址	常住地址地区编码	户籍地址类型	户籍地址	户籍地址编码	生前工作单位	死亡时间	根本死亡原因	根本死因ICD编码	日期逻辑错误	常住地
实际数	339	339	339	339	339	339	339	339	339	339	339	339	339	339	339	339	339	339	339
缺失数	0	0	0	8	8	0	7	0	0	0	7	0	0	339	7	6	6	0	0
缺失率	0.00	0.00	0.00	0.02	0.02	0.00	0.02	0.00	0.00	0.00	0.02	0.00	0.00	1.00	0.02	0.02	0.02	0.00	0.00

图 5-96　缺失情况统计表展示页面

（5）查重：如图 5-97 所示工具包在默认情况下会按照数据整体重复进行核查并列出重复数据，用户也可在工具包右侧选择查重指标进行组合查重。

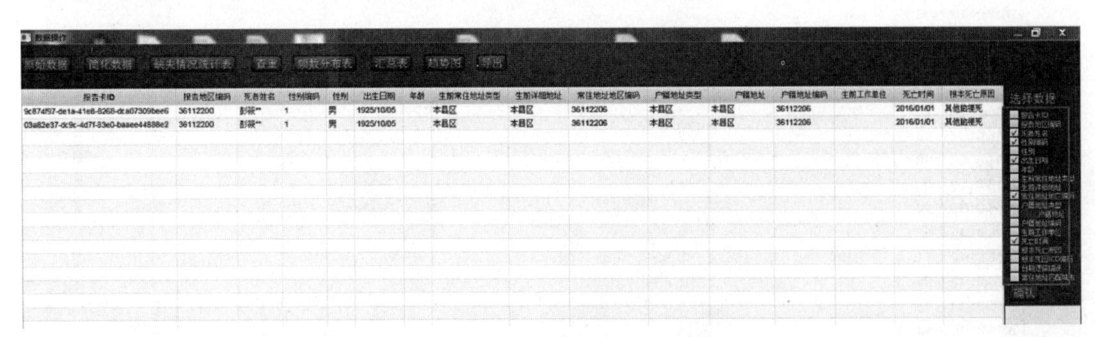

报告卡ID	报告地区编码	死者姓名	性别编码	性别	出生日期	年龄	生前常住地址类型	生前详细地址	常住地址地区编码	户籍地址类型	户籍地址	户籍地址编码	生前工作单位	死亡时间	根本死亡原因
9c874f97-de1a-41e8-8268-dca07309bee6	36112200	彭装**	1	男	1925/10/05		本县区	本县区	36112206	本县区	本县区	36112206		2016/01/01	其他脑梗死
03a82e37-dc9c-4d7f-83e0-baaee44888e2	36112200	彭装**	1	男	1925/10/05		本县区	本县区	36112206	本县区	本县区	36112206		2016/01/01	其他脑梗死

图 5-97　查重页面

（6）频数分布表：如图 5-98 所示，用户可在右侧选择不同的指标点击【确认】生成频数分布表，帮助判断数据质量情况。也可点击【导出】按钮，将此表格导出至 EXCEL 表中。

图 5-98　日期补全页面

(7)汇总表:如图 5-99 和图 5-100 所示,用户可根据需要选择性别,年龄段,ICD 编码范围,点击【确认】按钮得到逐日统计表。需要注意的是点击【添加】按钮可添加多个 ICD 编码范围,但性别和年龄仅能选择一次。点击【导出】按钮,将此表格导出至 EXCEL 表中。

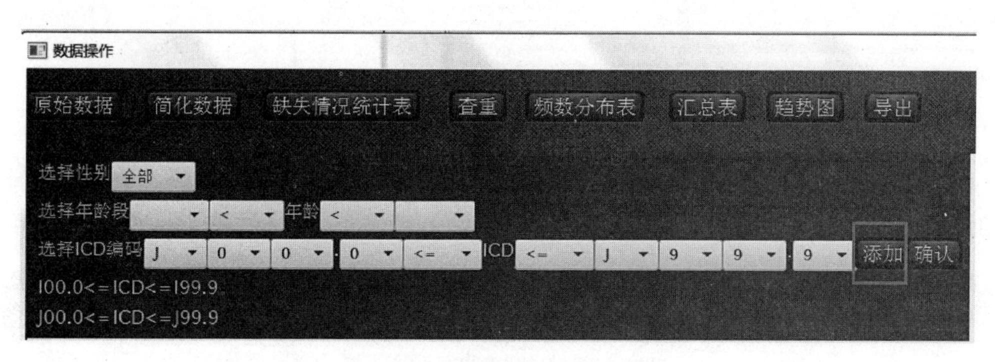

图 5-99　统计表查询条件页面

死亡日期	死亡人数	I00.0<=ICD<=I99.9	J00.0<=ICD<=J99.9
2016/01/01	17	4	0
2016/01/02	13	6	3
2016/01/03	20	11	3
2016/01/04	5	2	2
2016/01/05	9	5	1
2016/01/06	25	13	1
2016/01/07	10	5	2
2016/01/08	10	7	0
2016/01/09	8	2	1
2016/01/10	24	13	1
2016/01/11	6	4	0
2016/01/12	11	10	0
2016/01/13	9	5	2
2016/01/14	13	5	2
2016/01/15	14	8	4
2016/01/16	6	4	0
2016/01/17	5	2	0
2016/01/18	10	5	0
2016/01/19	12	5	3

图 5-100　统计表生成页面

（8）趋势图：如图 5-101 和图 5-102 所示，趋势图的生成与统计表类似，同样需要选择查询条件。不选择条件直接点击确定则系统自动按照总死亡人数生成趋势图。趋势图的横坐标可自由调整，同时可自由切换折线图或柱状图。用户也可将此趋势图另存为图片。

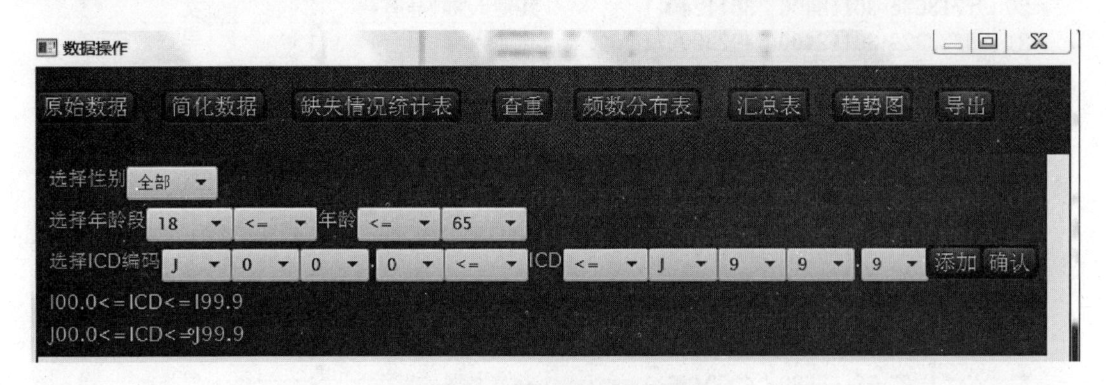

图 5-101　趋势图条件查询页面

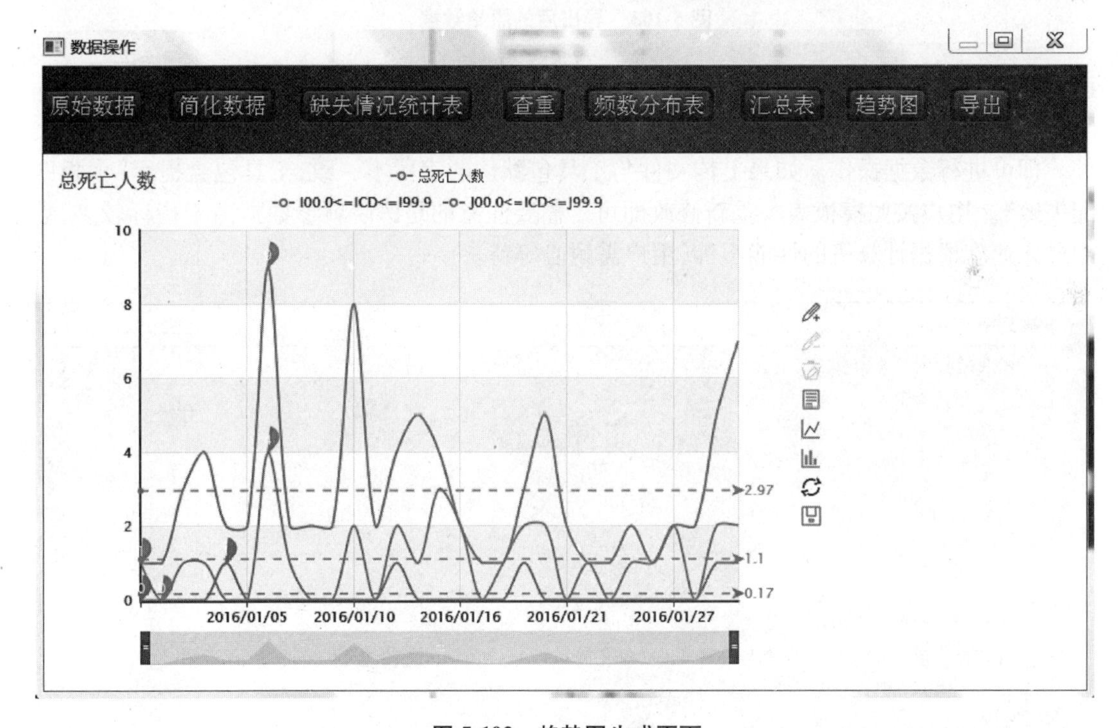

图 5-102　趋势图生成页面

（9）导出：如图 5-103 所示工具包单独设置的导出功能用于导出原始数据、缺失情况统计表和简化数据表。统计图表的导出则需要在基本统计页面单独导出。

5. 医院就诊数据　在空气污染人群健康影响监测信息系统中，医院就诊数据收集的为汇总数据，即按照就诊医院、就诊科室以及疾病的 ICD-10 编码分类等对个案数据的分类汇总。关键指标包括：就诊日期、日门诊总量，内科和儿科逐日分门诊总量及呼吸系统、循环系统、皮肤和皮下组织以及眼和附器疾病分病种日门诊量等。空气污染人群健康影响监测信息系统的录入员和审核员可使用信息系统中的数据导入模板和导出模板分别上传至数据清

18	6cbe7c14-	36110200	’PDY0268:	1	其他人群	陈勇**	2	女	身
19	1ac24404-	36112300	’4923114(	1	其他人群	桂庆**	2	女	身
20	9f71363c-	36112400	’3611240	1	其他人群	马有**	2	女	身
21	95f23329-	36112400	’4923200:	1	其他人群	祖合**	1	男	身
22	431bf09c-	36112400	’4923200	1	其他人群	叶余**	1	男	身
23	5bf58d38-	36112400	’4923200	1	其他人群	王金**	1	男	身
24	976be81e-	36112300	’4923114(	3	5岁以下儿	杨世**	1	男	身
25	adfa1c8e-	36112300	’4923114(	3	5岁以下儿	陶云**	2	女	身
26	75dcfd9b-	36112900	’4923714:	1	其他人群	郑秋**	1	男	身
27	ec2c805d-	36112200	’4923016	1	其他人群	余桂**	2	女	身
28	f5cb960f-	36112400	’4923201	1	其他人群	蒋书**	1	男	身
29	e60ed776-	36112600	’4923412	1	其他人群	朱菊**	2	女	身
30	c7f8503e-	36112600	’4923412	1	其他人群	李大**	1	男	身

原始数据表　缺失情况统计表　简化数据表

图 5-103　导出后的原始数据

洗工具包。具体操作步骤如下：

(1)文件上传:在图 5-104 中点击【上传文件】按钮,找到要上传的医院就诊数据,上传文件。即可进行数据操作。如果上传文件与工具包默认的字段不一致,工具包会提示“模板匹配失败”。用户按照模板表头重新修改即可。需要注意的是医院就诊数据由于指标较多,数据导入速度根据计算机的性能不等,用户需耐心等待。

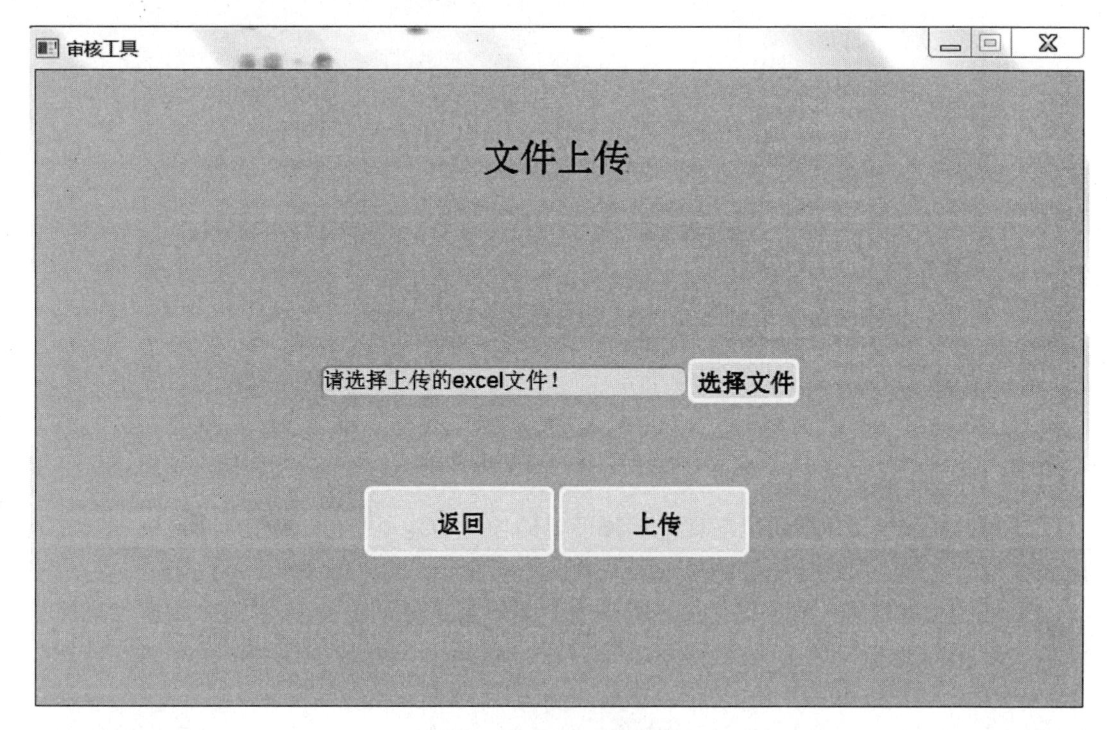

图 5-104　文件上传页面

（2）原始数据展示：原始数据展示如图 5-105 所示，用户可使用滚动条上下和左右浏览数据。

*调查范围	调查范围编码	*接诊日期	*分门诊总量/门诊总量	J00-J06	J09-J18	J20-J22	J30-J39	J40-J47	J60-J70	J80-J84	J85-J86	J90
全科门诊	4	2016-01-01	125	0	0	0	0	0	0	0	0	0
全科门诊	4	2016-01-02	139	0	0	0	0	0	0	0	0	0
全科门诊	4	2016-01-03	119	0	0	0	0	0	0	0	0	0
全科门诊	4	2016-01-04	181	0	0	0	0	0	0	0	0	0
全科门诊	4	2016-01-05	174	0	0	0	0	0	0	0	0	0
全科门诊	4	2016-01-06	115	0	0	0	0	0	0	0	0	0
全科门诊	4	2016-01-07	142	0	0	0	0	0	0	0	0	0
全科门诊	4	2016-01-08	141	0	0	0	0	0	0	0	0	0
全科门诊	4	2016-01-09	167	0	0	0	0	0	0	0	0	0
全科门诊	4	2016-01-10	156	0	0	0	0	0	0	0	0	0
全科门诊	4	2016-01-11	188	0	0	0	0	0	0	0	0	0
全科门诊	4	2016-01-12	141	0	0	0	0	0	0	0	0	0
全科门诊	4	2016-01-13	161	0	0	0	0	0	0	0	0	0
全科门诊	4	2016-01-14	169	0	0	0	0	0	0	0	0	0
全科门诊	4	2016-01-15	195	0	0	0	0	0	0	0	0	0
全科门诊	4	2016-01-16	200	0	0	0	0	0	0	0	0	0
全科门诊	4	2016-01-17	142	0	0	0	0	0	0	0	0	0
全科门诊	4	2016-01-18	146	0	0	0	0	0	0	0	0	0
全科门诊	4	2016-01-19	163	0	0	0	0	0	0	0	0	0
全科门诊	4	2016-01-20	160	0	0	0	0	0	0	0	0	0
全科门诊	4	2016-01-21	192	0	0	0	0	0	0	0	0	0
全科门诊	4	2016-01-22	160	0	0	0	0	0	0	0	0	0

图 5-105　原始数据展示页面

（3）缺失情况统计表：为帮助用户判断关键指标的数据缺失情况，如图 5-106 所示工具包自动计算出原始数据中关键指标的实际数、缺失数和缺失率。缺失率高的会用红色标出。

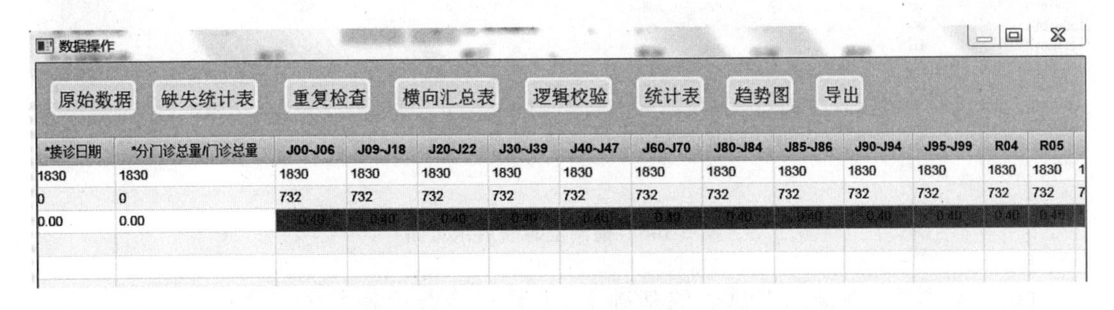

*接诊日期	*分门诊总量/门诊总量	J00-J06	J09-J18	J20-J22	J30-J39	J40-J47	J60-J70	J80-J84	J85-J86	J90-J94	J95-J99	R04	R05
1830	1830	1830	1830	1830	1830	1830	1830	1830	1830	1830	1830	1830	1830
0	0	732	732	732	732	732	732	732	732	732	732	732	732
0.00	0.00	0.40	0.40	0.40	0.40	0.40	0.40	0.40	0.40	0.40	0.40	0.40	[illegible]

图 5-106　缺失情况统计表展示页面

（4）查重：如图 5-107 所示数据查重包括查看和删除数据重复、整体重复和日期重复的数据。其中数据重复是指除医院信息、就诊日期外其余指标的查重、整体重复和日期重复的查重标准和操作方式与气象数据一致，这里不再赘述。需要注意的是由于医院的门诊量存在相同的可能性，因此工具包给出的重复性提示仅做参考，需与数据提供方确认无误后再进行删除操作。

（5）横向汇总表：

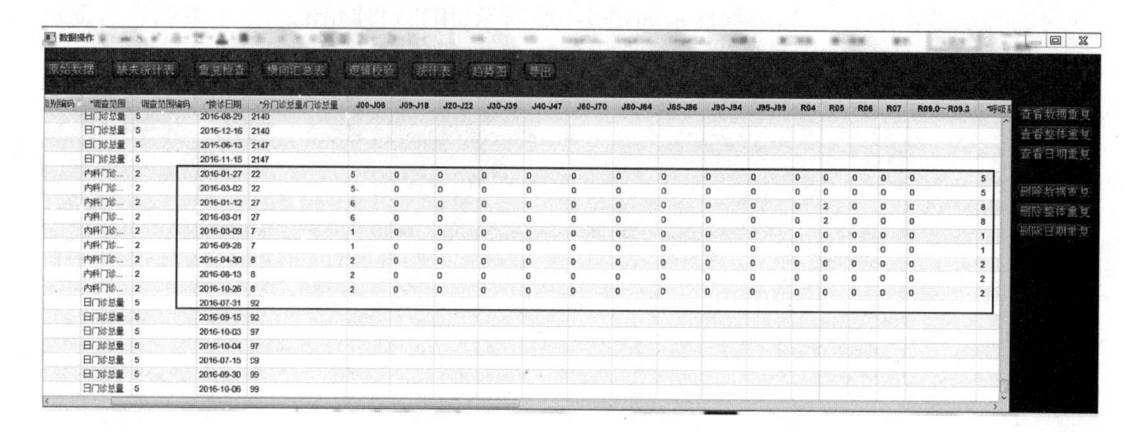

图 5-107　查重页面

如图 5-108 所示如果导入工具包的数据为多个医院的数据，工具包可将原始数据中纵向排列的数据按医院名称筛选生成分门诊、分系统的横向汇总表。

数据操作

原始数据　缺失统计表　重复检查　横向汇总表　逻辑校验　统计表　趋势图　导出

选择医院：妇幼保健院　确认　导出

接诊日期	日门诊总量	儿科门诊							
		分门诊总量	分病种二级指标加和	呼吸系统	呼吸系统三级指标加和	循环系统	循环系统三级指标加和	皮肤和皮下组织	眼和附器
2016-01-01	1524	497	497	204	204	4	4	16	0
2016-01-02	1586	575	575	229	229	5	5	16	1
2016-01-03	1199	484	484	202	202	0	0	11	0
2016-01-04	1951	486	486	187	187	1	1	13	0
2016-01-05	1776	456	456	160	160	4	4	11	0
2016-01-06	1708	445	445	148	148	4	4	9	1
2016-01-07	1608	487	487	215	215	1	1	18	0
2016-01-08	1705	459	459	168	168	0	0	17	0
2016-01-09	1488	495	495	187	187	2	2	17	0
2016-01-10	1354	452	452	152	152	1	1	14	0
2016-01-11	1924	446	446	173	173	3	3	15	0
2016-01-12	1787	447	447	195	195	7	7	10	0
2016-01-13	1723	444	444	187	187	2	2	9	0
2016-01-14	1697	481	481	211	211	3	3	10	0
2016-01-15	1785	445	445	182	182	1	1	11	0
2016-01-16	1575	515	515	210	210	3	3	13	0
2016-01-17	1326	498	498	185	185	1	1	25	0
2016-01-18	1864	444	444	187	187	2	2	11	0
2016-01-19	1687	444	444	194	194	7	7	4	0
2016-01-20	1766	482	482	193	193	4	4	17	0

图 5-108　横向汇总表展示页面

（6）逻辑校验：在横向汇总表的基础上，工具包检查了各类数据之间的逻辑关系有无错误。包括：日门诊总量应大于等于分门诊量之和、分病种门诊量之和应大于等于相应监测范围的门诊总量、呼吸系统应小于等于 ICD 编码门诊量之和、循环系统应小于等于 ICD 编码门诊量之和等。逻辑错误工具包会给出错误的提示，帮助用户核查数据（图 5-109）。

（7）统计表：如图 5-110 所示，用户可根据需要在下拉框中选择医院名称和科室类型，点击【确认】按钮得到关键字段的极大值、极小值、总和和均值。点击【导出】按钮，将此表格导出至 Excel 表中。

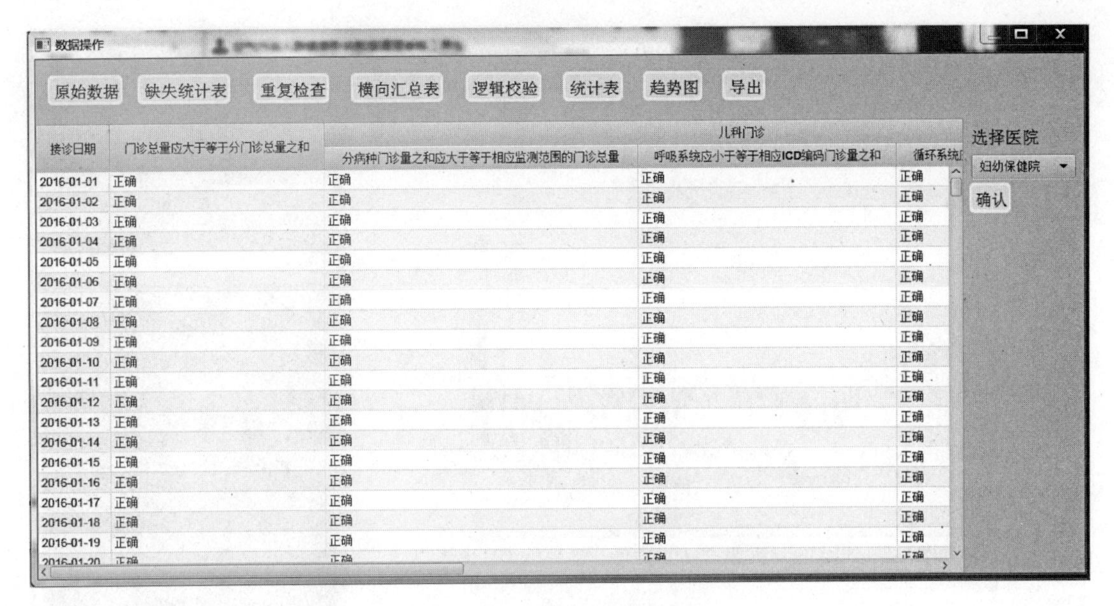

数据操作

原始数据 缺失统计表 重复检查 横向汇总表 逻辑校验 统计表 趋势图 导出

接诊日期	门诊总量应大于等于分门诊总量之和	儿科门诊 分病种门诊量之和应大于等于相应监测范围的门诊总量	呼吸系统应小于等于相应ICD编码门诊量之和	循环系统
2016-01-01	正确	正确	正确	正确
2016-01-02	正确	正确	正确	正确
2016-01-03	正确	正确	正确	正确
2016-01-04	正确	正确	正确	正确
2016-01-05	正确	正确	正确	正确
2016-01-06	正确	正确	正确	正确
2016-01-07	正确	正确	正确	正确
2016-01-08	正确	正确	正确	正确
2016-01-09	正确	正确	正确	正确
2016-01-10	正确	正确	正确	正确
2016-01-11	正确	正确	正确	正确
2016-01-12	正确	正确	正确	正确
2016-01-13	正确	正确	正确	正确
2016-01-14	正确	正确	正确	正确
2016-01-15	正确	正确	正确	正确
2016-01-16	正确	正确	正确	正确
2016-01-17	正确	正确	正确	正确
2016-01-18	正确	正确	正确	正确
2016-01-19	正确	正确	正确	正确

选择医院　妇幼保健院　确认

图 5-109　逻辑校验展示页面

数据操作

原始数据 缺失统计表 重复检查 横向汇总表 逻辑校验 统计表 趋势图 导出

	*分门诊总量/门诊总量	J00-J06	J09-J18	J20-J22	J30-J39	J40-J47	J60-J70	J80-J84	J85-J86	J90-J94	J95-J
极大值	640	309	37	28	8	3	0	1	1	0	3
极小值	253	68	0	0	0	0	0	0	0	0	0
总和	140723	50390	2663	2354	526	135	0	2	1	0	39
均值	384.49	137.68	7.28	6.43	1.44	0.37	0.00	0.01	0.00	0.00	0.11

选择医院　妇幼保健院　选择科室　儿科门诊　确认　导出

图 5-110　统计表生成页面

(8)趋势图：如图 5-111 所示，用户可根据需要在下拉框中选择医院名称和科室类型，点击【确认】按钮生成趋势图。趋势图的纵坐标按照数据收集的分类包括门诊总量、呼吸系统、循环系统、皮肤和皮下组织、眼和附器、其他等，趋势图的横坐标可自由调整，同时可自由切换折线图或柱状图。用户也可将此趋势图另存为图片。

(9)导出：如图 5-112 所示工具包单独设置的导出功能用于导出原始数据和缺失情况统计表。如果原始数据中包含多个医院，则导出文件会自动按照医院名称拆分为不同的 SHEET 表。统计图表的导出则需要在基本统计页面单独导出。

6. 急救中心接诊数据　在空气污染人群健康影响监测信息系统中，急救中心接诊数据收集个案数据，指标包括：患者性别、年龄、接诊时间、接诊时主要主诉、初步诊断及 ICD 编码、患者就诊类型、住址及住址邮政编码等。空气污染人群健康影响监测信息系统的录入员和审核员可使用信息系统中的数据导入模板和导出模板分别上传至数据清洗工具包。具体操作步骤如下：

(1)文件上传：在图 5-113 中点击【选择文件】按钮，找到要上传的急救中心接诊数据，上

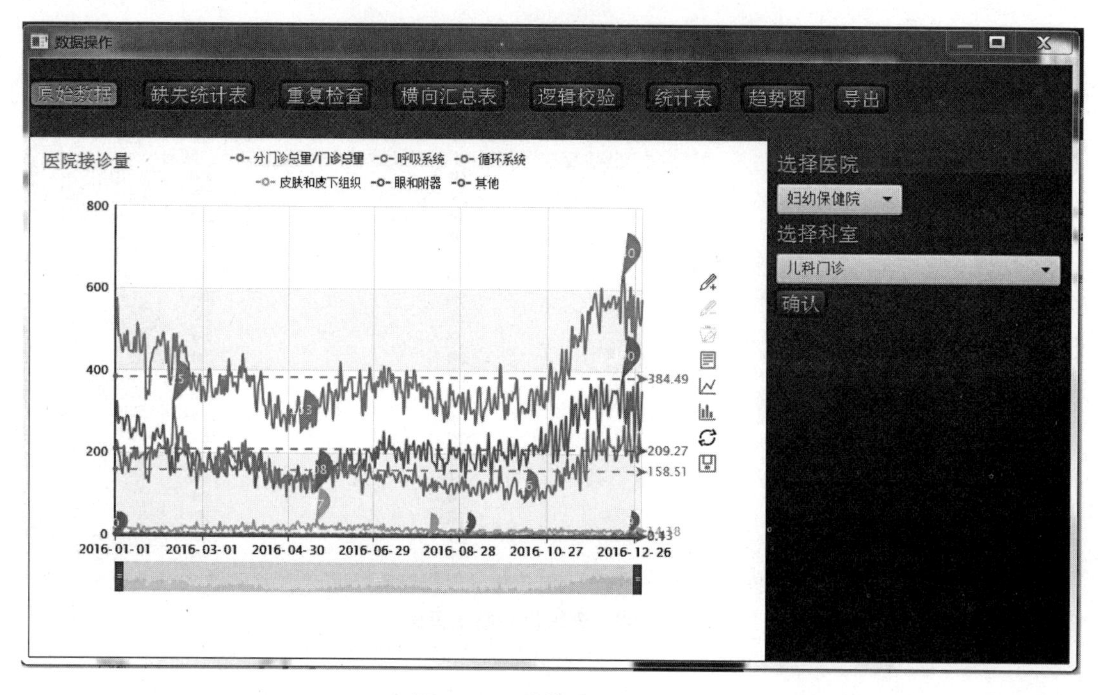

图 5-111　趋势图生成页面

	xx市	张店区	37030300	妇幼保健		请选择	
	xx市	张店区	37030300	妇幼保健		请选择	
	xx市	张店区	37030300	妇幼保健		请选择	
	xx市	张店区	37030300	妇幼保健		请选择	
	xx市	张店区	37030300	妇幼保健		请选择	
	xx市	张店区	37030300	妇幼保健		请选择	
	xx市	张店区	37030300	妇幼保健		请选择	
	xx市	张店区	37030300	妇幼保健		请选择	
	xx市	张店区	37030300	妇幼保健		请选择	
	xx市	张店区	37030300	妇幼保健		请选择	
	xx市	张店区	37030300	妇幼保健		请选择	
	xx市	张店区	37030300	妇幼保健		请选择	
	xx市	张店区	37030300	妇幼保健		请选择	

卫生院　妇幼保健院　缺失情况统计表

图 5-112　导出后的原始数据

传文件。即可进行数据操作。如果上传文件与工具包默认的字段不一致，工具包会提示“模板匹配失败”。用户按照模板表头重新修改即可。需要注意的是急救中心接诊数据一般数据量较大，数据导入速度根据计算机的性能不等，用户需耐心等待。

（2）原始数据展示：原始数据展示如图 5-114 所示，用户可使用滚动条上下和左右浏览数据。在页面的最右侧增加了一列“年龄（处理后）”，工具包会将原始数据中的年龄进行规

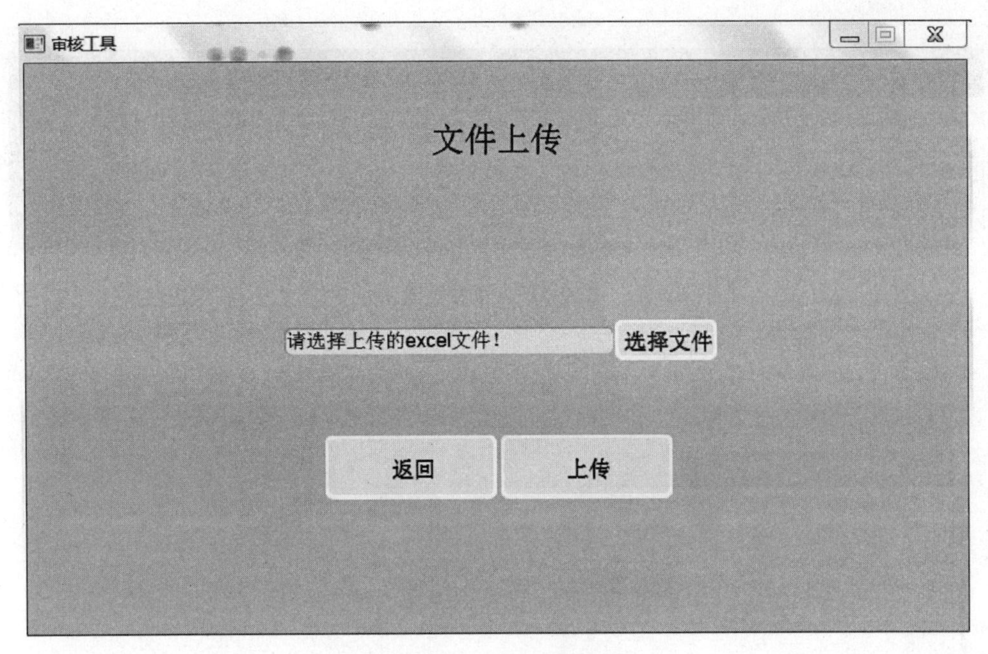

图 5-113　文件上传页面

数据操作

*个人编号	住址	住址邮政编码	*性别	出生日期(YYYY-MM-DD)	*年龄	*接诊日期(YYYY-MM-DD)	*接诊时主诉	初步诊断	ICD编码	*患者就诊类型	呼救地址	呼救地址编码	年龄（处理后）
130181A0...	张古庄	052360	女		62	2016/01/01	精神差、右...	脑血管病	I67.903	应急救治	张古庄	52360	62
130181A0...	二院	052360	女		69	2016/01/01	左侧肢体活...	脑血管病	I63.401	应急救治	二院	52360	69
130181A0...	天王线	052360	男		不详	2016/01/01	车祸致外伤...	死亡	R98xx02	应急救治	天王线	52360	不详
130181A0...	采五	052360	男		66	2016/01/01	精神差一天	慢性胸膜炎	R09.102	应急救治	采五	52360	66
130181A0...	东良马	052360	女		55	2016/01/01	腰痛半小时	腰部软组...	S30.003	应急救治	东良马	52360	55
130181A0...	安新线	052360	男		成	2016/01/01	车祸撞伤20...	右小腿骨折	T12xx01	应急救治	安新线	52360	成
130181A0...	镇头村	052360	女		66	2016/01/01	双肩部酸胀...	冠心病	I49.811	应急救治	镇头村	52360	66
130181A0...	中医院	052360	男		22	2016/01/01	胸部外伤半...	胸部外伤	S20.201	应急救治	中医院	52360	22
130181A0...	中医院	052360	男		21	2016/01/01	腹部外伤半	腹部外伤	S30.101	应急救治	中医院	[illegible]	21
130181A0...	袁庄	052360	女		7个月	2016/01/01	发热伴咳嗽...	高热	R50.902	应急救治		052360	0
130181A0...	旧城...	052360	女		26	2016/01/01	失语半小时	失语待查	R47.002	应急救治		052360	26
130181A0...	八街	052360	女		72	2016/01/01	头晕1.5个小时	高血压	I10xx02	应急救治		052360	72
130181A0...	阎村	052360	男		28	2016/01/01	撞伤40分钟余	腰骶部外伤	S30.003	应急救治		052360	28
130181A0...	南智...	052360	男		50	2016/01/01	头外伤一小...	头外伤	S09.905	应急救治		052360	50
130181A0...	六郎线		男		60	2016/01/01	撞伤20分钟余	头外伤	S09.905	应急救治		052360	60
130181A0...	六郎线		男		60	2016/01/01	撞伤20分钟余	头外伤	S09.905	应急救治		052360	60
130181A0...	六郎线		女		25	2016/01/01	撞伤20分钟余	头外伤	S09.905	应急救治		052360	25
130181A0...	六郎线		女		58	2016/01/01	撞伤20分钟余	手外伤	S60.201	应急救治		052360	58
130181A0...	六郎线		女		60	2016/01/01	撞伤20分钟余	头外伤	S09.905	应急救治		052360	60
130181A0...	王口		女		68	2016/01/01	头晕2小时余	头晕原因...	R42xx04	应急救治		052360	68

图 5-114　原始数据展示页面

范化处理，如小于 1 岁的按照 0 处理，大于 1 岁的去掉数字后面的岁、年等字样，以方便用户后期按年龄分层进行统计分析。

（3）查重：如图 5-115 所示数据查重包括查看和删除重复编号、查看和删除重复数据两种情况。其中重复编号是指个人编号有重复的数据，重复数据是指除编号外其余字段均重复的数据。操作方式与气象数据一致，这里不再赘述。

（4）缺失情况统计表：为帮助用户判断关键指标的数据缺失情况，如图 5-116 所示工具包自动计算出原始数据中关键指标的实际数、缺失数和缺失率。缺失率高的会用红色标出。

（5）频数分布表：如图 5-117 所示，用户可在右侧选择不同的指标点击【确认】生成频数分布表，帮助判断数据质量情况。也可点击【导出】按钮，将此表格导出至 Excel 表中。

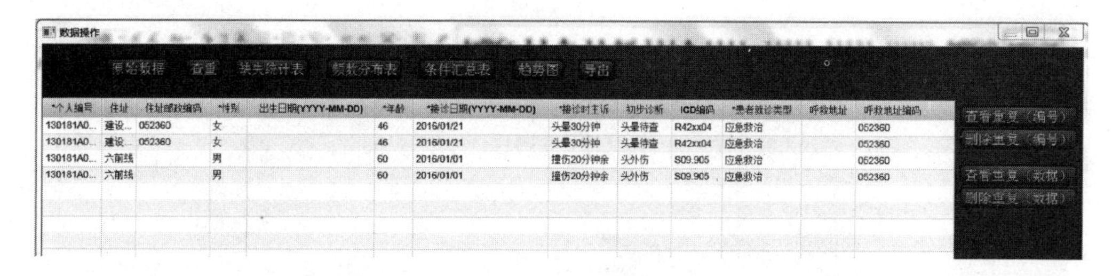

*个人编号	住址	住址邮政编码	*性别	出生日期(YYYY-MM-DD)	*年龄	*接诊日期(YYYY-MM-DD)	*接诊时主诉	初步诊断	ICD编码	*患者就诊类型	呼救地址	呼救地址编码
130181A0...	建设...	052360	女		46	2016/01/21	头晕30分钟	头晕待查	R42xx04	应急救治		052360
130181A0...	建设...	052360	女		46	2016/01/21	头晕30分钟	头晕待查	R42xx04	应急救治		052360
130181A0...	六前线		男		60	2016/01/01	撞伤20分钟余	头外伤	S09.905	应急救治		052360
130181A0...	六前线		男		60	2016/01/01	撞伤20分钟余	头外伤	S09.905	应急救治		052360

图 5-115　查重页面

数据操作

原始数据　查重　缺失统计表　频数分布表　条件汇总表　趋势图　导出

	住址	住址邮政编码	性别	出生日期	年龄	接诊日期	接诊时主诉	初步诊断	ICD编码	患者就诊类型
实际数	470	470	470	470	470	470	470	470	470	470
缺失数	0	8	0	470	0	0	0	0	0	0
缺失率	0.00	0.02	0.00	1.00	0.00	0.00	0.00	0.00	0.00	0.00

图 5-116　缺失情况统计表展示页面

数据操作

原始数据　查重　缺失统计表　频数分布表　条件汇总表　趋势图　导出

*年龄	接诊数
不详	4
成	6
1.5岁	1
1.8	1
2	5
3	3
4	3
5	1
7	1
7个月	1
8	1
9	1
10	3
13	1
15	2
16	2
18	4
19	3
20	4
21	8

选择数据
*个人编号
住址
住址邮政编码
*性别
出生日期(YYYY-MM-DD)
*年龄
*接诊日期(YYYY-MM-DD)
*接诊时主诉
初步诊断
ICD编码
*患者就诊类型
呼救地址
呼救地址编码
确认
导出

图 5-117　日期补全页面

（6）条件汇总表：如图 5-118 和图 5-119 所示，如果原始数据含有 ICD 编码，用户可根据需要选择性别，年龄段，ICD 编码范围，点击【确认】按钮得到逐日总接诊人数统计表和分病种逐日接诊人数统计表。需要注意的是点击【添加】按钮可添加多个 ICD 编码范围，但性别和年龄仅能选择一次。如原始数据仅有诊断，不包含 ICD 编码则可以直接点击【确认】，即可生成逐日总接诊人数统计表。点击【导出】按钮，将此表格导出至 Excel 表中。

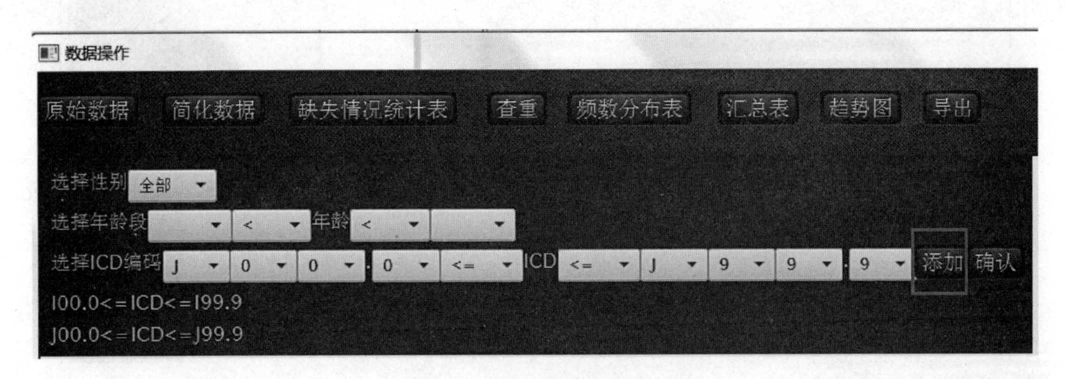

图 5-118　统计表查询条件页面

数据操作

原始数据　查重　缺失统计表　频数分布表　条件汇总表　趋势图　导出

导出

接诊日期	日接诊量	I000<=ICD<=I999	J000<=ICD<=J999
2016/01/01	21	4	0
2016/01/02	11	2	2
2016/01/03	14	2	3
2016/01/04	0	0	0
2016/01/05	17	4	0
2016/01/06	15	9	0
2016/01/07	7	2	1
2016/01/08	24	4	0
2016/01/09	17	1	0
2016/01/10	15	6	1
2016/01/11	19	3	1
2016/01/12	27	4	0
2016/01/13	16	4	1
2016/01/14	23	5	2
2016/01/15	15	6	1
2016/01/16	22	3	3
2016/01/17	19	3	1
2016/01/18	23	7	0
2016/01/19	14	2	1
2016/01/20	13	1	3
2016/01/21	22	5	0

图 5-119　统计表生成页面

(7)趋势图：如图 5-120 所示，点击【趋势图】可出现性别构成比、年龄构成比等的饼图或漏斗图展示。点击右侧【条件趋势图】，与统计表类似选择查询条件生成总接诊人数和分病种接诊人数趋势图。不选择条件直接点击确定则系统自动按照总接诊人数生成趋势图，如图 5-121 和图 5-122 所示。趋势图的横坐标可自由调整，同时可自由切换折线图或柱状图。用户也可将此趋势图另存为图片。

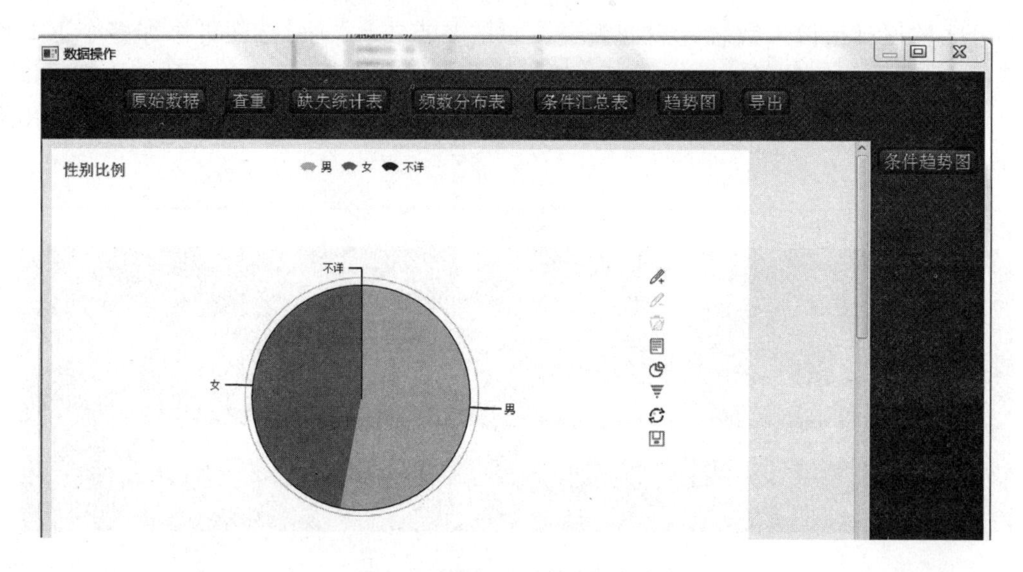

图 5-120　性别比例饼图展示页面

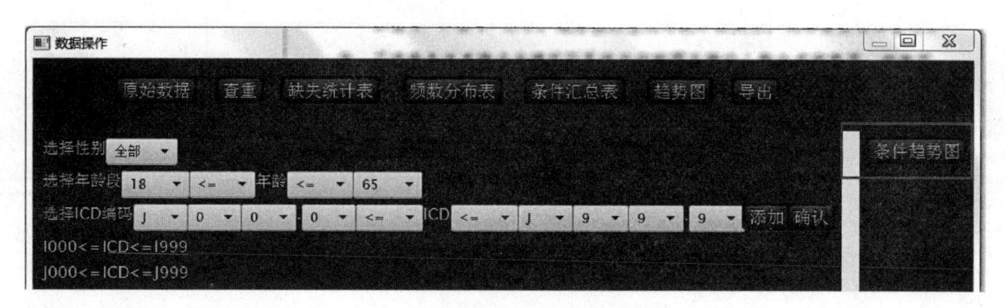

图 5-121　趋势图条件查询页面

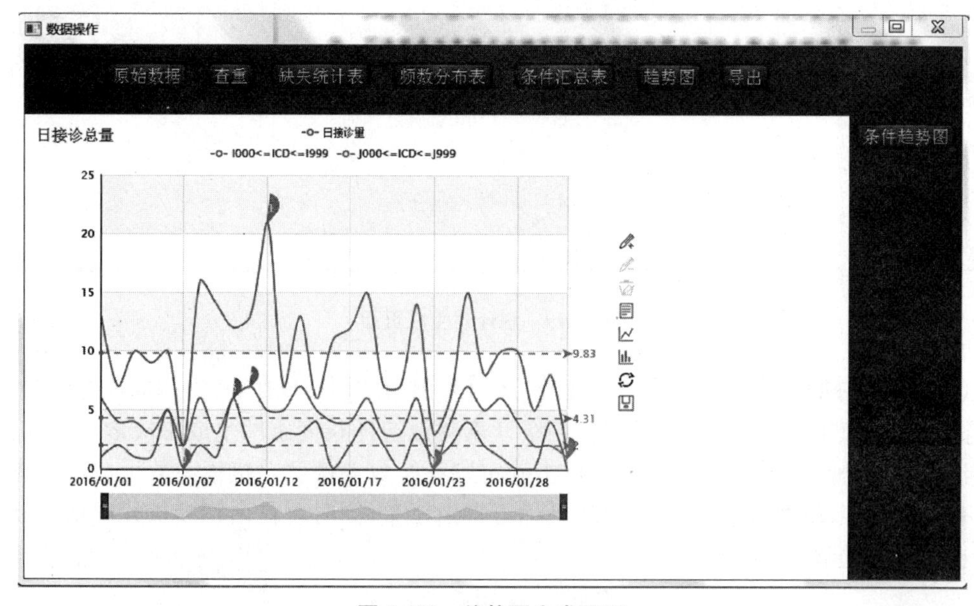

图 5-122　趋势图生成页面

(8)导出:如图 5-123 所示工具包单独设置的导出功能用于导出原始数据和缺失情况统计表。统计图表的导出则需要在基本统计页面单独导出。

22	130181A0	高速口		男		20	2016/01/(	摔伤40分	头外伤	S09.905	应急救治		052360
23	130181A0	高速口		男		22	2016/01/(	摔伤40分	头外伤	S09.905	应急救治		052360
24	130181A0	锚营制革	052360	男		42	2016/01/(	外伤后意	头外伤	S09.905	应急救治		052360
25	130181A0	耿虔寺	052360	女		69	2016/01/(	活动后喘	喘闷原因	R06.002	应急救治		052360
26	130181A0	辛中路与	052360	女		33	2016/01/(	腰痛10分	腰部软组	S30.003	应急救治		052360
27	130181A0	温方	052360	男		71	2016/01/(	失语1小时	失语原因	R47.002	应急救治		052360
28	130181A0	旧城医院	052360	女		48	2016/01/(	胸闷20分	冠心病	I49.811	应急救治		052360
29	130181A0	芳华小区	052360	男		1.5岁	2016/01/(	意识不清	急性扁桃	J03.903	应急救治		052360
30	130181A0	孟观	052360	女		51	2016/01/(	头部外伤	头部外伤	S09.905	应急救治		052360

原始数据表　缺失情况统计表

图 5-123　导出后的原始数据

7. 健康调查数据　在空气污染人群健康影响监测信息系统中,健康调查收集问卷调查数据,指标包括:被调查者姓名、性别、年龄等基本信息,住宅附近污染源情况、烹调习惯、通风习惯、空气净化器使用、职业危害等个体污染物暴露信息,以及空气污染相关疾病和症状发生情况等。空气污染人群健康影响监测信息系统的录入员和审核员可使用信息系统中的数据导入模板和导出模板分别上传至数据清洗工具包。具体操作步骤如下:

(1)文件上传:在图 5-124 中点击【选择文件】按钮,找到要上传的健康调查数据,点击【上传】按钮,即可进行数据操作。如有多份调查问卷,需将每份问卷按照相应的顺序放在同一份 Excel 文件的不同 sheet 表单中,上传时只可选择一份 Excel 文件。如果上传文件表头与工具包默认的字段不一致,工具包会提示"模板匹配失败"。用户按照模板表头重新修改即可。

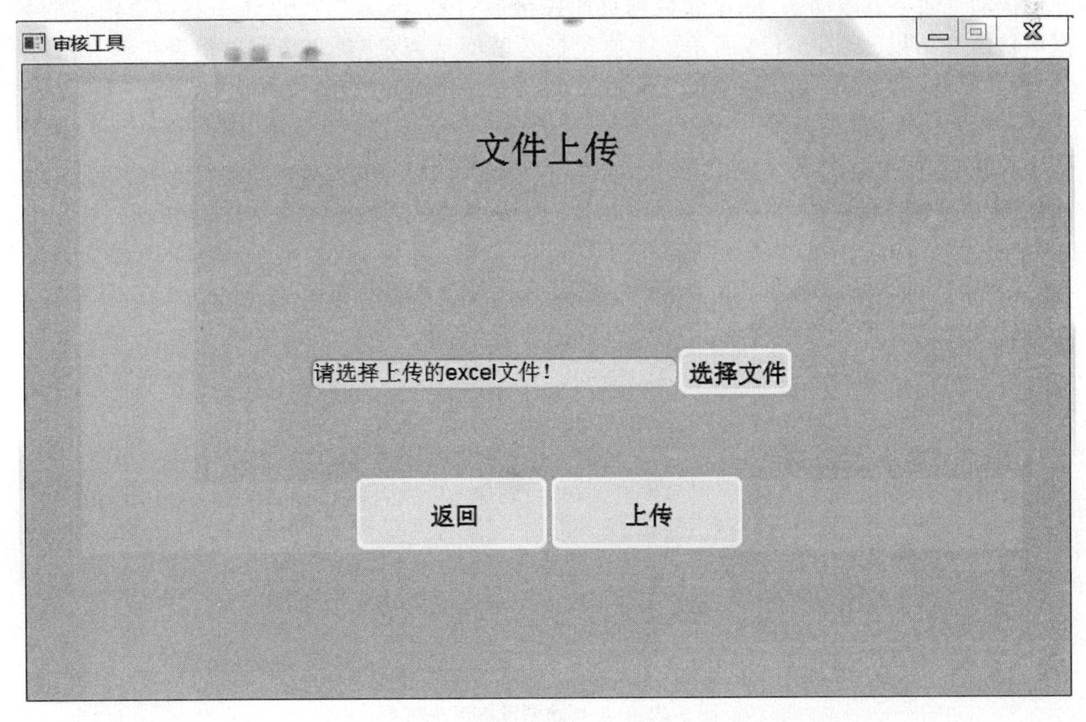

图 5-124　文件上传页面

(2)A 卷数据:如图 5-125 所示,文件导入成功后在 A 卷数据页面即可看到完整的 A 卷(即 Excel 文件中第一个 sheet 表单中的问卷)信息。主要包括被调查者编码、姓名、性别、出生日期、家庭状况、与个体暴露有关的各项影响因素(附近污染源、通风习惯等)以及个体出行情况调查。

数据操作

A卷数据　B1卷数据　B2卷数据　A卷缺项率统计　编号表　导出

studentno	studentno1	name	school	gradel	class	sex	birthdate	weight	height
410189H1S1	20130001	薛泽铜	XXX	三	一	1	2006/08/26	42	148
410189H1S1	20130002	王祥宇	XXX	三	一	1	2007/02/08	41	140
410189H1S1	20130003	张家豪	XXX	三	一	1	2006/07/16	34	146
410189H1S1	20130004	蒋少涵	XXX	三	一	1	2007/02/02	22	130
410189H1S1	20130005	王艺哲	XXX	三	一	1	2006/09/09	55	153
410189H1S1	20130006	赵文泽	XXX	三	一	1	2006/06/18	26	131
410189H1S1	20130007	王雨阳	XXX	三	一	1	2007/02/01	24	127
410189H1S1	20130008	梁世文	XXX	三	一	1	2007/02/18	43	140
410189H1S1	20130009	刘兴原	XXX	三	一	1	2006/05/31	52	140
410189H1S1	20130010	韩振阳	XXX	三	一	1	2006/04/04	34	140
410189H1S1	20130011	张宇琛	XXX	三	一	1	2006/09/25	25	138
410189H1S1	20130012	王皓宇	XXX	三	一	1	2007/02/12	36	142
410189H1S1	20130013	马骐蔚	XXX	三	一	1	2007/02/28	25	135
410189H1S1	20130014	韩奕聪	XXX	三	一	1	2006/07/19	45	130
410189H1S1	20130015	马孟涵	XXX	三	一	1	2006/05/28	35	143
410189H1S1	20130016	瞿侗睿	XXX	三	一	1	2007/01/13	38	142
410189H1S1	20130017	徐睿鑫	XXX	三	一	1	2006/05/24	35	142
410189H1S1	20130018	袁自豪	XXX	三	一	1	2006/08/29	27	140
410189H1S1	20130019	张文兴	XXX	三	一	1	2007/01/26	29	136
410189H1S1	20130020	仲剑衡	XXX	三	一	1	2007/02/28	27	134
410189H1S1	20130021	王有为	XXX	三	一	1	2007/11/01	27	130
410189H1S1	20130022	夏一扬	XXX	三	一	1	2006/10/30	32	138
410189H1S1	20130023	曹展	XXX	三	一	1	2006/06/18	40	140

图 5-125　A 卷导入页面

拉动页面下方滚动条,将 A 卷数据页面拉至最右侧,即可看到针对 A 卷调查内容的数据审核清洗结果,如图 5-126 所示。主要包括必填项是否完整、非必填项是否完整、每日出

数据操作

A卷数据　B1卷数据　B2卷数据　A卷缺项率统计　编号表　导出

必填项是否...	其它项完整率	其它项是否...	工作日时间...	周末时间校验	编号查重	编号校验(B1...	问卷是否合格	合格问卷数
是	95.45	是	19	正确	正确	正确	不合格	516
否	100.0	是	正确	正确	正确	正确	不合格	
否	100.0	是	正确	正确	正确	正确	不合格	
否	100.0	是	正确	正确	正确	正确	不合格	
是	100.0	是	正确	正确	正确	正确	合格	
是	100.0	是	正确	正确	正确	正确	合格	
是	100.0	是	正确	正确	正确	正确	合格	
是	100.0	是	正确	正确	正确	正确	合格	
是	100.0	是	正确	正确	正确	正确	合格	
是	100.0	是	正确	正确	正确	正确	合格	
是	100.0	是	正确	正确	正确	正确	合格	
是	100.0	是	正确	正确	正确	正确	合格	
是	100.0	是	正确	正确	正确	正确	合格	
是	100.0	是	正确	正确	正确	正确	合格	
是	100.0	是	正确	正确	正确	正确	合格	
是	100.0	是	正确	正确	正确	错误	不合格	
是	100.0	是	正确	正确	正确	正确	合格	
是	100.0	是	正确	正确	正确	正确	合格	
是	100.0	是	正确	正确	正确	错误	不合格	
是	100.0	是	正确	正确	正确	正确	合格	

图 5-126　A 卷数据审核清洗结果

行时间总和是否正确、个人编码是否重复、个人编码在多份问卷中是否一致、问卷是否合格等多项审核指标。所有指标的判定结果均显示在对应单元格中，用户可通过排序功能快速发现不符合要求的单元格以及其所对应的调查数据，便于溯源及修改。

（3）B1 卷数据：如图 5-127 所示，文件导入成功后在 B1 卷数据页面即可看到完整的 B1 卷（即 Excel 文件中第二个 sheet 表单中的问卷）内容。主要包括被调查者编码、姓名、出生日期以及与空气污染有关的症状和疾病发生情况。

数据操作

A卷数据　B1卷数据　B2卷数据　A卷缺项率统计　编号表　导出

studentno	studentno1	name	b1invdate	disease	respiratio	cold	acutebron	pneumonia	ast
410189H1S1	20130001	薛泽铜	2017/12/02	0					
410189H1S1	20130002	王祥宇	2017/12/02	0					
410189H1S1	20130003	张家豪	2017/12/02	0					
410189H1S1	20130004	蒋少涵	2017/12/02	0					
410189H1S1	20130005	王艺哲	2017/12/02	0					
410189H1S1	20130006	赵文泽	2017/12/02	0					
410189H1S1	20130007	王雨阳	2017/12/02	0					
410189H1S1	20130008	梁世文	2017/12/02	1	1	0	0	0	0
410189H1S1	20130009	刘兴原	2017/12/02	0					
410189H1S1	20130010	韩振阳	2017/12/02	1	1	1	0	0	0
410189H1S1	20130011	张宇琛	2017/12/02	0					
410189H1S1	20130012	王皓宇	2017/12/02	1	1	1	0	0	1
410189H1S1	20130013	马其蔚	2017/12/02	0					
410189H1S1	20130014	韩奕聪	2017/12/02	0					
410189H1S1	20130015	马孟涵	2017/12/02	0					
410189H1S1	20130016	翟侗睿	2017/12/02	0					
410189H1S1	20130017	徐睿鑫	2017/12/02	0					
410189H1S1	20130018	袁自豪	2017/12/02	0					
410189H1S1	20130019	张文兴	2017/12/02	0					
410189H1S1	20130020	仲剑衡	2017/12/02	1	1	0	0	0	0

图 5-127　B1 卷导入页面

拉动页面下方滚动条，将 B1 卷数据页面拉至最右侧，即可看到针对 B1 卷调查内容的数据审核清洗结果，如图 5-128 所示，主要为被调查者个人编码是否重复。是否重复的判定结

数据操作

A卷数据　B1卷数据　B2卷数据　A卷缺项率统计　编号表　导出

bellyach	othersym	othersym1	absen	n01	n2	investigat	rechecher	编号查重
			0			XXX	XXX	正确
			0			XXX	XXX	正确
			0			XXX	XXX	正确
			0			XXX	XXX	正确
			0			XXX	XXX	正确
			0			XXX	XXX	正确
			0			XXX	XXX	正确
			0			XXX	XXX	正确
			0			XXX	XXX	正确
			1	1		XXX	XXX	正确
			0			XXX	XXX	正确
			0			XXX	XXX	正确
			0			XXX	XXX	正确
			0			XXX	XXX	正确
			0			XXX	XXX	正确
			0			XXX	XXX	正确
			0			XXX	XXX	正确
			0			XXX	XXX	正确
			0			XXX	XXX	正确
			0			XXX	XXX	正确

图 5-128　B1 卷数据审核清洗结果

果显示在对应单元格中,用户可通过排序功能快速发现存在重复的单元格以及其所对应的调查数据,便于溯源及修改。

(4)B2 卷数据:如图 5-129 所示,文件导入成功后在 B2 卷数据页面即可看到完整的 B2 卷(即 Excel 文件中第三个 sheet 表单中的问卷)信息。内容与 B1 卷相似,是 B1 卷的加密调查,主要包括被调查者编码、姓名、出生日期以及与空气污染有关的症状和疾病发生情况。由于目前 B2 卷尚未提出可量化的审核清洗规则,因此 B2 卷数据没有审核清洗结果,只提供数据展示功能。

数据操作

A卷数据　B1卷数据　B2卷数据　A卷缺项率统计　编号表　导出

studentno	studentno1	name	b1invdate	tdisease	trespirati	tcold	tacutebron	tpneumonia	tast
410189H1S1	20130037	冯郸疃	2017/12/03	1	1	1	0	0	0
410189H1S1	20130038	汪熙瑶	2017/12/04	1	1	0	0	0	0
410189H1S1	20130045	周可	2017/12/04	1	1	1	0	0	0
410189H1S1	20130021	王有为	2017/12/04	1	1	1	0	0	0
410189H1S1	20130011	张宇琛	2017/12/07	1	1	1	0	0	0
410189H1S1	20130042	李沛萱	2017/12/07	1	1	1	0	0	0
410189H1S1	20130046	柴艺嘉	2017/12/08	1	1	1	0	0	0
410189H1S1	20130041	李泽涵	2017/12/09	1	1	1	0	0	0
410189H1S1	20130020	仲剑衡	2017/12/09	1	1	1	0	0	0
410189H1S1	20130012	王皓宇	2017/12/09	0					
410189H1S1	20130011	张宇琛	2017/12/10	0					
410189H1S1	20130022	夏一扬	2017/12/12	1	1	1	0	0	0
410189H1S1	20130020	仲剑衡	2017/12/09	1	0				
410189H1S1	20130008	梁世文	2017/12/18	1	1	1	0	0	0
410189H1S1	20130015	马孟涵	2017/12/18	1	1	1	0	0	0
410189H1S1	20130048	刘益然	2017/12/19	1	1	1	0	0	0
410189H1S1	20130011	张宇琛	2017/12/22	1	1	1	0	0	0
410189H1S1	20130079	田凯	2017/12/05	1	1	1	0	0	0
410189H1S1	20130079	田凯	2017/12/08	1	1	1	0	0	0
410189H1S1	20130084	王天浩	2017/12/08	1	1	1	0	0	0

图 5-129　B2 卷导入页面

(5)A 卷缺项率统计:如图 5-130 所示,文件导入成功后点击【A 卷缺项率统计】,在该页面可看到 A 卷的总调查份数,以及 A 卷每一题在调查人群中的缺项率计算结果,用于判断 A 卷的填写完整性,其中缺项率高的用红色填充单元格,以起到突出警示作用。由于该工具包主要面向监测项目内人员需求设计,此处默认 A 卷为主卷,只针对 A 卷进行了缺项率统计。

(6)编号表:如图 5-131 所示,文件导入成功后点击【编号表】,在该页面可看到各个问卷中被调查者编号一致性的校验结果,即若被调查者进行了多份问卷调查,那么其在各份问卷中的个人编码应一致且唯一。该页面中,编号与姓名匹配不一致的将被用红色标出,方便用户快速发现并溯源修改。

(7)导出:如图 5-132 所示工具包单独设置的导出功能用于导出审核清洗后的健康调查数据和缺项率统计表。点击【导出】,多份问卷和缺项率统计表将分在不同的 sheet 表单保存在一个 Excel 文件中。

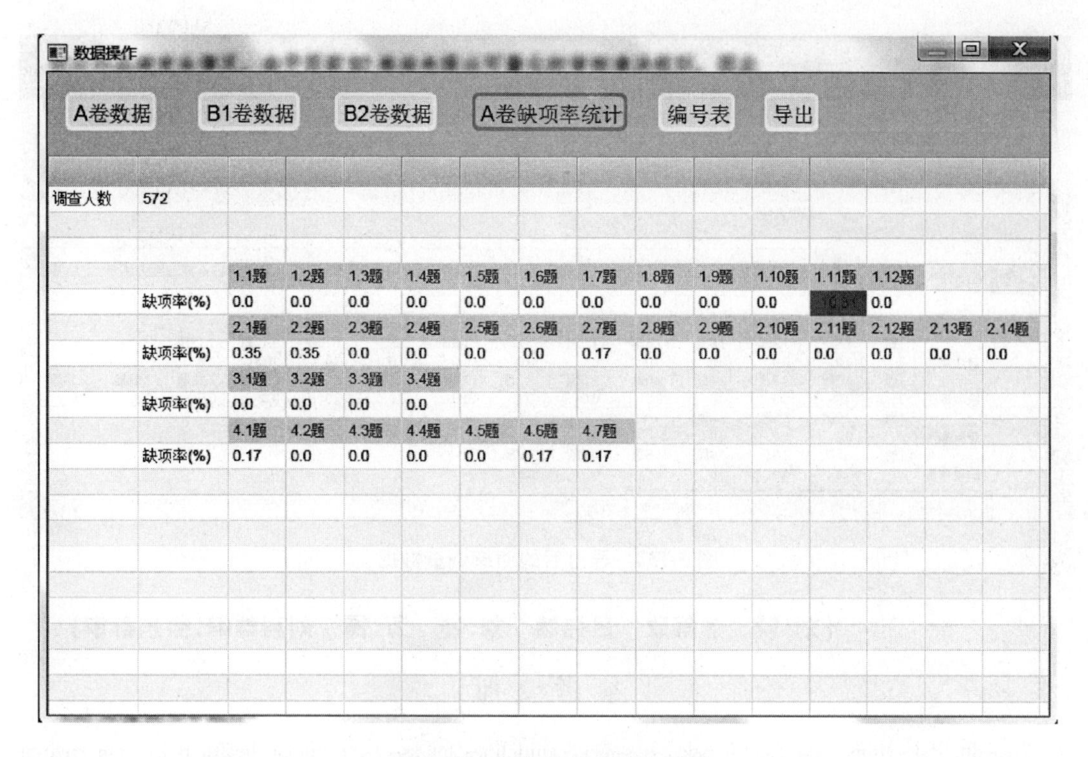

调查人数	572												
	1.1题	1.2题	1.3题	1.4题	1.5题	1.6题	1.7题	1.8题	1.9题	1.10题	1.11题	1.12题	
缺项率(%)	0.0	0.0	0.0	0.0	0.0	0.0	0.0	0.0	0.0	0.0	[illegible]	0.0	
	2.1题	2.2题	2.3题	2.4题	2.5题	2.6题	2.7题	2.8题	2.9题	2.10题	2.11题	2.12题	2.13题	2.14题
缺项率(%)	0.35	0.35	0.0	0.0	0.0	0.0	0.17	0.0	0.0	0.0	0.0	0.0	0.0	0.0
	3.1题	3.2题	3.3题	3.4题									
缺项率(%)	0.0	0.0	0.0	0.0									
	4.1题	4.2题	4.3题	4.4题	4.5题	4.6题	4.7题						
缺项率(%)	0.17	0.0	0.0	0.0	0.0	0.17	0.17						

图 5-130　A 卷缺项率统计结果

数据操作

A卷数据　B1卷数据　B2卷数据　A卷缺项率统计　编号表　导出

A卷			B1卷		B2卷	
编号	姓名	匹配B1卷	编号	姓名	编号	姓名
410189H1S120130...	王雨阳	王雨阳	410189H1S120130...	王雨阳	410189H1S120130...	柴艺嘉
410189H1S120130...	梁世文	梁世文	410189H1S120130...	梁世文	410189H1S120130...	李泽涵
410189H1S120130...	刘兴原	刘兴原	410189H1S120130...	刘兴原	410189H1S120130...	仲剑衡
410189H1S120130...	韩振阳	韩振阳	410189H1S120130...	韩振阳	410189H1S120130...	王皓宇
410189H1S120130...	张宇琛	张宇琛	410189H1S120130...	张宇琛	410189H1S120130...	张宇琛
410189H1S120130...	王皓宇	王皓宇	410189H1S120130...	王皓宇	410189H1S120130...	夏一扬
410189H1S120130...	马骐蔚	马其蔚	410189H1S120130...	马其蔚	410189H1S120130...	仲剑衡
410189H1S120130...	韩奕聪	韩奕聪	410189H1S120130...	韩奕聪	410189H1S120130...	梁世文
410189H1S120130...	马孟涵	马孟涵	410189H1S120130...	马孟涵	410189H1S120130...	马孟涵
410189H1S120130...	瞿侗香	翟侗香	410189H1S120130...	翟侗香	410189H1S120130...	刘盎然
410189H1S120130...	徐睿鑫	徐睿鑫	410189H1S120130...	徐睿鑫	410189H1S120130...	张宇琛
410189H1S120130...	袁自豪	袁自豪	410189H1S120130...	袁自豪	410189H1S120130...	田凯
410189H1S120130...	张文兴	张文兴	410189H1S120130...	张文兴	410189H1S120130...	田凯
410189H1S120130...	仲剑衡	仲剑衡	410189H1S120130...	仲剑衡	410189H1S120130...	王天浩
410189H1S120130...	王有为	王有为	410189H1S120130...	王有为	410189H1S120130...	王致钦
410189H1S120130...	夏一扬	夏一扬	410189H1S120130...	夏一扬	410189H1S120130...	韦嘉航
410189H1S120130...	曹展	曹展	410189H1S120130...	曹展	410189H1S120130...	王天浩
410189H1S120130...	黄荣坤	黄荣坤	410189H1S120130...	黄荣坤	410189H1S120130...	赵培群
410189H1S120130...	鲍奕睿	鲍奕睿	410189H1S120130...	鲍奕睿	410189H1S120130...	张甘霖

图 5-131　个人编号校验结果

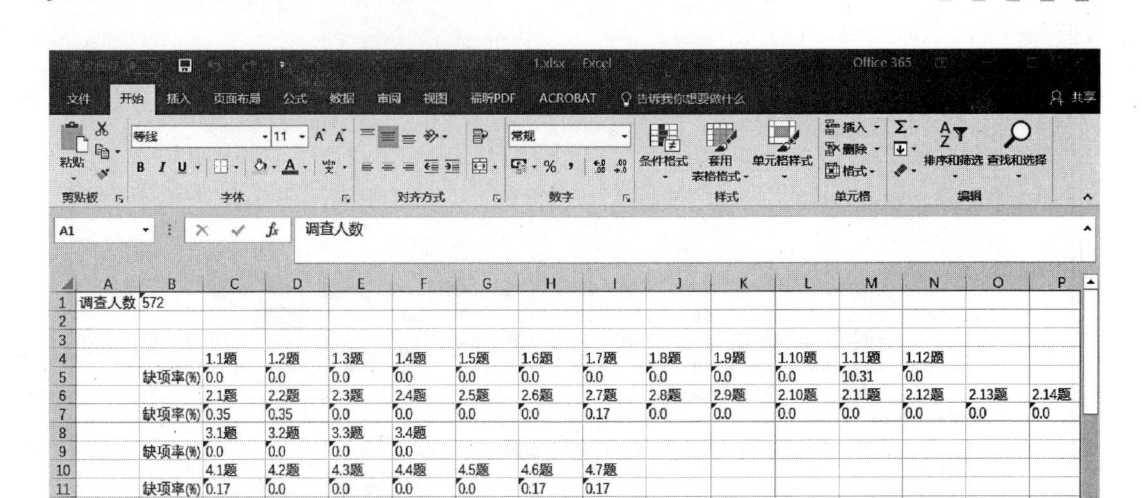

	A	B	C	D	E	F	G	H	I	J	K	L	M	N	O	P
1	调查人数	572														
2																
3																
4			1.1题	1.2题	1.3题	1.4题	1.5题	1.6题	1.7题	1.8题	1.9题	1.10题	1.11题	1.12题		
5		缺项率(%)	0.0	0.0	0.0	0.0	0.0	0.0	0.0	0.0	0.0	0.0	10.31	0.0		
6			2.1题	2.2题	2.3题	2.4题	2.5题	2.6题	2.7题	2.8题	2.9题	2.10题	2.11题	2.12题	2.13题	2.14题
7		缺项率(%)	0.35	0.35	0.0	0.0	0.0	0.0	0.17	0.0	0.0	0.0	0.0	0.0	0.0	0.0
8			3.1题	3.2题	3.3题	3.4题										
9		缺项率(%)	0.0	0.0	0.0	0.0										
10			4.1题	4.2题	4.3题	4.4题	4.5题	4.6题	4.7题							
11		缺项率(%)	0.17	0.0	0.0	0.0	0.0	0.17	0.17							
12																

图 5-132 导出后的健康调查数据

（刘 悦 郝舒欣 吕祎然 刘 婕 万 霞 刘利群编，徐东群审）

参考文献

[1] Enhealth B.Environmental health risk assessment: guidelines for assessing human health risks from environmental hazards[J].Sexual Health,2012.

[2] 知乎专栏[OL].https://zhuanlan.zhihu.com/p/24552492

[3] Colin D.Mathers,Doris Ma Fat,Mie Inoue,etc.Counting the dead and what they died from: an assessment of the global status of cause of death data[J].Bulletin of the World Health Organization,March 2005,83(3):171-6.

[4] 全国死因监测进展[OL]. http://ncncd. chinacdc. cn/jcysj/siyinjcx/syzxgz/201407/t20140727_100328.htm

[5] Liu XW,Wu XL,Lopez AD,et al.适用于中国死亡登记和死亡率监测的全国死亡监测综合系统[EB/OL].http://www.who.int/bulletin/volumes/94/1/15-153148-ab/zh/.

[6] 王金营.2000 年中国第五次人口普查漏报评估及年中人口估计[J].人口研究,2003,27(5):53-62.

[7] 杨功焕著.中国人群死亡及其危险因素流行水平、趋势和分布[M].中国协和医科大学出版社.2005:17.

[8] 沈靖,高瞻.捕获——再捕获方法在流行病学发病率调查中的应用[J].江苏预防医学,1997,7:70-72.

[9] 符文华,康晓平,谷渊等.应用捕获——再捕获法估计 5 岁以下儿童死亡漏报率及死亡率[J].中国卫生统计,2004,21(1):21-23.

[10] 杨功焕,王若涛.传染病漏报调查方案与 CMR 法[J].中华流行病学杂志,1994,15(特刊 8 号):38-41.

[11] 王琳,王黎君,蔡玥等.2006-2008 年全国疾病监测系统死亡漏报调查分析.中华预防医学杂志.2011,45(12):1061-4.

[12] 卫生部疾病控制司,中国预防医学科学院.中国疾病监测报告(9):1998 年中国疾病监测年报[R].

[13] 万霞,周脉耕,王黎君,等.运用广义增长平衡法和综合绝世后代法估计 1991-1998 年全国疾病监测系统的居民漏报水平[J].中华流行病学杂志,2009,9(30):927-932.

[14] Colin D.Mathers,Doris Ma Fat,Mie Inoue,etc.Counting the dead and what they died from: an assessment of

the global status of cause of death data[J].Bulletin of the World Health Organization,March 2005,83(3):171-6.

[15] Wan X,Yang GH.Is the Mortality Trend of Ischemic Heart Disease by the GBD2013 Study in China Real? *Biomed Environ Sci.*2017,30(3):204-9.

[16] 富振英,董景五,郭百明等.关于肺心病校正问题的研究.卫生研究.1988,17(2):50-1.

[17] 姬一兵,王黎君,周脉耕.根本死因自动编码工具在死因监测工作中的编码实例分析.中华疾病控制杂志.2013,17(9):813-5.

[18] https://wenku.baidu.com/view/1242b00ced630b1c59eeb5ce.html(获取时间 2017 年 12 月 26 日)

[19] MA Hemfindez,SJ Stolfo.Real-world Data is Dirty:Data Cleansing and The Merge/Purge Problem[J].Data Mining and Knowledge Discovery,1998(2):9-37.

[20] 俞荣华.数据质量和数据清洗关键技术研究[D].上海:复旦大学,2002.

[21] Rahm E,Do HH.Data cleaning:problems and current approaches[J].IEEE Data Engineer Bulletin,2000,23(4):3-13.

[22] 郭志懋,周傲英.数据质量和数据清洗研究综述[J].软件学报,2002,13(11):2076-2082.

[23] 郝舒欣,吕祎然,刘婕,等.空气污染对人群就诊影响时间序列分析的数据前处理方法[J].环境与健康,2017,34(5):137-142.

[24] 鲁均云.重复和不完整数据的清理方法研究及应用[D].镇江:江苏大学,2009.

[25] 陈伟.数据清理关键技术及其软件平台的研究与应用[D].南京:南京航空航天大学,2005.

[26] Donald. B. Rubin. Multiple Imputation For Nonresponse In Surveys[M]. New York: John Wiley & Sons Inc.1987.

[27] 庞新生.缺失数据插补处理方法的比较研究[J].统计与决策,2012,24:18-22.

[28] 帅平,李晓松,周晓华,等.缺失数据统计处理方法研究进展[J].中国卫生统计,2013,30(1):135-142.

[29] 张彪,韩伟,庞海玉,等.完全随机缺失条件下连续型随机变量数据缺失插补方法的比较研究[J].中国卫生统计,2015,32(4):605-608,612.

[30] Multiple Imputation for Missing Data[OL].http://support.sas.com /rnd/app/da/new /dami.html.

[31] norm:Analysis of multivariate normal datasets with missing values[OL].http://cran.r-project.org /web/packages/norm/index.html.

[32] cat:Analysis of categorical-variable datasets with missing values[OL].http://cran.r-project.org /web/packages/cat/index.html.

[33] mix:Estimation multiple Imputation for Mixed Categorical and ContinuousData[OL].http://cran.r-project.org /web/packages/mix index.html.

[34] pan:Multiple imputation for multivariate panel or clustered data[OL].http://cran.r-project.org/web/packages/pan/index.html.

[35] mi:Missing Data Imputation and Model Checking[OL].http://cran.r-project.org /web /packages/mi/index.html.

[36] mice:Multivariate Imputation by Chained Equations[OL].http://cran.r-project.org/web/packages/mice/index.html.

[37] 崔洋,贺亚茹.MySQL 数据库应用从入门到精通[M].北京:中国铁道出版社,2013.

[38] 徐东群主编.空气污染对人群健康影响监测数据清理及分析[M].武汉:湖北科学技术出版

社,2016.

[39] 刘悦,郝舒欣,韩京秀,等.门诊个案数据快速清理及诊断疾病自动编码方法研究[J].中国医院管理,2015,35(9):69-71.

[40] 刘悦,郝舒欣,宋杰,等.空气污染与疾病关系的时间序列分析中门急诊数据快速清洗及自动分类汇总方法的研究[J].卫生研究,2016,45(4):624-630.

第六章

环境空气污染的时空分布特征与模拟

常规的环境空气质量监测主要依靠布设在地面的固定监测站点来获取空气污染物的浓度值,但有限的监测点值通常不能满足流行病学精细暴露评估的需求。随着机动车排放污染在整体污染来源中所占比例的增加和暴露工作的精细化,在当前空气污染人群健康评估研究工作中,获取小范围内空气污染物浓度或其替代变量的详细空间分布及其随时间的变化,成为了开展暴露评估的关键。近50年来,地理信息科学(geographic information science,GIS)和遥感技术的迅猛发展,为快速获取空气污染物浓度空间分布提供了关键技术和数据基础[1]。目前,已发展形成了众多的污染物浓度空间预测方法可供空气污染暴露评估研究选用,但不同方法的原理和适用性有所差别。为了供空气污染暴露评估工作者在选择方法时进行参考,本章遴选出几种在暴露评估中应用较多的方法进行重点介绍并附以部分案例,旨在协助环境健康工作者有针对性地选取方法,生成暴露评估中所需的污染物空间分布数据。

第一节　邻近度模型

一、理论基础

邻近度(proximity)描述了地理空间中两个地物之间的接近程度,通常可用距离来表示。对于空气污染而言,距离污染源(如道路)越近,则空气污染程度可能越重,因此,空气污染程度和到污染源的距离之间存在着一定程度的关联(图6-1)。在缺少监测数据的情况下,空气污染暴露评估工作通常将某点到污染源的距离作为该点污染程度的替代指标(surrogate measure),用来区分不同点上暴露水平的差异。这种空气污染暴露评估方法,通常被称为邻近度模型(proximity models)[2]。

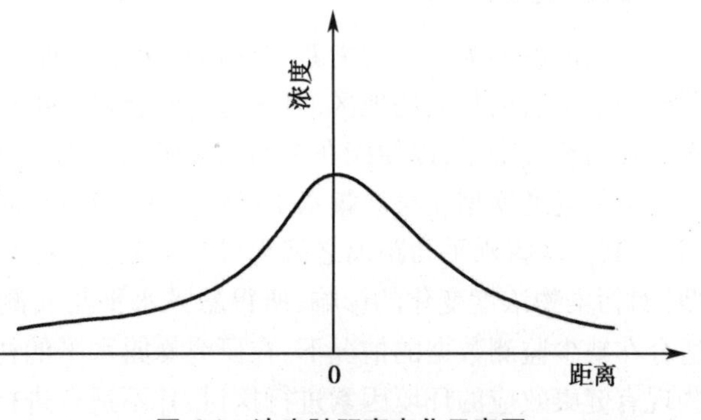

图6-1　浓度随距离变化示意图

GIS可以方便地对暴露人群和污染源进行地理编码,精确定位其空间位置,然后以其空间分布为基础进行邻近性空间分析。在早期的流行病学研究中,居住地到最近主干道的距离经常被用来评估交通相关空气污染暴露的强度[2-4]。但距离经常被人为进行二分类，比如距主干道小于1km为暴露，大于1km为非暴露。这种暴露分类仅仅考虑了个体与污染源之间距离的人为分界，容易导致暴露水平分类错误。近年来GIS多缓冲区分析功能的应用，使邻近度模型对暴露水平的分级更详细，准确性得以提高[5]。

但在实际应用中，除非能通过实地的暴露监测或空气扩散模型等获得缓冲半径的经验值及其与浓度之间的关系，否则缓冲区数量和缓冲半径的选择往往比较主观，不同缓冲距离的设定对结果影响较大[6]。因此，采用连续距离（如暴露人群到污染源的精确距离）能够提供更为稳健的结果[7]，且在GIS中非常容易实现。

二、计算方法

首先，需要将污染源的空间位置进行精确定位，得到污染源空间分布图（如道路的空间分布）；其次，利用GIS的距离算法，通常可采用欧氏距离（euclidean distance），以污染源为中心逐渐向外丈量，标记每个位置至最近源的直线距离，直至得到任意点到最近污染源距离的空间分布图（距离图层）；接着，将需要评估的暴露对象进行空间定位，并与以上距离分布图叠加，取出评估对象所在位置对应的距离图层上的值（距离），获取各个评估对象到污染源的距离；最后，可以直接用该距离作为暴露评估指标，也可以对距离进行分段，将落入同一距离区间的对象赋予相同的暴露级别。

邻近度模型的简化做法，则是以污染源为中心，生成所关注的不同半径的缓冲区（buffer），落入不同级别缓冲区的评估对象则被赋予不同的暴露水平，如落入50m缓冲区内则为1，在50m缓冲区之外则为0，等等。但其原理与上面求距离的做法相同。

数据方面，污染源和暴露对象既可以是栅格数据，也可以是矢量数据。但注意：如果污染源数据选用了栅格数据，数据中必须仅包含表示源的像元，其他像元需要是Nodata。如果选用矢量，在执行距离工具操作时，会将其先转成栅格。程序求得每个像元至每个源的距离，然后取其至每个源的最短距离进行输出。具体实现可以通过ArcGIS中的距离（distance）、缓冲区（buffer）、采样（sample）等工具来操作。

三、优缺点分析

邻近度模型为空气污染暴露评估提供了一种简单易行的方法，尤其是对于污染源比较明确但缺少监测数据的地区，可通过容易获取的地理空间变量，经过简单计算提取出用于暴露评估的替代变量，以便能在空间上明确的表达出暴露水平的空间差异，结果直观易读。

但邻近度模型在对暴露水平硬性分级时很可能导致错分，此外，邻近度模型仅考虑距离因素，默认暴露水平与距离之间为线性关系，也未考虑距离以外的地表格局状况（如用地类型）对污染物浓度变化的影响，所得暴露水平与实测值之间可能存在较大的差异。因此，它适合在缺少监测数据的情况下，在研究暴露水平的初级阶段作为一种探索性分析方式，对某些现有健康效应的环境因素进行探讨，并不适合进行复杂的、精细的暴露评估[2]。

四、实例

为了更直观地表达邻近度模型的实现流程，下面以实际数据为例简单介绍其操作流程。

将待评估人群的位置信息通过问卷调查等方式记录，然后结合电子地图识别出其位置的经纬度，或进行实地调查并采用GPS记录现场位置。将位置信息导入GIS软件，生成人群空间分布的矢量点图层。收集路网数据,获取详细路网分布图。得到待评估暴露情况的目标人群分布和路网分布,见图 6-2。下面以到道路距离的远近作为暴露水平的替代指标,建立邻近度模型评价方法。

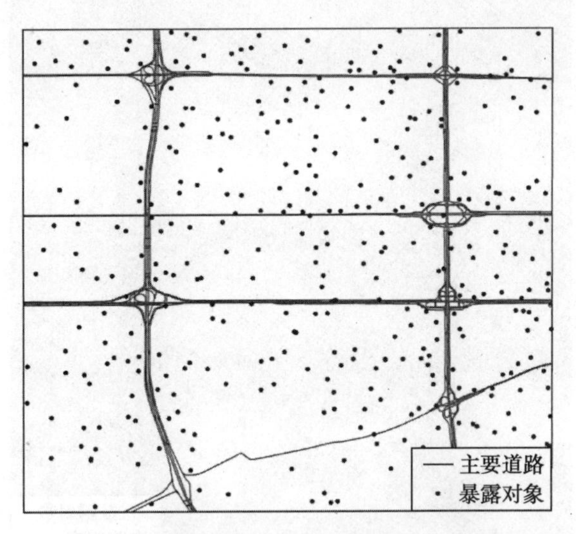

图 6-2 暴露对象与主要道路的空间分布情况

在 ArcGIS 软件中,利用求距离的工具(euclidean distance),以路网为输入图层,输出栅格图层设置为 10m 分辨率,生成栅格格式的、任意点到最近道路的距离图层(图 6-3)。该图层可明确的表达出不同位置到最近道路之间的距离,离道路越近的地方,其距离值越小。

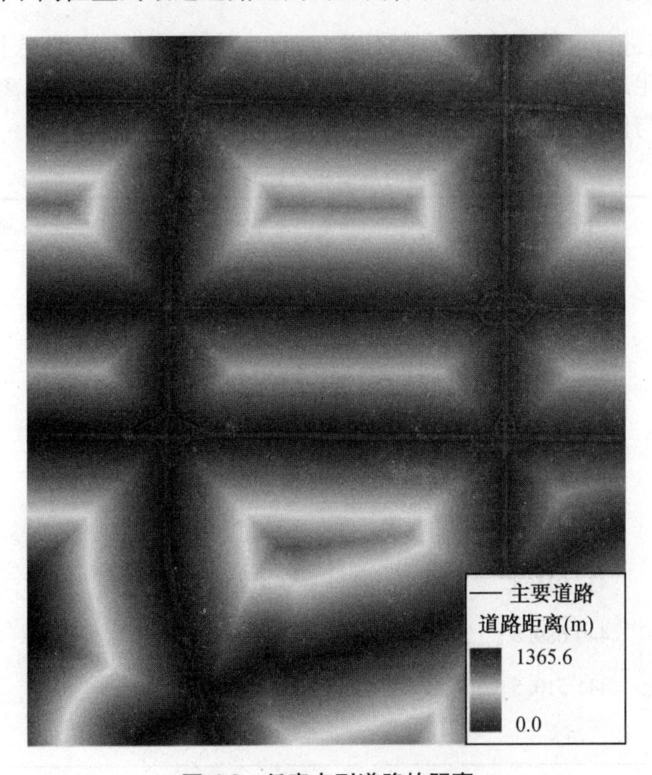

图 6-3 任意点到道路的距离

然后，将暴露评估对象的分布与距离图层进行叠加，可以直观看出不同暴露对象所处位置到污染源的距离值及其空间变化（图 6-4）。

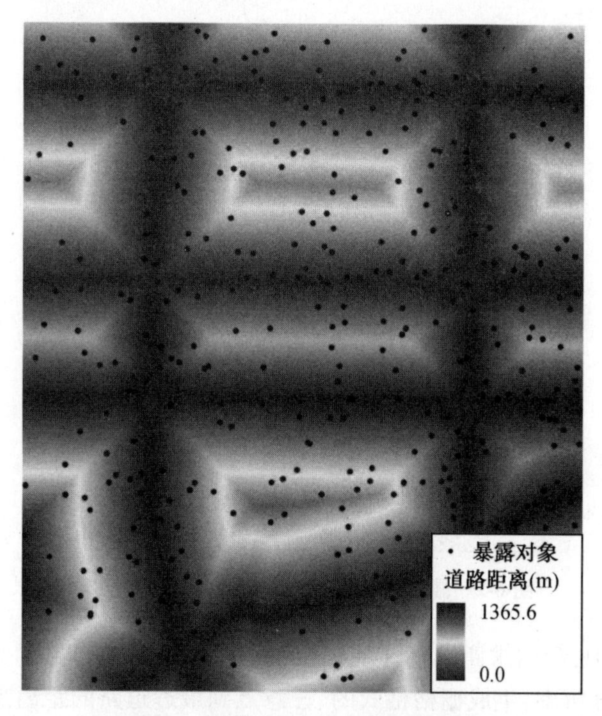

图 6-4　暴露对象与距离图层的叠加

为了对邻近度进行定量表达，可利用采样工具（sample），将距离图层上暴露对象所在位置的距离值取出，生成数据表（表 6-1）。此时，每个暴露对象到道路的距离（邻近度）都可定量显示，并可用于与健康指标建立关联。

表 6-1　暴露对象所在位置的邻近度指标

暴露对象	横坐标	纵坐标	到道路距离（m）
1	436 860.9	4 413 760.8	298.3
2	437 440.9	4 413 791.2	20.0
3	439 305.3	4 413 782.9	752.9
4	441 126.0	4 414 153.0	490.0
5	439 110.3	4 413 804.5	676.8
6	438 237.0	4 413 906.8	384.7
7	437 935.8	4 413 964.8	90.0
8	440 689.8	4 413 956.8	50.0
9	441 510.5	4 414 059.8	870.5
…	…	…	…

对图 6-4 中的所有对象的暴露水平进行统计，可得该区域内不同暴露水平上对应的暴露对象的频率（图 6-5）。

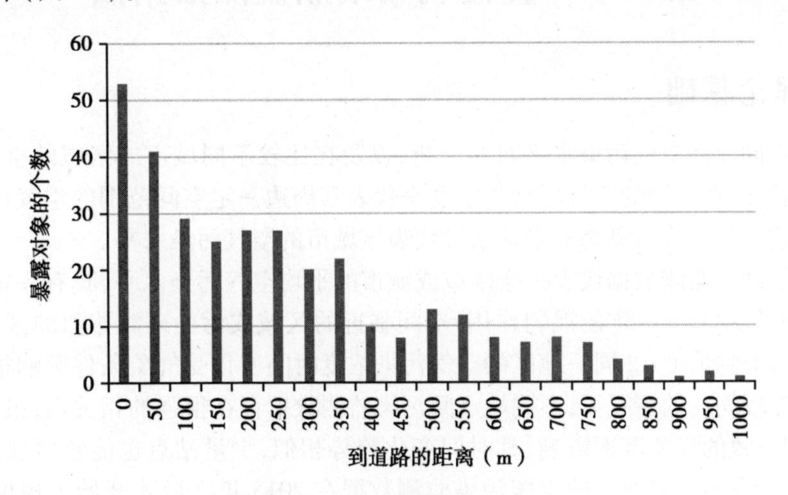

图 6-5　研究区暴露水平统计

在某些研究中，为了简化，同时便于和健康效应相对应，采用了依据一定邻近度间隔对暴露水平分级的做法，如把邻近度分为<100m，100～300m，>300m 等（图 6-6）。此时，可以采用缓冲区中的多环缓冲区（muliple ring buffer），与评估对象进行叠加分析，对落入不同缓冲区内的对象进行分级，以达到根据邻近度进行暴露水平硬性分级的目的。

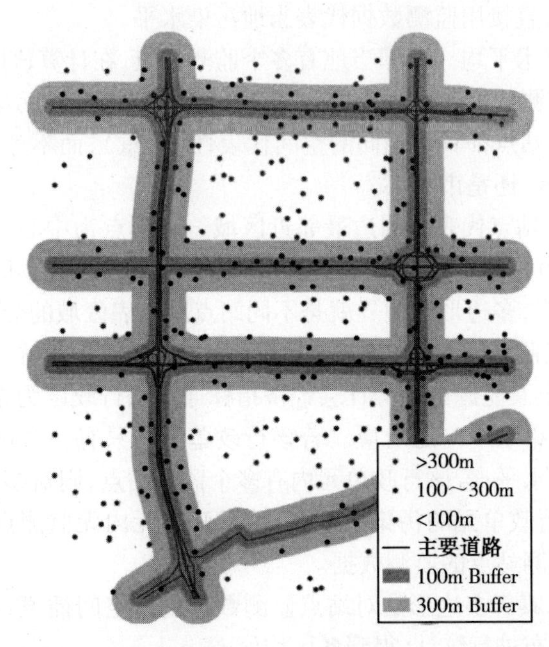

图 6-6　不同级别的缓冲区及不同邻近度暴露对象的分类

第二节　直接利用站点监测数据法

一、理论基础

在进行不同时间空气污染水平对照分析，以及在比较不同城市或区域的空气污染水平时，通常采用某站点监测的空气污染物浓度来代表其周边一定空间范围的空气污染水平，或用所有站点监测的空气污染物的平均浓度代表该城市的空气污染水平。

直接利用站点监测数据代表一个区域或城市的平均空气污染水平，具有一定的合理性：①污染物在空气中具有一定的混匀作用，空间临近的区域或污染来源相似的区域可能具有接近的空气污染物浓度；②同一地区的空气污染浓度时间变化受气象条件影响很大，在小范围内气象条件较均一的情况下，不同站点间污染监测数据存在很强的相关性，虽然绝对值不同，但均受到一致的气象因素影响，其时间变化趋势相似，少量站点也能够体现出不同时间的相对高低；③我国很多站点的空气污染监测数据在 2013 年之后才开始大规模实时发布，在此之前监测数据极度缺乏，受数据的制约，有些研究用一个站点或少量站点监测数据的均值代表一个城市的污染水平[8]。

二、常用方法

直接利用站点监测数据作为区域污染水平的做法，在实施过程中可能出现多种计算方式，简要归为以下 5 类：

(1)只有一个站点，直接用监测数据代表当地污染水平。

(2)多个站点，求算术平均。也即当地有多个监测站点，在计算该区域污染水平时，将同一时段内多个站点的监测数据做算术平均，取其均值作为当地整体污染水平，该方法应用较广。其前提是假设每个站点都具有相同的空间代表性(权重)，而不考虑监测点所处的位置和疏密，不管其是在郊区，还是市中心。

(3)多个站点，每个站点代表其周边最邻近区域。以站点为中心，划分出到每个站点最近的区域，该区域内所有位置均直接采用该中心站点的监测值。在 GIS 中，可通过以站点为中心，生成泰森多边形[9]，多边形的边界就是不同站点所代表区域的分界线。

(4)多个站点，站点监测值或其均值代表行政区浓度，无站点的行政区借用临近站点的监测值。由于人口、卫生及能源消耗等社会经济指标通常以行政区为单元进行统计，因此需要得到行政区单元的污染水平与之对应。若该行政单元内只有一个站点，则采用其监测值作为该行政单元的污染水平；若该行政单元内有多个监测站点，则对多个站点的监测数据求平均，将平均值作为该行政单元的污染水平；若该行政单元内无监测点，则需要借用距离最近的位于其他行政区监测站点的监测数据。

(5)多个站点，先以泰森多边形法对站点监测数据进行空间插值，再以行政区为单元对插值得到的浓度空间分布进行统计，得到各区均值。

在计算全市平均暴露水平时，有站点直接算术平均、站点代表的面积加权平均、行政单元统计后再平均、人口加权平均等多种做法。

三、优缺点分析

本方法不需其他前提条件，简便易行，直接取站点值或多个站点的平均值，具有很强的操作性和一定的代表性。泰森多边形法原理简单，在 GIS 软件中实现方便，各个站点代表的空间范围（权重）随站点密度而变化，在站点密集地区，单个站点代表的范围较小，在站点稀疏地区，单个站点代表的空间范围较大。适用于变量在较小的区域内空间变异不明显的情况。符合人的思维习惯，监测点仅用于代表距离近的未知点。

但同时也需注意到，利用少量站点直接代表全区或者对泰森多边形直接赋予站点值时，均无法体现污染物浓度在空间上的渐变特征，得到的浓度值分布图将在不同站点代表区域间产生跳跃，结果图的变化只发生在边界上，在边界内都体现为均质、无变化的。本方法受样本点空间分布的影响较大，只考虑距离因素，对其他空间因素的影响和待估变量所固有的空间变化规律没有过多地考虑。尤其是在站点的数量较少且空间代表性不强时，部分稀疏站点会划分出面积很大的多边形，在计算区域浓度时具有较大的权重，在未考虑人群实际分布的情况下容易引起暴露评估结果的较大偏倚。

四、实例

以北京市 2013 年 35 个 $PM_{2.5}$监测站的监测数据为例（表 6-2），分别采用站点直接平均和泰森多边形法等不同的方法进行示例。

北京市的 $PM_{2.5}$污染整体呈现出南高北低的趋势，南部平原区受本地源和区域传输的影响，年均浓度明显高于北部山区[10]。

表 6-2 北京市 35 个监测点 2013 年 $PM_{2.5}$均值

站名	X	Y	$PM_{2.5}$浓度（$\mu g/m^3$）
密云水库	495 123	4 477 002	63.1
八达岭	415 316	4 467 793	63.2
延庆	412 824	4 478 562	68.9
定陵	433 699	4 460 440	69.0
密云	486 470	4 468 713	72.7
怀柔	468 360	4 464 169	76.1
昌平	434 446	4 452 129	79.0
平谷	508 559	4 443 721	80.3
植物园	432 305	4 428 232	82.2
门头沟	423 594	4 421 174	83.8
东高村	510 265	4 439 928	84.3

续表

站名	X	Y	$PM_{2.5}$浓度($\mu g/m^3$)
顺义	470 637	4 441 904	86.3
北部新区	429 906	4 436 788	87.6
云岗	427 322	4 408 643	91.0
官园	443 543	4 420 140	91.8
奥体中心	448 427	4 425 927	92.5
古城	430 261	4 418 480	93.9
天坛	449 306	4 415 315	94.0
农展馆	454 069	4 420 946	94.3
西直门北	444 535	4 421 983	95.9
万寿西宫	445 447	4 414 454	96.4
东四	450 224	4 420 035	97.5
永定门内	448 030	4 413 940	100.7
万柳	439 108	4 426 595	100.7
东四环	455 864	4 422 139	102.9
丰台花园	438 492	4 412 854	103.6
房山	426 204	4 399 755	104.2
前门	448 318	4 416 773	105.1
亦庄	456 912	4 405 255	105.8
通州	473 563	4 414 398	106.6
大兴	442 532	4 399 131	110.6
南三环	445 832	4 412 017	114.2
永乐店	482 898	4 396 186	114.8
榆垡	442 216	4 371 377	117.2
琉璃河	417 183	4 384 133	122.6

以$PM_{2.5}$监测站点为中心,利用ArcGIS软件中的泰森多边形工具(create thiessen polygons)生成泰森多边形,此时每个不规则多边形内只有一个站点,且任意一个多边形内的区域距离本多边形内的站点最近(图6-7)。同时可以发现,站点密集的城区,划分出的泰森多边形面积较小,站点稀疏的郊区,泰森多边形面积较大。

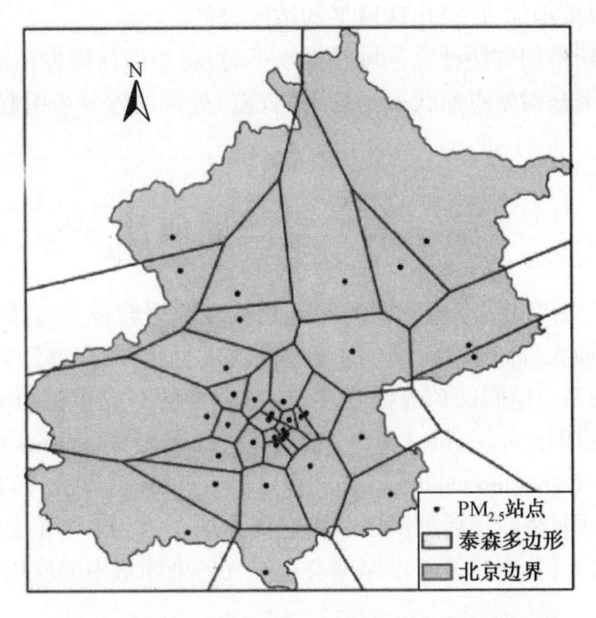

图 6-7　北京市 35 个 PM$_{2.5}$监测点及其泰森多边形

将每个站点的浓度值赋给其所在的泰森多边形，显示结果如图 6-8，每个多边形具有自己的属性值，在多边形分界处浓度发生突变。这便是直接利用站点对空间进行赋值、不考虑多边形内部以及不同多边形之间属性值渐变的结果。

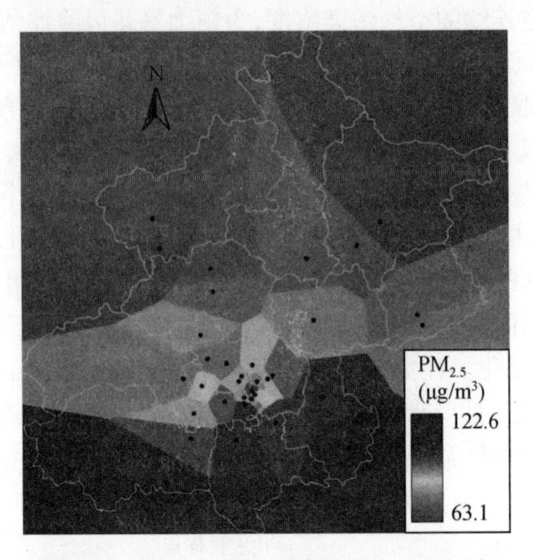

图 6-8　泰森多边形插值表示的北京市污染

计算可知，站点直接平均得到的全市 PM$_{2.5}$浓度为 92.9μg/m^3，泰森多边形法插值后，通过各多边形面积加权得到的全市区域平均浓度为 84.6μg/m^3，面积加权后的浓度低于站点直接平均值。主要原因为，北部大部分区域为山区，监测站点少，PM$_{2.5}$浓度低，在站点直接平均时因为北部区域站点数少，从而整体权重偏低，被中南部众多的高值站点拉高了区域均值。在泰森多边形法面积加权计算时，北部区域虽然站点少，但单点代表的面积大，因此北部区域因面积大而权重增加，计算出区域平均浓度较低。

综上可知，在采用不同方法计算区域暴露水平时，将会因计算方法的不同而得到不一致的结果，最主要的原因是对站点所代表的范围（权重）处理的差异所引起，在具体应用中需加以注意。

第三节　空间插值法

空间插值常用于将离散站点监测到的污染物浓度数据转换为连续的污染浓度曲面，以便与其他空间现象（如人群健康指标等）的分布模式进行比较，探寻影响因素与目标变量之间的相关性或因果关系。空间插值方法众多，应用较多的有克里格（Kriging）插值体系[11]、反距离加权（inverse distance weighted，IDW）插值[12]、样条函数（splines）插值[13]等。土地利用回归模型（land use regression model，LUR）也可归为一种插值方法，但其原理与基于监测点空间距离的插值法不同，将在随后的第四节中进行详细介绍。本节主要以克里格法、反距离加权法和样条函数法为例，介绍其基本原理及在空气污染插值中的应用。

一、理论基础

空间插值方法（spatial interpolation）实际上是通过研究区内少量监测站点的监测值来估算剩余的大量无监测站点位置上的属性值的方法[2]。常规的环境空气质量监测站点数量有限，常常不能满足流行病学精细暴露评估的需求。而空间插值方法可以基于这些离散的监测站点，获取研究区时空连续的空气污染浓度，为精细暴露风险评估提供基础数据和方法。

空间插值是地理、生态、环境、卫生等领域非常常用的功能。由于采样成本的限制，许多调查工作的开展仅能获取有限的样本点，需要通过由点到面的插值方式获取监测指标在全区域上的分布。空间插值实际上遵循了一定的假设，比如在以样点距离远近为基础进行插值时，默认的分布规律则是样点值与距离之间存在着联系，距离越近，两个样点的值也越接近。同时，也潜在的认为样点值与距离之间的变化关系（线性、非线性等）可以用插值方法近似描述。

此外，站点对研究区的代表性是影响插值结果的重要因素。用于插值的样点需要综合考虑研究区的大小、地形因素、局部污染源以及空气污染物的空间变异程度等，要求样点能较好地捕捉污染的空间变化。比如，通过布设代表性样点，抓住污染物浓度变化的关键点（图 6-9）。满足样点的代表性要求可以增加插值面的准确度，但是通常情况下则是以环保监测站点为基础，并不一定能覆盖整个研究区范围。因此，要尽可能增加样点的数量和空间上的代表性。

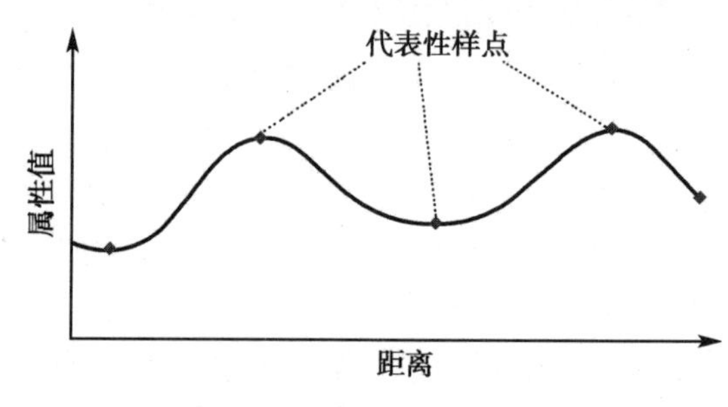

图 6-9　代表性样点的理论位置

二、常见插值方法

按照插值区域的不同,插值可分为空间内插和外推。按照插值原理的不同,又可以分为确定性方法和地质统计学方法。按照是否利用与目标变量空间协同变化的其他变量,可以分为仅基于已知点空间距离关系进行插值的同一图层"横向"插值法(如反距离加权,IDW),和考虑属性值与其他协同变量(如土地利用变量)之间关系进行插值的不同图层间"纵向"推测法(如土地利用回归模型,LUR)。

确定性插值方法是基于样点之间的相似程度或者整个曲面的光滑性来创建一个拟合曲面,比如反距离加权法、样条函数法等;地质统计学插值方法是利用样点的统计规律,定量描述样点之间的空间自相关性,从而在待预测的点周围构建样点的空间结构模型,比如克里格(Kriging)插值法。确定性插值方法的特点是在样点处的插值结果和原样点实际值基本一致,非确定性插值方法在样点处的插值结果与样点实测值可能有一定差别。

以下主要介绍在空气污染插值领域较为常用的反距离加权法、克里格法和样条函数法。

(一)反距离加权法

又称距离反比插值法,顾名思义,该方法中的权重与距离成反比。反距离加权法使用一组样点的线性权重组合来确定待插值点的值,该权重是一种随距离增大而减小的反距离函数。每个已知的样点对属性未知的待插值点的影响随距离的增加而减弱,因此距插值目标点近的样点赋予的权重较大。此方法假定待插值点的属性因受到距离的影响而变化。例如,在对污染物浓度空间分布进行插值时,离污染源近的点浓度高,随着距离增加,污染物浓度降低。具体表达式为:

$$v(x,y)=\sum_{j=1}^{n}w_j v_j \quad (式 6\text{-}1)$$

$$w_j=\frac{f(d_j)}{\sum_{j=1}^{n}f(d_j)} \quad (式 6\text{-}2)$$

$$f(d_j)=\frac{1}{d_j^b} \quad (式 6\text{-}3)$$

其中,$v(x,y)$为未知点(x,y)处的待估属性值,v_j为点j位置处的属性值,w_j为j位置对待估点(x,y)的权重,n为已知样点的个数。$f(d_j)$为已知点j对未知点(x,y)的权重函数,用两点之间的距离d_j来表示,通常表示为距离幂函数的倒数(式 6-3),b为距离的幂。

反距离加权法使用幂参数控制已知点对待插值点的影响、调节插值点周围已知点的显著性。幂参数是一个正实数,幂值越高,权重随距离的增加就衰减越快,距离较远的观测点对待插值点的影响就越小。幂值可以是任何大于0的实数,但使用从0.5到3的值可以获得最合理的结果,默认值为2。通过定义更高的幂值,可进一步强调最近点,邻近数据将受到更大影响,插值表面会变得更不平滑。随着幂数的增大,待插值点数值将逐渐接近最近样点的值。较小的幂值将增加距离较远样点的影响,从而导致更加平滑的表面[12]。由于反距离权重公式与任何实际物理过程都不关联,因此无法确定特定幂值是否过大,如果距离或幂值较大,则可能生成错误结果。

在计算过程中,也可通过限制计算每个插值点值时所使用的输入点,来控制内插表面的特性。这样一方面可加快处理速度，另一方面因为位置较远的样点与插值点的空间相关性可能较差或不存在，如此也可减小插值误差。具体可直接指定要使用的点数，也可指定搜索半径不得超出的最大距离。输入点对插值点的影响是各向同性的。

使用反距离加权法的插值结果的值域将自然地被限定在插值时用到的所有已知样点的值域内，也即不会产生值域外推。因为权重是距离加权平均，因此权重≥0，所以估计值不可能大于最大输入或小于最小输入。因此，如果缺少对研究区内极值的监测，便无法通过对值域外推，插值出这些高值或低值[14]。

（二）克里格法

克里格插值法（又称克里金法）是一种空间局部插值法，是在有限区域内对区域化变量进行线性无偏最优估计的一种方法，是地统计学的主要内容之一。南非矿产工程师 D. R. Krige（1951 年）在寻找金矿时首次运用这种方法，该方法遂被命名为 Kriging，法国著名统计学家 G. Matheron 随后将该方法理论化、系统化[11]。与反距离加权法有些类似，两者都通过对已知样点赋权重来求得未知点的值。不同的是，在赋权重时，反距离加权法只考虑已知样点与未知样点的距离远近，某个已知点的权重不受其他已知点的影响；而克里格方法不仅考虑距离，还通过对已知样点值的分析，统计并拟合出样点值的差异与其距离远近之间的关系，再施加线性、无偏、最优等约束条件求得已知点对插值点的权重，已知点的权重之间会相互影响。

因此，克里格插值法比反距离法多了对已知样点值进行统计分析（结构分析），获取变异函数，叠加约束条件求解样点权重等步骤。该方法考虑了已知样点的空间分布及与未知样点的空间方位关系，同时在插值前进行了待插值点属性空间行为的交互研究。也即克里格法是一个多步骤的过程，包括数据的探索性统计分析、变异函数建模、解方程确定权重、创建插值面，还包括研究方差表面等。该方法通常用在土壤科学和地质中，近年来在空气污染物空间插值中也逐渐得到应用[15-17]。

克里格方法的适用前提是要求待插值变量存在空间自相关性，即点距离越近则相关性越强，同时变量符合二阶平稳假设[11]。其实质是利用变量的原始数据和变异函数的结构特点，对未知样点进行线性无偏、最优估计。无偏是指估值偏差的数学期望为 0，最优是指估计值与实际值之差的平方和最小。

$$Z(x_0) = \sum_{i=1}^{n} \lambda_i Z(x_i) \tag{式 6-4}$$

式中，$Z(x_0)$ 为待估点的值，$Z(x_i)$ 为待估点周围的已知样点的值，λ 为第 i 个已知样点对待估点的权重，n 为已知样点的个数。在反距离权重法中，权重 λ_i 仅取决于插值位置的距离。但是，使用克里格方法时，权重不仅取决于插值点的距离，还取决于已知样点之间空间关系的拟合模型。以下将简要介绍已知样点空间关系的拟合模型及权重求解流程，该流程主要分为 4 步：

1. 制作点对云图　为了掌握样点值的差别随样点间距离的变化关系，首先将任意两个样点配对，生成“点对”，记录下任意两个样点（点对）之间的距离及该对样点值的差，将样点间距离作为横轴，样点值之差的平方的一半（半方差）为纵轴，做散点图，得到点对云图（图 6-10）。点对云图通过大量已知样点的统计，能够反映插值目标变量的差值随距离的变化趋势，用于揭示目标变量的空间变化特征。

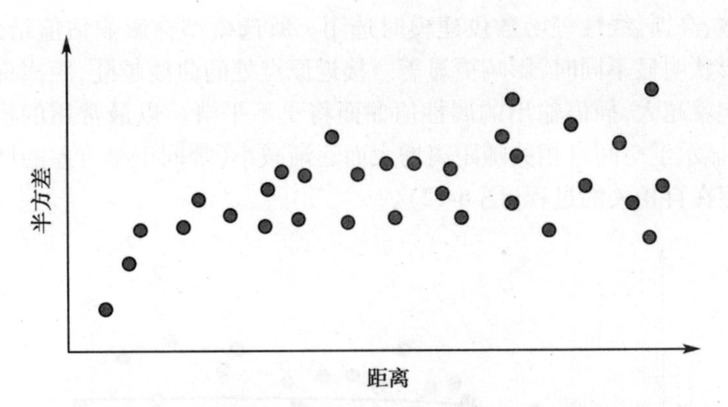

图 6-10　散点图表示的经验半变异函数示意图(点对云图)

为了更清楚地表达半方差与距离之间的关系,可以将距离按照步长 h 等间隔分组,对该距离内的样点的半方差求平均,得到分组后的距离与半方差之间的关系 Semivariogram(distance$_h$)= 0. 5 * average((value$_i$−value$_j$)^2),即为点对分组经验半方差函数图(图 6-11)。半方差函数也称半变异函数,通常以 γ(h)表示,h 为两点间的距离。

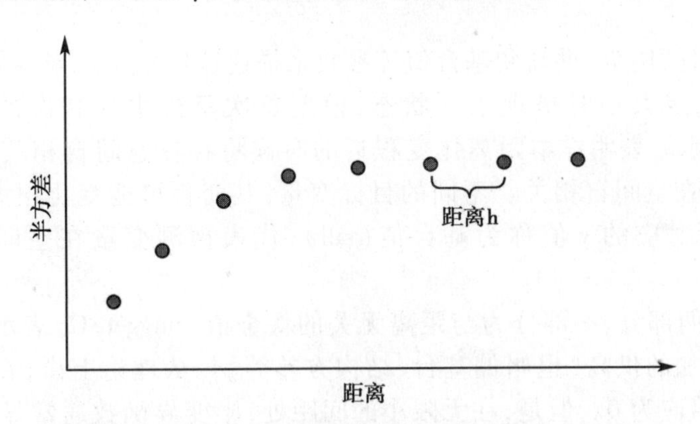

图 6-11　等步长分组的经验半变异函数示意图(点对分组)

以上半变异函数随距离增加而逐渐增大的内在原因,在于地理学第一定律(Tobler's First Law:Everything is related to everything else,but near things are more related than distant things):距离较近的事物要比距离较远的事物更相似[18]。因此,点对的距离越近,点对的值就应该越相似、差值越小。点对间的距离越远,其属性就越不相同,差值就会越大。

2. 拟合半变异函数　在得到以上经验半变异函数散点图之后,为了得到任意距离上对应的半方差,便需要对散点图进行拟合。根据经验半变异函数拟合模型也称为结构分析或变异分析。

半变异函数建模是空间描述和空间预测之间的关键步骤。克里格法主要应用拟合的半变异函数来预测待估点的属性值,但经验半变异函数仅可提供现有样点的空间自相关的信息,不能提供连续变化的所有可能距离(或方向)的信息。因此,根据经验半变异函数拟合连续变化的函数或曲线是很有必要的。

根据半变异函数的形态不同,有多种模型可供选择。一般情况下,克里格法插值工具提供圆、球面、指数、高斯、线性等函数供建模时选用。所选模型会影响估值结果,尤其是当接近原点的曲线形状明显不同时,影响更显著。接近原点处的曲线越陡,距离最近的已知样点对预测点的影响就越大,插值输出的属性值曲面将更不平滑。以最常用的模型——球面模型为例,该模型显示了空间自相关随距离增大而逐渐减小(等同于半方差的增加),到超出某个距离后不再存在自相关的过程(图6-12)。

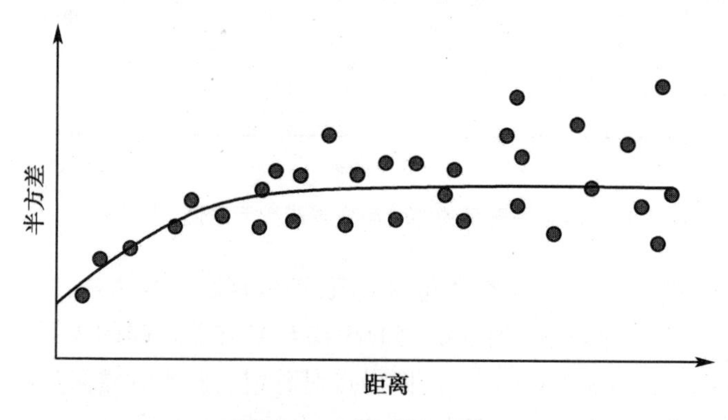

图6-12 球面模型示例

通常使用变程、块金、拱高和基台值等参数来描述这些模型。半变异函数模型会在点对距离达到特定大小时呈现水平状态,模型首次呈现水平状态的距离称为变程(range),用a表示。表明样本距离比变程近的时候将存在空间自相关,而距离远于变程的样本间不存在空间自相关。不同的目标变量,其变程可能变化很大。半变异函数模型在变程处所对应的y值称为基台值(sill),代表预测变量在空间上的总变异性大小。

基台值包含两部分,一部分为与距离无关的块金值(nugget,C_0表示),另一部分为随距离变大而增加的拱高(也叫偏基台、结构方差等)。从理论上讲,在零间距(h=0)处,半变异函数值应为0。但是,在无限小的间距处,半变异函数通常显示块金效应,即值大于0,表现为在很短的距离内有较大的空间变异性。它可能由测量误差引起,也可能来自小于采样间隔距离上的微观尺度上的空间变异性(或两者)。在数学上,块金值相当于变量纯随机性的部分。采样之前,了解所关注的目标对象的空间变化比例非常重要。

拱高(C)为在取得有效数据的空间范围上,可观察到的随距离变化的变异性幅度大小。当块金值等于0时,基台值即为拱高。拱高占基台值的比例,便代表了目标变量变异性中可以被描述的比例(图6-13)。

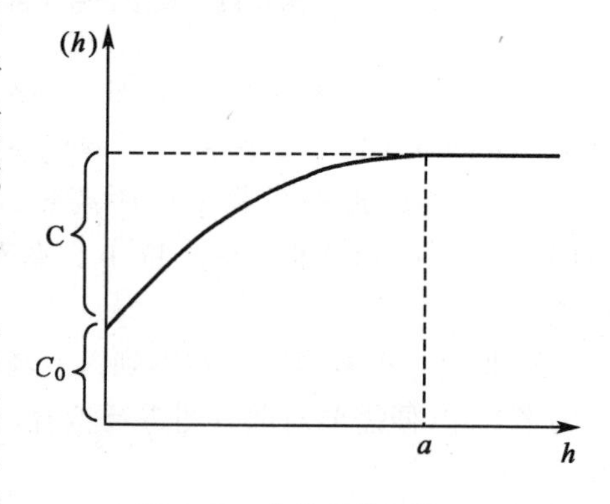

图6-13 变差函数结构图

3. 解算权重系数 在空间估值时,希望估计的平均值与实际值的平均值相同,即无偏性:

$$EZ^*(x_i)=EZ(x_i)=m \tag{式6-5}$$

其中，$EZ^*(x_i)$为估计值，$EZ(x_i)$为实际值，m 为预测变量的平均值。

同时，还希望大多数误差的绝对值要小一些，并且在某一确定值周围波动，即最优性（估计方差最小）：

$$\sigma_E^2 = \mathrm{var}[Z^*(x_i) - Z(x_i)] = \min \quad \text{（式 6-6）}$$

其中，σ_E^2为估计误差的方差，简称估计方差。

在以上两个条件的约束下，以及在 Z(x) 满足二阶平稳条件或者对条件适当放宽的本征假设（或内蕴假设）时，可推导出克里格方程组及估计方差的计算式，采用变异函数的表达式求出距离相关的各项的系数，最后联立方程组解算出各个已知样点在待估点上的权重系数（λ）及估计方差。这个过程中需用到以上拟合的变差函数模型，而撇开原始的经验半变异函数。由于克里格方程组的推导和求解过程需占据较大篇幅，此处略去具体过程，需要深入了解的读者可参考克里格插值专业书籍。

4. 估值及误差　克里格方法在预测时，需对每个预测点求解克里格方程组，解出所有已知样点对该预测点的权重 λ，然后即可基于这些已知点值及其权重进行预测，该预测整体上考虑了半变异函数和样点的空间排列。

同时，克里格方法在预测时，可以给出估计误差，用于描述插值结果的不确定性。

克里格法经过长期的发展，已形成适应不同情况的方法系列，常见的有假定目标变量均值恒定且未知的普通克里格法，利用其他协同空间变量的协同克里格法，及其他多种克里格方法。

克里格法计算过程复杂，需要的有关空间统计的知识较多。使用之前，应对其基础知识全面理解并对建模数据的适宜性进行评估。

（三）样条函数法

样条函数是经过一系列给定点的光滑曲线，类似于把样条在给定点处固定，做自然弯曲所绘制出来的曲线，具有连续的、曲率变化均匀的特点。在空间插值中，样条函数法（Spline）是确保表面平滑（连续且可微分），一阶导数表面连续的一种插值方法。基本最小曲率法也称为薄板插值法。它在数据点的周边，梯度或坡度的变化率很大，此方法最适合生成平缓变化的表面[13]，有两个基本条件：

1. 表面必须完全通过样本点。

2. 表面整体的二阶曲率是最小的，表面上每个点的二阶导数项（坡度变化）平方和最小。

常见有两种样条函数方法：规则样条函数方法和张力样条函数方法。规则样条函数方法用于产生光滑的表面和光滑的一阶导数。张力样条函数方法根据插值对象的特性来控制表面（薄板）的硬度，受样本数据范围约束更为严格，创建的表面不太平滑。

通过权重和参与的点数两个参数可以进一步控制输出表面。对于规则样条函数方法，权重越高输出的表面越平滑，权重通常在 0~0.5。对于张力样条函数方法，权重越高，输出表面越粗糙，权重通常在 0~10。在计算每个插值对象时所使用的点数越多，则较远的样点对该插值点的影响就越大，输出表面也就越平滑。但参与点数越多，插值所需的时间就越长。

需要注意的是，样条函数法在缺少样点的地区经常出现异常显著的外推。

三、不同插值方法的特点

反距离加权法的基本思想是监测点离目标越近则权重越大,插值受该监测点的影响越大。该方法的好处是监测点本身是准确的,而且可以限制采用的监测点的个数。通过幂指数可以确定最近原则对于结果影响的程度,具有简便易行的优点,可为属性值变化很大的数据集提供一个合理的插值结果,内插得到的插值点属性大小在样点值域范围内,不会出现无意义的、无法解释的插值结果,不会进行值域外推。但是对权重的选择十分敏感,易受数据点分布的影响,插值结果常出现孤立点明显高于或低于周围数值的"牛眼"分布模式。

克里格法是一种应用非常广泛的空间插值方法,基于线性、无偏、最优(估计方差最小)等条件来估计变量值,而且能够计算出每个插值点的标准误。克里格插值与反距离加权插值的区别在于权重的选择,反距离加权法将距离的倒数作为权重,克里格方法不仅考虑距离,而且通过变异函数和结构分析,考虑了已知样点的空间分布及与未知样点的空间方位关系,引入了概率模型。该方法能够解决部分区域样点聚集对插值点的影响,它通过赋予同方向上较近的样点以较大的权重、其背后的样点很小的权重,来实现对聚集样点的"遮挡"效应。插值得到的曲面一般较为光滑,精度较高。

样条函数法也能够得到光滑变化的曲面,适合对空间连续变化且具有光滑表面的目标插值。但因拟合曲面时会产生一定的拉伸(外推),因此插值结果可能超出原样点的值域范围,甚至可能出现极大或负值等异常情况。

以上三种插值法均受到样点空间分布、样点密度、样点属性值变化以及各自插值方法参数的影响。样点分布要尽可能均匀,且布满整个插值区域,当样点足够密时,样点能够捕捉插值对象的空间变化时,可以取得良好效果。对于不规则分布的样点,插值时利用的样点往往也不均匀的分布在周围不同的方向上,这样对每个方向上插值结果的影响不同,准确度可能会降低。

需要注意的是,空间插值没有普适性的最佳方法,在实际应用中应了解数据空间分布的特点,选择更为合理、适用的方法。插值模型需要密集合理的样点布局,在缺少监测样点的区域,插值功能往往失效,产生很高的不确定性。目前,环保部门设立的城市大气环境监测站点较为稀疏,通常间隔几千米到十几千米[10],站点间可能跨越了工业源和道路等排放源,因此无法描绘出这些源对污染物浓度空间变化的局部影响,通过常规空间插值仅能体现城市水平污染物浓度的大体变化趋势,难以满足考虑城市内部变异的精细评估的需要。

四、部分实例

以下以北京市 2013 年 $PM_{2.5}$浓度空间插值为例,分别采用了反距离加权法、样条函数法、普通克里格法进行插值并做简单比较(图 6-14 至图 6-16)。其中反距离加权和样条函数法通过 ArcGIS 软件实现,普通克里格法通过 R 语言实现(代码附后)。

通过比较插值结果可知,反距离加权法和克里格法插值结果的值域范围接近,都位于样点值域[63.1,122.6]以内,但克里格的结果空间连续性更强,浓度在空间上变化较为平滑,而反距离加权法结果在局部范围内变化明显，能看出高值点和低值点及其对局部范围的圆圈形影响，即所谓的“牛眼”效应。样条函数法能产生较为平滑的结果，但值域远远超出了原样点值的范围，进行了明显的值域外推，产生了负值，且高低值的区域分布形态也与原样点有较大的差异。

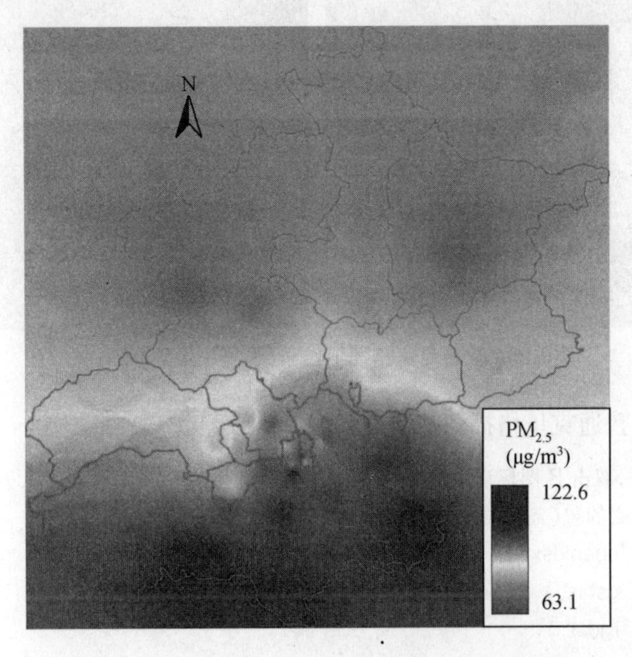

图 6-14　采用默认参数的反距离加权法插值结果

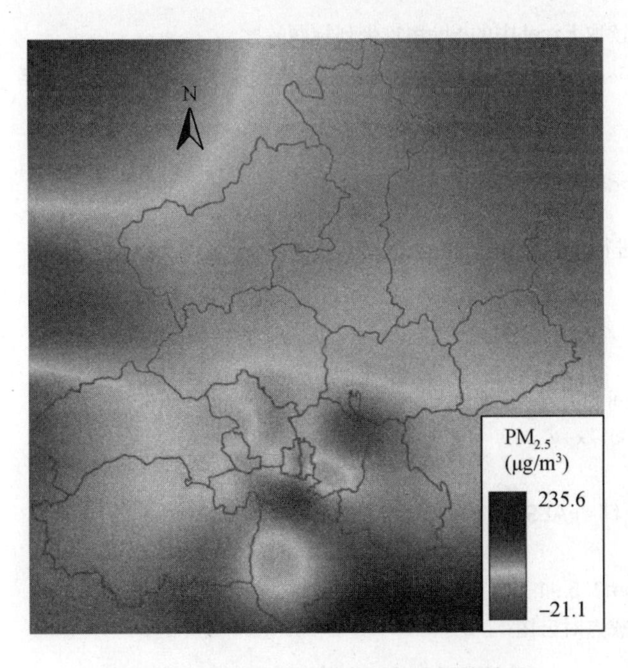

图 6-15　默认参数的样条函数法插值结果

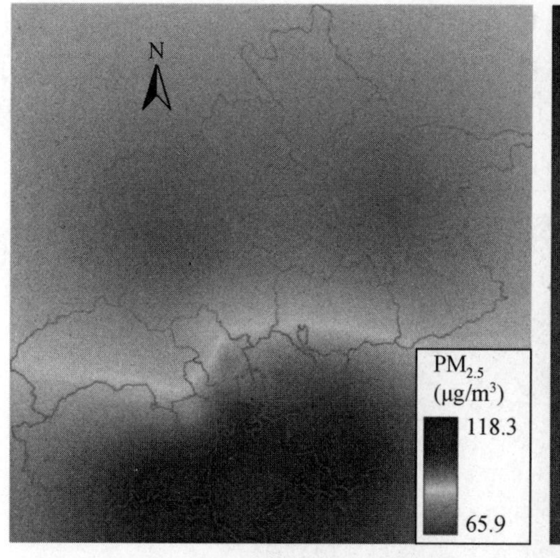

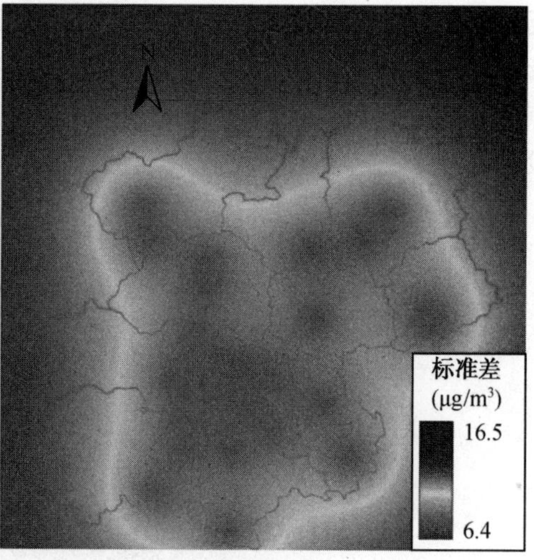

图 6-16 普通克里格插值结果(左图)及误差(右图)

基于 R 语言的普通克里格插值法实现代码:

```
#安装 R 平台软件,双击 R 图标启动 R 控制台
#在线安装几个所需的包(需联网)
install. packages("openxlsx" )
install. packages("gstat" )
install. packages("rgdal" )
#调用 Excel 文件处理库
library(openxlsx)
# 加载数据文件(读取 Excel 中的 Sheet1,带列标题)
pmdata <-read. xlsx ( xlsxFile = " E:/2013pm2. 5. xlsx" , sheet = 1, colName = TRUE, rowName =
FALSE)
#剔除空行
pm<-na. omit(pmdata)

##调用 gstat 包,进行地统计分析
library(gstat)
library(lattice)
library(sp)
#将数据转换为空间数据(列标题为 x、y 的为坐标字段)
coordinates(pm) <- ~x+y
#初步观察数据
bubble(pm,"pm2. 5" ,fill=FALSE,do. sqrt=FALSE,maxsize=3)
#计算半变异值
vari=variogram(pm2. 5~1,pm)
#将半变异值绘制成点对云图
plot(vari)
#通过观察散点图的形态,大致估计出拟合半变异函数所需的几个参数
m<-vgm(psill=200,model="Exp" ,range=40 000,nugget=30)
```

```
#设置输出图像的空间范围(北京市)和 100m 分辨率
grd<-expand. grid(x = seq(from = 364 806, to = 542 306, by = 100), y = seq(from = 4 365 573, to =
4 545 373,by=100))
coordinates(grd)<-~x+y
#将点数据框架转换为栅格数据框架
gridded(grd)<-TRUE

#普通克里格插值
p<-krige(pm2. 5~1,pm,grd,model= m)

#显示插值结果图
spplot(p,c("var1. pred"))

#显示估计方差分布图
spplot(p,c("var1. var"))

#插值结果输出
library(rgdal)
writeGDAL(p[" var1. pred" ]," E:/PM2. 5_Kriging_pred. tif" ,drivername=" GTiff" ,type="Float32" )
writeGDAL(p[" var1. var" ]," E:/PM2. 5_Kriging_var. tif" ,drivername=" GTiff" ,type="Float32" )
```

第四节　土地利用回归模型

一、理论基础

大气污染的一个基本特征，是大气污染源与其周围空气中的污染物浓度之间存在着联系(比如距离污染源越近浓度越高)，且这种联系受该范围内的地表形态(绿地、山坡、高楼等)及气象条件(风速、风向、湿度、太阳辐射等)所影响。在污染源固定的情况下，监测点的位置及其周围的地表特征组合则与观测到的浓度之间存在着对应关系。若能通过在具有不同地表特征的位置上布设监测点，则有希望找到各种地表特征与污染物浓度之间的关系，继而用空间连续的地表特征变量去推测无监测数据的位置上的浓度。这便构成了土地利用回归模型(land-use regression model，LUR)的理论基础。

土地利用回归模型通过将各种影响因素以地理变量图层的方式来定量表示，如到污染源的距离、土地利用类型、路网密度、人口密度、地形变量等，然后提取监测点周围一定范围内的一系列可能与污染物浓度相关的变量值，再利用监测点浓度(Y)与这些变量(X)建立多元回归模型($Y=a_0+a_1X_1+a_2X_2+\cdots+a_nX_n+\varepsilon$)，最后再把该回归模型应用于空间未监测的位置上，结合当地土地利用变量预测其污染物浓度值[34,35]。

该方法最早由 Briggs 等人[34]在 1997 年提出并应用于大气污染空间制图，随后被欧美等发达国家和地区广泛应用[36-38]，2009 年以来在国内得到了快速发展[39-43]。其纳入的预测变量也从最初的道路交通、土地利用等基本预测变量发展到囊括人口密度、气象条件等反映社会经济与自然地理状况等的综合变量。

通过将其与第三节的空间插值法进行对比可知，土地利用回归模型并没有利用监测点之间的空间自相关信息，而是仅利用监测值与其他地理协同变量（土地利用变量）之间的“垂向”相关信息来进行建模和推测，从概念上与通过周围已知点对中间未知点进行“插值”的方法具有明显的不同。空间插值一般适用于在样点比较密集、能够捕捉大气污染局部变化的情况下，或者用于大空间尺度上渐变的目标对象。由于城市大气污染物浓度在空间上短距离内变化显著，交通繁忙的道路常常成为重要的排放线源而具有较高的污染物浓度，所以对于空间距离较远的（几千米以上）、稀疏的环境监测站（几个或者几十个）无法通过空间插值得出这种监测站之间的、小尺度范围内的浓度高值区（图 6-17）。土地利用回归模型由于考虑到了地表特征的改变，因而推测结果随地表变量详细变化，推测效果比传统空间插值方法更详细、更能体现出空间细节变化[15,22]。

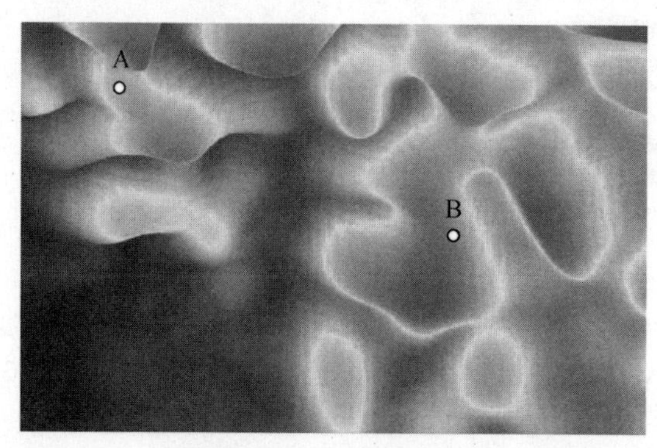

图 6-17　站点距离过大时传统插值无法捕捉局部浓度极值

土地利用回归模型成功的关键，主要有 3 点：

1. 建模点要覆盖不同土地利用类型组合，在空间上体现为从市中心、道路边到远郊的低污染区都有监测点，尽量抓住土地利用变量和污染浓度变化的高值和低值区，在属性域上有较好的代表性，兼顾空间分布的均匀性。

2. 准备并筛选与污染物分布可能相关的多种土地利用变量。

3. 确定污染物浓度与土地利用变量相关性最强的空间范围，即土地利用变量的空间缓冲区大小。

鉴于土地利用回归模型在大气污染空间制图和人群暴露评估方面的广泛应用和巨大潜力，本节将力求详细地介绍模型的实施过程。

二、方法流程

土地利用回归模型的实施主要包括几个步骤：监测站点位置及其污染物浓度数据收集，各种土地利用变量图层的准备，以监测站为中心的多级缓冲区的构建，逐级缓冲区内土地利用变量的统计，监测浓度与缓冲区内土地利用变量的多元统计分析，最优土地利用变量及其缓冲区的选择及最终模型的确定，模型交叉验证，对整个研究区范围推测制图等。流程图见图 6-18。

在分析污染物的时间序列和空间趋势以及污染物间的关联性时需要采用统计软件（如 SPSS），提取土地利用所需的遥感图像处理可采用 ENVI、ERDAS 等软件，分析空间数据的特征时可采用 ArcGIS 等 GIS 软件，另外，建立土地利用回归模型方法时，可通过 ArcGIS 的缓冲区功能手动建立逐级缓冲区并统计相关土地利用变量，也可利用 Python 等计算机语言编写程序，对

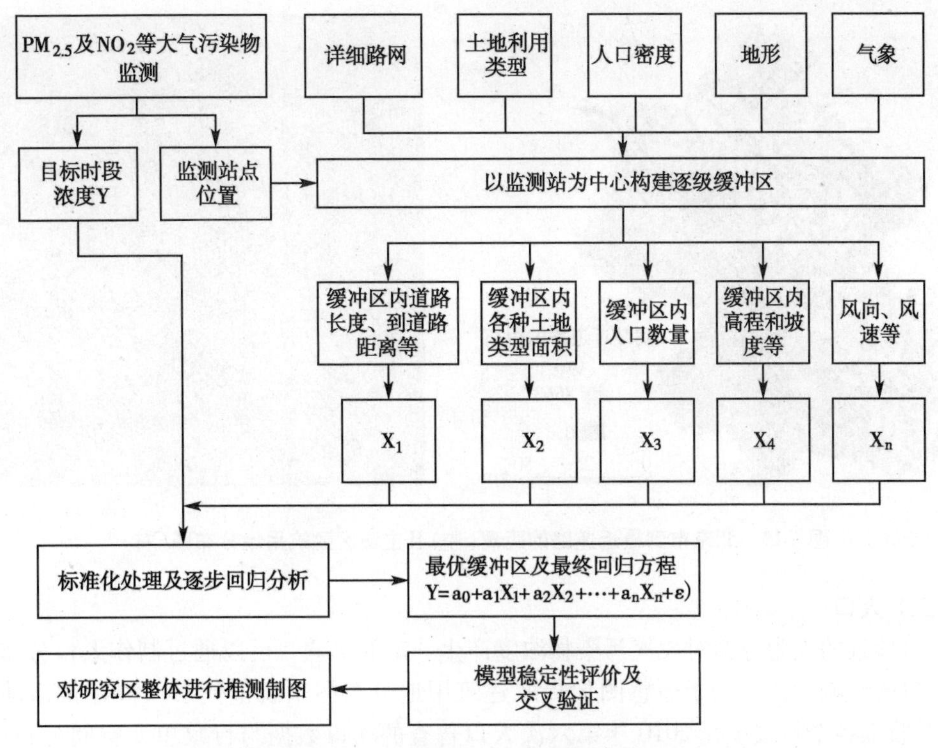

图 6-18　利用 LUR 模型推测大气污染物浓度空间分布流程

大量数据进行预处理、寻找最优缓冲区、自动建立回归方程、自动预测制图，对大量地理栅格数据进行处理和分析。多元回归时，需要平衡土地利用变量的进入对模型的改善与模型复杂程度之间的关系，因此可选择逐步回归方法中的前向选取、后向选取等，可在 SPSS 统计软件中实现。

三、土地利用变量选取

土地利用变量的选取是模型数据准备的重点。主要包括污染源相关变量、土地利用类型变量、社会经济变量、地形和气象变量等。

（一）污染源相关变量

污染源变量主要包括点源、线源和面源。点源主要为大型工业源，线源主要为道路交通源，面源主要为生活源和扬尘来源等。其中点源和线源都可以用到污染源的距离或者单位面积内污染源的数量来衡量，面源可以通过土地利用类型来表征。如通常可以用道路的相关指标来替代交通污染源，通过对不同等级电子地图的路网进行空间统计，可以制作到道路的距离图层和路网密度图层等，从而得到代表交通状况的自变量（图 6-19）。

（二）土地利用类型

建筑用地和道路等土地利用类型可能代表了不同的污染源，而另外一些土地利用类型如绿地、水体等则可以降低大气污染物的浓度。因此有些用地类型对污染物浓度为正的贡献作用，有些用地类型则有利于污染物的扩散和去除。一般可将用地类型分为耕地、建筑用地、绿地、水域等，通常利用 ENVI、ERDAS 等遥感图像处理软件对 Landsat、HJ、SPOT、GF 等遥感图像进行土地利用分类获得。

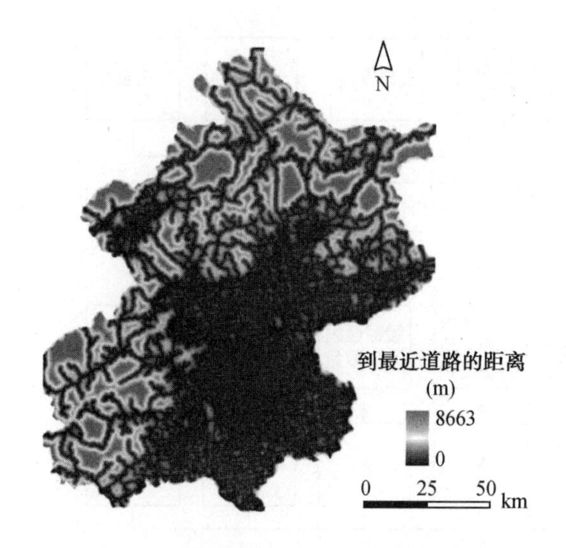

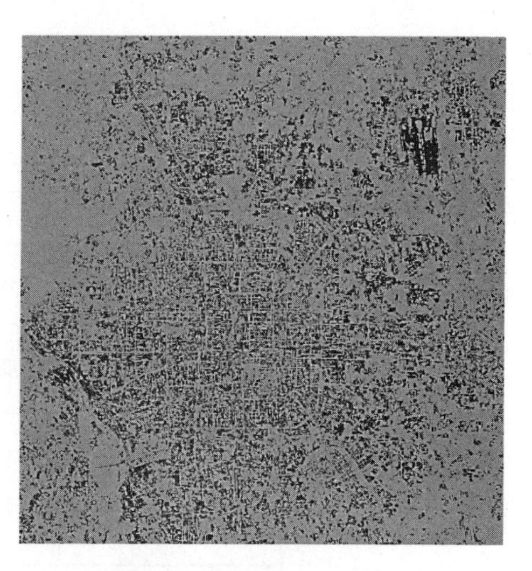

图 6-19　北京市到最近道路的距离(左)及主城区建筑用地分布图(右)

(三) 人口

人口导致的人为源会对大气污染物浓度产生一定的影响。可以通过制作人口分布图来体现人口的影响。比如基于遥感图像提取建筑用地分布图来近似代表人群经常活动的范围,同时收集各个行政单元 2010 年第六次人口普查的人口数据与行政单元空间分布图,近似认为人口均匀分布于行政单元内部的建筑用地上,将普查人口总数分配到区域内的建筑用地上,即可获得详细的人口分布图。

(四) 地形和气象

地形数据通常采用数字高程模型(DEM)的高程和坡度指标。目前在城市尺度可采用30m 分辨率的 ASTER GDEM 和约 90m 分辨率的 SRTM 高程数据。国内下载网址可见地理空间数据云(http://www. gscloud. cn/)。

气象因素,特别是风向,对于大气污染物的空间分布会产生重要的影响。因此一般将风向按污染源对当前位置是否有影响,分为几个方向,分别进行建模。也可考虑风向指数用于衡量上下风向的影响。部分气象站点数据可以从中国气象数据网下载(http://data. cma. cn/)。

(五) 其他变量

某些城市因为具有地理位置的特殊性,整个城市受某一目标影响较大,此时则需要考虑提取到该目标的距离图层,用来描述该目标对城市整体的影响。比如天津东部临海,可能需要考虑海洋对城市大气污染物浓度的影响,计算任一位置距离海岸线的最近距离,从而代表海洋对于大气污染物空间分布的影响;而北京市北部为山区,南部平原区与河北省邻接,因此可以提取到南部的距离,作为体现南北浓度区域差异的地理变量。

四、缓冲区确定及回归模型建立

由于空气污染物的流动性和混合作用,不同土地利用对污染物浓度的影响存在一个空间作用范围。选择土地利用变量合理的空间作用尺度,也即最优的缓冲区大小,对模型的表现有重要的影响。此外,不同土地利用变量如地形、气象、土地利用、交通和人口等的作用范围也不同，且随不同的城市发生变化。因此，全面掌握污染物浓度与不同缓冲区统计的土地利用指标之间的相关性，深入理解污染产生与空间传输的物理过程，有助于建立最优的预测模型。

传统的土地利用回归模型，仅人工设定几个缓冲区对变量进行统计。这样可以大幅减少计算量，但是难以找到与污染物浓度相关性最强的缓冲区大小，且有时会出现不同缓冲区上的同一变量（如 1km 和 2km 缓冲区内的道路总长度）同时进入模型，在最终模型中难以解释该变量的作用。通过生成半径连续变化的缓冲区，并寻找与污染物浓度相关性最强的最优缓冲区，将对应的变量作为自变量纳入模型备选变量，有助于使单变量发挥其最优效果，同时避免同一土地利用变量在不同缓冲区多次进入模型的情况（图 6-20）。

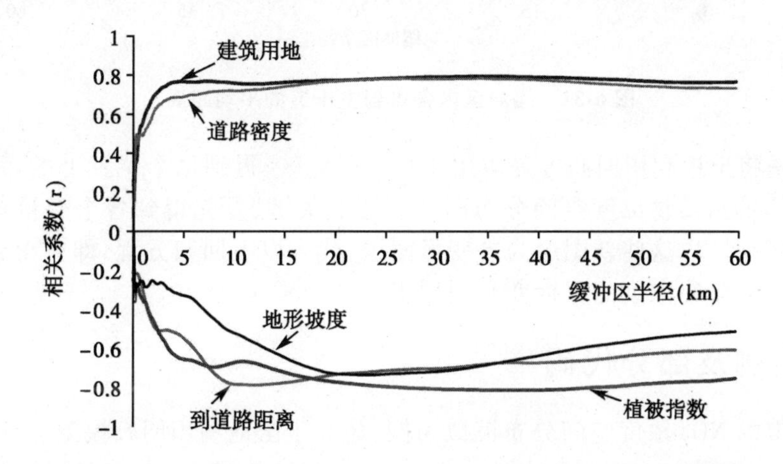

图 6-20　监测点 NO_2 浓度与各土地利用指标的相关性随缓冲区的连续变化

污染物浓度与各土地利用指标的相关性随缓冲区半径的增加，呈现出一定的变化趋势。大部分变量的相关性先随缓冲区增大而增强，到达峰值后保持稳定或者缓慢降低。部分土地利用为正相关（如路网密度和建筑密度），部分为负相关（到道路的距离、地形坡度、植被覆盖），相关性的这些特征均与我们对土地利用的影响和大气污染物扩散的认识相吻合。表明存在能够指示污染高低的环境变量，同时存在最优的缓冲区范围。

通过逐级缓冲区分析，可以发现不同位置监测站周围的土地利用变量指标存在明显的差异（图 6-21）。核心城区、近郊和远郊站点周围的土地利用状态存在明显的不同，且随着缓冲区范围的增大有较强的规律性。如到主干道的距离指标，随着缓冲区的增大，城区、近郊和远郊站点分别表现出 3 种不同的类型。由此可推断，该指标有助于区分不同层次的污染区域，且可能在某个缓冲区范围呈现与污染物浓度很强的相关性。

通过图 6-20 寻找相关系数最大时对应的缓冲区位置，得到各土地利用变量的最优缓冲区，提取出各监测点上该缓冲区内的土地利用变量值，生成各种土地利用参与建模的变量值。将以上各站点提取的土地利用变量值作为自变量 X，各站点污染物浓度作为因变量 Y，在 SPSS 中进行逐步回归，最后有效变量能够最终进入回归方程。此时便得到了最终的土地利用回归模型。

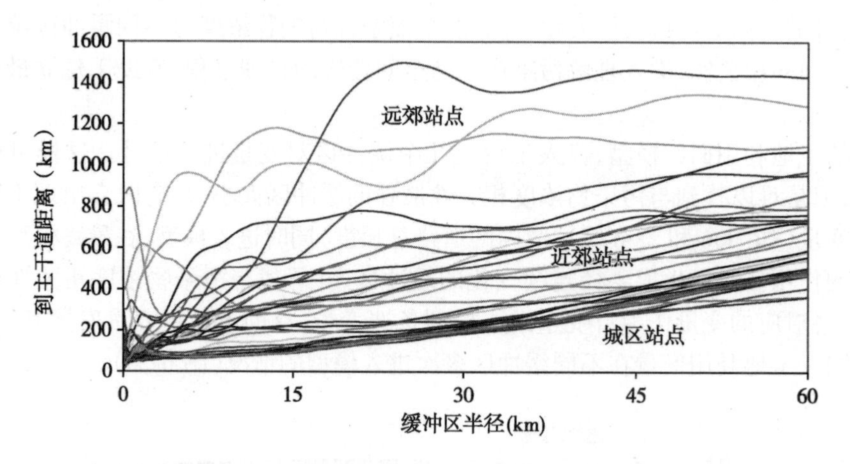

图 6-21　缓冲区内各点到主干道的平均距离

接着便是将土地利用回归方程应用于整个研究区，得到每个位置上的污染物浓度，生成空间连续的污染物浓度空间分布图。制图的关键，是先得到各个变量对应最优缓冲区下的新图层。以这些新图层为自变量图层，代入以上回归方程，即可得到代表研究区内任一点上污染物浓度的目标变量图层 Y。

五、实例及部分代码

以北京市的 NO_2 浓度空间分布模拟为例，建立了土地利用回归模型。

结合北京市的特点，从 30m 分辨率的 Landsat 遥感图像上提取了代表植被覆盖情况的归一化植被指数 NDVI 及代表人群分布的建筑用地两种土地利用类型，分别制作了 NDVI. tif 和 Construction. tif 图层；机动车排放污染是北京城区 NO_2 的主要来源，因此采用机动车流量的空间分布能较好地反映机动车污染物排放的分布，但是相关监测数据难以获取，因此以道路的级别及密度来代替。基于逐级详细路网生成了 30m 分辨率的到道路的距离和道路密度图层，表示为 Distance. tif 和 Road. tif；此外，北京市中南部为平原区，西部和北部为山区，为了体现地形对污染物的影响，根据 ASTER GDEM 高程数据提取了 30m 分辨率的坡度信息，存为 Slope. tif 图层。

准备了北京市 35 个监测点 2013 年的年均 NO_2 浓度，以 30m 步长逐步扩大缓冲区至 60km，观察 NO_2 浓度与各土地利用变量之间的相关性随缓冲区的变化，寻找相关系数最大的位置，得到最优缓冲区范围，如表 6-3 所示。提取各个监测点上各最优缓冲区对应的变量统计值，用于建立回归方程。

表 6-3　最优缓冲区半径(km)

建筑比例	到道路距离	NDVI	路网密度	地形坡度
4.8	12.0	7.8	3.8	23.1

SPSS 的逐步回归结果显示，建筑用地和到道路的距离两个变量最终进入回归方程（表 6-4）。NO_2 浓度与建筑用地为正相关，与到道路的距离负相关，这表明 NO_2 浓度在建筑密集、道路附近的浓度大，在建筑稀少、离道路远的地区浓度低。

表 6-4　用于 NO_2 制图的最终土地利用回归模型

土地利用回归方程*	调整 R^2
Y=EXP[0.766Construction-0.665Distance+3.963]	0.67

* Y 为空间某点上预测的 NO_2 浓度(μg/m³);Construction 为缓冲区内建筑用地的面积比例;Distance:缓冲区内到最近道路的距离(km)

将研究区划分为 30m×30m 的网格单元,结合土地利用变量分布图,根据程序计算每个网格上对应最优缓冲区内土地利用变量的统计值(也可用 ArcGIS 邻域计算功能中的 Focal Statistics 计算),生成最优缓冲区统计计算后的 Construction 和 Distance 图层,代入表 6-4 中的回归方程,可通过程序自动进行或者 ArcGIS 的栅格运算,对全市 NO_2 浓度分布进行制图(图 6-22)。

图上可见,NO_2 浓度以主城区最高,各区县中心浓度均高于偏远地区。表明 NO_2 浓度受城市人类活动,如机动车等影响很大。另外,与北京市 $PM_{2.5}$ 浓度南高北低的大趋势不同[10],NO_2 浓度从主城区向南逐渐降低,表明北京市 NO_2 浓度主要由域内排放产生。

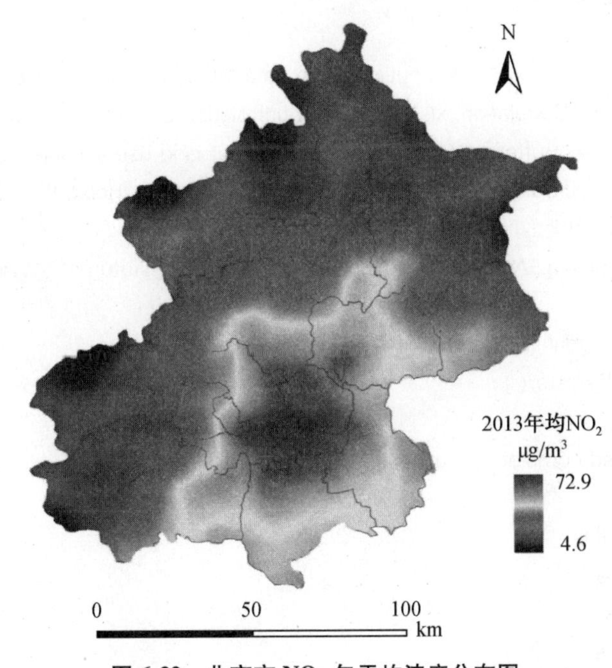

图 6-22　北京市 NO_2 年平均浓度分布图

土地利用回归模型是预测城市内部大气污染物浓度局部变化的一种新兴方法。GIS 不仅可以为各种土地利用变量的建立提供基础平台,而且其空间统计功能为模型的实施提供了方便快捷的分析模块。与其他空间插值方法相比,土地利用回归模型将土地利用等变量引入模型可以更有效地刻画出空气污染的小尺度变化。但是土地利用回归模型的应用也有其局限性,比如很难区分开不同污染源的影响,站点对土地利用属性区间上的代表性会影响到预测的污染物浓度的变化趋势和极值,受模型假设条件以及输入变量时间尺度局限性的影响,区域实时污染物浓度制图应用受到极大限制[41]。

用于计算站点浓度与逐级缓冲区土地利用变量间的相关系数(r)、寻找最优缓冲区的Python源代码如下：

```
#!/usr/bin/env python
import sys
from osgeo import gdal
import math
import numpy
from xlrd import open_workbook
import xlwt
import xlutils. copy
from scipy. stats import linregress

class correlation:
    def __init__(self):
        print "Initiating. . . "
        print "Please wait!"

        self. inFile = "NO2. xls"   # Input pollution data table with ID,X,Y,Concentration(s) column
        self. outCor = "Correlation. xls"   # output correlation at each buffer size
        self. outRaw = "BufferredVariables. xls"   # output land use variable value inside each buffer
        self. varlist = [ "Building. tif" ,"Distance. tif" ,"NDVI. tif" ,"Road. tif" ,"Slope. tif" ]   # input
land use variable layers
        self. sheetList = [ "Average" ] #,"Spring" ,"Summer" ,"Autumn" ,"Winter" ]   # input time
period,flexible period
        self. driver = gdal. GetDriverByName(" GTiff" )
        self. driver. Register()
        self. config()
        print "Initiated completely! \n"

    def __del__(self):
        del self. driver
        del self. cols
        del self. rows
        del self. geotransform

    def config(self):
        print "Configuring. . . "
        print "Please wait!"

        # Readin pollution data table
        inFile = open_workbook(self. inFile)
        inSheet = inFile. sheet_by_index(0)
```

```
        self. varName = inSheet. row_values(0,0) # Names of Variables
        self. staName = inSheet. col_values(0,1)
        self. staMatrix = numpy. empty((len(self. varName),len(self. staName))) #Station ID
        for i in range(len(self. varName)):
          self. staMatrix[i] = numpy. array(inSheet. col_values(i,1))

        #Write title of correlation table
        workbook = xlwt. Workbook()
        for item in self. sheetList:
          tempSheet = workbook. add_sheet(item)
          tempSheet. write(0,0,"BufferStep" )
            for i in range(len(self. varlist)):
              tempSheet. write(0,2*i+2,"%s_r" %(self. varlist[i][:-4]))
        workbook. save(self. outCor)

        #Write title of bufferred variable table
        workbook = xlwt. Workbook()
        for item in self. varlist:
          tempSheet = workbook. add_sheet(item[:-4])
          tempSheet. write(0,0,"BufferStep/StationID" )
          for i in range(len(self. staName)):
            tempSheet. write(0,i+1,self. staName[i])
        workbook. save(self. outRaw)

        #Read boundary of study area
        dsTemp = gdal. Open("Variables/Boundary. tif" ,gdal. GA_ReadOnly)
        if dsTemp == None:
          print 'Could not open Profile curvature '
          sys. exit(1)
        self. cols = dsTemp. RasterXSize
        self. rows = dsTemp. RasterYSize
        self. geotransform = dsTemp. GetGeoTransform()
        self. staMatrix[1] =(self. staMatrix[1] - self. geotransform[0])/self. geotransform[1]
        self. staMatrix[2] =(self. staMatrix[2] - self. geotransform[3])/self. geotransform[5]
        print "Configured completely! \n"

      # Construct buffer area
      def weight(self,bufSize):
        print "Creating weighted matrix. . . "
        print "Please wait!"
        wetMatrx = numpy. ones((2*bufSize+1,2*bufSize+1))
        for j in range(2*bufSize+1):
          for i in range(2*bufSize+1):
```

```
            dist = float((j - bufSize)**2) + float((i - bufSize)**2)
            if math.sqrt(dist) > bufSize:
                wetMatrx[j][i] = 0
        print "Weighted matrix created completely! \n"
        return wetMatrx

    # Read variable layers
    def read(self,inName,index,bufSize):
        print "Loading files..."
        print "Please wait!"

        dsData = gdal.Open("Variables/" +str(inName),gdal.GA_ReadOnly)
        if dsData == None:
            print 'Could not open '+ str(inName)
            sys.exit(1)

        # Offset in X direction
        rawXL = int(self.staMatrix[1][index]) - bufSize
        rawXR = 2*bufSize + 1
        outXL = 0
        outXR = 0 + 2*bufSize + 1

        if rawXL < 0:
            rawXR += rawXL
            outXL -= rawXL
            rawXL = 0

        if rawXL + 2*bufSize + 1 > self.cols:
            outXR -= (rawXL + 2*bufSize + 1 - self.cols)
            rawXR -= (rawXL + 2*bufSize + 1 - self.cols)
        # Offset in Y direction
        rawYU = int(self.staMatrix[2][index]) - bufSize
        rawYD = 2*bufSize + 1
        outYU = 0
        outYD = 0 + 2*bufSize + 1

        if rawYU < 0:
            rawYD += rawYU
            outYU -= rawYU
            rawYU = 0

        if rawYU + 2*bufSize + 1 > self.rows:
            outYD -= (rawYU + 2*bufSize + 1 - self.rows)
```

```
            rawYD -= (rawYU + 2 * bufSize + 1 - self.rows)

        outTemp = numpy.zeros((2 * bufSize+1,2 * bufSize+1))
        outTemp[outYU:outYD, outXL:outXR] = numpy.array(dsData.ReadAsArray(rawXL,
rawYU,rawXR,rawYD))
        outData = numpy.ma.masked_where(outTemp <= -1,outTemp)
        print "Loaded" + str(inName) + "completely! \n"
        return outData

    # Calculate variable value inside buffer
    def process(self,varMatrix,wetMatrx):
        print "Processing..."
        print "Please wait!"
        outData = (numpy.sum(varMatrix * wetMatrx))/(numpy.sum(wetMatrx))
        print "Processed completely! \n"
        return outData

    # Calculate correlation and save
    def calc(self,cols,rows,varMatrx):
        print "Calculating..."
        print "Please wait!"

        for i in range(len(self.sheetList)):
            gradient,intercept,r_value,p_value,std_err = linregress(varMatrx,self.staMatrix[i+3])
            print gradient,intercept,r_value,p_value,std_err
            template = open_workbook(self.outCor,formatting_info=True)
            tempCopy = xlutils.copy.copy(template)
            tempSheet = tempCopy.get_sheet(i)
            tempSheet.write(rows+1,0,rows)
            tempSheet.write(rows+1,2 * cols+2,r_value)
            tempCopy.save(self.outCor)
        print "Calculated completely! \n"

    # Call the sub routines and save bufferred variables
    def run(self,bufSize):
        wetMatrx = self.weight(bufSize)
        for i in range(len(self.varlist)):
            varMatrx = numpy.zeros(len(self.staName))
            template = open_workbook(self.outRaw,formatting_info=True)
            tempCopy = xlutils.copy.copy(template)
            tempSheet = tempCopy.get_sheet(i)
            tempSheet.write(bufSize+1,0,bufSize)
            for j in range(len(self.staName)):
```

```
                rawMatrix = self.read(self.varlist[i],j,bufSize)
                varMatrx[j] = self.process(rawMatrix,wetMatrx)

                tempSheet.write(bufSize+1,j+1,varMatrx[j])
            tempCopy.save(self.outRaw)
            self.calc(i,bufSize,varMatrx)
if __name__ == '__main__':
    print "------------------- Start now ! -------------------\n"
    obj = correlation()
    for i in range(0,100,1):  # Define begin and end radius and stepsize bygrid size
        print "-------- Buffer size:%d m --------\n" %(i*30)
        obj.run(i)
    print "-------------------- The end ! --------------------\n"
```

第五节　遥感反演法

一、遥感反演理论基础

目前,大气污染监测以传统的地面监测为主要手段,通过建立多尺度的环境监测网络为大气环境质量、人群暴露评估等提供大量的地面监测数据。但是,地面环境站点存在网点稀疏、分散、空间不连续的限制,使得地面监测网仍不能全面地反映大区域上连续的环境质量状况。随着遥感技术的快速发展,其已被广泛地应用于大气监测领域。遥感技术具有覆盖范围广、监测成本低、处理速度快、可长时间持续动态监测等特点,能够一定程度上弥补常规方法存在的缺陷[23-25]。

大气中含有可能对地表大气环境造成污染的颗粒物及 NO_2、O_3、CO 等气体成分,这些大气物质与不同波段的辐射光谱间的相互作用,包括吸收、散射和发射等过程对光谱产生了影响,通过特定的传感器对作用后的光谱进行接收,为遥感反演大气污染物提供了技术途径。目前该领域发展迅速,相关研究和数据、产品等已很丰富。

根据监测仪器布设在地面还是卫星上,可以将遥感分为地基遥感和卫星遥感。所反演的对象大体可分为微量气体反演(如 NO_2、O_3、CO 等气体)和颗粒物为主的气溶胶反演。目前已有许多用于气态污染物反演的卫星传感器,可以反演卫星与地面之间气体分子的垂直柱浓度,如用于 O_3 反演的 GOME 和 OMI,用于 NO_2 反演的 GOME 和 SCIAMACHY,反演 CO 的 IASI 和 MOPITT 等传感器[26]。但因其空间分辨率一般在 10km 以上,仅能用于大区域空间或时间趋势的研究,应用在城市内部人群暴露评估时达不到空间分辨率的要求,因此本节不做过多介绍。

地基遥感常采用差分光学吸收光谱法(differential optical absorption spectroscopy, DOAS),已成为一种大气污染监测有效的光学遥感方法,可同时对多种气体或气溶胶进行连续监测,可以较为准确地提供当地大气污染物信息,但受到人力物力的限制,探测范围较小,不能获得大范围的气溶胶时空分布变化[27]。

目前,与城市人群暴露评估关系最密切的遥感应用,当属基于卫星遥感气溶胶光学

厚度(Aerosol Optical Depth,AOD)反演的地表 $PM_{2.5}$浓度估算,其空间分辨率可达到1km 甚至米级。AOD 用于度量由于气溶胶的散射和吸收等作用对太阳辐射造成的消光效应。许多研究已经对 AOD 和地面监测的 $PM_{2.5}$浓度之间的关系进行了经验统计,表明两者之间存在显著的相关性。因此,基于遥感反演的 AOD,建立其与地面站点监测的 $PM_{2.5}$浓度之间的关系,进而估算地面 $PM_{2.5}$浓度的时空间分布,成为了当前大气环境遥感研究的热点。

二、常见反演方法

基于遥感的 $PM_{2.5}$空间分布预测主要包括 3 步:

1. AOD 反演　根据数据源的不同,气溶胶反演方法可分为多波段法、多角度多波段法、多角度大气矫正法及多星协同反演法等;根据气溶胶光学特性,分为暗像元法、深蓝算法、多角度算法等[26,28,29]。

2. AOD 订正　卫星遥感反演的 AOD 代表垂直方向上大气总的消光系数,其与地面 $PM_{2.5}$的质量浓度之间的关系受不同季节大气边界层高度变化和空气相对湿度的影响。因此,需对遥感反演 AOD 进行垂直高度订正和相对湿度订正。目前研究中多认为气溶胶标高随季节变化,气溶胶垂直分布为负指数衰减[30]。

3. $PM_{2.5}$浓度时空分布预测　不少研究者利用多种回归方法来量化 AOD 与 $PM_{2.5}$的相关性,建立了 AOD 与 $PM_{2.5}$之间的相关关系,探讨遥感手段监测和估算地面细颗粒物质量浓度的能力。但两者的相关性受季节等时间尺度影响较大,同时还表现出空间区域的不一致性。因为区域的环境变量差异大,气溶胶粒子的组成不同,建立的相关性难以外推。AOD 与 $PM_{2.5}$相关性不仅受季节性变化的湿度、温度、边界层高度等环境因素的约束,也受地理环境差异的影响,但目前很少能将影响地理环境差异的因素考虑全面并综合评价影响因子的贡献大小,这也是利用卫星遥感估算地面颗粒物质量浓度的一个缺陷[26]。

为了增强利用 AOD 预测 $PM_{2.5}$浓度空间分布的能力,不少研究开发了基于 AOD 估算 $PM_{2.5}$的模型。主要包括多元线性回归(multiple linear regression)、混合效应模型(mixed-effect model)、化学传输模型(chemical transpor tmodel)、地理加权回归(geographically weighted regression)、土地利用回归(land use regression)、广义可加模型(generalized additive model)等,较大幅度地提高了利用 AOD 预测的 $PM_{2.5}$浓度与监测值之间的相关性[31]。

三、遥感反演产品

目前已有成熟的 AOD 产品供近实时的下载,NASA 每日发布基于暗目标和深蓝算法反演的 MODIS AOD 产品,包括 10km 的 MOD04_L2、3km 的 MOD04_3K(https://ladsweb.modaps.eosdis.nasa.gov/)和 1km 的 MAIAC AOD (ftp://maiac@dataportal.nccs.nasa.gov/DataRelease/)等不同空间分辨率的产品。

除此之外,NASA 还发布了 13km×24km 空间分辨率、1 小时时间频率的 OMI 传感器 AOD 产品 OMAERO(https://disc.gsfc.nasa.gov/datasets/OMAERO_V003/summary)。

NOAA 则发布了 4km 空间分辨率、30 分钟时间分辨率的 GOES AOD 产品(http://

www. ospo. noaa. gov/Products/atmosphere/aerosol. html)。

此外,除了遥感产品,全球地面站点监测的 AOD 产品可见 AERONET(https://aeronet. gsfc. nasa. gov/new_web/index. html)。

目前的 AOD 产品应用多以 MODIS 产品为主,分辨率较粗,未来几年国际上还有专门用于气溶胶监测的卫星发射计划,传感器的时间分辨率和空间分辨率都会得到较大幅度的提高。我国也有部分学者开展了基于环境星 HJ-1 和高分一号卫星 GF-1 的 AOD 反演,显示出大幅提高 AOD 空间分辨率的潜力[29,32]。目前,已经有基于遥感反演生成的全球 $PM_{2.5}$浓度分布图[25]。

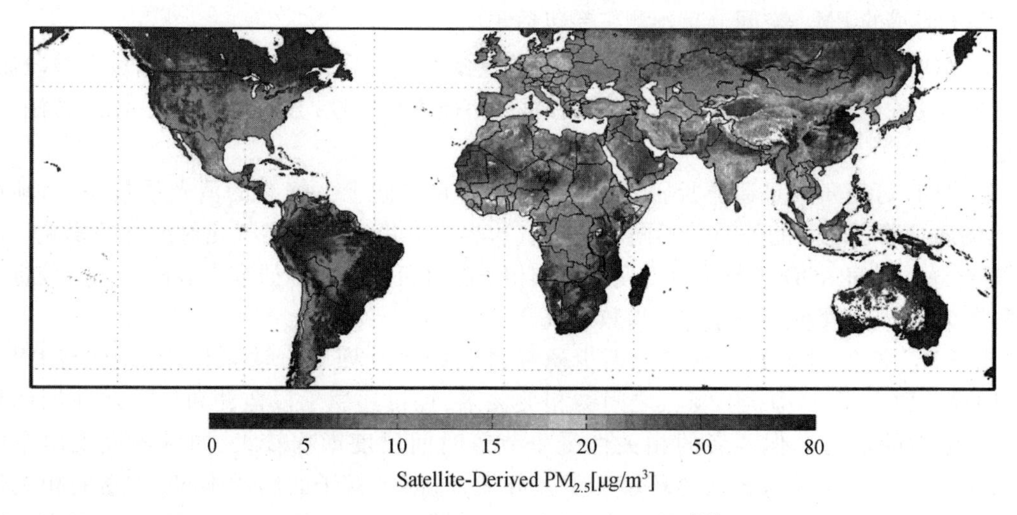

图 6-23　全球 $PM_{2.5}$浓度遥感反演结果[25]

四、地表验证及存在的问题

卫星遥感具有监测范围广、周期短、信息发布及时等优点,弥补了一般地面监测难以反映空间具体分布和变化趋势的不足,为人们全天候实时了解大范围的气溶胶变化提供了可能。但是 AOD 反映的是从地面到大气层上层整个大气层柱的气溶胶总体情况,由于遥感方法对 AOD 反演过程中源于地表反照率和气溶胶模型的误差难以避免,且对气溶胶的垂直分布形态及气象影响难以精确把握,因此精度低于地面监测结果。虽然 AOD 与地面颗粒物浓度有一定的相关性,但将 AOD 产品直接应用于城市 $PM_{2.5}$浓度推测仍存在一些问题:

1. 气溶胶的垂直分布及粒子的吸湿增长给消光特性带来的变化是 AOD-PM 相关关系中主要的不确定性来源,会给计算引入较大的误差[33]。边界层高度是影响局地和区域污染物分布的关键参数,决定了 AOD 的垂直积分和地面 $PM_{2.5}$质量浓度的对应程度。相对湿度能够影响气溶胶粒子的大小,温度的高低影响气溶胶粒度谱的分布。这些气象条件的季节性变化导致 AOD 的变化,同样影响到 $PM_{2.5}$的估算精度。风速是影响大气污染物的扩散和传输能力的一个关键因子,持续小风或静风天气不利于污染物的扩散,致使细颗粒物集中在近地面层,造成区域性差异,导致与区域 AOD 不匹配现象。

2. 由于 MODIS AOD 产品分辨率仍较粗，在进行街道尺度的城市内部污染物详细推测时存在困难；且由于单个象元代表范围较大，与地面单个监测站点的尺度大小不匹配，用地面站点数据验证 AOD 估算结果时存在以点代面的问题。研发高分辨率的遥感气溶胶光学厚度产品对空气污染研究是非常必要的。

3. 卫星扫描大气的过程是瞬时的，相当于对一天当中的浓度在某一时刻进行监测，多数产品不能获取日内的连续变化，难以捕捉日内的极值及进行日均浓度的推算。

4. AOD 反演算法已有多种，但都存在一定程度的局限性，典型的算法如暗像元法受到地表亮背景、像元上空云的识别、气溶胶模型的判断等方面影响就比较大，目前的反演多集中在白天，夜间 AOD 的反演尚存在极大的挑战。

综上，遥感反演法能提供某些时刻 AOD 的空间分布，显示出气溶胶分布的区域特征和传输、变化趋势，或作为一种有效的输入数据与其他模型结合对地面 $PM_{2.5}$质量浓度的空间分布进行预测，为同时获取大范围尺度上空气污染的状况提供了丰富的数据源。但是受遥感卫星过境周期的限制和气象因素等多方面的影响，遥感反演法依然存在时间不连续、空间不够详细、不确定性来源广等制约因素，未来随着遥感成像技术、反演算法、AOD 与地面 $PM_{2.5}$质量浓度匹配算法的进步和完善，具有较大的改进空间。

第六节 扩散模型

一、扩散理论

城市常见的污染源如工业源、道路交通源等排放的大气污染物，在气象、地形等条件的作用下，在地面至边界层之间的空间中，经物理扩散、运移、化学反应等过程，在城市上空随天气和离污染源远近呈现出明显的时空变化。为了模拟这些过程，并最终得到地面各点的污染物浓度，构建了一系列的大气污染扩散模型（dispersion models）。与空间插值模型不同，大气污染扩散模型通过构造包含排放量、气象、地形等参数的数学方程，来描述空气污染物随时间和空间变化的过程[2]。它主要从污染源（包括点源、面源与线源）的角度入手，考虑气象条件、下垫面特征等因素对污染物迁移、扩散和转化的影响，进而对空气中污染物的浓度进行预测。通过加入对化学过程的考虑，这些模型不仅可以模拟直接排入大气的一次污染物，也将污染物在大气环境中的干、湿沉降和化学转化过程加以描述，可模拟出经复杂化学反应形成的二次污染物浓度在空间上的动态分布[19]。

按照流体参考坐标系的不同，可分为拉格朗日模型和欧拉模型两种描述流体运动的方法。拉格朗日模型使用移动坐标系描述污染物的传输，欧拉模型用固定的欧拉坐标系描述大气湍流引起的污染物浓度的变化。常见的高斯烟羽模型采用欧拉参考系，箱式模型和烟团模型采用拉格朗日参考系[19]。

高斯烟羽模型在大气扩散模型中的应用非常普遍。它基于稳定状态下，羽流在水平 x 方向上随风速成非随机变化，而在稳定的 y 方向和垂直 z 方向成高斯分布。烟羽的扩散宽度与大气稳定度和污染源到监测点的距离有关。

烟团模型是将释放的污染物假想成离散的烟团并对每个烟团中心的输运过程进行模拟。每个烟团在某一特定时间间隔内固定不动,根据此刻固定住的烟团计算浓度,烟团在下一个时间步长上继续移动,其大小和浓度继续变化。在某个监测时段内,接受点的浓度为周围所有烟团在采样时间内的平均浓度总和[19]。

常见的模型中,AERMOD 模型采用常见的稳态烟羽模型,CALPUFF 模型采用典型的烟团模型。

二、常见扩散模型

扩散模式经过 40 多年的发展,已经形成众多的模拟系统,应用于不同尺度的污染物扩散研究,尤其以高斯类模式的应用最为广泛[19]。受地形、气象、污染物的物理化学特征、污染源特征等多种因素的制约,不同的扩散模式侧重不同的影响因素和适用范围,选择恰当的扩散模式能较为准确地模拟污染物的扩散及分布,以满足相关工作的目的。模型较详细的介绍及部分模型软件可见 Holmes 和 Morawska(2006)的综述文章[19]及美国环保部网站(https://www.epa.gov/scram)。

针对扩散模型的适用范围,可大致分为中小尺度模型和大尺度模型。如中小尺度多指几千米到几十千米,可研究城市内部或整个城市区域,而大尺度多指大范围的大气扩散和输送,研究范围为几十千米到几百千米,甚至几百千米以上。

适用于中小尺度的常用模型有 ISC3 (industrial source complex3)、AERMOD(american meteorological society/environmental protection agency regulatory model)、ADMS (advanced dispersion modeling system)及城市版 ADMS-Urban、用于小范围机动车污染扩散模拟的 CALINE4模型等;应用于大尺度的有 CALPUFF、Models-3/CMAQ(models-3community multi scale air quality model)等。

ISC3 是美国环保部开发的应用较早的模型,可模拟简单地形下的工业污染源对周围大气环境的影响,目前已逐渐被新一代的 AERMOD 模型所取代。AERMOD 和 ADMS 是新发展的扩散模式,可以模拟复杂地形下的大气污染物浓度。AERMOD 模型采用行星边界层理论和空气分散湍流结构的概念,可以预测简单及复杂地形下的地面源。ADMS-Urban 与 ADMS 的运算法则基本相同,专门应用于模拟城市中的大气污染物扩散。ADMS 模型耦合了大气边界层研究的最新进展,常规气象要素来定义边界层结构,在模式计算中只需要输入常规气象参数,推动了模型在各个国家的广泛应用。

CALINE4 模型是线源空气质量模型系列的新版本。它利用稳态高斯扩散模型,根据交通排放、站点几何坐标及气象条件来预测道路附近污染物浓度。可以预测的污染物包括 CO,NOx 及悬浮颗粒物。该模型还可以用来模拟交叉口、停车场、高架及下陷道路及峡谷内污染物浓度。CALINE4 可以用来预测公路交通排放的一次性污染物的浓度,评估靠近公路两侧 150m 内范围的微尺度区域空气质量的变化以及模拟宽阔街道内污染物的浓度分布,确定相对不太复杂的地形条件下多至 20 个接受点上的空气污染物浓度[20]。

CALPUFF 和 Models-3/CMAQ 可模拟污染物的大范围输送。Models-3 可用于多尺度、多污染物的空气质量的预报、评估和决策研究等多种用途,由中尺度气象模式、排放模式以及通用多尺度空气质量模式(CMAQ)三大模式组成。中尺度气象模式 CMAQ 提供气象场的数据,排放模式为 CMAQ 提供排放物的资料,CMAQ 则利用上述的数据资料对污染物在空气中的物理和化学过程进行空气质量的数值预报[19]。

其中，AERMOD、ADMS 和 CALPUFF 模型在模拟污染物的扩散和迁移方面相比其他大气污染控制模型具有相对明显的优势，能够更好的模拟污染物的浓度分布和输送趋势，因此被列入我国《环境影响评价技术导则——大气环境(HJ2.2-2008)》中的推荐模型。

鉴于扩散模型的种类繁多，具体应用时就会面临模型选择问题，可首先通过对主要的污染源和污染物、模拟的时空范围及分辨率、模拟区域的下垫面特征几个方面选择模型。对于小尺度模拟，一般只需考虑大气的扩散稀释作用，而对于中、大尺度的空气污染，则还需考虑污染物的化学转化和干、湿沉降等物理化学过程。模型的选择往往需要在简单性、最小数据需求、最小计算代价以及模拟结果的有效性等诸多因素之间进行平衡取舍。从事模拟部门人员对模型掌握的程度、模拟工作资金的投入、污染源以及气象方面可利用资料的获取程度等也是模型选取的客观约束[21]。

三、模型输入输出

模型通常需要空气质量监测数据、地表状况、气象条件、排放源时空数据。污染浓度数据通常取自研究区的监测站，用于模型的校准。地形数据包括地表高程和表面粗糙度。气象数据包括风速、风向、气温、太阳辐射、大气稳定度等。道路机动车排放量通常基于交通流量和排放因子模型(如 MOBILE6，EMFAC2002)根据车型、车速等条件计算的综合排放因子获得。工业源排放通过调查相关点源的排放量、出口温度、污染物类型、所在位置等信息。具体可参考模型手册及《环境影响评价技术导则——大气环境(HJ2.2-2008)》中对资料调查的相关要求。模型的输出通常为某时刻或时段内格网点上的污染物浓度或者其平均值。

在利用扩散模型时，GIS 空间数据库为污染物扩散模型提供了具有空间参考信息的污染源数据、气象数据、地形数据、街区特征要素数据等参数，并可对模拟结果进行空间可视化展示。借助 GIS 技术不仅可以准备具有空间位置的多种输入数据，同时可以根据各污染物的排放情况模拟排放物的空气扩散过程，以及对结果进行分析和制图[22]。

四、优缺点分析

1. 大气扩散模型具有以下优点

(1)给出任意时刻污染物的空间分布；

(2)考虑多种污染源的影响，如工业点源、机动车线源、生活面源等；

(3)考虑多种环境条件的影响及化学转化及干湿沉降过程；

(4)方便得出不同污染源对受测点的贡献率；

(5)有能力给出不同高度上的污染物浓度。

2. 大气扩散模型也有其固有的缺陷，包括

(1)所需的输入数据收集困难，尤其是详细的点源和线源排放数据；

(2)模型假设(如高斯扩散模式)在现实中并不总是成立；

(3)需要监测数据进行交叉验证；

(4)数据在时间尺度上的不匹配可能会产生估计误差等。

而且大气扩散模型往往需要较高水平的程序应用或编程及 GIS 专业知识，使用门槛较高，这从很大程度上限制了该类模型的应用。

第七节　混合模型

一、混合模型的作用

混合模型(hybrid models)与前面几种方式不同,它不是一种确定的、单一的空间浓度预测方法,而是将个体暴露监测、区域空气污染浓度监测及现有空气污染预测模型等多种监测或模拟手段相结合的暴露评估方法[22]。通过对多种监测或模拟手段的叠加或融合,不仅可以利用个体或区域水平的实际监测数据对暴露模型模拟结果进行对比和验证,而且也可以将个体位置和活动模式数据或多源空间数据集成到暴露建模过程,以提高个体空气污染暴露评估的精度。

二、常见形式

由于数据监测、模型模拟间的组合多种多样,因此混合模型存在诸多形式。常见的组合可归为以下 3 类:

1. 多空间尺度模型相结合　空气污染具有一定的时空尺度特征,不同的时间尺度和空间尺度上需要考虑的过程和空间详细程度不同。因此在一些研究中,把空间插值模型、土地利用回归模型、邻近度模型分别用来刻画空间尺度从大到小的区域背景、城市尺度和社区尺度。比如,Hoek 等(2001)[44]用反距离加权插值方法基于国家空气质量监测站得到区域背景浓度,利用城市化程度与污染物浓度之间的关系预测城市污染源带来的浓度增量,同时将到主干道的距离用于估算局部机动车排放对大气污染物的贡献。

2. 不同空气污染暴露模拟模型的组合　为了增加信息量,一种模型的预测结果甚至可以被作为另一种模型的输入,以此增加对空间变化详细程度的刻画。比如一些研究中将遥感反演的 AOD 结果应用于土地利用回归模型,作为模型的一种空间变量,来提高模型最终的空间预测能力[37,45]。

3. 个体或区域监测与模拟模型的叠加　监测数据与区域模型的叠加大体分为两种方式,一种是采用模型预测污染物浓度的空间分布,利用个体 GPS 定位,获取个体精细活动模式,与污染物浓度时空分布进行叠加,以获取精细的个体暴露[22];一种是采用区域站点监测或个体暴露浓度监测污染物浓度,验证模拟结果的精度[2],甚至建立模拟浓度和监测浓度之间的关系,将研究区的模拟浓度修正为暴露浓度。

此外,也有研究中将站点实时连续监测数据的动态变化与 LUR 模型相结合,进行时间连续的污染物浓度空间预测[46]。

三、研究进展

近年来,不仅混合模型的组合形式呈现出多样化的趋势,同时各种监测手段和技术也更加丰富和便捷。比如遥感影像获取技术和 GPS 定位技术的发展,为基于 GIS 平台的混合模型开发提供了愈加丰富的输入数据[2]。基于 GPS 的个体活动模式数据,及 GIS 的空间信息处理和显示技术,极大地促进了个体空气污染暴露的发展,有助于空气污染暴露评估更加准确、高效、直观。

遥感卫星的时间分辨率也得到了极大提升。日本气象厅于 2014 年 7 月发射了新一代静止气象卫星 Himawari-8(向日葵 8 号,H8)[47],是世界上第一颗可以拍摄彩色图像的静止气象卫星,可实现全区域拍摄时间分辨率为 10 分钟/次的高频次对地监测,目前针对该卫星传感器已经开展了灰霾监测等相关研究[48]。该数据能基本解决卫星反演气溶胶时间间隔长的缺陷,促进卫星反演气溶胶连续时间序列的建立。

随着数据采集、存储及通信技术的发展,穿戴式或手提式便携个体采样器越来越多地用于暴露监测(图 6-24)。这些便携设备可实现对空气污染物和人体基本生理指标(如血压、心跳)的实时测量和存储,甚至实时的数据传输。

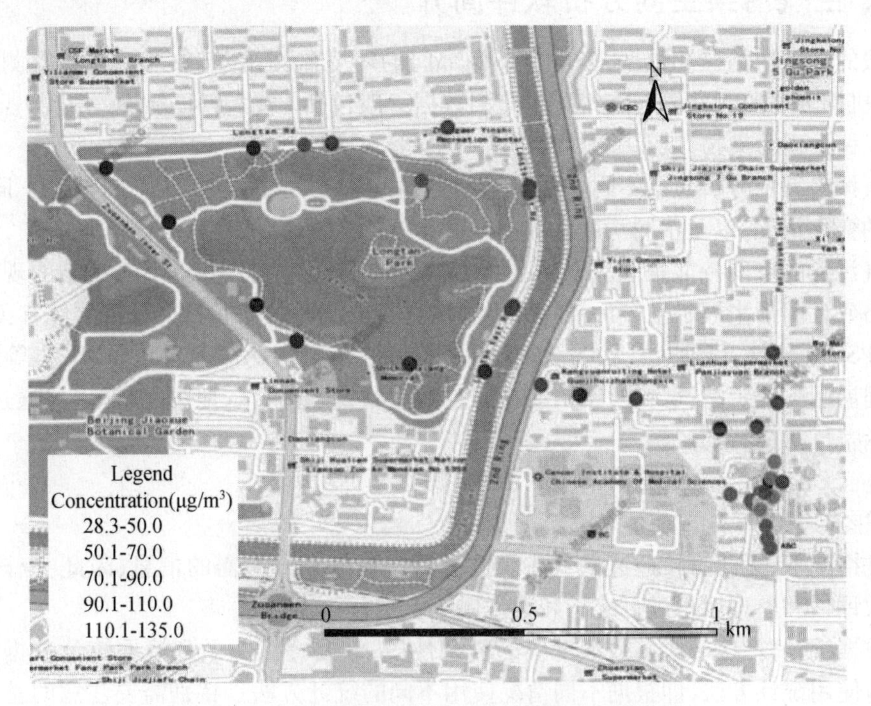

图 6-24 老人活动轨迹及 $PM_{2.5}$暴露浓度示意图

随着智能手机的普遍使用,在空间定位方面除了传统的小型 GPS 定位之外,利用智能手机的 GPS 定位模块进行位置信息的采集和存储显示出了极大的潜力。此外,基于通信基站对手机进行定位并挖掘活动轨迹,也是当前研究的热点。

四、模型优缺点

混合模型通过对相关监测或模拟手段的选择及融合,可以集成各种空气污染暴露评估方法的优点。综合现有方法的优势进行混合模型的开发和使用,有可能使个体暴露评估研究取得重大的进步[22]。但该模型应用的难易程度取决于所使用的模型组合和污染物种类,不同模型之间集成的困难(如模型尺度的差异、监测的可行性等)在一定程度上阻碍了混合模型的应用。在实际应用中,如果模型所需的输入数据较难获取,或者污染物的监测费用相当高,甚至不同方式在融合技术上存在较高的门槛,都会增加混合模型的使用难度,对其推广使用造成障碍。以上为基于当前以 GIS 空间信息处理为主的不同方法的简要介绍。因 GIS 具有强大的空间数据存储、处理和图形可视化等功能,成为空气污染及其暴露评估方面的重要研究手段。基于GIS技术的污染物浓度时空建模及人群活动模式监测为人群空气污染暴露的精确定量研究提供了新的契机[1,22]。但同时需注意,以上方法评估结果多为室外暴露水平,在进一步的室内暴露评估中需考虑人群室内外活动时间及房屋的空气渗透系数等因素。

第八节　空气污染空间分析及图形制作简介

一、空气污染空间分析软件简介

一般的空气质量监测数据,多来自环保部门的环境监测站,气象部门环境监测站,各高校、科研机构环境监测站等。空气质量监测数据一般包括PM_{10}、$PM_{2.5}$、SO_2、CO、$O_{3\text{-}1h}$、$O_{3\text{-}8h}$和NO_2等6种常规污染物,以及颗粒物组分、VOC_S等。

空气污染特征分析包括不同空气污染物的时间和空间变化特征,不同年份不同空气污染状况的变化情况,以及不同污染状况下各种指标的差别等。

空气污染的空间特征是指从不同层面(如城市、国家、区域)分析空气污染的现状,可以使用表格或者图形来展示空气污染物的空间变化特征。一般空间特征分析软件有:①Excel、Origin、SPSS等软件,可通过柱状图、饼状图等图形展示空气污染特征;②GIS、R等软件,可通过空间展示图展示空气污染特征;③在线空间网站,如地图慧、地图无忧等,可通过空间展示图展示空气污染特征。

二、图形展示要求

通常情况下,无法直接通过空气质量监测原始数据获知所需的信息,因此,应该对数据进行有效评估和整理后再进行统计和数据展示。

在数据统计时,鉴于大多数数据集的复杂性质,需要提供一系列摘要统计数据。同时,还要谨慎使用统计方法,即根据不同情况使用不同的统计方法。特别需要注意的是,对异常值的排除必须谨慎,一些看似异常的值可能会提示出非常重要的信息。因此,不要进行未经过全面审查和考虑的数据排除[49]。

图形是以清晰,精确和高效率传达复杂想法的手段对数据的精心呈现[50]。为了有效地进行图形展示应注意以下几点[51]:

(1)避免过度复杂的图形;

(2)避免使用透视图(3D条形图和饼图,色带图),伪透视图(2D条形图或折线图)等过度修饰的图形;

(3)仅在必要时才使用颜色和阴影;

(4)如有可能,请附带图表;

(5)如果呈现概率密度或累积概率图,则以相同的水平尺度呈现它们,曲线上清楚地标示平均值;

(6)在报告中提供解释图表的叙述;

(7)提请注意图上的任何尺度变化:

(8)标示清楚图形轴上的对数或算术比例。

一般来说图形工作非常耗时，成本较大，特别是对于大型调查和复杂数据，但是准确的图形呈现其效果也是非常卓越的。因此，评估者和其他利益相关方需要采用某种形式的图形化来准确地显示现场的情况。

三、基于 GIS 技术的专题地图制作简介

地理信息系统（geographic information system，GIS）又称为“地学信息系统”[52]。它是一种特定的十分重要的空间信息系统，广泛应用于环境监测、环境管理、环境规划、环境评价等方面[53]。常见的 GIS 软件平台有：ArcGIS、MapInfo、SuperMap 等。

由于地理信息系统是一门庞大的科学，系统学习时间较长，因此基于 GIS 的制图往往由专业人士操作。对于空气污染特征分析需要学习的是 GIS 中较小的一部分内容，即地图制作内容。以下对该部分内容进行简要介绍[52]。

（一）专题地图制作的元素

1. 地图符号　地图符号是地图的语言，是表达地图内容的基本手段，由不同形状、大小和色彩的图形和文字组成，各类符号可以表示事物的空间位置、大小、质量和数量特征，反映各类要素的分布特点。如地图中的公路符号，可表示公路铺面种类和宽度等。

符号的构成要素包括符号的形状、符号尺寸、符号的颜色和符号的系统化。通过符号的不同要素表示，使得符号可以表征地图中的不同内容。

2. 地图注记　地图上的文字和数字总称为地图注记，它是地图内容的重要组成部分。注记并不是自然界中的一种要素，但它们与地图上表示的要素有关，没有注记的地图只能表达事物的空间概念，而不能表达事物的名称和某些质量和数量特征。

注记一般分为：名称注记、说明注记、数字注记等，均是为了说明各种事物的种类和特征的。地图注记的属性包括字体属性、大小属性和颜色属性，通过不同的属性表示不同事物的特性。

（二）专题地图中的信息展示

1. 地理基础信息展示　该内容是普通地图上的一部分内容要素，如经纬网、水系、居民点、交通线、地势等，是编绘专题内容的骨架，表示专题内容的地理位置，说明专题内容与地理环境的关系。

2. 专题内容信息展示　将普通地图内容中一种或几种要素显示得比较完备和详细，而将其他要素放到次要地位或省略，如交通图等。包括在普通地图上没有的和地面上看不见的，或不能直接测量的专题要素，如人口密度图。专题地图内容可以通过地图的色彩、灰度、标注、比例尺等进行展示，以将专题内容中的信息丰富的表达出来。

3. 地图制作中的投影设置　先将地球自然表面的景物垂直投影到地球椭球面（或球面）上，再将地球椭球面（或球面）按数学法则投影到平面上而构成地图。这种按数学法则将地球椭球面转绘到平面上的方法叫地图投影。按这种方法建立的数学基础，才能使地球表面上各点和地图平面上的相应各点保持一定的函数关系，才能在地图上准确地表达空间各要素的关系和分布规律，才可能反映出它们之间的方向、距离和面积，使地图具有区域性和可量测性。

（李润奎　王琼编，徐东群审）

参考文献

[1] Richardson D. B., Volkow N. D., Kwan M.-P., et al. Spatial Turn in Health Research. Science, 2013, 339

(6126):1390-1392.

[2] Jerrett M. ,Arain A. ,Kanaroglou P. ,et al. A review and evaluation of intraurban air pollution exposure models. Journal of Exposure Analysis and Environmental Epidemiology,2005,15(2):185-204.

[3] Maheswaran R. ,Elliott P. Stroke Mortality Associated With Living Near Main Roads in England and Wales:A Geographical Study. Stroke,2003,34(12):2776-2780.

[4] Garshick E. , Laden F. , Hart J. E. , et al. Residence Near a Major Road and Respiratory Symptoms in U. S. Veterans. Epidemiology (Cambridge,Mass.),2003,14(6):728-736.

[5] Hochadel M. ,Heinrich J. ,Gehring U. ,et al. Predicting long-term average concentrations of traffic-related air pollutants using GIS-based information. Atmospheric Environment,2006,40(3):542-553.

[6] Zou B. ,Wilson J. G. ,Zhan F. B. ,et al. Air pollution exposure assessment methods utilized in epidemiological studies. Journal of Environmental Monitoring,2009,11(3):475-490.

[7] Zandbergen P. A. , Chakraborty J. Improving environmental exposure analysis using cumulative distribution functions and individual geocoding. International Journal of Health Geographics,2006,5(1):23.

[8] Zhou M. ,He G. ,Liu Y. ,et al. The associations between ambient air pollution and adult respiratory mortality in 32 major Chinese cities,2006-2010. Environmental Research,2015,137:278-286.

[9] Evans D. G. , Jones S. M. Detecting Voronoi (area-of-influence) polygons. Mathematical Geology, 1987, 19 (6):523-537.

[10] Li R. K. ,Li Z. P. ,Gao W. J. ,et al. Diurnal,seasonal,and spatial variation of $PM_{2.5}$ in Beijing. Science Bulletin,2015,60(3):387-395.

[11] Oliver M. A. ,Webster R. Kriging:a method of interpolation for geographical information systems. International Journal of Geographical Information Systems,1990,4(3):313-332.

[12] Philip G. M. ,Watson D. F. A Precise Method for Determining Contoured Surfaces. Australian Petroleum Exploration Association Journal,1982,22:205-212.

[13] Franke R. Smooth interpolation of scattered data by local thin plate splines. Computers & Mathematics with Applications,1982,8(4):273-281.

[14] Watson D. F. ,Philip G. M. A Refinement of Inverse Distance Weighted Interpolation. Geoprocessing,1985, 2:315-327.

[15] Zou B. ,Luo Y. ,Wan N. ,et al. Performance comparison of LUR and OK in $PM_{2.5}$ concentration mapping:a multidimensional perspective. Scientific Reports,2015,5:8698

[16] Mercer L. D. ,Szpiro A. A. ,Sheppard L. ,et al. Comparing universal kriging and land-use regression for predicting concentrations of gaseous oxides of nitrogen (NOx) for the Multi-Ethnic Study of Atherosclerosis and Air Pollution (MESA Air). Atmospheric Environment,2011,45(26):4412-4420.

[17] Li L. ,Wu J. ,Wilhelm M. ,et al. Use of generalized additive models and cokriging of spatial residuals to improve land-use regression estimates of nitrogen oxides in Southern California. Atmospheric Environment, 2012,55:220-228.

[18] Tobler W. A computer movie simulating urban growth in the Detroit region. Economic Geography,1970,46 (Supplement):234-240.

[19] Holmes N. S. ,Morawska L. A review of dispersion modelling and its application to the dispersion of particles: An overview of different dispersion models available. Atmospheric Environment,2006,40(30):5902-5928.

[20] Benson P. E. A review of the development and application of the CALINE3 and 4 models. Atmospheric Environment. Part B. Urban Atmosphere,1992,26(3):379-390.

[21] 聂邦胜.国内外常用的空气质量模式介绍.海洋技术,2008,27(1):118-121,132.

[22] 路凤,徐东群.地理信息系统在空气污染暴露评估中的应用.卫生研究,2014,43(4):680-684.

[23] 金洪芳.基于遥感技术的大气细颗粒物 PM2.5 监测研究进展.测绘与空间地理信息,2016,39(8):133-136.

[24] 汪曦,陈仁杰,阚海东.遥感技术在大气污染物监测中的应用进展.环境与健康杂志,2011,28(10):924-926.

[25] van Donkelaar A. ,Martin R. V. ,Brauer M. ,et al. Global Estimates of Ambient Fine Particulate Matter Concentrations from Satellite-Based Aerosol Optical Depth: Development and Application. Environmental Health Perspectives,2010,118(6):847-855.

[26] Duncan B. N. ,Prados A. I. ,Lamsal L. N. ,et al. Satellite data of atmospheric pollution for U. S. air quality applications: Examples of applications, summary of data end-user resources, answers to FAQs, and common mistakes to avoid. Atmospheric Environment,2014,94:647-662.

[27] 孟晓艳,王普才,王庚辰,et al. 北京夏季 SO_2- NO_2- O_3的 DOAS 监测结果及变化特征．环境科学与技术,2009,32(5):96-99,114.

[28] Bibi H. ,Alam K. ,Chishtie F. ,et al. Intercomparison of MODIS, MISR, OMI, and CALIPSO aerosol optical depth retrievals for four locations on the Indo-Gangetic plains and validation against AERONET data. Atmospheric Environment,2015,111:113-126.

[29] 张玉环,李正强,侯伟真,et al. 利用 HJ-1CCD 高分辨率传感器反演灰霾气溶胶光学厚度．遥感学报,2013,17(4):959-969.

[30] 何秀,邓兆泽,李成才,et al. MODIS 气溶胶光学厚度产品在地面 PM_{10}监测方面的应用研究．北京大学学报(自然科学版),2010,46(2):178-184.

[31] Chu Y. ,Liu Y. ,Li X. ,et al. A Review on Predicting Ground $PM_{2.5}$ Concentration Using Satellite Aerosol Optical Depth. Atmosphere,2016,7(10):129.

[32] Sun K. ,Chen X. ,Zhu Z. ,et al. High Resolution Aerosol Optical Depth Retrieval Using Gaofen-1 WFV Camera Data. Remote Sensing,2017,9(1):89.

[33] 丁冰,陈健,王彬,et al. 城市环境 $PM_{2.5}$空间分布监测方法研究进展．地球与环境,2016,44(1):130-138.

[34] Briggs D. J. ,Collins S. ,Elliott P. ,et al. Mapping urban air pollution using GIS: a regression-based approach. International Journal of Geographic Information Sciences,1997,11(7):699-718.

[35] Hoek G. ,Beelen R. ,de Hoogh K. ,et al. A review of land-use regression models to assess spatial variation of outdoor air pollution. Atmospheric Environment,2008,42(33):7561-7578.

[36] Hoek G. , Beelen R. , Kos G. , et al. Land Use Regression Model for Ultrafine Particles in Amsterdam. Environmental Science & Technology,2011,45(2):622-628.

[37] Beckerman B. S. ,Jerrett M. ,Serre M. ,et al. A hybrid approach to estimating national scale spatiotemporal variability of $PM_{2.5}$ in the contiguous United States. Environmental Science & Technology,2013,47(13):7233-7241.

[38] Wang M. ,Beelen R. ,Basagana X. ,et al. Evaluation of Land Use Regression Models for NO_2 and Particulate Matter in 20 European Study Areas: The ESCAPE Project. Environmental Science & Technology,2013,47(9):4357-4364.

[39] 陈莉,白志鹏,苏笛,et al. 利用 LUR 模型模拟天津市大气污染物浓度的空间分布．中国环境科学,2009,29(7):685-691.

[40] Meng X. ,Chen L. ,Cai J. ,et al. A land use regression model for estimating the NO_2 concentration in shanghai,China. Environmental Research,2015,137:308-315.

[41] 郭宇,邹滨,郑忠,et al. 高时空分辨率 $PM_{2.5}$浓度土地利用回归模拟与制图．遥感信息,2015,30(5):94-101.

[42] Meng X. ,Fu Q. ,Ma Z. ,et al. Estimating ground-level PM_{10} in a Chinese city by combining satellite data, meteorological information and a land use regression model. Environmental Pollution,2016,208:177-184.

[43] 吴健生,谢舞丹,李嘉诚.土地利用回归模型在大气污染时空分异研究中的应用.环境科学,2016,37(2):413-419.

[44] Hoek G. ,Brunekreef B. ,Fischer P. ,et al. The Association between Air Pollution and Heart Failure,Arrhythmia,Embolism,Thrombosis,and Other Cardiovascular Causes of Death in a Time Series Study. Epidemiology, 2001,12(3):355-357.

[45] Just A. C. ,Wright R. O. ,Schwartz J. ,et al. Using High-Resolution Satellite Aerosol Optical Depth To Estimate Daily $PM_{2.5}$ Geographical Distribution in Mexico City. Environmental science & technology,2015,49(14):8576-8584.

[46] Saraswat A. ,Apte J. S. ,Kandlikar M. ,et al. Spatiotemporal land use regression models of fine,ultrafine,and black carbon particulate matter in New Delhi,India. Environmental Science & Technology,2013,47(22):12903-12911.

[47] Bessho K. ,Date K. ,Hayashi M. ,et al. An Introduction to Himawari-8/9— Japan's New-Generation Geostationary Meteorological Satellites. Journal of the Meteorological Society of Japan. Ser. II, 2016, 94(2):151-183.

[48] Huazhe Shang,Liangfu Chen,Husi Letu,et al.Development of a daytime cloud and haze detection algorithm for Himawari-8 satellite measurements over central and eastern China. Journal of Geophysical Research:Atmospheres,2017,122(6):3528-3543.

[49] National Environment Protection Council (NEPC). National Environment Protection Measure. Schedule B4. Guideline on Health Risk Assessment Methodology,2010.

[50] Tufte ER. The visual display of quantitative information[M].Cheshire,Connecticut:Graphics Press,1983.

[51] Cleveland WS. The elements of graphing data[M].Summit,NJ:Hobart Press,1994.

[52] 吴信才. 地理信息系统原理与方法[M].北京:电子工业出版社,2014.

[53] 白鸽,温伟军,金超,等. 基于地理信息系统的区域医疗资源布局评价实证研究[J].中国医院管理,2017,37(1):29-31.

空气污染暴露评估的程序及方法

第一节　暴露评估概述

一、暴露评估要素

（一）基本定义

暴露是指在特定时期内，人体外界面与一种或多种生物、化学或物理因子之间的接触[1]。其中人体的外部边界面包括人体任何外部暴露表面，如皮肤表面、鼻腔和口腔表面。对于空气污染物的暴露则是指空气污染物与人体表面的任何接触，既包括外部接触（如皮肤表面），也包括内部接触（如呼吸道上皮）。对空气污染的暴露要求同时满足两个条件：在特定时间和场所存在一定的污染物浓度并且人体在该时间内出现在该场所。暴露和浓度间存在重要的差别：浓度通常用来描述某一环境（场所）特定时间污染物的特征，而严格意义上的暴露描述的是环境中污染物与生物体的相互作用。因此，有人体存在的环境（场所）的污染物浓度仅是对暴露的替代指标，并且这种替代只有在空间内每个个体的实际暴露量与该浓度值尽可能接近时才是合理有效的。

暴露评估是测量和评估暴露的强度、频率和持续时间以及暴露人数和特征的过程[2]。空气污染健康风险评估中的暴露评估目的是定性或定量描述人群对空气污染物的接触，从而提供最有效的信息用于评估研究目标人群、目标人群中重要亚群（如儿童、孕妇、老年人群）以及处于不同浓度暴露人群的健康危害，从而将污染源、环境浓度及潜在健康危害连接起来[3]。

（二）暴露评估的要素

暴露评估的要素包括暴露浓度、暴露频率和持续时间[3]。

暴露浓度是指与人体外界面接触的载体介质中的污染物的浓度。暴露浓度是非常重要的暴露指标，其通常与健康效应直接相关。

暴露持续时间是个体与污染物接触的持续时间，是决定污染物不良健康效应的另一重要因素。例如，对于相同浓度的污染物暴露 5 分钟与 1 小时的健康效应很可能存在较大差别。

暴露频率是单位时间内暴露事件发生的次数。暴露频率或相邻暴露的时间间隔同样具有健康意义，每次暴露相同的浓度和相同的时间，每周暴露 1 次与每日暴露多次的健康影响也很可能存在差别。

（三）暴露的描述方法

对于暴露的描述至少应该包括暴露浓度和暴露时间[3]。利用积分方法计算接触浓度与接触时间曲线下的面积作为暴露量(例如 μg/m^3×h),是描述和估计短期暴露的首选方法,其中积分时间可以为数分钟,数小时或数天。但对于长期健康效应和致癌性研究,可能需要关注数月、数年或数十年的长期暴露,此时暴露通常是间断的而不是连续的,并且暴露浓度也是随时间波动的,就需要通过计算关注时期的时间加权浓度进行暴露评估。虽然积分的方法也可以用于长期暴露评估,但应用于超过一周的暴露量通常存在困难,并不方便。

二、暴露评估程序

开展空气污染物暴露评估的程序需要包括:研究设计、规划和实施预研究、实施完整的现场研究、统计分析、进行同行评审和完成最终报告[3],如图 7-1 所示:

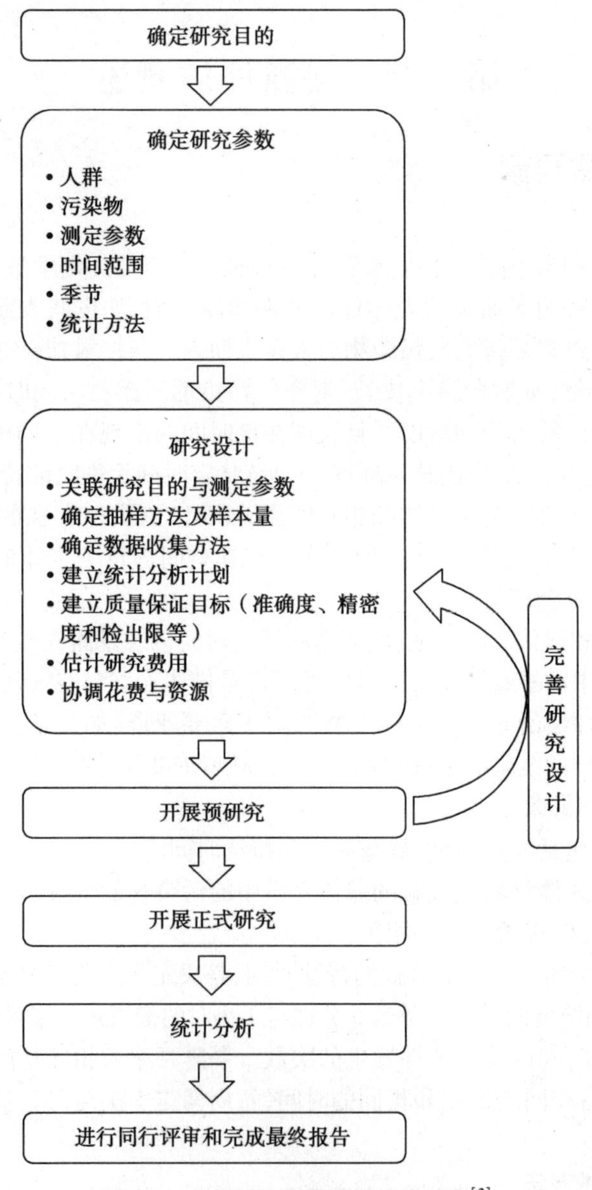

图 7-1　空气污染物暴露评估流程图[3]

（一）研究设计

全面完整的暴露评估包括鉴别人群暴露的污染物种类，暴露浓度，重要的来源及暴露途径以及影响暴露水平的主要因素。然而实现全部上述研究目的往往需要花费巨大的人力、物力、财力和时间，在多数条件下是难以实现的。因此，在开展具体的某项暴露评估研究时首先应该确定主要的研究目的，如进行健康风险评估、风险管理或分析污染物暴露现状及趋势。通常研究可能具有多个目的，但研究设计必须优先满足最主要研究目的的要求。研究参数的选择必须与确定的研究目标相一致。研究设计就是制定一种经济有效的方案关联测定参数与研究目标。进行良好的研究设计是任何暴露评估中最为重要的一个步骤。一个完善的暴露评估研究设计需要全面考虑该研究过程涉及的全部内容，涵盖从识别数据需求到报告结果的全过程。因此，研究设计需要包括确定数据类别，样本量，数据质量目标（DQO），选择研究地点的标准，研究对象纳入标准，抽样和分析方案，数据存储和管理，知情同意，招募对象，样品采集，采样计划，数据库设计，数据分析和交流等[3]。

监测人群的选择是在研究设计阶段就应该确定的重要内容，是决定暴露评估结果是否准确、科学的关键因素之一，主要包括确定监测人群、监测地点和时间。制定研究人群选择策略时，首先需要考虑可行性以及实现研究目的的需要，此外还需要考虑从这些人群获得的暴露评估结果是否可以外推到更广泛的人群。测定结果能否外推取决于调查人群是不是目标人群的随机样本，具体体现为调查人群与目标人群的关键参数，如年龄、性别等人口学因素的百分比构成是否相近等。如果由于资源的限制上述方法无法实现，进行一项描述性研究也可以提供可靠的数据，但其外推的程度是有限的。

抽样策略包括选择哪种抽样类型，如全面抽样、概率抽样或其他类型抽样等[3]。

全面抽样：在全面抽样中，以目标人群的全部成员为监测对象。该方法通常应用于下述情况：总人群数量相对少（如一个社区），需要完整评估高潜在风险，暴露水平对于个体存在高变异性，或者法律的要求。采用全面抽样可以完整描述目标人群的暴露状况。因为所有的潜在对象都已涵盖，没有外推的需要，不存在抽样变异，仅存在由使用的测定或监测方法及程序造成的结果变异。该方法的不足是花费的财力、物力、人力巨大，尤其是当目标人群规模大时。

概率抽样：在概率抽样中，每个成员都具有已知的被抽取的概率。这种方法的目的是消除选择偏倚，并且可以将结果外推到研究样本之外。明确区分“随机”与“随意”的差别十分重要，如一个真正随机的样本是独立于主观判断的，总人群的每一个调查对象都有一个已知的大于 0 的概率被抽取为研究样本。概率抽样的优点包括能够得到人群代表性的结果，计算出由抽样造成的可能误差。不足是依赖于复杂的样本选择方法，难以保证被抽取的调查对象的依从性以及需要复杂的统计分析；此外，样本量不足的随机调查可能错失发现罕见危害事件或少量高暴露或高风险人群的机会。

简单随机抽样是概率抽样的一个特例，简单随机抽样中所有相同大小的抽样单位具有同样的被抽取的概率。此时监测人群为来自于目标人群的随机样本。简单随机抽样是其他抽样方法的基础，因为它在理论上最容易处理，而且当总体单位数 N 不太大时，实施起来并不困难。然而在进行地理范围广或总体抽样单位量很大的暴露调查时，简单的随机抽样方法并不适用。例如，当使用简单随机抽样的方法调查全国范围内 5000 人的可吸入颗粒物个人暴露时，可能导致需要从全国数千个城市或乡镇选择对象，而在这种情况下，这种设计的差旅、现场准备等费用是难以承受的。

在进行大规模人群调查时，存在多种实用且有效的抽样方法替代简单随机抽样。如整群抽样、分层抽样和多阶段抽样[3]。

整群抽样又称聚类抽样（cluster sampling），是将总体中各单位归并成若干个互不交叉、互不重复的集合，称之为群；然后以群为抽样单位进行单纯随机抽样，抽取个体的一种抽样方式。应用整群抽样时，要求各群有较好的代表性，即群内各单位的差异要大，群间差异要小。整群抽样的优点是实施方便、节省经费；整群抽样的缺点是往往由于不同群之间的差异较大，由此而引起的抽样误差往往大于简单随机抽样，存在样本分布面不广、样本对总体的代表性相对较差等缺点。

分层抽样又称分类抽样或类型抽样。将总体划分为若干个同质层，再在各层内随机抽样，分层抽样的特点是将科学分组法与抽样法结合在一起，分组减小了各抽样层变异性的影响，抽样保证了所抽取的样本具有足够的代表性。该方法适用于总体情况复杂，各单位之间差异较大，单位较多的情况。分层抽样根据在同质层内抽样方式不同，又可分为一般分层抽样和分层比例抽样，一般分层抽样是根据样品变异性大小来确定各层的样本容量，变异性大的层多抽样，变异性小的层少抽样，在事先并不知道样品变异性大小的情况下，通常多采用分层比例抽样。

多阶段抽样（multistage sampling）也称为多级抽样或分段抽样，指在抽取样本的时候，按照抽样个体的隶属关系或层次关系，分为两个或两个以上的阶段从总体中抽取样本的一种抽样方式。多阶段抽样具体操作过程是：第一阶段，将总体分为若干个一级抽样单位，从中抽选若干个一级抽样单位入样；第二阶段，将入样的每个一级单位分成若干个二级抽样单位，从入样的每个一级单位中各抽选若干个二级抽样单位入样……，依此类推，直到获得最终样本。当总体的规模特别大，或者总体分布的范围特别广时，研究者一般采取多阶段抽样的方法来抽取样本。多阶段抽样区别于分层抽样，也区别于整群抽样，其优点在于适用于抽样调查面特别广，没有一个包括所有总体单位的抽样框，或总体范围太大，无法直接抽取样本等情况，可以相对节省调查费用。其主要缺点是抽样时较为麻烦，而且从样本对总体的估计比较复杂。

多级采样设计利用群作为抽样单位，从而将采样位置限制到可管理区域。根据研究的范围，必要的概率抽样阶段可能包括[3]：

- 选择初级抽样单位（如城市）；
- 抽样区域的选择（如城市内的街区）；
- 选择抽样区域内的居住单元（如街区内的住宅）；
- 选择抽样居住单元的抽样个体；
- 在监测期内选取抽样时间点。

其他抽样方法：非概率抽样是指调查者根据自己的方便或主观判断抽取样本的方法。它不是严格按随机抽样原则来抽取样本，所以失去了大数定律的存在基础，也就无法确定抽样误差，无法正确地说明样本的统计值在多大程度上适合于总体。虽然根据样本调查的结果也可在一定程度上说明总体的性质、特征，但不能从数量上推断总体。有针对性的非概率抽样研究的优点是可以通过方便快捷的方式帮助完善进一步深入研究的设计。例如，当探索方案时，确定分层变量、潜在的偏倚和混杂因素，以及鉴别分析单位，合作志愿者的使用可以简化现场操作。这些研究结果的不确定性取决于非随机和非代表性样本的潜在偏倚(即应答者偏倚)。由于这种非概率样本研究中的人口通常由志愿者组成,所以通常存在一些将其与不选择参与者区分开的因素。这些因素可能会影响结果,特别是那些参与的人倾向于认为自己受到所研究污染物更强影响或是不受影响,并且可能会改变他们的反应或行为。这种现象是应答者偏倚的一种特殊情况,通常称为自选择偏倚。此外,设计不完善的研究可能无法控制时空变异性,以及气象,场地和来源等偏差。

(二)规划和实施预研究

规划和实施预研究是进行暴露监测研究的重要组成部分。预研究的目的在于评估所有用于现场研究的方法,包括调查对象募集策略,现场采样及分析方法。预研究通常只有少量调查对象参与,用于评估研究人员的现场准备情况。预研究的结果和经验有助于在开展全面现场研究前对研究计划进行必要的修改完善。在预研究中发现的任何问题都需要解决,确保不会影响正式的现场研究,有助于成功开展正式研究。

(三)实施正式的现场研究

研究设计已经涵盖了研究组成部分和实施计划,包含了成功进行人群暴露测量研究所需的所有细节,正式的现场实施中需按照研究设计组织开展现场研究。

(四)数据分析

统计分析是暴露评估研究中必要的关键工具。在完成数据收集后,对结果的统计描述帮助理解暴露的基本特征和决定因素。其次,统计分析可以将来自于样本的观察结果外推至用于抽样的整体人群。最后,统计分析在质量保证(QA)项目中发挥重要作用。

在许多情况下,暴露数据呈近似正态或指数分布,因此可以应用标准的参数统计推断方法进行估算和假设检验。其他的参数统计模型,如 ANOVA,线性回归和 Logistic 回归也能够用于定量暴露测量间的关联。在观察很少,或数据不能转化为近似正态分布时,非参数方法,如 Man-Whitney 和 Kruskal-Wallis 检验可用于假设检验。

1. 描述性统计分析　描述性统计分析用一种简单的方法归纳数据,以分辨出收集信息的要点。通常假定收集到的数据是更大的可测定人群的样本,并且其可以代表该人群。样品信息包括对来自于研究人群的个体观察以及与每一个测量相关的多变量或协变量记录。单因素分析方法检测单个变量的分布;多因素分析方法描述两个或多个变量的关系,如果考虑一个测量以及知道一个变量的值,多因素分析方法可以提供能够推断关于其他变量的信息。可以通过统计数字和图的形式进行结果的展示。

数字描述:数字描述方法包括计算描述性统计量,在集中趋势和分散趋势上描述变量的分布(如血铅浓度),也可以描述多对变量间相关性。其他的数字描述方法可以描述分布上的点值(如百分位数)。描述集中趋势的标准指标是中位数和均数。通常样品均数是描述分布平均水平的指标,但其对非精确测定、误差和极端值更加敏感。尽管中位数是对平均水平相对精确的估算,但考虑到测定数据的误差,中位数是对平均水平更为稳健的估算。因此当存在离群值或极端值,或者怀疑观察数据可能存在误差和污染时,中位数可能是更好的描述集中趋势的指标。描述测定结果离散度的标准方法包括方差,标准偏差和范围。计算上述指标有助于表征研究人群中某一特定指标的变异程度。众所周知,离散度也是一些研究设计问题的关键组成部分。计算样品的百分位数也是暴露评估的一个重要方面。在数据集中,n 个测量值按数值大小排列,处于 p%位置的值称第 p 百分位数。多因素分析可以评价不同变量间的关系。变量间关联强度和方向主要使用相关系数(p)进行描述。相关系数的范围为-1~+1,其中负值表示二者间为反向相关,正值表示两者间为正向相关;当p值接近0时,无论正负,都表示相关性弱。

图形归纳:将观察结果使用图形进行概括可以展示观察值分布以及变量间的关系。数据的图像化展示能够提示数据的分布形状并且辅助探索研究中因素间的可能关系。对于很多情形以及暴露分析者,数据的图形概括可以比数字归纳更能直观的传递信息。常用的展示暴露评估结果的图形类别包括直方图、累积频率图、箱线图、Q-Q图、散点图、概率分布图。

2. 参数的推论性检验　假设检验是通过使用测量数据、分布假设和数据变异得到结论的过程。暴露测定数据可以用于估算总体人群暴露分布状况,尤其是描述变量的均值和方差。一般报道的两类估算是点估计和区间估计。通常使用最大似然法、普通最小平方法或加权的最小平方法进行点估计。例如,使用样本均数估算研究人群总体均数时,如果数据为正态选用最大似然法,或者对任何数据使用最小平方法。两种区间估计的形式用于展示标准点估计的变异性。第一种方法是基于误差传递,是模拟数据的结果,其用于观察在模型下预期的结果分布。第二种方法用于展示一般统计概念上的置信区间。这种方法更多的关注由于输入变量的变应性导致的模型结果的变异,并且对于确定哪些因素对暴露变异具有最大的作用非常有用。

(五)同行评审和完成最终报告

同行审查是贯穿整个设计、实施和完成人群暴露测量研究的一个组成部分。同行评审有助于确保研究所获得的数据和信息传播都达到最高的质量和道德标准[4]。理论上与研究相关的任何文件都可以进行同行评审,但通常只有研究设计和最终文件(如报告和期刊文章)进行同行评审。EPA的《同行评审手册》[4]可为组织和进行同行评议提供了一个综合指导。

三、定量暴露评估方法

任何暴露研究的设计都是为了提供暴露强度(浓度)、时间和频率信息。定量评估空气污染物暴露水平的方法包括直接法和间接法(图7-2)。

个体暴露监测和暴露生物标志物监测是最常用的直接暴露评估方法。个体暴露监测是测定特定时间内呼吸带与人体接触的空气中污染物浓度的方法,它是明确确定个体是否以及在多大程度上暴露于特定空气污染物的最为准确的方法。进入人体的空气污染物及其代谢产物可以反映人体的内暴露水平,称为暴露标志物。生物标志物法检测的是潜在剂量,即人体吸收的污染物及其代谢物的量。如果污染物在人体的清除速率较慢且生物标志物在体内能够积累,那么生物标志物监测法将是一种非常有效、直观的暴露评估方法。对于这种直接暴露评估方法我们将在下一节进行更为详细的介绍。

间接方法包括环境监测法、微环境法、模型法和问卷调查法等。

环境监测站点法假定环境监测站点周围的空气污染物浓度比较均匀、周围人群暴露方式相同,因此它重点反映了室外空气污染物浓度对暴露的贡献。环境监测站点法适用于较大范围地区的人群暴露水平,但不适用于个体暴露评估。环境空气污染物浓度数据一般来源于空气质量监测站点,数据信息具有良好的系统性,数据质量通常也可以得到保障。此外,这些监测站点通常是基于常规监测目的而设立,利用这些信息进行暴露评估一般不需要

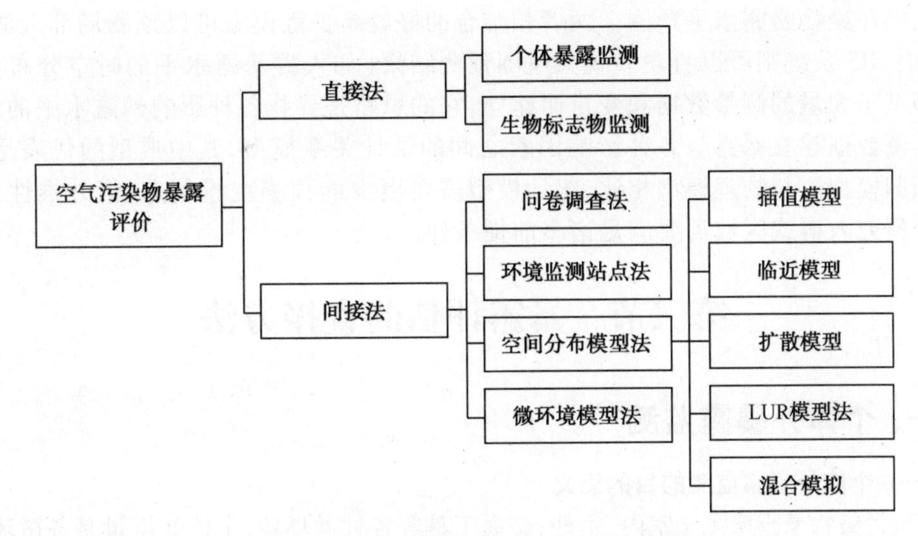

图 7-2　常用的暴露评估方法及层次结构图

额外的花费。

微环境法是综合各种微环境中污染物的浓度及暴露人员在不同的微环境中的停留时间进行暴露评估的方法。相比环境监测站点法,微环境法考虑了人体所处的多个微环境,而不仅仅是室外环境,这与人体暴露的真实情况更相符。与个体采样法相比,该方法运用面广,可以同时应用于不同的个体,因此它适用于大范围的人群暴露评估。另外,该方法的费用相对较低,可操作性强,结果准确度也较高。

问卷调查法是暴露评估的重要工具,通常可以提供定性的回顾性信息。通过它可以识别人群与污染源或与潜在污染源的接触频率,统计人群的日常时间-活动模式等,对暴露量的评估具有重要意义。更重要的是,问卷调查成本低、易于操作。不过相比其他方法,它的可靠性和有效性稍差。在问卷调查中常有可能出现误报现象,问卷误报率是使用该法需要检验的一个数据。问卷调查法一般极少单独运用于暴露评估研究,需要与其他方法结合使用。开发有效的暴露评估问卷需要首先获得影响暴露的主要因素,通常此类信息来源于前期的问卷调查、环境监测、模型模拟或生物监测等暴露研究。在许多情况下,基础的社会人口学问卷数据可作为反映暴露的指示指标,能够提供极有价值的暴露信息。例如,在许多国家家庭收入水平与个体的住房特征(如位置和房屋结构等)相关,而后者是影响空气污染物暴露水平的重要因素。

模型法是利用相关模型进行暴露评估的方法。模型是定量描述污染物暴露与重要解释变量之间关系,以及利用已有的暴露信息估算新的人群、人群亚组或未来暴露的有效工具。按照原理,模型分物理模型、统计模型和其他模型(如物理化学机理网格模型)几种。物理模型首先基于已知的物理或(和)化学机理建立模型,实际案例研究中,要通过各种方式获得模型参数的值,最后求解得到暴露水平。对室外污染物,考虑气象因素和化学过程的经典扩散模型(如高斯模型)也被运用于暴露评估预测。如前面章节所述,扩散模型需要获取详细的污染物排放源和气象因素信息,使用时有一定的困难。但在两种参数获得的情况下,由于它具有污染物浓度预测的功能,因此对于污染物暴露水平的预测具有重要意义。而且扩散模型还可以结合 GIS 信息系统,进行大范围网格化的污染物暴露水平预测。两者相结合的好处是扩散模型可以预测局部人群暴露水平，而 GIS 系统则可以直观表现大范围预测结果（如人群暴露水平的时空分布）。统计模型基于大量的测量数据和变量而建立，它的思路是寻找各种影响暴露水平的因素，通过实测数据建立暴露与各种影响因素之间的统计关系模型，其中典型的代表是土地利用回归模型。与物理模型相比，统计模型需要更少的预测变量信息，但外推性差，外推至未研究人群或区域需要满足诸多前提条件。

第二节　暴露评估的直接方法

一、个体外暴露监测

（一）个体外暴露监测的目的意义

空气污染物暴露来源于室内、室外、交通工具等各种微环境，个体暴露量是各微环境浓度和暴露时间的函数，因此任何单纯的室内、外浓度测定或模拟都不能代表人体真实的暴露水平。例如，人们交通出行时间虽然只占到总时间的 6%~8%，但交通出行过程中对 BC 和 $PM_{2.5}$的暴露量可能达到日总暴露量的 30% 和 12%[5,6]。虽然，理论上采用微环境法可以模拟计算个体暴露水平，但是考虑到各个微环境浓度也是随时间变化，微环境的时间加权平均浓度不能准确代表个体在该微环境时的暴露水平，从而造成微环境法计算值与实际暴露量也存在偏差。综上所述，通过调查对象随身携带个体采样器，进行直接的个体外暴露监测是最为准确的暴露测量方法。

（二）个体外暴露监测方法及选择

进行个体外暴露监测时，需要调查对象在监测期间随身佩戴采样或监测装置。理想的个体外暴露监测仪器除了需要满足方法的一般特性指标要求，如检出限、精密度和准确度外，还需要：①便携性好，即足够小巧轻便，佩戴时不会影响受试者正常行为活动；②便于独立工作，即不需要电池供电（如被动式采样器）或电池有足够长的使用时间；③低噪声，不会干扰调查对象及自周围人群正常工作、生活及休息；④适用性好，即具有宽泛的温湿度适用性，在调查对象出入极端的室内外环境时均能正常使用；⑤耐用性好，可以抵抗频繁的握持、震动和翻转；⑥费用低廉。

个体外暴露监测设备可以按照以下两种方式进行分类：按照采样过程中是否需要动力，可将个体外暴露监测仪器分为主动式和被动式，前者通过抽气泵将空气样品送达采样介质或传感器，后者利用分子扩散的原理实现污染物与采样介质或传感器的接触；按照获得暴露数据的时间分辨率类型可以分为时间加权型和连续性个体外暴露监测器，前者将一个特定时期的污染物收集于采样介质（如滤膜、吸收液）上，通过实验室分析获得该采样时间段内个体暴露的平均浓度，后者可以获得污染的实时浓度。这两种方法都既可以是主动式也可以是被动式的。在实际研究中，需要综合考虑目标污染物的理化特性、浓度水平、监测时间要求以及后续的实验室分析方法等确定个体外暴露监测方法[7]。

1. 颗粒物个体外暴露监测　在颗粒物采样过程中需要利用空气动力学性质将不同粒径的颗粒物进行分离，因此目前的颗粒物个体外暴露监测仪器多为主动式。按照测定方法原理，颗粒物监测方法又可以进一步分为滤膜称重法和光散射法，前者利用采样前后滤膜重量的变化和相应的采样体积计算颗粒物时间加权平均浓度，是目前颗粒物质量测定的基准方法，准确性最高。然而监测结果并不能反映调查对象暴露浓度的时空变化；此外，鉴于通常较低的采样流量(<10L/分钟)，在正常条件下至少需要12小时以上的采样时间才可以确保样品量能够满足质量浓度和化学成分分析的要求。光散射法测定颗粒物的原理是，使用特定光源照射通过测量室的空气样品，并在特定角度(通常是90°)检测散射光的强度，在一定条件下散射光强度与颗粒物质量浓度成正比。光散射法也需要与前置的切割器联用，首先过滤掉大于目标粒径的颗粒物。与滤膜称重法相比，光散射法具有非常快速的响应时间(几秒到几分钟)，可以获得颗粒物实时浓度。光散射法的测定结果受到颗粒物粒径分布、化学成分、折光指数、相对湿度等多种因素的影响，因此，虽然颗粒物光散法测定仪在出厂时通过了特定标准粒子的校准(如ISO12103-1、A1测试尘-亚利桑那道路尘)，但仍不能保证其对不同来源的其他颗粒物响应准确。为了获得准确的测定结果，需要通过与之平行采样的重量法进行测定结果校准[8-10]。在高湿度环境下，还需要通过统计修正或采取加热进气口的措施消除湿度影响[11-14]。

近年来人们逐渐认识到颗粒物的健康危害不仅取决于颗粒物的质量浓度，还受其成分构成、粒径分布以及表面积等其他特性影响。因此，当前在对颗粒物的暴露监测中，除了质量浓度外，也会测定其他特性指标[7,15-20]。在Singh等研究中[21,22]，采用个体分级撞击式采样器将颗粒物分为5种粒径(<0.25μm，0.25~0.5μm，0.5-1.0μm，1.0~2.5μm和2.5~10μm)分别收集至不同滤膜进行质量浓度或成分分析。超细颗粒物(ultra fine particulate matter，UFP)虽然对颗粒物质量浓度贡献很小，但是由于他们的巨大数量和比表面积，并且能够进入到肺泡甚至循环系统，已经成为研究的热点，利用单颗粒物光散射方法原理可以获得可靠的颗粒物粒径分布和计数浓度。

2. 气态污染物监测　与颗粒物相反，大多数的气态污染物的采样使用时间加权型的被动式采样器[7,23-28]。与主动式相比，其优点包括体积小、重量轻、不需要电源、没有噪声、易于受试者接受，并且对监测人员技术要求相对较低。根据采样速率和环境中污染物浓度水平，通常要求采样时间大于24小时，甚至几天到1~4周。

根据形状，被动式采样器又可以分为管式和徽章式，其中管式采样器采样速率相对较低，有时需要连续采样几天时间才可以收集到足够分析的样品量，而徽章式采样器具有更快的采样速率，采样时间相对较短。管式采样器的典型代表是帕姆斯管，其结构为8cm×1cm一端封闭的聚丙烯管，当空气从开口端进入采样管后由于分子扩散作用向另一端运动，从而被密闭端不锈钢网格上的三乙醇胺涂层吸收，NO_2以硝酸根离子形式被收集；在随后的实验室分析中被还原为亚硝酸盐并与对氨基苯磺酰胺和萘基乙烯酰胺反应显色，利用分光光度法测定。目前已经开发了大量基于帕姆斯管模型的被动式采样器，研究者通过修改扩散长度和(或)横截面积达到希望的采样速率。威廉姆斯(Willems)徽章(NO_2)和OGAWA(NO_2，SO_2，O_3)是最常用的徽章式个体外暴露采样器[29,30]。

气态污染物同样可以通过小型化的主动式采样器进行采样[27,31,32]。这些设备通过电池驱动的采样泵连接的硅胶管采集至装填有吸附剂的采样管，如NO_2使用三乙醇胺、臭氧使用亚硝酸钾为采样介质。主动式采样器的采样速率准确稳定，并且通常大于被动式采样器，所需采样时间少；其缺点包括依赖电池供电，存在噪声，操作和维护复杂。此外，其他采样或监测方法还包括Wheeler等[33]使用Canister罐采集个体及室内外VOCs，Gall等[34]使用便携式

传感器进行 CO_2 个体外暴露连续监测等。

（三）缺点与不足

首先，个体外暴露监测研究通常实施过程复杂，时间、人力及经费花费巨大。如需要选择和招募代表性的调查对象，维护和回收监测器，在实验室分析大量空气样品或者校准和验证大量实时监测仪，以及录入、整理和统计分析污染物浓度和时间-活动模式数据。第二，对于部分污染物目前尚缺乏灵敏、易于操作、能够提供足够时间解析度、抗干扰以及效价比高的采样或直读监测设备。第三，调查对象可能由于佩戴个体监测设备带来的不便改变其正常的行为活动，造成调查结果不能反映正常情况。例如，调查对象倾向于在非工作日佩戴个体采样器，造成监测结果不能反映工作日的暴露状况。

二、个体内暴露监测

（一）个体内暴露监测的目的意义

环境空气中有害物质水平并不等于人体实际接触和吸收的水平，将其与健康效应关联时还欠缺一个中间环节。暴露生物标志物定义为可在生物介质中测定的外源性物质或其代谢物或外源性物质与目标分子或细胞的反应产物。对暴露生物标志物测定被认为是内部剂量的测量，其可以有效的将外暴露与健康效应关联起来。因此从 20 世纪 80 年代后，环境健康流行病学研究和健康风险评估中越来越多的应用生物标志物监测来确切的反映人群接触的有害危险因素与动态变化[35,36]。

（二）个体内暴露监测方法

1. 暴露标志物的选择原则　理想的暴露标志物需要同时具有以下特征：良好的特异性、与环境介质中污染物浓度具有稳定的定量关系，检测方法灵敏，并且被监测个体愿意提供用于测定的生物样品[35]。

特异性良好具有两层含义，一是能够区分对特定途径的暴露。如果监测的污染物可以通过多种途径进入体内，那么对生物标志物的监测不能反映特定暴露途径的暴露[3]。例如，氯仿可以通过呼吸、饮水和洗澡时的皮肤接触进入体内，仅通过测定体内氯仿的浓度并不能定量评价某一种途径的暴露水平。特异性良好的生物标志物最好能够区分出进入人体的途径，当然在实际监测中很难实现。二是能够反映对特定污染物的暴露。如果一种化学物质可以由多种污染物代谢生成，对于该化合物测定难以用于评价对其中一种污染物暴露水平。例如，苯在体内可以代谢生成苯酚，苯酚的暴露也会增加体内苯酚水平，因此对苯酚的测定并不能特异性反映苯的暴露水平。这是采用代谢产物作为暴露标志物时常见问题，此时测定母体化合物苯更加适宜。

暴露标志物应与暴露水平具有稳定且已知的定量关系。例如，在测定呼出气中污染物原型作为暴露标志物时，需要知道在平衡状态下，呼出气中污染物浓度与吸入污染物浓度间的比例关系，通常需要进行志愿者暴露舱研究，即在通过伦理学审查后，一段时间内，志愿者吸入已知恒定浓度待测物，然后测定呼出气中待测物浓度。

选择合理的生物样本进行暴露标志物的测定。通过呼出气、尿样、血样、粪便、头发、指甲、脂肪、骨、唾液、母乳等人体生物样品测定暴露标志物。一些生物样本的标志物可以同时反映母体和胎儿的暴露水平，如胎盘、胎便和脐带血。首先不同的生物样本获得难易程度不同，有些是有创性的，如血样和脂肪组织，相对难以获得，而另一些则相对更为容易(如唾液和尿样)。此外,由于污染物在不同生物样本中的半衰期通常是不同的,其所反映的暴露时限也是不同的,需要根据暴露评估的目的进行选择。例如,对大多数的金属元素,骨骼中的浓度反映过去长期的暴露水平,而血样或尿样中的浓度反映近期暴露水平。

是否具有准确灵敏的监测方法也是选择暴露标志物时应该考虑的重要因素。例如PAHs经体内代谢可以生成至少几十种化合物,在大规模人群暴露评价中,对每一种进行准确的定量显然会耗费人力物力,而选择那些含量高监测方法灵敏的代谢产物(如1-羟基芘)进行测定,将会有助于减少工作量,降低实施难度。

2. 常用的暴露标志物 通常通过暴露标志物进行暴露评估的污染物包括挥发性有机化合物(VOCs)、半挥发性有机化合物(SVOCs,如多环芳烃)和金属或类金属元素(如铅、镉、砷)等。目前常用的暴露标志物及相应的生物样本如表7-1所示[35]。

表7-1 不同空气污染物生物标志物及检测组织

污染物类型	污染物原型	代谢产物
VOCs	呼出气,血样	血样,尿样
SVOCs(PAHs,PCBs等)	血样、脂肪、母乳	血样,尿样
金属	血样,骨,头发,脐带血,胎盘,粪便	
一氧化碳	呼出气,血样	血样(碳氧血红蛋白)
环境烟草烟雾	呼出气、血样(2,5-二甲基呋喃)	唾液,血样(可替宁)

根据WHO定义,VOCs是指在常压下,沸点50~260℃的各种有机化合物。VOCs按其化学结构,可以进一步分为:烷烃、烯烃、芳香烃、醛类、酮类、酯类和其他等。最常见的VOCs有苯、甲苯、二甲苯、苯乙烯、三氯乙烯、三氯甲烷、三氯乙烷等。血液中的这些化合物的原型最早被用作暴露标志物,随后呼出气也被用于测定其暴露水平。与血样相比,呼出气更加易于采集,而且化学成分相对更为简单,有助于简化样品前处理过程和检测。目前最大规模的VOCs环境暴露监测为1979—1987年间由美国EPA开展的总暴露量评价方法学研究(TEAM),研究人群涵盖美国8个城市800名调查对象。由于调查对象的选择遵循严格的概率抽样方法,因此这些调查对象代表了这些城市约80万名居民。每名调查对象进行2个连续12小时(白天和夜晚)的个体和室内外32种VOCs浓度监测,并且采集了呼出气进行VOCs原型测定。研究结果显示几乎所有的VOCs的室内浓度是室外浓度的2~5倍,表明这些化合物的主要暴露来源为室内空气,包括个人消费品和装饰装修材料;呼出气浓度通常高于相应室外浓度,也证实了上述发现。尽管观察到前12小时时间加权浓度与呼出气浓度间的相关关系,但由于暴露的时间谱并不清楚,TEAM研究结果并不能建立暴露水平和呼出气浓度间的定量关系。为此,随后开展了一系列的暴露舱研究,用于测定在控制(恒定)暴露水平下呼出气VOCs水平,以获得利用呼出气VOCs浓度计算之前暴露水平时所需的关键参数。这些参数包括在稳定状态条件下呼出的VOCs所占百分比f和VOCs在各个隔室中的停留时间τ_i,其中i指示隔室类型。例如,几乎不被代谢的四氯乙烯以大致相同的浓度被呼出(f接近1),而二甲苯可以

自由代谢(f 约为 0.1)。重点关注的隔室是血液、接收大量血液的器官、肌肉和脂肪。大多数测试的 VOCs 在这四个隔室的停留时间非常相似,血液约 3 分钟,器官 30 分钟,肌肉 3 小时,脂肪 3 天。呼吸测量方法也不断改进。早期的方法直接将呼出气呼入 20 升 Tedlar™ 采气袋,但在后来的改进中将呼出气的第一部分(包括不想要的"死体积",没有与肺泡中的血液进行交换的空气)排入到空气中,而将来源于肺泡部分的呼出气由临界孔连续采集到 Tenax 管或苏玛罐中。

SVOCs 是指常压下沸点在 170~350℃ 的有机物。最常关注的空气中的 SVOCs 为多环芳烃(PAHs)。反映其内暴露水平的生物标志物为血样或尿样中 PAHs 的代谢产物,如 1-羟基芘。然而,与大多数的代谢产物一样,个体间代谢酶活性的变异性和非特异性(可能有多种前体物生成)限制了其定量评估暴露水平的能力。

金属暴露标志物中,血液中的铅已被广泛应用。血样中的金属半衰期并不长,但在指甲和头发组织中金属可以通过与含量丰富的纤维蛋白(角蛋白)形成复合物而具有长得多的半衰期。因此,与测定血样和尿样相比,通过测定指甲和头发中的铅含量可以反映数周到数月的长期暴露水平。使用头发测定暴露标志物,存在的一个问题是空气中污染物附着于头发表面,从而干扰使用头发浓度推断长期暴露水平。另一个困难是金属的氧化价态决定了其毒性,如六价铬毒性远大于常见的三价铬,因此为了区分不同价态的铬必须采用更加复杂的提取和分析方法。

(三) 缺点与不足

然而将暴露生物标志物监测用于空气污染物暴露评估仍然存在诸多挑战[35,37]。首先,难以确认暴露生物标志物与空气中污染物浓度之间的定量关系。这一方面是由于暴露生物标志物整合了所有来源的暴露,从而限制了其识别出空气来源的贡献。另一方面,人体对污染物代谢的差别(生物变异性)也是阻碍建立暴露标志物与污染物浓度间定量关系重要因素。该差别可能与暴露水平、毒性动力学相关基因差别和生活方式(如饮食,吸烟和饮酒)等因素相关。对与生物变异性的量化是困难的,而如果没有关于变异来源的足够信息,则可能会限制对暴露评估结果的解释。

第二,由于目前仅建立了有限的化学污染物的暴露生物标志物监测结果与健康效应间的定量关系,因此应用暴露生物标志物监测进行健康风险评估仍然受到限制[38],需要与环境监测或个体外暴露监测及个体活动模式数据相结合使用。

第三,需要意识到对某些生物样品采集具有侵入性,另外一些非侵入性的样品采集也可能会显著增加调查对象的负担,如采集 24 小时尿样。

第四,生物介质可能作为传染性疾病的载体,如肝炎,因此生物安全也是暴露生物标志物监测中需要考虑的内容。

第三节　暴露评估的间接方法-微环境模型法

一、方法原理

微环境是指某一时段内污染物浓度比较均匀的空间。而微环境法是利用研究对象所处

的各微环境浓度及驻留时间进行暴露水平评价的方法，该方法的思路是：以调查对象在各微环境的驻留时间为权重，计算各微环境浓度的时间加权值即为调查对象的实际暴露水平。用式7-1表示为：

$$E_i = \sum C_j t_{ij} / \sum t_{ij} \quad （式7-1）$$

式中，E_i 为个体i在不同的微环境j中对某种污染物的综合平均暴露水平；C_j 为微环境j中某种污染物的浓度；t_{ij} 为调查对象i处于微环境j中的时间。应用微环境法进行空气污染物暴露评估的潜在假设条件包括：①调查对象i在微环境j期间，其浓度 C_j 是恒定的；②调查对象i在微环境j的时间与微环境浓度 C_j 间是独立的；③充分描述个体暴露水平所需的微环境数量较少。总体而言，影响该模型预测结果准确性的因素包括：时间-活动模式信息、微环境污染物浓度（室内浓度和室外浓度）以及两者的对应性。

二、方法实现

根据微环境法计算公式，采用微环境法进行暴露评估的关键是获得调查对象驻留期间的各微环境空气污染物浓度以及驻留时间信息。

在空气污染物暴露评估中，最基本的微环境分类包括室内和室外，但在许多情况下还需要进行更加精细的分类，如家庭、工作场所、学校，交通出行等。表7-2列举了利用微环境法评估空气污染物暴露水平中通常需要关注的微环境类型。个体处于室外环境时的暴露水平通常利用外环境空气质量监测数据、社区监测数据或各种模型模拟的浓度（如空间插值模型、大气扩散模型、土地利用回归模型等）替代，但对室内微环境浓度监测和模拟通常更加困难。例如，住宅室内 $PM_{2.5}$ 的浓度受到室外 $PM_{2.5}$ 浓度、开关门窗、建筑结构、净化设备使用、室内污染源（如人员吸烟、烹饪、打扫）、气象条件等多种因素影响，因此当不进行室内浓度测定时，对其浓度模拟计算将极其复杂和困难。室内污染物浓度的预测模型包括基于化学质量平衡方程的物理模型，基于数学统计分析方法（如最小平方回归分析）的统计模型以及将两种原理结合起来的整合模型。但每一类模型都有具有其优点和不足。通常确定模型（如单室模型和多室模型）具有强的普遍适用性，但通常准确性和精密度相对较差；当统计模型应用于其适用的环境条件时，可以提供更为准确的信息，但外推具有更大的局限性。

表7-2 应用微环境法通常需要关注的微环境类型

	微环境	说明
室外	大城市、乡镇、农村	公园、社区室外
室内	职业场所	办公室等一般办公场所以及造成空气污染物职业高暴露的工作环境，如石化工厂，面粉厂、纸浆厂、冶炼厂等
	住宅	别墅、公寓、四合院、宿舍、养老院、房车
	公共场所	学校、酒店、商店或超市、银行、体育馆、电影院、医院、邮局
交通出行		步行、自行车、私家车、公交、地铁、火车、轻轨

时间-活动模式是指人们在不同地点进行各种活动的时间、行为等，它包括3个基本要素，即地点、行为和持续时间[39]。获得准确的时间-活动模式信息利用微环境法进行暴露评价的另一前提。时间-活动模式的调查方法大体上可以分为两类：问卷调查法和GPS法。前者通过调查对象填写时间-活动日志实现，是应用最早和最为广泛的一类方法。例如，美国国家人群暴露评估调查（NHEXAS）采用的活动日志要求调查对象记录在7类场所中行为和时间[40,41]；EPA人类活动综合数据库（CHAD）相关活动日志则要求调查者记录40种微环境信息[42]。时间-活动日志法具有方法简单，成本低，可以直接得到分类详尽的时间-活动模式信息等优点，然而也存在应答误差（回忆偏倚）、时空分辨率低和参与者负担大等不足，尤其是当调查对象进出多个场所，且在每个场所内停留的时间较短时，问题尤为严重。在美国，受调查方法、人口特征、态度以及出行特征的影响，采用时间-活动日志记录的出行状况漏报水平范围为10%（堪萨斯城）至81%（得克萨斯州拉雷多市）[43,44]。GPS法进行时间活动-模式监测，是由被调查对象佩戴GPS、加速度计等设备实时连续记录其时间、位置、速度、运动状态等信息，结合GIS等工具进行时间-活动状态的解析。该方法特点与问卷调查相反，具有时空分辨率高（如GPS可以5s记录一次位置、速度信息，且定位精度达到米级），参与者负担降低等优点，但缺点是可解析出的时间-活动类别相对较少。因此，在实际的研究中，通常是综合利用两种时间-活动模式调查方法，有助于扬长避短，提高监测结果的可靠性。

在获得各环境空气污染物浓度及调查对象时间-活动模式信息后，输入上述微环境法计算公式即可得到调查对象暴露水平。

三、缺点与不足

首先，虽然相比直接利用环境监测站数据进行暴露评估，微环境法考虑了人体所处的多个微环境，而不仅仅是室外环境，这与人体暴露的真实情况更相符。然而，鉴于调查对象每天可能进出多个微环境，而对所有微环境进行监测并不现实，因此该方法的实际准确性，将取决于多大程度上鉴别出对个体暴露水平影响最大的微环境，并进行监测或模拟，尤其是对那些暴露时间短、暴露水平高的微环境，如交通出行或有人员吸烟的室内环境[3]。其次，通常还存在对微环境浓度监测时间与调查对象在其中驻留时间不能完全匹配的问题，例如，对住宅室内进行监测时通常获得的是24小时时间加权平均浓度，而调查对象并不是全天都在室内，监测与实际浓度间将会存在偏差，也会影响微环境法结果的准确性。最后，利用微环境法进行暴露评估也需要耗费较大的人力、财力、物力，并且需要调查对象具有良好的配合度。

（徐春雨　李娜编，徐东群审）

参考文献

[1] US National Research Council. Frontiers in assessing human exposures to environmental toxicants[M]. Washington, DC: National Academy Press., 1991.

[2] IPCS. Environmental health criteria 170: Assessing human health risks of chemicals: The derivation of guidance values for health-based exposure limits[M]. Geneva: World Health Organization, International Programme on Chemical Safety, 1994.

[3] WHO. Human exposure assessment [M]. Geneva: World Health Organization, 2000.

[4] EPA US. Peer Review Handbook. 4th Edition [M]. Washington, DC: Science Policy Council, US EPA, 2015.

[5] Karanasiou A, Viana M, Querol X, et al. Assessment of personal exposure to particulate air pollution during commuting in European cities--recommendations and policy implications [J]. The Science of the total environment, 2014, 490: 785-797.

[6] Dons E, Panis LI, Van Poppel M, et al. Personal exposure to black carbon in transport microenvironments [J]. Atmospheric Environment, 2012, 55: 392-398.

[7] Dons E, Van Poppel M, Kochan B, et al. Implementation and validation of a modeling framework to assess personal exposure to black carbon [J]. Environment international, 2014, 62: 64-71.

[8] Wu C-F, Delfino RJ, Floro JN, et al. Exposure assessment and modeling of particulate matter for asthmatic children using personal nephelometers [J]. Atmospheric Environment, 2005, 39(19): 3457-3469.

[9] Braniš M. The contribution of ambient sources to particulate pollution in spaces and trains of the Prague underground transport system [J]. Atmospheric Environment, 2006, 40(2): 348-356.

[10] Tasić V, Vardoulakis S, Milošević N, et al. Comparative assessment of a real-time particle monitor against the reference gravimetric method for PM_{10} and $PM_{2.5}$ in indoor air [J]. Atmospheric Environment, 2012, 54(4): 358-364.

[11] Ramachandran G, Adgate JL, Pratt GC, et al. Characterizing indoor and outdoor 15 minute average PM 2.5 concentrations in urban neighborhoods [J]. Aerosol Science & Technology, 2003, 37(1): 33-45.

[12] Wu C-F, Delfino RJ, Floro JN, et al. Evaluation and quality control of personal nephelometers in indoor, outdoor and personal environments [J]. Journal of Exposure Science and Environmental Epidemiology, 2005, 15(1): 99-110.

[13] Lanki T, Alm S, Ruuskanen J, et al. Photometrically measured continuous personal PM2.5 exposure: Levels and correlation to a gravimetric method [J]. Journal of exposure analysis and environmental epidemiology, 2002, 12(3): 172-178.

[14] Sioutas C, Kim S, Chang M, et al. Field evaluation of a modified DataRAM MIE scattering monitor for real-time PM 2.5 mass concentration measurements [J]. Atmospheric Environment, 2000, 34(28): 4829-4838.

[15] Buonanno G, Stabile L, Morawska L. Personal exposure to ultrafine particles: the influence of time-activity patterns [J]. The Science of the total environment, 2014, s468-469: 903-907.

[16] Dons E, Temmerman P, Van Poppel M, et al. Street characteristics and traffic factors determining road users' exposure to black carbon [J]. The Science of the total environment, 2013, 447: 72-79.

[17] Buonanno G, Stabile L, Morawska L, et al. Children exposure assessment to ultrafine particles and black carbon: The role of transport and cooking activities [J]. Atmospheric Environment, 2013, 79: 53-58.

[18] Hudda N, Eckel SP, Knibbs LD, et al. Linking in-vehicle ultrafine particle exposures to on-road concentrations [J]. Atmospheric Environment, 2012, 59: 578-586.

[19] Mammi-Galani E, Chalvatzaki E, Lazaridis M. Personal Exposure and Dose of Inhaled Ambient Particulate Matter Bound Metals in Five European Cities [J]. Aerosol and air quality research, 2016, 16: 1452-1463.

[20] Hinwood A, Callan AC, Heyworth J, et al. Children's personal exposure to PM10 and associated metals in urban, rural and mining activity areas [J]. Chemosphere, 2014, 108: 125-133.

[21] Singh M, Misra C, Sioutas C. Field evaluation of a personal cascade impactor sampler (PCIS) [J]. Atmospheric Environment, 2003, 37(34): 4781-4793.

[22] Misra C, Singh M, Shen S, et al. Development and evaluation of a personal cascade impactor sampler (PCIS) [J]. Journal of Aerosol Science, 2002, 33(7): 1027-1047.

[23] Demirel G, Ozden O, Dogeroglu T, et al. Personal exposure of primary school children to BTEX, NO(2) and

ozone in Eskisehir, Turkey: relationship with indoor/outdoor concentrations and risk assessment [J]. The Science of the total environment, 2014, 473-474:537-548.

[24] Gonzalez-Flesca N, Nerriere E, Leclerc N, et al. Personal exposure of children and adults to airborne benzene in four French cities [J]. Atmospheric Environment, 2007, 41(12):2549-2558.

[25] Piechocki-Minguy A, Plaisance H, Schadkowski C, et al. A case study of personal exposure to nitrogen dioxide using a new high sensitive diffusive sampler [J]. The Science of the total environment, 2006, 366(1):55-64.

[26] Horton A, Murray F, Bulsara M, et al. Personal monitoring of benzene in Perth, Western Australia: The contribution of sources to non-industrial personal exposure [J]. Atmospheric Environment, 2006, 40(14): 2596-2606.

[27] Weisel CP, Zhang JJ, Turpin BJ, et al. Relationship of Indoor, Outdoor and Personal Air (RIOPA) study: study design, methods and quality assurance/control results [J]. Journal of Exposure Science and Environmental Epidemiology, 2005, 15(2):123-137.

[28] Lai H, Kendall M, Ferrier H, et al. Personal exposures and microenvironment concentrations of PM 2.5, VOC, NO 2 and CO in Oxford, UK [J]. Atmospheric Environment, 2004, 38(37):6399-6410.

[29] Hagenbjörk-Gustafsson A, Lindahl R, Levin J-O, et al. Validation of the Willems badge diffusive sampler for nitrogen dioxide determinations in occupational environments [J]. Analyst, 2002, 127(1):163-168.

[30] Liu L-JS, Olson MP, Allen GA, et al. Evaluation of the Harvard ozone passive sampler on human subjects indoors [J]. Environmental science & technology, 1994, 28(5):915-923.

[31] Edwards RD, Schweizer C, Llacqua V, et al. Time - activity relationships to VOC personal exposure factors [J]. Atmospheric Environment, 2006, 40(29):5685-5700.

[32] Delgado-Saborit JM, Aquilina NJ, Meddings C, et al. Relationship of personal exposure to volatile organic compounds to home, work and fixed site outdoor concentrations [J]. Science of the total environment, 2011, 409(3):478-488.

[33] Wheeler AJ, Xu X, Kulka R, et al. Windsor, Ontario exposure assessment study: design and methods validation of personal, indoor, and outdoor air pollution monitoring [J]. Journal of the Air & Waste Management Association, 2011, 61(2):142-156.

[34] Gall ET, Cheung T, Luhung I, et al. Real-time monitoring of personal exposures to carbon dioxide [J]. Building and Environment, 2016, 104:59-67.

[35] Ott WR, Steinemann AC, Wallace LA. Exposure Analysis [M]. 2007.

[36] 沈惠麒. 生物监测和生物标志物 [M]. 北京:北京大学医学出版社, 2006.

[37] US National Research Council. Toxicity testing for assessment of environmental agents: interim report [M]. Washington, DC: National Academy Press, 2006.

[38] EPA NRCCoIRAAUbtUS. Science and Decisions: Advancing Risk Assessment [J]. Risk Analysis, 2010, 30(7):1028-1036.

[39] Klepeis NE, Nelson WC, Ott WR, et al. The National Human Activity Pattern Survey (NHAPS): a resource for assessing exposure to environmental pollutants [J]. Journal of Exposure Analysis & Environmental Epidemiology, 2001, 11(3):231-252.

[40] Freeman NC, Jimenez M, Reed KJ, et al. Quantitative analysis of children's microactivity patterns: The Minnesota Children's Pesticide Exposure Study [J]. J Expo Anal Environ Epidemiol, 2001, 11(6):501-509.

[41] Freeman NC, Lioy PJ, Pellizzari E. Responses to the region 5 NHEXAS time/activity diary. National Human Exposure Assessment Survey [J]. Journal of Exposure Analysis & Environmental Epidemiology, 1999, 9(5): 414-426.

[42] Mccurdy T, Graham SE. Using human activity data in exposure models: analysis of discriminating factors [J].

Journal of Exposure Analysis & Environmental Epidemiology, 2003, 13(4): 294-317.
[43] Bricka SG, Sen S, Paleti R, et al. An analysis of the factors influencing differences in survey-reported and GPS-recorded trips [J]. Transportation Research Part C Emerging Technologies, 2012, 21(1): 67-88.
[44] Wolf J. Applications of new technologies in travel surveys[C]; proceedings of the 7th International Conference on Travel Survey Methods, Costa Rica, F, 2004.

第八章

危害鉴定和剂量-反应关系评价

第一节　危害鉴定

危害鉴定是识别空气污染物是否对人类和其他动物造成不良健康影响的过程，是基于数据类型和质量，补充信息（如结构活性分析、基因毒性、药代动力学等），以及对不同来源证据权重的定性描述。

一、危害鉴定使用的数据类型

危害鉴定通常使用3种类型的数据：①通过毒理学方法评估获得的动物数据；②人类数据，通常是现场开展的一组人群的流行病学评估，或利用暴露舱开展的急性毒性研究（定性和定量评估不同暴露水平不良影响的发生率）；③其他数据，如结构-活性数据或由毒理学家评估得到的体外数据。这些数据可能来自不同来源，如特定数据，病例报告数据，从流行病学登记处（包括癌症或妊娠结局数据）收集的数据等。对每个实例，从研究设计和方法，以及结果数据，都需要进行严格的质量评估。

动物实验研究来源的综合数据包一般包括以下7个方面的数据：①急性毒性：研究单一剂量污染物的影响。如典型LD_{50}测试或中等致死剂量测试。标准急性毒性研究也包括：急性经口、经皮和吸入毒性，眼刺激、皮肤刺激和皮肤过敏等。②亚慢性毒性：短期，重复剂量研究，一般利用啮齿动物暴露时间可达90天。亚慢性研究的主要目的是确定有害效应作用的目标器官以及慢性暴露的剂量水平。③慢性毒性：是针对受试动物生命周期大部分时间的持续研究，通常如果利用小鼠，研究时间为18个月，如果利用大鼠，研究时间为2年。慢性研究对评估潜在的致癌性尤为重要。④生殖毒性：研究设计可以提供污染物对雄性和雌性动物生殖能力影响的一般资料。⑤发育毒性：研究怀孕的动物在子宫里受到影响的可能范围，包括死亡、畸形、功能缺陷和发育迟缓等。最近已将发育毒性研究扩大到新生儿期，评估暴露对子代潜在神经行为和其他潜在产后毒性的影响。⑥遗传毒性：研究设计可以确定化学污染物是否扰乱遗传物质，造成基因或染色体突变。⑦其他测试：针对特定效应终点开发其他测试方法，如神经行为毒性，发育神经毒性和各种体外测试（例如皮肤吸收，潜在刺激和内分泌相关的效应终点），其目的是减少或消除使用动物进行测试，解决动物福利问题。

二、危害鉴定的关键问题

危害鉴定需要解决的关键问题包括：①人类和动物研究的可靠性和一致性；②基于机制

相关信息的可用性；③人类研究与所选动物的相关性；④是否有可以很好理解的毒作用方式(Mode of Action，MoA)，MoA对解释致癌效应和评估混合污染物的风险越来越重要。需要利用各种来源的信息识别和描述环境危害，整合毒作用方式、暴露(包括背景暴露)以及识别易感人群信息等，对于确定正确使用剂量-反应信息是非常重要的。

第二节　剂量-反应关系模型

剂量-反应关系是健康风险评估的重要内容，它连接了污染物浓度的变化和人群健康效应终点的变化，是定量评价污染物健康危害的关键。在健康风险评估中，通常根据污染物的性质采用两种评估方法，针对无阈化合物，一般采用低剂量外推评估人群暴露的健康风险，对于有阈化合物，通常计算参考剂量(RfD)评估健康风险[1]。

剂量-反应关系的测定数据通常可分为连续性数据和非连续性数据。连续性数据是指效应在一定范围内连续变化；非连续性数据是指，有些剂量-反应关系在一些研究对象中可以观察到，但在另一些研究对象中观察不到，是二分类反应或者类反应，也就是说对于观察不到的对象，观察到反应的对象发生了质的变化，也可称为质反应。对于每个剂量组，以出现某种反应的个体在群体中的比例来表示[2]，非连续性数值是发生了质反应而得到的。另外，还有一种中间类型的数据称为有序数据，这类数据需要先按照反应的严重程度分级，然后再排序(比如，组织病理性损害的严重程度)。连续性资料与非连续资料所应用的剂量-反应关系模型是不同的，下面按照数据类型进行介绍[3]。

一、连续变量的剂量-反应关系模型

剂量-反应关系函数的种类很多，但是由于抽样误差、个体响应差异等因素的影响，通常无法精确描述背景响应水平，即方程并不能表达特定试验条件下实验组的背景响应程度，更好的方法是在模型中利用相应参数对背景响应进行描述，这样的方法有很多，式8-1是基本的模型形式：

$$y=a+f_x(D)\quad y=a\times f_x(D)\quad y=f_x(a+D) \qquad (式8\text{-}1)$$

以上方程中，D为剂量；a为背景值；f_x为剂量—反应函数。

有些模型由于具有特定的信息从而能更好地表达效应，如第一种形式模拟了独立因素产生的效应，因此适用于独立变量；第二种形式将背景值作为剂量-反应关系函数的倍数，第三种形式反映了具有相同作用机制并产生相同效应的背景和剂量的联合作用。对于复杂的剂量-反应关系，无法用简单的模型表达，此时可应用连续模型进行描述，常用的连续模型有下列几种：

(一) 希尔方程

在生物化学中，若已经有配体分子结合在一个高分子上，那么新的配体分子与这个高分子的结合作用就常常会被增强，希尔方程(Hill equation log-logistic)描述了高分子被配体饱和的分数是一个关于配体浓度的函数，被用于确定受体结合到酶或受体上的结合程度。此方程于1910年首次由阿奇博尔德·希尔阐释，当时用于解释氧气协同地结合到血红蛋白上的过程[4]。它描述吸附到结合位点上的化合物浓度与结合位点的被占分数之间的关系式，是基于生物学机制的风险评估模型。

$$Y=RMax\frac{[D^n]}{K_D{}^n+[D^n]}$$（式 8-2）

Rmax 指最大反应速率；D 指剂量，K_D 指药物与受体相互作用的反应常数，n 是希尔系数，指反应位点的数量，在生物化学反应中，若已经有配体分子结合在一个高分子上，那么新的配体分子与这个高分子的结合作用就常常会被增强，希尔系数提供了量化这种效应的方法。

（二）一阶指数函数

一阶指数函数（first-order exponential）也叫指数函数，如果化学物质和目标点位之间的结合反应是不可逆的，剂量-反应的速率只被结合反应的速率所决定。

$$Y=RMax(1-e^{-rD})$$（式 8-3）

Rmax 指反应的最大反应速率，D 指剂量，r 是指数速率常数。

（三）单指数模型

单指数模型（simple exponential model）也叫幂函数，拟合的是常数水平项和某时间点处随机项的时间序列，不考虑时间序列的趋势项和季节效应，当自变量与因变量的变化趋势一致，即二者始终上升或始终下降或者变化速度始终递增或始终递减时，这类资料一般可用于拟合指数曲线。图形特征见图 8-1：

$$Y=\beta D^{\alpha}$$（式 8-4）

D 指剂量，为自变量；α 决定函数图形的形状及趋势，是形状参数；β 指度量参数。

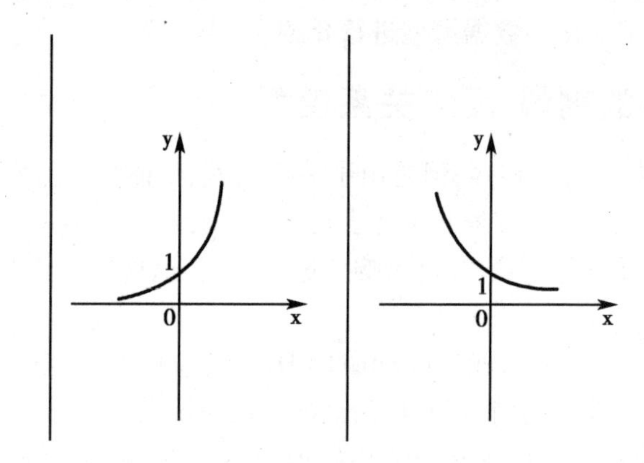

图 8-1　指数曲线图形示例

（四）简单线性模型

简单线性模型（simple linear model）就是通常所说的线性函数，这种模型通常没有生物学的理论做基础，但是由于其简单、运算易于掌握而得到广泛应用，简单线性模型只有单一参数，通常用作进行简单的判断。

$$Y=mD$$（式 8-5）

D 指剂量，m 指回归系数，即回归方程的斜率。

二、非连续变量的剂量-反应关系模型

非连续变量的剂量-反应关系模型描述了群体水平下的剂量与特定健康效应发生频数之间的关系，对于同质的或者接近同质的群体，暴露和健康结局发生频数之间的关系可以用

阶梯函数描述。由于个体差异的普遍存在，在给定的剂量下，暴露对象有的出现了效应而有的不会出现，这是由于暴露对象对于受试物的耐受力存在差异而导致的。对出现不同效应的频数进行计数，累积分布频数可以用于非连续变量的剂量-反应关系的描述。

与连续变量数据一样，非连续变量的背景反应率可以由在剂量-反应关系模型中的附加参数解释，最简单的两种方法是：

$$y=a+(1-a)f(x)$$
$$y=f(x+a) \quad \text{（式 8-6）}$$

f(x)指剂量-反应关系函数，取值范围为0~1，对于非连续性数据，在剂量-反应关系计算之前，校正背景反应值得到的数据在统计学上是不可靠的，所以背景反应水平应与剂量-反应关系函数同时进行评估。更复杂的模型有下列形式：

（一）阶梯函数

形如阶梯的具有无穷多个跳跃间断点的函数，即阶梯函数（step function），阶梯函数是不连续的函数，所描述的随机变量是离散型随机变量。阶梯函数中含有有限个阶段，一个阶段函数就是一个分段常值函数。

$$\text{If } D<T, F=0$$
$$\text{If } D\geqslant T, F=1$$

其中，F指个体在某段剂量水平下有/无反应，D指剂量，T指阈值参数。

（二）一次打击模型

一次打击模型（one-hit model）又称单相打击模型，是指受试者一次暴露单一空气污染物或者两个以上污染物同时或相继暴露产生的效应[5]，打击理论模型使用"率"描述一组有因果关系的空气污染物之间或者受试者之间（例如人类）的相互作用，一次打击模型在低剂量下的剂量-反应关系呈线性，该模型估计的结果最为保守。

$$y=1-e^{-(\alpha+\beta D)} \quad \text{（式 8-7）}$$

D指剂量，e指欧拉（Euler's）常数，α是位置参数；β是斜率参数

（三）伽马多次打击模型

伽马多次打击模型（gamma multi hit model）是一次打击模型的扩展，它的理论基础是多次打击理论，即特定效应的产生需要多个事件或者多次打击，在可靠性、生存分析等研究中，Gamma模型应用非常广泛。

$$y=\Gamma(gamma*D,k) \quad \text{（式 8-8）}$$

Γ()是不完全伽马函数的累积分布函数（CDF），D指剂量，gamma指率的参数，k是指产生特定效应的量。

（四）概率正态模型

概率正态模型（probit- normal model）是一种广义线性模型，是基于正态分布或者高斯分布进行描述的模型。最简单的概率单位模型是指应变量Y为0、1变量，Y=1的概率是一个关于自变量的函数，而且自变量服从正态分布。

$$y=\Phi(a+D*\beta) \quad \text{（式 8-9）}$$

Φ()指标准正态分布的累积函数，D指剂量，α是指位置参数，β指斜率参数。

（五）逻辑模型

逻辑模型（logistic model）也称概率对数模型，是概率模型的扩展形式，logistic模型属于

多重变量分析范畴，是最早的离散选择模型。logistic 函数在生物医学领域如对于生长发育、繁殖等方面有着广泛的应用，logistic 模型简单直接、求解速度快、应用方便，是目前应用最广的模型。logistic 回归的因变量可以是二分非线性差分方程类的，也可以是多分类的，但是二分类的更为常用，也更加容易解释。所以实际中最为常用的就是二分类的 logistic 回归。其图像特征见图 8-2：

$$y=\frac{1}{1+e^{-\alpha-D\times\beta}} \quad （式 8-10）$$

D 指剂量，α 是指位置参数，β 指斜率参数

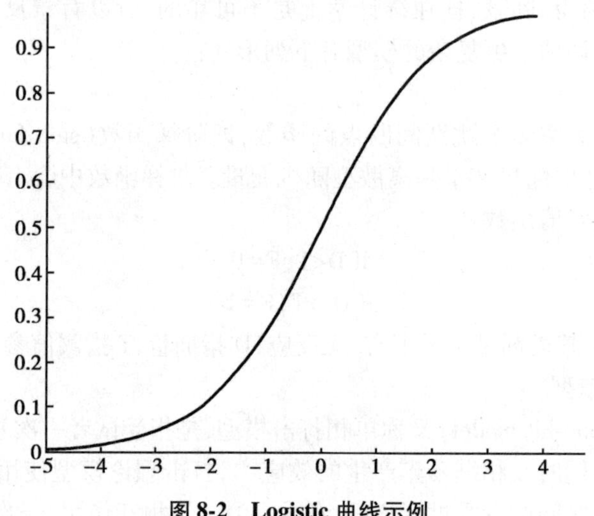

图 8-2　Logistic 曲线示例

（六）威布尔模型

威布尔模型（Weibull model）是一种灵活的描述性模型，由在人口统计学用于描述生存数据的模型发展而来。威布尔分布也称为极值分布的第一近似分布，该分布是作为连续分布中最小样本的极限分布而出现的，因此在许多情况下建议使用威布尔分布作为近似分布[6]。威布尔分布可以利用概率值很容易地推断出它的分布参数，被广泛应用于各种寿命试验的数据，是可靠性分析和寿命检验的理论基础。

$$y=e^{-[\alpha+(\beta\times D)]^{\gamma}} \quad （式 8-11）$$

D 指剂量，α 是指位置参数，β 指斜率参数，γ 是指数。

三、模型和协变量

在环境流行病学研究中，疾病模型不仅包括暴露和效应变量，而且包括年龄、性别、社会经济地位、吸烟状况和其他可能与疾病状态相关的变量。另外，人群对疾病的暴露状态还可能受到采样方式、方法以及其他因素的影响。所以在暴露与健康终点的模型中还应包含适当的协变量，否则，暴露的效应将被错误地估计，以至于导致错误的结论。在环境毒理学研究中，实验动物通常是被随机分配到治疗组的，原则上匹配了混杂因素，但包括性别在内的协变量仍然可以部分程度解释测量结果中的一些变异性，所以，在剂量-反应分析中应考虑协变量的影响，这样才能得到客观、全面的结果。

四、反应的程度

毒性反应的严重程度通常用定性的方式描述，例如，肿瘤形成，生育力的降低等，很少使用变量模型描述，然而，在单一终点水平上可以用定量的方式量化反应的程度或严重性，如，呼吸道途径暴露于颗粒物导致肺的吸气量减少，这代表了吸气量和暴露于颗粒物之间的剂量-反应关系，可以使用基准剂量法（BMD）确定反应程度的大小。

五、基于生物学的剂量-反应模型

在风险评估过程中，基于生物学上的考虑，研究者可能会选择一个或几个实证模型进行计算，以减少生物体的个体变异对结果的影响，另外，在评估过程中，往往需要运用插值和外推方法，其可信度主要来自于插值和外推数据间的匹配程度，此外，还有另一类模型，即基于生物学上的剂量-反应关系模型，这类模型通常根据解剖学、生理学、生物化学、毒理学等的研究确定生理学方面的内容，用毒物学模型描述母体化合物，或依据代谢机制和毒物动力学确定代谢物，最终将目标组织中母体化合物或其代谢产物浓度与效应终点联系起来。基于生物学的剂量-反应关系模型从生物学效应入手，将剂量-反应关系的研究集中在关键性的生物学事件上，它不仅能够揭示暴露危险因素与健康效应之间的关系，还能在此基础上进行合理的外推，减少了外推过程不确定度造成的风险评估误差，在进行风险评估时无需区分有阈化学污染物和无阈化学污染物，可以观察到在较低剂量水平下发生在毒性作用前期的DNA、蛋白质等分子水平的变化，能够客观、真实地反映人群的健康风险。应用基于生物学的剂量-反应关系模型的过程中，需要从最初对毒物的暴露到最终病理结果，明确设计模型中的生物学细节。模型的毒物动力学部分有的相对简单，例如，利用模型分析对氯丁硫磷抑制乙酰胆碱酯酶活性作用的大小；而有的比较复杂，如全面阐述致癌作用的随机模型。

生物学机制模型可以在严格控制实验关键过程的前提下，定量表达一组生物学假设，已成为一种可信的从实验结果外推的工具，如暴露途径、暴露方式、暴露程度和时间等暴露条件变化时的外推；暴露种属变化，如动物实验的研究结果外推到人；暴露群体变化，如一般人群的结果外推到老年、儿童等敏感人群等[7]。但是实验结果的重复非常困难并且代价昂贵，由于这类模型在参数的选择及模型拟合过程中，对所涉及到的生理学、生物化学、毒理学等资料的完整性、真实性的要求很高，模型的建立在人力、费用和时间上成本很高，需要多学科的协作。因此，只适用于高度关注污染物的暴露和毒性效应。在本书中不做进一步阐述。

第三节　模型拟合和不确定性分析

一、模型拟合

通常利用常规方法和贝叶斯方法对实验中产生的大量数据进行拟合，建立反映数据变化规律的模型。常规方法一般包括：线性拟合、二次函数拟合、数据的n次多项式拟合、指数函数的数据拟合、多元线性函数的数据拟合等。贝叶斯方法是基于假设的先验概率、在给定假设下观察到不同数据的概率以及观察到的数据本身而得出的。其方法为，将关于未知参数的先验信息与样本信息综合，再根据贝叶斯公式，得出后验信息，然后根据后验信息去推断未知参数的方法[8]。贝叶斯统计中的两个基本概念是先验分布和后验分布。先验分布是总体分布参数 θ 的一个概率分布,它是在进行统计推断时不可缺少的一个要素,先验分布不必有客观的依据,可以部分地或完全地基于主观评估的结果。后验分布是根据样本分布和未知参数的先验分布,因为这个分布是在抽样以后才得到的,故称为后验分布。贝叶斯推断方法的关键是任何推断都必须且只须根据后验分布,而不能再涉及总体分布。

拟合模型的一般方法是优化模型使之与参数匹配,为此,定义了一个标准函数反映该模型的适用性,以此通过优化标准值找到最佳参数值。对于许多典型模型,都可以通过反复的"试错"方法实现。

在许多应用中,对数似然函数作为评判标准,似然性可由数据离散的假设分布直接推导。对于非连续性数据,常使用二项分布。对于连续数据,常利用正态分布,包括观察到的数据本身为正态分布或者经对数转换后呈正态分布。

数据集的信息与先前的关于模型参数的信息结合,产生一个反映这些参数的不确定性的后验分布。由于历史和计算原因,进行剂量-反应分析和非线性建模的"用户友好"的软件设计,一般只能使用传统的方法,而贝叶斯方法的工具包需要更广泛的编程和对统计学细节更深入的了解。除此之外,传统的方法也需要对统计学基本原理的理解,才能合理地解释软件的分析结果。

二、参数估计

判别函数是直接用来对模式样本进行分类的准则函数,也称为判决函数或决策函数(discriminant function)。判别函数分为线性判别函数和非线性判别函数,线性判别函数是最简单的判别函数,但是无法应用于复杂情况;在实际的工作中,各类参数的分布及特征往往比较复杂,无法用线性函数得到良好的效果,此时需应用非线性判别方法。

判别分析又称"分辨法",是在分类确定的条件下,根据某一研究对象的各种特征值判别其类型归属问题的一种多变量统计分析方法。判别分析是多元统计中用于判别样品所属类型的一种统计分析方法,是一种在已知研究对象用某种方法已经分成若干类的情况下,确定新的样品属于哪一类的多元统计分析方法。判别分析通常都要设法建立一个判别函数,然后利用此函数来进行评判,建立判别函数的方法一般有 4 种:全模型法、向前选择法、向后选择法和逐步选择法。

判别方法是确定待判样品归属于哪一组的方法,可分为参数法和非参数法,也可以根据资料的性质分为定性资料的判别分析和定量资料的判别分析。常用的判别分析方法有最大似然法、距离判别、Fisher 判别、Bayes 判别,除最大似然法外,其余几种均适用于连续性资料。

计算机软件搜索适用于模型的数据来计算,使用者不需要担心计算的准确性,但是,对搜索过程的一些理解有助于解释结果。一种重复搜索的计算方法试图找到"更好的"参数,通过试错过程改变参数值,评估是否需要进一步改善拟合方程。更先进的算法是通过评估拟合方程的斜率来进行的,一个或多个参数的改进优化了拟合,只有当参数赋值后,算法才能开始,虽然软件通常先给出一个合理的初始值,但用户可能还需要更改这些数值。用户应该了解到,最终结果取决于初始值的情形并不常见,尤其当数据不能满足参数估计需要时,计算过程需持续改变参数值,直到方程的拟合达到要求。

三、模型比较

当将许多不同的模型匹配相同的数据时，一般来说，不会产生相同的结果，因此，要谨慎选择模型，在统计理论应用的问题上，有4种方法可供选择：

1. 模型的参数来自于同一总体，并且形成系列的嵌套模型，从某种意义上说，存在一个"完整"模型，其他"受限"模型来自于在"完整"模型中将更多的参数设置为固定值，或者相反，依次在模型中加入更多的参数，似然检验可以通过对参数的判断来估计结果。

2. 参数来自于同一总体，但不构成嵌套系列。可以采用用以衡量统计模型拟合优良性的最小信息准则值(AIC)来衡量模型拟合的情况。

3. 计算模型参数不是来自同一总体，而是在概率分布下使用相同假设，例如，都是对数正态分布或正态分布。

4. 模型参数并不使用相同的概率分布，在这种情况下，无法使用统计学原理解决问题，关于数据分布假设的可信程度，需要通过个体数据的分布来检验，连续的数据常常分析其均数和标准偏差，而不用检验分布假设，在这种情况下，最好的办法是依靠过去的经验选择合理的概率分布。

四、模型的不确定性

模型给出的任何参数或预测只是点估计值，在较大或更小的范围内具有不确定性，这种不确定性至少有3个来源：抽样误差、研究误差和模型误差。

（一）抽样误差

抽样误差来自于从一个实验结果外推到更大人群的情况。由于单次试验的抽样误差引起的不确定性可能是最容易评估和报告的，可以通过计算标准误或者可信区间进行定量。可信区间可以通过以下几种方法计算：正负两倍的标准误差（由大部分的剂量-反应关系软件提供），标准误由似然函数的二阶导数计算；基于对数似然函数，使用对数似然函数的卡方检验；息票剥离法；贝叶斯方法，在前3种方法中，第一种有产生不准确结果的可能，而第二和第三种方法往往得到相似的结果。

（二）研究误差

在剂量-反应关系估计过程中，经常采用不同的实验设计方案或者实验环境，在这些过程中如果对以上因素控制不利，则产生研究误差。一个产生于实验过程的参数真值的不确定性，通常可以通过改善实验，使整个实验包含几个同等级的实验来解决，这些实验在设计和意图上非常相似。在统计学框架内描述不确定性，可以假设随机选择试验人群，作为结果，用以描述实验人群中预测或参数值在平均值附近变化以及估计平均值和可信区间。应该指出的是，即使从同一个实验得到的数据用于分析，不确定性的来源仍然存在，可以用类推的方法来量化这种不确定。

（三）模型误差

由于"真实"的模型是未知的，导致在剂量之间插值时，或者在外推包含观测值在内的剂量范围时，带来了额外的不确定性。模型的不确定性反映出一个问题，即这些数据在多大程度上可能与其他途径来源的数据一起反映剂量-反应关系，或者是否对剂量-反应关系的结果产生一定的局限性，如果一个统计模型完全取决于剂量-反应关系数据，那数据质量就是非常关键的。当模型用于推论时,对于超出控制剂量范围的数值,在观察剂量与外推之间的插值应使用合理的方法。因此,模型还必须预测未观察到的剂量范围相应的反应。评估模型不仅要正确描述观察到的反应,而且在需要利用模型做出推断的时候,还能可靠地描述未观察到的反应,前者注重模型的质量,后者注重数据的质量。有两种方法可以评估在应用模型时数据是否提供了充分的信息,以及是否能利用数据进行相应外推,一种方法是在应用剂量-反应关系的拟合模型时,应该对数据的特征进行观察,查验数据是否提供了足够的信息用于拟合;另外一种方法是应用不同的模型拟合并比较它们的结果,如果数据提供的信息可以满足模型拟合的要求,那么适用于这些数据的不同模型得出的结果应该是相似的。应该注意的是,剂量-反应关系模型的建立基础并不是基于特定化学物质的作用机制,而只是作为一种工具,利用所观察到的剂量-反应关系去估计相应结果的可信区间,拟合模型本身并不具有生物学上的含义,是数据而不是模型本身具有剂量-反应关系或产生相应的外推结果,当不同的模型产生不同的结果时,表明存在一些需要被判断和量化的不确定度。

模型的不确定性与低剂量外推产生的问题尤其相关,很可能有几个与数据类型符合的模型,在数据范围内可以给出类似的预测数据,但需要注意的是在低剂量范围,几种不同的拟合模型得到的结果可能不同。

第四节 剂量-反应关系模型在风险评估中的应用

剂量-反应关系评估是通过人群流行病学研究或动物实验等资料确定化学物质适合于人体的剂量-反应关系曲线,并由此得到人群在给定暴露剂量下的毒理学数据,是健康风险评估过程的一个重要部分。按照毒理学作用方式可将有害化学污染物分为有阈化学物质和无阈化学物质两类[9]。有阈化学物质即已知或假设在一定剂量下,对动物或人不发生有害作用的化学污染物。无阈化学物质是已知或假设在大于零的任何剂量都可诱导出致癌效应的化学污染物。美国环保局(EPA)认为几乎每一种非致癌物均具有不良反应的阈值,属于有阈化学物质。而几乎每一种致癌物都没有阈值,属于无阈化学物质[10,11]。传统的化学污染物风险评估的基本模型有两种,对于非致癌性物质应用阈值模型、用于致癌性物质则采用非阈值模型[12],模型图形见图 8-3。

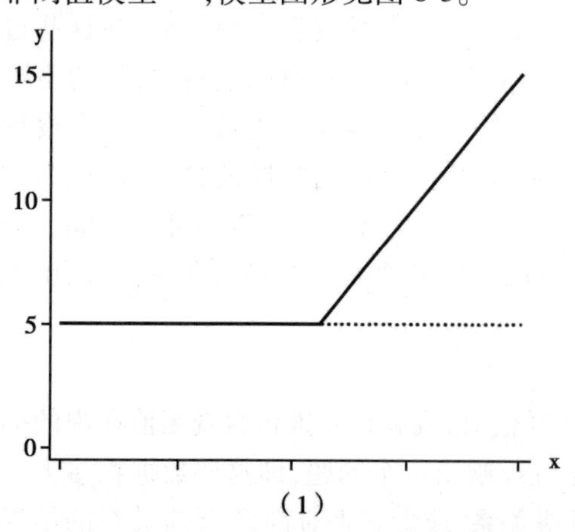

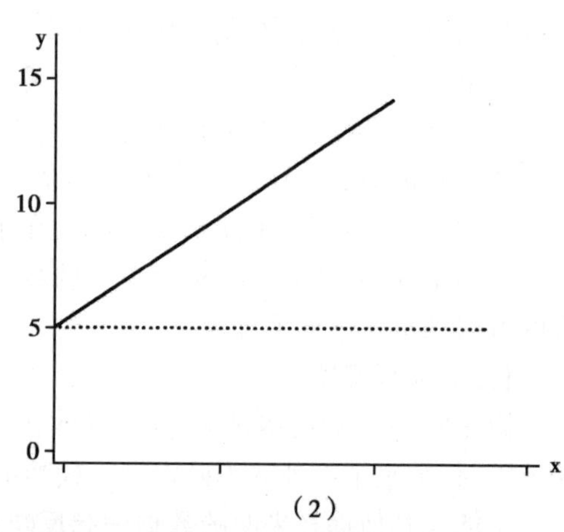

图 8-3 (1)线性阈值模型 (2)线性非阈值模型

根据问题的表述和模拟的效果，在应用模型对数据拟合后，剂量-反应分析的输出结果主要可分为3种方式，作为对人体暴露可能产生的健康影响的依据：①建立基于未观察到有害作用的最高剂量（no-observed-adverse effect level，NOAEL）和观察到有害作用的最低剂量（lowest-observed-adverse effect level，LOAEL）的健康指导限值，如每日允许摄入量（ADI）或每日耐受摄入量（TDI）；②估计暴露限值（MOE），即剂量-反应输出结果与人体暴露值之间的比率；③从模拟剂量-反应关系得出的人体暴露水平危险程度的定量估计[13]。

一、基于NOAEL或者LOAEL法制定健康指导值

（一）NOAEL或者LOAEL法制定健康指导值

健康指导值可由NOAEL或者基准剂量法（BMD）推导而来，NOAEL是传统的制定健康指导值的方法，已经使用了半个多世纪。在BMD法中，虽然不需要确定NOAEL，但是需要提供剂量-反应关系的数据用于建立最佳模型。通常用于阈值化学物质产生不良健康效应的评估。当暴露剂量介于0到某一限值（阈值）之间时，靶器官会有对该化学物质耐受，从而观察不到不良反应；暴露剂量超过阈值后，不良反应（或前驱反应）开始出现。因此，所谓的阈值是指使人或者动物刚开始发生效应的某种物质的剂量或者浓度，如果暴露毒物的剂量低于此值时不发生效应，而达到或者高于此值时发生效应。当一个化合物可以产生多种效应时，每一种效应的阈值很可能并不相同，如果一个化合物对不同的生物体产生相同的效应，则在每种生物体上的阈值也很可能不相同[14]。“阈值”这个词可以在3种不同场景下使用，首先，它可以科学地指示未发生反应的暴露水平，例如，发生了物理刺激，但是尚未发生反应；第二，阈值也可以被认为在某种暴露水平下，可能发生反应也可能不发生反应，但是反应水平过于弱小，以至于观察不到（例如，NOAEL），在这种情况下，往往观察者或者分析者感知的作用超过了受试对象的真实反应；第三种情况，“实际阈值”，这时的效应被一些琐碎的变量所决定以至于不值得做进一步的分析。

阈值是介于NOAEL和LOAEL之间的一个理论值。NOAEL指在规定的暴露条件下，通过实验和观察，某种化学物质不引起机体可检测到的有害作用的最高剂量或浓度；LOAEL指在规定的暴露条件下，通过实验和观察，某种化学物质引起机体损害的最低剂量或浓度。阈值主要用于评估非致癌化学物质的健康风险[15]。阈值用在剂量-反应关系模型计算时，阈值参数的引入缩小了阈值剂量水平下的剂量-反应关系，如果暴露剂量低于阈值则有效剂量为零、如果高于阈值则有效剂量为剂量减去阈值。但是，值得注意的是，在实践中阈值一般很难准确估计，而且置信区间通常很大。

由于动物实验中NOAEL的观察有一定的难度，因此常采用在暴露组观察到的LOAEL替代NOAEL。并将这些参数统称为健康效应基准，除以安全系数，就可得到人类的危险度参考剂量（risk reference dose，RfD）或日允许摄入量（Acceptable Daily Intake，ADI），用来评估人群在某种暴露量下的风险，推算该物质在环境介质中的最高容许浓度（或可接受的限量）。如果数据不完整的时候，还需使用修正因子（modifying factor，MF）[16]。

$$RfD = (NOEAL\ 或\ LOAEL)/(UF \times MF) \quad （式8\text{-}12）$$

安全系数的设置主要是考虑从实验动物到人群、从高剂量到低剂量外推的不确定性，所以又称为不确定性因子（uncertainty factor，UF）。通常采用“100倍不确定性因素”。1987

年，世界卫生组织（WHO）将100倍的安全系数分成10×10，分别代表从动物外推到人类的种属间差异以及人类的种属内变异[17]。1993年，Renwick将每个10进一步细分成4×2.5，分别反映动物或人类个体间毒代动力学和毒效动力学的差异[18]。但国际化学品安全规划署（international programme on chemical safety，IPCS）于1994年将反映人类个体毒代动力学和毒效动力学变异的不确定系数修订为3.16×3.16[19]。这种概念一直沿用至今，其主要目的是有助于在动物试验或人体数据充足的情况下，用科学数据推导的系数替代相应部分的不确定系数，降低风险评估中的不确定性（图8-4）。此外，如果是使用LOAEL代替NOAEL，则UFs还需要再乘以10；在缺乏主要毒理学数据的情况下，可能还需要增加UFs。而在考虑药物动力学、反应机制等其他更多因素时需要MF矫正UF。MF的值在0~10之间，其默认值为1。

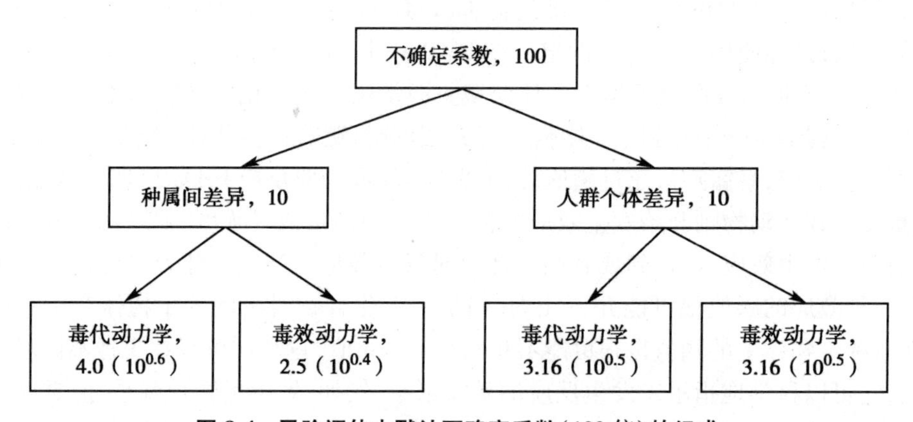

图8-4 风险评估中默认不确定系数（100倍）的组成

（二）NOAEL或者LOAEL法制定健康指导值的局限性

NOEAL的表示有许多局限性，首先NOEAL值只取自一组剂量测试资料，导致其他未使用的剂量-反应信息被忽视，可能使RfD或ADI值偏高，也可能掩盖未知的不可接受的风险，NOAEL值取决于样本的大小、NOAEL法在确定关键效应时未充分考虑剂量-反应关系的斜率、NOAEL方法的NOAEL水平不是实际的反应，而是随实验设计而改变，故得到的危险度值可能与真实不符等，随着生物医学统计学的进展和计算机的普及应用，各种概念和方法均在不断更新。目前在毒理学研究中，由Crump等人1984年提出的基线剂量法已经作为NOEAL或LOAEL方法的重要补充。

（三）应用示例[20]

大鼠经呼吸道吸入某种空气污染物，分为20.00、80.00、320.00ng/（kg·d）3个剂量组，并设1个空白对照组，毒理学实验表明，在此实验条件下，某种空气污染物的NOAEL值雄性大鼠为18.13ng/kg·d^{-1}，雌性大鼠为19.40ng/（kg·d），计算人群的ADI。

（1）由人到大鼠种属间的不确定系数为4.0×2.5

（2）人群个体差异的不确定系数为3.16×3.16

（3）人群暴露的ADI

男性＝18.13/（4.0×2.5×3.16×3.16）＝0.18ng/（kg·d）

女性＝19.40/（4.0×2.5×3.16×3.16）＝0.19ng/（kg·d）

二、暴露限值的估计

（一）MOE 法估计暴露限值

传统观点认为既有遗传毒性又具有致癌性的化学物质没有阈值，任何暴露水平都可能存在不同程度的健康风险。而低剂量外推法则是假定在低剂量反应范围内，致癌剂量和人群癌症发生率之间呈线性剂量-反应关系，以估计因暴露所增加的肿瘤发生风险[21]。但是由于在剂量外推过程中，一方面选择的数学模型不同，风险估计值的结果可能相差较大，另一方面数学模型也无法反映生物学上的复杂性。因此，该方法通常会过高估计实际的风险，不能满足评价风险大小和不同化学物致癌作用强度差异的要求。2005 年，JECFA 第 64 次会议上首次提出了将暴露限值（margin of exposure，MOE）法应用于遗传毒性致癌物的风险描述。MOE 为 NOAEL 或 BMDL 与估计的人群实际暴露量的比值[22]。MOE 的计算不需要超出观测范围的数据外推[23]。

MOE＝NOAEL 或 BMDL/人群暴露量　　（式 8-13）

MOE 是动物实验或人群研究所获得的剂量-反应曲线上的分离点或参考点，即临界效应剂量。风险大小取决于 MOE 值的大小，MOE 值越小，则化学污染物暴露的健康风险越大。目前尚没有一个国际通用标准用来判定 MOE 值达到何种水平方表明化学污染物的暴露不对人体产生显著健康风险，这与不同机构评估过程中计算 MOE 值时所选用的数据类型、数据质量及化学污染物的毒理学资料等因素有关。对于遗传毒性致癌物，加拿大卫生部以 MOE 值 5000、5000~500 000 以及>500 000 分别对应高、中、低优先级别的风险管理顺序，英国致癌化学物委员会、欧盟食品安全局（European Food Safety Authority，EFSA）则认为当 MOE 值达到 10 000 以上时，待评估化学物的致癌风险已经很低[24]。NOEAL 方法中用到的“100 倍不确定性因素”同样也适用于基于动物实验数据的 MOE，但由于存在剂量-反应关系以下的实验/观察范围、突变细胞关键基因多态性的影响以及细胞的克隆扩张和癌变等众多的不确定因素，因此，仅用 100-MOE 不足以说明其不确定性。

（二）MOE 法的优缺点

MOE 法是遗传毒性致癌物定量风险描述方法发展的方向，也是目前遗传毒性致癌物定量风险描述方法研究的热点。与其他方法相比，MOE 法在风险特征描述中具有以下优点：①实用性和可操作性强，MOE 法的结果直观地反映了实际暴露水平与造成健康损害剂量的距离，易于判断和理解。②可用于确定优先关注和优先管理的化学物，若采用一致的方法，可通过比较不同化学物的 MOE 值，帮助风险管理者按优先顺序对各类化学物采取相应的风险管理措。

（三）应用示例

人通过呼吸暴露于某一空气化学污染物，该污染物的每日总摄入量是 0.02mg/（kg · d），如果动物经口暴露产生神经毒性的 NOAEL 是 100mg/（kg · d），计算其暴露限值。

MOE＝100/0.02＝5000　　（式 8-14）

则经计算得到：人经呼吸道暴露产生神经毒性的暴露限值是 5000。

MOE 的计算不考虑种属差异、动物的敏感性以及从动物外推到人的不确定性，暴露界限值越小，表示人的实际暴露水平越接近于实验动物的 NOAEL，目前，把 MOE 值低于 100 作为需要进一步全面评价的“警戒限”[25]。

三、基于剂量-反应关系模型的人群暴露危险度估计

(一) 基于 BMD 法制定健康指导值

基准剂量(benchmark dose,BMD)法是由 Crump 于 1984 年提出的[26],主要用于非遗传毒性致癌物的危险度评定。基准剂量是根据环境污染物的某种暴露剂量可引发某种不良健康效应的反应率发生预期变化(其范围通常为 1%~10%)而推算出的一种剂量。该剂量水平对应的反应称为基准反应(BMR),BMD 的 95%可信区间的下限就是基准剂量可信限下限值(the BMDL)。美国环境保护署(EPA)对 BMD 有一个类似的定义,是通过剂量-反应曲线获得的,与背景值相比,达到预先确定的损害效应发生率的统计学可信区间的剂量。例如,BMDL01 就是指引起对照组动物中出现 1% 概率的不良反应的 95% 统计学可信区间下限值,其中 1%为不良反应的基准反应(BMR)[27]。欧洲食品科学委员会(SCF)提出,在动物研究中,计数资料预先设定的 BMR 为 10%,计量资料的 BMR 为 5%,而且 BMR 可以根据研究中统计学和毒理学的要求和特点进行调整[28]。

BMD 是依据临界效应的剂量-反应关系的数据推导出来的,既适用于计量资料,又适用于计数资料,其优点在于对实验设计时设定的剂量依赖性小,可靠性和准确性比较好。BMR 是基于连续反应数据,根据反应的程度决定的,BMR 的值可能被认为接近或者尚未发生能观察到反应的剂量,因此,低剂量的外推可能并无必要性,或者可以仅仅在连续端点效应的情况下进行很小范围内的外推。BMDL 是通常所建议的用来代替 NOAEL 推导人类安全暴露水平的基准剂量[29]。

1. 基准剂量法和基准响应选择　为了更好地表征和量化某种特定污染物的潜在风险,如果扩大动物实验获得剂量-反应关系曲线的使用范围,则可以改进该物质在预期人类暴露水平的风险评估[30]。BMD 方法可为实现这一目标提供手段,BMD 方法估计了引起一种较低但可测量的靶器官效应(例如:体重或器官重量降低 5% 或肾毒性发生率增加 10%时的剂量)。综合国内外学者的研究成果,得出基准剂量法在剂量-反应关系评估中的使用条件有两点,即:稳定的暴露剂量和稳定的暴露时间,以上任何一条件不满足,将使结果出现偏差或无法使用。它克服了 NOAELs 和 LOAELs 法的不足,BMD 法充分利用了所有的剂量-反应资料,并且通过可信区间下限值(BMDL)来说明数据的变异性及不确定性,因此,结果更加可靠,其优点有:对实验剂量的依赖性低、毒理学判定更科学、对样本量的依赖性低。但也具有下列缺点:使用过程比较复杂,非专业人员需要借助基准剂量评估软件进行分析,实验或观察所得资料数据要求适用于使用数学模型进行拟合,一般要求进行实验的剂量分组数要大于采用拟合模型的参数个数等[31,29]。

BMD 方法适用于所有毒理学效应。该方法是对于一个特定的观察终点,应用其所有剂量-反应数据来估计总体剂量-反应关系的形状,可以全面评价整个剂量-反应关系曲线,而不像 NOAEL 方法那样仅着眼于某一个剂量,基准剂量方法可以应用可信限来衡量和考虑变异因素,并且可以应用实验范围内的各种反应而不是仅仅外推到低剂量。在不同的实验研究中,可以应用同一个综合剂量-反应(效应)水平来计算每日参考暴露量等。但有时实验资料无法用于 BMD 计算,而不得不利用 NOAEL 方法,或者将 BMD 方法与NOAEL方法结合起来进行危险度评价。

基准反应(BMR)是指评价人员在计算 BMD 时,事先设定的反应变化超过背景值的水平

(通常为 1%~10%)。BMD 的计算直接取决于 BMR 的选择,而 BMR 可以用不同的方法界定,需要从相关的技术和策略方面选择 BMR,在技术方面如何表达 BMR,不同类型的数据需要不同的方法,即视待分析的资料是二分法资料还是连续资料而定,连续数据和非连续数据采用的方法是不同的。二分法资料,对于大多数癌症和某些非癌症的生物学测定法其灵敏度常处于或接近于反应的 10%限值,因此,常以 10%为 BMR 的默认值。对于生殖和发育毒性的研究,所用方法的灵敏度较高,BMR 可以使用较小的 BMR,例如 5%。人群流行病学研究,其灵敏度更高,BMR 可采用 1%,连续资料,有 3 种方法可供选定 BMR:①若某一终点的最低限度变化水平公认具有生物学的显著意义,如成人平均体重的变化达 10%,某些肝脏酶活性的平均水平达到正常值的 2 倍或 2 倍以上等,此时,这种变化即可界定为 BMR。②如果可以将个体效应终点判定为受到危害和未受到危害两类,此时按二分法处理。③对于连续资料如果无法作出上述两种判断,此时可以用对照组的均数加上一个标准差作为 BMR。另外,对于更复杂的情况,例如在建模中使用协变量,依赖于 BMR 的 BMD 数值就可能作为协变量的值。

策略方面的问题是对应 BMR 究竟采用什么数值范围的剂量-反应关系曲线。本节讨论关于 BMR 的选择和在制定研究策略时如何设定 BMR 数值范围需要考虑的技术问题。BMR 表达的方式取决于响应变量建模的类型,对于两种状态的终点效应(影响/未影响),BMR 通常以背景值的方式表达。以下两个方程是常见的:

归因危险度(AR):

$$BMR_{AR}=f(BMD)-f(0) \qquad (式 8\text{-}15)$$

f(BMD)代表基准剂量时的剂量—反应关系函数,f(0)指非暴露人群的反应函数。

超额危险度(ER):

$$BMR_{ER}=\frac{f(BMD)-f(0)}{1-f(0)} \qquad (式 8\text{-}16)$$

归因危险度除以非暴露人群的未受影响的部分。当 BMR 很小,接近于非暴露人群的反应强度时,暴露于 BMD_{ER}水平时的反应总是比 BMD_{AR}更小,但是当 BMR 较大时,二者的差异很小。

相对危险度(RR):

$$BMR_{RR}=f(BMD)/f(0) \qquad (式 8\text{-}17)$$

连续效应终点的 BMRs 可以直接以平均效应水平下的变化表达,也可以以超过(或者低于)临界水平实验动物的比例间接表达。

选择一个固定值或者平均值以下的固定值,例如,选择一个剂量,此时平均神经传导速率的下降低于某一固定速率或者非暴露人群之间存在固定的差异。当效应终点呈 s 形时,比如酶诱导的反应,建议使用类似于超额危险度的公式,对于这些终点,当效应只是整个剂量-反应动态变化过程的一部分时,BMD 被认为是最好的特征剂量(例如,背景值和可能的最大剂量的区别)。

在间接的方法中,与直接方法相同,在连续变量的均值和剂量之间建立模型关系,需要确定连续变量的关键值,BMR 的超额风险被用于计算 BMD,基于生物学考虑的关键值是合适的,它可能是对照组数值分布尾部的值,随着平均反应增加,超过之前确定的临界值的比例也会增加。

在之前的方法中,可以在对照组中利用与临界值相对应的“低风险”(例如 0.1%~2%)或者 10%左右的额外风险,近似计算出 BMD,BMD 来自于与反应均值相对应的剂量,这是根据在生物实验中动物生物指标的变化,去标记 BMR 的连续变化。在有些情况下,在剂量-反应关系模型中剂量并不是唯一的独立变量,例如,在流行病学研究中,通常有很多协变量帮助描述一个人的特征,这些协变量也可能影响响应变量,而且还与暴露变量相关,因此在统计分析中需要减少暴露影响评估的偏倚。随着生物学实验的发展,在模型中将主变量或者协变量作为协变量的整体,用来解释在这些研究中通常会出现的其他变化。通常情况下,评估人员需要决定协变量 BMDs 中的哪些值需要用于计算,在少数情况下,对于每一组数值,非连续的协变量数值对于计算单独的 BMD 也具有意义,当协变量是连续的(或在数量上被视为连续的),在动物实验中,通常在对照组选择一个典型值,但是,如果 BMD 随着连续变量数值的改变而变化,就应该进行更深入的分析。如果这个变量对于结果外推到人群具有意义,那它们也可用于计算 BMDs,对于人群而言,以评估在协变量范围内 BMD 值的敏感度。

2. BMD、BMR、BMDL 关系示例图[32] BMD 是一个剂量水平,从估计的剂量-反应关系曲线上获得,与反应的特定改变有关,该反应被称为基准反应 BMR,BMDL 是 BMD 的可信区间下限,该值通常被用作参考点,3 者关系见图 8-5 。

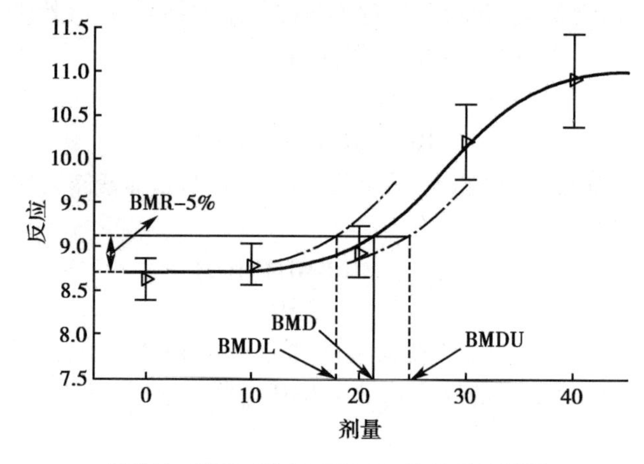

图 8-5 BMD、BMR、BMDL 的关系示例图

从图 8-5 可以看出,计算出来的 BMDL(如 BMR 的 5%)可这样解释为 $BMDL_{05}$ = 反应可能低于 5%的剂量,此处的“可能”由统计学上的可信限来确定,通常是 95%的可信限。图中,实体曲线是拟合的剂量-反应关系模型,根据该曲线可定 BMD(点估计),BMD 通常是指与 BMR 对应的剂量。虚线分别代表效应 95%可信限的上限和下限,它们与水平线的交叉点所对应的横坐标分别是 BMD 的下限和上限,即 BMDL 和 BMDU。应该注意的是,BMR 并不是指实验观察到的平均基线反应的变化,而是指根据拟合模型所预测的基线反应的变化。

3. 制定健康指导值 BMD 法利用测试研究汇总的全部剂量-反应资料,而且考虑了变异幅度(置信限下限值),所得结果的可靠性和准确性提高。在 BMD 方法中,RfD 可表示为:

$$RfD = BMD_X / (UF \times MF) \quad (式 8\text{-}18)$$

X 表示阳性效应的百分数,UF 和 MF 值与 NOEAL 方法相同

BMDL 可直接反映出整个数据不确定性的大小,试验数据质量越差,不确定性越大,则所得出的 BMDL 越低,那么以其推导出的健康指导值也相应下降,相当于是增加了传统意义

上的不确定系数。此外，对于那些未获得 NOAEL 的试验数据，BMD 法可以避免从 LOAEL 外推到 NOAEL 的不确定性。Bokkers 等[33]的研究表明，分别以 BMDL 和 NOAEL 作为离散点进行风险评估，前者的种属间不确定系数明显低于后者。

4. 基准剂量法对资料的处理程序[25]

(1)观察终点的确定：指进行危险度评价时选定的健康效应指标，按效应指标的统计学特点，分辨其属于连续性资料、非连续资料还是分类资料。

(2)进行剂量-反应关系的分析。

(3)BMR 的选定：BMD 的计算取决于 BMR 的选择，而 BMR 视其统计学分布，选择不同方法界定。

(4)建立数学模型：结合统计学原理及毒理学知识选定适当的模型，用于描述剂量-反应关系。

(5)计算 BMD 和 BMDL：BMD 和 BMDL 计算方法和可信限的选择非常重要，BMD 通常采用 95%可信限下限。

5. 常用的 BMD 分析软件[34] 用于分析 BMD 的软件有很多，应用最广泛的 BMD 软件有两种：美国环境保护署(EPA)开发的 BMDS 软件(benchmark dose software，www.epa.gov/ncea)和荷兰公共卫生与环境国家研究院(RIVA)研发的 PROAST 软件(www.rivm.nl/proast)。

BMDS 和 PROAST 两个软件对计量资料和计数资料均适用，运行软件计算得到 BMD 和 BMDL，并获得文本及图表形式的结果。

6. 应用示例[35] 某化工厂的生产环境具有某种空气污染物，选取工龄>1 年、年龄在 20~54岁的 229 名作业工人作为暴露组；在同一工厂选取与暴露组在年龄、性别相匹配的行政、后勤、管理人员 97 名作为内对照；某高校教师 41 人作为外对照，对照组均无明确的该种空气污染物及其他毒物职业暴露史，对所有研究对象进行问卷调查和微核试验。

(1)对所得到的资料进行统计学检验，微核率实验结果与该污染物的暴露剂量之间存在相关，是比较敏感的指标，因此确定微核率与该污染物的剂量-反应关系用于确定基准剂量

(2)对所得到的数据应用美国环保局 BMD 软件进行拟合

(3)计算基 BMR 为 10% 时该人群的暴露总量的基准剂量、基准剂量 95% BMDL 值，因此，$P>0.1$ 表示方程拟合良好

(4)微核率实验结果属于二分类资料，因此，根据资料的统计学特征，选取 Logistic 模型拟合。

(5)将暴露数据和微核率实验结果数据输入模型，得到表 8-1 中的结果：

表 8-1 Logistic 模型拟合全部研究对象及不同性别分析的参数估计值

组别	研究倒数	Log-logistic 模型			BMD_{10}	$BMDL_{10}$	拟合度	
		a	b	c			χ^2 值	P 值
全部	367	−3.22	0.52	0	7.20	2.86	0.73	0.867
男性	210	−3.33	0.51	0.01	9.50	1.32	2.42	0.298
女性	157	−3.32	0.58	0	6.81	1.84	10.62	0.014

(6)结果：从上表的基准剂量分析结果可以看到，男性的基准剂量值为 9.50μg/(m^3·y)，女性为 6.81μg/(m^3·y)；采用总体基准剂量可信限下限值 2.86μg/(m^3·y)，按总工作时间 40 年计算，以总体基准剂量可信限下限值 2.86μg/(m^3·y)除以 40 年得到该空气污染物的暴露阈为 0.072μg/m^3。

(二) NOAEL 法和 BMD 法的适用范围

NOAEL 是对无遗传毒性或无致癌性物质进行风险评估时经常使用的一个参考点，适用于所有存在阈值的化学污染物毒理学效应。但是此方法仅适应于定性资料分析，而不适应于定量数据的处理。相反，BMD 方法通过选择最优的拟合模型和统计学分析，拓展了动物实验或观察流行病学研究获得的剂量-反应或暴露-反应数据的适用范围，可更好地描述潜在风险的特征并将其量化。因此在推导参考点时，BMD 是一种更科学、更先进的方法。近年来科学家们已在探索其替代方法。欧洲食品安全局和 FAO/WHO 食品添加剂联合专家委员会都提出了用 BMD 方法推导暴露限值的参考点[36]。事实上，BMD 法可应用于食品中的所有化学物质，不管它们是何种分类和来源，如农药、添加剂或污染物等。此外，BMD 方法在下列情况中使用具有特殊价值：①NOAEL 不能确定的情况；②在物质既有遗传毒性又有致癌性的情况下，为暴露限值提供参考点；③观察流行病学资料中的暴露—反应评估。

(三) 剂量反应模型结果的交流

剂量-反应关系评估的任务包括由动物实验或人群研究的数据评估化学物质暴露与健康效应间所存在的定量关系，以及用某种化学物质剂量-反应量化数据预测其受暴露后的效应。剂量-反应关系模型(dose-response modeling，DRM)是通过在剂量-反应范围内定量风险评估确定化学品暴露风险的健康决策中最重要的一部分。DRM 包括数据选择、模型选择、统计联系、参数估计、实现和评估六个步骤。DRM 可为风险管理者提供以下信息：①证据的强度和权重；②数据中的不确定性和差距；③关键效应的性质和严重性；④对结果解释的局限性；⑤分析中做出的假设；⑥对超过健康指导限值的潜在影响的定性评估。

1. 数据模式　传统的风险评估主要集中在一个关键的端点上，而 DRM 则提供了分离多个端点的潜力。建模的结果可以基于单次或多次实验的数据，后者可被视为若干个独立研究结果的整合。模型评价数据可分为计量数据、计数数据、连续数据和有序分类数据。风险管理者需根据数据的类型选择适当的模型，而且定量信息如果来自多个数据集，则需要设立转化额外信息及合成附加信息的指导原则，该原则可包含跨端点的定量反应一致性(或不一致性)的信息，以增强风险管理者利用这些信息加强其对定量评估潜在健康影响的信心。

2. 不确定性　自 1983 年美国国家研究委员会(national research council，NRC)在《联邦政府风险评估管理》中首次提出健康风险评估的初步框架以来[37]，风险评估在概念、框架和方法上都有了很大进展。

1983 年由美国国家科学院和国家研究理事会专家小组联合制定的红皮书“risk assessment in the federal government：managing the process”，提出了著名的风险评价“四步法”，即危害鉴别、剂量-反应关系评价、暴露评价和风险表征。该报告全面描述了风险评价的方法和管理过程，已被许多国家和国际组织广泛认可。随着健康风险评价的发展，已在

“四步法”的基础上,完善补充了第五步“风险管理”的重要环节。此后,US EPA 等根据《联邦政府风险评价:管理进程》红皮书制订且颁发了一整套相关的技术管理规定、规章和指南等文件。1986 年美国环境保护局首次发布“guidelines for carcinogen risk assessment”,并于 1996 年、1999 年、2001 年、2003 年历经 4 次修订后于 2005 年更新发布。1997 年美国总统/国会风险评价与管理委员会发布的“framework for environmental health risk management”是现今最为有影响的风险管理框架,被公认为风险管理的最高水平。但由于受诸多条件(尤其是数据不足甚至缺失)的限制,风险评估的整个过程中始终伴随着不确定性[38]。

在风险评估过程中,不确定性分析应讨论哪些因素可能对不确定性产生显著的影响[39]。具体包括:①测量不确定性。在采样和检测过程中,由于实验方法和仪器的限值会产生的实验误差,导致测量的不确定性。②在毒理学实验中,通过对生物注射或暴露一定量的化学物质,可以精确地限定染毒剂量,但在一些研究中,剂量是通过暴露环境中(如空气、水等)化学物质浓度和总的暴露时间推测的,暴露与环境有很大的相关性,在评价过程中往往对此认识不足或难以准确定量。③试验结果外推的合理性。主要包括从实验动物外推到一般人群以及从一般人群外推到特定人群(易感人群)所产生的不确定性。相比之下,种属间毒代动力学所引起的不确定性更大。如果是终生或长期慢性毒性实验,还要考虑到实验动物和人类寿命之间的差异,因此也存在一定的不确定性。④人群自身条件变化。随着时间的推移,人群的年龄结构、生活方式以及行为模式都会发生变化,造成不确定性。⑤相关模型的不确定性。在有些污染物的评价过程中所采用的计算模型自身存在一定的不确定性。⑥数据量不足。在风险评估中,需要对数据是否足以支撑结论进行描述。⑦评估过程中提出的假设。由于数据条件有限,在评估过程中可能需要提出一些假设,这些假设带来不确定性。

因此,对于无法获得 NOAEL、暴露途径存在差异、暴露时限存在差异以及数据缺失等因素导致的不确定性,可通过一定的方式进行补偿,如:①对于某些实验只能获得 LOAEL,而无法获得 NOEAL,此时最科学的做法是利用基准剂量法计算 BMDL,否则必须考虑用 LOAEL 代替 NOAEL 可能带来的不确定性;②当试验采用的暴露途径与风险评估关注的暴露途径不同时,最好利用两种暴露途径之间的转化系数进行计算,否则也要考虑化学物质经过不同途径暴露所产生的代谢差异;③动物试验的暴露时限最好能够根据不同种属的寿命长短,按比例地反映人类的暴露时限,但是在有些情况下,无法获得终生或长期慢性毒性试验数据,只能用相对短期(如 90 天喂养试验)的动物试验数据代替。当评估对象是人类长期(包括终生)和规律暴露的物质时,必须考虑短期试验带来的不确定性。此时,短期试验中得到的机体蓄积性和排出率对于确定此步骤中的不确定系数很有价值[40]。

(常君瑞　王秦　徐东群编,徐东群审)

参考文献

[1] 李丽娜.上海市水环境中重金属类污染物的健康风险评价[M].武汉:同济大学出版社,2012.

[2] 主译刘兆平,李凤琴,贾旭东,等.食品中化学物风险评估原则和方法[J].2012.

[3] 张俊杰.基准剂量评估系统的研究与实现[D].北京:北京林业大学,2013.

[4] Hill A.The possible effects of the aggregation of the molecules of haemoglobin on its dissociation curves[J]. Physiology,1910,40(supplement):1115-21.

[5] 胡森,盛志勇,周宝桐.MODS 动物模型研究进展[J].中华危重病急救医学,1999,11(8):504-507.

[6] 崔志涛.寿命资料威布尔分布模型的样本量估算[D].中山大学,2008

[7] 仲伟鉴,王李伟.生物学机制模型在定量风险评估中的应用[J].环境与职业医学,2008,25(5):493-495.

[8] 杨宪泽.21 世纪高校特色教材人工智能与机器翻译:西南交通大学出版社,2006 年 02 月:第 1 版,233.

[9] 李湉湉.环境健康风险评估方法第一讲环境健康概述及其在我国应用的展望.环境与健康杂志.2015;32(3): 266-8.

[10] USEPA.Guidelines for carcinogen risk assessment.51 Federal Register 33992-34003.1986.

[11] USEPA.General quantitative risk assessment guidelines for non-cancer health effects, external review draft.Office of Research and Development, ECAO-CIN-538.1991.

[12] 戴宇飞,郑玉新.毒理学中心法则的重新审视——毒物兴奋性剂量反应关系及其对毒理学发展的影响[J].环境卫生学杂志,2003,30(4):246-249.

[13] WHO.Environmental Health Criteria 239 Principles for modelling dose-response for the resk assessment of chemicals.World Health Organization.2009.

[14] 周宗灿.毒理学基础[M].北京:北京医科大学出版社,2000.

[15] 张翼,杜艳君,李湉湉.环境健康风险评估方法第三讲剂量-反应关系评估.环境与健康杂志.2015;32(5): 450-3.

[16] 印木泉.遗传毒理学.北京:科学出版社.2004.

[17] WHO.Principles for the safety assessment of food additives and contaminants in food.Environmenal Health Criteria.70.Geneva:World Health Organization,1987.

[18] Renwick AG.Data-derived safety factors for the evaluation of food additivesand environmental contaminants. Food Addit Contam,1993;10(3):275-305.

[19] WHO.Assessing human health risks of chemicals:derivation of guidance values for health-based exposure limits (International Programme on Chemical Safety, Environmental Health Criteria, 170).Geneva:World Health Organization,1994.

[20] 洪峰,曾奇兵.应用基准剂量法探讨 95%甲草胺的生物接触限值[J].医学信息旬刊,2010,05(10): 2959-2960.

[21] 白艺珍,丁小霞,李培武,周海燕,印南日.应用暴露限值法评估中国花生黄曲霉毒素风险.中国油料作物学报.2013;35(2):211-6.

[22] World Health Organization.Evaluation of certain food contaminants.Sixty-fourthreport of the Joint FAO/WHO Expert Committee on Food Additives.WHO technical Report Series.2006;930:8-25.

[23] Edler LK, Dourson M, Kleiner J, Mileson B, Nordmann H, Renwick A, Slob W, Walton K, & Würtzen G.Mathematical modelling and quantitative methods.Food Chem Toxicol.2002;40(2-3):283-326.

[24] https://baike.baidu.com/item/风险特征描述/20619919? fr=Aladdin

[25] 金泰廙,雷立健,常秀丽,等.基准剂量法-制定生物接触阈限值的新方法[C]// 预防医学学科发展蓝皮书.2006.

[26] Crump K S.Calculation of Benchmark Doses from Continuous Data[J].Risk Analysis,1995,15(1):79-89.

[27] US EPA National Center for Environmental Assessment.The use of the benchmark dose approach in health risk assessment[J].2009

[28] Bokkers B G, Slob W.Deriving a data-based interspecies assessment factor using the NOAEL and the benchmark dose approach.[J].Critical Reviews in Toxicology,2007,37(5):355-373.

[29] 方瑾,贾旭东.基准剂量法及其在风险评估中的应用[J].中国食品卫生杂志,2011.

[30] Smith M.Food Safety in Europe (FOSIE):risk assessment of chemicals in food and diet:overall introduction.[J].Food & Chemical Toxicology,2002,40(2):141-144.

[31] 夏世钧,张家放,王增珍.环境化学污染物危险度评价的“基准剂量法”[J].环境与职业医学,2005,22(2):178-180.

[32] 宋筱瑜,张磊,隋海霞,等.基准剂量方法在风险评估中的应用[J].卫生研究,2011,40(1):1-26.

[33] Bokkers B G H, Slob W.Deriving a Data-Based Interspecies Assessment Factor Using the NOAEL and the Benchmark Dose Approach[J].Critical Reviews in Toxicology,2007,37(5):355-373.

[34] 王璐.危险度评估中的多阶段混合效应模型[D].南京医科大学,2007.

[35] 郝延慧,王威,仇玉兰,等.氯乙烯遗传毒性及其基准剂量在职业接触限值中的应用[J].中国工业医学杂志,2012(06):414-418.

[36] 欧洲食品安全局科学委员会. 基准剂量方法在风险评估中的应用.卫生研究.2011;41(1):1-26.

[37] National Research Council.Risk assessment in federal government:Managing the process.Washington D.C.:National Academy Press,1983 .

[38] 刘兆平,刘飒娜,马宁.食品安全风险评估中的不确定性.中国食品卫生杂志.2011;23(1):26-30.

[39] 孙庆华,杜宗豪,杜艳君,李湉湉.环境健康风险评估方法第五讲风险特征.环境与健康杂志.2015;32(7):640-2.

[40] Rubery ED, Barlow SM, Steadman JH.Criteria for setting quantitative estimates of acceptable intakes in chemicals in food in the UK.Food Addit Contam.1990;7(3):287-302.

第九章

空气污染人群健康影响评价的统计分析方法

第一节 环境流行病学研究方法概述

流行病学既是研究疾病分布规律及影响因素,借以探讨病因,阐明流行规律,制订预防、控制和消灭疾病对策和措施的科学,也是逻辑性很强的方法学。流行病学研究方法包括观察法、实验法和数理法。观察法按照事先是否设立对照组又可进一步分为描述性研究和分析性研究。因此,流行病学研究按设计类型可以分为描述流行病学、分析流行病学、实验流行病学和理论流行病学 4 类,每类又包括多种研究设计。描述流行病学主要是描述暴露因素与疾病或健康的分布,为探索病因提供线索,提出假设,包括个案报告、病例分析、横断面研究和生态学研究(包括时间序列研究)。分析性研究主要是进行分析并获得暴露-反应关系,验证假设,包括病例-对照研究和队列研究。现将环境流行病学中常用的不同类型的研究设计特点进行总结(表 9-1)。

表 9-1 以个体为单位的环境流行病学研究方法比较

研究方法	人群	暴露	健康效应	混杂因素	局限性	优点
个案报告,病例分析,其他描述性研究	总体或者目标人群	过去一段时间内的测量记录	发病率;病例登记;其他报告	难以发现辨别	难以确定先因后果的时相关系,难以建立暴露-反应关系	经济;对病因未明疾病有效的提供病因假设
横断面研究	总体或者目标人群;暴露组与非暴露组	现况,特定时间段内存在的	现况	普遍	特定时间段内的暴露可能与此时期内的疾病无关	易操作,节省时间;可用于大样本人群中;可掌握目标人群疾病的患病率及分布状态
病例-对照研究	患病(病例)与未患病(对照)	历史资料或问卷回顾	研究开始前已知的	可以被确定或测量的混杂因素即可以被控制	难以推广;不能避免选择偏倚;不能直接估计疾病的发生频率	省钱、省力、省时;特别适用于罕见病的研究

续表

研究方法	人群	暴露	健康效应	混杂因素	局限性	优点
时间-序列研究	大样本(几百万);脆弱人群如哮喘患者	特定时间段内(如每日)的暴露变化	特定时间段内(如每日)的死亡率变化	常常难以被辨别;例如,流感的效应	混杂因素过多;且难以测量	特别适用于急性效应研究
历史性(回顾性)队列研究	特定目标人群;工人,病人,受保险人	历史测量记录	历史记录资料或现在的诊断	由于回顾性特点难以避免;取决于所获历史资料数据有效性	必须依赖于历史资料,而历史资料有可能不够准确	比前瞻性队列研究省钱省时;可以用于研究已经不存在的暴露因素
前瞻性队列研究	总体或者目标人群;暴露组与非暴露组	在研究开始前已经被确定(可能在随访过程中改变)	在研究过程中测量	通常易于测量	费时、费人力和财力;随访过程中暴露因素的改变与未知变量的引入;失访率较高	可直接获得发病率和RR;可研究一种暴露于多种疾病的关系;符合时间顺序,证实因果关系能力较强
实验(临床/干预)流行病学研究	总体或者特定目标人群	可控的或者已知的	要研究中测量的	由随机化分组而均衡	花费高;涉及伦理问题;依从性不易	结果理想;论证因果关系能力较队列研究强

在实际应用中,环境流行病学以观察法为主,包括病例-对照研究、横断面研究、队列(纵向)研究和生态学研究(包括时间序列研究),现将这4种流行病学研究设计的适用范围和优缺点进行比较(表9-2和表9-3)。

表9-2 不同观察性流行病学研究的适用范围比较

	生态学研究	横断面研究	病例-对照研究	队列研究
罕见病的研究	++++	−	+++++	−
罕见病因的探索	++	−	−	+++++
分析一个因素与多种疾病的关系	+	++	−	+++++
分析多个因素与某种疾病的联系	++	++	++++	+++
测量与时间的关系	++	−	+[a]	+++++
直接获得发病率	−	−	+[b]	+++++
较长潜伏期的研究	−	−	+++	+[c]/−

注:+至+++++:适用度由低至高;−:不适用;a:前瞻性队列研究;b:人群为基础的病例对照研究;c:前瞻性与回顾性队列研究

表 9-3　不同观察性流行病学研究的优缺点比较

可能性	生态学研究	横断面研究	病例-对照研究	队列研究
选择偏倚	无	中	高	低
回忆偏倚	无	高	高	低
失访	无	无	低	高
混杂因素	高	中	中	低
时间要求	低	中	中	高
花费	低	中	中	高

第二节　数据特征描述

数据的特征描述是将获得的数据资料归纳为简明的图、表,用以确定或概括收集到的资料中各观察变量的类型和波动,从而提供研究概貌,提出研究假设,以便根据数据类型选择不同的统计分析方法。在空气污染对人群健康影响评价研究中,首先需要对空气污染特征和人群健康状况进行描述性分析,观察空气污染和人群健康的分布特征。

一、数据类型

因为不同类型的统计资料需要采用不同的统计分析方法,在进行数据特征描述及统计分析之前,需要先明确数据类型。空气污染人群健康影响数据按其性质一般分为计数资料与计量资料两类。

(一) 计量资料

计量资料是用仪器、工具或其他定量方法对每个观察对象的某项指标进行测量,并把测量结果用数值大小表示出来的资料,一般有度量衡单位,称为定量变量(quantitative variable),亦称为数值变量。如测量某一研究人群的身高,一般以厘米(cm)计,测得许多大小不一的身高值。再如体重(kg)、血压(mmHg)、脉搏(次/分)等,都属于计量资料。每个观察对象的测量值之间有量的区别,但同一批观察对象,如同一地点研究人群,必须是同质的。对这类资料通常需要计算平均数与标准差等指标,需要时还可进行各均数之间的比较或各变量之间的分析。

1. 描述计量资料平均水平的统计指标　平均数(average)用于描述数值资料的平均水平或者是集中位置的特征值,是统计中应用最广泛、最重要的一个指标。平均数的计算和应用必须具备同质基础,必须先合理分组,否则平均数没有意义。如男、女儿童的生长发育规律不同,如不分性别的求某一年龄组儿童的身高或者体重平均数,既不能说明男孩,也不能说明女孩的身高或体重特征,是毫无意义的。常用的平均数有算术平均数、几何平均数和中位数。

(1)算数均数(arithmetic mean):又称算术平均数,简称均数(mean),总体均数用希腊字

母 μ 表示，样本均数用 $\overline{X}$ 表示。它是反映数据集中趋势的一项指标，能反映全部观察值的平均水平，但他最适用于对称分布的资料，如描述正态分布（或近似正态分布）变量的平均水平。利用 Excel 中的 AVERAGE 函数对数据区域的引用【语法为：AVERAGE（Number1，Number2，...）】，可以快速计算出一组数据的均数。

（2）几何均数（geometric mean，G）：用于呈等比关系的医学检验资料，如抗体滴度及细菌计数等。利用 Excel 中的 GEOMEAN 函数对数据区域的引用（语法为：GEOMEAN（Number1，Number2，...）），可以快速计算出一组数据的几何均数。

（3）中位数（median，M）：中位数是按测量值大小顺序排列的一组数据中居于中间位置的数，即在这组数据中，有一半的数据比它大，有一半的数据比它小，不受该组数据的极大或极小值影响，常用来描述偏态分布资料的集中位置的测量值水平。在对称分布（如正态分布）的资料中，中位数与均数理论上数值是相同的。利用 Excel 中的 MEDIAN 函数对数据区域的引用【语法为：MEDIAN（Number1，Number2，...）】，可以快速计算出一组数据的中位数。

2. 描述计量资料变异程度的统计指标　极差、四分位间距、方差、标准差及变异系数。

（1）极差（range，R）：极差即一组测量值中最大值和最小值之差，反映个体差异的范围。极差越大，说明离散趋势越大，反之，说明离散程度越小。

（2）四分位间距（inter-quartile range，Q）：四分位数间距则为上四分位数（P_{75}）和下四分位数（P_{25}）之差。期间包括了全部测量值的一半，所以也可以看作中间一般测量值的极差。与极差类似，数值越大，说明离散程度越大，反之，越小；但比极差稳定。一般来讲，样本例数越多，四分位数间距越稳定，越近分布的中部越稳定。极差和四分位间距均未能考虑每个测量值的离散程度。

（3）方差（variance）：方差又称均方差（mean square deviation），是衡量随机变量或一组数据的离散程度的度量，总体方差用 σ^2 表示，样本方差用 S^2 表示。有 N 个变量值的总体方差为每个样本值（X）与全体样本值的平均数（μ）之差的平方值的平均数，即 $\sigma^2=\frac{\sum(X-\mu)^2}{N}$。在实际应用中，总体均数 μ 和总体中的个体数目 N 往往是未知的，因此在抽样研究中常常用样本均数 $\overline{X}$ 估计总体均数 μ，用样本方差估计总体方差，即 $S^2=\frac{\sum(X-\overline{X})^2}{n-1}$，因存在抽样误差，通常 $\overline{X}\neq\mu$，用抽样样本数 n 作为分母算得 S^2 要比 σ^2 小，所以用 $n-1$ 代替 N。利用 Excel 中的 STDEVP 函数对数据区域的引用【语法为：STDEVP（Number1，Number2，...）】，可以快速计算出总体数据的方差。

（4）标准差（standard variance）：方差的单位是原度量单位的平方，所以常用方差开根号换算回来，即标准差。总体标准差用 σ 表示，公式为 $\sigma=\sqrt{\frac{\sum(X-\mu)^2}{N}}$。同理计算样本标准差 S，即 $S=\sqrt{\frac{\sum(X-\overline{X})^2}{n-1}}$。利用 Excel 中的 STDEV 函数对数据区域的引用（语法为：STDEV（Number1，Number2，...）），可以快速计算出一组数据的标准差。

(5)变异系数(coefficient of variation,CV):变异系数为一组数据的标准差S与其相对应的平均数$\bar{X}$之比,用百分数表示,即$CV=\frac{S}{\bar{X}}\times 100\%$。当需要比较两组数据离散程度大小的时候,如果两组数据的测量尺度相差太大,或者数据量纲的不同,直接使用标准差来进行比较不合适,此时就应当消除测量尺度和量纲的影响,而CV没有量纲,可以进行客观比较。

3. 描述定量资料的常用统计图

(1)直方图(histogram):直方图是针对连续型变量(continuous variable)而言的,由一系列高度不等的纵向条纹或线段表示数据分布的情况。一般用横轴表示数据定量变量的组段,纵轴表示各组定量变量值所占的频率密度(频率/组距)即分布情况。利用SAS软件的PROC GCHART命令可以绘制直方图,所用的GCHART命令格式主要如下:

```
proc gchart;
    vbar 变量列表/type=作图类型关键字 space=0;
    hbar 变量列表/type=作图类型关键字 space=0;
run;
```

其中HBAR为绘制水平条图的命令、VBAR为绘制垂直条图的命令,其后跟着的选择项:

1)TYPE用来指定所做直方图的纵坐标,可以是:FREQ即频数(如不指定TYPE类型,此项为默认值),CFREQ即累积频次(cumulative frequency),PERCENT PCT即百分比(percentage),CPERCENT CPCT即累积百分比(cumulative percentage),SUM即总和,MEAN即均数。

2)SPACE必须标注为0,否则默认的条块间是有间隔的,就成了直条图了。直条图是针对离散型变量(discrete variable)的,也可用于计数资料的分类累计数量描述。

3)MIDPOINTS用来指定分段的组中值,既可以指定具体的值,也可以指定区间(指定区间的增量)。

例如,利用标准正态分布的随机函数RANNOR,随机生成一个含有1000个变量名为x的数据的正态分布数据集a。再利用PROC GCHART命令可以绘制其x以0.5为组间距(x取值从-3.5到3.5)的百分比的直方图,SAS程序及所绘制图形如图9-1:

```
data a;
  do i=1 TO 1000;
     x=rannor(0);
     output;
  end;
proc gchart data=a;
  vbar x/ type=percent space=0midpoints=-3.5 to 3.5 by 0.5;
run;
```

(2)累计频率分布图(cumulative histogram):累计频率分布图可用于描述连续型变量的累计频率分布,其横坐标为变量的组段,纵坐标为各组段的累计频率。累计频率分布图可以

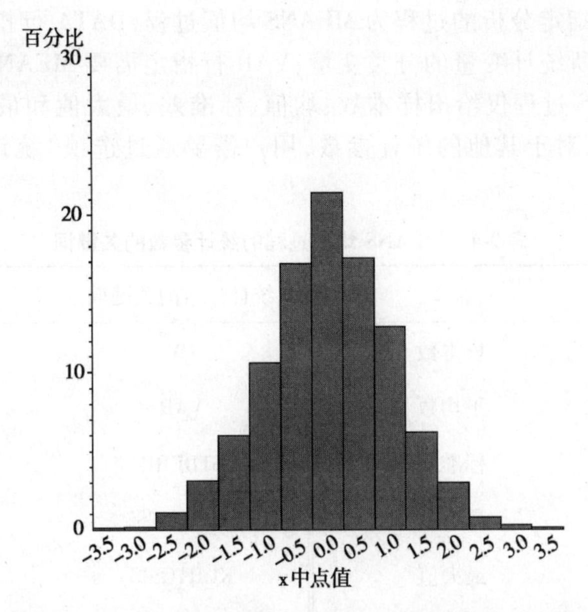

图 9-1 随机数 1000 的标准正态分布的概率分布直方图

直观的看出变量在某个指定区间之间的观测对象占有总体观测对象的比例。当样本足够大且组距越分越细时，累计频率分布图逐渐趋于变量的累计分布曲线。利用 SAS 软件的 PROC GCHART 命令的 HBAR 或 VBAR 语句的 CFREQ 选项可以绘制累计频率分布直方图（详见上，“直方图”部分）。

（3）箱式图（box plot）：箱式图又称为盒须图、盒式图或箱线图，用来帮助查看数据的分布特征，它可综合描述定量变量的平均水平和变异程度，还可显示数据中的离群值（outlier）或极端值（extreme case）。箱式图主要包含一组数据的 5 个数据节点：最大值、上四分位数 P_{75}、中位数 M、下四分位数 P_{25} 以及最小值，此外还有一个异常值。实际应用时，箱式图可以与直方图结合使用，以便更加全面的展示资料的分布特征。在 SAS 软件中，可利用 UNIVARIATE 过程绘制箱式图，只需要在 UNIVARIATE 过程中添加 PLOT 选项即可（详见下，“UNIVARIATE 过程”部分）。

4. 计量资料数据特征描述的软件实现

（1）利用 SPSS 软件描述计量资料数据特征：可通过 SPSS 的【分析】→【描述统计】的【频率】的对话框内对所分析变量及对【统计量】或【图标】的相应选项的选择完成要描述的统计量或图形，还可通过【分析】→【描述统计】的【描述】的对话框选择完成统计量的分析。

（2）利用 SAS 软件描述计量资料数据特征

1）MEANS 过程：MEANS 均值过程可对数据集中的变量进行描述性统计分析，其最基本的程序格式为：

```
proc means data=数据集名【统计参数关键词】;
  by 变量列表;
  var 变量列表;
run;
```

ROC 语句用于指定分析的过程为 MEANS 均值过程，DATA 行指定进行均值过程的数据集；BY 行指定所统计变量的分类变量；VAR 行指定需要 MEANS 过程统计的变量。默认情况下，MEANS 过程仅给出样本数、均值、标准差、最大值和最小值这几个基础统计参数的计算结果，对于其他的统计参数，用户需要通过选项“统计参数关键词”来添加（表 9-4）。

表 9-4　MEANS 均值过程的统计参数的关键词

统计参数的关键词	含义	统计参数的关键词	含义
N	样本数	CV	变异系数
MEAN	平均数	VAR	方差
STD	标准差	STDERR	均值的标准误
MIN	最小值	SKEWNESS	偏度
MAX	最大值	KURTOSIS	峰度
NMISS	缺失值个数	Q1|P25	四分之一分位数
MODE	众数	Q3|P75	四分之三分位数
MEDIAN	中位数	P1	第 1 百分位数
RANGE	极差	P5	第 5 百分位数
USS	加权平方和	P10	第 10 百分位数
CSS	均值偏差的加权平方和	P90	第 90 百分位数
UCLM	置信度上限	P95	第 95 百分位数
LCLM	置信度下限	P99	第 99 百分位数
CLM	置信度上限和下限	QRANGE	百分位数极差
SUM	累加和	PROBT|PRT	T 分布的双尾 P 值
SUMWGT	权数和	T	总体均值为 0 的 t 统计量

2）UNIVARIATE 过程：UNIVARIATE 过程也可进行描述性统计分析，其最基本的程序格式为：

```
proc univariate data=数据集名【统计参数关键词】;
  by 变量列表;
  var 变量列表;
run;
```

PROC 语句用于指定分析的过程为 UNIVARIATE 过程，DATA 行指定进行均值过程的数据集；BY 行指定所统计变量的分类变量；VAR 行指定需要 UNIVARIATE 过程统计的变量。UNIVARIATE 过程会将所有的描述性统计分析的结果输出到结果窗口。

在该语句后常用的选项介绍如表 9-5：

表 9-5　UNIVARIATE 过程的选项介绍

选项	介绍
DATA 语句	指定需要分析的数据集
PLOT 或 PLOTS	绘制茎叶图、盒式图和正态概率图。
FREQ	生成频数分布表
NORMAL	对输入变量进行正态性检验
BY 语句	用于指定分组的变量，在组内对数据进行描述性分析
CDFPLOT 语句	用于控制概率分布累积图的绘制
CLASS 语句	用法基本同 BY 语句，用于指定分组的变量
FREQ 语句	用于指定代表观测频数的变量
HISTOGRAM 语句	用于控制直方图的绘制
ID	语句用于指定数据集中识别观测的变量
OUTPUT 语句	用于建立一个新的数据表，存放分析的结果
QQPLOT 语句	用于控制 Q-Q 图的绘制
VAR 语句	用于指定 UNIVARIATE 过程分析的变量
WEIGHT 语句	用于指定代表观测权重的变量

（二）计数资料

计数资料又称分类资料，是先将观察对象按某种属性或类别分成若干组，再清点各组观察对象个数所得到的数据资料，观察对象之间没有量的差别，但各组之间具有质的不同，不同性质的观察对象不能归入一组，即其观察值是定性的，又称定性变量（qualitative variable）。对这类资料通常是先计算百分比或率等相对数，需要时做百分比或率之间的比较，也可进行两事物之间的相关分析。

1. 计数资料的分类　计数资料又分为无序分类资料及有序分类资料或等级资料两种：

（1）无序分类资料：无序分类的计数资料即分类变量（categorical variable）或名义变量（nominative variable），可分为二项分类及多项分类。最常见的二项分类的计数资料，如“性别”变量，以每个人为观察对象，分为男、女两类。多项分类的计数资料如“民族”、“职业”等，为互不相容的多个类别。无序分类变量的分析，应先分类汇总，统计观察对象的数量，编制分类资料的频数表。

（2）有序分类资料（等级资料）：有序分类资料或等级资料即有序变量（ordinal variable）或等级变量，是将观察对象按某种属性或特征分组，然后清点各组观察对象个数得来的，但所分各组之间具有等级顺序。这些资料既具有计数资料的特点，又兼有半定量的性质，称为等级资料或半定量资料。例如“学历”变量，以每个人为观察对象，分为文盲、小学、初中、高中、大学、研究生等，同样各组之间具有顺序与程度之别。

2. 计数资料与计量资料的转化　在统计描述分析中，根据研究的目的，计数资料与计量资料可以互相转化。如空气污染指数本是计量资料，但如果按 0～50、51～100、101～150、

151~200、201~300和>300等6档划分，就对应于空气质量的6个级别，指数越大，级别越高，说明污染越严重，对人体健康的影响也越明显，统计观察期间6档空气污染等级天数，于是这组空气质量资料就转化成为有序分类的等级资料，即计数资料了。

3. 计数资料的特征描述　分析等级资料常用的统计指标有比和率，常用的统计方法有秩和检验。分类资料的变量值是定性的，对其观察结果的统计整理，需要先按照分析要求分类汇总观察对象数，即频数，用统计表列出，即为分类资料频数表。对于这类资料常用相对比、构成比和率3类指标来描述。

（1）众数（mode）：众数是一组数据中出现次数最多的变量值，用于测度分类数据的集中趋势，用 M_0 表示。一般只有在数据量较大的情况下，众数才有意义。利用Excel中的MODE函数对数据区域的引用【语法为：MODE（number1，number2，...）】，可以快速计算出一组数值型数据的众数。

（2）比（ratio）：比亦称相对比，是A、B两个有关指标之比，为描述两个相关指标的相对水平。

（3）构成比（proportion）：构成比是指某一事物内部各组成部分所占的比重或者分布，常以百分数表示。在人群健康监测数据中，常常涉及医院门诊量中各类疾病所占构成比等；在空气污染监测中可涉及 $PM_{2.5}$ 各组分在 $PM_{2.5}$ 中所占的构成比等。

（4）率（rate）：率是说明某事件发生的频率或强度的指标，常用百分率（%）、千分率（‰）、万分率（1/万）或者十万分率（1/10万）表示。在空气污染健康影响监测中，往往涉及死亡率、急救率、发病率、症状发生率和学生缺勤率等。在率的计算中，需要注意分子和分母来源于同一时间段内的研究总体。

4. 标准化法　决定率（构成比）高低的因素往往是多方面的，除了研究因素外，其他影响因素在各组内部构成不同，则可能不能正确反映率的差异。以死亡率为例：在比较甲、乙两个地区总死亡率时，如果两组资料的年龄构成不同，由专业知识可知，年龄因素对死亡率有影响，若直接比较两地的死亡率，则可能由于年龄的混杂作用，而不能正确反映地区因素对死亡率的作用。

率的标准化就是采用统一标准的内部构成，以消除内部构成不同对检验统计量的影响，使算得的统计量具有可比性。通过标准化法计算得到的率，简称标化率，也叫调整率。常用的计算方法有直接法和间接法。直接标化法是用标准年龄构成作为权重来矫正两组之间的粗率。间接标化法是先用标准年龄发病率或死亡率计算期望发病数或死亡数，然后再用实际观察数除以估算到的期望数，得标准化比值。根据收集到的资料不同，选用的方法不同。以直接法计算标准化率为例：

已知标准组年龄别人口数时

$$p'=(N_1P_1+N_2P_2+\cdots+N_KP_K)/N$$
$$=(\sum N_iP_i)/N \quad \text{（式 9-1）}$$

P'：标化率

N_kP_k：第k年龄组按照标准组年龄组人口数算得的预期死亡数或发病数

$\sum N_iP_i$：被标化组按照标准组年龄组人口数算得的预期死亡数或发病数

N：标准组总人口数

已知标准组年龄别人口构成比时

$$p'=(C_1P_1+C_2P_2+\cdots\cdots+C_KP_K)=\sum C_iP_i \quad \text{(式 9-2)}$$

P'：标化率

C_kP_k：第 k 年龄组按照标准组年龄组人口构成算得的预期死亡率或发病率

$\sum C_iP_i$：被标化组按照标准组年龄组人口构成算得的预期死亡率或发病率

在率的标准化中，需要选定共同的标准：①选择公认的构成作为标准构成，如全国、全省或本地区的构成作为标准构成；②用两组构成之和作为标准构成；③以两组中任意一组的构成作为标准构成。在全国性监测项目中，对死亡率的标化，建议使用最新的全国人口数据进行标化。

5. 描述定性资料的常用图表

（1）列联表（contingency table）：列联表是由两个或两个以上变量交叉分类的频数分布表。二维的列联表也称交叉表（cross table）。

（2）直条图（bar chart）：直条图是用等宽直条的高度表示相互独立的各项指标数量的大小，可描述离散型定量资料和定性资料的频率分布。

（3）饼图（pie chart）：饼图显示定性资料一个变量数据中各项的多少与各项总和的比例。饼图中的各个扇面显示为各个组成所占整体的比例。

（4）统计地图（statistical map）：统计地图主要用于表示某种现象在地域空间上的分布，根据不同地方某现象的数值大小，采用不同密度的线条或颜色绘制在地图上，有助于分析该现象的地理分布特征。详见第五章环境空气污染的时空分布特征与模拟。

6. 计数资料数据特征描述的软件实现

（1）利用 SPSS 软件描述数据特征及制作统计图表：可通过 SPSS 的【分析】→【描述统计】的【频率】的对话框内对所分析变量及对【统计量】或【图标】的相应选项的选择完成要描述的统计量或图形，还可通过【分析】→【描述统计】的【交叉表】的对话框选择交叉表的行、列及图形等，完成列联表及统计图的制作。

（2）利用 SAS 软件描述数据特征及制作统计图表：FREQ 过程可以对计量资料进行统计描述，生成频数表或列联表。以一个含有 x1、x2 及 x3 等 3 个变量的数据库 test 为例，①生成单变量的频数表：

```
proc freq data=test;
  tables x1 x2 x3;
run;
```

②生成列联表：

```
proc freq data=test;
  tables x1*x2*x3;
run;
```

二、概率分布特征

在开始进行统计分析之前，对质量合格的数据先要评价数据的分布特征，最后针对数据的分布特征和研究方法，选择适宜的统计分析方法。

（一）正态分布

1. 正态分布概述　正态分布亦称 Gauss 分布，是一种很重要的连续性分布，不少医学现象服从正态分布或近似正态分布,或经数值转换后为正态分布,其应用甚广。如同性别、同年龄儿童的身高,以及实验中的随机误差,一般表现为正态分布,均可按正态分布规律来处理。正态分布有两个重要的参数,即均数(μ)和标准差(6),标准差是变异度参数,当均值恒定时,标准差越大,表示数据越分散,标准差越小,则表示数据越集中,参见图 9-2。

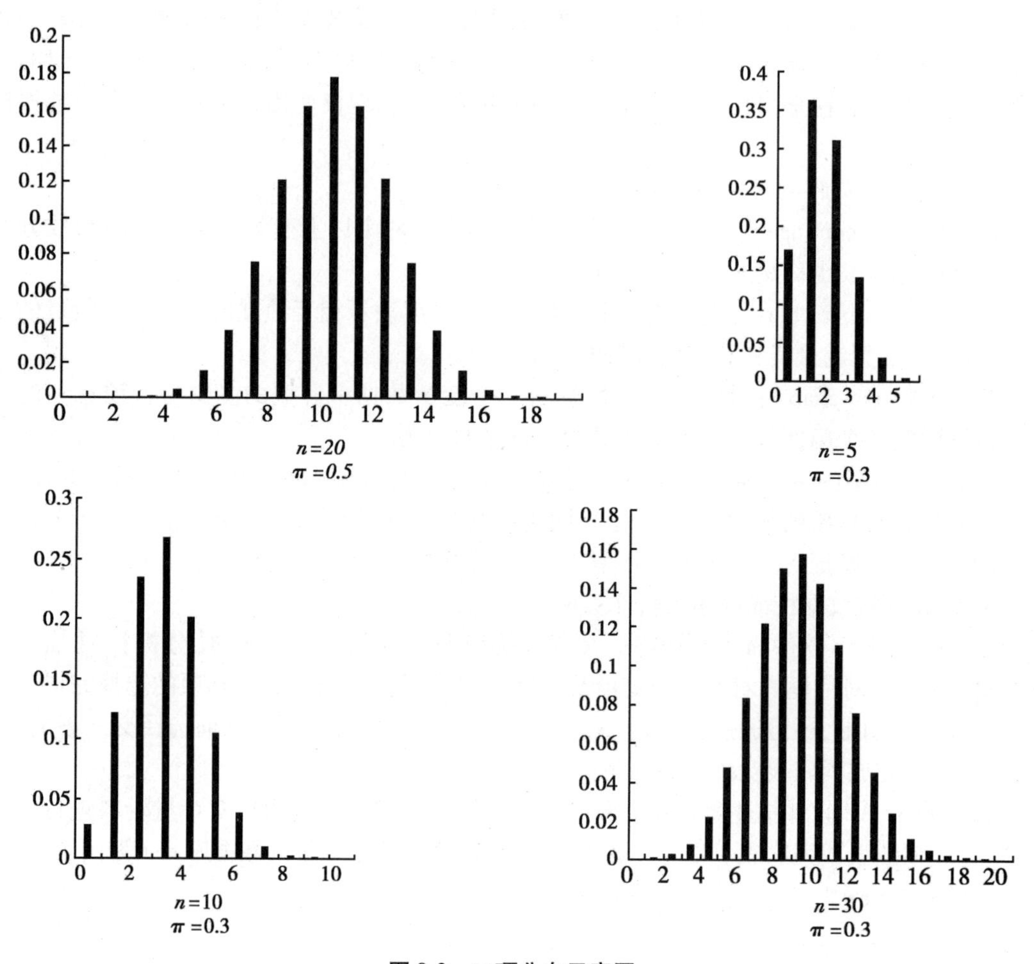

图 9-2　二项分布示意图

2. 正态分布的应用　在健康影响评价研究中,正态分布数据的集中趋势和离散趋势主要用于:①估计参考值范围:对于正态分布或者近似正态分布,只要求得均数和标准差,便可就其频数分布做出概约估计。理论上 $\mu \pm 1.96\sigma$ 及 $\mu \pm 2.58\sigma$ 的区间分别占总观察对象数的 95%及 99%,可用来估计参考值范围;②质量控制:或者使用 $\bar{x} \pm 2s$ 作为上、下警戒值,$\bar{x} \pm 3s$ 作为上、下控制值进行质量控制。

除此以外,正态分布还导出了几个重要的分布,χ^2 分布、t 分布以及 F 分布。

(1)Z 分布和 t 分布:假设 X 服从标准正态分布 $N(\mu,\sigma^2)$,可做 $Z=\frac{X-\mu}{\sigma}$ 的变换,经此变换得到的变量 Z 服从正态分布,便有 $Z=\frac{X-\mu}{\sigma} \sim N(0,1)$,即表标准正态分布。实际工作中,一

个正态分布抽样均数 $\overline{X}$ 也服从正态分布，当 $\sigma_{\overline{X}}$ 未知的时候用 $S_{\overline{X}}$ 代替，那么就有 $t=\frac{\overline{X}-\mu}{S_{\overline{X}}}=\frac{\overline{X}-\mu}{S/\sqrt{n}}$ ~t 分布，$v=n-1$ 的分布称为自由度为 v 的 t 分布，记为 $Z\sim t(v)$。t 分布又称学生 t-分布（student's t-distribution）经常应用在对呈正态分布的总体的均值进行估计。当自由度趋于无穷大时，t 分布曲线为标准正态分布曲线。

（2）χ^2 分布（卡方分布）：若 n 个相互独立的随机变量 $X_1, X_2, \cdots, Xn$，均服从标准正态分布（也称独立同分布于标准正态分布），则这 n 个服从标准正态分布的随机变量的平方和构成一新的随机变量，即 $\sum_{i=1}^{n} X_i^2$，其分布规律称为卡方分布（chi-square distribution），即服从自由度为 n 的 χ^2 分布。当 n 趋于无穷大时，χ^2 分布的极限分布是正态分布。

（3）F 分布：设 Y、Z 为两个独立的随机变量，Y 服从自由度为 m 的卡方分布，Z 服从自由度为 n 的卡方分布，则 $X=\frac{Y/m}{Z/n}$ 服从第一自由度为 m，第二自由度为 n 的 F 分布，记作 $X\sim F(m,n)$。F 分布在方差分析、回归方程的显著项检验中有着重要的地位。

（二）非正态分布

1. 等比资料或者对数正态分布资料　有些资料，如空气污染对人体免疫指标影响研究中，检测的抗体的滴度等，其频数分布明显呈现偏态，各观察值之间常呈倍数变化（等比关系），或者对数正态分布资料，适宜用几何均数，反映其平均增（减）倍数。因为 0 不能取对数，也不能与其他数成倍数关系，因此应用时观察值中不能有 0，也不能同时有正值和负值。同一组资料求得的几何均数不大于均数。

2. 偏态分布或未知分布资料　对于偏态资料，常用极差（R）和四分位数间距（Q）反映数据分布的离散程度。也可结合应用多个百分位数全面描述总体或样本的分布特征。百分位数（percentile）适用于描述样本或总体观察值序列在某百分位位置的水平，最常用的百分位数 P_{50} 即中位数（M），常用于描述偏态分布资料的集中位置，反映位次居中的观察值的水平。和均数、几何均数不同，中位数不是由全部观察值的数值综合计算出来的，只受居中变量值波动的影响，不受两端特小值和特大值的影响，因此，当分布两端无确定数据，不能直接求均数和几何均数时，可以求中位数。

（三）二项分布

二项分布就是重复 n 次独立的伯努利试验。在每次试验中只有两种可能的结果，而且两种结果发生与否互相对立，并且相互独立，与其他各次试验结果无关，事件发生与否的概率在每一次独立试验中都保持不变，则这一系列试验总称为 n 重伯努利实验，当试验次数为 1 时，二项分布服从 0-1 分布。

1. 二项分布的定义　在概率论和统计学中，二项分布是 n 个独立的是/非试验中成功的次数的离散概率分布，其中每次试验的成功概率为 P。这样的单次成功/失败试验又称为伯努利试验。实际上，当 $n=1$ 时，二项分布就是伯努利分布，二项分布是显著性差异的二项试验的基础。

在健康影响评价中，有一些随机事件是只具有两种互斥结果的离散型随机事件，称为二项分类变量，如空气污染事件对儿童呼吸系统症状的发生（或不发生）的影响。二项分布就是对这类只具有两种互斥结果的离散型随机事件的规律性进行描述的一种概率分布。

2. 二项分布的应用条件

(1)各观察单位只能具有相互对立的一种结果,如生存或死亡等,属于两分类资料。

(2)已知发生某一结果的概率为 π,其对立结果的概率为 $1-\pi$,实际工作中要求 π 是从大量观察中获得比较稳定的数值。

$$n_x = np + x\sqrt{np(1-p)} \qquad (式 9\text{-}3)$$

(3) n 次试验在相同条件下进行,且各个观察对象的观察结果相互独立,即每个观察对象的观察结果不会影响到其他观察对象的结果。如要求疾病无传染性等。

3. 二项分布的概率与累计概率

(1)二项分布的概率:考虑只有两种可能结果的随机试验,当成功的概率 π 是恒定的,且各次试验相互独立,这种试验在统计学上称为伯努利试验。如果进行 n 次伯努利试验,取得成功次数为 $X(X=0,1,2,\cdots,n)$ 的概率可用下面的二项分布概率公式来描述:

$$P(X) = \binom{n}{X} \cdot \pi^x \cdot (1-\pi)^{n-x} \qquad (式 9\text{-}4)$$

式中的 n 为独立的伯努利试验次数,π 为成功的概率,$(1-\pi)$ 为失败的概率,X 为在 n 次伯努里试验中出现成功的次数,表示在 n 次试验中出现 X 的各种组合情况,在此称为二项系数。$P(X)$ 表示含量为 n 的样本中,恰好有 X 例阳性数的概率。

(2)二项分布的累计概率:二项分布的累计概率可用于统计推断,常用的有下列两种累计方法:

①最多有 k 列阳性的概率 $P(X\leqslant k) = \sum_0^k P(X), X=1,2,\cdots,k,\cdots,n$。

②最少有 k 列阳性的概率 $P(X\geqslant k) = \sum_k^n P(X), X=1,2,\cdots,k,\cdots,n$。

4. 二项分布的图形　以 X 为横轴,以 $P(X)$ 为纵轴,即可做出二项分布的条形图。由图可见,二项分布的形状取决于 π 与 n 的大小。当 $\pi=0.5$ 时,分布对称,近似正态分布;当 $\pi\neq0.5$ 时,分布呈偏态,特别是 n 值不大时,π 偏离 0.5 越远,分布越偏,但只要 π 不接近于 0 或 1,随着 n 的增大,分布逐渐逼近正态分布。一般来说 $n\pi$ 或 $n(1-\pi)$ 小于 5 时呈偏态分布。因此,当 π 或 $1-\pi$ 不太小,而 n 足够大时,我们常用正态近似原理来处理二项分布的问题。

5. 二项分布的均数与标准差　在二项分布资料中,当 π 和 n 已知,其均值 μ 和其标准差 σ 可按公式推算出来:$\mu=n\pi$ 及 $\sigma=\sqrt{n\pi(1-\pi)}$。如果均数与标准差改用率表示,即对上述两公式别除以 n,即 $\mu_p=\pi$ 及 $\sigma_p=\sqrt{\frac{\pi(1-\pi)}{n}}$ 其中 σ_p 是率的标准差,称率的标准误。当 π 未知时,常以样本率 p 来估计:$S_p=\sqrt{\frac{p(1-p)}{n}}$。样本率和样本类似,也有抽样误差,率的抽样误差大小是用 σ_p 或 S_p 来衡量的。

(四) Poisson 分布

1. Poisson 分布的定义　Poisson 分布(Poisson distribution)——泊松分布,是一种常见到的离散概率分布(discrete probability distribution),他可视为二项分布的特例,当二项分布的 n 很大而 π 很小时,即样本例数非常多而所观察结局发生率极小时(如某地区人群死亡率),Poisson 分布可作为二项分布的近似,其中 λ 为 $n\pi$。通常当二项分布 $n\geqslant20$ 且 $\pi\leqslant0.05$ 时,就可以用 Poisson 分布公式近似计算。

Poisson 分布一般记作 $P(\lambda)$，λ 也是 Poisson 分布的唯一参数，Poisson 分布的概率函数为：$P(X)=e^{-\lambda}\cdot\frac{\lambda^X}{X!}, X=0,1,2,\cdots$。其中，$\lambda$ 是单位时间（或单位面积）内随机事件的平均发生率。泊松分布适合于描述单位时间内随机事件发生的次数。

2. Poisson 分布的图形　以事件发生数 X 为横轴，以对应于 X 的概率 $P(X)$ 为纵轴，对所有可能的 $X(X\geqslant 0)$ 分别绘制条形图，得 Poisson 分布图，由图 9-3 可以看出 Poisson 分布的图形是非对称的，总体参数 λ 值越小，分布越偏；随着 λ 增大，分布趋向对称。

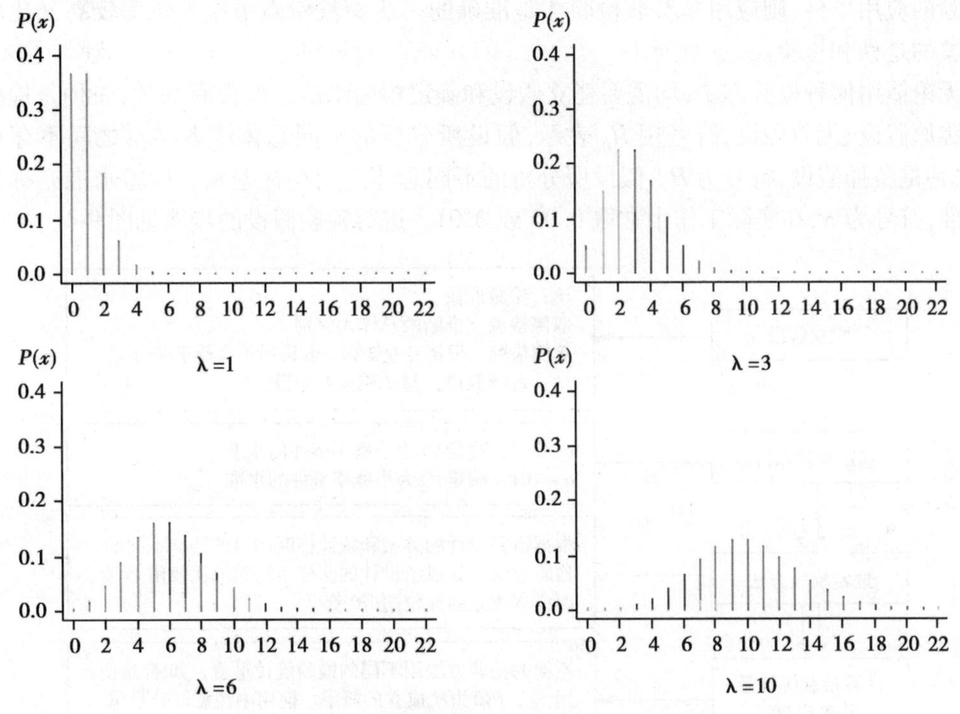

图 9-3　λ 取不同值时的 Poisson 分布图

3. Poisson 分布的特性

（1）Poisson 分布的总体均数与总体方差相等，均为 λ。

（2）Poisson 分布的观察结果有可加性。若从总体均数为 λ_1 的 Poisson 分布总体中随机抽出一份样本，其中稀有事件的发生次数为 X_1，再独立地从总体均数为 λ_2 的 Poisson 分布总体中随机抽出另一份样本，其中稀有事件的发生次数为 X_2，则它们的合计发生数 $X_{12}=X_1+X_2$ 也服从 Poisson 分布，总体均数为 $\lambda_{12}=\lambda_1+\lambda_2$。上述性质还可以推广到多个 Poisson 分布的情形，即从 $\lambda_i(i=2,3,4,\ldots)$ 的 i 个 Poisson 分布总体中分别独立随机抽出一份样本，其中稀有事件的发生次数为 $X_i(i=2,3,4,\ldots)$，则它们的合计发生数 $\sum X_i$ 也服从总体均数为 $\sum\lambda_i$ 的 Poisson 分布。

第三节　统计检验方法

假设检验（hypothesis testing）是根据一定假设条件由样本推断总体的一种方法。在统计分析中，t 检验、Z 检验和方差分析均要求样本来自的总体分布型是已知的（如正态分布），在这种假设基础上，对总体参数（如总体均数）进行估计或检验，故为参数检验。如果总体为非正态分布，则样本例数必须足够多。若总体分布类型不知，或者呈现偏态分布，与参数检验所要求的条件不符，则需要使用非参数统计进行检验假设，这种方法不依赖于总体的分布型，应用时用于分布之间的比较，而并非参数之前的比较，故为非参数检验。

由于不受总体分布的限定，非参数检验的使用范围较广。但需要指出的是，非参数检验的检验效率低于参数检验，若数据类型适合参数检验条件，则首选参数检验，若不能满足参数检验的应用条件，则应用非参数检验才是准确的。非参数检验中检验效率较高又比较系统完整的是秩和检验。

无论使用何种检验方法，均需要建立假设和确定检验水准。假设有两种，一种是检验假设或称原假设、无效假设，符号用 H_0 表示，假设所分析的不同总体或者样本之间不存在差别；一种是备择假设，符号为 H_1，假设所分析的不同总体之间存在差别。检验水准亦称显著性水准，符号为 α，在实际工作中常取 0.05 或 0.01。进行检验假设的步骤见图 9-4。

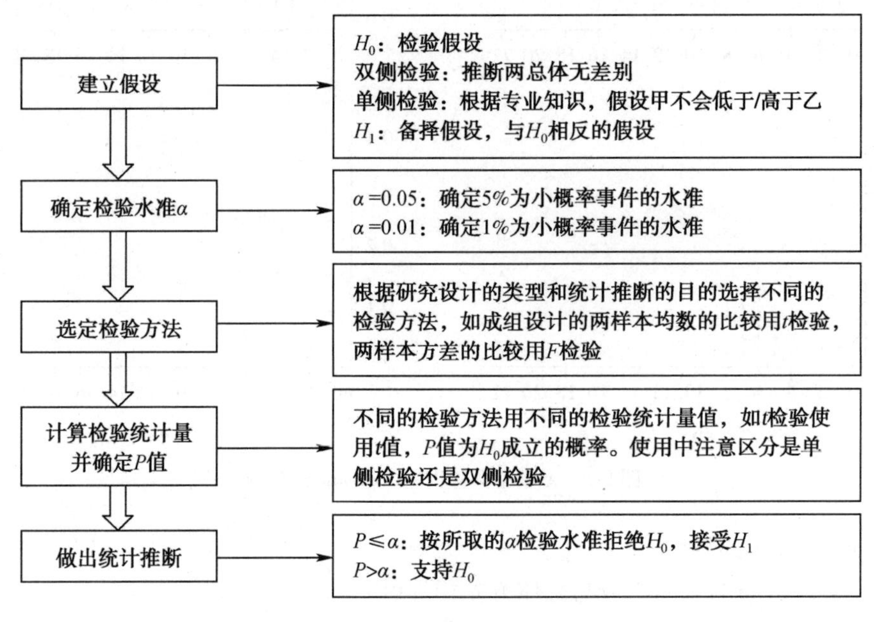

图 9-4　进行假设检验的一般步骤

一、参数统计检验方法

（一）t 检验和 Z 检验

上一节已经介绍了 Z 分布和 t 分布，Z 检验和 t 检验是用其分布理论来推论差异发生的概率，从而比较两个平均数的差异是否显著。t 检验亦称学生 t 检验（student's t test），主要用于样本含量较小（$n\leqslant50$），总体标准差 σ 未知的正态分布资料，做两样本均数比较时还要求两样本的总体方差相等（需要做一个方差齐性检验），两组以上则是做方差分析。即 t 检验的应用条件是：①随机样本；②来自正态分布总体；③均数比较时，要求两总体方差相等（方差齐性）。检验数据是否满足第一个条件，在实践中主要根据专业知识判断。检验数据是否满足第二个条件,要分别对各组数据进行正态性检验。检验数据是否满足第三个条件,可对资料进行方差齐性检验。z 检验则用于样本数 n 较大($n>50$),或 n 虽小而总体标准差 σ 已知的正态分布。

在 SPSS 及 SAS 软件的实际操作与统计分析实现中,对 t 检验和 Z 检验的操作方法及数据结果的参考值是一致的,只是 t 值的计算方法要比 Z 值繁琐,而结果一般而言相差不大。且根据中心极限定理,当样本数足够大,其样本均数的抽样分布仍然是正态,也就是说,只要数据分布不是强烈的偏态,一般而言 T 检验(软件中的 T 检验或 TTEST 过程)都是适用的。

1. 单个样本均数的 t 检验　单个样本均数的 t 检验即样本均数与总体均数比较,实际上是推断该样本来自的总体均数 μ 以及已知的总体均数 μ_0 有无差别。通过 t 值对应的 P 值,通过事先确定的 α 进行统计推断,即如果 $P<\alpha$ 就拒绝 H_0,反之则不拒绝。

2. 配对设计的两样本均数 t 检验　配对样本均数的 t 检验又称配对 t 检验,适用于配对设计的计量资料两相关样本均数的比较,其比较目的是检验两相关样本均数所代表的未知总体均数是否有差别。配对设计一般有两种情况:①同一受试对象处理或者暴露前后的比较,目的是推断该处理或者暴露无作用,如雾霾前和雾霾期小学生的两次肺功能监测;②对同一受试对象或者对同对的两个受试对象分别给予两种处理,目的是推断两种处理效果有无差别,如干预实验:雾霾天使用口罩或空气净化器的使用效果研究等。

配对设计下的数据具有一一对应的特征,研究者关心的变量常是对子的效应差值而不是各自的效应值,因此在进行配对资料的 t 检验时,首先应求出各对数据间的差值 d,将 d 作为变量值计算均数。若两处理因素的效应无差别,理论上差值 d 的总体均数 μ_d 应为 0,故可将该检验理解为样本均数 $\bar{d}$ 所对应的总体 μ_d 与总体均数 0 的比较,因此其应用条件是差值 d 变量服从正态分布。

3. 两独立样本均数的 t 检验　两独立样本均数的 t 检验又称成组 t 检验,适用于完全随机设计两独立样本均数的比较,其比较的目的是检验两独立样本均数所代表的未知总体均数是否有差别。推断两个样本是否来自相同的总体,更具体地说,是要检验两样本所代表的总体均数是否相等。两个均数不等,有两种可能:①抽样误差所致;②环境条件的影响。

4. t 检验和 z 检验的软件实现

(1)利用 SPSS 软件进行 t 检验:利用 SPSS 软件的【分析】→【比较均值】→【单样本 T 检验】/【独立样本 T 检验】/【配对 T 检验】对话框选择相应变量或配对变量进行相关的 t 检验。对话框内的【选择】按键可修改检验标准(默认 $\alpha=0.05$)及更改缺失值排除标准。点击确认后可输出 t 值及相关 P 值(sig.),其中【独立样本 T 检验】即两独立样本均数的 t 检验还给出方差齐性检验(方差方程的 Levene 检验)的 F 值及对应的 P 值。

(2)利用 SAS 软件进行 t 检验:SAS 软件通过 TTEST 过程实现 t 检验,以文件名为 test 的数据集为例,假设 x1 为分类变量,x2 及 x3 为配对的计量资料,具体的 t 检验程序示例如下:

①单个样本均数的 t 检验(设总体均数为 m)

```
proc ttest data=test h0=m;
  var x2 x3;
run;
```

②配对设计的两样本均数 t 检验

```
proc ttest data=test;
  paired x2 * x3;
run;
```

③两独立样本均数的 t 检验

```
proc ttest data=test;
  class x1;
  var x2 x3;
run;
```

以上程序运行后会输出统计量、置信限、*T* 检验等多个表单，按照 *t* 值对应的 *P* 值来判断是否拒绝检验假设。其中③两独立样本均数的 *t* 检验的结果会直接给出方差齐性检验（equality of variances）的 *F* 值及对应的 *P* 值。

（二）方差分析

1. 方差分析概述　方差分析（analysis of variance，简称 ANOVA）又称 *F* 检验，包括单因素方差分析和多因素方差分析。

方差分析的基本思想可以归纳为根据研究设计的类型，将全部测量值之间的变异，即数据的总离均差平方和（$SS_{总}$）及自由度（$\vartheta_{总}$），分解为两个或多个部分，每个部分的变异都由某个因素的作用引起，其中至少有一个部分表示各组均数间的变异情况，另一部分表示误差，通过比较不同变异来源的均方（*MS*），借助 *F* 分布做出统计推断（$F=\frac{MS_{组间}}{MS_{组内}}$），从而推论各种处理因素对研究结果有无影响。进行方差分析时要求资料满足正态分布且方差相等两个基本假设。

方差分析对两个独立样本的均数比较同 *t* 检验等价，且关系如下 $t^2=F$。对三个及以上样本的均数进行比较时往往用方差分析，其应用条件与 *t* 检验相似：各样本是相互独立的随机样本；各样本来自正态总体；各样本的总体方差相等，即方差齐。

2. 方差分析的软件实现

（1）利用 SPSS 软件进行单因素方差分析：在 SPSS 分析界面点击【分析】→【比较均值】→【单因素 ANOVA】对话框，选入变量及分组变量，【选择】键可以设置统计描述指标及缺失值排除标准，点击确认后可输出描述性统计指标、方差齐性检验以及方差分析（ANOVA）结果。如果初步判断方差齐并存在显著性差异，可重复【分析】→【比较均值】→【单因素 ANOVA】步骤，在单因素方差分析的对话框中，直接点击【两两比较】按钮，在对话框上面假定方差齐性的栏框点击“检验方法（LSD）”选项，确定后输出分析结果，会出现组与组间的多重比较结果，通过 P 值判断各组间有无显著性差异。

（2）利用 SAS 软件进行方差分析：利用 SAS 软件的 ANOVA 过程对计量数据进行方差分析。以一个含有数值型变量 x 以及分类变量 a、b 等两个影响因素的数据集 test 为例，分别做其 x 变量的单因素及多因素方差分析语句为：

①单因素方差分析（以分类变量 a 为例）

```
proc anova data=test;
  class a;
```

```
  model x=a;
run;
```

②多因素方差分析

```
proc anova data=test normal;
  class a b;
  model x=a b a*b;
run;
```

其中CLASS语句指定分类变量;MODEL语句控制自变量的相互作用模型,包括主效应模型:“指标变量(因变量)= 自变量列表”,如①中“model x = a”、交互效应模型:“指标变量(因变量)= 自变量列表自变量交互作用列表(交互作用以 * 表示)”,如②中“model x = a b a * b”、嵌套效应模型等。以上程序运行后会输出数据基本信息表,即因素变量及观测值的基本信息表,以及各方差分析模型方差分析结果的 F 值以及对应的 P 值。

(三) 正态性检验

正态分布是很多统计方法的理论基础,如 t 分布、F 分布和 χ^2 分布等都是在正态分布的基础上推出的,某些分布如 t 分布、二项分布和 Poisson 分布等的极限均是正态分布,在一定条件下,均可按正态近似的原理来处理。但很多资料可能是呈偏态分布的,如环境中有害物质的浓度等,有些统计方法只适用于正态分布资料,因此,在应用这些方法之前,需要判定资料是否服从正态分布或者样本是否来自于正态总体,这就是正态性检验(test of normality)。资料数据是否取自正态分布总体影响到统计方法的选择确定,因此数据的正态性检验极为重要。

W 检验法和 D 检验法是我国制定的正态性检验国家标准 GB4882-85 推荐的正态性检验的专用方法,都需要通过专用的计算表来确定临界值;其中 W 检验在 $3 \leqslant n \leqslant 50$ 是使用,D 检验在 $50 < n \leqslant 1000$ 时使用。

正态分布的特征归纳起来有两点,一是对称性,一是正态峰。即观察单位的频数以均数处最高,正态分布图形以均数为中心,左右对称。分布不对称即为偏态。进行正态性检验的计算方法很多,如使用矩法(动差法)推导偏态系数和峰度系数进行正态性检验,下面介绍如何使用统计软件对数值变量进行正态性检验。

1. 正态性检验要点　正态性检验的重要统计量是取决于概率 P 值,样本量一般不少于200个观察值。如果样本规模太小,则要观察附加的统计量,如条形图、正态概率图、茎叶图、框图或偏度、峰度。茎叶图和正态概率图比较直观,但在观察值较少的情况下观察偏度和峰度更有益处。

2. 正态性检验的软件实现

(1)利用 SPSS 软件进行单样本 K-S 检验:利用 SPSS 软件的【分析】→【非参数检验(N)】→【旧时对话框】→【1-样本 K-S】对话框进行单样本 K-S 检验,以探索连续随机变量的分布。在对话框内选择要分析的变量,系统默认 $\alpha = 0.01$,如需修改点击【精确】按钮进行设置。【选项】按钮可增加统计量及更改缺失值排除标准。检验分布类型选择“常规”,点击确认后如图 9-5 的示例所示:Kolmogorov-Smirnov Z 值为 3.912,其对应的 P 值小于 0.001(即.000),拒绝原假设,认为该日均温度数据不服从正态分布。

(2)利用 SAS 软件进行正态性检验:利用 SAS 软件的 UNIVARIATE 过程对计量数据进

行特征描述（详见本章第一节的第一部分中“利用 SAS 软件描述计量资料数据特征”部分）。利用 UNIVARIATE 过程的 NORMAL 选项对输入变量进行正态性检验。以一个含有变量 x 的数据集 test 为例，做其 x 变量的正态性检验语句为：

```
proc univariate data=test normal;
varx;
run;
```

查看分析结果表单中的“正态性检验”表格的 Kolmogorov-Smirnov 检验对应的 P 值，如果 $P>0.05$，则可接受假设认为数据来自正态总体。

单样本 Kolmogorov-Smirnov 检验

		tmean
N		1095
正态参数[a,b]	均值	17.00
	标准差	7.150
最极端差别	绝对值	.118
	正	.079
	负	-.118
Kolmogorov-Smirnov Z		3.912
渐近显著性(双侧)		.000

a. 检验分布为正态分布
b. 根据数据计算得到

图 9-5　某市 3 年的日均温度数据的正态检验

（3）正态性检验的其他方法：判断数据是否为正态分布，还可根据变量值的频数分布表绘制条形图、散点图，呈现数据的分布图形。另外，通过观察描述性统计量，即正态分布的资料其描述统计量中的偏度（skewness）和峰度（kurtosis），两者应该很接近于 0；正态分布的均值、中位数和众数重叠；或者是标准差与均值相比很小来判断（详见本章第一节的第一部分中“描述定量资料的常用统计图”及“计量资料数据特征描述的软件实现”部分的方法）。

二、非参数统计检验方法

非参数检验是相对于参数检验来说的，前面提到的参数检验如 z 检验及 t 检验，这些检验都假设样本来自于正态总体，将总体的数据资料特征看作未知的参数，通过样本的数据特征对其总体进行统计推断，但实际很多数据并不能满足参数检验的条件，所以非参数数据统计检验方法也尤为重要。非参数检验相对于参数检验有以下特点：①对数据的要求不严格，对资料的分布类型要求比较宽松；②检验方法灵活，使用的用途广泛；③计算相对简单，易于理解和掌握。本章主要介绍空气污染人群健康影响评价中经常用到的卡方检验及秩和检验两种方法。

（一）卡方检验

χ^2 检验（chi-square test）即卡方检验，是对分类数据（计数资料）的频数进行分析的统计方法。

χ^2 检验包括拟合优度检验（goodness of fit test）以及列联表的独立性检验。拟合优度检验是对一个分类变量的检验，是对分类数据的频数进行分析。列联表的独立性检验即多个独立样本 $R\times C$ 列联表资料的 χ^2 检验，是多个样本率（或构成比）的比较（当 $R=C=2$ 的时候即为如独立样本四格表资料的 χ^2 检验）。在本章的第二节中已简要介绍了 χ^2 分布，这里主要结合本书涉及的 χ^2 统计量的应用介绍列联表资料的 χ^2 检验。

1. 列联表资料的 χ^2 检验的使用条件　构成比或率的检验使用卡方检验方法，要求四格表或者列联表格子数的理论频数不宜太小，一般认为列联表中不宜有 1/5 以上格子的理论频数<5,或有一个<1。对于此类数据建议通过以下方法增加样本量:①删去理论频数太小的行和列;②将太小理论频数所在的行或列的实际频数与性质相近的邻行邻列合并,使理论数增大。

对于多个样本率(构成比)比较的χ^2 检验来说,$P<\alpha$(α一般为 0.05),只能认为各总体率(构成比)之间总的来说有差别,不能说明它们彼此之间或某两者间有差别,需要对多个样本率先进行行列分割后再进行卡方检验。χ^2 分割法:按照最相近原则,把样本率(构成比)相差不大的样本分割出来,计算χ^2 值,差异无显著性时,将其合并为一个样本,再与另一较相近样本比较,如此进行,直至结束。

率的比较应注意可比性:①观察对象是否同质?研究方法是否相同?观察时间是否相等?以及其他可能影响到研究结果的因素在比较组内部是否相同?②同一地区不同时期资料的相对数比较时,应注意条件是否变化。

2. χ^2 检验的软件实现

(1)利用 SPSS 软件进行χ^2 检验:利用 SPSS 软件的【分析】→【描述统计】→【交叉表】对话框进行列联表χ^2 检验,在对话框设置行变量名和列变量名。点击【统计量】并在对话框选择"卡方(H)"分析方法,如果是配对设计的卡方检验,还要点击"McNemar"复选框。点击【单元格(E)】并在对话框根据分析目的点选输出结果展示内容。运行后会显示χ^2 检验值及对应的 P 值。

如果是已整理好的加权资料,可先通过【数据】→【加权个案】步骤选入该频数变量。

(2)利用 SAS 软件进行χ^2 检验:我们在本章第一节的计数资料数据特征描述的软件实现中曾经讲到,利用 SAS 的 FREQ 过程可以对计量资料进行统计描述,生成频数表或列联表。利用 TABLES 语句后面的选择项 CHISQ 进行χ^2 检验,选择项 MEASURES 输出关键性度量的统计量,如果是配对设计数据需要选择项 AGREE 并输出 McNemar χ^2 检验。

①以一个含有 $x1$、$x2$ 等 2 个分类变量的数据库 test 为例进行χ^2 检验:

```
proc freq data=test;
  tables x1*x2 /chisq measures;
run;
```

②以一个含有 $x1$、$x2$ 等 2 个分类变量,以及其对应的频数变量为 f 的数据库 test 为例进行χ^2 检验:

```
proc freq data=test;
  weight f;
  tables x1*x2 /chisq measures;
run;
```

③假设①中示例为配对设计数据,则用 McNemar χ^2 检验:

```
procfreq data=test;
  tables x1*x2 /chisq measures agree;
run;
```

(二)秩和检验

t 检验要求样本来自总体分布型是已知的(如正态分布),但对于总体呈现偏态分布,或者总体分布型未知的资料，则需要使用非参数检验。

1. 秩和检验的使用条件　秩和检验是对于变量值秩次的比较。假设两样本总体分布相同，如果两个样本 $n1$ 和 $n2$ 来自于同一个总体或者分布相同的两个总体，则 $n1$、$n2$ 两样本的平均秩和应相差不大。成组设计的两样本比较的秩和检验常用 Wilcoxon，成组设计的多组样本比较的秩和检验常用 Kruskal-Wallis 法。需要注意，在列联表的分析中，单向有序列联表宜用秩和检验。因秩和检验方法在分析时丢弃了原始数据的信息，只是利用数据的秩次信息，其检验效率比参数检验效率低，因此，当资料满足参数检验的条件时，应首选参数检验。

2. 秩和检验的软件实现

（1）应用 SPSS 进行秩和检验：如果经过方差齐性检验，发现不同空气污染程度下人群死亡数方差不齐，因此采用秩和检验。利用 SPSS 软件的【分析】→【非参数检验】→【旧对话框】→【k 个独立样本(k)】对话框进行秩和检验，在对话框设置检验变量名和分组变量名，并定义分组变量范围。运行后会显秩和检验值及对应的 P 值。

（2）应用 SAS 进行秩和检验：进行秩和检验的 SAS 分析程序：

```
proc npar1way data=数据库名称;
  class 分组变量名;
  var 分析变量名;
run;
```

第四节　空气污染对人群健康影响评价

空气污染相关的人群健康效应终点包括从亚临床症状、发病到死亡的一系列终点变化，一般可分为急性和慢性作用两种。通常以每日死因、门诊及急救等数据的变化反映空气污染物浓度短期波动对人群健康影响的急性作用；而问卷调查多在横断面研究和队列研究中使用，用调查数据反映空气污染对人群健康影响的慢性效应。

一、主要的急性影响评价方法

（一）时间序列研究

时间序列研究是指按照时间顺序把随机事件变化发展的过程记录下来，并进行观察、研究，找寻变化发展的规律，预测将来的走势[1]。

时间序列研究可分为两类，一类是描述性时间序列研究，即通过直观的数据比较或绘图观测，寻找序列中蕴含的发展规律。另一类是统计性时间序列研究，包括频域分析方法和时域分析方法。在空气污染人群健康风险评估中，通常用到的是时域分析方法。时域分析方法是对事件发展的惯性用统计的语言来描述，并将序列的观察值作为其历史值的函数，通过数学模型的拟合，研究事件随时间的变化趋势。

时域分析方法始于 1927 年，1931 年 Walker 发展了移动平均模型（moving average model，MA 模型）和自回归移动平均模型（auto-regressive and moving average model，ARMA 模型）。近 30 年来，统计学家们针对 ARMA 模型在理论和应用上的不足在多变量、异方差等方面进行了一系列研究。目前，时间序列研究在死因数据分析中通常用到的模型主要有广义线性模型（generalized linear model，GLM）和广义相加模型（generalized additive model，GAM）等。

1. 广义线性模型　广义线性模型(GLM)是常见正态线性回归模型的一种推广,涵盖一大类统计模型,不仅包括经典的线性回归模型、方差分析模型,还包括 Logistic 和 Probit 模型、对数线性模型、poisson 回归模型及一些用于生存数据的模型等[2]。

广义线性模型首先由 Nelder 和 Wedderburn 在 1972 年提出,当分析数据不能满足传统统计方法的 3 个条件:正态性、方差齐性和独立性时,可采用 GLM 进行分析,GLM 对上述条件进行了修正,较好地解决了正态性条件,能灵活处理对数正态分布、二项分布、Poisson 分布等资料[3]。

广义线性模型与典型线性模型的区别是其随机误差的分布不是正态分布,与非线性模型的最大区别在于非线性模型没有明确的随机误差分布假定,而广义线性模型的随机误差分布是可以确定的[4]。

2. 广义相加模型　在统计分析中,多变量线性回归模型是预测问题中最常用的工具,但它要求因变量的期望与每个自变量的关系都是线性的。如果这一假设不成立,就需要推广到相加模型。广义相加模型对自变量的具体分布形式没有要求,而是用非参数的方法来拟合,可以适用于连续数据和离散数据的因变量,特别是后者,如属性数据,计数数据。

3. 广义线性模型与广义相加模型的关系　广义相加模型可以看作是广义线性模型和相加模型的结合形式,该模型用一个连接函数来建立因变量的期望与非参数形式的各自变量之间的关系,可以对部分或全部的自变量采用平滑函数,降低线性设定带来的模型风险。

GAM 应用的潜在假设为函数是可加的,并且各成分是平滑的。与 GLM 相同的是用连接函数关系来估计因变量和各解释成分间的关系;与 GLM 不同的是,GAM 中的各解释成分不一定是自变量本身,可以是自变量的各种平滑函数的形式。所以 GAM 适用于多种分布类型,多种复杂非线性关系的分析[5,6]。

(二)病例交叉研究

病例交叉研究(case-crossover study)是由美国学者 Maclure 于 1991 年首次提出,它是一种用于研究短暂暴露对疾病或事件的急性影响的观察性流行病学研究方法,选择发生某种事件的病例,分别调查事件发生时及事件发生前的暴露情况及程度,以判断暴露危险因子与某疾病或事件有无关联及关联程度大小[7-9]。该方法早期主要广泛应用于心血管疾病病、伤害、车祸等方面的研究,探索此类疾病或事件的危险因素及其影响程度,之后该方法也被不少学者应用到大气污染急性健康影响研究中[10-16]。早在 2003 年,阚海东等[10]应用病例交叉研究方法,探讨了上海市大气污染与居民每日死亡关系,并得出结论:病例交叉设计是一种研究大气污染急性健康影响的有效工具。近年来,该方法已在国内外多个城市地区研究中得到广泛应用[13-16];Luo 等[13]采用病例交叉研究方法分析了 NO_2 对北京市心血管疾病死亡的急性影响;在另一项意大利的研究中,Alessandrini 等[14]利用 12 个城市的空气污染物和人口数据,以及病例交叉研究方法,探讨了 $PM_{2.5}$ 和 PM_{10} 短期暴露与易感人群死亡率之间的联系。

病例交叉研究的设计思路是把最接近疾病(或事件)发生的一个短时间段作为暴露危险期(病例期),把疾病发生前或后的一个或多个时间段作为与病例匹配的对照时间段(对照期),通过分析比较病例在暴露危险时间段和对照时间段暴露情况的差异,来判断暴露与疾病(或事件)之间的联系,从而获得估计的相对危险度(OR)[7-9]。因此,病例交叉研究的两个重要环节,包括确定最佳的暴露效应期(暴露危险时间段)和选择适宜的对照时间段。暴露的效应期是指因为暴露导致疾病(或事件)发生改变的时间,其长短可根据研究者过去的经验推断,或按照专业上可以阐述的生物学机制设定。在空气污染对健康影响的研究中,一般通过滞后效应分析结果中最大 OR 值来确认最佳效应期。对照的选择:按照时间方向分为单向对照和双向对照,单向对照是指对照时间仅为疾病(或事件)发生前或发生后的某一时间段,而双向对照是指同时选择疾病(或事件)发生前的某一时间段及发生后某一时间段,将这两个时间段作为对照时间;对照也可按照病例与对照配比形式来进行选择,可分为 1∶1 或 1∶M 等。按时间分层的对照选择是目前病例交叉研究中应用比较广泛的另一种对照选择方式,即在选择对照前,先将时间进行分层(如可以按照星期、月份、季度进行分层),将对照和病例处于同一时间层内,即处在不同星期或月或季度的同一时间段,目的是控制空气污染暴露浓度和疾病发作的时间趋势、季节性和"星期几效应"等混杂效应。

(三) 固定群组研究

固定群组研究(panel study),又称定组研究,指对同一组研究对象(同一样本)在不同时点连续观测并进行分析的方法。近年来已广泛应用于空气污染健康影响研究,即选择一组研究对象(通常样本量较小),在一个时间段的不同时点对该组研究对象的空气污染暴露及健康结局指标反复观测,然后进行综合分析、获得结果。

固定群组研究与趋势研究不同,它可以同时展示研究变量的净变化和总变化情况;还可以展示研究对象的心理动态过程和时间行为模式变化情况,这在其他研究方法中通常是被忽略的。固定群组研究的效能依赖于不同时间对同一样本的重复观测。考虑到这项设计的目的是在有限的观察时间内,研究空气污染暴露与机体不良健康效应的关系,因此所选择的目标人群多为已患有疾病的中老年人或者儿童等敏感人群。

优点:

(1)尤其适用于解释人群健康效应的短期变化与空气污染暴露的动态相关关系。由于观察期相对较短,所以控制了研究对象的长期既往暴露对于健康效应的干扰;

(2)因短期内观察频率相对较高,故能大大提高对某些急性健康效应(如心肌梗死、脑出血等)与空气污染暴露之间动态相关或因果联系方面的敏感性和准确性,因此定组研究是确认空气污染导致相关疾病的可靠方法之一;

(3)可同时观察多个指标,易于排除个体混杂因素的干扰。

局限性:

(1)因需要多次重复填写问卷、接受检查或被采集生物样本,故研究对象招募有难度;而且往往又由于上述原因,使研究对象中途退出,造成失访,降低研究效率;

(2)研究设计本身的脆弱和不稳定性。多次重复测量和调查,调查对象期间可能会对测试和调查内容产生了适应,信息偏倚增加;

(3)结果受指标检测仪器和方法的影响很大。在整个观察期如果不能保证检测仪器和方法的稳定和一致性,会使研究结果出现偏倚。

二、主要的慢性影响评价方法

(一) 生态学研究

生态学研究(ecological study)是描述性研究的一种类型,它是在群体的水平上研究空气污染与疾病之间的关系,以群体为观察和分析的单位,通过描述不同人群中空气污染的暴露状况与疾病的频率，分析空气污染暴露与疾病之间的关系。生态学研究可以分为生态比较研究与生态趋势研究，两者的用途有所不同，前者主要用于寻找病因线索，后者可以检验前者的假设，可以用于空气污染对人群健康影响监测等。

1. 生态比较研究　在空气污染对人群健康影响监测中常用到生态学比较研究（ecological comparison study），常用来比较在不同人群中某空气污染物的平均暴露水平和某疾病频率之间的关系，即比较不同空气污染暴露水平的人群中疾病的发病（患病）率或死亡率，了解这些人群中空气污染暴露的频率或水平，并与疾病的发病（患病）率或死亡率作对比分析，从而为病因探索提供线索。

生态比较研究也可应用于评价采取干预措施以及标准、政策、法律等的实施效果。

2. 生态趋势研究　生态趋势研究（ecological trend study）是连续观察不同人群中空气污染平均暴露水平的改变和（或）某种疾病的发病（患病）率、死亡率变化的关系，了解其变化趋势；通过比较暴露水平变化前后疾病频率的变化情况，来判断某空气污染物与某疾病的联系。如空气污染对人群健康影响监测项目中发现，各监测点空气污染物浓度水平与小学生呼吸系统等症状发生率之间变化趋势一致，提示空气污染与小学生症状发生有关。

生态学研究方法在实施中也经常将比较研究与趋势研究两种类型混合使用。生态学研究资料不需要特别的分析方法。可以将各群体（组）的空气污染平均暴露水平与疾病频率之间作相关分析，也可以以各群体（组）的暴露作为自变量，以疾病的频率作为因变量，进行回归分析。由于在生态学研究中，一般可获得疾病的发病率，故在生态学研究资料分析中也可引入相对危险度（*RR*）、人群归因危险度（*PAR*）等评价指标来进行分析。

优点：

（1）可应用常规资料或现成资料（如数据库）来进行研究，因而节省时间、人力和物力，可以很快得到结果。

（2）对病因未明的疾病提供病因线索，供深入研究，这是生态学研究最显著的优点。

（3）在个体暴露无法测量的情况下，生态学研究是唯一可供选择的研究方法。

（4）研究人群中暴露变异范围小，很难测量其与疾病的关系时，可采用多组比较的生态学研究。

（5）生态学研究适用于人群干预措施的评价。

（6）在疾病监测工作中，应用生态学研究可估计某种疾病的发展趋势。

局限性：

（1）生态学谬误，是指生态学研究结果与事实不相符，又称生态学偏倚（ecological bias），主要原因是生态学研究以群体为研究单位，缺乏个体信息，而这些群体往往由不同个体组成（不同质），在此基础上的推断常常偏离真实结论，甚至相反。

（2）混杂因素往往难以控制，生态学研究主要是利用暴露资料和疾病资料解释两者之间的关联性，因此不可能在这样的研究方法中将潜在的混杂因素的影响分离出来。

（3）人群（组）中某些变量，特别是有关社会人口学及环境空气污染物之间，易于彼此相关，即存在多重共线性问题而影响对空气污染物与疾病之间关系的正确分析。

（4）生态学研究难以确定空气污染与疾病之间的因果关系。生态学研究采用两变量之间的相关或回归分析时采用的观察单位为群体（组），空气污染暴露水平或疾病相关数据准确性相对较低，且暴露或疾病是非时间趋势设计的，其时序关系不易确定，故其研究结果不可作为因果关系判定的依据。

（二）队列研究

队列研究，又称前瞻性研究、发生率研究、随访研究及纵向研究等，目前常用的名称是队列研究。队列研究是分析流行病学研究中的重要方法，它可以直接观察不同空气暴露状况下人群的健康结局，从而探讨空气污染与所观察结局的关系。队列研究依据研究对象进入队列时间及终止观察时间的不同，分为前瞻性队列研究、回顾性队列研究和双向性队列研究。

队列研究是目前国际上公认的评价大气污染对人群健康影响因果关系最为理想的方法。由于队列研究具有暴露与健康效应时序关系明确、能在个体水平控制混杂因素的优点，因此对因果关系的判定和相关环境空气质量标准的修订、制定均具有重要价值。特别是前瞻性队列研究，由于回忆偏倚小，且研究对象的选择和资料收集在疾病发生之前，暴露组和对照组的确定不受暴露因素和个体因素的影响，因此得到广泛的应用。

优点：

（1）暴露在前，结果在后，因果论证能力较强，可以验证疾病病因。

（2）可以直接获得暴露组与非暴露组的结局事件发生率，因而可以直接计算相对危险度和归因危险度等疾病危险联系强度的指标。

（3）是研究疾病自然史的特异性方法。

（4）可以检验多种暴露与多种疾病结局的关系。

（5）选择性偏倚一般小于病例-对照研究。

（6）前瞻性队列资料通常完整可靠，与病例-对照研究相比回忆偏倚较少发生。

局限性：

（1）前瞻性研究费时、费力、花费高。

（2）发病率很低的疾病的病因研究需要大样本，有一定困难。

（3）由于长期的研究与随访，因为死亡、退出、搬迁等造成的失访难以避免。

（4）随着时间推移，未知的变量引入人群可能导致结局受影响。

（5）研究设计要求高，资料的收集和分析也有一定的难度，实施难度大。

三、急性影响评价所用到的主要分析方法

（一）时间序列分析

在运用时间序列分析方法进行空气污染物对人群健康风险评估时，最为重要的是如何确定适合拟评估区域特征的基本模型，以排除每日死亡数在时间轴上的序列相关性（serial correlation）[6]。基本建模策略是：

1. 对死亡的长期和季节变化趋势（“日期”）采用自然平滑样条（nature spline，NS）函数进行拟合，以处理每日死亡数在时间轴上的非线性和序列相关性。

2. 基本模型中包括“星期几效应”（day of the week）　在分析中首先排除污染物变量，建立各个死因别的基本模型，对于时间和气候条件变量采用自然样条平滑函数来拟合。同时，将星期几效应作为哑变量引入模型中。

$$\log E(Y_t)=\beta Z_t+ns(time,df)+DOW+ns(X_t,df)+intercept \quad (式\ 9\text{-}5)$$

其中 $E(Y_t)$ 代表在 t 日的居民死亡数；Z_t 代表在 t 日污染物的浓度；β 是暴露—反应关

系系数，即单位污染物浓度升高所引起的日死亡率的增长；*ns* 是自然平滑样条函数，*df* 为其自由度；*time* 为日期变量，对时间选择合适的 *df* 值可以有效地控制污染——死亡序列数据的长期波动和季节性波动趋势；*DOW* 为“星期几”的指示变量；X_t 是 t 日的气象因素，包括日平均温度和日平均相对湿度等。

3. 模型参数的选择

（1）日均温度和相对湿度：由于气象因素与健康的关系一般为非线性，即过高和过低都可能产生有害效应，因而采用自然样条平滑函数来控制这种非线性的混杂效应。温度的自由度通常设定为3。

（2）时间趋势自由度：为检验控制时间趋势的程度对效应估计的影响，将各城市时间平滑函数的每年 *df* 从5~9之间依次变化，选择 *RR* 值最稳定或AIC最小的自由度值。

（3）分析滞后时间长短以结果为依据，无显著性影响时即可结束。

（二）病例交叉分析

病例交叉分析常用的统计方法为条件Logistic回归分析，它的一般表达式为：

$$\text{Logit}(p)=X_1\beta_1+X_1\beta_2+X_3\beta_3\cdots+X_P\beta_P \quad \text{（式 9-6）}$$

其中 $X_1, X_2, X_3 \cdots X_P$ 是指各协变量，包括气象因素和空气污染物，$\beta_1, \beta_2, \beta_3 \cdots \beta_P$ 为各协变量的回归系数。常用的统计分析工具包括SPSS、SAS和R软件等，其中SPSS中的COX回归模块，SAS的proc logistic、proc phreg过程，R软件中的casecross、GLM、GNM函数等均可用来实现病例交叉研究的统计分析[17-19]。

利用病例交叉分析的前提是假设整个观察期内相关的混杂因素不发生变化；暴露水平必须是有变化，而且健康影响必须在暴露后短时间内发生，且无长期的累积影响（避免将既往暴露作为发生该疾病或事件的原因）。病例交叉分析的优点是不需要另设对照组，可以有效控制诸如年龄、遗传、社会经济状况、健康行为、生理学差异等个体特异性等混杂因素的影响，并且能够节约样本量，节省人力、物力、财力，可避免一些伦理学问题，而且该方法尤其适用于研究疾病（或事件）的急性健康影响。它的局限性在于不能用于评价干预措施所引起的累积或慢性健康影响，有时难以避免信息偏倚和暴露的时间趋势所带来的混杂偏倚，对暴露与疾病发生的因果论证强度相对较低等[7-9]。

四、慢性影响评价所用到的主要分析方法

（一）单因素分析

生态学研究其分析单位为群体，如区县、市或省（直辖市），在群体水平上收集或监测空气污染物浓度、气象指标和社会经济发展指标，发病、患病和死亡，等指标，构建疾病与空气污染的关联关系。常用的单因素分析有 t 检验、方差分析、卡方检验和相关分析等。在本章第二、三节中已经对这部分内容做了详细描述，此处仅对相关分析加以介绍。

客观事物之间的关系大致可归纳为两大类，即函数关系和相关关系。函数关系指两事物之间的一种一一对应的关系，如某一空气污染物浓度和该污染物AQI之间的关系。相关关系指两事物之间的一种非一一对应的关系，例如某地 PM_{10} 和 $PM_{2.5}$ 日均浓度之间的关系等。相关关系又分为线性相关和非线性相关。

1. 两变量的线性相关　空气污染对人群健康影响数据资料，因涉及的参数非常多，直接进行多因素分析会降低统计分析效能，所以在此之前应进行暴露因素与健康结局的相关

分析，然后再将经过判断后的变量逐步带入进行暴露-反应关系评价。两个随机变量之间呈线性趋势的关系即两变量线性相关（linear correlation）是最简单的一种关联，又简称简单相关（simple correlation），简称相关（correlation）。

要确定两个变量之间是否存在相关关系，最简单的办法就是绘制散点图（scatter plot）。线性相关系数又称 Pearson 相关系数，是描述两个变量间线性关系密切程度和相关方向的统计指标，记作ρ。如果$\rho=0$，则两变量无相关性。样本相关系数用r来表示（$-1<r<1$），$r=\frac{l_{xy}}{\sqrt{l_{xx}l_{yy}}}$，$l_{xx}$，$l_{yy}$，$l_{xy}$分别表示$x$的离均差平方和、$y$的离均差平方和、$x$与$y$的离均差乘积和。因存在抽样误差，根据样本资料算出的相关系数r，必须对其进行检验，即$\rho=0$的假设检验，对总体的两变量的相关性做出判断。经常用的方法即前面提到过的t检验。

两变量的线性相关的软件实现

（1）利用 SPSS 软件实现两变量的线性相关分析：利用 SPSS 软件的【分析】→【相关】→【双变量相关】对话框进行两变量的线性相关分析，在对话框设置需分析的两变量名作为分析变量，选择对话框下方“相关系数”列表里的“Pearson”复选框，“标记显著性相关（F）”复选框是默认选中的，可在结果中对有显著意义的P值标*，【选项】按钮可在对话框增加统计量及更改缺失值排除标准。运行后会显示线性 Pearson 相关系数及对应的P值。

（2）利用 SAS 软件实现两变量的线性相关分析：利用 SAS 软件的 CORR 过程对两数值变量进行两变量的相关分析，利用 CORR 过程的 PEARSON 选项进行两变量的线性相关分析（CORR 过程的默认选项即为 PEARSON 选项）。以一个含有变量 x1、x2 的数据集 test 为例，进行两变量的线性相关分析语句为：

```
proc corr data=test;
  var x1 x2;
run;
```

2. 两变量的秩相关　秩相关（rank correlation）也称等级相关，对变量的分布不作要求，和我们在本章第二节非参数统计检验方法中提到过的秩和检验相同，属非参数统计方法，适用于：①不服从正态分布的资料；②总体分布未知；③原始数据用等级表示的资料，如空气质量的污染等级资料。

秩相关最常用的统计量是 Spearman 秩相关系数r_s（$-1<r_s<1$），又称等级相关系数，类似于线性相关，他是总体秩相关系数ρ_s的估计值。r_s是将x和y的观察值分别从小到大排序编秩（观察值相同的取平均秩），再将秩次值作为新的变量进行检验假设。

两变量秩相关分析的软件实现

（1）利用 SPSS 软件实现两变量的秩相关分析：同两变量的线性相关分析，利用 SPSS 软件的【分析】→【相关】→【双变量相关】对话框进行两变量的秩相关分析，在对话框设置需分析的两变量名作为分析变量；不同于简单线性相关的是，选择对话框下方“相关系数”列表里的“Spearman”复选框；“标记显著性相关（F）”复选框是默认选中的，可在结果中对有显著意义的P值标*；【选项】按钮可在对话框增加统计量及更改缺失值排除标准。运行后会显示 Spearman 秩相关系数及对应的P值。

如果需分析的两个变量均为有序分类的情况，可【双变量相关】对话框里选择对话框下方"相关系数"列表里的"Kendall 的 tau-b(k)"复选框，计算 Kendall 等级相关系数。

(2)利用 SAS 软件实现两变量的秩相关分析：同两变量的线性相关分析一样，利用 SAS 软件的 CORR 过程对两数值变量进行两变量的关分析，利用 CORR 过程的 SPEARMAN 或 KENDEL 选项进行两变量的秩相关分析(KENDEL 选项用于两个变量均为有序分类变量的秩相关分析)。以一个含有变量 x1、x2 的数据集 test 为例，做其两变量的 SPEARMAN 秩相关分析语句为：

```
proc corr data=test spearman;
  var x1 x2;
run;
```

(二) 多因素分析

在健康影响分析中需要控制的混杂因素较多时，如果使用分层分析的方法进行控制，则经过多次分层之后，往往面临分析样本量过少的情况，不易发现有统计学差异的影响因素。为了更合理、有效的分析多种空气污染物共存时，空气污染暴露对人群健康的影响，统计学家们建立了多因素的统计分析模型，可以将多种空气污染物同时纳入模型中，分析在调整了其他危险因素的作用之后，研究因素对健康的影响程度。

对于单因素分析中有显著性关联的指标，进行多因素分析，观察控制其他影响因素后，空气污染对人群健康的影响。

根据流行病学设计、数据类型、数据分布特征，选择多因素分析的方法。一般常用的有线性相关与回归、Logistics 回归、广义线性模型、广义相加模型和生存分析、主成分分析等。

在多因素分析中，对于交互作用的分析，不同分析模型得出的效应修饰类型不同。目前对于效应修饰作用的分析多在统计模型中纳入因素的乘积项进行分析。其中线性回归模型为相加模型，乘积项反映因素间是否有相加交互作用，而 Logistics 回归和 Cox 回归模型为相乘模型，乘积项反映因素间是否有相乘交互作用。交互项回归系数 β 值的符号决定交互作用的正、负。

1. 多因素线性回归　在医学研究中，某个医学观察指标往往受到多个因素的影响，如儿童身高不仅受到年龄的影响，还受到性别的影响；肺活量的大小除与年龄、性别有关外，还受到身高、体重等因素的影响。如果这些因素与某个医学观察指标之间的关系是线性的，则可以应用多因素线性回归方法分析该医学观察指标与这些因素之间的关系，并可以利用多因素线性回归方程对各个因素做出评价，也可以做出预测和判别。由于多因素线性回归方程的参数估计方法采用最小二乘法，对于多个自变量的情况，计算量相对比较烦琐，一般需用统计软件完成。

在使用多因素线性回归进行分析时，需要注意：多因素线性回归要求预测值与因变量值的差值(即残差)服从正态分布。多元线性回归既可用于大样本资料，又可用于小样本资料，但是如果方程中自变量的个数 M 较多，样本量 N 相对于 M 并不是很大时，建立的回归方程会很不稳定，常常有较大的 R^2，容易造成假象。因此，实际计算时应注意 N 与 M 的比例。有学者认为 N 至少应该是方程中自变量的个数 M 的 5~10 倍。

在多因素线性回归中，对于名义变量必须用哑元变量进行数量化(名义变量即无序分类变量，有 M 种互斥的属性类型，则在模型中引入(M-1)个哑变量。注意在进行哑变量参考分类的设置时，通常选择与因变量（例如呼吸系统症状发生率）关系最弱的分类为参考分类，因为由回归方程得到的哑变量的偏回归系数代表的是与参考分类组相比哑变量组因变量的变化情况（即我们所期望得到的结果）。例如调查问卷中家庭主要取暖方式分类为户式燃气式取暖、自燃煤取暖、电供暖、集中供暖和其他5类，此时需要引入4个哑变量D1、D2、D3、D4，D1=1时变量值是户式燃气式取暖，以此类推，D4=1时变量值是集中供暖，因为名义变量分类是互斥属性，其中一个哑变量取1则其他哑变量只能取0，同时也不可能出现所有哑变量都取1的情况，而当所有哑变量都取0时（本例中D1-D4都取0时变量值为其他）变量值就是参考分类。例如回归方程得到D2的偏回归系数为0.13，则代表与采用其他（本例中的参考分类）取暖方式相比，家庭采用自燃煤取暖者呼吸系统症状发生率增加0.13%，哑变量的系数意义非常明确，解决了不同哑变量组对因变量影响的差异究竟有多大的问题。）对名义变量进行数量化处理后即可引入回归模型；对于等级变量（例如调查问卷中文化程度定义为1=小学及以下，2=初中，3=高中，4=大学及以上，文化程度即为等级变量）可根据实际情况选择直接引入回归模型或数量化后引入回归模型；连续型变量（例如身高、体重、肺功能检测指标值等）可以直接引入回归模型，也可以根据研究背景先对连续型变量进行离散化，再进行数量化后（例如可以将$PM_{2.5}$浓度值按四分位数分成4组：Q1、Q2、Q3、Q4，再分别给Q1-Q4赋值为1、2、3、4）引入回归模型。

2. Logistic回归　进行空气污染对人群健康影响评价时，如某监测点通过问卷调查的方式收集了调查对象BMI、吸烟、饮酒、职业危险因素以及症状发生情况等资料，在了解调查对象BMI、吸烟饮酒等因素是否与症状发生有关时可用到Logistic回归。

Logistic回归分析是分析分类因变量与多个自变量（包括分类变量、等级变量和数值变量）相关关系的工具。根据研究设计不同，Logistic回归分为条件Logistic回归（用于分析1∶M配对设计收集的资料，一般M≤3，在复杂的实验设计中会出现n∶M配对的情况）和非条件Logistic回归（用于分析成组数据或非配对设计收集的资料）两大类。

在应用Logistic回归模型进行数据分析时，随自变量个数的增加，自变量各水平的交叉分类数将随之迅速增加，在每一分类下有一定观察例数时，才能获得可靠的参数估计。因此在进行较多自变量的Logistic回归分析时，需要有足够的样本量来保障参数估计的稳定性。

对于Logistic模型中自变量的选择，通常研究者根据专业知识和研究的问题，首先确定要研究的因变量与自变量，一般探索性的研究选择自变量可多一些，将数据收集起来后，可通过统计分析对拟合模型的自变量进行统计意义下的选择。主要有三种方法：前进法、后退法和逐步法。在统计分析的基础上，结合专业知识，从可解释性、简约性、变量的易得性等方面，最终选出“最佳”模型。统计“最佳”模型不是一次计算就可以确定的，往往要对变量不断调整，才能最终确定。

Logistic回归模型的自变量可以是无序分类变量、有序分类变量和数值变量。对无序两分类变量可用0-1哑变量表示；对无序K分类变量常用K-1个哑变量表示；对有序分类变量如果各等级间程度相同或相近可赋值为1、2、3、4等按等级变量，若各等级间程度相差较大可按无序多分类变量处理。数值变量的参数解释有时较困难，可结合专业将数值变量转换成等级变量，这样会使得参数意义更明确。估计值的符号与因变量和自变量的赋值有关，在危险因子的解释时要注意。

五、Meta 分析

在多中心、多城市的大规模研究中，由于地域、地理、人文习惯以及健康数据的基础等存在差异，研究中往往对各中心或者各城市的研究结果进行定量合并分析，以获得影响因素对整体人群的影响程度。常用的分析方法有 Meta 分析。Meta 分析主要过程包括：

（1）选择适当的效应指标：常用的指标有相对危险度（relative risk，*RR*）、比值比（odds ratio，*OR*）和危险度差（risk difference，*Rd*）。前两个是相对效应指标，第三个是绝对效应指标。

RRR 也叫危险比（risk ratio）或率比（rate ratio），是暴露组发病率或死亡率与非暴露组发病率或死亡率之比，是反映暴露与发病（死亡）关联强度的指标，*RR* 值越大，表明暴露的效应越大，暴露与结局关联的强度越大。

比值比（odds ratio，*OR*）：也称优势比，指病例组中暴露人数与非暴露人数的比值除以对照组中暴露人数与非暴露人数的比值。是反映疾病与暴露之间关联强度的指标。

危险度差（*Rd*），又叫归因危险度（*AR*）、特异危险度和超额危险度（excess risk），是暴露组发病率与对照组发病率相差的绝对值，它表示危险特异地归因于暴露因素的程度。

（2）检验原始研究的异质性：不同的原始研究在各方面会有很多差异，必须检验这些异质性对系统综述结果的影响并据此选择不同的 Meta 分析统计模型。一般可分为环境暴露的异质性、方法学异质性和统计学异质性 3 类，采用漏斗图等方法进行异质性检验，异质性较大时一般应选择随机效应模型进行数据整合。

（3）分析模型选择：常用的模型包括固定效应模型（fixed effect model）和随机效应模型（random effect model）固定效应模型适用于原始研究效应之间差异不显著时，即随机样本具有相同方向的研究效应值；当原始研究效应之间差异显著、存在不同方向时，应采用随机效应模型（D-L 法）。后者假定原始研究提供了不同的真实效应估计并考虑到单个研究间的变异，以研究内和研究间方差和的倒数为权重进行数据整合，求出总效应值的点估计和区间估计。环境流行病学的研究影响因素很多，变异较大，实际应用时常常采用此模型。

（4）总效应值的估计和统计检验：将各个独立的原始研究效应整合统计，计算合并的 *OR* 值、*RR* 值和均数差，包括权重的均数差和标准均数差及 95%可信区间（95%*CI*，一般可用森林图（forest plot）表示。

（5）敏感性分析：为保证结论的稳定性，应对 meta 分析结果进行敏感性分析（sensitivity analysis），如选用不同模型时总效应合并值和可信区间估计的差异、收集研究标准变化对数据整合结果可能产生的影响、根据样本量大小对原始研究分层后 Meta 分析结论有无变化等。

如果敏感性分析分析结果与原分析结果相比没有本质的区别，那么敏感性分析就会加强原分析结果的可信度。如果敏感性分析结果与原分析不同，则需谨慎解释原分析的结果。敏感性分析中可改变或修正的内容包括以下几个方面：①研究类型和研究质量，如排除仅有的个别观察性研究或低质量的研究；②研究对象、干预措施及结果的定义和测量，如排除仅有的不同治疗剂量的研究；③纳入和排除标准，如排除少数种族的研究；④数据提取方法和缺失数据的估计方法，如对一个数据的两种提取方法；⑤统计模型，如使用不同的权重方法。

（6）发表偏倚的检测与矫正：在数据分析阶段，目前普遍使用的检测和矫正发表偏倚的方法是基于漏斗图发展起来的一套方法。以研究结果作为横坐标，以样本量作为纵坐标，将一项 Meta 分析里的研究绘成一个散点图。如果这些研究来自同一个总体，代表的是同一个真实值，这些研究结果的散点会形成一个对称的倒置漏斗形状的图形，系统综述里把这类散点图叫做漏斗图。漏斗图是用来测量发表偏倚的重要工具。

当发表偏倚存在时，即部分或全部小型阴性研究没有发表，漏斗图底部显示治疗无效的一侧会变得稀疏或完全缺失，使整个图形失去对称性，不对称性越明显，发表偏倚的可能性就越大，Meta 分析高估真实结果的程度就会越大。

值得注意的是，研究发现，样本量不是漏斗图纵坐标的最优选择，建议最好使用效应指标对应的标准误或其倒数作为纵坐标。在使用率比和比值比等相对效应指标时，横坐标应取效应量的对数值，纵坐标应取相应的标准误或其倒数。出于对漏斗图对称性判断的需要，一般来讲绘制漏斗图需要足够的研究数目，有人建议至少需要 5 个独立研究，研究数目过少，由机遇造成的漏斗图不对称性的可能性会大增。

六、案例分析

（一）多元线性回归分析

1. SPSS 软件中回归方程的实现　线性回归分析的内容比较多，比如回归方程的拟合优度检验、回归方程的显著性检验、回归系数的显著性检验、残差分析、变量的筛选、变量的多重共线性问题等。

以生态学研究为例，以某 23 个监测点为单位，分析小学生因病缺课率（从调查问卷获得）与空气污染物浓度、生活居住环境（从调查问卷获得）、个人健康（从调查问卷获得）等变量之间的关系建立回归方程。当然，探索诸如肺活量、唾液溶菌酶含量等与空气污染物浓度、生活环境、个人健康等变量之间的关系时也可以每个受试对象个体为单位进行多元回归分析，方法如下所示。

首先，对小学生因病缺课率等和空气污染物浓度、生活居住环境、个人健康等变量做散点图，对存在线性关系的变量纳入进多元线性回归方程进行多因素分析。见图 9-6，部分无线性关系的散点图未展示。

其次，对因变量小学生因病缺课率进行正态性检验，此时的因病缺课率是连续型数值变量，23 个监测点有 23 个数值，多元线性回归中因变量必须是数值型变量，若以个体为单位，缺课率就是 0/1 型二分类变量，此时做多因素分析则采用 Logistic 回归分析，见下文。在进行回归的时候，残差的分布必须是正态分布，否则就会使得到的回归方程没有任何实际的意义。利用 SPSS 中 PP 图和直方图可以检验残差的分布是否为正态。

其后，在 SPSS 等统计软件中采用逐步回归的方法，将对小学生因病缺课率有显著性贡献的变量选出，变量进入模型的 P 值取 0.05，保留变量的 P 值取 0.10，置信水平取 0.05。发现调整后的判定系数 R^2 为 0.935，拟合度较高，不被解释的变量较少。

最终，NO_2、近 3 年房屋装修情况进入回归方程，如下：

$$Y=1.21+0.064NO_2+0.195X_2 \quad \text{（式 9-7）}$$

Y 表示小学生因病缺课率，X_2 代表房屋装修情况。

结果发现在调整了其他影响因素后，NO_2 浓度每升高 1μg/m^3，小学生因病缺课率升高 0.06%；与最近三年家庭未装修者相比，小学生因病缺课率升高 0.20%。

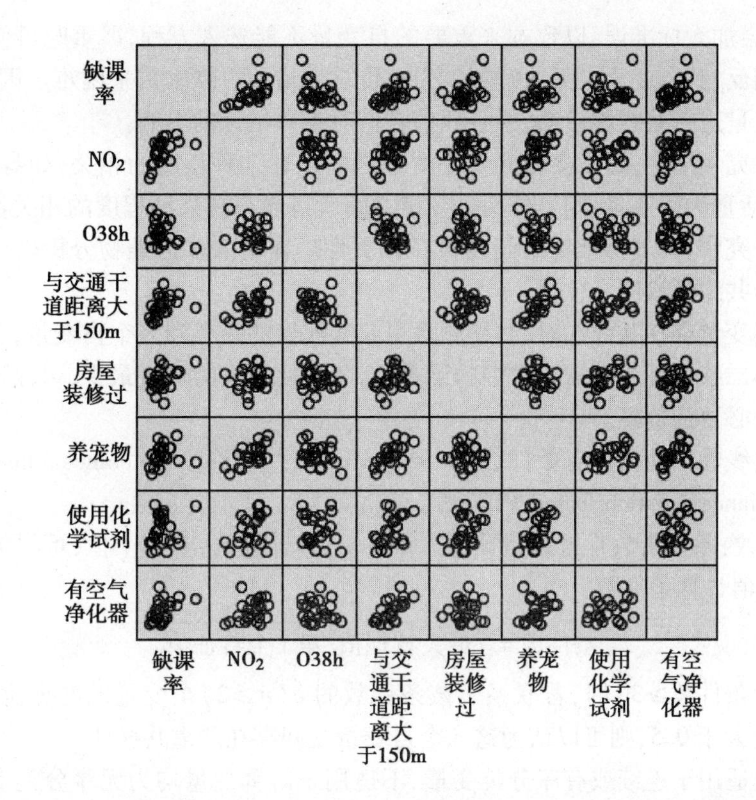

图 9-6　小学生因病缺课率与空气污染物、家庭生活居住环境、个人健康等变量的散点图矩阵

2. SAS 软件中的实现　本节简要介绍在 SAS 软件 REG 过程中进行多元线性回归的方法。

以一个因变量名为 y，自变量包含 x1、x2 及 x3 等 3 个自变量的，名为 test 的数据集为例，该数据集包含 4 个变量（y、x1、x2 以及 x3），利用 SAS 软件里的 REG 过程中的 MODEL 语句实现 test 数据集的多元线性回归模型的建立。

SAS 程序为：

```
proc reg data=test;
  model y=x1 x2 x3;
run;
```

执行上述程序后，会在结果窗口显示 REG 过程的结果。首先查看结果 Fit 文件夹下的模型方差分析表（analysis of variance），方差分析的 *F* 检验值（*F* value）的概率（*Pr>F*）显示多元回归模型的拟合度，数值越小拟合度越好。接着查看模型拟合参数表（fit statistics）中的模型决定系数 R^2（*R*-square），R^2 越接近于 1，说明多元回归模型的拟合度越好。回归模型参数估计表（parameter estimates）的 parameter estimates 列显示了模型的常数项（变量 y 对应的 parameter estimates 值）及 3 个偏相关系数（x1、x2 以及 x3 对应的 parameter estimates 值）。

3. 共线性诊断　在多元回归分析模型中，虽然各自变量对因变量都是有意义的，但是某些自变量之间彼此相关，当一个自变量与其他自变量之间存在线性相关性时，则称自变量间存在共线性。共线性会对模型系数的估计及推断带来很大麻烦，如可使模型系数的估计不稳定，并且会加大标准误，以致本来重要的自变量不能选入方程，严重时可使回归系数估计值的符号相反，其专业意义无法解释。为评价自变量的贡献率带来困难。因此，需要对回归方程中的变量进行共线性诊断，并且评估它们对参数估计的影响。

在健康研究领域中，经常会遇到几个变量之间存在某种程度的相关，如身高、体重与肺活量，若以肺活量为因变量，则另外两个变量之间就可能存在某种程度的相关性。在空气污染健康影响研究中，大气污染物之间也存在相关性。在纳入多污染物分析模型前需要进行自变量之间的共线性诊断。

当一组自变量存在共线性时，必须删除引起共线性的一个和多个自变量，否则不存在系数唯一的最小二乘估计。但需要掌握的原则是，务必使丢失的信息最少，以保证得出的回归方程没有失去必要的信息。

常用的共线性诊断指标有条件数（condition index）、容许度（tolerance value，Tol）和方差膨胀因子（variance inflation factor，VIF）。

（1）条件数：条件指数是根据特征值（eigenvalue）计算的，有多个值，可根据最大特征值和第 i 个特征值计算条件数。

$$条件数=\sqrt{最大特征值/第\ i\ 个特征值} \qquad （式 9-8）$$

一般认为条件数≥30 时，若联系于该条件数的 $n(n\geq 2)$ 个变量的变异比例（proportion of variation）均大于 0.5，则可以认为这 n 个自变量之间存在严重共线性。

条件指数适用于连续或有序分类变量，不适用于解释变量均为无序分类变量且哑变量化时。

（2）容许度：在使用容许度作为共线性诊断时，需要注意观测量应为或者大致近似于正态分布，在偏态分布的观测量判断中，由于容许度中相关系数对极端值极为敏感，多不适宜用容许度作为共线性的判断指标。

在只有两个自变量的情况下，自变量 X_1 和 X_2 之间的共线性体现在两个变量之间的相关系数上 r_{12}。两个以上自变量情况下，Xi 与其他自变量 X 之间的复相关系数的平方（R^2）体现其共线性，即以 Xi 为反应变量，其他自变量为解释变量的回归模型的确定系数。与 r 一样，R^2 越接近 1，说明自变量之间的共线性程度越大。

$$容许度\ Tol=1-R^2 \qquad （式 9-9）$$

容许度的值越小，则 Xi 与其他自变量的共线性越严重。一般认为 Tol≤0.2 时，可以认为存在共线性，Tol≤0.1 时，可能存在严重共线性。

（3）方差膨胀因子：方差膨胀因子（VIF）是容许度的倒数，它表明了当解释变量之间存在共线性时，由于共线性所导致的回归系数的方差比没有共线性时增大的倍数。方差膨胀因子的值越大，自变量之间存在共线性的可能性越大，一般认为 VIF≥5 时，Xi 与其他自变量可能存在共线性，VIF≥10 时，可能存在严重的共线性。需要注意的是，方差膨胀因子与容许度一样，适用于正态分布或者近似正态分布的变量诊断。此外，当解释变量均为无序分类变量且哑变量化时，用 Tol 或 VIF 比条件数更好一些。

（4）共线性问题的解决方法：共线性问题是建立多元回归模型中比较常见而又难以克服的问题，在此，仅给出一般性的常用方法原则。如果共线性不大，一般对多元分析结果影响不大；如果共线性较大，则模型就不能正确反映自变量和因变量之间本来的数量关系。

在多元线性回归的实际应用中，如果遇到具有多元共线性的数据，常用的方法是根据偏相关系数的大小或专业知识，人为的剔除一些对因变量影响较小的、存在共线性的自变量后再建立回归方程。需要注意去掉的是不重要的自变量，否则有可能导致“解释错误”。对于重要的存在共线性的自变量还需要采用其他方法进行探索：①增加样本量。增大样本量可以减少回归模型中参数估计的残差；②重新抽取样本数据：不同样本的观测量的共线性是不一致的，重新抽取样本数据可能减少共线性的严重程度；③组合变量；④采用岭回归分析。

4. 共线性诊断实例　下面以大气中常规污染物 PM_{10}、$PM_{2.5}$、SO_2、NO_2 和 O_3 的共线性诊断为例，介绍如何应用统计软件进行自变量的共线性诊断。

(1)应用 SPSS 进行共线性诊断

1)在 SPSS 分析界面点击：分析→回归→线性(图 9-7)。

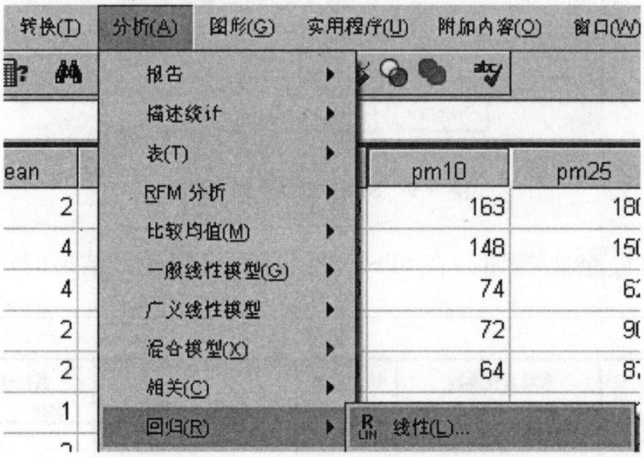

图 9-7　点击进入线性回归界面

2)在对话框左侧栏框点因变量名(NO_2)→点击最上面➡按钮→右侧因变量列表栏框出现 NO_2 变量名；点击变量($PM_{2.5}$等)→点击自变量中➡按钮→右侧因子栏框出现 $PM_{2.5}$、SO_2、O_3 的变量名→点击 统计量(S)... 按钮(图 9-8)。

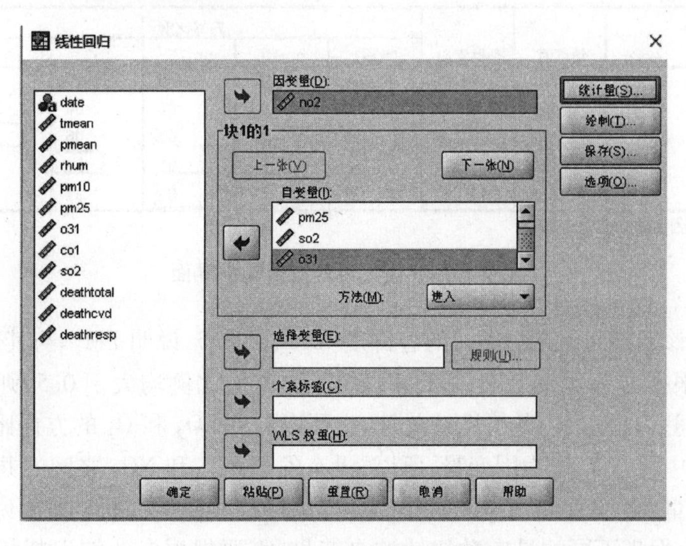

图 9-8　Regress 过程的主对话框

3)点选共线性诊断,点击 继续 按钮,返回线性回归主对话框(图 9-9)。

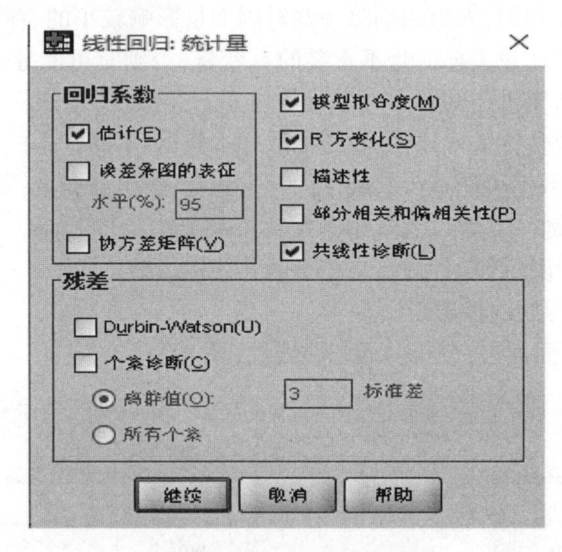

图 9-9　Statistics 子对话框

4)点击主对话框 确定 按钮→在 SPSS 输出界面出现统计结果(图 9-10)。

系数a

模型		非标准化系数		标准系数	t	Sig.	共线性统计量	
		B	标准 误差	试用版			容差	VIF
1	(常量)	14.265	.775		18.405	.000		
	pm10	.032	.008	.144	4.125	.000	.219	4.564
	pm25	.068	.010	.252	6.522	.000	.180	5.556
	so2	.658	.033	.510	20.059	.000	.414	2.416
	o31	-.014	.005	-.043	-2.590	.010	.970	1.031

a. 因变量: no2

共线性诊断a

模型	维数	特征值	条件索引	方差比例				
				(常量)	pm10	pm25	so2	o31
1	1	4.428	1.000	.00	.00	.00	.00	.01
	2	.383	3.402	.02	.02	.04	.00	.33
	3	.114	6.219	.35	.05	.03	.06	.57
	4	.044	9.984	.41	.37	.03	.61	.09
	5	.030	12.115	.21	.56	.89	.32	.01

a. 因变量: no2

图 9-10　共线性诊断结果输出界面

根据共线性诊断结果判断,$PM_{2.5}$的容许度<0.2,VIF>5,说明 $PM_{2.5}$与其他自变量之间可能存在共线性,根据方差比例判断,PM_{10}和 $PM_{2.5}$的方差比例均大于 0.5,则可以初步判定,PM_{10}与 $PM_{2.5}$之间存在较强的共线性。此外,也可以看到 SO_2 和 O_3 的方差比例也较大,但是因为在本次诊断中将 NO_2 作为因变量,所以,没有发现 SO_2 和 NO_2 之间的共线性,还需要以其他变量为因变量,将 NO_2 和 SO_2 同时作为自变量进行共线性诊断。需要说明的是,选择不同的自变量时,会发现不同的具有共线性的自变量,需要根据专业知识判断,应用不同的模

型，发现并排除具有共线性的自变量。

（2）应用 SAS 进行共线性诊断

共线性诊断语句：

```
Proc reg data=数据集；
Model xi=x1 x2.../tol vif collin；
Run；
```

根据运行结果的容差（Tol）、方差膨胀（VIF）、特征值（eigenvalue）、条件指数（condition number）以及偏差比例（var prop）进行共线性诊断。判断结果同 SPSS 分析。

（二）多元 Logistic 回归分析

某监测点通过问卷调查的方式收集调查对象 BMI、吸烟、饮酒、职业危险因素以及症状发生情况资料，了解调查对象的年龄、吸烟等因素是否与症状发生有关，案例数据如图 9-11 所示。分析步骤如下：

	id	sex	BMI	occuhazard	smoking	passivesmo	drink	symptom
1	101	1	22.62	1	0	0	0	0
2	102	0	24.65	0	0	0	0	1
3	103	1	15.43	.	0	0	1	1
4	201	1	41.52	0	1	1	0	1
5	202	0	25.97	0	0	1	0	0
6	301	0	20.76	0	0	1	0	0
7	302	1	24.22	0	1	1	0	1
8	303	0	26.73	.	0	0	0	0
9	401	1	30.07	0	1	1	1	1
10	402	0	21.48	0	0	0	0	0
11	403	0	19.53	.	0	0	0	1
12	501	0	25.00	0	0	0	0	0
13	502	0	23.44	.	0	0	0	0
14	503	1	14.02	.	0	0	0	0
15	601	0	20.20	0	0	1	1	1
16	602	1	22.09	0	1	1	1	1
17	603	1	19.59	0	1	1	1	1
18	701	1	22.49	0	0	0	0	1
19	702	0	21.48	0	0	0	0	1
20	703	1	20.41	.	0	0	0	1
21	801	0	20.43	1	0	0	0	0
22	802	1	17.21	0	1	0	0	0
23	803	1	20.76	0	1	1	0	1
24	901	1	21.72	0	1	1	1	1
25	902	0	20.76	0	0	0	0	0
26	903	1	18.00	.	0	0	0	1
27	1001	1	25.06	1	0	0	0	0
28	1002	0	31.22	0	0	0	0	0
29	1003	0	23.44	0	0	0	0	0

图 9-11　多元 Logistic 回归分析案例数据

（1）开始 Logistic 回归前，应先进行单因素分析，将单因素分析中有统计学意义的因素纳入进 Logistic 回归。

对于影响因素为二分类变量的，可采用率之间比较的方式。点击分析—描述统计—交叉表格（图 9-12）。

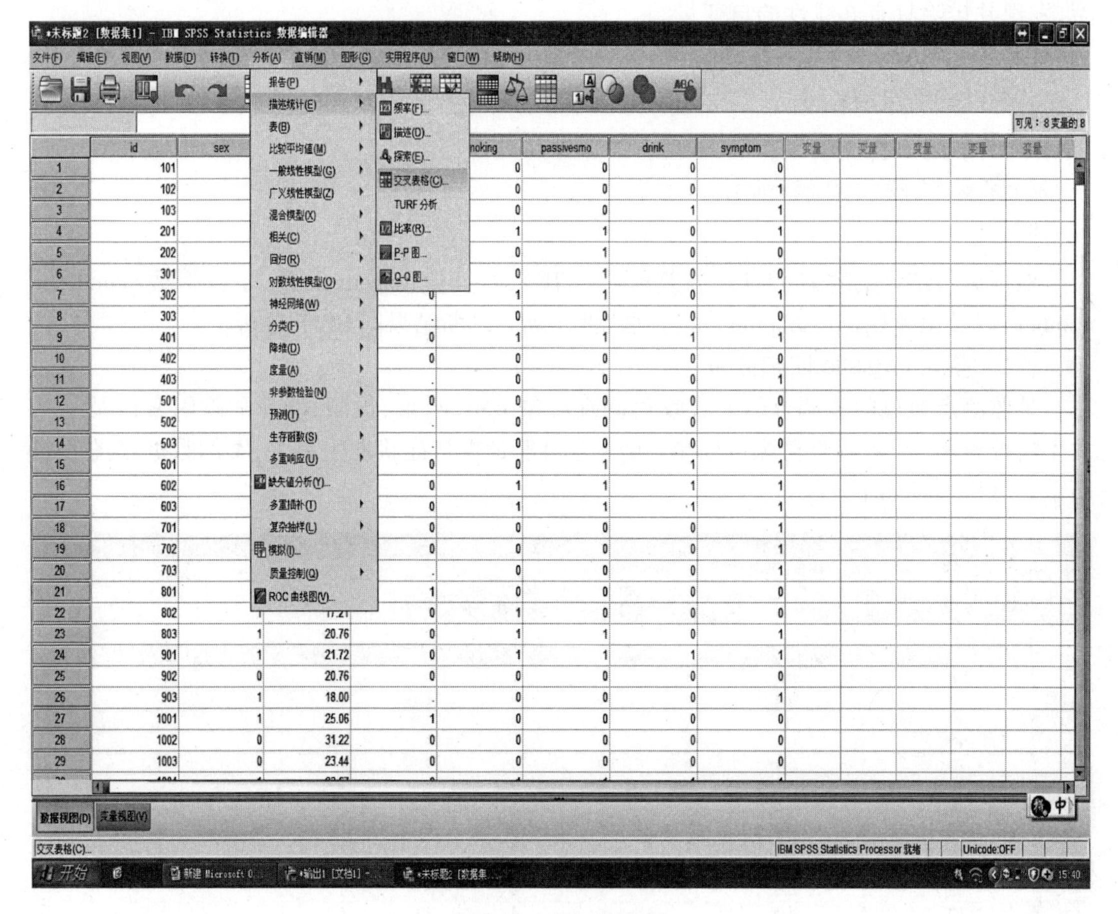

图 9-12　单因素分析

(2)将"症状变量"选入列中,影响因素变量如"吸烟""饮酒"等选入行中。点击 statistics 选项,勾选卡方,点击确定(图 9-13)。

(3)查看卡方检验结果,经检验发现吸烟、饮酒这两个因素在发生与未发生症状的人群中有差异($P<0.05$)(图 9-14)。

(4)对于如 BMI 之类的连续性变量,可先检验变量的分布是否服从正态性分布,如果服从正态性分布,可采用 t 检验;若不符合正态性分布,可采用秩和检验。本案例中 BMI 不服从正态性分布,因此采用秩和检验的方式检验 BMI 在发生与未发生症状的人群中是否均衡(图 9-15)。

(5)点击非参数检验—旧对话框—2 个独立样本检验(图 9-16)。

(6)将"symptom"选入分组变量,"BMI"选入检验变量,点击确定(图 9-17)。

(7)结果发现 BMI 对是否发生症状无影响(图 9-18)。

(8)点击回归—二元 logistic 回归(图 9-19)。

(9)将"symptom"选入因变量,"smoking"和"drink"选入协变量,方法可采用向前:LR 的方式,点击确定(图 9-20)。

(10)最后"饮酒"进入回归方程,由此可得出结论,饮酒较不饮酒更易出现症状(图 9-21)。

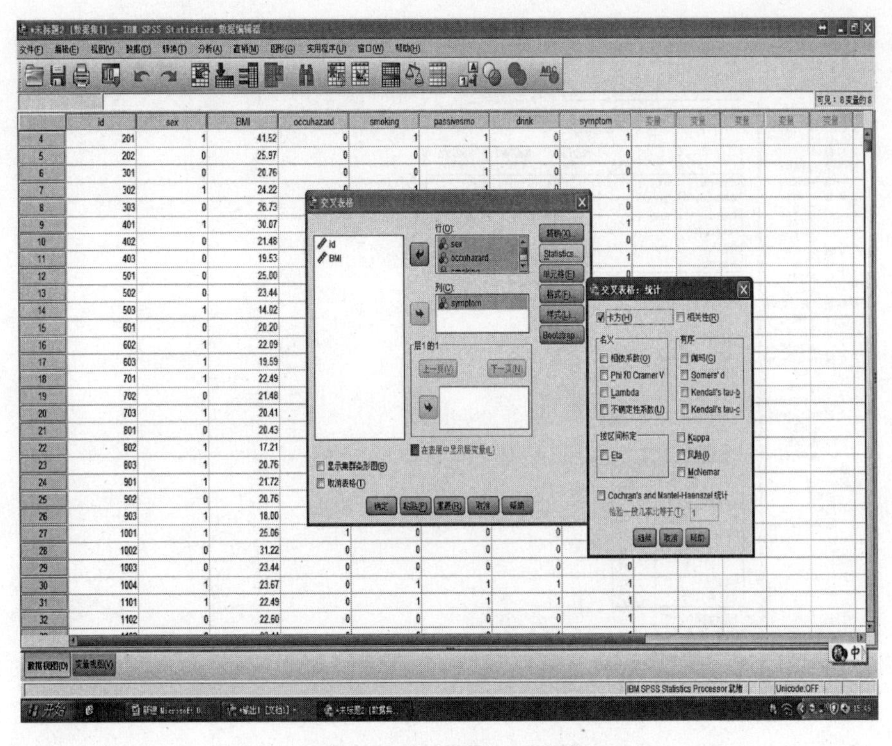

图 9-13　将变量选入对话框

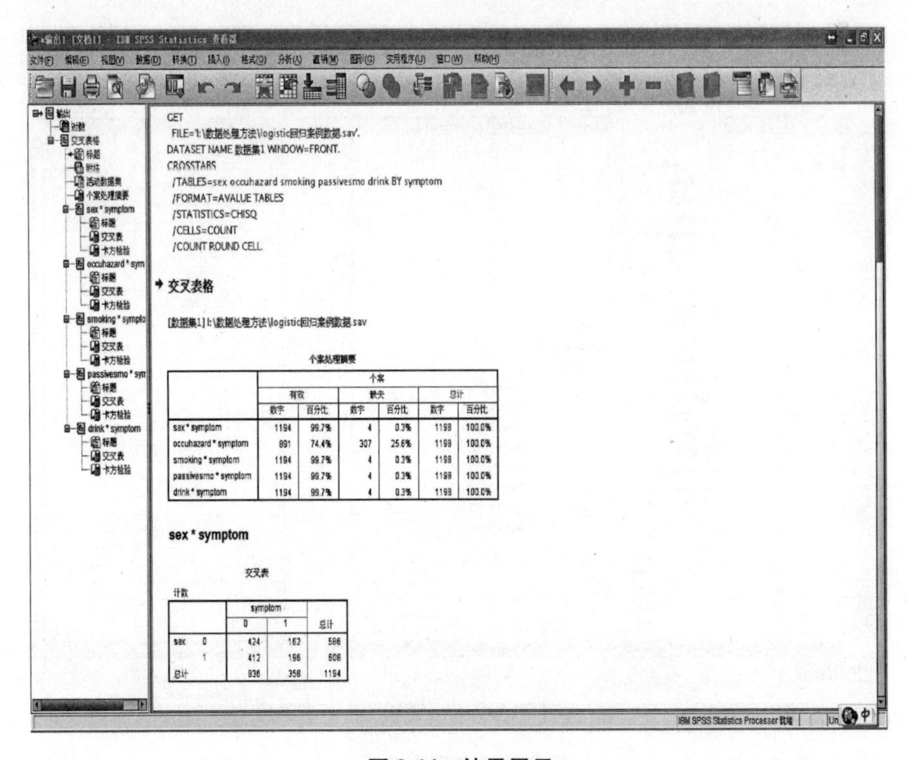

	个案					
	有效		缺失		总计	
	数字	百分比	数字	百分比	数字	百分比
sex * symptom	1194	99.7%	4	0.3%	1198	100.0%
occuhazard * symptom	891	74.4%	307	25.6%	1198	100.0%
smoking * symptom	1194	99.7%	4	0.3%	1198	100.0%
passivesmo * symptom	1194	99.7%	4	0.3%	1198	100.0%
drink * symptom	1194	99.7%	4	0.3%	1198	100.0%

		symptom		总计
		0	1	
sex	0	424	162	586
	1	412	196	608
总计		836	358	1194

图 9-14　结果展示

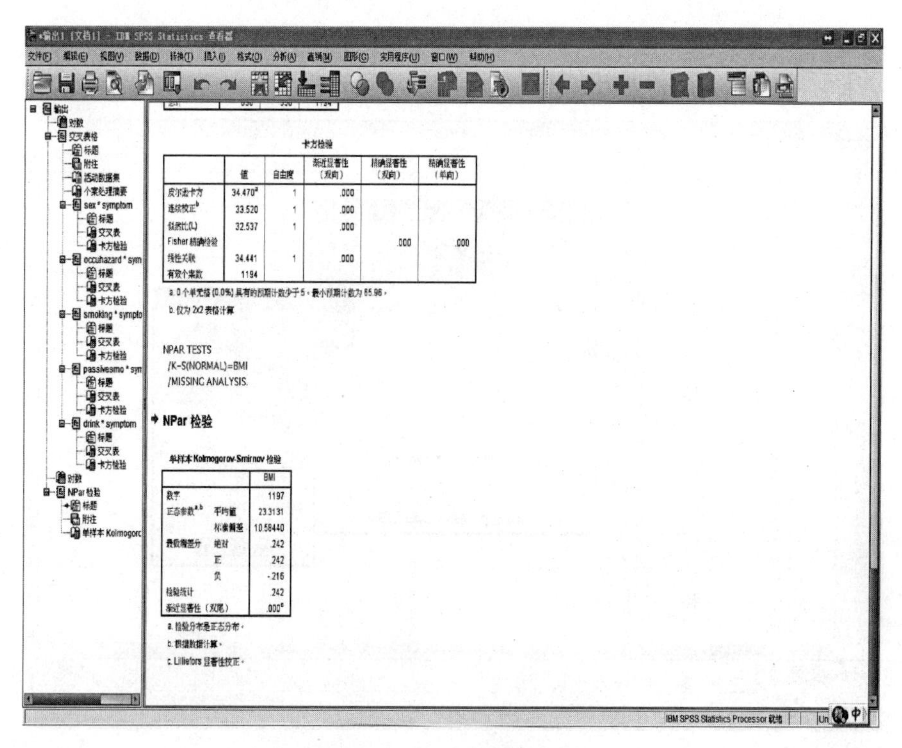

图 9-15　正态性检验结果

*未标题2 [数据集1] - IBM SPSS Statistics 数据编辑器
文件(F) 编辑(E) 视图(V) 数据(D) 转换(T) 分析(A) 直销(M) 图形(G) 实用程序(U) 窗口(W) 帮助(H)
报告(P) 描述统计(E) 表(B) 比较平均值(M) 一般线性模型(G) 广义线性模型(Z) 混合模型(X) 相关(C) 回归(R) 对数线性模型(O) 神经网络(W) 分类(F) 降维(D) 度量(A) 非参数检验(N) 预测(T) 生存函数(S) 多重响应(U) 缺失值分析(Y)... 多重插补(T) 复杂抽样(L) 模拟(I)... 质量控制(Q) ROC 曲线图(V)...
单样本(O)... 独立样本(I)... 相关样本(R)... 旧对话框(L)
卡方(C)... 二项式(B)... 游程(R)... 1-样本 K-S... 2 个独立样本... K 个独立样本... 2 个相关样本(L)... K 个相关样本(S)...
id sex occuhazard smoking passivesmo drink symptom
可见：8 变量的 8
数据视图(D) 变量视图(V)
2 个独立样本...
IBM SPSS Statistics Processor 就绪 Unicode:OFF

图 9-16　单因素分析

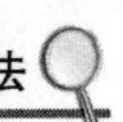

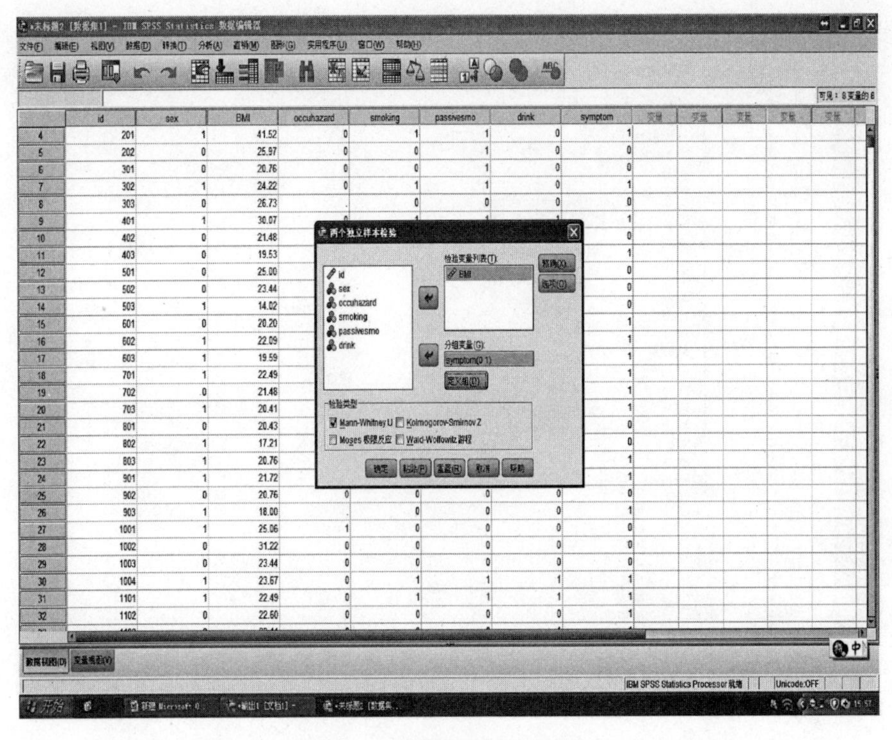

图 9-17　将变量选入对话框

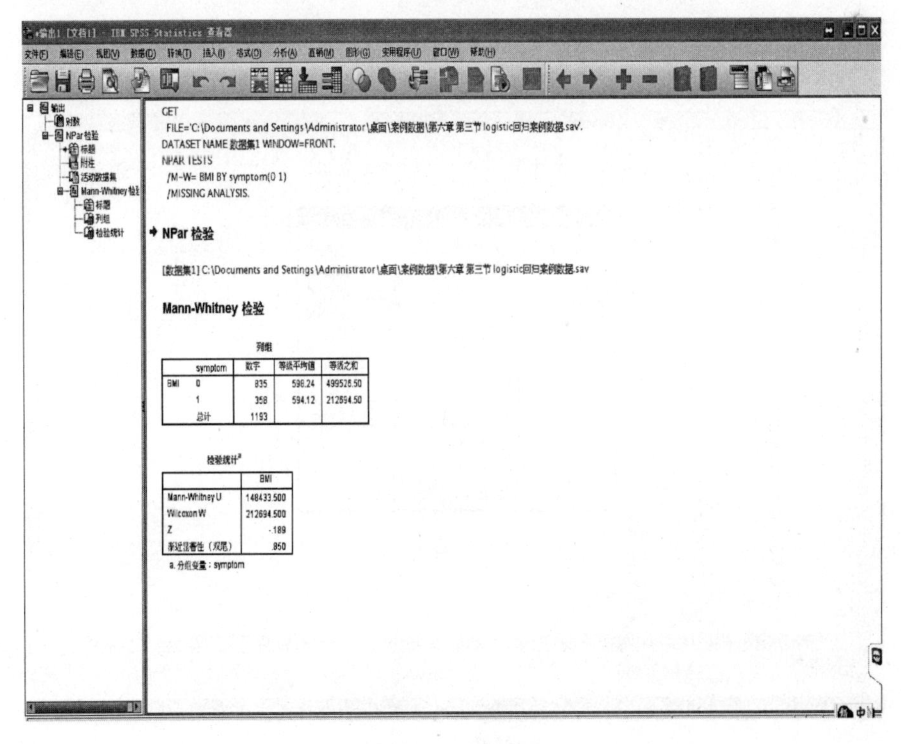

图 9-18　结果展示

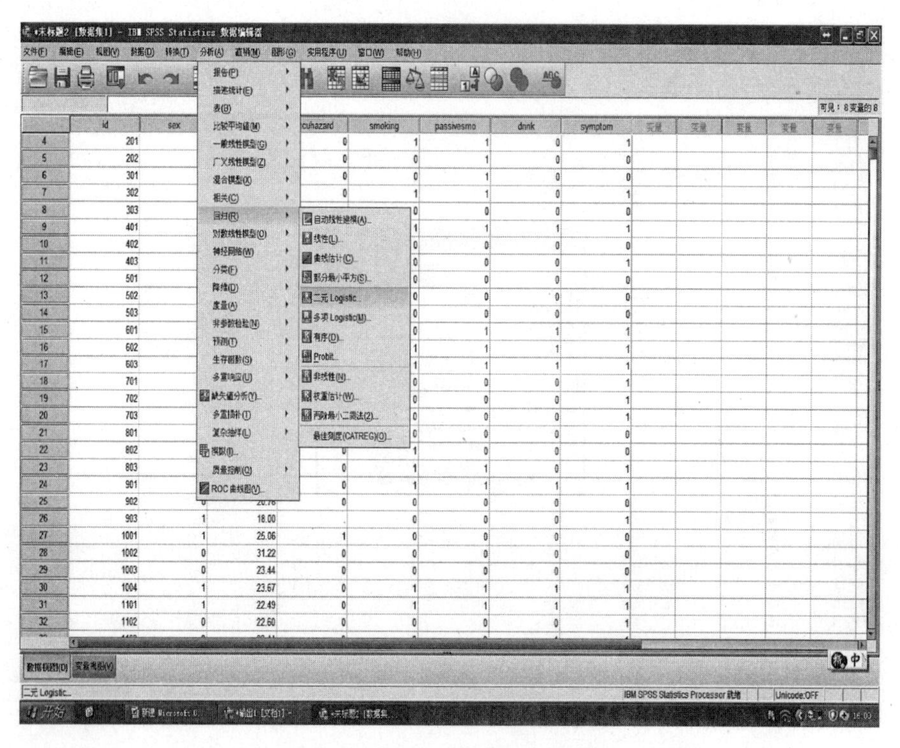

图 9-19　进行二元 Logistic 回归

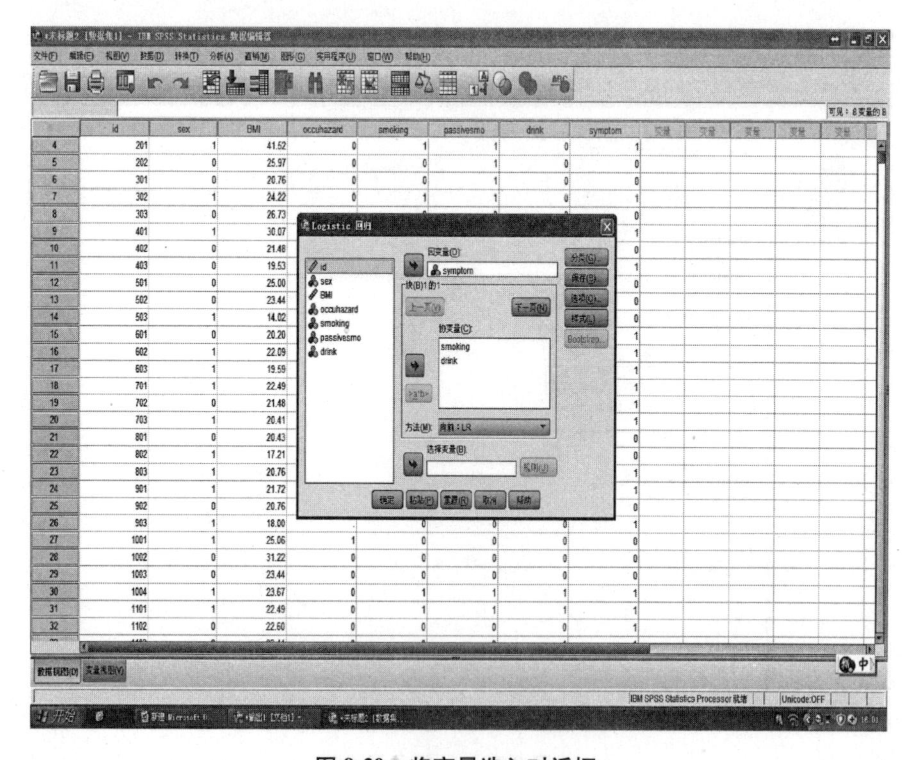

图 9-20　将变量选入对话框

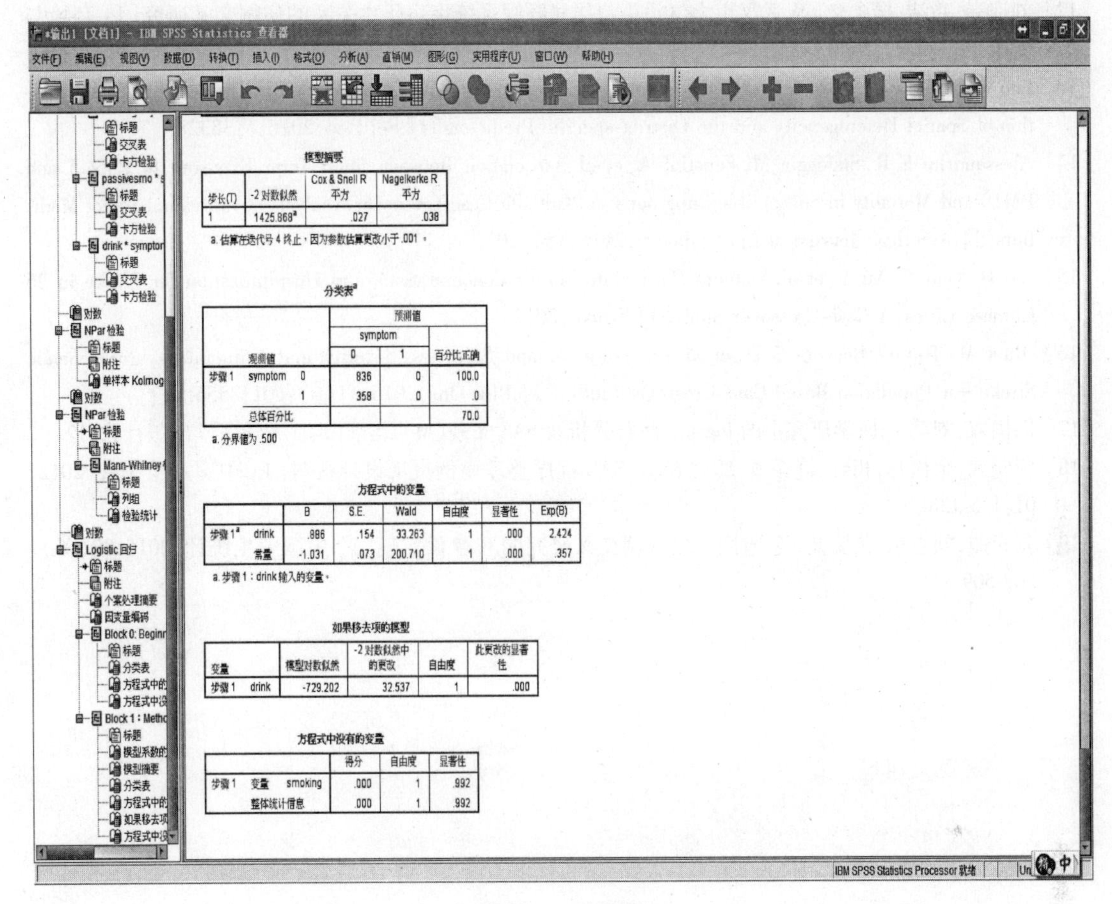

图 9-21　结果展示

（陈　晨　李成橙　刘静怡　韩京秀　孟聪申　杨一兵编，徐东群审）

参考文献

[1] 李立明,王建华,詹思延,等.流行病学第 3 版第一卷[M].北京:人民卫生出版社.2015.

[2] 郝永红.广义线性模型的稳健估计及其医学应用[D].山西医科大学,2009.

[3] 杜长慧.广义线性模型在新药临床试验中的应用[D].四川大学,2004.

[4] 王哲,郑亚杰,曹俊秋.广义线性模型在医学领域的应用实例[J].科技视界,2016(1):125-126.

[5] 陈林利,汤军克,董英,等.广义相加模型在环境因素健康效应分析中的应用[J].数理医药学杂志,2006,19(6):569-570.

[6] 杨阳.北京市大气污染与人群健康研究[D].北京协和医学院,2015.

[7] 张政,詹思延.病例交叉设计[J].中华流行病学杂志,2001,22(04):304-306.

[8] 陈学敏,杨克敌.现代环境卫生学第 2 版[M].北京:人民卫生出版社,2008.

[9] 胡以松.病例交叉研究[J].中华疾病控制杂志,2001,5(04):341-343.

[10] 阚海东,陈秉衡,贾健.上海市大气污染与居民每日死亡关系的病例交叉研究[J].中华流行病学杂志,2003,24(10):863-867.

[11] 路凤,周连,陈晓东,等.2009-2013 年南京市大气可吸入颗粒物污染与循环系统疾病死亡关系的病例交叉研究[J].中华预防医学杂志,2015(9):817-821.

[12] 刘迎春,龚洁,杨念念,等.武汉市大气污染与居民呼吸系统疾病死亡关系的病例交叉研究[J].环境与健康杂志,2012,29(3):241-244.

[13] Luo K,Li R,Li W,et al.Acute Effects of Nitrogen Dioxide on Cardiovascular Mortality in Beijing:An Exploration of Spatial Heterogeneity and the District-specific Predictors[J].Sci Rep,2016,6:38328.

[14] Alessandrini E R, Stafoggia M, Faustini A, et al. Association Between Short-Term Exposure to PM2.5 and PM10 and Mortality in Susceptible Subgroups:A Multisite Case-Crossover Analysis of Individual Effect Modifiers[J].American Journal of Epidemiology,2016,184(10).

[15] Liu H,Tian Y,Xu Y,et al.Ambient Particulate Matter Concentrations and Hospitalization for Stroke in 26 Chinese Cities:A Case-Crossover Study[J].Stroke,2017.

[16] Ravi M, Tim P, Beevers S D, et al. Air Pollution and Subtypes, Severity and Vulnerability to Ischemic Stroke—A Population Based Case-Crossover Study:[J].Plos One,2016,11(6):e0158556.

[17] 冯国双,刘德平.医学研究中的 logistic 回归分析及 SAS 实现[M].北京:北京大学医学出版社,2012.

[18] 彭晓武,余松林,相红,许振成,彭晓春.用 SAS 程序整理病例交叉设计资料[J].中国卫生统计,2012,01:135-138.

[19] 张彩霞,刘志东,张斐斐,等.时间分层病例交叉研究的 R 软件实现[J].中国卫生统计,2016,33(03):507-509.

第十章

环境健康风险表征和定量评估

前面的章节中介绍了基于毒理学和流行病学方法和数据,开展环境健康风险评估的程序,以及环境健康风险评估4步程序中的危害鉴定、暴露评估、剂量(暴露)-反应关系评价的方法,无论是暴露评估还是剂量(暴露)-反应关系评价,都是在特定污染物浓度下,对真实暴露水平的评估,以及针对暴露导致健康效应进行的剂量(暴露)-反应关系评价,实质是环境健康影响评价。本章将分析环境健康风险评估和环境健康影响评价的异同,概括介绍环境健康风险评估的不同方法,健康风险评估中流行病学和毒理学研究资料的整合,重点介绍人群健康风险的表征,定量评估方法和不确定性分析,并给出应用案例。

第一节　环境健康风险评估方法概述

一、环境健康风险评估和环境健康影响评价

环境健康风险评估(environmental health risk assessment,EHRA)和环境健康影响评价(environmental health impact assessment,EHIA)尽管是相关的过程,但它们强调的问题不同。EHIA通常被定义为"一组程序、方法和工具的组合,利用它们,可以判断政策、规划或项目对人群健康的潜在影响,以及影响在人群内的分布"[1]。换句话说,EHIA是一个系统的评价个体、群组、人群由于政策、规划、计划、活动引起环境条件或有害因素变化,导致的真实的或潜在的,直接的或间接的健康影响的过程。它着眼于活动或环境状况的健康影响。EHIA可以成为帮助决策者制定政策的有价值的工具。在政策制定和决策过程中,EHIA可以在项目、方案和政策中使用;协助政策制定;把政策和人联系在一起;包含公共事物;为决策者提供信息;解决许多政策制定的要求;认识到除EHIA外,其他因素也会影响政策。EHIA的目的是促进避免潜在的健康不良影响,促进有益健康影响和可持续发展。EHIA还提供了从业者如何参与政策制定过程,以及与政策制定者互动的建议,描述政策制定不同阶段,以及从业者利用EHIA的一些关键步骤。

进行健康影响评价前,首先需要进行快速筛选,确定与健康相关的政策或项目是否需要进行健康影响评价。若需要,EHIA通常包括以下4步程序:①审视即确定主要健康问题和公众关切,确定职责范围和边界;②评价即利用可及的证据快速或深入评估健康影响,即谁将受到影响、急性影响还是慢性影响、基线情况、影响在人群中的分布特征、是否

具有累积效应及未来影响的预测、减少污染降低影响的意义等；③报告即给出去除或减少不良健康影响和增加有益影响的结论和建议；④监测即适时开展实际健康影响监测，加强现有的证据基础。

环境健康风险评估，是在一定的时间框架下，评估暴露特定浓度的有害因素，对人群产生不良结局的概率。开展环境健康风险评估前，也需要先进行问题识别，确定需要评估问题的真正驱动因素是什么？开展风险评估能不能解决关注的问题，例如，如果真正关心的是某种化学污染物导致的儿童认知障碍，则进行定量致癌风险评估就没有意义。其次，针对风险评估结果的干预策略是否可用于管理？第三，还需要了解风险评估是否由于公共卫生措施的崩溃而启动？例如洪水影响废物的控制和饮用水水处理等。通过问题识别，确定需要开展环境健康风险评估后，通常按照危害识别、暴露-反应关系评价、暴露评估和危险特征分析等4步程序开展环境健康风险评估。人群健康风险与人群健康影响（特指健康危害）最大的不同是：健康风险是健康影响（即危害）发生的可能性。

二、环境健康风险评估的方法[2]

（一）分层方法

环境健康风险评估（EHRA）既可以用于简单问题的筛选研究或快速“桌面”研究；也可以针对明显的健康问题，进行庞大而复杂的评估。考虑到EHRA的成本和复杂性，可以针对特定场景或具体问题使用分层方法，评估过程可以被分为3层。方法1为初筛方法，是最简单的方法，即采用保守的默认暴露参数进行评估或与正式发布的基于健康的准则值进行比较。方法2和方法3，评估过程涉及收集额外的暴露数据，进行更详细的剂量（暴露）-反应数据分析，还可能包括目标组织（或器官）剂量的计算，以及将动物剂量转换成人类等效剂量的估计。

尽管在层数和精确度用法上可能不同，但风险评估的分层方法在许多地区很常见。例如，健康加拿大使用“初步”定量风险评估（preliminary quantitative risk assessment，PQRA），也就是方法1，而方法2和3是现场特定的风险评估（site-specific risk assessment，SSRA）。分层风险评估尤其适用于污染场地的EHRA，该方法可以解决适当考虑评估复杂程度问题。每一层达到健康保护的程度是相等的，数据量和评估细节的增加，可以细化对现场条件（即概念模型）的理解，降低不确定性。反过来，在风险评估过程中必须用来替代知识的谨慎程度可能会降低。风险评估从一层到二层，当第一层过于粗糙的风险估计较低，可能无法接受时，需要进一步评估。从第二层到第三层进程的驱动，取决于在二层潜在的不可接受的风险。第三层提供更详细和具体关注的风险驱动因素。

常见的风险评估，不管哪一层，都会有一个筛选步骤和一个详细的评估步骤。在筛选步骤中，通常是保守地认为化学污染物一直以最大的假定浓度存在，将化学污染物的最大浓度与国家标准或国际准则进行比较，如果浓度超过标准或准则值，则该化学污染物被分类为潜在关注的污染物，需要启动详细的评估。在详细的评估步骤中，化学污染物的评估更充分，包括暴露场景建模，迁移、转归建模，进一步调查以便更好地理解被调查的情况，细化假设使之更现实等。评估通常既考虑了最大限度，也考虑了一般情况。

分层结构对于监管风险评估可能会存在一定的隐患，即通过唯一可能的预期结果会导致负面影响而直接进入更高层次的评估，放松了需要在本层提出的整治要求，而不是利用无偏方法，允许利用更多的证据，提出更周全的补救要求。这种看法需要通过清楚的解释进入

高层次的目的来抵消，主要包括通过更合理的评估暴露，减少不确定性。同时进入更高层次的目的也会助于管理者更好地针对风险进行管理选项。

保守的暴露设置和假设（如第一层评估），基于一般假设和参数的考虑，可能与真实场景的实际情况不一致。第二层评估可以通过弥补假设反映现场实际情况产生更合适的估计值。如果可行，应该考虑污染物生物降解和化学品的生物利用度。同时应该考虑反映真实场景的暴露因素（和假设）。

分层方法在国际化学品安全规划（international programme on chemical safety，IPCS）框架下，对于多种化学品的混合暴露的风险评估方面被扩展并详细地概述。IPCS 框架强调了通过分层，整合行动方式信息（mode of action，MoA），并逐渐完善暴露评估，单独的分层方法适用于危害鉴定和暴露评估；同时指出危害评估组件可以基于单一组分或适用合并剂量累积方法的混合物。

（二）个体和群体环境健康风险评估

环境健康风险评估通常是估计明确界定的群组和人群的风险。“受体”通常是指暴露在环境有害因素中的人群，对“受体”暴露位置和途径的识别是环境健康风险评估的重要内容。

个体环境健康风险通常是针对假定具有某些特征的一个假想人，评估的是他在不同环境、不同时间（如一年或终生）暴露某污染物的健康风险，这个假想的人代表的是一个正常人而不是最大暴露的人。然而这种环境健康风险评估不能针对任何一个特定的人。无论是对公众还是管理者，解释“这里有风险”和“我处于风险中”都是很困难的，尤其是当讨论非常小的概率估计时，会导致利益相关者对定量环境健康风险评估的严重误解。在购买彩票时，尽管获奖的几率很低，但仍能发现获奖者。但在定量环境健康风险评估中，如果任何一个人处于风险中的概率是微小的，那么对于一个特定的人处于风险的概率就会更微小。

人群风险是在特定的时间内，出现不良健康效应（如死亡、癌症和疾病）的人群数量，或在一定的时间内，特定环境或特定的子人群中不良健康效应的发生率。

通过本节的梳理和前面章节的介绍，可以看出，无论是基于空气污染物毒性的健康风险评估，还是基于人群特征的定量风险评估，都是针对群体的环境健康风险评估，而针对个体的定量环境健康风险评估没有管理意义。

（三）定性和定量风险评估

风险的水平可以通过将风险分为高、中、低不同等级进行定性描述，也可以通过数值估计进行定量描述。

目前的风险评估方法，虽然可以进行暴露评估和剂量（暴露）-反应关系评价，对于一些步骤可以在一定程度上进行量化，但还不能对低水平暴露环境有害因素进行精确的定量评估。可以呈现出风险评估数值，但对于数值意义的解释还需要非常慎重；尤其需要注意，数字只是数字，不应将正确与准确性混淆。暴露条件的复杂性、环境污染物和暴露人群的变异性，以及毒理学和流行病学数据固有的局限性，都会限制风险评估的准确性。也就是说，必须清醒地认识到，所有环境健康风险评估结果都存在不确定性。

三、环境健康风险评估的确定性和概率估计

确定性方法意味着暴露模型中的输入值是单一值或点估计，也就是说是输入变量中最佳的估计值。这一方法的优点是简单、易理解，因此在环境健康风险评估中应用广泛；

但却往往忽略了选出的点估计值都位于范围的上限，这将导致模型以及环境健康风险评估结果的保守性组合。敏感性和不确定性分析可以克服这一缺陷，并提供清晰的解释，以增加对在风险驱动下获得的这些结果的理解。这种方法本身在风险评估中是非常有用的。

概率技术能够克服保守性组合，提供与各种输入参数相关的不确定性的更好的描述，也提供以参数分布为基础的统计限值的估计。帮助风险管理者确定异常值对风险评估过程的影响程度，并可以作为确定限值，保护极端条件下人群健康的依据。概率性风险评估方法可用于评价和管理不确定性、个体之间的异质性和其他来源的变异性。

蒙特卡罗分析就是一种概率性工具，由于其可以用概率分布函数来描述输入参数的变异性，从而替代对单一参数的确定性估计，已在环境健康风险评估中应用。概率性暴露模型可以通过成千上万次迭代，根据每一个参数出现频率，为其选择数值，其基本输出是概率分布函数，该函数可以描述的计算参数通常是暴露估计。

Burmaster 和 Anderson 强调[3]，任何暴露评估方法必须有一个明确的评估终点，并提供所有相关信息，以便于评估再现和评价。同时 Burmaster 和 Anderson 也给出了进行良好的蒙特卡罗评估的 14 项原则，即：①详细列出所有公式。②监管机构要求的详细的点估计。③详细的敏感性分析，以确定相关和重要的输入变量，蒙特卡洛分析必须包括哪些驱动风险评估的变量，但也需要详细说明排除哪些微不足道变量的原因。④对有意义途径的暴露评估使用概率技术（其中对时间、金钱和其他资源有要求）。⑤提供有关输入分布的详细信息，最低限度用图表显示完整的分布和用于点估计风险评估的点值位置；显示平均值、标准差、最小值（如果存在的话）、第 5 百分位、中位数、第 95 百分位和最大（如果存在的话）的表格。需要有选择分布的理由，充分基于参考来源和统计，物理，化学和与分布相关的生物机制。⑥详细说明输入变量中输入分布如何捕获，变异性和不确定性，以便能够对变异性和不确定性分别进行描述和分析。⑦使用测量数据来测试输入人群分布的相关性，暴露评估的地点和时间。收集更多数据提供缺少的信息或补充不完整的信息。⑧描述测量数据被用来导出概率分布的方法。⑨详细说明有比较高相关性的数据；有必要进行敏感性分析，确定暴露与变量之间的相关性。⑩至少需要提供详细的信息和每个输出分布图，在图上对行政上允许的风险标准作注释，并用行政设定的暴露点估计给出变量分布图；给出显示平均值、标准差、最小值（如果存在的话）、第 5 百分位、中位数、第 95 百分位和最大（如果存在的话）的表格。⑪提供敏感性分析记录，以及确定最重要输入变量（或变量组）影响的记录。⑫评估数字的稳定性，包括中间值（平均值，标准偏差，偏度和峰度）和输出分布的尾巴。后者对输入数据的性质和分布特别敏感，因为需要有足够的迭代才能展示数值稳定性，Burmaster 和 Anderson 建议通常需要超过 10 000 次迭代。⑬详细说明所使用的随机数发生器的名称和统计质量。⑭解释结果，并详细说明方法的局限性等。

总的可接受暴露和风险范围需要与利益相关者沟通后，根据具体情况进行界定。应用蒙特卡洛方法通常会失去很多保守的固有点估计。在使用蒙特卡罗方法进行评估前，评估者应该检查相关的监管机构或政府权威机构是否认为使用该方法是合适的。使用蒙特卡罗方法获得的结果，很难向受影响的社区人群解释，另外对感兴趣的参数缺乏强劲的参数概率分布，由于这些原因大多数监管机构可能会阻止使用这种技术。

第二节　健康风险评估中流行病学和毒理学研究资料的整合

流行病学和毒理学数据在风险评估中可以相互补充，流行病学数据是直接的人类证据，如果基于可靠的流行病学设计和方法，可以提供健康风险最重要的证据。Mundt 在 1998 年就注意到[4]，如果风险评估团队不能理解流行病学研究的局限性，评估的有效性就可能受到不恰当的、可能错分的流行病数据的影响。在考虑可获得信息的解释和每一项研究的优势和不足时，需要证据权重的方法（weight of evidence，WoE）。由于伦理学不允许故意让人群暴露有害因素，干预实验如随机对照试验很少用于人群健康风险评估。流行病学研究可以用于生成假设和评估因果关系。在评估因果关系方面由于缺乏对混杂因素的控制或研究效力不足（有限样本量获得的结果），均使其应用受到限制。

流行病学研究在直接评价人群健康效应方面是很重要的，而且可以评估人群归因风险。然而，由于精确评估暴露和混杂因素控制方面的困难，其研究效力有限。毒理学在阐明因果关系机制方面是必要的，在风险评估中确定剂量-反应关系，向低剂量外推方面也是非常重要的。但直接利用动物资料外推到人常常存在不确定性。源于人类的流行病学研究常常给出增加的权重，与利用动物的毒理学研究相比，研究更昂贵、费时，结果也是模糊的。然而通过一些高暴露研究（如职业暴露队列或暴露于高污染的社区），偶尔也可以获得结果明确的发现，这也被称为“自然实验”。

适当的方法整合流行病学和毒理学研究资料，是风险评估过程中重要的步骤。Adami 等提出了整合框架[5]，框架的关键要素包括：确保收集并整理所有相关研究；评估研究的质量；评估每一研究结论的证据权重（WoE），利用 WoE 方法是否可以将研究结果分为“可接受”和“不可接受”，并弥补“可接受”结果的局限性；将研究结论划分为不同的范围，如提供流行病学因果假说证据的是与否，毒理学生物证据的高与低；将流行病学因果证据分成“很可能”“不太可能”和“不确定”等不同的网格。

一、危害鉴定

在危害鉴定中流行病学研究比毒理学研究具有天然的优势，如不需要调整人类和动物在污染物的吸收、代谢、解毒、排泄方面的不同；与动物研究相比流行病学研究的样本量是较大的；与严格通过表型筛选繁殖的动物相比人类的遗传多样性是较宽的；与动物实验相比，流行病学研究包含了不同群组（如：青年、老年、易感人群等）；在人群研究中一些神经功能和行为方面的主观效应，如恶心、头疼等可以被更好地评估。流行病学研究和毒理学研究有时会存在一些矛盾和冲突，如流行病学数据不被毒理学证据支持。

在人群研究中只有控制暴露研究可以提供精确评估暴露-反应关系的可能性。而这种研究方式，只有那些有较小潜在毒性的化学物质，在严格的伦理学控制下，才偶尔能够进行。例如可以利用健康志愿者，在空气测试舱中评价有温和刺激性或散发气味的气体或蒸汽，产生刺激效应或感知气味的阈值。

即使在人群研究中控制暴露无法实现，流行病学数据仍然可从以下几个方面对从毒理学动物实验推出剂量-反应关系提供帮助：①减少在机制、生命周期、遗传多样性等方面物种间的不确定性；②动物实验中剂量和时间复杂的暴露方式，在人群风险评估中是不可能复制的，然而一些流行病学研究可以帮助理解这一复杂的剂量-反应关系；③流行病学研究暴露有害污染物的水平通常低于毒理学研究，利用合适的工具，可以评估大量人群低水平污染物的暴露，发现人群相对风险很小的差异。

二、剂量-反应关系评价

流行病学研究只能评价暴露-反应而不是剂量-反应关系。与控制暴露的毒理学研究相比，流行病学研究中的暴露量通常是不连续和变化的。暴露的综合测量方法反映的是时间加权暴露水平。定量描述暴露-反应关系可能由于不完整的暴露信息、暴露的错分、利用暴露的替代标志物等而受到阻碍。

不正确的暴露信息可能会造成暴露-反应关系描述的偏倚。如果结果有较宽的置信区间，政策制定是依据上限、下限还是中间值都会存在实质性差异。通常可用于评价暴露-反应关系模型的流行病学数据也是不足的。尤其是在非常低的暴露水平下，流行病学和毒理学数据都是非常有限的。需要建立替代测量和健康结局之间的关系，以便解释研究的意义。

这里特别需要强调样本量，以及污染物是有阈值或无阈值的。全人群的暴露-反应关系一定不同于较小的子样本，全人群可能包括了弱势群体，而较小的样本可能不包括。基于较小样本的人群或只有健康的成人，根据毒理学标准确定的最大无作用剂量，与全人群样本就会不同。例如在空气重污染天气下，成年人可能只出现轻微的哮喘，但哮喘儿童或患有慢性阻塞性肺部疾病（COPD）的老年人，可能就会出现严重的问题。风险评估者应该回答在个体研究或累积研究的流行病学数据用于暴露-反应关系评价时，是否足以解决这一基本问题。

如果流行病学数据不能用于评价暴露-反应关系，就应该努力开发和提供建立暴露-反应关系的流行病学数据，才能与高剂量的动物数据一起被利用。伦敦法则（London Principles）[6]可用于指导剂量-反应关系评价。

法则1：剂量-反应关系评价应该包括合理的剂量测量范围和任何剂量被拒绝原因的说明，并且提供优先选择特定剂量的原理。在评价动物和人类数据时，如果可能，应该对几种不同测量剂量的方法进行评价。

法则2：在选择剂量-反应关系模型时，应给出模型的最大权重，以适应观察的动物和人类数据，并与生物作用方式保持一致（遗传毒性、非遗传毒性及无法分类污染物）。当作用机制方面的知识不确定或有限时，应考虑几种似合理的剂量-反应关系模型，并且基于可用数据和专业判断，选择最似合理的模型用于剂量-反应关系评价。

法则3：当暴露水平低于可观察的范围，外推癌症风险时，机制方面的数据应该被用于描述剂量-反应关系函数的形状特征。

法则4：当可用的流行病学数据不足以完成暴露-反应关系评价时，只能从动物数据进行低剂量外推，这时需要利用可用的人群数据评价低剂量风险评估的适用性。在可行性方面，还应该考虑人群数据的异质性。当已知种间以及高低剂量间存在差异时，在任何可行的情况下，都应该用人群代谢标志物或其他可测量的生物学指标，调整风险的估计值。如果可能，应该包括数据的敏感性分析。

法则5：当选择流行病学研究进行暴露-反应关系评价时，应优先选择高水平，尤其是有精确暴露信息的研究。关于暴露和反应时间，用于混杂因素的调整和与其他效应修饰潜在

的相互作用等信息的可用性尤其重要。

法则6:当利用个体研究和人群异质性相结合进行评价时,可以恰当地进行Meta分析,或较好的利用原始研究资料,进行危害鉴定和暴露-反应关系评价。合并结果应该在较宽的剂量范围内提供比任何单一研究更精确的评估结果。应用这一方法前应充分判断不同设计和质量的研究在推导结果时的潜在误差。

法则7:当利用流行病学数据进行暴露-反应关系评价时,应进行定量的敏感性分析,以确定混杂因素、测量误差和研究设计中其他不可控制偏倚对风险评估的潜在影响。

法则8:科学理解人类对于疾病易感性的差异(种族、民族、性别、遗传差异、遗传多态性等),充分理解这些差异,以改善低剂量外推。

三、暴露评价

缺乏好的暴露数据是流行病学研究共同的缺陷。通过特定暴露与特定效应之间的相关关系,病理生理学知识可以提供较强的证据解释因果关系。通过对文献的分析发现有缺陷的暴露评估是造成缺乏因果关系可信性证据的最主要因素。

实验毒理学研究具有可控制的精确暴露测量的优点。毒理学研究可以确定暴露化学污染物的毒性效应。这类研究可以提供与单一或重复暴露相关的毒性效应或潜在健康危害,可以预测潜在重要的毒性效应终点,识别潜在的毒作用靶器官或系统。流行病学研究偶尔也可以确定真实暴露的量级、持续时间、时序模式、途径、暴露人群的大小、暴露人群的特征,未来的研究应该在设计上更好地捕捉这些信息。危害鉴定主要依赖于毒理学体内研究结果。在健康风险评估中可以通过对毒理学数据的证据权重分析(WoE),进行危害识别,并为剂量-反应关系提供有用的信息。

毒理学研究的一个基本目的是提供目标污染物潜在危害的生物学证据。当潜在有害效应积累到一定水平,需要评估毒理学研究数据的证据权重。包括对产生数据库方法的适用性、有效性评判,对所有导致因果关系或补充性、平行或相反关系数据的评判。

由于对毒理学机制的认识仍在发展中,很难获得好的流行病学证据,动物实验研究也不总是能够起到决定性作用等,在给定时间和暴露条件下潜在健康效应的推定,也只能是有说服力的,而不是"真凭实据"。因此有必要讨论进行风险评估和不确定性判断,以及给出结论的基本原则。尤其是新的数据或新的科学知识需要对数据库进行再评估,或前期的风险评估或监管行为发生变化时,就变得尤为重要。

化学污染物的作用机制评估(mechanism of action,MoA)正在成为致癌风险评估最基本的组成部分,尤其是对致癌物进行分类,利用阈值或无阈值方法评价剂量-反应关系时,更需要MoA。评估者可以联合利用数据库中的系列研究,也可以使用转基因动物开展研究,或利用定量构效关系,引证目标污染物的毒作用机制。

传统的环境健康风险评估是基于对毒理学数据的评价,然而经典的毒理学研究由于利用高剂量进行研究和从高剂量向与环境暴露相关的低剂量外推的不确定性而受到限制。

第三节 风险表征

风险表征,也称为风险特征分析,是风险评估过程的最后一步,包括:①整合危害识别,剂量-反应评价和暴露评估的信息；②讨论潜在关注的化学物质（chemicals of potential concern，COPC）和量化这些特定化学物质的相关风险；③确定对所有暴露途径相关风险的贡献，并汇总对这些风险的估计；④COPC 可能具有累积效应，考虑多重可能性，并考虑暴露选择最佳方案对效应进行整合；⑤描述与个体和群体性质相关的风险和程度，以及潜在不良健康影响的严重性；⑥提供对整个风险评估质量的评价，风险评估的可信程度，并基于适当的不确定性和敏感性分析得出结论；⑦将风险结果传达给风险管理者；⑧为风险交流提供关键信息。

风险特征分析阶段的总体目标是，确定环境来源中关注的化学污染物的暴露，不超过保护人类健康的限值水平。在实践中，这意味着估计的总暴露量（包括相关的背景），不超过毒理学参考值或基于健康的准则值（通常是通过健康风险评估确定的）。

由于数据的可用性，最终的风险表征是有限的，应该在不确定性评估中进行讨论。这个过程需要相当的专业知识，而且数据收集以及根据健康风险评估的原则和指导方针进行数据分析的过程，需要更加透明并一致。风险评估过程的一部分如“数据”收集和“暴露评估”，至少部分是定量的，并可能基于建模或从测量数据进行推断。风险表征可能涉及将环境数据，暴露数据，摄入量和生物监测结果与既定标准进行比较，包括准则值（GV）或权威机构发表的限值，其目的是帮助定性判断是否需要进行环境卫生干预。

鉴于这一过程的复杂性，风险表征不能被简化为“食谱”。在进行环境健康风险评估时，对默认参数，GV 或风险评估方法的选择等，必须包括对其适用性的评估。另外必须小心，以保证已发表的或基于健康的 GV 是符合目的要求的。

一、环境健康风险表征的关键原则

环境健康风险表征包括以下关键原则：①保护人群健康是主要目标。人群健康风险评估是更大的生态风险评估的一部分。但是，基于风险表征采取的行动，应充分保护公众健康和环境，应将这一原则放在首位。②风险评估应该是透明的，进行风险评估时，默认值的性质和用法，风险评估方法，假设和政策判断应该清楚地表述并形成文件。结论应该基于证据而不是政策判断，并且要明确展示“科学判断”的影响。③风险表征应包括对关键问题的总结，需要对其他风险评估组成部分的结论，以及对不良的健康影响的性质和可能性等进行描述。总结还应该包括整体风险评估优势和局限性的描述和结论。④必须采取保守的方式适度保护公众健康和环境，并详细描述不确定性的范围，分析其对任何推导值的影响。⑤风险表征（和风险评估）应该使用环境健康风险评估文件规定的方法，需要注意，为与最好的科学实践保持一致性，方法可以进行修订。报告应该遵循一致的格式，需要认识到每个具体情况都具有独特的特点。⑥风险评估人员应审查最新的与风险评估有关的科学文献，根据毒理学确定 COPC 的概况。应该给予通过了同行评议文献的信息更重的权重。⑦法定要求、资源限制和其他具体因素对风险评估结果的影响，均应作为风险表征的一部分给予解释。例如，解释为什么某些因素是不完整的。

二、定性与定量风险表征

风险评估中对风险水平的估计既可以被定性描述（即通过将风险纳入高、中、低类别），也可以被定量描述（即用数字估计）。定量估计环境健康风险，其精度将受到评估过程中数

据可用性的限制。

已经开发了不同的方法，进行定性和定量风险表征。定性表征：开展调查，形成非数字描述，基于文字建立复杂和整体的图景，形成对社会或人群问题的"理解"，详细报道根据所做调查建立的标准，对自然环境，对象或材料进行分类的过程。定量表征：应用一套科学、可测量、可重复的程序和数学方法，对质量符合要求的数据，定量估算健康风险概率和相关损失。定量风险表征报告的是一个测量或估计的近似值。结果应该在评估完成后，连同对评估的不确定性一起，构成完整的表征。测量不确定性可以用不同的方式。统计分析允许对来自那些由于系统效应而产生的随机事件进行评估。

在定性表征中也需要考虑不确定性，即确认原始分类是在现有证据的基础上进行的，而且有可能发生错误识别，即可能缺乏证据，导致它被放置在一个特定的类别，而导致"假阳性"或"假阴性"。任何分类识别均应反映与证据有关的不确定性。允许根据进一步的证据进行更新，并考虑两类错误的概率。其他令人满意的特征还包括确定性、易于计算、清晰性（尤其是对结果的表述）以及对确定分类推理的广泛接受性。

风险估计的数值只是一个定量评估的结果，但是存在各种程度的不确定性。数字可能会给人误导性的准确性暗示，尤其是当信息缺乏或不确定的时候。所产生的数字不应该被描绘为高度精确或准确。风险水平绝不应该以有效数字表明具有更高的精度，例如在某种情况下，风险水平为 4.73×10^{-6}（即使用 3 位有效数字而不是 5×10^{-6}），在环境健康风险评估中也可能没有意义。

与已确定的危害，暴露人群或亚群的性质以及毒理学和暴露数据的局限性相关的可变性都将导致不确定性。定量环境健康风险评估中使用的最保守的数学模型，实际上可能对真实的实验数据不敏感，应该仅被视为风险管理解决方案，而不是风险评估技术。输入数据的操纵程度可以影响最终的风险估计，应该使用敏感性分析技术。估计不必依靠数字，普通的语言也可以用来表征风险。一个精细的分级系统可以不使用数字，给出一个相对准确风险估计。明确的定性分类，也可以实现可靠和有效的风险管理决策。

已有尝试将定性的概念和定性风险估计结合起来，通过给各种定性风险类别分配解释性说明，并结合描述给出数字概率范围。定性描述可能会放大对简单低、中、高风险可能性描述的理解，这些描述符的链接与定量概率估计是完全不同的。定量概率估计不一定适合链接定性描述，环境化学品暴露人群健康相关的风险评估中，这种联系也没有得到环境健康或任何其他公共健康权威机构认可。定性风险表征的结论可以避免那种准确地知道风险程度的错觉。

定性风险表征可能需要将比较的内容放入上下文中考虑，或与社区相关的其他风险进行比较。但是，如果比较不直接涉及到替代选项，可能会适得其反，特别是如果不进行可能性比较，或者如果比较被用来暗示可接受性的话，这种比较要慎用。比较应该只限于基于证据、选择风险估计方法类似、并且显示了所有估计不确定性的风险。

另外，还有很重要的一点，表征风险需要考虑偶然因素，这就意味着不能只孤立地进行风险估计。

三、风险估计

风险估计是将暴露评估中估算的摄入量与毒性评估中的毒理学参考值（toxicological reference values,TRVs)相结合,对可能的健康影响指标进行数值估计。由于化学污染物的效应模式不同(包括有阈值和无阈值化学污染物),因此,对于阈值化合物和无阈值化合物的风险估计方法是不同的。

(一) 阈值化合物的风险估计

对于阈值化合物,每个暴露途径的摄入量除以适当的阈值 TRV,可以得到简单的比率,即“危害商”(hazard quotient,HQ)或 WHO 推荐使用的“风险商”(risk quotient,RQ)。每一种污染物都可以考虑所有暴露途径,计算总的危害指数(hazard index,HI)或风险指数(risk index, RI),即所有污染物的所有暴露途径的 HQ 或 RQ 相加就得到总 HI 或 RI,如下所示:

$$HQ = 摄入量\ [mg/(kg \cdot d)] / 阈值 [mg/(kg \cdot d)] \quad (式 10\text{-}1)$$

$$HI = \sum HQ \quad (式 10\text{-}2)$$

在进行汇总时,应考虑以下几点:①HI 或 RI 应按照年龄组分别汇总。②HI 或 RI 应按照慢性,亚慢性和短期暴露分别汇总。③理想情况下,HI 或 RI 应按照产生相同类型效应或具有相同作用机制的化学物质分别汇总。这一过程需要对有关化学物质的毒理学有透彻的了解,只能由合格的毒理学家进行。如果这种分类汇总的方法没有得到认真执行,则可能导致高估(或低估)真实的风险。当缺乏毒理学信息或信息不清时,可以假定化学物质的作用机制相同,进行 HQ 或 RQ 的加合,但这会导致高估真正的风险。④HI 或 RI 应该代表所有暴露相同的个体或子群体的暴露途径,并确保涵盖了当前和未来每个途径的最高暴露。除非有证据表明个体或子群体不涵盖特定途径的暴露,否则汇总应包括所有的暴露途径。

(二) 无阈值化合物的风险估计

对于无阈值化合物,风险估计为由于暴露致癌物而导致终生罹患癌症的额外概率。每个暴露路径和无阈值化合物的估计摄入量相乘即可以得到特定途径终生癌症风险的增加(increased lifetime cancer risks,ILCR)。对于基准剂量数据可用的致癌物质,也可利用阈值化合物的风险估计方法,如下所示:

$$ILCR = 摄入量 [mg/(kg \cdot d)] \times 阈值 [mg/(kg \cdot d)]^{-1} \quad (式 10\text{-}3)$$

$$ILCR = 暴露浓度 (mg/m^3) \times 阈值 [mg/(kg \cdot d)]^{-1} \quad (式 10\text{-}4)$$

建议在大多数情况下应遵循以上方法:①除非提供具体证据表明个体或一群人不存在通过不同途径的暴露,否则 ILCR 的估计应该考虑跨途径汇总。②除非合格的毒理学家提供证据认为不合适,否则 ILCR 的估计通常应该考虑对多种污染物进行汇总。③人们应该认识到存在协同效应的可能性,但量化协同效应存在显著的实际困难。除非有协同效应的证据,否则协同效应在风险估计中可能会被忽略。而相加效应更为常见,通常在风险估计时会对不同污染物和不同暴露途径的风险进行汇总。

对于无阈值化合物的风险估计,还应考虑以下限制:①由于每个无阈值 TRV 是对 95%上限的估计值,概率分布的上 95 百分位数不是通过严格相加获得的,因此,当涉及多种不同的致癌物时,总的癌症风险估计可能更保守。②不同污染物具有不同的人类致癌性证据权重,而多种物质的癌症风险方程是将所有致癌物质均等地加在一起,给予第二类与第一类致癌物更多的权重。另外,计算过程中,给与从动物数据导出的无阈值 TRV 与从人类数据导出的无阈值 TRV 相同的权重。③有时不同致癌物的作用可能不是独立的。

在实际应用中,往往由于缺乏足够的信息,而无法确定将 ILCR 跨越暴露途径或对多种污染物进行汇总是否合理。如果有更多的信息可用,应按照污染物的理化和毒理学特征,由

合格的毒理学家确定是否将污染物或暴露途径作为独立因素，或可以进行汇总。

四、毒理学参考值的利用

使用剂量-反应关系数据的阈值和非阈值方法都依赖于建立一个出发点(point of departure,POD)来进行进一步的分析。对于阈值反应(除癌变外的所有毒理学终点)，POD 通常采用 NOAEL、LOAEL 或 BMD，将 POD 除以一系列安全因子(Safety Factors,SFs，有时称为不确定因素或修饰因子)，获得每日可接受的摄入量(ADI 或 TDI)。由阈值方法产生的毒理参考值包括 ADI、TDI、RfD、RfC。

ADI 通常用于食品或农作物上使用的农药，通常会在食物链中残留。食品或环境中的污染物通常使用 TDI。ADI 和 TDI 在概念上类似于 RfD，通常由于不同机构的使用习惯而不同。RfD 或 RfC 通常仅用于非癌症终点，风险评估中既需要从非癌症终点推导出 RfD(RfC)，也需要从癌症终点推导出无阈值癌症斜率因子。致癌反应驱动的风险评估，采用非阈值方法。

基于时间可以从每天的摄入量改变为每周或每月的摄入量，以保证那些暴露途径或毒代动力学行为需要较长时间平均值的化学污染物。可以使用临时的每周可容许摄入量，当需要进一步的数据来确定可接受或可容许的摄入量时，风险管理人员通常需要临时的准则值。由于临时 ADI 或 TDI 存在固有的不确定性，在计算中可能会引入额外的 SF。

职业健康安全中也有专门基于健康的准则值，包括阈限值(threshold limit values,TLV)，短期暴露限值(short-term exposure limits,STEL)允许暴露限值(permissible exposure limits,PEL)。虽然这些准则值通常是采用比较的方法，从动物毒性研究，人体暴露研究和流行病学研究推导出来的，但目的是保护正常工作班次和一生工作期间工人的健康。其保护水平和安全因子不同于一般社区，社区人群包括婴幼儿和老年人等易感人群，暴露环境污染物的时间比工作班次长，环境污染物种类多，因此只能容许相对较小的限值。尽管风险评估者可能意识到了环境与职业安全限值潜在的冲突，但环境健康风险评估是否适用于一般社区和(或)在暴露场景中的工人还不确定。

五、NOAEL、ADI、TDI 和 RfD 的确定

确定污染物的每日可接受或可容许的摄入量(ADI 或 TDI)，需要建立完整的 NOAEL，通常利用最敏感物种确定最高无作用剂量。除非以下证据证明，否则使用最高 NOAEL 的方法是合理的：①药代动力学/代谢研究发现，最敏感物种表现出与人类不同的毒代动力学行为，因此与其他毒性试验物种相比，作为人类毒性预测指标的相关性较低；②具有最高 NOAEL 的毒性效应与人类无关；③最高 NOAEL 来源于不充分或无效的研究。因此需要强调的是，在确定最合适的健康终点时，必须使用完整的数据库，并将所有发现相关联。

同样重要的是，在环境或职业健康风险评估中，确定 NOAEL 可能会受到暴露途径和实验设计的影响。NOAEL 的选择可受以下因素的显著影响：①研究中使用剂量的选择，“真正的”NOAEL 可能位于明显的 NOAEL 和 LOAEL 剂量之间(如果在研究中使用的剂量之间存在相对较大的差距，剂量的间隔合适，则可能获得最高的 NOAEL)；②剂量水平下的受试者数量，一项研究中每个剂量的测试动物数量均较少，当将那些发生疾病或产生毒性的动物与“对照”或未经处理的动物相比较时，就会影响区分产生“效应”的剂量水平的统计能力；

③可以将染毒处理后发生相关疾病或产生的毒性与自然老化过程中发生的疾病区分开来。对于肿瘤反应尤其如此，如果在测试动物的不同阶段，无法通过一系列病理变化展示其进展，就难以对肿瘤的数量"评分"。

如果毒性的进展与时间有关，并且如果暴露停止后可能发生逆转，则染毒的持续时间在实验设计中就成为更关键的因素。

首先确定 NOAEL，如果 NOAEL 不能确定，则以 LOAEL 替代，除以安全系数，就可以得到 ADI 或 TDI 值，ADI 或 TDI = NOAEL(LOAEL)/SF

由此可以解释：①种间差异（从动物推断到人类）；②种内差异（不同个体之间的敏感性）；③不良影响的严重程度；④科学数据的数量和质量。

一般通过使用安全系数（不确定性因子）来处理种间和种内的不确定性。一些监管机构最常使用的总安全系数为 100，包括以 10 解释种间推测的不确定性，以 10 解释种内变异。如果在研究中没有确定 NOAEL，而使用 LOAEL，则有时使用另外的安全系数 10。确定 ADI 或 TDI，如果没有对毒理学数据库的评估，须基于相对短期的研究（例如 28~90 天）。如对于新的工业化学品，现有的毒理学数据库可能不如新农药、食品添加剂或药物（人类和动物）数据库全面，需要考虑其他因子。根据数据的来源和质量，研究终点的生物学相关性以及危害评估，总安全系数可以从 10 到 10 000 不等。一般情况下，当有合适的人体数据可用时，安全系数为 10。

从人类和实验动物的数据来看，种间和种内差异通常小于 10，因此，这两个因素经常使用的总安全系数为 100，这是保守和充分保护公众健康的。国际化学品安全计划署（IPCS）项目开发了特定的化学物质的调整因子（chemical specific adjustment factors，CSAFs），将基于种间和种内的毒代动力学和毒效动力学数据结合起来，进一步细化传统的 100x 安全系数的分解。IPCS 建议使用 CSAF 取代有足够数据的缺省值，并概述可用的毒代动力学和毒性动力学变异数据的性质。该计划认识到，基于 CSAF 组合的不确定性因子（combined uncertainty factor，CUF）可能小于或超过常见的 100 默认值，应对风险管理者透明。同时也认识到，当研究数据质量不足或发生重大数据差距时，需要增加额外的不确定性因子。

决定使用安全系数的大小，主要基于专家或知情判断。尽管这种选择安全系数的方法似乎有点武断，但是对导致种内和种间变异的生物过程（例如，代谢和其他药代动力学速率差异）改善的认识支持选择缺省安全系数。一般认为，如果总安全系数的大小接近或超过 5000，这实际上是承认考虑环境危险方面缺乏足够的知识，而潜在的数据可能不支持风险评估。如果整体不确定因子超过 3000，美国环保署[7]的做法是不推荐 RfD 或 RfC。如果一种预防方法需要应用这种巨大的不确定因子来制定基于健康的指导限值，那么当有更好的信息可用时，随之而来的数值变化（通常是增加），会减少社区对其健康保护的信心。

然而，Gaylor 等人[8]在评论可能使用基准剂量方法（使用 BMD10）作为出发点时，对于不可逆转的不良反应（如癌症）建议使用默认的不确定系数 10 000，而对于可逆健康影响建议使用较小的 1000。这个观点基于传统的阈值型风险评估中 BMD10 接近 LOAEL 剂量。

六、无阈值方法推导毒理学参考值

使用无阈值方法可以开发两个毒理学参考值：①癌症斜率因子（CSF）：是一生中每单位摄入量致癌反应概率的合理上限估计值；它以单位 mg/(kg · d) 表示；②单位危险因子

(URF):以浓度表示的致癌效力,是每单位介质污染物暴露(例如水:μg/L,空气:$\mu g/m^3$)的癌症概率。

在环境健康风险评估中使用CSF来估计特定的暴露水平下终生暴露化学污染物癌症发生的上限概率,是从POD剂量的上限估计到零的线性外推斜率。

URF可以直接从吸入空气或饮用水研究中获得,具体取决于评估的介质。如果这些数据不能直接利用,单位危险因子可以通过将单位为$[mg/(kg \cdot d)]^{-1}$的CSF转换成空气,水或其他介质中的物质浓度来获得。外推通常假定特定介质的默认摄入量(例如,一个70kg体重的人每天吸入空气$20m^3$,或摄取水2L/d)。转换方程为:

$$吸入\ URF\ (\mu g/m^3)^{-1} = [CSF[mg/(kg \cdot d)]^{-1} \times 20\ (m^3/d)]/[70\ (kg) \times 1000\ (\mu g/mg)]$$

如果使用不同的默认值,则可能有必要调整由美国EPA或综合风险信息系统(IRIS)数据库推导的CSF。

美国EPA指南指出[9],吸入暴露应通过调整空气浓度来评估,然后用于EHRA风险表征。这意味着暴露评估不再基于吸入量或体重进行调整,儿童和成人之间风险评估的唯一区别就是暴露时间。美国EPA认为,生命早期暴露于致癌物质可能会增加患癌症风险的可能性,为此提出了用于致突变致癌物的安全系数[9]:在生命的前2年里,对暴露量进行10倍的调整;从2~16岁之间对暴露量进行3倍调整;在16岁以后,不再对暴露量进行任何调整。

利用癌症斜率因子或单位危险因子,可以计算终生癌症风险增加概率:

终生癌症风险增加概率(ILCR)= 慢性每日摄入量$[mg/(kg \cdot d)] \times CSF[mg/(kg \cdot d)]^{-1}$

终身癌症风险增加概率(ILCR)= 暴露浓度×URF

基于CSF或URF估算增加的癌症风险是预测发生癌症的终生风险。在预期暴露的生命周期(默认70年),估算摄入量(或暴露浓度)必须取平均值。ILCR必须清晰呈现是70年的癌症风险估计,而不能被误报为年度癌症风险估计。事实上,对于癌症来说,70年后的发病率会更高。

一旦决定将潜在关注的化学污染物作为致癌物进行分类并采取致癌风险评估方法,推荐使用BMD方法来选择用于风险评估的POD。在没有适当的BMD数据的情况下,应该提供替代的剂量-反应关系数据,其中可能包括使用CSF(用于遗传毒性致癌物质)和ADI或TDI(用于非基因毒性的致癌物质)。

目前,如果存在多个暴露途径,则对于每个相关途径估计值简单求和,以获得合并的终生癌症风险增加(ILCR)的估计值。需要提醒的是,这种简单求和的方法应该慎用。由于CSF是癌症效能的第95百分位数的估计值,因此严格来讲,对第95百分位数的简单求和是不正确的。这种方法增加了对总风险估计不必要的保守性。CSF没有根据支撑其分类的证据的强度进行加权,即对所有致癌分类都给予同样的权重,包括来源于人类或动物的数据分类。

当癌症数据与不同肿瘤部位相关时,单一化学污染物的CSF估计可能不同。环境健康风险评估通常使用CSF预测最高风险。如果癌症效能和(或)产生的肿瘤类型根据暴露途径而不同,则总风险可能需要反映这种差异。

七、目标风险水平的确定

当风险评估使用阈值方法时,不存在与任何推导出的环境标准或指南相关的目标风险。使用安全系数的目的是进一步减少在特定时间段内(通常为70年,代表整个生命期间)的暴露，即当暴露不存在明显风险时，则假定为可接受的“安全”水平。

对于单一的潜在关注化学污染物，风险评估的目的是确定暴露是否超过了一个适当的基于健康风险的指导值。通常用“危险商（HQ）”表示，定义为被指导限值（GV）划分的暴露量。

当风险评估涉及整合暴露多种污染物时，风险评估的结果用危害指数（HI）表示，“目标HI”通常被假设为1。

当风险评估采用无阈值方法时，隐含的是任何推导出的环境标准都将试图通过尽量减少特定水平暴露的风险来保护社区人群。

虽然承认为决策目的设定“可接受的风险”水平往往是必要的，但确定这种风险水平的数值是一个社会政治问题，需要与利益相关方广泛磋商，包括可能受到环境危害影响的社区和负责管理或改善风险的人员。社会经济或成本效益分析选择风险管理方案也应该是设定“可接受的风险”水平过程的一部分。

各方都要认识到“目标”风险水平的真正含义，通常将“目标”风险水平设定为1/100万（1×10^{-6}）。但如果至少有100万人暴露，不一定是一个人会得病。它只是一种表达风险的方式，是根据剂量-反应关系的推断，在定义的暴露条件下发生事件可能性的数值表示。风险估计的精确度取决于所使用的外推方法的有效性、建模中的保守程度（例如，如果使用上限而非平均值或中值估计）假设等。因此，风险沟通策略需要解释风险估计数字的含义，包括可能的保守水平和确定目标风险水平的背景。

世卫组织指出[10]：设定致癌物“可接受”风险目标是基于政策而不是科学的过程，由于定量外推的不确定性超过了数个数量级，在特定的剂量或浓度下，每单位人口癌症的发病率或数量比估计数的发生率要低得多，因此，这种粗略的表示可能是不恰当的。估计风险被认为只代表似是而非的上限，而且这个上限也是根据其所依据的假设而变化的。

对于致癌物，1/100万的目标风险水平是最常用的。从法律角度来看，10^{-6}级别的起源是由于美国的监管机构将这一级别指定为微不足道的或基本上不存在的风险，即法律规定最小的非限制性法律（法律不处理琐事）和10^{-6}是最小的非限制性法律概念方便的量化表达[11]。不管来源如何，一般的理解是10^{-6}的风险水平基本上为零，或者在监管意义上可以忽略不计。

但是，在不同类型的风险管理情况下，目标风险水平已经上调至10^{-5}和10^{-3}之间。更高的风险水平更常见于职业暴露场所，或与污染场地的评估有关。例如，荷兰对污染土壤的“干预水平”是基于10^{-4}的致癌风险目标[12]。一些澳大利亚环境管理部门的目标风险水平是1×10^{-6}，但这可能取决于风险是否与空气，水或食物的污染有关，或者风险是否与单一致癌物有关，以及是否与多种化学污染的暴露有关。在后一种情况下，10^{-5}的组合风险被认为是可接受的，无论单个或多个化学污染物暴露是否会影响组合风险的估计，受污染场地的修订提出了10^{-5}的致癌风险目标[13]。

第四节　人群健康风险定量评估

一、Cox比例风险模型

Cox比例风险模型也称为Cox回归模型，一般用于生存分析。生存分析用来分析从出生

至死亡之间的寿命长度[14]，是将事件的结果和出现这一结果所经历的时间结合起来分析的一类统计分析方法，不仅考虑事件是否出现，也要考虑事件出现的时间长短，因此该方法也被称之为事件时间分析，并广泛应用于医学、社会学、经济学、工程学等领域[15]。1972 年，D. R. Cox 提出了比例风险模型，是生存分析方法的一次质的飞跃[16]。

（一）模型公式

Cox 比例风险模型的基本公式为[15]：

$$h(t,X)=h_0(t)exp(\beta'X)=h_0(t)exp(\beta_1X_1+\beta_2X_2+\cdots+\beta_mX_m) \quad \text{（式 10-5）}$$

其中，$h(t,X)$ 是具有协变量 X 的个体在时刻 t 时的风险函数；

t 为生存时间；

$X=(X_1,X_2,\cdots X_m)'$ 是可能影响生存时间的因素，即协变量，这些变量既可以是定量的，也可以是定性的，在整个观察期间内不随时间的变化而变化；

$h_0(t)$ 是所有协变量取值为 0 时刻的风险函数，称为基线风险函数；

$\beta=(\beta_1,\beta_2,\cdots\beta_m)$ 是 Cox 比例风险模型的回归系数，为一组待估的回归参数。

将公式 10-5 右边的 $h_0(t)$ 移到左边可以得到相对风险 HR 为：

$$HR=\frac{h(t,X)}{h_0(t)}=exp(\beta'X) \quad \text{（式 10-6）}$$

公式 10-5 右侧的 $h_0(t)$ 不需要服从特定的分布形状，具有非参数的特点，而指数部分 $\exp(\beta'X)$ 具有参数模型的形式，故 Cox 比例风险模型又称为半参数模型[17]。

（二）模型参数估计和检验

以偏似然函数法获得 Cox 比例风险模型参数，其中偏似然函数的计算公式为[15]：

$$L=q_1q_2\cdots q_i\cdots q_k=\prod_{i=1}^{k}q_i=\prod_{i=1}^{k}\frac{exp(\beta_1X_{i1}+\beta_2X_{i2}+\cdots+\beta_mX_{im})}{\sum_{S\in R(t_i)}exp(\beta_1X_{S1}+\beta_2X_{S2}+\cdots+\beta_mX_{sm})} \quad \text{（式 10-7）}$$

式中，q_i 为第 i 健康结局时间点的条件健康结局概率，其分子部分为第 i 个个体在 t_i 健康结局时刻的风险函数 $h(t_i)$；分母部分为处于风险的个体，即生存时间 $T\geqslant t_i$ 的所有个体的风险函数之和。分子分母中的基线风险函数 $h(t_0)$ 可抵消，$h(t_0)$ 无论为多少，都不会对偏似然函数结果产生影响。

一般对公式 10-7 取对数后，可求解出参数 β_i 的最大似然函数估计值 b_j。

对于 Cox 比例风险模型而言，常用的假设检验方法有似然比检验，Wald 检验和计分检验等。

（三）模型参数意义

回归系数与相对危险度[15]　由公式 10-6 可知，β_j 与风险函数 $h(t,X)$ 之间关系为：$\beta_j>0$，则 X_j 取值越大时，$h(t,X)$ 的值越大，表示出现某种健康结局的风险越大；$\beta_j<0$，则 X_j 取值越大时，$h(t,X)$ 的值越小，表示出现某种健康结局的风险越小；$\beta_j=0$，则 X_j 取值对 $h(t,X)$ 没有影响。

而两个分别具有协变量 X_i 与 X_j 的个体，其风险函数之比为相对危险度或风险比，是与时间无关的量，即为：

$$\frac{h(t,X_i)}{h(t,X_j)}=\exp(\beta(X_i-X_j)) \quad \text{（式 10-8）}$$

若 X_i 为暴露组观察对象对应各因素的取值，X_j 为非暴露组观察对象对应各因素的取值,求得的β估计值后,可根据公式10-8求相对危险度估计值。

个体预后指数[15]　Cox比例风险模型的线性部分$\beta_1X_1+\beta_2X_2+\cdots+\beta_mX_m$与风险函数h(t)成正比,表明风险越大,线性部分也越大,因此模型的线性部分表示一个个体的预后,也为预后指数,预后指数越大,人群风险越大,预后越差,反之则反。

若对各变量进行标准化后再拟合Cox比例风险模型,就可以得到标准化的预后指数,当标准化的预后指数为0时,表示该研究对象出现某种健康结局的风险为平均水平;当标准化的预后指数大于0时,表示该研究对象出现某种健康结局的风险高于平均水平;当标准化的预后指数小于0时,表示该研究对象出现某种健康结局的风险低于平均水平。

二、其他模型

对于生存分析而言,由于生存时间多不呈正态分布,所以生存分析有其独特的统计方法,包括描述统计分析方法、比较分析方法、影响因素分析方法等,以下分别介绍[15]。

(一)描述统计方法

根据样本生存资料估计总体生存率及其他有关指标。如估计处于不同环境污染条件下人群的生存率、生存曲线以及中位生存时间等。常采用Kaplan-Meier法,也叫乘积极限法分析。而对于频数表资料则可以采用寿命表法进行分析。该方法属于非参数统计方法。

(二)比较分析方法

对不同组生存率进行比较分析。常采用log-rank检验和Breslow检验。检验无效假设是两组或多组总体生存时间分布相同,而不对其具体的分布形式做要求。该方法属于非参数统计方法。

(三)影响因素分析

通过生存分析模型来探讨影响生存时间的因素,通常以生存时间和结局作为因变量,其影响因素,如年龄、性别、环境污染情况、药物使用等作为自变量。通过拟合生存分析模型,筛选影响生存分析的保护因素和有害因素,方法既有半参数法也有参数法。

空气污染定量风险评估的方法,已经在第二章的第二节进行了详细介绍,本节不再复述。

第五节　不确定性和敏感性分析

完成风险评估时,一些固有的局限性会变得很明显,包括:①信息差距(如混合物的效应,低水平和随时间变化的暴露,生活方式和其他环境危害因素的相对贡献,灵敏度变化);②贫乏的暴露信息(如环境中复杂行为的复杂混合物危害,实际或潜在的人群,以及敏感亚群的地理和暴露变化的知识有限);③毒理学和流行病学研究的局限性(如小样本量,有限的暴露信息,多因素导致的多种疾病);④影响研究的“背景噪音”,包括常见疾病或症状,人群异质性等,事实上这些均导致研究花费昂贵并且耗时。

其中一些局限性在风险评估开始之前就是显而易见的,如:①多种有害物质的暴露,暴露和健康状况导致的复杂性不可能随时解决;②风险评估中关注的许多健康状况复杂的因果关系;③健康的保密性和防止商业信息全面披露;④恐惧、对抗和不信任的气氛如此严重,以至于阻碍了利益相关者之间有意义的对话。

在完成 EHRA 报告时,承认不确定性和知识差距至关重要,可以指导开发风险管理选项。同样重要的是,这些不确定因素要以一种一贯的、科学的、合理的方式进行管理,并且清楚地解释用于管理这些不确定因素的"科学判断"是如何产生的。包括对默认参数输入的定义详细描述,或者使用更复杂的概率方法来定义边界值,或者是给出风险评估者期望放置最佳估计值的区间。

进行适当的敏感性和不确定性分析很重要,因此,在 EHRA 中花费的努力程度与预期结果的精确性是互相匹配的。如果通过采用更简单的方法不会使给风险管理者的结果或建议受到很大影响,那么使用更复杂的方法(例如确定性与蒙特卡洛暴露评估)可能就是浪费资源。同样,用来测量环境浓度的分析技术的复杂性也应该与 EHRA 所要求的精确度相匹配。

一、不确定性分析

健康风险评估的不确定性是缺乏对具体的暴露量或估计值的正确认识造成的。不确定性与变异性是有区别的,它指的是由于多样性或异质性,属性之间的真实差异;尽管它可以更好地描述,但进一步的测量或研究不能减少变异性。不确定性和可变性都加剧了风险评估的不确定性,应在风险评估中充分评估,并需要透明地进行,以便所有风险评估的使用者能够理解所采取的方法。

风险评估的不确定性的分析很重要:①不同来源的信息承载着不同的不确定性,当不确定因素被结合在一起表征风险时,对这些差异的认识很重要。②风险评估过程,风险管理输入涉及收集额外数据的决策。在风险特征分析中,对不确定性的讨论将有助于确定哪些额外的信息/数据,可以显著地减少风险的不确定性。③对风险评估的优势和局限的清晰明确的陈述需要对相关的不确定性做出清晰明确的陈述。④表征风险评估的不确定性,通知利益相关者暴露可能带来风险的范围,风险估计有时可能会有很大的偏离。⑤表征与决策相关的风险评估的不确定性,可以告知决策者可能由该决策带来的潜在风险范围。

不确定性分析一般是定性过程。然而,在一些情况下也可以是半定量或定量的。分析的第一步应该考虑现场模型的概念,该模型的什么方面是不确定的,以及这种不确定性如何估算。不确定性评估的第二个重要部分,是评估与现场、情况或活动有关数据的不确定性和可变性。数据总是有限的。然而,如果暴露浓度远远低于(或高于)毒性参考值,表明风险非常低(或非常高),那么基于即使非常有限数据的风险评估也可以达到目的。基于这种不确定但非常明确的结果的决策是直截了当的。当风险处于接近或略高于相关毒性参考值或"目标风险"级别("灰色地带")时,数据的不确定性和变异性问题就显得更重要,因此不确定性评估也需要更加详细。

在评估风险时,不确定性可能由于缺失或不完整的信息而产生,并被纳入用科学理论支撑的模型用于预测,不确定性因素将会影响特定参数,例如抽样误差。这种不确定性有可能在评估过程中累积,导致高估或低估风险。不确定性评估是健康风险评估过程的一部分,因此必须针对风险评估的每一步以及所有步骤的累积效应加以处理。

风险评估中有 3 种类型的不确定性:①场景不确定性:因缺失或不完整而产生的不确定性,信息如描述性错误、聚集误差、专业判断错误、分析不完整等;②参数不确定性:影响特定参数的不确定性,例如测量误差、抽样误差、变异性,以及使用一般或替代数据;③模型不确定性:科学理论中影响模型预测能力的不确定性。

NRC[8]对目前美国环保署指南中所提供的技术进行了详细的评估，指出尽管提供了一些可用的方法，但尚不清楚需要何种程度的细节来捕捉和传达关键的不确定性；定量方法难以合理地量化所有的不确定性，而且对某些不确定性的定量分析精度可能会分散人们对其他可能同样重要、但不可量化的不确定性的注意力。在大多数健康风险评估中，定量不确定性分析不太可能为承担这项工作所需要的努力提供价值。在大多数情况下，明确的定性分析被认为足以提供必要的不确定性影响方面的交流。

NRC 和 IPCS 提供了不确定度分析有用的指导：①风险评估应提供与现有数据一致的不确定性和变异性定性（至少）或定量描述；进行详细的不确定性分析所需的信息可能在许多情况下无法得到。②应该考虑没有被选定的毒性标准所覆盖的敏感亚群（一般来说是这样的）。③不确定性分析应寻求与风险评估结论最重要的不确定性的沟通。④不确定性分析的细节程度应与风险评估的范围相适应。⑤不确定性分析应该用可以被风险管理者和其他利益相关者理解的术语来表达。⑥不确定性和变异性应该在概念上保持分离。

科学数据和假设（“输入”）的不确定性，无法直接验证评估结果，孤立评估由此产生的决策（“产出”）的影响，这些方面结合起来，造成了决策者、科学家、公众、行业和其他利益相关者别无选择，只能依赖于风险评估过程中使用的许多过程的整体质量来提供一些保证，确保评估与社会目标一致。

二、不确定性评估

不确定性评估是指对风险评估全过程中的不确定性，进行定性或定量的计算和表达。一般可通过以下方法进行评估。

（一）针对事件背景不确定性的评估

针对事件背景不确定性的评估，较好的方法是专家法，利用领域专家丰富的背景知识，将该部分不确定性最大限度地降低，并对事件背景的不确定性进行评估。

（二）参数的不确定性评估

一般参数的不确定评估方法有蒙特卡罗法、贝叶斯网络法、泰勒简化法、概率树法、模糊集理论法等。以下以蒙特卡罗法、贝叶斯网络法和敏感性分析法为例进行介绍[18]。

蒙特卡罗法是一种应用较为广泛的分析数值模型不确定性的方法，该方法也称为统计模拟方法，以概率为基础。蒙特卡罗法假定随机变量的概率分布函数和协方差函数已知，用伪随机数生成技术产生出多组随机变量，然后把随机变量代入模型求解未知变量的统计值。该方法回避了随机分析中的数学困难，通过足够的模拟次数可以得到较为精确的概率分布[19]。

贝叶斯网络法具有强大的理论基础和成熟的概率推理算法，亦可进行不确定性分析。贝叶斯网络法由两部分组成，一个是由变量及连接他们之间的有向弧组成的有向无环图，另一个是表示每个变量和它所有父代关系的条件概率表。贝叶斯概率是通过先验知识和统计现有数据，使用概率的方法对某一事件未来可能发生的概率，通过贝叶斯网络因果关系的概率传递进行估计的[20]。

三、敏感性分析

敏感性分析是风险特征描述过程中的重要的最后步骤，特别是在建模被用于确定

EHRA 的重要组成部分的情况下。它提供了对输入参数的不确定性和(或)变异性对风险评估结果影响的定量估计,当使用确定性的暴露模型进行风险评估时应该进行敏感性分析。在敏感性分析中把对模型输出结果影响较大的参数称为敏感性因素。通常有单因素敏感性分析和多因素敏感性分析[21]。

虽然必须为确定性模型中的每个参数输入单个值,但是不可能将每个参数的合理输入限制为单个值。一系列合理的值将被定义为适合给定的输入参数。敏感性分析是一次一个地改变用作输入参数的变量以确定这些变化如何影响最终输出的过程。变量在定义的范围内变化,而其他变量保持不变,并确定对输出的影响-风险估计。程序包括将每个不确定的数量一次一个地固定在其可靠的下限,然后确定其上限(将所有其他数值保持在中值),计算每个数值组合的结果。它可以用来测试输入值的不确定性和变异性的影响。输入参数的替代应该通过对预期参数分布的上下限的了解来告知。

敏感性分析可用于确定对风险评估结果至关重要的最重要的输入变量(或变量组)。一些输入的变化可能会产生不合理的影响。敏感性分析可以制定暴露或风险分布的界限。敏感性分析还可以估计某些参数的最小值和最大值以及其他值的中间值的组合导致的风险范围。然后可以努力为这些重要的变量收集额外的数据,当收集附加数据时,"真实"值的不确定性就会降低,并且可以为给定的参数定义更小的范围。风险评估结果的不确定性因此可能会降低。

所有使用模型得出结论的风险评估均应进行敏感性分析,并描述输入中看似合理的变化导致的模型输出的变异性。需要注意,有些输入变量可能是相互联系的,无法独立变化。蒙特卡洛模型(其中输入由概率分布函数描述)提供概率分布函数输出。

第六节　死因数据在空气污染人群健康风险评估中的应用

一、数据来源及要求

本书前面章节已介绍了我国死因统计资料的现状,其来源主要包括公安、民政和卫生 3 个来源。相比较而言,公安来源数据身份证号码填报率最高,民政来源数据报告及时性最高,卫生来源数据信息量最大[22]。

在我国,全国范围内的死因监测数据主要来源于中国疾病预防控制中心全国疾病监测点 DSP 系统。该系统数据库对于每一例死亡患者包含了大量的变量字段,但是由于各种原因,在进行空气污染人群健康风险评估时,很难获取该系统的全部信息,因此,需要对所获得的死因数据从数据的完整性、有效性和准确性等几方面进行审核,具体步骤方法参见本书第六章内容。

在审核死因数据的完整性、有效性和准确性之后,还需要对死因数据中是否存在异常值进行判别与处理,主要步骤可参考如下:

1. 通过做出拟评估地区逐日死亡分布图初步判断是否存在异常值,例如:图 10-1 为某城市 2014 年总死亡人数的逐日死亡分布图,图中 2014 年 8 月 19 日的总死亡数据明显高于前后几天以及全年其他日期的死亡数据,根据专业知识,可初步将该日期的数据判断为异常值。

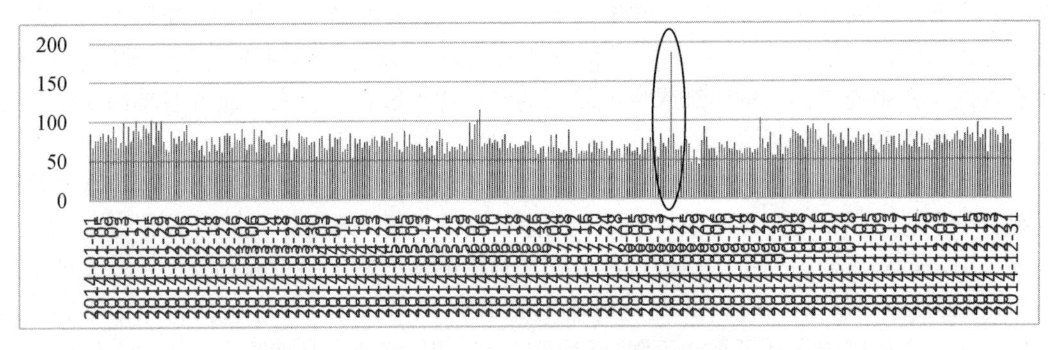

图 10-1　某城市 2014 年总死亡人数的逐日死亡分布图

2. 在通过趋势图判断发现异常值后，需要借助统计学方法，例如：计算离群点、强影响点等，判断该值在统计学专业上是否也是异常值。

3. 对于异常值的处置必须要谨慎，不可轻易删除。因此，确定为异常值的数据，需要在数据库中进行进一步的审核。仍以图 10-1 为例，在确定 2014 年 8 月 19 日的死亡数据为异常值后，首先，观察该城市往年同期总死亡人数是否存在类似异常增高值，如果有，需要进行数据溯源，向数据产生单位了解询问造成数据异常增高的原因。其次，如往年同期数据未出现此类异常，则需要观察该日各疾病系统死因数据是否均呈现异常升高，如果是，则怀疑该日数据很可能在上报过程中出现错误，这种情况下需要对该日数据进行溯源修正或删除；如果仅是由于某种（或几种）疾病系统死亡数据异常升高而造成的该日总死亡数的升高，则需要对某种（或几种）疾病系统进行更详细的分析研究，例如：高温热浪可能主要引起呼吸系统和（或）循环系统疾病死亡人数的增加，这种情况下该日数据为合理正常的数据，应予以保留。

二、评估方法选择

在对获得的死因数据进行数据质量审核后，在进行空气污染人群健康风险评估之前，还需要对死因数据以及获取的其他数据资料，如空气污染物数据和气象数据等进行进一步的整理，以便选择合适的评估方法。

对于整理审核后的死因数据，可以根据数据库中“ICD-10 编码”字段，将死因数据按不同疾病类别进行细分，以便进行后续不同疾病类别死因的空气污染人群健康风险评估。目前，国内外研究主要用于空气污染人群健康风险评估的疾病类别包括：总死亡、非意外总死亡、循环系统疾病死亡和呼吸系统疾病死亡等，见表 10-1。

表 10-1　空气污染人群健康风险评估常见死亡原因及 ICD-10 编码

死亡原因	ICD-10 编码范围
总死亡	A00-Z99
非意外总死亡	A00-R99
循环系统疾病死亡	I00-I99
缺血性心脏病死亡	I20-I25
脑血管病	I60-I69
呼吸系统疾病死亡	J00-J99

如果拟评估地区有连续2年或2年以上的死因监测数据，年粗死亡率大于5‰且保持稳定，同时具有与之相对应的空气污染物和气象逐日数据，此外，拟评估地区人口数大于100万人，此时可考虑使用时间序列分析。

如拟评估地区人口数不满足大于100万人的情况时，需要观察不同疾病类别逐日死亡人数。从临床专业角度，一般情况下在同一区域相同时间段内，总死亡人数>非意外总死亡人数>循环系统疾病死亡人数>呼吸系统疾病死亡人数。此时如果分疾病类别的逐日死亡人数，如循环系统逐日死亡人数出现大量零值时，不建议使用时间序列分析，可考虑使用病例交叉分析。

如未能获取拟评估时间段内该区域逐日的污染物浓度，则可根据获得空气污染物数据类型，选择其他方法进行评估，如进行该区域空气质量达标日与非达标日死亡人数比较，或进行某种污染物不同浓度等级下日均死亡情况的比较。

三、时间序列分析

本部分将采用R软件构建广义相加模型（GAM）进行时间序列案例分析。案例将以NO_2为目标污染物，探讨NO_2对人群非意外总死亡的影响，获取暴露-反应关系系数β和超额危险度ER值，用于后续的超额死亡风险评估。

（一）数据资料

案例中使用虚拟的某城市2013—2015年连续3年全人群每日非意外总死亡人数、空气污染物NO_2和气象监测数据。鉴于所有均为虚拟数据，数据及分析结果不具有实际意义。本案例中，虚拟数据库名称为Rtest-data. csv，值得注意的是，在使用R软件进行时间序列分析时，需要将常用的Excel数据库表格（. xls或. xlsx）另存为“. csv”的格式，以便R软件进行读取分析。

数据库如表10-2所示，其中date为日期，tmean表示每日平均气温，pmean表示每日平均气压，rhum表示每日平均相对湿度，no2表示每日空气污染物NO_2浓度，nad表示每日非意外总死亡人数，滞后天数用lag来表示。

表10-2　时间序列分析案例数据库

date	tmean	pmean	rhum	no2	nad
2013/1/1	−18.00	1004.00	70.00	61.33	73
2013/1/2	−17.50	1011.00	66.00	90.00	97
2013/1/3	−14.00	1016.60	64.00	61.66	97
2013/1/4	−17.50	1009.00	59.00	61.68	103
2013/1/5	−18.70	1006.10	65.00	64.66	72
2013/1/6	−11.70	1010.70	70.00	56.44	75
2013/1/7	−15.10	1012.20	70.00	68.68	90
2013/1/8	−16.50	1013.20	67.00	66.00	97
2013/1/9	−16.50	1011.50	69.00	85.66	93
2013/1/10	−17.00	1013.10	67.00	88.00	101
……	……	……	……	……	……

(二) R 的实现

1. 安装和加载程序包　在 R 软件构建广义相加模型(GAM)需要通过 mgcv 程序包实现,具体安装和加载代码如下(#后为注释语句,不在程序中运行):

```
>install. packages('mgcv')          ##安装 mgcv 程序包##
>library('mgcv')                    ##调用 mgcv 程序包##
```

除此之外,在用 R 软件进行时间序列分析时,还常用的程序包主要包括:splines、lubridate、ggplot2、plyr 和 tsModel 等,可按照上述方法进行安装和加载使用。

2. 定义分析变量

(1)读入分析数据库 Rtest-data. csv,并定义为名为 fxdeath0 的数据库。

```
>fxdeath0<-read. csv(" Rtest-data. csv" ,header=TRUE,sep=',')
```

(2)定义分析变量,并形成分析数据库,取名为 fxdeath。

```
>fxdeath=mutate(fxdeath0,t=1:length(date),dow=wday(date),no2lag1=Lag(no2,1),no2lag2
=Lag(no2,2),no2lag2=Lag(no2,2),no2lag03=runMean(no2,0:3))
```

使用 mutate 函数,定义新变量:

t 为时间变量,根据数据库 date 变量的条数生成 1、2、3……的序列数。

使用 Lag 函数,定义滞后天数的污染物浓度指标:

```
>no2lag1=Lag(no2,1)
```

no2lag1 为滞后 1 天的 NO_2 浓度值,Lag 为函数,no2 为数据库 NO_2 值的变量名,1 为滞后 1 天。

使用 runMean 函数定义污染物移动平均浓度:例如 $NO_2$0~3 天的移动平均浓度。

```
>no2lag03=runMean(no2,0:3)
```

no2lag03 为 0~3 天的 NO_2 浓度移动平均值,runMean 为函数,no2 为数据库 NO_2 值的变量名,0:3 为滞后 0~3 天。

3. 建立时间序列分析模型　使用广义相加模型进行时间序列分析。

```
>model<-gam(fxdeath $ nad~fxdeath $ no2+s(fxdeath $ tmean,k=3) +s(fxdeath $ t,k=7*3)+s
(fxdeath $ rhum,k=3)+as. factor(dow),family=quasipoisson(),fxdeath);
                                        ##建立模型##
>summary(model)                         ##输出模型结果##
```

DOW 不是连续变量,使用时加 as. factor。

(三) 结果解释

1. 结果的一般解释　在进行空气污染对人群超额死亡风险评估时,一般将 β 值转换为超额危险度(*ER*)后进行结果的解释,具体转换为:

$$ER=RR-1=e^{\beta}-1$$

其中 *RR* 为相对危险度,*e* 为自然常数。*ER* 值的含义可以表示为单位污染物浓度升高所引起的死亡风险增长的百分比。

本案例通过模型计算,可以得出不同滞后时间下 NO_2 浓度与非意外总死亡的暴露—

反应关系系数，而且求出超额死亡率 *ER*，结果如表 10-3 所示，空气污染物 NO_2 每升高 10μg/m^3，该城市 2 天后（lag2）的全人群非意外总死亡风险增加 0.70%（95% CI：0.26%，1.15%）。

表 10-3　某城市 NO_2 每升高 10μg/m^3 非意外总死亡增加的超额死亡风险（%）及滞后效应

ER	95%*CI*	lag
-0.15	(-0.59,0.29)	lag0
0.35	(-0.11,0.82)	lag1
0.70	(0.26,1.15)	lag2
0.37	(-0.06,0.81)	lag3
0.15	(-0.28,0.59)	lag4
0.27	(-0.16,0.70)	lag5
0.16	(-0.27,0.59)	lag6
0.05	(-0.38,0.48)	lag7

2. 异常结果的解释与讨论　所谓异常结果，是指计算 *ER* 值出现负值且具有统计学意义，此类结果表明该种污染物成为人群某种疾病死亡风险的保护因素，这显然与目前国际公认的科学认知不相符。此时，需要对数据和结果进行以下讨论：

（1）数据库是否存在异常：需要再次对数据质量进行审核，确认死因数据的完整性、有效性和准确性，以及数据中异常值是否已进行合理的处理。同时，还要对气象数据和空气污染物数据进行同样的审核，确认数据准确，如怀疑有异常值，需要进行数据溯源，查找原因并进行合理修正。此外，还要注意死因数据、空气污染物数据和气象数据 3 者在时间和空间范围内是否一致。

（2）是否存在混杂因素：混杂因素是造成出现异常结果的重要原因之一。判断研究中是否存在混杂因素，可从以下几方面考虑[23]：

1）混杂因素必须是能够影响结局发生（比如：死亡或患病等）的危险因素，并且它对结局的影响与暴露因素无关。

2）在研究人群中，混杂因素与暴露因素存在关联。

3）混杂因素不能受到暴露因素或结局变量的影响。

在进行单污染物的时间序列分析时，其他污染物通常可能为混杂因素，此时，需要判断两种或几种污染物之间的相关性，进而考虑是否需要进行多污染物模型的时间序列分析。

（3）模型的应用是否合理：对于时间序列分析，应用死亡数据进行空气污染人群健康风险评估时，一般需要评估地区人口数大于 100 万人[23]，按照年粗死亡率大于 5‰的数据质量要求，该地区年日均总死亡数应大于 13 人，如数据未满足此要求，可能会造成异常结果的出现，此时应考虑应用其他更合适的统计方法进行分析。

四、病例交叉分析

（一）案例说明

本案例以 $PM_{2.5}$ 为目标污染物，目的是探讨 $PM_{2.5}$ 与心血管疾病死亡的影响，即获取回归

系数 β 和相对危险度 *OR* 值，用于后续的超额死亡风险评估。

最佳暴露效应期是基于滞后效应分析结果和最大 *OR* 值原则来确定的。对照的选择方式目前应用比较广泛的是按时间分层的方法：将日期先按月份和星期进行分层，疾病发生当日作为病例期，然后选取在同 1 个月内与病例期相同星期几的其他各天作为对照期，如假设病例期发生在 2015 年 12 月 12 日（星期六），则 2015 年 12 月其他的星期六均被选为对照期。

本案例的操作内容主要参考的文献和书目可见于参考文献中[24-27]，统计分析工具为 R 软件。

（二）数据说明

本案例使用模拟的某城市 2013—2015 年连续 3 年每日的心血管疾病死亡、空气污染物和气象监测数据进行案例操作展示，由于所用数据为模拟数据非真实数据，分析结果不具实际意义。原始数据见图 10-2，其中 date 为日期，cvd 表示每日心血管疾病死亡人数，空气污染物包括 $PM_{2.5}$、SO_2、NO_2，temp 表示气温，rhum 表示相对湿度，滞后天数用 lag 来表示，保存在 sample. csv 文件中。

date	cvd	pm25	no2	so2	temp	rhum
2013/1/1	35	116.22	51.33	61.78	-8	70
2013/1/2	38	124.56	70	75	-7.5	66
2013/1/3	45	146	41.67	32.78	-4	64
2013/1/4	37	107.56	51.78	58	2.5	59
2013/1/5	34	113.22	54.67	60.11	1.3	65
2013/1/6	34	62.56	36.44	52.78	-2.7	70
2013/1/7	26	102.67	58.78	58.44	-5.2	70
2013/1/8	40	163.89	97	91.44	-6.5	67
2013/1/9	36	100.78	65.67	79.89	-6.5	69
2015/12/24	37	201.3	94.4	96.6	0.6	82
2015/12/25	22	87.88	67.5	62.88	-3.2	78
2015/12/26	23	94	32.63	44.25	-5.7	69
2015/12/27	25	72.71	29.25	49.25	-2	63
2015/12/28	26	86.29	43	61.63	0.6	63
2015/12/29	22	98.63	80.75	97.63	1.5	71
2015/12/30	25	104.63	131.25	95.75	0.3	72
2015/12/31	30	134.63	90.75	89.38	4.8	75

图 10-2　原始数据展示

（三）步骤演示

1. 导入并整理数据

（1）在将数据导入 R 软件前，首先需要在 R 软件中加载分析所用到的程序包，本案例需要的程序包包括：lubridate、tsModel、ggplot2、MASS、mgcv、nlme、survival、coda 和 season 程序包。加载代码如下：

```
>library("lubridate")
>library("tsModel")
>library("ggplot2")
>library("MASS")
>library("mgcv")
>library("nlme")
>library("survival")
```

```
>library("coda")
>library("season")
```

若未下载安装某程序包，可使用 install. packages("程序包名")来实现下载安装。

(2)将 sample. csv 中的数据导入 R 软件中保存为 samp 数据库，并将 date 变量的日期格式调整为 R 软件识别格式(图 10-3)。

```
>samp<-read. csv("sample. csv",header=TRUE,sep=',')
>samp $ date<-as. Date(samp $ date)
```

	date	cvd	pm25	no2	so2	temp	rhum
1	2013-01-01	35	116.22	51.33	61.78	-8.0	70
2	2013-01-02	38	124.56	70.00	75.00	-7.5	66
3	2013-01-03	45	146.00	41.67	32.78	-4.0	64
4	2013-01-04	37	107.56	51.78	58.00	2.5	59
5	2013-01-05	34	113.22	54.67	60.11	1.3	65
6	2013-01-06	34	62.56	36.44	52.78	-2.7	70
7	2013-01-07	26	102.67	58.78	58.44	-5.2	70
8	2013-01-08	40	163.89	97.00	91.44	-6.5	67
9	2013-01-09	36	100.78	65.67	79.89	-6.5	69

图 10-3　导入 R 软件结果

(3)参照日期变量 date，生成对应的星期几(dow)、月份(month)、年份(year)和合并变量(stratum)数据列(图 10-4)。

```
>samp $ dow<-as. factor(weekdays(samp $ date))
>samp $ month<-as. factor(months(samp $ date))
>samp $ year<-as. factor(format(samp $ date,format="%Y"))
>samp $ stratum=as. factor(samp $ year:samp $ month:samp $ dow)
```

	date	cvd	pm25	no2	so2	temp	rhum	dow	month	year	stratum
1	2013-01-01	35	116.22	51.33	61.78	-8.0	70	星期二	一月	2013	2013:一月:星期二
2	2013-01-02	38	124.56	70.00	75.00	-7.5	66	星期三	一月	2013	2013:一月:星期三
3	2013-01-03	45	146.00	41.67	32.78	-4.0	64	星期四	一月	2013	2013:一月:星期四
4	2013-01-04	37	107.56	51.78	58.00	2.5	59	星期五	一月	2013	2013:一月:星期五
5	2013-01-05	34	113.22	54.67	60.11	1.3	65	星期六	一月	2013	2013:一月:星期六
6	2013-01-06	34	62.56	36.44	52.78	-2.7	70	星期日	一月	2013	2013:一月:星期日
7	2013-01-07	26	102.67	58.78	58.44	-5.2	70	星期一	一月	2013	2013:一月:星期一
8	2013-01-08	40	163.89	97.00	91.44	-6.5	67	星期二	一月	2013	2013:一月:星期二
9	2013-01-09	36	100.78	65.67	79.89	-6.5	69	星期三	一月	2013	2013:一月:星期三

图 10-4　数据列生成结果

2. $PM_{2.5}$对心血管疾病死亡的影响

(1)单污染物模型分析：利用当日的 $PM_{2.5}$(即 $PM_{2.5}$lag0)浓度，控制气温和相对湿度，分

析 $PM_{2.5}$对心血管疾病死亡的影响。调用 season 程序包中的 casecross 函数进行单污染物模型分析,利用 summary 函数来显示模型分析结果:

```
>model1 = casecross ( cvd ~ pm25 +temp +rhum, matchdow = TRUE, stratamonth = TRUE, data = samp)
>summary( model1)
```

```
Parameter Estimates:
             coef exp(coef)    se(coef)          z     Pr(>|z|)
pm25 0.0006557173 1.0006559 9.295831e-05  7.0538862 1.739942e-12
temp 0.0009463149 1.0009468 1.143917e-03  0.8272585 4.080906e-01
rhum -0.0006263680 0.9993738 5.271133e-04 -1.1882985 2.347158e-01
```

图 10-5　单污染物模型结果

分析结果如图 10-5 显示,其中 coef 为回归系数β,exp(coef) 为 *OR* 值,se(coef) 为回归系数的标准误,z 为检验统计量,Pr(>|z|) 为 *P* 值。可以看出,当日 $PM_{2.5}$(即 lag0) 作为自变量时,$OR = 1.000\,655\,9$,$P<0.05$,表明当日 $PM_{2.5}$与心血管疾病死亡之间关联有显著性。

(2)滞后效应分析:分别以滞后 1~5 天的 $PM_{2.5}$浓度作为自变量,同时控制气温和相对湿度,分析它们与心血管疾病死亡的关联。

①构建滞后数据列(图 10-6)

```
>samp $ pm25lag1 =Lag( samp $ pm25,1)
>samp $ pm25lag2 =Lag( samp $ pm25,2)
>samp $ pm25lag3 =Lag( samp $ pm25,3)
>samp $ pm25lag4 =Lag( samp $ pm25,4)
>samp $ pm25lag5 =Lag( samp $ pm25,5)
```

	date	cvd	pm25	no2	so2	temp	rhum	pm25lag1	pm25lag2	pm25lag3	pm25lag4	pm25lag5
1	2013-01-01	35	116.22	51.33	61.78	-8.0	70	NA	NA	NA	NA	NA
2	2013-01-02	38	124.56	70.00	75.00	-7.5	66	116.22	NA	NA	NA	NA
3	2013-01-03	45	146.00	41.67	32.78	-4.0	64	124.56	116.22	NA	NA	NA
4	2013-01-04	37	107.56	51.78	58.00	2.5	59	146.00	124.56	116.22	NA	NA
5	2013-01-05	34	113.22	54.67	60.11	1.3	65	107.56	146.00	124.56	116.22	NA
6	2013-01-06	34	62.56	36.44	52.78	-2.7	70	113.22	107.56	146.00	124.56	116.22
7	2013-01-07	26	102.67	58.78	58.44	-5.2	70	62.56	113.22	107.56	146.00	124.56
8	2013-01-08	40	163.89	97.00	91.44	-6.5	67	102.67	62.56	113.22	107.56	146.00
9	2013-01-09	36	100.78	65.67	79.89	-6.5	69	163.89	102.67	62.56	113.22	107.56

图 10-6　滞后数据列结果

②由于滞后数据列存在有缺失值(*NA*) ,利用 casecross 函数分析时会出现异常,因此需要分别删除滞后天数据列对应的缺失行,生成新的数据库(samp1-samp5) 用于后续分析。

```
>samp1 =samp[-1,]
>samp2 =samp[-seq(1,2),]
>samp3 =samp[-seq(1,3),]
>samp4 =samp[-seq(1,4),]
```

```
>samp5=samp[-seq(1,5),]
```

③分别将各滞后天的 $PM_{2.5}$浓度作为自变量,并使用相应的数据库进行滞后效应分析。

```
>model2= casecross(cvd~pm25lag1+temp+rhum,matchdow=TRUE,stratamonth=TRUE,data=samp1)
>model3= casecross(cvd~pm25lag2+temp+rhum,matchdow=TRUE,stratamonth=TRUE, data=samp2)
>model4= casecross(cvd~pm25lag3+temp+rhum, matchdow=TRUE, stratamonth=TRUE, data=samp3)
>model5= casecross(cvd~pm25lag4+temp+rhum, matchdow=TRUE, stratamonth=TRUE, data=samp4)
>model6= casecross(cvd~pm25lag5+temp+rhum, matchdow=TRUE, stratamonth=TRUE, data=samp5)
>summary(model2)
>summary(model3)
>summary(model4)
>summary(model5)
>summary(model6)
```

将 lag0~5 天的分析结果整理汇总,如图 10-7 所示:

	coef	exp.coef.	se.coef.	z	Pr...z..
pm25lag0	6.56E-04	1.0006559	9.30E-05	7.0538862	1.74E-12
temp	9.46E-04	1.0009468	1.14E-03	0.8272585	4.08E-01
rhum	-6.26E-04	0.9993738	5.27E-04	-1.1882985	2.35E-01
pm25lag1	3.63E-04	1.0003634	9.49E-05	3.830033	1.28E-04
temp	1.28E-03	1.0012838	1.15E-03	1.1144765	2.65E-01
rhum	-4.57E-04	0.9995429	5.30E-04	-0.8631657	3.88E-01
pm25lag2	2.31E-04	1.0002306	9.30E-05	2.4796652	1.32E-02
temp	1.70E-03	1.0016975	1.14E-03	1.4823696	1.38E-01
rhum	-2.54E-04	0.9997458	5.25E-04	-0.4846733	6.28E-01
pm25lag3	1.41E-04	1.0001406	9.27E-05	1.5166682	1.29E-01
temp	2.00E-03	1.0020009	1.14E-03	1.755598	7.92E-02
rhum	-1.35E-04	0.9998652	5.22E-04	-0.258435	7.96E-01
pm25lag4	1.57E-04	1.0001572	9.29E-05	1.6913575	9.08E-02
temp	2.38E-03	1.0023805	1.15E-03	2.0681137	3.86E-02
rhum	-1.15E-04	0.9998846	5.21E-04	-0.2214635	8.25E-01
pm25lag5	8.16E-05	1.0000816	9.22E-05	0.8852667	3.76E-01
temp	8.33E-04	1.0008335	1.13E-03	0.7360214	4.62E-01
rhum	-1.40E-04	0.9998596	5.06E-04	-0.2776411	7.81E-01

图 10-7　滞后效应分析结果汇总

通过对各滞后天对应的 *OR* 值的比较,发现 $PM_{2.5}$lag0 对应的 *OR* 值=1.000 655 9 最大,因此认为该天为最佳滞后天数。

（3）多污染物模型分析：采用最佳滞后天数的 $PM_{2.5}$ 浓度，在模型中分别纳入 SO_2，NO_2，和同时控制 SO_2、NO_2 后，观察 $PM_{2.5}$ 对心血管疾病死亡影响的稳定性。

```
>model7 = casecross(cvd~pm25+temp+rhum+so2, matchdow=TRUE, stratamonth=TRUE, data=samp1)
>model8 =casecross(cvd~pm25+temp+rhum+no2, matchdow=TRUE, stratamonth=TRUE, data=samp1)
>model9 =casecross(cvd~pm25+temp+rhum+no2+so2, matchdow=TRUE, stratamonth=TRUE, data=samp1)
```

汇总结果如图 10-8 显示：

	coef	exp.coef.	se.coef.	z	Pr...z..
pm25	0.000473	1.0004731	0.0001081	4.3774062	1.20E-05
temp	0.0017681	1.0017696	0.001167	1.5150135	1.30E-01
rhum	-0.0006156	0.9993846	0.0005276	-1.1668194	2.43E-01
so2	0.0008323	1.0008326	0.0002533	3.2861684	1.02E-03
pm25	0.000693	1.0006932	0.0001503	4.6103641	4.02E-06
temp	0.0010448	1.0010454	0.0011454	0.9121864	3.62E-01
rhum	-0.0006163	0.9993839	0.0005271	-1.1692306	2.42E-01
no2	-0.0001765	0.9998235	0.0004902	-0.3600084	7.19E-01
pm25	0.0007137	1.000714	0.0001507	4.7345984	2.19E-06
temp	0.0020889	1.0020911	0.0011742	1.7789354	7.53E-02
rhum	-0.0005981	0.999402	0.0005276	-1.1336697	2.57E-01
no2	-0.00129	0.9987108	0.0005649	-2.2836915	2.24E-02
so2	0.0011625	1.0011632	0.0002915	3.9878609	6.67E-05

图 10-8　多污染物模型结果汇总

多污染物模型分析结果显示，控制 SO_2 和 NO_2 时，$PM_{2.5}$ 对应的 OR 值变化不大，其对心血管疾病死亡的影响仍有显著性（$P<0.05$），表明本案例中 $PM_{2.5}$ 浓度对心血管疾病死亡的影响受气态污染物的影响较小，效应估计值比较稳定，得到的回归系数 β 和 *OR* 值可用于进行超额死亡的风险评估。

若可以收集到心梗就诊的稳定数据，同样也可以利用该方法进行空气污染对心梗就诊影响的分析，获得回归系数 β 和 *OR* 值后，进行超额就诊的风险评估。

五、超额死亡人数的计算

（一）概述

作为健康效应“金字塔”的顶端，死亡是空气污染人群健康影响的终极评估指标。同时，相较于医院就诊数据和急救数据等，死因数据有较好的长期监测工作基础，数据质量较高，因此超额死亡人数的计算正在被越来越广泛的应用。

在计算超额死亡人数时，基于 Possion 回归的比例风险模型，相对于人群来说，死亡的发生属于小概率事件，符合统计学上的 Possion 分布。此外，空气污染物暴露与人群死亡的联

系从统计学角度来说多属于“弱相关”。在此条件下，如暴露的差值不是很大，则假定Possion比例风险模型曲线关系为直线关系，其关系式为：

$$\Delta case=N\times\left\{1-\frac{1}{exp[\beta\times(C-C_0)]}\right\}\quad（式 10-9）$$

其中 $\Delta case$ 为超额死亡人数，N 为拟评估地区每日死亡人口数，β 为暴露-反应关系系数，C 为拟评估地区空气污染物浓度，C_0 为参考浓度。

（二）各参数的获取

1. 死因数据　死因数据的来源和要求在本节开头已做了较为详尽的介绍，需要注意的是，死因数据的类型主要分为常住人口死因数据和户籍人口死因数据，在进行空气污染人群健康风险评估时，尤其是计算超额死亡人数时，考虑到空气污染与人群暴露的三间分布特征，使用常住人口死因数据更能准确体现暴露-反应的特征关系。

2. 暴露-反应关系系数　暴露-反应关系系数是计算超额死亡人数的核心指标，本节已经介绍了计算暴露-反应关系系数的几种方法。此外，如所获取的数据资源有限无法直接计算暴露-反应关系系数时，可通过查阅公开发表的科技文献、研究报告、国际组织或其他国家相关机构的权威网站，间接获取所需的空气污染物与人群死亡暴露-反应关系系数。值得注意的是，不同空气污染物与人群死亡暴露-反应关系系数差别可能会较大；即使是同一种空气污染物，不同地区的人群死亡暴露-反应关系系数也会有差别，因此在间接引用其他来源的暴露-反应关系系数时需要注意是否能够代表拟评估地区的实际水平。

3. 空气污染物浓度　拟评估地区空气污染物浓度可从当地环境空气质量监测站点每日的监测资料获得，也可参考各城市空气质量实时发布平台。

对于空气污染物参考浓度，不同国家制定的标准之间是有差异的，因为标准不仅要依据健康风险评估结果，还需要考虑经济发展水平和技术可行性，以及其他各种政治和社会因素等。因此，在进行空气污染人群健康风险评估时，可根据风险评估的目的选择适当的参考浓度。

国内标准可参考《环境空气质量标准（GB3095-2012）》（图 10-9），该标准规定了不同功能区、不同级别下不同污染物在不同平均时间下的浓度限值。

序号	污染物项目	平均时间	浓度限值		单位
			一级	二级	
1	二氧化硫（SO_2）	年平均	20	60	$\mu g/m^3$
		24 小时平均	50	150	
		1 小时平均	150	500	
2	二氧化氮（NO_2）	年平均	40	40	
		24 小时平均	80	80	
		1 小时平均	200	200	
3	一氧化碳（CO）	24 小时平均	4	4	mg/m^3
		1 小时平均	10	10	
4	臭氧（O_3）	日最大 8 小时平均	100	160	$\mu g/m^3$
		1 小时平均	160	200	
5	颗粒物（粒径小于等于 10μm）	年平均	40	70	
		24 小时平均	50	150	
6	颗粒物（粒径小于等于 2.5μm）	年平均	15	35	
		24 小时平均	35	75	

图 10-9　《环境空气质量标准》中环境空气污染物浓度限值

国际标准可参考世界卫生组织的《世界卫生组织关于颗粒物、臭氧、二氧化氮和二氧化硫的空气质量准则》，该准则中世界卫生组织不仅给出了颗粒物、臭氧、二氧化氮和二氧化硫的空气质量准则值，还针对每一种污染物给出了过渡时期目标值。

（三）人群超额死亡人数计算

以本节“时间序列分析”案例为例，若已知2013年该城市逐日 NO_2 日均浓度，以及该城市2013年常住人口逐日死因数据，求2013年该城市由于 NO_2 污染造成的超额死亡人数。

通过时间序列分析或者病例交叉分析，可以计算得出人群超额死亡率 $ER=0.70$，由 β 值与 ER 值的换算公式，可以得出 $\beta=0.53$，根据《环境空气质量标准（GB3095-2012）》，NO_2 在二类区的24小时平均浓度限值为 $80\mu g/m^3$，由超额死亡人数计算公式可以计算出2013年该城市由于 NO_2 污染造成的逐日超额死亡人数，由于该城市 NO_2 逐日日均浓度会有低于 $80\mu g/m^3$（计算出的该日超额死亡人数会为负值），因此在求和计算全年超额死亡人数时，需要剔除这些日期的数据，最终计算约为27人。

第七节 因病就诊数据在空气污染人群健康风险评估中的应用

一、数据要求

空气污染对人群因病就诊的风险评估需要4方面的数据：一是空气污染暴露数据；二是人群因病就诊数据；三是健康终点基线数据；四是人口数据。

（一）空气污染暴露数据

空气污染暴露数据包括环境空气污染物浓度数据和气象数据，一般以日为单位形成时间序列数据。

空气污染物浓度数据应从环境保护部门获得，而且在数据收集、传递、处理过程中保持数据真实、准确、完整。根据研究人群范围，科学选择暴露区域，收集暴露区域空气污染物的浓度数据，以反映人群暴露水平，如若研究人群为某市人群，则应收集全市空气污染物浓度数据，包括城市所有国控、省控及市控环保监测站点的空气污染监测数据，一般包括 $PM_{2.5}$、PM_{10}、SO_2、NO_2、O_3 和CO等6种空气污染物的逐日数据，若能得到更为细化的污染物数据，也可收集。

气象数据主要来源于气象部门，要求收集的数据可靠，需至少包括研究区域逐日的平均温度（最高温度、最低温度）、平均气压、平均相对湿度、平均风速等几个主要气象要素的24小时均值。此外，根据研究内容的不同，还可添加其他气象指标。

（二）人群因病就诊数据

人群因病就诊数据包括医院就诊数据、急救中心接诊数据，需收集因病就诊数据，排除预防接种、开药等非因病就医数据。

医院就诊数据包括门诊数据、急诊数据和住院数据3部分，数据主要来源于各地不同类型和级别医院的医院管理信息系统（简称HIS系统），也有一些地市或区域的信息化建设较好，可以通过当地卫生健康行政部门的信息平台获取。不同地区不同类型和级别医院的信息化建设情况差别较大，有的至今也没有HIS系统，仍手工填写门、急诊日志，即使有HIS系统门、急诊数据的格式也不尽相同。因病就诊数据主要包括就诊日期、病人ID号、姓名、性别、身份证号码、出生日期、年龄、住址、就诊科室、诊断、诊断ICD编码等。门诊数据和急诊数据属于个案数据，主要包括文本型、日期时间型和数值型，大部分指标属于描述类变量。住院数据主要包括医疗机构名称、健康卡号、病案号、姓名、年龄、性别、出生日期、身份证号码、现住址、户籍地址、入院时间、出院时间、出院诊断、疾病编码等。住院数据属于个案数据，主要包括文本型、日期时间型和数值型，大部分指标属于描述类变量。

医院收集的数据需能够代表当地居民就诊情况，可以从不同医院获取，如综合性医院、儿童医院、社区医院、妇幼保健院等。根据研究目的，可以选择多家医院，收集不同类型的就诊数据，如成人就诊数据、儿童就诊数据，在选择医院之前，首先对医院的接诊能力、日接诊量、每日接诊的饱和情况以及病人的主要来源进行摸底调查，避免选择每日接诊量极少或者接诊量达到饱和状态以及外地病人就医较多的医院。避免选择如骨科、妇产科等专科类医院。若是多年数据，应保证数据平稳性较好，避免人为因素导致的数据波动。

急救中心接诊数据来源于各地120 999等院前急救机构，主要包括接诊时间、地址、就诊类型、患者性别、年龄、患者主要症状及初步诊断等。急救中心接诊数据属于个案数据，主要包括文本型、日期时间型和数值型，大部分指标属于描述类变量。

个案数据可根据需要进行分层分析，如性别、年龄、疾病类型，若无法收集个案数据，也可收集汇总数据。

空气污染暴露数据、人群因病就诊数据收集完成后，依照日期合并形成分析数据库，根据分析目的采取不同分析方法。

（三）基线健康资料数据

基线健康资料数据主要为研究地区与空气污染相关健康终点的实际统计数据。如当地人群患病率、发病率、就诊率、急诊率、分系统疾病就诊率、卫生机构总住院率、分系统疾病住院率、急救中心接诊率等，根据研究内容进行收集。可以从官方发布的卫生统计年鉴、社会经济学年鉴、统计公报、卫生报告等途径获取[21]。若无法获取或当地资料缺乏，可采用我国其他相似地区资料或全国资料。

（四）人口数据

空气污染暴露的人口数据，一般为研究区域的常住人口数，包括分年龄别、性别等分层人口数据，可以从统计局网站获取。

各类数据收集完成后，应进行数据质量评估（参见相关章节），对符合质量要求的数据进行分析。

二、方法选择依据

进行空气污染对人群因病就诊的风险评估，首先需要采用流行病学方法评价空气污染对人群因病就诊的影响，门诊、急诊、住院、急救等数据分析方法类似。以门诊数据为例进行阐述。

（一）描述性分析

一般情况描述主要包括：门诊量散点图、日均总门诊量、内科/呼吸/循环系统日均门诊量等，根据研究目的选择（表10-4）。

表10-4　某城市（医院）的日平均门诊人数

总门诊			呼吸系统门诊		循环系统门诊		男性		女性		0~14岁		15~64岁		65岁以上	
城市（医院）	均数	标准差	均数	标准差	均数	标准差	均数	标准差	均数	标准差	均数	标准差	均数	标准差	均数	标准差

（二）比较性分析

比较空气重污染期间和非空气重污染期间或不同大气污染水平下门诊量的差异，从而分析大气污染与因病就诊之间的关系（表10-5、表10-6）。

表10-5　某城市（医院）空气质量达标日与超标日门诊人数的比较

城市（医院）	空气质量情况	总门诊			呼吸系统疾病门诊			循环系统疾病门诊		
		均数	标准差	p	均数	标准差	p	均数	标准差	p
城市（医院）	达标日									
	超标日									

表10-6　某城市（医院）不同污染物（$PM_{2.5}$）浓度下的日平均门诊数

	日均$PM_{2.5}$浓度分级（μg/m³）	天数	总门诊		呼吸系统疾病门诊		心血管疾病门诊	
			日平均值	增加量（%）	日平均值	增加量（%）	日平均值	增加量（%）
城市（医院）	0~35							
	36~75							
	76~99							
	100~200							
	201~300							
	>300							

（三）相关性分析

分析人群因病就诊随大气污染物浓度变化而变化的方向和两者之间关系的密切程度，但无法得出暴露-反应关系系数。除单纯比较某种污染物和门诊数的关系外，还可将大气污

染水平分成不同等级,分析不同污染等级与门诊数的关系,可用 Spearman 相关分析,等级变量作为自变量,门诊数为因变量,来分析随大气污染程度不同门诊量变化的趋势(表 10-7)。

表 10-7　不同 $PM_{2.5}$浓度下的日均门诊情况

$PM_{2.5}$浓度($\mu g/m^3$)	等级	总门诊	循环系统门诊	呼吸系统门诊
0~35	1			
36~75	2			
76~99	3			
100~200	4			
201~300	5			
>300	6			

(四)时间序列研究

时间序列研究可得到急性短期暴露污染物浓度和门诊量之间的暴露-反应关系系数。是研究大气污染对因病就诊影响的标准方法之一。具体方法参见死因数据部分,将健康结局变量替换为门诊变量即可获得大气污染物浓度与门诊量之间的暴露-反应关系系数,在获得当地人群就诊率和研究区域暴露人口数后,可以计算空气污染物每增加 $10\mu g/m^3$ 的超额就诊百分比。

(五)病例交叉研究

病例交叉研究也是研究短期暴露对急性健康影响的常用方法之一,与时间序列研究相似,也可得到空气污染物每增加 $10\mu g/m^3$ 的超额就诊百分比,参见死因部分。

三、超额就诊人数的评估方法

得到暴露-反应关系后,根据泊松回归的相对危险度模型,通过变换来估算超额就诊人数[28]:

$$E=\exp[\beta(C-C_0)]E_0 \qquad (式 10\text{-}10)$$

$$\Delta E=P(E-E_0)=P\left[1-\frac{1}{exp[\beta(C-C_0)]}\right]E \qquad (式 10\text{-}11)$$

式 10-10、式 10-11 中

ΔE:超额就诊人数;

E:实际就诊率;

E_0 参考浓度下的就诊率;

P:暴露人口数;

β:暴露反应关系系数;

C:污染物浓度;

C_0:参考浓度(WHO 空气质量准则、我国环境空气质量标准、研究中的每日最小浓度值等)。

在获取 P、E、β、C、C_0 相关数据后,即可计算超额就诊人数。

四、案例分析

假定某市城区2016年常住人口500万,2016年该市城区$PM_{2.5}$年日均浓度为$100\mu g/m^3$,心血管系统疾病住院率为10‰,对$PM_{2.5}$导致的该市人群心血管系统疾病住院情况进行风险评估。

分析步骤:

(一)收集数据

收集该市多家医院2014—2016年因心血管系统疾病住院病例个案资料,按逐日格式整理形成数据库,同时从环保部门收集空气污染物浓度数据、气象部门收集气象数据,合并形成数据库。

(二)数据分析

采用时间序列分析方法,进行统计分析,得出暴露-反应关系系数,假定大气$PM_{2.5}$浓度每增加$10\mu g/m^3$,该市人群因心血管系统疾病住院增加0.5%。

(三)超额风险评估

若以我国二类区环境空气质量标准$PM_{2.5}$限值$75\mu g/m^3$作为参考浓度,代入公式:

$$\Delta E = 5\ 000\ 000 * 0.01 * [1 - \frac{1}{\exp[1n1.005 * 2.5]}] = 620(\text{人次}) \qquad (\text{式 10-12})$$

即该市由$PM_{2.5}$导致的心血管系统疾病超额住院人数为620人次。

(徐东群 王 琼 孟聪申 杨一兵 李亚伟编,徐东群审)

参考文献

[1] European Centre for Health Policy,WHO Regional Office for Europe.Gothenburg Consensus Paper[R].1999.

[2] Commonwealth of Australia 2012.Environmental Health Risk Assessment - Guidelines for Assessing Human Health Risks from Environmental Hazards[R].online ISBN:978-1-74241-767-7,www.health.gov.au.

[3] Burmaster DE and Anderson PD.Principles of good practice for the use of Monte Carlo techniques in human health and ecological risk assessments[J].Risk Analysis.1994(14):477-481.

[4] Mundt KA,Tritschler JP,Dell LD.Validity of epidemiological data in risk assessment applications[J].Human Ecological Risk Assessment.1998(4):675-683.

[5] Adami H-O,Berry CL,Breckenridge CB,Smith LL,Swenberg JA,Trichopoulos D,Weiss NS and Pastoor TP. Toxicology and epidemiology:Improving the science with a framework for combining toxicological and epidemiological evidence to establish causal inference[J].Toxicol Sci 2011(122):223-234.

[6] Federal Focus (1996).Principles for evaluating epidemiologic data in regulatory risk assessment:Recommendations for implementing the 'London principles' and for risk assessment guidance[M].Developed by an Expert Panel at London Conference October,1995.Washington:Federal Focus.

[7] National Research Council (NRC).Science and decisions:Advancing risk assessment[R].Washington,DC: National Academy Press.2008.

[8] Gaylor GW,Kodell RL,Chen JJ andKrewski D.A unified approach torisk assessment for cancer and noncancer-endpoints based on benchmark doses anduncertainty/safety factors.Regul ToxicolPharmacol 1999,29:151-157.

[9] United States Environmental ProtectionAgency (US EPA) (2009a).Riskassessment guidance for SuperfundVol 1: Human health evaluation manual (Part F Supplemental guidance forinhalation risk

assessment).EPA-540-R-070-002.2009.

[10] World Health Organization (WHO)(1994a).Assessing human health risksof chemicals:Derivation of guid-ancevalues for health-based exposure limits. Environmental Health Criteria 170. IPCS/WHO. Geneva: WHO.1994.

[11] Langley A.What does it mean whenthe risk assessment says 4.73×10^{-5}? NSW Public Hlth Bull2003,14:166-167.

[12] de Bruijn JHM,Jager DT,Kalf DF,Mensink BJWG,Montforts MHMM,SijmDTHM,Smit CS,van Vlaardingen PLA,Verbruggen EMJ,van Wezel AP.Guidance on deriving environmentalrisk limits.RIVM report 601501 012.National Institute of Public Health and theEnvironment (RIVM),Bilthoven.2001.

[13] National Environment Protection Council(NEPC).National EnvironmentProtection Measure.Schedule B4. Guideline on Health Risk AssessmentMethodology.2010.

[14] Marubini E.,Valsecchi M.G.,Analysing Survival Data from Clinical Trials and Observational Studies[M]. Published by John Wiley & Sons ,1994.

[15] 孙振球等.医学统计学.第 4 版[M].北京:人民卫生出版社,2010.

[16] Cox D.R.,Regression Models and Life Tables (with discussion)[J].Journal of the Royal Statistical Society, Series B,1972(34):187-220.

[17] 赵卿.大坝变形分析多测点统计模型的应用研究[D].武汉大学,2010.

[18] 于云江等.环境污染与健康特征识别技术与评估方法[M].北京:科学出版社,2014.

[19] 唐晓,王自发,朱江,等.蒙特卡罗不确定性分析在 O_3 模拟中的初步应用[J].气候与环境研究,2010,15(5):541-550.

[20] 胡玉胜,涂序彦,崔晓瑜,等.基于贝叶斯网络的不确定性知识的推理方法[J].计算机集成制造系统,2001,7(12):65-68.

[21] 张质明,王晓燕,李明涛.基于全局敏感性分析方法的 WASP 模型不确定性分析[J].中国环境科学,2014,34(5):1336-1346.

[22] 刘庆萍,李刚,韦再华,等.北京市不同来源居民死亡数据库的一致性与及时性分析[J].中华流行病学杂志,2016,37(12):1619 1624.

[23] 冯国双,刘德平.医学研究中的 logistic 回归分析及 SAS 实现[M].北京:北京大学医学出版社,2012.

[24] 彭晓武,余松林,相红,许振成,彭晓春.用 SAS 程序整理病例交叉设计资料[J].中国卫生统计,2012,01:135-138.

[25] 张彩霞,刘志东,张斐斐,等.时间分层病例交叉研究的 R 软件实现[J].中国卫生统计,2016,33(03):507-509.

[26] 陈学敏,杨克敌.现代环境卫生学第 2 版[M].北京:人民卫生出版社,2008.

[27] 黄德生,张世秋.京津冀地区控制 $PM_{2.5}$ 污染的健康效益评估[J].中国环境科学,2013,33(1):166-174.

[28] 谢元博,陈娟,李巍.雾霾重污染期间北京居民对高浓度 $PM_{2.5}$ 持续暴露的健康风险及其损害价值评估[J].环境科学,2014,35(1):1-8.

第十一章

空气污染人群健康归因危险性评价

第一节　暴露的效应指标

大气污染流行病学研究的主要应用是探索大气污染是否为疾病的病因，即确定大气污染物暴露与人群健康危害的因果联系。欲确定某种危险因素与某种疾病（或死亡）的因果联系，必须满足几项基本条件，其中危险因素与疾病的关联强度，以及是否存在剂量-反应关系，是十分重要的依据。因此，在获得人群大气污染暴露评价数据和人群健康事件发生情况数据的基础上，为进一步探讨暴露与疾病之间的关系，流行病学引入了一系列暴露的效应指标，主要包括相对危险度、比值比、归因危险度、归因分数等。

一、相对危险度

（一）传统相对危险度的定义及意义

队列研究是将人群分为暴露与非暴露于大气污染（或高暴露与低暴露）的两组，追踪一定时期内两组的疾病或死亡情况，以验证该因素影响疾病的假设。队列研究所获得的资料可归纳如表 11-1。

表 11-1　队列研究资料的整理模式

分组	观察数	疾病数	无疾病数	疾病率
暴露组	$N_e=a+b$	a	b	$I_e=\frac{a}{N_e}$
非暴露组	$N_0=c+d$	c	d	$I_0=\frac{c}{N_0}$
合计	$T=a+b+c+d$	$a+c$	$b+d$	

对于前瞻性随访研究所获得的数据，用相对危险度评价暴露的效应。相对危险度（Relative Risk，RR）是同一事件在两种不同的情况下的发生率之比。依表 11-1，相对危险度可表示如式 11-1。这里所说的事件一般为死亡、发病等，率一般为死亡率、发病率等。两种不同的情况可以分为暴露组与非暴露组（或高暴露与低暴露组），根据具体的研究设计而定。

$$RR=\frac{I_e}{I_0}$$ （式 11-1）

式中：

I_e 代表暴露组的率；

I_0 代表非暴露组的率。

RR 表明暴露组发病或死亡的危险是非暴露组的多少倍，具有病因学意义。$RR=1$ 表示暴露人群的发病率或死亡率与未暴露人群相同，因此暴露与发病没有联系，此暴露因素不是疾病的病因。$RR>1$ 表示暴露人群的发病率或死亡率高于未暴露人群，因此很有可能此暴露因素是病因，此暴露因素是危险因素。$RR<1$ 表示暴露人群的发病率低于未暴露人群，此暴露因素不但不是疾病的病因，还很有可能是其保护因素。

相对危险度是评价暴露与疾病联系强度的最常用的指标，也是病因研究中的一个关键性指标。相对危险度高提示有重要的病因学意义。但相对危险度的大小并不一定表示疾病（或死亡）数的多少；如果该疾病比较罕见，即使其相对危险度很大，实际疾病数仍可较少。

（二）不同暴露水平 *RR* 值估计

在大气污染流行病学中，可使用诸如 Cox 模型等回归方法估计 RR 值。随着社会-生物-心理医学模式的引入以及人们对疾病病因学认识的不断深入，近年来，针对危险因素和健康之间的关系问题，有学者提出了病因网络（causes-web）[1]，其示意图如下（图 11-1）：

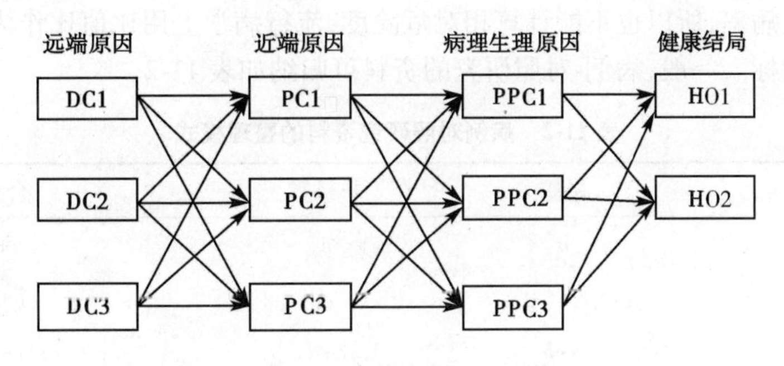

图 11-1　病因网络示意图

图中，DC1、DC2、DC3 代表远端原因（distal causes），主要指一些社会学因素，如教育、社会经济地位等；PC1、PC2、PC3 代表近端原因（Proximal causes），主要指行为危险因素和环境危险因子；PPC1、PPC2、PPC3 代表病理生理学原因（Physiological and patho-physiological cause），流行病学研究中主要指一些易感性的标志物；HO1、HO2 代表健康结局（Health outcome），主要是指疾病或死亡。

对于病因网络，原则上应该使用结构方程模型或者潜在类别模型来估计系数。但是实际上，由于很难获得网络上的所有变量，所以 WHO 推荐使用分布模型的方法来估计系数，见公式 11-2。

$$X^n=f\left[B(X^{n-1},X^n),X^{n-1}\right]$$ （式 11-2）

其中：

X^n：位于网络中第 n 层的因子；

$f(x)$：连接第 n 层与第 n-1 层关系的函数形式；

B:包括第 n 层与第 n-1 层的估计的系数矩阵,同时也可以包括时间维度。

(三)环境累积暴露 RR 值的计算

大气污染对健康的影响,一般是一个低剂量、长期暴露的过程,如果忽略这种累积,势必会低估大气污染对人群健康的作用。因此,在对大气污染等环境因子计算 *RR* 时,应以暴露的时间累积水平作为基础,其公式如下[2]:

$$RR[x(t)]\big|_{T_0}^{T}=RR\cdot\int_{T_0}^{T}f[x(t-L)]dt \quad \text{(式 11-3)}$$

其中:

$x(t)$:在时间点 t 时的暴露量;

T_0:暴露的起始时间;

T:观察时间;

$f(x)$:暴露的时间分布函数;

L:暴露后到发病的延迟时间。

二、比值比

对于病例-对照研究设计,所获得的资料常为历史性资料,病例和对照只是所有病例和所有对照的有代表性的样本,并不知道暴露组与非暴露组的观察人数究竟是多少,因此,无法计算疾病的发病率,所以也不能计算相对危险度,流行病学上用比值比作为反映暴露与结局关联强度的指标。一般,病例-对照研究的资料可归纳如表 11-2。

表 11-2　病例对照研究资料的整理模式

分组	暴露	非暴露	合计
病例组	a	c	$a+c$
对照组	b	d	$b+d$
合计	$a+b$	$c+d$	$a+c+b+d$

病例-对照研究是通过回顾,比较患某病(或因某病死亡)者与未患该病的对照者在病前暴露于某种可能的危险因素的差异,分析该因素与该病是否有联系。所谓比值(odds)是指某事件发生的概率与不发生的概率之比。比值比(odds ratio,*OR*)则是一种情况下的比值与另一种情况下的比值之比。其计算公式如下:

$$Odds=\frac{P}{1-P} \quad \text{(式 11-4)}$$

$$OR=\frac{Odds_1}{Odds_2}=\frac{\frac{P_1}{1-P_1}}{\frac{P_2}{1-P_2}} \quad \text{(式 11-5)}$$

OR 值的含义与相对危险度类似,指暴露者的疾病危险性是非暴露者的多少倍。在不同患病率和不同发病率的情况下,利用病例-对照研究所估计的 OR 值与真实的 *RR* 值之间是有差别的,当疾病率小于 5%时,*OR* 是 *RR* 的极好近似值。

三、归因危险度

归因危险度(Attributable Risk, *AR*)又叫危险度差(Risk Difference, *RD*),或超额危险度(Excess Risk),是暴露组发病率与对照组发病率相差的绝对值。其计算公式如下:

$$AR=I_e-I_0 \quad (式\ 11\text{-}6)$$

$$由于\ RR=\frac{I_e}{I_0},$$

$$所以\ AR=RR\times I_0-I_0=I_0(RR-1) \quad (式\ 11\text{-}7)$$

AR 是一个率,它的含义是指暴露组的疾病率比非暴露组超出多少,说明暴露组纯粹由于暴露于某大气污染因素所增加的疾病率,具有预防疾病的公共卫生学意义。换言之,它表示暴露组如果停止暴露,其疾病率即可下降相应的百分点(或千分点等)。

四、归因分数

如果研究的疾病较罕见,如癌症,其归因危险度可能很小,不足以引起公众对暴露所致危害的重视。这时,从预防的角度出发,归因分数这个指标会对公众有更好的宣传教育效果。归因分数(Attributable Fraction, *AF*),又称归因危险度百分比,是指暴露人群中的发病或死亡归因于暴露的部分占全部发病或死亡的百分比。其计算公式如下:

$$AF=\frac{I_e-I_0}{I_e} \quad (式\ 11\text{-}8)$$

$$由于\ RR=\frac{I_e}{I_0},$$

$$所以\ AF=\frac{RR-1}{RR}。 \quad (式\ 11\text{-}9)$$

$$当研究设计为病例\text{-}对照研究时,AF\approx\frac{OR-1}{OR} \quad (式\ 11\text{-}10)$$

AF 是指暴露组发生的疾病(或死亡)归因于暴露因素占全部发病(或死亡)的百分比,也即暴露者如果停止暴露于该因素,可使其疾病率下降的百分比。在多因素研究中,暴露组 *AF* 可反映某一因素的相对重要性。各个因素的 *AF* 之和的下限为100%,但其上限可大于100%。

五、实例分析

某课题组采用前瞻性调查研究的方法研究芬兰某粘胶纤维厂接触二硫化碳与心肌梗死的关系,结果见表11-3。

表11-3 二硫化碳暴露组与非暴露组心肌梗死发病率比较

分组	观察数	心肌梗死数	未病数	发病率(%)
接触二硫化碳	343	25	318	7.29
不接触二硫化碳	343	7	336	2.04
合计	686	32	654	4.66

（1）相对危险度的计算：

计算公式：
$$RR=\frac{7.29\%}{2.04\%}=3.57$$

实际意义：说明接触二硫化碳的人群发生心肌梗死的危险性是不接触者的3.57倍，或接触二硫化碳的人群发生心肌梗死的危险性较不接触者高3.57（3.57-1）倍。

（2）归因危险度的计算：

计算公式：
$$AR=7.29\%-2.04\%=5.25\%$$

实际意义：说明二硫化碳接触人群心肌梗死发病率较非接触者高5.25个百分点；换言之，暴露组与非暴露组在其他情况相同的情况下，如果停止接触，可使暴露组发病率减少5.25个百分点。

（3）归因分数的计算：

计算公式：
$$AF=\frac{7.29\%-2.04\%}{7.29\%}\times100\%=72.02\%$$

实际意义：说明接触二硫化碳且患有心肌梗死的人群中有72.02%是由于接触二硫化碳所致；换言之，暴露组与非暴露组在其他情况相同的情况下，如果停止接触二硫化碳，可使暴露组心肌梗死的发病率减少72.02%。

第二节　人群归因危险度的计算

一、人群归因危险度

在环境流行病学研究方面，虽然上述暴露的效应指标应用非常广泛，但在分析或发表空气污染与人群健康研究的结果时，因为每组人群的空气污染暴露率不尽相同，单纯的上述指标不能反映整个人群疾病病因中某个危险因素的重要性，*RR*必须与危险因素本身在人群中的频率（如暴露率）结合起来解释才更有意义。因此引入人群归因危险度的概念。

研究过程中如了解研究人群的大气污染暴露分布以及暴露-反应关系，则可用于估计全归因于大气污染暴露所导致病例的比例，通常用人群归因危险度比（population attributable risk proportion，*PARP*）表示。其计算公式如下：

$$PARP=\frac{P_e(RR-1)}{P_e(RR-1)+1}\times100\% \qquad (式11\text{-}11)$$

上式中P_e为一般人群暴露于待研究因素的比例。对于全人群暴露的风险评价，P_e为1。

在病例-对照研究中人群归因危险度比表示为：

$$PARP=\frac{P_e(OR-1)}{P_e(OR-1)+1}\times100\% \qquad (式11\text{-}12)$$

上式中P_e为对照组的暴露比例。

二、实例分析

为了更好地帮助读者理解人群归因危险度的概念，现假设有两种因素均可引起肺癌，因素 A 致肺癌的相对危险度 $RR=20$，因素 B 致肺癌的相对危险度 $RR=10$，且假设上述两种因素相对危险度的置信区间无重叠，那么是否可以据此推论，认为因素 A 就比因素 B 的危害大？如果根据现有的人力、财力、物力，只能减少或消除一种因素，是否控制因素 A 比控制因素 B 的收益更大呢？

假定人群中暴露于因素 A 的比例为 0.04%，人群中暴露于因素 B 的比例为 40%，那么，因素 A 所致肺癌的 $PARP$ 为

$$PARP=\frac{0.04\%(20-1)}{0.04\%(20-1)+1}\times100\%=0.75\%,$$

因素 B 所致肺癌的 $PARP$ 为

$$PARP=\frac{40\%(10-1)}{40\%(10-1)+1}\times100\%=78.26\%$$

说明人群中肺癌 78.26%是由于因素 B 所造成的，只有 0.75%是由于因素 A 所致。虽然因素 A 的相对危险度较高，但是人群中该因素的暴露率很低，人群中因为 A 因素暴露而发生肺癌的人数很少，对社会的影响较小。因此在全人群中控制 B 因素远比控制 A 因素的收益大。

那么，当我们获得一项前瞻性研究的具体数据时，如何计算其人群归因危险度比？结合表 11-3，

$$P_e=\frac{318}{654}=48.62\%$$

$$PARP=\frac{48.62\%(3.57-1)}{48.62\%(3.57-1)+1}\times100\%=55.55\%$$

实际意义：该人群中 55.55%的心肌梗死是因为接触二硫化碳所致；换言之，停止接触二硫化碳，可使该人群中心肌梗死的发生减少 55.55%。

三、多级暴露水平调整的人群归因危险度

人群对于大气污染的暴露通常是一个持续性的过程，这样单纯地把人群分为暴露和非暴露两种情况显然是不妥的。这种情况下，通常将暴露分为不同的水平（或浓度），上述公式调整为 AF_{pop} 后如下：

$$AF_{pop}=\frac{\sum P_{ei}(RR_i-1)}{[\sum P_{ei}(RR_i-1)+1]} \qquad （式 11-13）$$

式中：

P_{ei} 为暴露于 i 水平下的人群百分比；

RR_i 为与非暴露人群相比，各暴露水平下的相对危险度。

从上述公式可以看出：非暴露人群（或基准暴露人群）的疾病水平，无论是在计算二级暴露人群还是多级暴露水平人群的相对危险度时都起着决定性的作用。因此，在进行空气污染人群健康归因危险性评价时必须设定一个基准暴露水平。因为大气污染普遍存在，无法获得“零暴露”水平下的健康状况，因此不能直接选择“零暴露”作为基准暴露水平。此时只能对某一非零基准暴露水平以上的归因负担进行评价。这就涉及不同研究者由于选择的参照水平不尽相同，会得出不同的风险评价结果，最终影响结果的评价和交流，也不适合用于

跨研究比较。

上述公式亦提示我们，人群的暴露比例也会影响人群健康归因评价。对于无阈化学物来说，对公众健康造成最大负担的可能来源于那些暴露于轻度和中度污染的人群，因为该组人群数量庞大，而不是来源于高浓度的暴露人群。

四、多因素调整人群归因危险度

在多病因疾病的预防和研究中，我们更感兴趣于在调整了其他危险因素对疾病影响的条件下，消除某(些)危险因素后对特定人群中该疾病的危险性下降的程度。此时，可以在拟合了疾病多病因模型的基础上(如 Poisson 回归模型、Logistic 回归模型、Cox 回归模型等)，估计某(些)危险因素的多因素调整相对危险度，结合该(些)危险因素在人群中的暴露率代入下述公式，从而计算某(些)危险因素的多因素调整人群归因危险度(PARp)，见式 11-14。[3]

$$PAR_P=\frac{\sum_{s=1}^{S}\sum_{t=1}^{T}P_{st}RR_{1S}RR_{2t}-\sum_{s=1}^{S}\sum_{t=1}^{T}P_{st}RR_{2t}}{\sum_{s=1}^{S}\sum_{t=1}^{T}P_{st}RR_{1S}RR_{2t}}$$

$$=1-\frac{\sum_{t=1}^{T}p.tRR_{2t}}{\sum_{s=1}^{S}\sum_{t=1}^{T}P_{st}RR_{1S}RR_{2t}} \qquad (式 11\text{-}14)$$

式中，

S：研究因素的水平，$s=1,\cdots,S$；

t：研究因素之外的其他背景因素各个水平的组合，$t=1,\cdots,T$；

P_{st}：研究因素的第 s 水平与研究因素之外的背景因素的第 t 水平组合的联合暴露率，$p.t=\sum_{s=1}^{S}P_{st}$；

RR_{1s}：研究因素各个水平的组合相对于最低水平组合的相对危险度，其中 $RR_{1,1}=1$；

RR_{2t}：研究因素之外的其他背景因素各个水平的组合相对于最低水平组合的相对危险度，其中 $RR_{2,1}=1$。

此公式适用于队列研究估计多因素调整人群归因危险度，相对应的估计多因素调整相对危险度模型有 Poisson 回归模型、Logistic 回归模型、Cox 回归模型等，同时考虑了该危险因素的相对危险度以及人群中该危险因素的暴露率，即调整了其他因素对疾病的影响后，可估计该人群的某(些)因素的多因素调整人群归因危险度，以及进行点估计和区间估计。[4]

第三节　空气污染人群健康归因危险评价案例

案例介绍：$PM_{2.5}$暴露与早产(PTB)的归因研究[5]

这是一项以美国环保局的 $PM_{2.5}$监测数据、美国疾控中心的早产监测数据为基础开展的研究，以居住地的不同邮政编码作为区分各空间单元的基础，并以此进行暴露评价。具体方法有以下方面：

一、$PM_{2.5}$——早产归因研究的数据准备

(一) $PM_{2.5}$暴露水平的数据

本案例中采用美国邮政编码作为区分各地区的基础空间单元，以各空间单元内 $PM_{2.5}$的

监测数据作为暴露评价的基础。

（二）$PM_{2.5}$暴露水平的划分

将获得的$PM_{2.5}$数据，按分位数或十分位数（10th、20th、30th、40th、50th、60th、70th、80th、90th），或四分位数（如P25、P50、P75），或其他特定的百分位数进行划分，得到$PM_{2.5}$的不同暴露水平组，并且以最低的暴露水平组作为参照。假定人群暴露处于整个观察时期内。

（三）关联强度指标的确定

通过查阅文献或原始研究，获取$PM_{2.5}$暴露与早产结局之间联系强度的指标（*RR*或*OR*），以及其相应的点估计值和变异区间。在案例中采用全孕期范围内，$PM_{2.5}$暴露水平每增加10μg/m³，早产的危险性为$OR=1.15$，其变异范围为1.07～1.16。

（四）每个空间单元（各州）出生分位数的增量计算

以关联强度的*OR*值作为指数运算的底数，指数为某一个十分位数的$PM_{2.5}$水平值［如19.35μg/m³是某空间单元（某个州）的第90百分位数的$PM_{2.5}$的浓度］与假设的$PM_{2.5}$参考水平值（reference level，RL）8.8μg/m³（假设$PM_{2.5}$在此数值以下没有健康效应，在此值之上则被认为是人为污染所致）之差再除以10的值，计算得到每个空间单元的出生分位数。

$OR_{州\text{-}十分位数}=OR$ 文献确定（州平均$PM_{2.5}$浓度的十分位数-RL）/10μg/m³

$OR=1.15^{[(19.35-8.8])/10]}=1.16$

同理，如按$PM_{2.5}$的第2个最小分位数（20th）的日均浓度（8.06μg/m³，Autauga县）计算，则$OR=1.15^{[(8.06-8.8])/10]}=1.00$。由于第20分位数的$PM_{2.5}$日均浓度（8.06μg/m³）低于参考水平值（$RL=8.8$μg/m³），相应估计得到的$OR=1$，即没有风险增加，相应的出生分位数也假设没有归因于$PM_{2.5}$暴露所致的早产发生。

（五）*OR*值的校正

得到每个分位数的*OR*值后，案例中采用了Zhang与Yu（1998）（Zhang and Yu 1998）介绍的*OR*值校正的公式[6]：

$$RR=\frac{OR}{(1-P_0)+(P_0\times OR)} \qquad \text{（式 11-15）}$$

P_0为患病率，通过该公式计算得到每个分位数*OR*值校正后的*RR*。

例如，$RR=1.16/[(1-0.15)+(0.15\times1.16)]=1.13$，0.15是某个特定空间单元（如州）的早产率。*RR*的变化范围是1.06～1.18（由低到高的情况）。

（六）计算每个分位数因室外空气污染导致的归因分数

采用Levin（1953）公式：$AF_{PM2.5州\text{-}十分位数}=患病率_{PM2.5暴露}\times(RR_{州\text{-}十分位数}-1)/[1+患病率_{PM2.5暴露}\times(RR_{州\text{-}十分位数}-1)]$

对于每个分位数的暴露的患病率设置为10%。如最高的分位数（Autauga County），$AF=[0.1\times(1.13-1)/\{1+[0.1\times(1.13-1\})]=0.013$。最后，假设每一个分位数的*AF*（如Autauga County，合计是0.04），然后乘以估计的早产数，得到某个空间单元（各州）的归因于$PM_{2.5}$的早产数$=0.04\times99.6=3.96$，99.6是Autauga County估计的早产数。

（七）总的归因分数的计算

对每个分位数相加，得到总的归因分数（*AFs*），在参考水平（$RL=8.8$μg/m³）以下的值被赋值0，即在这个水平以下，没有归因于这个分位数暴露的病例数。

二、人群归因危险性评价

每个空间单元(如州)的早产数,乘以该空间单元(如州)的归因分数(*AF*),得到 $PM_{2.5}$ 的归因早产数,再将每个空间单元上(如州)的归因早产数相加,进一步得到全国层面的归因早产数估计。

三、敏感性分析

鉴于污染物暴露-结局之间的反应关系以及参考水平(*RL*)的不确定性,可进一步进行敏感性分析。例如,对不同研究的 *OR*s 范围,以及参考水平值(如 $RL = 5.8\mu g/m^3$)进行敏感性分析,进一步观察结果的规律。

四、案例中的部分结果呈现

表 11-4　美国 48 个州的活产数及早产数

参数(Parameter)	数值(Value)
美国 48 个州的活产总数,2010(n)	3 963 694
美国 48 个州的早产数,2010 [n(%)]	475 368(12.0)
参考水平,基本情况(敏感性分析)	$8.8\mu g/m^3(5.8)$[a]
参考水平以上,$PM_{2.5}$每增加 $10\mu g/m^3$ 的 *OR*(敏感性分析)	1.15(1.07,1.16)

a. 假设 $PM_{2.5}$以 $5.8\mu g/m^3$ 作为阈值,用于敏感性分析。$PM_{2.5}$在此以上,被认为是人为源产生的污染,环境污染的归因分数为 100%

表 11-5　各州按照 $PM_{2.5}$每增加 $10\mu g/m^3$ 估计的结果

($PM_{2.5}$水平在参考水平 $8.8\mu g/m^3$ 之上)

美国 48 个州(State)	估计的归因分数(%) Estimated attributableFraction (%)	估计的归因早产数(*n*) Estimated attributable preterm births (*n*)
Alabama	4.31	404
Arizona	0.58	61
Arkansas	3.18	156
California	4.27	2149
Colorado	0.43	31
Connecticut	2.87	112
Delaware	4.70	68
Florida	0.87	249
Idaho	0.90	22
Illinois	4.87	976

续表

美国 48 个州(State)	估计的归因分数(%) Estimated attributableFraction (%)	估计的归因早产数(n) Estimated attributable preterm births (n)
Indiana	5. 40	532
Iowa	2. 94	132
Kansas	2. 63	113
Kentucky	4. 62	354
Louisiana	2. 32	218
Maine	0. 85	11
Maryland	4. 67	438
Massachusetts	2. 44	190
Michigan	3. 81	533
Minnesota	2. 46	172
Mississippi	2. 65	187
Missouri	3. 48	323
Montana	0. 33	5
Nebraska	1. 64	48
Nevada	0. 57	28
New Hampshire	1. 61	19
New Jersey	3. 95	490
New Mexico	0. 12	4
New York	3. 67	1032
North Carolina	4. 23	658
North Dakota	0. 44	4
Ohio	5. 44	924
Oklahoma	2. 47	182
Oregon	1. 63	74
Pennsylvania	5. 04	819
Rhode Island	1. 99	24
South Carolina	3. 88	321
South Dakota	0. 87	12
Tennessee	4. 17	425
Texas	2. 47	1251

续表

美国 48 个州(State)	估计的归因分数(%) Estimated attributableFraction (%)	估计的归因早产数(n) Estimated attributable preterm births (n)
Utah	1.70	97
Vermont	1.12	6
Virginia	3.71	444
Washington	1.12	98
West Virginia	4.62	114
Wisconsin	3.85	286
Wyoming	0.12	1
District of Columbia	4.73	59

(李 昂　许 群编,徐东群审)

参考文献

[1] 陶庄,杨功焕,环境因子对人群健康影响的测量与评估方法[J]. 环境与健康杂志,2010,27(4):342-346.

[2] Ezzati M,Lopez AD,Rodgers A,et. al. Comparative quantification ofhealth risks[M]. Geneva: World Health Organization,2004:1-38.

[3] Spiegelman D,Hertzmark E,Wand HC. Point and interval estimates of partial population attributable risks in cohort studies:examples and software[J]. Cancer Causes Control,2007,18(5):571-579.

[4] 谢丽,张焕玲,唐认桥等. 队列研究中多因素调整归因危险度的估计及其应用[J]. 中国肿瘤,2013,22(5):373-378.

[5] Trasande, L. , P. Malecha and T. M. Attina. "Particulate Matter Exposure and Preterm Birth: Estimates of U. S. Attributable Burden and Economic Costs. "Environ Health Perspect,2016,124(12):1913-1918.

[6] Zhang, J. and K. F. Yu. "What's the relative risk? A method of correcting the odds ratio in cohort studies of common outcomes."JAMA,1998,280(19):1690-1691.

第十二章

空气污染疾病负担评估

第一节 疾病负担研究概述

疾病负担(burden of disease,BOD)是指疾病、伤害、早死对患者的健康和家庭、社会、国家的经济、资源造成的损失和影响。疾病的损失和影响包括死亡、失能(暂时性失能和永久性失能及残疾)和疾病过程的损失,包括个人(健康)损失、家庭(经济)损失和国家(资源)损失。

疾病负担的概念是在传统的健康状况描述基础上发展并延伸而来的,疾病负担的研究经历了不同思路、方法和指标运用过程,大致分为以下 4 个阶段。

一、传统的健康测量指标

传统健康状况描述主要包括发病(患病)率、死亡率、病死率等。这类指标资料易于获得,公式计算简便,呈现结果直观,反映了疾病在人群中的流行强度。但发病(患病)率不能反映疾病所致的伤残程度和持续时间,死亡率也不能反映不同疾病对生产力的影响,即从死亡角度上说,一种疾病导致病人在 25 岁死亡和另一种疾病导致病人在 65 岁死亡并无两样。

二、潜在减寿年数

1947 年,Marry Dempsey 首次提出了潜在减寿年数(potential years of life lost,PYLL)的概念,20 世纪 80 年代美国疾病预防控制中心开始将其应用在死因顺位的统计和各年度间早死所致负担的比较方面。潜在减寿年数是指某病某年龄组人群死亡者的期望寿命与实际死亡年龄之差的总和,即因死亡所造成的寿命损失。该指标不仅考虑到死亡率水平的高低,还考虑到死亡发生时年龄对预期寿命的影响,强调了早死对人群健康的危害。与第一阶段相比,该指标虽然对疾病负担认识更加全面,但依然忽略了疾病的另一重要结局——失能的负担。

三、伤残调整寿命年

1990 年开始,全球疾病负担(globe burden of disease,GBD)评价研究开始将过早死亡和失能所产生的健康寿命损失同时纳入疾病负担范畴,运用伤残调整寿命年(disability adjusted life years,DALY)的概念。伤残调整寿命年是指从发病到死亡所损失的全部健康寿命年,包括因早死所致的寿命损失年(years of life lost,YLL)和因病致残损失的健康寿命年(years lived with disability,YLD)。该指标既综合了疾病造成的早死和失能两方面,也考虑到年龄的相对重要性、疾病的严重程度等多种因素对人群健康的影响。

四、疾病负担综合评价

疾病负担仅考虑死亡和失能是不全面的,它应该是指疾病所带来的全部消极后果和健康影响。随着医学模式的转变,疾病负担指标已经转向包含心理学和行为医学等更深层次的疾病综合负担指标(comprehensive burden of disease,CBOD),以此来整合生物、心理和社会系统评价给个人、家庭和社会造成的多层次负担。但是在该指标中,各因素的权重系数受人为因素的影响,其运用还十分有限。

在卫生资源相对不足、分布不均的时代背景下,伤残调整寿命年(DALY)在量化人群健康损失、综合评价健康危险因素的危害程度,指导世界各国确定优先解决的干预项目等方面具有非常显著的优势,因此国内外的研究多用伤残调整寿命年(DALY)来推算环境污染所造成的疾病负担。

第二节　伤残调整寿命年的计算

伤残调整寿命年(DALY)是近年来新发展起来的对多维的健康结局进行测量的综合性指标。早逝、伤残暂时失能和永久残疾对健康损害的共同点是减少了人的健康寿命。DALY 通过将早逝和伤残结合起来,充分考虑失能和死亡对人群健康的影响,将疾病对健康影响的程度和持续时间统一在一个指标中,较全面地衡量了疾病对健康造成的综合损失。因此,DALY 是对疾病死亡和疾病伤残引起的健康寿命年损失的综合测量,是对生命数量和生命质量以时间为单位的综合度量。一个 DALY 被定义为一个健康寿命年的损失。

伤残调整寿命年(DALY)由两部分组成,一个是因早逝所致的寿命损失年(years of life lost,YLL);另一个是因病致残损失的健康寿命年(years lived with disability,YLD)。

DALY 的指标由以下 4 个方面构成:

①死亡损失的健康寿命年;

②伤残状态下生存的非健康寿命年相对于死亡损失的健康寿命年的测量和转换;

③健康寿命年的年龄权重;

④健康寿命年的贴现率。

一、YLL 的计算方法

YLL 的计算公式为:

$$YLL=N\times L \quad (式 12\text{-}1)$$

$$L=e-(i+0.5) \quad (式 12\text{-}2)$$

其中:

N:各年龄组、各性别的死亡人数;

L:早死导致的生命损失年;

e:各年龄组的期望寿命(岁);

i:为年龄组(通常计算其年龄组中值)。

上述公式,对 YLL 的计算没有考虑年龄权重、时间偏好(贴现)等问题,如果考虑这些问题,国际上常采用以下公式:

$$YLL = \int_{X=a}^{X=a+L} DCXe^{-\beta X} e^{-r(X-a)} dX \quad (式 12\text{-}3)$$

该式为 a 到 a+L 的积分,式 12-3 经积分后得到下式:

$$YLL = -\left\{ \frac{DCe^{-\beta X}}{(\beta+r)^2} e^{-(\beta+r)L} [1+(\beta+r)(L+a)] - [1+(\beta+r)a] \right\} \quad (式 12\text{-}4)$$

其中:

D:伤残权重(取值范围 0~1,死亡时取为 1);

r:贴现率;

C:校正常数;

β:年龄函数参数;

a:死亡时的年龄;

L:早死导致的生命损失年,等于死亡年龄与该年龄的期望寿命之差;

x:实际年龄;

k:年龄权数影响因子。

二、YLD 的计算方法

YLD 的计算公式为:

$$YLD = I \times D \times L \quad (式 12\text{-}5)$$

其中:

I:某年龄段的发病数;

L:平均病程;

D:伤残权重。

同样,上述公式,对 *YLD* 的计算没有考虑年龄权重、时间偏好(贴现)等问题,如果考虑这些问题,国际上亦常采用式 12-4,但公式中的区别主要是:

a:伤害事件发生时年龄

L:为残疾持续时间

但是在 GBD2000 以后,鉴于式 12-4 异常复杂,WHO 不再推荐使用,而是仅仅考虑时间偏好,其贴现率一般定为 3%,这与其在经济学中常设的一致。

YLL 的计算公式变为:

$$YLL = \frac{N}{r}(1-e^{-rL}) \quad (式 12\text{-}6)$$

其中:

N:各年龄组、各性别的死亡人数;

L:早死导致的生命损失年;

r:贴现率。

YLD 的计算公式变为：

$$YLD=\frac{I\times D\times L(1-e^{-rL})}{r} \quad (式 12-7)$$

其中：

I:某年龄段的发病数；

L:平均病程；

D:伤残权重；

r:贴现率(在全球疾病负担分析中取值为 0.03)。

同时,YLD 也可以使用患病率来计算,此时的计算公式变为：

$$YLD=P\times D \quad (式 12-8)$$

其中：

P:患病人数；

D:伤残权重。

但是,式 12-8 无法再考虑时间偏好。

三、DALY 的计算方法

伤残调整寿命年(DALY)是一个定量的将早死所致的寿命损失年(YLL)和疾病所致伤残引起的健康寿命损失年(YLD)结合起来的疾病负担综合评价指标。

反映疾病和健康情况的伤残调整寿命年(DALY)包含了从发病到死亡所损失的全部健康寿命年,可以作为一个测算当前卫生状况与理想状况差距的健康寿命损失和疾病负担的指标。其计算公式如下：

$$DALY= YLL+ YLD \quad (式 12-9)$$

四、伤残权重的测算

DALY 的推导有赖于前面公式中提到的“伤残权重”,这一点是 DALY 指标的主要局限之一,由于其数值一直未得到统一,伤残权重这一概念在其最初使用时即遭到质疑。1994 年 Murray 提出 6 级社会功能分级标准(表 12-1),可将每名患者的残疾状况归入其中之一并赋以相应权重,若患者同时有两个或两个以上不同部位伤害,则选择最严重的计算。

表 12-1　残疾分级及其权重

等级	描述	权重
1	娱乐、教育、生育或职业领域,至少有一种活动受限制	0.096
2	娱乐、教育、生育或职业领域,有一个领域的大多数活动均受限制	0.220
3	娱乐、教育、生育或职业领域,有两个或以上领域的活动受限制	0.400
4	娱乐、教育、生育或职业领域的所有活动均受限制	0.600
5	使用工具的日常生活活动如备膳、购物、家务均需要帮助	0.810
6	日常生活活动如进食、个人卫生、如厕均需要帮助	0.920

五、关于 DALY 的其他计算公式

1. 每千人口 DALY 值的计算

$$每千人口 DALY 值=DALY 值/实际总人口数\times 1000 \quad（式 12-10）$$

其单位为“人年/1000 人”，按性别和年龄别计算每千人 DALY 值，该值可用于人口总数不等的群体间疾病负担比较。

2. 人均损失 DALY 值的计算

$$人均损失 DALY 值=DALY 值/期望发病人数 \quad（式 12-11）$$

按年龄别计算人均 DALY，可反映不同年龄段病人的人均疾病负担差异。

六、DALY 的特点

1. 采用统一的标准期望寿命，有利于不同地区疾病负担的比较，但其估计往往比实际寿命损失要大。
2. 确定残疾权重和伤残等级，使伤残与早逝所致的生命年损失具有可比性。
3. 应用年龄权重调整不同年龄段人群的生命损失。
4. 采用时间贴现。
5. 除了年龄和性别差异外，人的其他生物学和社会学差异均不考虑，保证在不同社区不同国家和不同人种以 DALY 为指导的健康投资的最大公平性。
6. 需要完善的基础数据资料以计算 DALY 值，在欠发达地区常不易得到。

第三节　比较风险评估在疾病负担研究中的应用

一、比较风险评估框架

为了进一步研究疾病负担，WHO 提出了可比较的风险评估（comparative risk assessment，CRA）框架[1]，在此框架下，一般使用两种归因方法，分类归因（categorical attribution）和反事实分析（counterfactual analysis）。

分类归因常用于研究某个事件（如死亡）被归因于单一因素（例如单一疾病或某个危险因素）或一组因素。该方法简便易行，但需要预先了解危险因素在研究疾病中所占的比例，仅适用于具有完整分类体系的因素，即所有分类的并集是全集，且任意分类的交集为空集的情况，如：所有死亡归因于国际疾病分类、职业伤害归因于职业性危险因素等，但该方法忽略了大多数疾病是多因素共同作用的结果。

而反事实分析[2]常用于研究各种因素的归因疾病负担评价。反事实分析是指寻找一个反事实的理想对照组，观察事实情况与对照组比较所带来的风险变化。显而易见，使用反事实分析的关键是寻找合适的、适合作为对照组的人群，或称之为反事实暴露场景。在既往的研究中，我们常采用的反事实暴露场景分为两种情况，其一为某研究因素的非暴露人群，即零暴露人群；其二，针对不可能存在零暴露人群的研究因素（如血压值，不可能为 0），通常选择一个非零定值。在这种估计基础上的统计量为人群归因危险度（*PARP*），当暴露可以被分为若干水平，并且每一水平都有相应的相对危险度（*RR*）

时，其统计量为多级暴露水平调整的人群归因危险度(AF_{pop})，这些指标已在第十一章第二节加以介绍。

二、潜在影响分值

上述两个指标的一个巨大的限制，就是要找到零暴露的对照组，为解决这一问题，研究者们引入潜在影响分值(potential impact fraction，PIF)，其比较分析的思想是比较现在可观察的暴露水平与其他分布(而不是一个定值)的比。

反事实分布通常分为4类：理论最小风险(theoretical minimum risk)、可能真实最小风险(plausible minimum risk)、可能合理最小风险(feasible minimum risk)和费效最小风险(cost-effective minimum risk)[3]。

理论最小风险即理论上的人群最低风险，不考虑这一情况是否真实存在，零暴露就是一个典型的理论最小风险。

可能真实最小风险是根据某种理论设想出来的最小风险，但是没有经过统计学的验证。

可能合理最小风险是经过其他的研究获得的人群最小风险。

费效最小风险考虑的是暴露去除所花费的费用(通过一套已知的费效干预方法)作为暴露场景的选择方法。

潜在影响分值的计算公式如下：

$$PIF = \frac{\int_{x=0}^{m} RR(x)P(x)dx - \int_{x=0}^{m} RR(x)P'(x)dx}{\int_{x=0}^{m} RR(x)P(x)dx} \quad (式12\text{-}12)$$

其中：

$P(\mathrm{x})$：实际人群暴露率；

$P'(\mathrm{x})$：反事实暴露(一种理想状态下)分布中的暴露率；

m：暴露的最高水平。

上述公式分子中的第一项和第二项分别表示在现有情况下和理想场景下的暴露水平。

当零暴露或其他恒定暴露作为反事实场景时，PIF=PAF。

当研究因素不是连续型变量，而是等级变量，进行统计学分析时，其计算公式为[4]：

$$PIF = \frac{\sum_{i=1}^{m} P_i RR_i - \sum_{i=1}^{m} P_i' RR_i}{\sum_{i=1}^{m} P_i RR_i} \quad (式12\text{-}13)$$

从式12-11和式12-12可以看出，估算*PIF*必须包括3个步骤：对不同暴露水平的覆盖率估计、对各暴露水平相应*RR*的估计以及对理想场景的选取。

在大气污染流行病学疾病负担的研究中，其研究的相关环境因子与普通流行病学所研究的因子(如吸烟、BMI等)不同，研究者可能永远也无法准确知道某个环境因子的具体暴露率。以$PM_{2.5}$为例，无论采样点设计的多么密集，所获得的$PM_{2.5}$浓度值永远只能是无限空间的子集，但是空间各点间的属性数据(即$PM_{2.5}$浓度值)具有不独立性，彼此关联、影响。在大气污染流行病学中常采用空间插值(Spatial interpolation)的方法来估算暴露率，这将在其他章节具体展开论述。

三、归因疾病负担的计算

大气污染所致疾病负担是在比较风险的框架下，以反事实分析为基础进行估算，其关键是计算大气污染潜在影响分值。大气污染所致疾病负担的估算步骤如下：

①选择目标人群；

②确定大气污染相关的健康结局（疾病或死亡）；

③采用空间差值法计算不同大气污染程度的人群暴露率；

④采用式 11-3，计算大气污染累计暴露 *RR* 值；

⑤采用式 12-12 或 12-13，计算大气污染潜在影响分值；

⑥采用式 12-9，计算所研究疾病的总的疾病负担（DALY）；

⑦估算大气污染归因疾病负担，其计算公式如下：

$$\text{归因 DALY} = \text{PIF} \times \text{DALY} \quad \text{（式 12-14）}$$

四、比较风险评估在归因疾病负担研究中应用的优点和局限性

比较风险评估在归因疾病负担的研究中，具有以下特点：

1. 优点

（1）将研究人群的暴露分布与反事实暴露分布进行比较；

（2）考虑了多种危险因素和疾病的共同作用，能计算出在本研究中尚未纳入和调查清楚的危险因素；

（3）疾病负担被转换成人群健康的综合测量指标，既考虑到了致死性和非致死性的结局，又考虑到了严重程度和持续时间的影响。

2. 局限性

（1）大气污染的暴露估计可能由于数据的限制而被低估；

（2）大气污染对不同人群、不同年龄的病因作用大小存在不确定性；

（3）该方法可能掩盖了大气污染状况随时间的潜在变化；

（4）多重危险因素的联合效应估计，是在假设一组危险因素相互独立的情况下做出的近似，结果往往不够准确；

（5）存在某些无法排除的残余混杂。

第四节 空气污染疾病负担评估案例

案例介绍：大气污染全球疾病负担研究[5]

案例内容介绍：

该案例通过计算 1990—2015 年 $PM_{2.5}$和臭氧（ozone）暴露所致缺血性心脏病、脑血管病、慢性阻塞性肺病、肺癌和下呼吸道感染的伤残调整寿命年（DALY）和人群归因分值（PAF），探讨 $PM_{2.5}$暴露所致死亡和疾病负担的全球时空分布趋势，评估减少 $PM_{2.5}$排放对人群健康的益处，以指导公共卫生实践。

计算环境空气污染死亡和伤残调整寿命年（DALY）需要空间和时间分辨的人口加权暴露风险的估计，理论上的最小风险暴露水平（theoretical minimum risk exposure level，

TMREL)，评估相对风险的暴露分布以及空气污染与疾病所致死亡和DALY的因果关系。案例将暴露评估与相对危险度相结合，用于计算人群归因分数(population-attributable fraction，PAF)、在最小风险暴露水平之上的空气污染暴露所致死亡和DALY占总死亡和总DALY的比例。其具体方法介绍如下：

一、空气污染暴露评估

(一) 人口加权的$PM_{2.5}$年均浓度和臭氧暴露评估

空气污染是气体和颗粒物的复杂混合物，它们的来源和组成在时间和空间上都有所不同。$PM_{2.5}$和臭氧的人口加权年平均浓度(population-weighted annual mean concentrations)是量化人群暴露于空气污染的两个重要指标。

通过在0.1°×0.1°(赤道约11km×11km)处使用卫星结合化学输送模式，地面测量和地理数据，评估全球从1990—2015年每5年间隔的$PM_{2.5}$年平均暴露水平。

通过化学传输模型来获得臭氧浓度数据，以每小时的最大臭氧浓度作为小时值并计算每3个月的平均浓度，从中选择3个月平均浓度的最大值作为臭氧的年平均浓度。

(二) 理论上的最小风险暴露水平

通过室外空气污染的队列研究确定的暴露分布的最低和第五百分位数，理论上的最小风险暴露水平$PM_{2.5}$为2.4~5.9μg/m^3，臭氧为33.3~41.9ppb。

二、风险估计

通过使用针对每个死亡原因建立的综合暴露-反应函数(integrated exposure - response functions，IER)，来评估全球范围内$PM_{2.5}$暴露所致疾病发病的相对危险度。

$$IER(Z)=1+\alpha\times(1-e^{\beta(z-z_{cf})^{\gamma+}}) \qquad (式12\text{-}15)$$

其中：

Z：$PM_{2.5}$的水平；

Z_{cf}：理论上的最小风险暴露水平(TMREL)，假定在TMREL之下没有额外的健康风险；

$1+\alpha$：最大的健康风险；

β：IER在低到高浓度的比值；

γ：$PM_{2.5}$浓度的效能。

三、人群归因危险度(PAF)的估计

通过特定年、特定位置、特定年龄和性别的PAF应用于DALY和死亡的计算，来确定空气污染暴露所致的死亡和DALY。

每种死因的YLL的计算是将人群死亡者的期望寿命与实际死亡年龄之差求总和，疾病后遗症患病率的计算采用贝叶斯分层模型，YLD则是通过每一种后遗症的患病率和后遗症所占权重求得。通过将总YLL与总YLD相加求和，得到DALY。其具体的计算方法，详见GBD2015 Mortality and Cause of Death Collaborators。

四、部分案例结果

根据Global Burden of Diseases 2015(GBD2015)的数据，统计结果显示，$PM_{2.5}$位居2015

年死因顺位的第五位，是 DALY 的第六位危险因素。

2015 年暴露于 $PM_{2.5}$约造成 4200 万（95%UI：3700 万～4800 万）的人群死亡和 103 100 万（95%UI：90 800 万～115 100 万）DALY，占全球总死亡总数的 7.6%和全球 DALY 的 4.2%，这比 1990 年均有所上升，1990 年因 $PM_{2.5}$暴露所致死亡数约为 3500 万（95%UI：3000 万～4000 万），增加了近 20%。

$PM_{2.5}$暴露所致死亡和 DALY 主要来自于心血管疾病，包括缺血性心脏病和脑血管病。（图 12-1）$PM_{2.5}$暴露所导致的死亡占各种疾病的死亡比例分别为：缺血性心脏病 17.1%，脑血管病 14.2%，肺癌 16.5%，下呼吸道感染 24.7%和 COPD27.1%。

2015 年暴露于臭氧造成额外的 254 000（95%UI：97 000～422 000）死亡和 4100 万（95% UI：1600 万～6800 万）慢性阻塞性肺疾病 DALY。

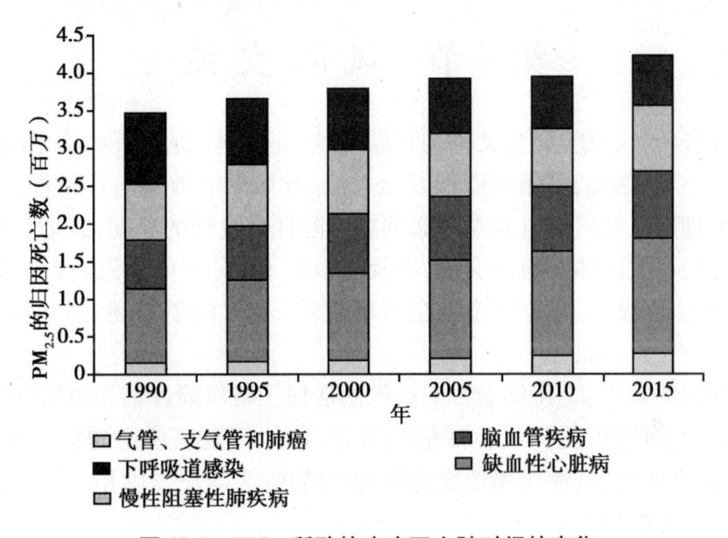

图 12-1　$PM_{2.5}$所致的疾病死亡随时间的变化

（李　昂　许　群编，徐东群审）

参考文献

[1] Ezzati.M.Comparative Quantification of Health Risks[M].Geneva，World Health Organization，2004.

[2] 陶庄，杨功焕.反事实和归因疾病负担研究[J].中华流行病学杂志，2010，31(4)：466-468.

[3] Ezzati M，Lopez AD，Rodgers A，et.al.Comparative quantification ofhealth risks[M].Geneva：World Health Organization，2004：1-38.

[4] Prüss-üstün A，Mathers C，Corvalan，C.et al.Introduction and methods：assessing the environmental burden of disease at national and locallevels [M].Geneva：World Health Organization，2003.(WHO Environmental Burden of Disease Series，No.1)：27-56.

[5] Cohen，A.J.，M.Bauer，R.Burnett，et al."Estimates and 25-year trends of the global burden of disease attributable to ambient air pollution：an analysis of data from the Global Burden of Diseases Study 2015." Lancet，389(10082)：1907-1918.

第十三章

风险交流与控制

第一节　风险交流

绪论中已经介绍过，风险交流又称为风险沟通，是个体、群体及机构之间交换信息和看法的互动过程。空气污染的健康风险涉及全社会，社区的有效参与可以促进对风险评估和风险管理信息的理解。社区的有效参与必须在风险评估过程的早期，并通过组织策略持续。该策略应该提供与有关团体沟通的会议，以及以印刷（例如新闻通讯）或网络等方式传播的信息。对风险评估假设和其固有的潜在不确定性，进行清晰描述，是风险沟通中重要的环节。

风险交流的目的是[1]：①帮助受影响社区的居民了解风险评估和风险管理的过程；②通过社区成员贡献相关信息，提高风险评估的质量，如他们观察获得的信息和当地的风险知识；③对于可能存在的危害，使居民形成有效的知情；④为居民提供相关知识，使他们可以更有效地参与管理风险的决策。

在环境健康风险评估的早期与利益相关者协商至关重要，可以了解可能影响社区对风险感知的因素。风险评估人员了解普通人感知风险与专业人员的科学方式截然不同也是至关重要的。情感因素往往主宰风险感知的方式，特别是当风险超出个人的控制，并影响到自己、家人或关系亲密人员时。

需要注意的是语言和理解存在潜在不匹配，如“专家”所解释的，可能并不是社区成员真正关心的问题。以黄曲霉毒素污染花生为例，专家的解释是：假定通过饮食终生暴露20ppb的黄曲霉毒素，100万人中，将有1个人患癌症。而有关家长关心的问题是：如果我的孩子每天吃花生酱，他们安全吗？因此对社区真正关注的问题提供适当的答案，具有很大的挑战性。社区参与可能会出偏，特别是当情况向着容易产生混淆的方向发展，又缺乏沟通时，将导致社区愤怒、冲突和不信任，这时就会使已经非常复杂的风险沟通更加困难。本章试图总结关于社区参与风险感知和有效风险沟通的关键点。提供与风险感知和风险沟通相关的信息。

一、风险感知

（一）风险感知[2]

无论专家和非专家都会感知风险，也一样会受情感、信仰和对世界认识的影响。启发式感知是心理学术语,用来描述人们对风险的感知过程。启发式的本质是“经验规则”,我们每天都利用它对发生的一切做出判断。这些规则很简单,应用广泛,通常也是合理准确的。但是,他们只能使人快速做出判断,但判断结果可能与通过逻辑分析做出的评价不同。

有3种不同类型的启发式感知方法:①“可用性启发式”描述了基于我们想象结果能力的概率估计。它受一个人可以回忆事件的频率,或者记忆生动程度的影响。大量的媒体报道可以增加这种启发式的形式,让它更令人难忘。②“相似性启发式”是指对具有某些特征的人、物或事件,如一个集合或一个组,对其进行自动分类的过程,其中包括基于先入为主想法的分类。③“锚定启发式”是指人们以一种原始、本能的想法开始,并基于这个想法来“锚定”他们的感知。

(二)风险感知的社会背景

风险框架的社会放大(social amplification of risk framework,SARF)[3]是一个概念,探索如何利用媒体和其他来源的信息,刺激社区参与。但它同样可以通过媒体对环境事件或问题的持续报道和其他来源信息的传播,导致社区对事件或问题的恶化。SARF是在社会背景下风险感知和风险沟通的综合分析和预测。在利用媒体信息时,还需要考虑另外一种情况:媒体对某种特定或被感知的风险提出担忧后就“走开”了,并未意识到,也没有关注其后果,却引起了社区关注,并在需要时引用媒体的担忧,提出知情要求,即“这是社区的知情权”。

SARF的批评者认为,该框架忽视了感知风险的本质,暗示风险必须被证明是“真实的”,然后才会被社会放大或削弱。即使没有任何因素被证明与环境有因果关系,媒体依然会认为存在一个真实但未定义的危险,在某个地方引发了风险事件,并进行报道和讨论,这就足以引起社区焦虑,并呼吁采取行动。由此可见,不论是否存在真实的风险,后果都会发生。通过这种方式,社会对感知到的危害的反应可能会扩大或超出专家、相关机构和媒体所期望的范围。这表明无法脱离利益相关者的社会背景,孤立地研究或讨论风险。

(三)“真实”和“感知”风险的差异

理想情况下,“实际”、“估计”和“感知”的风险应该很接近。但实际的风险往往是无法量化或不可知的。风险评估的目的应该是估计的风险与实际一致;良好的风险沟通的目的应该是感知的风险和实际风险一致。但是,如果风险信息在不信任、有限参与的背景下传播,结果可能导致误解和冲突的恶化。

用一个简单数值估计风险,并将其刻画成“真正的风险”,忽略了风险的主体性和多维度。人们通常把风险看成是多维的,而不是用数值表示;而且会根据其特点和背景进行判断。如,非自愿灾难性反应造成的创伤或死亡,很可能比自愿承担,并可以在某种程度控制的(交通事故)风险,更令人感到恐惧。

下列情况下,对风险的担忧程度会增加[4]:①非自愿的或强加给社区的;②人为产生的而不是自然的;③不可逃避的;④由社区以外各方控制的;⑤对社区来说事件的风险远大于收益;⑥分配不公的;⑦与不可信来源有关的;⑧不熟悉的;⑨影响儿童或孕妇的;⑩事件造成的影响不是通过匿名评价的;⑪导致不可逆损伤的;⑫造成可怕健康影响的,如癌症;⑬目前的科学知识匮乏;⑭来自负责部门(甚至更糟,来自同一个部门)的信息有矛盾。

而下列情况下,对风险的担忧会减轻:①风险是自愿承担的;②风险是自然来源的;③个人或社区能够对风险进行一定的控制;④风险和收益相当;⑤风险信息来自可信来源;⑥对风险很熟悉;⑦风险只影响成年人;⑧了解风险;⑨了解风险确定的过程。

尽管对这些因素的了解可能不一定有助于制定风险沟通计划,但是如果沟通计划实施失败,可能会帮助风险沟通人员认识影响风险认知的因素。

二、风险交流

风险交流是一个互动过程,涉及个人、团体、机构与专家之间的关于风险性质、严重程度、风险的可接受性、风险管理和控制决策等信息的交流。风险沟通既不是纠正社区与监管机构看法不一致的单向过程,也不应该被看作是社区参与和咨询的回顾,应该承认相关各方都有对风险的看法,最终目的是使感知的风险、估计的风险和实际的风险水平尽可能一致。

(一) 有效的风险沟通

良好的风险沟通和咨询的最终结果可以使受影响的各方之间的认知达到高度一致。沟通过程中需要真正了解社区和公众的利益,知道如何回应公众的关注。良好的风险沟通和社区参与能使政府和行业更好地了解公众的看法,更容易预测社区的反应,以便更有效的向公众解释风险,并告知建设性意见。可以增加风险管理决策的有效性,减少不必要的紧张。

尽管受影响社区的参与始终是有效风险沟通的重要组成部分,但需要意识到,当社区参与过多、参与时间较长、涉及问题广泛时可能会发生“咨询疲劳”。另外,还必须意识到人们期望的谈判结果,如是否期望获得赔款或其他支持。

风险沟通始终应遵循“双向”原则。听取和尊重相关方的意见,与清楚传达预先准备好的风险信息一样重要。风险沟通的语言应简单,易懂,应将科学语言转换为受过教育的非专业人士可以理解的语言,直接回答问题。

有效的风险沟通需要各方相互信任,这种信任应该通过承诺开放和诚实的互动获得。任何提供的事实信息都应该是正确的,在沟通期间发现事实错误,无论是故意的还是无意的,都会损害信誉,破坏信任。沟通过程中,应对定性和定量描述的不确定性进行披露。应保持及时沟通,包括在有需求时或对承诺的问题提供具体的信息。确立切合实际的风险沟通目标,并确保在整个沟通过程中保持开放。关键的风险沟通信息应该与利益相关方共享,以便各方在传递信息时没有明显的不和谐。

不应低估参与咨询人员掌握的基本知识,在进行沟通前最好进行“Google”搜索,了解公众关于某个问题能够阅读到的内容。不良风险沟通的最终危险是暂时或完全失去控制,这种情况下就会给相反的既得利益方赢得可信的地位。如果可能的话,最好在危机发生前进行沟通,如果等到人们感到恐慌时,解释风险就会变得复杂;如果在问题达到危机点时才开始进行风险沟通,建立必要的信任就会更加困难。

最初的公众反应通常是关注强烈担忧或警觉的问题,但随着事件的发展,公众会关注是否有风险管理的措施,所以风险沟通信息应涵盖将要处理问题的政策,并且需要立即采取行动。不要试图说服忧心忡忡或怀疑的公众:“没有什么可怕的”,如果只提供“感觉良好”的信息,向公众反复解释可以处理好发生的问题,很可能会起反作用,甚至引起反感。沟通的目的不一定是减少对风险的关注。许多公共卫生干预旨在增加公众对某些风险的关注,并提供可以保护人群的具体信息。

有效风险沟通的关键原则包括[5]:①接受公众作为合作伙伴和利益相关者;②仔细规划和评估风险沟通的内容,使其具有相关性和可理解性;③对于社区来说,听取公众的具体关注,信任、信誉、能力、公平和同理心通常与统计和科学细节同等重要,信任如果失去,重拾是非常困难的;④诚实,切合实际,开放;⑤意识到有意的沟通往往只是传递信息的一小部分,传递方式和语气可能比内容更重要;⑥确保信息的准确性,而不是推测,保持各机构之间信息的一致性;⑦与媒体有效沟通;⑧承认公众的关注和对社区的影响;⑨关注问题和过程,而不是人员和行为。

(二)理解冲突

即使有良好的社区咨询和风险沟通,各方之间也可能会有分歧。潜在的冲突将有助于为有效的风险评估、风险管理、风险沟通和社区咨询提供背景。

沟通和协商是非常重要的,可以解决以下冲突:①经济活动(如工作、财产价值)与保护环境和健康;②个人感知与客观证据;③生活质量和美学与确定的有害危险因素;④局部控制和介入与外部控制;⑤本地关注与国家或地区关注;⑥监测和健康数据与个人经验;⑦个人经验与科学文献的因果推论;⑧广泛的社区关注和狭隘的利益集团关注;⑨紧急事项与确定的优先领域;⑩激进主义与渐进式科学分析;⑪自愿暴露与非自愿暴露。

(三)风险交流计划

构建风险交流信息需要考虑其复杂性和不确定性,以便能够使各方做出有意义的解释。人们对风险的反应受到价值观的强烈影响。制定适当的风险沟通策略对于管理突发公共卫生事件或危机情况特别重要,因为社区关注的程度必然会提高。

设计社区咨询和风险沟通项目时需要关注的问题包括[6]:①咨询的目的是什么?是获得信息、想法和选择吗?是建立信誉吗?它是否符合监管要求?是否为公众参与提供最大的机会?②听众是谁?那些认为自己受到影响的人应该能够参与这个过程。"社区"是多元化的,不同的群体以不同的方式承担风险。他们可能需要一系列的信息和传播方式。工业企业如何参与?行业与监管机构将承担什么责任?③社区想知道什么?当地社区领导、环保组织和环境卫生官员通常可以提供更多关于特定问题的信息。④有没有合适的人能够代表社区内潜在的弱势群体的观点,如儿童和老人?沟通将如何进行?小型非正式会议往往比大型会议更有效。有必要确定行业和监管机构将如何倾听顾虑,以及如何获取有关顾虑的信息。⑤不要试图做更多的解释,因为这会导致社区失望和失去信任。⑥在计划可以改变的情况下,积极征求社区的意见。

识别沟通挑战的简单、有效的方法是家庭成员或办公室人员参与讨论,以便判断那些不受风险评估科学和政策驱动的人对风险交流信息的反应。

风险交流是一个持续的过程,需要特别注意以下问题:①缺乏沟通技巧(任何一方);②资源、时间和人员配置有限(任何一方);③对"风险评估"和"风险管理"阶段的混淆;④文化差异;⑤法律方面的考虑;⑥外部政治,隐藏的议程和政治压力;⑦有关各方利益冲突;⑧来自媒体的影响;⑨评估咨询等,以避免中期纠正和重复失败。需要对风险交流进行评估,包括:沟通是否及时;沟通是否充分;公众是否有权参与;机构的信誉和信任是否得到加强。

第二节 风险控制

一、基于风险评估的风险控制选项

风险是客观存在的,而空气污染与健康风险的控制中,常由国家相关职能管理部门制定政策、采取措施以实现消除或减少空气污染致人群健康风险发生的各种可能性，或者减少风险发生时造成的各种损失。风险控制的 4 种基本方法是：风险回避、损失控制、风险转移和风险保留[7,8]。

（一）风险回避

风险回避是人们有意识地放弃风险行为，完全避免特定的损失风险。简单的风险回避是一种最消极的风险处理办法，因为人们在放弃风险行为的同时，往往也放弃了潜在的行为收益。所以一般只有在以下情况下才会采用这种方法：①人群主体对污染造成的人群健康风险极端厌恶；②存在可实现同样目标的其他方案，其风险更低（如大气污染期间通过在具有净化系统的室内进行运动代替室外运动）；③人群主体无能力消除或转移风险；④人群主体无能力承担该风险，或承担风险得不到足够的补偿。

（二）损失控制

损失控制不是放弃风险，而是制定计划和采取措施降低损失的可能性或者是减少实际损失。控制包括事前、事中和事后 3 个阶段。事前控制的目的主要是为了降低损失的概率，事中和事后的控制主要是为了减少实际发生的损失。例如，进行空气质量预警，根据预警级别进行工业限产等行为即为事前控制；空气质量较差时城市中采取机动车限行等行为即为事中控制；空气污染事件后采取的一些对人群健康的保护措施即为事后控制。

（三）风险转移

风险转移，是指通过契约，将让渡人的风险转移给受让人承担的行为。通过风险转移过程，有时可大大降低经济主体的风险程度。风险转移的主要形式是合同和保险。

（四）风险保留

风险保留，即风险承担。也就是说，如果损失发生，经济主体将以当时可利用的资金进行支付。风险保留包括无计划自留、有计划自我保险：①无计划自留，指风险损失发生后从收入中支付，即不是在损失前做出资金安排。当经济主体没有意识到风险并认为损失不会发生时，或将意识到的与风险有关的最大可能损失显著低估时，就会采用无计划保留方式承担风险。一般来说，无计划保留应当谨慎使用，因为如果实际总损失远远大于预计损失，将引起资金周转困难。②有计划自我保险。指可能的损失发生前，通过做出各种资金安排以确保损失出现后，能及时获得资金以补偿损失。有计划自我保险主要通过建立风险预留基金的方式来实现。

二、成本效益分析

成本效益分析具体可理解为成本效果分析和成本收益分析。这两类经济分析方法是环境管理中的重要工具。

（一）成本效果分析

成本效果分析可通过分析比较各种风险降低方案的成本与改善收益而确定最优方案[9]。

在评价环境污染管理政策的成本和收益时，成本多数情况下可以通过市场交易价格来计算，但环境风险消减措施所带来的收益，较难用市场价格定量评价。此时，可考虑不对收益的货币价值进行评估，而对政策实施的效果进行定量评价。最后，将成本及收益的效果进行比较，计数单位效果的成本为指标进行成本效果分析。例如，修建公共轨道交通可以改善

周边地区的交通拥堵现象,缩短人群出行时间,改善地面大气环境,在成本效果分析中以所缩短的时间和大气环境的改善数值为指标衡量该工程的实施效果[9]。

一般的成本效果衡量指标多为风险的降低,对于健康风险中常用的衡量指标有损失寿命和质量调整生存年限[9]。

损失寿命:是指人群平均寿命的减少年限。一般可应用全球疾病负担2010年研究中的标准方法[10],利用各年龄组死因别死亡人数乘以该年龄组评价死亡年龄的标准寿命损失来计算损失寿命[11]。

质量调整生存年:是指相同的生存年限下不健康的生存状态其价值要低于健康的生存状态,一般以生活质量来表示生存质量的优劣,计算生活质量的方法有基准博弈法、时间得失法和得分尺度法等[9]。

(二)成本收益分析

成本收益分析是一种将项目的成本和收益进行量化并以货币价值的形式进行衡量,从而对项目成本和收益进行比较,为政策制定者选择最优方案提供决策信息的经济评价方法[12]。

具体来说,成本收益分析是通过全面比较一个环境健康改善项目的全部成本和收益,在判断净收益大小及社会公共福利后来评估该健康改善项目或政策实施价值的一种方法。例如,修建公共轨道交通可以改善周边地区的交通拥堵现象,缩短人群出行时间,改善地面大气环境,在成本收益分析中以所缩短的时间和大气环境的改善带来的货币价值与成本的货币价值进行比较,判断收益减去成本后的纯收益是否大于零[9]。

在环境健康风险管理中的成本收益一般指人类健康的收益,而表征人类健康的收益多指致死风险的降低和致病风险的降低。以下分别介绍致死风险及致病风险收益的估算方法。

1. 致死风险收益的估算方法　致死风险收益的估算方法一般有3种,分别为内涵工资法、假想市场法、防护行为法[9]。

内涵工资法:该方法是较为成熟的推算致死风险收益即统计学生命价值的方法,是利用劳动力市场中死亡风险大的职业工资高的现象,通过回归分析控制其他变量,找出工资差别的风险原因,进而评估人的生命价值[13]。该方法在国际上许多知名案例中进行了应用。一般认为致死风险收益的统计学生命价值在70万~1600万美元[14]。

假想市场法:是在对某些既无市场产品也无产品市场资源的价值进行评估时,评估者构建一个虚拟的产品市场,既有生命价值的产品供应,也有需求该产品的人群,所有的假想产品需求者对这种假想的产品进行报价,从而形成产品的假想市场价格,根据这一假想的市场价格来估算生命价值的方法。以假想需求者的意愿价格调查为基础,因此这种方法也称为意愿调查法。假设市场法是20世纪80年代开始盛行于国外,专门用于评价资源的环境价值的方法[15]。目前该方法较少运用于环境造成死亡风险的评价[14]。

防护行为法:该方法也称为消费者市场法,一般来说运用消费者为风险削减所采取行为的全部费用之和来计算致死风险的收益。

2. 致病风险收益的估算方法[9]　致病风险评价也称为非致死健康效应评价,该评价要考虑多种不同健康效应终点及严重程度和持续时间,一般使用的方法有疾病费用法、防护行为法和假想市场法。以下重点介绍疾病费用法。

疾病费用法:是评价致病风险削减的直接方法,应用较为简单,不需要复杂的经济学模型,较容易对直接费用和间接费用进行估算。当前研究给出了多种疾病涵盖多种健康效应的推定值,且政府部门可根据不同国家的医疗消费情况制定不同疾病的费用推定值,如美国环保局就制定了《疾病费用手册》(Cost of Illness Handbook),里面给出了很多疾病的费用推定值。

三、可接受的风险水平

风险评估和风险管理是环境政策确立的核心,当风险评估结果显示超出允许范围时,管理者应该制定相应的政策降低风险。这里确定风险的可接受水平就显得非常重要。环境污染的风险一般依据污染物的毒性大小而不同。通常认为非致癌物存在一个安全阈值,当人类对某一污染物质的暴露量不超过安全阈值时,不会对人群的健康产生负面影响;而对于致癌污染物则不存在这一安全阈值,很低的剂量也认为可以导致癌症的发生。因此针对不同的物质具有不同的环境浓度限值,这一限值要根据目标风险水平反推得到[9]。

不同的风险水平可接受的程度不一,如需要进一步采取措施的风险水平为“不可接受的风险”,而不需要进一步采取控制措施的风险水平为“可忽略的风险”。1980 年美国确定苯的暴露基准值时,提到 10^{-3}的致癌风险不可忽视,10^{-9}的致癌风险不予考虑,但并未给出不可忽视风险的确切数值[9]。

同时,由于风险管理的复杂性,认为可接受的风险水平不能只设定一个风险定值,而应给出一个目标风险水平的范围。如美国污染土壤净化项目认为最大暴露水平的一生致癌风险是 10^{-4},超过该水平则应进行处理;一生致癌风险在 10^{-6}以下时,不需要进行处理;一生致癌风险在 10^{-6}~10^{-4}时,要视具体情况做出具体处理。这种可接受风险水平上下限的方式便于风险管理的实施,即在合理可行的条件下,尽可能去掉环境污染物,最大限度的降低风险[9]。

第三节 健康防护

当前乃至未来一段时间我国空气污染仍将处于较高水平,秋冬季节,北方和中部地区,重污染天气过程经常发生,$PM_{2.5}$污染严重;而夏季,中、东、南部等地区,常发生臭氧污染。因此,为保护人群健康,需要提出科学防控的健康防护建议,本节将重点介绍对不同人群和不同场所提出的不同的防护措施。

一、一般性防护措施

1. 公众应关注空气质量预报,合理安排出行。了解当天及后续几天的空气污染状况,重污染天气过程时,尽量减少户外停留时间,避免室外锻炼或大运动量活动。外出时,应佩戴颗粒物过滤口罩。外出回来及时清洗面部、鼻腔及裸露的肌肤;发生臭氧污染时,应避免进行户外活动,必须外出时,应佩戴遮阳帽、太阳镜和有活性炭滤层的口罩,穿长袖衣服。

2. 重污染天气过程,应关闭门窗;有条件的应使用空气净化器;室内要保湿,勤擦地。

3. 不要将食用油进行过度加热,进行煎炒烹炸;不要在室内过量使用喷雾式空气清新剂或除臭剂;不要在室内吸烟。

4. 注意科学饮食和休息，少吃辛辣、刺激食物，多吃新鲜水果蔬菜，适当补充各种维生素，增强机体免疫力。

5. 减少不必要恐慌，放松心情，保持正常心态。

二、合理选用、佩戴口罩

（一）合理选口罩

口罩的防护等级通常是针对颗粒物提出的，由高到低分为4级：A级、B级、C级、D级，各级对应的防护效果分别不低于90%、85%、75%、65%，各防护级别适用的空气质量指数类别分别为：严重污染、严重及以下污染、重度及以下污染、中度及以下污染。各防护等级口罩能将相适用的污染环境下吸入空气中的细颗粒物浓度降低至满足我国环境空气质量良及以上水平（$PM_{2.5}$浓度值≤75μg/m^3）。

目前市场上销售的普通口罩及一次性无纺布口罩对于大颗粒物可能有一定的阻挡效果，但是对于$PM_{2.5}$或细菌、病毒等微生物颗粒，以及臭氧等气态污染物的防护是不够的。建议选择口罩时，应根据污染状况，选择A、B、C、D等不同防护等级；或标有KN95或N95（在标准规定的测试条件下，过滤非油性颗粒物最低效率为95%的口罩）、FFP2（最低过滤效率94%）及其以上标准的口罩，防护细颗粒物污染；选择有活性炭滤层的口罩防护臭氧污染。此外，消费者在选择口罩时，除了考虑防护效果外，还要结合使用者的脸型和舒适性等因素进行综合考虑，以确保有效防护。

（二）正确戴口罩

佩戴口罩前以及摘下口罩前后都应该洗手；口罩有颜色的一面向外，有金属片的一边向上；系紧固定口罩的带子，或把口罩的橡皮筋绕在耳朵上，使口罩紧贴面部；口罩应完全覆盖口鼻和下巴；把口罩上的金属片沿鼻梁两侧按紧，使口罩紧贴面部。

口罩每次佩戴后，必须进行佩戴气密性检查。双手捂住口罩呼气，若感觉有气体从鼻夹处漏出，应重新调整鼻夹，若感觉气体从口罩两侧漏出，需要进一步调整头带、耳带位置；如果不能取得密合，需要更换合适型号的口罩。

（三）适时换口罩

一般来说，随着口罩使用时间增加，特别是颗粒物污染严重时，过滤下来的颗粒物会逐渐使滤料堵塞，过滤效率通常会降低。即长时间佩戴，一方面口罩外部吸附了颗粒物等大量污染物，会造成呼吸阻力的增加；另一方面，当发生感冒等呼吸系统疾病时，口罩内部也会吸附呼出气中的细菌、病毒等。因此建议佩戴者根据口罩的使用时间，呼吸阻力和卫生条件的可接受程度适时地更换口罩。但是如果接触过传染性环境，或发现口罩部件坏损，如鼻夹丢失、头带断裂、口罩破损等时，应立即更换。有活性炭滤层的口罩不可清洗。

（四）特殊人群佩戴防护口罩的注意事项

佩戴口罩会增加呼吸阻力和闷热感，特殊人群选择防护口罩务必小心谨慎：①孕妇、老人佩戴防护口罩，应注意结合自身条件，选择舒适性比较好的产品，如配有呼气阀的防护口罩，降低呼气阻力和闷热感；②患有心、肺等慢性病的患者，佩戴口罩会造成不适感，甚至会加重原有病情，这些人应寻求医生的专业指导；③儿童处在生长发育阶段，而且其脸型小，一般口罩难以达到密合的效果，建议选择正规厂家生产的儿童防护口罩；④发生重污染天气过程或臭氧污染时，交警等户外工作者，应佩戴有活性炭滤层的口罩。

三、空气净化器的选择和使用

（一）了解空气净化器的净化原理

空气净化器可以净化的污染物，通常分为颗粒物和气态污染物，重污染天气过程发生时，室内主要污染物是 $PM_{2.5}$，装修后室内主要污染物甲醛、苯等是气态污染物。对不同类型的污染物空气净化器的净化原理不同，对颗粒物的净化主要有滤网过滤和静电吸附两种；对气态污染物的净化主要通过活性炭吸附、静电高压分解、化学催化、光催化、络合、等离子式等方式。另外，有些空气净化器宣称可以净化微生物，也是通过滤网拦截或静电吸附颗粒物上的微生物后进行杀灭。

（二）科学选购空气净化器

家庭选购空气净化器时，首先要确定净化哪种污染物，针对重污染天气过程的主要污染物 $PM_{2.5}$，就要选择对 $PM_{2.5}$ 有效的净化器，才能降低室内 $PM_{2.5}$ 污染。

购买空气净化器前，先要学会看懂空气净化器的说明书。如果说明书中宣称空气净化器有除菌性能，一定要符合 GB21551.3。静电吸附、静电高压等原理的空气净化器使用时可产生臭氧，臭氧释放的检测标准一定要符合 GB4706.45。除此之外，我们要特别关注说明书上的 2C，即洁净空气输出比率，通常又叫洁净空气量（Clean Air Delivery Rate，CADR）和累积净化量（Cumulate Clean Mass，CCM），CADR 表示能提供洁净空气的能力，即单位时间提供"洁净空气"的多少，单位是 m^3/h。CADR 值越大，说明空气净化器的净化能力越强，即可以在相对短的时间内提供大量的"洁净空气"。CCM 表示提供洁净空气的持续时间，CCM 值越大，说明净化器的有效 CADR 维持时间越长，越耐用。CADR 表示的是净化器的"能力"，CCM 表示的是净化器的"耐力"。

2C 是购买空气净化器时最关键的两个指标，除此之外，还需要关注空气净化器的适用面积。通过质量守恒方程可以进行推算，将一定面积的房间中 $PM_{2.5}$ 浓度降低到环境空气质量标准规定的浓度（$75\mu g/m^3$），就可以建立 CADR 值与房间面积之间的关系。固定其他条件，带入不同的"换气次数"，就可以得出适用面积 =（0.07～0.12）CADR，为了方便大家换算，我们可以用 CADR 值乘以 0.1，估算净化器的适用面积，比如，CADR 为 $300m^3/h$ 的空气净化器，适用面积约为 $30m^2$（$21～36m^2$）。

CADR 值不是一成不变的，随着空气净化器使用时间的延续，CADR 值将会逐渐衰减，而且越是在空气污染严重的环境中使用，净化能力衰减的越快。因此，对于滤网过滤原理的空气净化器就需要更换滤网；对于静电吸附原理的空气净化器就需要将静电集尘器（板）进行清洗。

（三）合理使用空气净化器

当室外空气污染达到重度以上污染水平（污染指数在 200 以上）时，可以关闭门窗，开启净化器。空气净化器使用注意事项：

1. 过滤式空气净化器，最好放在房间内接近人活动空间，离墙 0.2～0.5m 处使用；静电式空气净化器对使用空间的电气环境有特殊要求，需按照说明书要求摆放。

2. 空气净化器使用中要尽量减少开窗，特别是在室外环境空气污染较重的情况下，以减少室外空气污染物的引入；同时室内也要避免吸烟。

3. 空气净化器应在合适的即"适用面积"的房间中使用，避免房间面积过大，导致空气

净化器在室内空气循环不足。

4. 过滤式空气净化器注意滤网的使用寿命，根据污染和使用情况（通常3~12个月）更换滤网；同时也要注意房间的湿度不要过大，避免滋生霉菌。

5. 静电式空气净化器，一般静电部件都是防水材料，可以使用清水或非腐蚀性的清洁剂进行清洗，清洗后彻底晾干或吹干后再装好。另外，还需要注意长时间使用后的电气安全和臭氧的释放。

（四）当心长期开启空气净化器带来的“二次污染”

1. 空气净化器的净化材料有使用寿命，使用一段时间后，其会附着颗粒物或其他微生物，净化材料饱和不仅起不到净化的效果，反而会使污染物随着净化器的开启进入室内，因此，应根据污染程度和使用时间及时更换净化材料；

2. 对于静电吸附原理的空气净化器，存在产生臭氧的风险，而臭氧对呼吸系统会产生强烈刺激和损伤，老人与儿童对臭氧更为敏感，因此需要注意臭氧浓度增加可能对人体造成的不良反应；

3. 长期在封闭的室内开启空气净化器，当室内人员较多时，会造成室内缺氧，使室内湿度降低，产生噪声，这些均使人产生不适感，因此需要根据空气污染情况和人体自身的感受，调整空气净化器的使用时间，必要时及时开窗换气。

四、重点场所的人群健康防护注意事项

（一）住宅

家有孕妇、儿童和患有慢性呼吸系统疾病、高血压、冠心病等基础性疾病等敏感个体时，在重污染天气过程时，除了避免室内吸烟与减少煎炒烹炸，采用湿式清扫等措施外，应加大空气净化力度，尽可能将室内空气$PM_{2.5}$的浓度降低至35μg/m^3以下。如有身体不适及时就医。

（二）校园室内

中小学校和幼儿园等教室内，儿童青少年人数众多，在采取空气净化等措施尽量降低$PM_{2.5}$浓度的同时，需要配合使用新风机引入新鲜空气，防止室内温度和二氧化碳浓度过高。

（三）办公场所

重污染天气过程时，如果办公场所安装集中空调通风系统并配备空气净化装置，可以正常使用；如果未配备空气净化装置，应关闭新风系统。

（四）室内公共场所

$PM_{2.5}$污染主要来源于室内吸烟、人群活动等（即室内污染源）和重污染天气过程室外空气中的$PM_{2.5}$污染源。对于室内污染源可以通过公共场所室内禁烟等措施加以控制。对于室外污染源，有集中空调通风系统的公共场所可以在新风入口处加装高效净化装置，在重污染天气过程发生期间，净化装置能够有效阻挡$PM_{2.5}$颗粒物进入空调通风系统；对于未加装高效净化装置的集中通风的场所或非集中通风的场所，在重污染天气过程发生期间，应控制场所人流量，尽量关闭门窗，最大程度的减少室外空气进入，有条件的场所可使用室内空气净化器，降低公共场所室内$PM_{2.5}$污染水平。

在不同室内场所（如办公、学校、公共场所、家庭等）使用空气净化器时，需要特别注意的是：空气净化器，根据其净化原理，只是净化部分空气污染物，一般不能降低人体产生的二氧

化碳，因此，当室内人员较多（如学校、公共场所等），长期关闭门窗使用空气净化器时，就会导致二氧化碳浓度过高，应该定时通风换气，可按照每人每小时 $30m^3$ 的新风量的卫生要求，结合室内人员数量和室内空间自然换气率综合考虑通风时间间隔，必要时通过温度、二氧化碳监测确定通风时间间隔。不管什么室内场所，如果忽视通风换气，极有可能造成室内高温、憋气，严重的可能缺氧。

（徐东群　王 琼　莫杨编，徐东群审）

参考文献

[1] Reckelhoff-Dangel C and Petersen D.Risk communication in action:The risk communication workbook.USEPA Office of Research & Development,EPA/625/R-05/003,2007.

[2] Finucane,ML.The psychologyof risk judgments and decisions.In N.Cromar,S.Cameron,and H.Fallowfield (Eds),Environmental health in Australiaand New Zealand (pp.142-155).New York:Oxford University Press,2004.

[3] Pigeon N,Kasperson RE and Slovic P.The social amplification of risk.Cambridge:Cambridge University Press,2003.

[4] Department of Health (DOH).Communication about risks to public health:Pointers to good practice.London:HMSO,1998.

[5] United States Environmental Protection Agency (US EPA).7 Cardinal rules of risk communication.OPA-87-020.Washington:US Environmental Protection Agency,1988.

[6] Chess C and Hance,BJ.Communicating with the public:10 questions environmental managers should ask.Center for Environmental Communication,State University of New Jersey.Rutgers,New Jersey,1994.

[7] 李纪玉.风险管控技术在某多金属矿采矿系统改扩建工程中的应用[J].中国科技博览,2014(44):360-361.

[8] 张奋.大亚湾 301 号项目工程变更风险控制研究[D].吉林大学,2013.

[9] 胡建英等.化学物质的风险评价[M].北京:科学出版社,2010.

[10] Lozano R,Naghavi M,Foreman K,et al.Global and regionalmortalityfrom 235 causes of death for 20 age groups in 1990and2010:a systematic analysis for the global burden of diseasestudy 2010.Lancet,2012,380:2095-2128.

[11] 苏健婷,李刚,高燕琳,等.2014 年北京市居民心血管病死亡状况及寿命损失年分析[J].心肺血管病杂志,2016,35(2):87-90.

[12] 许光建,魏义方.成本收益分析方法的国际应用及对我国的启示[J].价格理论与实践,2014(4):19-21.

[13] 梅强,杨宗康,刘素霞.基于工资风险法的生命价值评估[J].中国安全科学学报,2012,22(8):15-21.

[14] USEPA,2000.Guidelines for Preparing Economic Analyses,EPA 240-R-00-003.Office of the Administor,USEPA,Washington,DC.

[15] 苏广实.自然资源价值及其评估方法研究[J].学术论坛,2007,(4):77-80.